U0171969

国家重点研发计划资助,课题编号 2017YFC0405001

大型渠道衬砌水下修复关键技术的试验研究与应用

主　编　程德虎
副主编　台德伟　石惠民　杨旭辉

黄河水利出版社
·郑州·

内 容 提 要

本书以南水北调中线总干渠为典型，阐述了长距离大型输水渠道的特点及边坡稳定的设计方法；针对运行期渠道水下边坡及衬砌常见的变形损伤问题进行了处理方案研究，利用几个明渠边坡衬砌水下修复生产性试验，采用了原型观测、数值模拟及模型试验等综合研究方法，对水下边坡衬砌修复技术（包括施工方案）进行了系统研究。介绍了渠道运行期的安全监测，常用的边坡加固方法，阐述了基于水下模袋混凝土技术、不分散混凝土浇筑技术、泡沫混凝土技术在渠坡水下维修中的应用。针对施工场地狭小、水下精确挖掘、水下模板安装加固、松动土体置换、浇筑面缺陷处理等难题，开展了系统性的现场试验研究，形成了完整工法；针对南水北调总干渠对渠道衬砌面糙率的高要求，通过增设模板解决了模袋混凝土鼓包问题，并大幅度降低了水下模袋铺设难度；针对水下修复过程中的水质保护要求，提出了基于钢围挡的外动内静施工环境保障技术，并从水动力与结构两方面对该技术进行了详细研究与方案优化。本书是一本很好的水利工程参考资料与明渠边坡水下维护的工具书。

图书在版编目（CIP）数据

大型渠道衬砌水下修复关键技术的试验研究与应用/程德虎主编. —郑州：黄河水利出版社，2020.6

ISBN 978-7-5509-2708-7

Ⅰ.①大… Ⅱ.①程… Ⅲ.①干渠-渠道-衬砌-试验 Ⅳ.①TV67-33

中国版本图书馆 CIP 数据核字（2020）第 112087 号

出 版 社：黄河水利出版社　　网址：www.yrcp.com

地址：河南省郑州市顺河路黄委会综合楼 14 层　邮政编码：450003

发行单位：黄河水利出版社

发行部电话：0371-66026940、66020550、66028024、66022620（传真）

E-mail：hhslcbs@126.com

承印单位：河南匠心印刷有限公司

开本：787 mm×1 092 mm　1/16

印张：28.25

字数：653 千字　　印数：1—1 000

版次：2020 年 6 月第 1 版　　印次：2020 年 6 月第 1 次印刷

定价：260.00 元

本书编写委员会

主　　编　程德虎

副 主 编　台德伟　石惠民　杨旭辉

编写人员　杨旭辉　李　飞　刘　阳　秦卫贞

前 言

由于水资源在地理上的分布不均匀及人类社会发展的需求,利用长距离输水渠道进行水资源的空间调配,是促进社会经济发展与改善生态环境的重要技术手段。早在2 200多年前,我们的陕西祖先为了农业灌溉就已经修建了长达150余km的"郑国渠"。公元前214年,广西先民为了航运交通也已经修建了联通长江与珠江两大水系的人工航道"灵渠"。新中国成立以来建设了大量渠道(如红旗渠、引滦济津渠等),大大促进了当时国家工业、农业、航运及城市建设的发展;2014年全线通水运行的南水北调中线总干渠更是解决我国北方地区水资源匮缺、促进社会经济发展的跨流域长距离特大型调水工程,惠及豫、冀两省与京津两市,干线总长1 432 km,建筑物众多、地质复杂,不但建设难度极大,运行管理与维护工作也是史无前例、十分艰巨。

长距离、大型输水渠道在运行期局部会出现一些变形损坏,一般需要设置固定停水期,以便修复。对于城市供水为主的渠道,受条件限制,设置固定停水期有一定难度,对水下修复会有一定需求。南水北调中线总干渠担负供水重任,通水以来已成为沿线很多城市的主力水源,受限于缺少调蓄水库及沿线人民需求,运行以来一直保持正常输水状态,为确保输水安全,开展水下边坡及衬砌修复势在必行。大型输水干渠的不停水修复是一项十分重要的工程科学问题,开发科学、合理的不停水修复技术,设计适宜、安全的工程施工方案,能够高效、快捷地完成维修任务,具有紧迫的现实意义与重要的工程应用价值。

结合南水北调中线总干渠河南段的边坡及衬砌局部损坏情况,南水北调中线干线工程建设管理局决定开展相关研究工作,并成立了课题组,开展衬砌水下修复关键技术试验研究工作。课题组在研究过程中,联合河南省水利勘测设计研究有限公司开展了方案设计及优化工作,联合中国水电基础局有限公司开展了现场试验、设备开发工作,形成了系统的水下修复技术,其中不分散混凝土水下衬砌修复技术已在总干渠广泛推广。为了进一步确定水下钢围挡对输水的影响并开展优化设计以利推广,课题组联合华北水利水电大学河流研究所对水下钢围挡开展了系统的模型试验和分析研究,为钢围挡结构设计、形体设计等方案优化提供了重要的理论保障。

课题组在开展上述研究过程中,主要目的是立足实际、解决中线工程实际问题。考虑到国家水资源存在地域、时空分配不均的问题,大型输水工程会日益增多,水下边坡及衬砌修复会成为一个许多水利工程技术人员绕不开的难题。课题组对整个研究过程进行了系统总结,梳理了大量失败教训,提炼出成功经验,撰写本书。仅以此书抛砖引玉,希望能有更多的科学工作者和工程技术人员投身其中、科技攻关,共同进步。

全书由程德虎统稿,共分14章,其中杨旭辉撰写前言、1、4、6、9章,李飞撰写第2、3、10、13章,刘阳撰写第8、12章,刘阳、刘明潇合作撰写第5章,秦卫贞撰写第7、11、14章。

限于编者水平所限,书中难免有不足之处,诚恳地希望广大读者批评指正。

作　者

2020年3月

目　录

第 1 章　概　述

1.1　南水北调中线总干渠输水工程概况

南水北调中线工程，是从长江最大支流汉江中上游的丹江口水库调水，利用新建的输水明渠、倒虹吸和渡槽等交叉工程，将水自流到北京的跨流域输水工程。输水干渠地跨河南、河北、北京、天津 4 个省、直辖市，为沿线十几座大中城市提供生产生活和工农业用水；中线输水干渠总长 1 277 km，天津输水支线长 155 km。总干渠沟通长江、淮河、黄河、海河四大流域，穿越黄河干流及其他河流 219 条，跨越铁路 44 处。总干渠主要的输水建筑物为梯形断面的输水明渠，见图 1-1、图 1-2。此外，还有节制闸、分水闸、退水建筑物和隧洞、暗渠等附属建筑物，输水渠道长逾 1 400 km，总干渠各类建筑物共 936 座。总干渠通过的区域地理环境复杂，有不少渠段属于深挖方或高填方的地质环境，见图 1-3。为防范总干渠输水过程中污染的风险，还划定了总干渠两侧的水源保护区，保证输水总干渠两侧 85%以上的地下水监测点位水质达到或优于地表水Ⅲ类标准。

图 1-1　中线输水干渠鸟瞰

图 1-2　梯形断面的输水干渠

图 1-3　衬砌过程中的梯形断面渠道

1.2 南水北调中线总干渠运行期渠道面临的问题

1.2.1 南水北调中线工程特点

南水北调中线工程是一项跨流域的长距离特大型调水工程,无论是调水线路的长度,还是调水的规模都超过目前世界上已建的最大调水工程。

南水北调中线工程从明渠输水水力学的角度看,工程主要有以下特点:

(1)渠道采用闸前常水位的控制方式运行,长距离输水没有在线调节水库,渠道允许水位变幅小。

(2)总干渠沿线穿越众多的河流、公路、铁路,带来汛期交叉工程河流行洪安全与工程安全风险。

(3)总干渠沿线存在多种复杂地质条件,地理环境和气象条件差异较大,地表水的坡面汇流与地下水的渗透压力都会对输水干渠带来工程安全风险。

(4)水流由低纬度流向高纬度,在冬季运行时,黄河以北渠段会出现不同的冰情、冰盖下输水与冰凌输水,以及冰期控制闸门操作。

南水北调中线工程是一项复杂的系统工程,在运行中面临需要研究解决的问题多,技术难度大,需要认真研究。

1.2.2 南水北调中线工程运行期渠道衬砌及边坡安全问题

南水北调中线总干渠具有工程线路长、地质条件复杂、工程规模大、建筑物众多等特点,总干渠在运行期渠道衬砌出现工程问题并及时维修是不可避免的。常见的边坡安全问题如下:

(1)南水北调中线干线工程通水运行以来,工程巡查发现部分与水面交接部位衬砌面板发生冻损现象,面板表层剥蚀脱落,表面剥蚀脱落深度0.50~2 cm。冻损的衬砌面板短期内不会对渠道运行造成大的影响,但如果与水面交接部位的衬砌面板冻损部位反复遭受冻融交替作用,随着冻融次数的增加,冻损部位混凝土逐层剥落,衬砌板厚度逐渐降低,势必危害边坡衬砌工程的结构安全,因此对发生冻损破坏的边坡衬砌面板进行及时修复是十分必要的。

(2)南水北调中线干渠沿线有许多渠段都处于深挖方区,地下水的渗透压力大;特别是汛期降大雨若排水不畅,就会引起过大的渗透压力,引起渠道边坡衬砌的破坏。在工程通水运行以来,目前有些渠段边坡已经出现一些问题,需要及时修复,以免影响渠道输水安全。

一般长距离、大型输水干渠受运行工况的限制,没有停水维修的条件,运行期的渠道维修只能在输水状态下进行;南水北调中线总干渠担负着沿线调水、供水的重任,一般维修更是不能影响正常输水。这类大型输水干渠的边坡水下衬砌的维修,是一个具有紧迫现实需求的工程科学问题,必须开发、设计适宜的工程措施,方便、快捷地完成水下维修任务。

1.3　大型输水渠道的边坡安全及修复技术研究现状与意义

1.3.1　大型输水干渠边坡维修施工技术研究现状

1.3.1.1　几种北方区域长距离输水渠道的边坡修复技术

针对我国北疆地区独特的气候环境特征，孙霞提出了几种渠道衬砌修复技术：

(1)环氧树脂砂浆水下裂缝修复技术。环氧树脂水泥砂浆具有允许砂浆带水施工作业、水下抗分散离析性好、水下强度不损失、养护期短等优势，可在水下(20~25 ℃)4~6 h初凝并实现了胶黏剂与混凝土强度的叠加，对输水渠道水下裂缝具有较好的修复效果。环氧树脂砂浆采用E51或壳牌828环氧树脂、1085水下固化剂、水泥及河砂按照一定质量比与水拌和而成。

(2)输水渠道防渗修复技术。针对输水渠道混凝土衬砌因冻胀所引起的破坏，进行清淤拆板，开挖削坡，渠道衬砌，进行砂浆垫层与混凝土板衬砌板的铺设，依据衬砌混凝土板厚度与设计要求制作伸缩缝，最后将拌和好的干硬性锯末水泥砂浆浇筑至伸缩缝并抹平；可以对发生冻损破坏的衬砌面板进行及时修复。

(3)丙乳硅粉钢纤维混凝土砂浆修复技术。针对低温、潮湿环境中的输水渠道长期处于临界水位线的输水渠道建筑结构，可采用丙乳硅粉钢纤维混凝土砂浆修复破损部位。丙乳硅粉钢纤维混凝土砂浆采用P·O 42.5硅酸盐水泥、细度模数2.5的天然河砂、粒径0.5~2 cm的砾石、铣削性钢纤维、NSF硅粉剂及丙乳按一定配合比制成，可以改善混凝土离析和泌水的性能，适用于渠道水位临界面破坏的修复处理。

(4)超快硬混凝土修复技术。适用于输水渠中闸门、压力前池等过水设施的应急抢险施工。采用“超快硬混凝土修复王”作为水泥材料，“超快硬混凝土修复王”的A与B基料按1∶1混合使用，粗骨料采用10~35 mm连续级配碎石，用水量为“超快硬混凝土修复王”用量的5.5%~6%，拌制后的混凝土或水泥砂浆可在15 min内凝固，施工1 h后即可达到使用强度要求。

1.3.1.2　混凝土输水渠道不停水修理技术

关于输水渠道不停水维修问题，目前研究的人并不多；大型输水干渠不停水的维修施工技术在国内技术文献中还不多见。2003年上海市政工程设计研究院葛春辉提出了两种钢筋混凝土输水渠道不停水修理技术：

(1)渠道顶板和壁板外侧采取刚柔结合的方案。用柔性防水材料堵漏，以刚性材料做保护。

(2)渠道底板采用方管推进技术堵漏。是在渠道底板下，顶进一个方形钢板管，在其方管顶部开孔，这样既可顺着漏水的方向边顶进，边挖土；又能边观察，边清理和查找漏点。方管既可作为寻找渗漏点的工作面，又可成为观察封堵操作的空间。经确认堵漏成功后，用轻质混凝土将堵漏用料和设备全部封堵在方管中。该方管类似一种盾构的堵漏技术工具。这种修理方案在黄浦江引水二期渠道修理中应用。

1.3.1.3 铺设聚氯乙烯薄膜的运河边坡水下衬砌工艺

国外有关不停水渠道边坡修复技术的文献也很少,1992年美国在科切拉运河2.4 km河段进行边坡修复时,提出来一种采用新的水下衬砌工艺的边坡修复技术。修复施工是在运河不断水、水深2.7 m的情况下进行的,边坡修复施工时,在运河底部和边坡需铺设聚氯乙烯薄膜,在薄膜上浇筑混凝土层。水下施工时,设置跨河桁架,将铺砌设备悬挂在跨河桁架上运行,可横向水平移动作业。铺薄膜时通过专门的导向装置铺到河底,水下浇筑混凝土时,混凝土料斗下到薄膜上,使混凝土砂浆直接挤入模具下面,进行边坡修复浇筑。

1.3.1.4 水下沉箱技术

针对长距离输水渠道在运行水位线附近受冻损破坏,混凝土面板表层剥蚀脱落,需要及时修复提出的边坡修复技术。由于冻损部位衬砌面板位于运行水位线附近,为不影响渠道正常通水运行,有人提出采用水下沉箱技术。南水北调中线管理局的郝清华介绍了在总干渠部分渠段利用水下沉箱技术进行边坡修复的方法,主要用于渠道水位以下1 m范围坡面干地作业施工。沉箱需要解决止水及形成干地作业后设备抗浮问题,这里采用气压式硅胶止水和可充气充水式水箱作为浮力控制结构。浮力控制结构是在设备内外侧绑缚的8个可充气充水式水箱,向水箱内充水排出气体,增加箱体配重,保证沉箱内水体排空形成干地作业面后,沉箱不会浮起或移动。向水箱内充气排出水体,沉箱将自动浮起。气压式硅胶止水,充气后可使沉箱紧密贴合在渠道边坡上,在沉箱自重及水箱充水压重作用下,抽水后在沉箱范围内形成干地作业面。在水下沉箱为衬砌板修复提供了有利的干地施工作业面,衬砌面板冻损修复选用NE型聚合物砂浆作为修复材料,材料强度高于母材且无毒,材料凝固后颜色与原混凝土要能良好结合且颜色相近。主要工艺为:沉箱吊装就位→抽排沉箱内水体→基面处理→界面剂的拌制和涂刷→NE型聚合物砂浆的拌制和涂抹→养护。采用水面交接部位衬砌板修复技术共完成26块冻损衬砌面板修复,效果良好,达到了预期目的。

1.3.1.5 模袋混凝土边坡修复新技术

模袋混凝土是一种新技术、新工艺,可以在不间断通水的条件下进行施工;可以对被损毁的渠道水下边坡采取模袋混凝土衬砌边坡的施工工艺,该工艺不需要排水,直接在修葺完毕的水下边坡上进行施工,可以满足不断水运行的要求,同时大大减少了修复工程投资。中铁十四局的徐计新总结了梁济运河输水航道从湖口至邓楼0+000~18+750渠段采用C25模袋混凝土护坡,进行了不停航河道护坡及局部渠底的护砌修复。模袋混凝土现在还没有国家规程规范,目前施工中按照南水北调东线施工时的《模袋混凝土护砌施工指南》、中国水利水电出版社出版的中国堤防工程施工丛书第7册《模袋法》进行施工过程控制。在施工过程中,通过模袋混凝土护坡提高了施工进度,降低了施工期的干扰,满足了通航的需要,降低了施工成本,同时减少了护坡维修工程量。模袋混凝土整体性良好,具有流线形的结构,抗冲能力强,防护效果增强,还可以起到抗浪减压的作用,工程护坡安全度增加。

1.3.2 大型输水干渠运行期维修施工新技术研究的意义

大型混凝土渠道如何实现不停水的修复施工,目前还没有很成熟的技术。南水北调中线总干渠在边坡维修中,管理局和施工单位,联合研发了基于钢围挡的外动内静、水中作业修复边坡施工技术,并获得成功应用。

在不中断渠道输水的条件下利用专用围挡,对施工段进行外动内静的局部封闭施工,是这一施工技术的特点。作为一项新技术,研究在不同工况条件下,围挡对施工渠段的水流及环境的影响;分析水流与钢围挡的相互作用,验算确定钢围挡的结构稳定性,给出钢围挡合理的平面布置形式与结构尺寸,为专用钢围挡的规范化设计提供科学可靠的技术参数,是完善、推广这一技术的重要保证。

1.4 大型输水渠道的边坡水下修复技术研究的思路

大型输水渠道的边坡水下修复技术是一项实用性很强的系统工程技术,需要在理论研究、技术方案规划、工程措施设计、施工设备研发、施工试验与后评价科研几个方面开展工作。研究思路为:结合南水北调中线总干渠几个典型渠段的边坡修复生产性试验工程,开展对大型输水干渠基于钢围挡的外动内静水中边坡修复关键技术和水下不分散混凝土边坡修复施工技术的科学研究。一方面在生产性试验中检验创新技术的可行性与可靠性;另一方面通过建立工程渠段三维水动力数学模型和钢围挡结构模型,利用工程期现场的实测资料,研究修建专用钢围挡后的工程渠段的流场特性与内外水荷载特征,分析不同水流强度及水荷载条件下专用钢围挡的结构受力状况,为专用钢围挡的规范化设计与进一步推广应用提供相应技术参考,检验创新技术的科学性与方案优化。

本书拟通过以下几个章节阐述对大型输水渠道的边坡水下修复关键技术的设计研究与科学论证。

第2章 输水明渠及衬砌的设计

根据输水渠道地质条件,渠道一般可分为石质渠道、土质渠道、土石混合渠段。根据输水明渠施工建设的横断面边界特征,也可将渠道分为全填方渠道、半挖半填渠道、全挖方渠道。本章以南水北调中线干线工程为例,以常见的土质挖方渠道为主,阐述渠道设计的有关内容,作为大型渠道边坡衬砌修复技术的理论基础。

2.1 输水明渠的水力设计

2.1.1 水力设计的基本公式

(1)输水明渠在正常设计情况下应处于均匀流状态,梯形断面明渠均匀流的一般形态见图2-1,明渠均匀流的力学条件为

$$G_s = F_f \tag{2-1}$$

式中:G_s 为均匀流段重力在流动方向上的分力;F_f 为均匀流段固体边界对水流的阻力。

明渠均匀流的输水能力可用流速公式(2-2)或流量公式(2-3)表达,也称为明渠均匀流水力计算的基本公式,即舍齐(Chézy)公式:

$$v = C\sqrt{Ri} \tag{2-2}$$

$$Q = AC\sqrt{Ri} \text{ 或 } Q = K_0\sqrt{i} \quad K_0 = AC\sqrt{R} \tag{2-3}$$

式中:v、Q 分别为明渠均匀流的断面平均流速和流量;C 为舍齐系数,$m^{0.5}/s$;R 为水力半径,m;i 为明渠底坡;A 为相应于明渠均匀流正常水深时的过水断面面积;K_0 为明渠均匀流的流量模数(或称特性流量)。

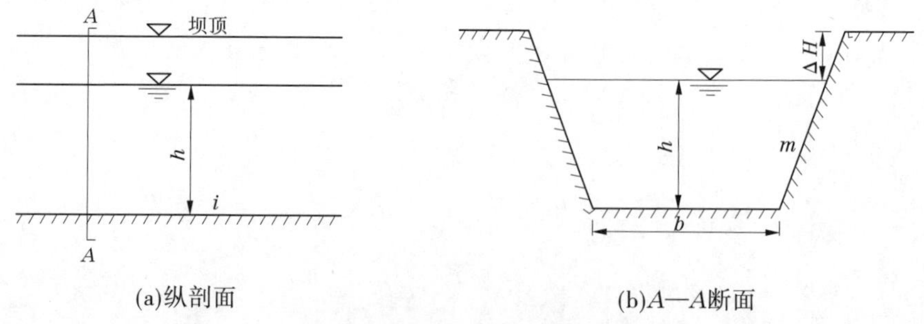

(a)纵剖面 (b)A—A断面

图2-1 明渠均匀流的基本形态

(2)明渠的水流阻力参数通常用舍齐系数或糙率表示,舍齐系数常用计算公式为:

①曼宁(Manning)公式

$$C = \frac{1}{n}R^{\frac{1}{6}} \tag{2-4}$$

②巴甫洛夫斯基(ПаВлоВСКИЙ)公式

$$C = \frac{1}{n}R^{y} \tag{2-5}$$

这里

$$y = 2.5\sqrt{n} - 0.13 - 0.75\sqrt{R}\left(\sqrt{n} - 0.1\right) \tag{2-6}$$

以上两式中的 n 为明渠糙率,通常可在水力计算手册中查出; y 为巴甫洛夫斯基指数。公式的适用范围为:$0.1\ \mathrm{m} \leqslant R \leqslant 3.0\ \mathrm{m}$, $0.011 \leqslant n \leqslant 0.04$。

③渠道设计的抗冲抗淤条件为

$$v'' < v < v' \tag{2-7}$$

式中: v'' 为渠道的不淤允许流速; v 为渠道的设计流速; v' 为渠道的不冲允许流速。

2.1.2　明渠均匀流的水力设计

明渠均匀流水力计算类型虽然较多,但水力计算的基本公式却只有舍齐公式(2-2)或式(2-3),所以明渠均匀流的水力计算,就是根据实际已知条件出发,先拟定或推定(设计)某些水力要素,然后通过变换明渠均匀流公式的基本形式,去求解某一未知水力要素。这里将梯形断面明渠水力计算任务及其相应的求解方法列于表 2-1。当然在实际水力设计中,当所有水力要素确定后,还应根据各种实际情况和经验,对设计结果的合理性进行综合评估,并予以适当调整。

表 2-1　水力计算类型及方法一览

计算任务	已知条件	待求问题	求解方法
已建渠道的水力校核	给定明渠断面形式尺寸: h_0、b、m、i、n	计算或校核明渠过流能力 Q 或(v),流量模数 K,绘制渠道 $Q\sim h$ 关系曲线	利用均匀流方程试算或查图求解 $Q=\frac{A}{n}R^{2/3}i^{1/2}=K_0\sqrt{i}$
拟建渠道的水力设计	给定明渠 Q、i、n、m、b	设计渠道正常水深 h,确定渠道深度,即渠堤高度: $H=h_0+\Delta h$	试算法:设 h_0 满足 $Q=K_0\sqrt{i}$; 查图法:由 $\frac{b^{2.67}}{nK}$(或 $\frac{h_0^{2.67}}{nK}$)及 m 查图, $\rightarrow\frac{h_0}{b}\rightarrow h_0$
	给定明渠 Q、i、n、m、$\beta=\frac{b}{h_0}$	确定渠道断面尺寸:设计渠道正常水深 h_0 和底宽 b	查图法:由 $\frac{1}{\beta}=\frac{h_0}{b}$ 及 m 查图 $\rightarrow\frac{b^{2.67}}{nK_0}\rightarrow b\rightarrow h_0$

续表 2-1

计算任务	已知条件	待求问题	求解方法
规定允许流速，设计明渠底坡或断面尺寸	给定明渠 v_0（或 Q）、n、m、b、h_0	设计渠道底坡 i	补充方程： $A=(b+mh_0)h_0\to v=\frac{Q}{A}=f_1(h_0)$； 联解 $v=\frac{1}{n}R^{2/3}i^{1/2}=f_2(h_0)$
	给定明渠 v_0、Q、n、b、m、i	设计渠道正常水深 h_0	补充方程：$A=\frac{Q}{v}=(b+mh_0)h_0\to b$（或 h_0）再用 $Q=K_0\sqrt{i}\to i$ 由 $Q=vA\to A\to$ 由 $Q=\frac{A}{n}R^{2/3}i^{1/2}\to R\to x$ 联解：$\left\{\begin{matrix}A=(b+mh_0)h_0\\ \chi=b+2h_0\sqrt{1+m^2}\end{matrix}\right\}$ $\to$求解 h_0

2.2 渠道纵横断面设计

2.2.1 渠道纵断面设计

纵断面设计一般是根据渠道输水总体设计所确定的控制水位、沿程水头的优化分配方案及规划渠线经过的地形、地质条件，在满足输水要求的前提下，选取合理的渠道纵比降，在满足工程布置需要的前提下，尽可能降低工程投资。渠道纵比降设计遵循的一般原则如下：

(1)填方和半填半挖渠段一般采用较缓比降。

(2)石方段和深挖方段一般采用较陡比降。

(3)根据地形起伏情况分段，比降变化不宜过于频繁。

(4)根据不冲不淤及节约水头的要求：纵比降一般不缓于 1/30 000，也不应陡于 1/20 000。

2.2.2 渠道横断面设计

根据不同的地形条件，输水明渠分别按全挖、全填、半挖半填三种方式设计渠道的横断面。基于南水北调中线总干渠线路长，水头小，纵坡缓的特点，同时考虑建设与管理的方便,南水北调中线干线工程(总干渠)选用梯形实用经济断面。三种方式的渠道典型横断面设计分述如下。

2.2.2.1　全挖方断面

对于全挖方断面,一级马道以下采用单一边坡,左右岸相同;渠道边坡取值的一般范围为 1∶0.4~1∶3.5,具体取值由边坡稳定计算结果确定。一级马道高程为渠道加大水位加 1.5 m 安全超高,左右岸相同。其余部位的布置根据具体情况分述如下。

1. 土质渠段

土质渠段一级马道以上每增高 6 m 设二级、三级等各级马道,一级马道宽 5 m,兼作运行维护道路,以上各级马道一般宽 2 m;部分渠段经边坡稳定计算后需进行减载处理,将马道的宽度放宽至 5 m。一级马道以上各边坡一般为上一级边坡按 0.25 进阶递减,部分渠段也可根据边坡稳定计算的具体情况而定。土质渠段全挖方典型断面图具体见图 2-2。

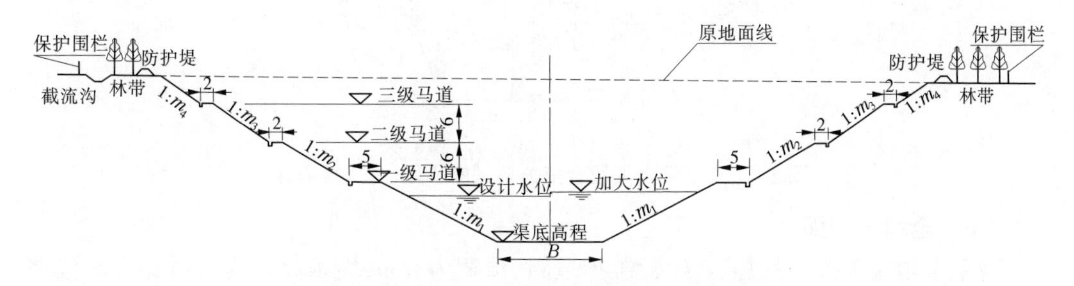

图 2-2　土质渠段全挖方典型断面图　(单位:m)

2. 石质渠段

石质渠段一级马道以上每增高 8 m 设二级、三级等各级马道,一级马道宽 5 m,兼作运行维护道路,以上各级马道宽度一般为 2 m,局部为 5 m,边坡范围值为 1∶0.4~1∶0.7,左右岸相同。石质渠段全挖方典型断面图具体见图 2-3。

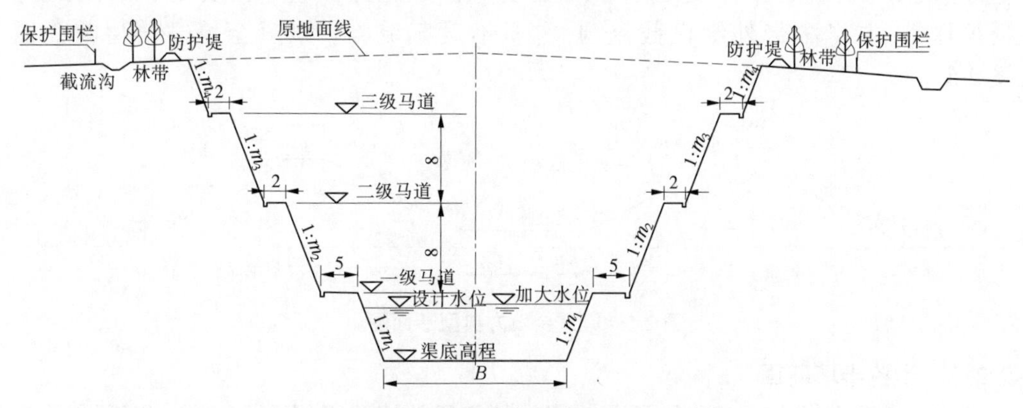

图 2-3　石质渠段全挖方典型断面图　(单位:m)

3. 土石混合渠段

对于过水断面内地层全为岩石,过水断面以上为土的土石混合渠段,一级马道以下布置同石质渠段，一级马道以上布置同土质渠段。对于过水断面内地层部分为土、部分为岩的土石混合渠段，其过水断面边坡与相邻石渠段相同，并修建浆砌石挡土墙作为支挡措施，墙顶高程与一级马道高程相同，为满足交通需要，一级马道宽度为挡土墙墙顶宽度加5 m，一级马道以上布置同土质渠段。

对全挖方断面，渠道两岸沿挖方开口线向外各设4~8 m宽的防护林带。为了防止渠外坡水流入渠内，左右岸开口线外均需设防护堤，防护堤在开口线外1 m布置，并与防护林带相结合确定防护林带宽，左岸防护林带外设截流沟，右岸不设。土石混合渠段全挖方典型断面图具体见图2-4。

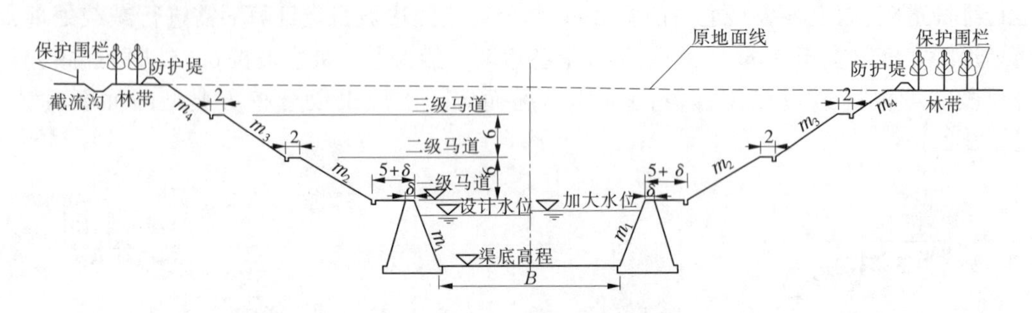

图2-4 土石混合渠段全挖方典型断面图 （单位：m）

2.2.2.2 全填方断面

对于全填方渠段，堤顶兼作运行维护道路，顶宽为5 m，堤顶高程为渠道加大水位加上相应的安全超高，并满足堤外设计洪水位加上相应超高及堤外校核洪水位加上相应超高，取三者计算结果的最大值，左右岸堤顶高程分别按此要求布置，其高程可不相同。全填方渠段过水断面均为单一边坡，左右岸相同，边坡值为1∶1.75~1∶2。

堤外坡自堤顶向下每降低6 m设一级马道，马道宽取2 m。对于填高较低的低填方渠段，填土外坡一级边坡为1∶1.5，二级和二级以上边坡为1∶2。高填方渠段外坡取值均由边坡稳定计算结果确定，可适当放缓，坡角设置干砌石防护。左岸沿填方外坡脚线向外设防护林带，左岸林带外缘设截流沟，右岸不设截流沟。渠道全填方典型断面图见图2-5。

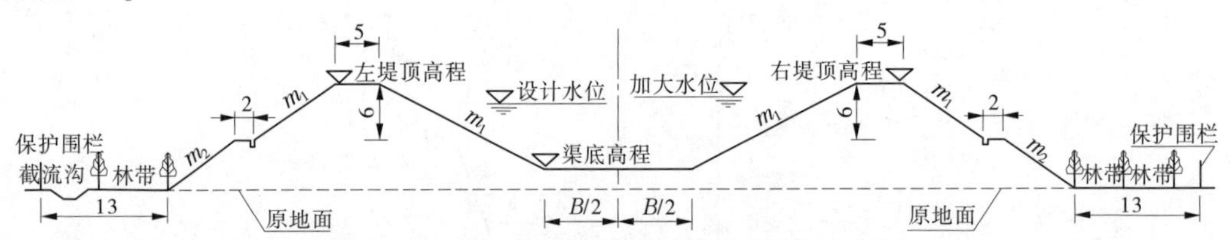

图2-5 渠道全填方典型断面图

2.2.2.3 半挖半填断面

半挖半填渠道过水断面也采用单一边坡，填方段外坡布置、堤顶宽度及其高程的确定与全填方断面相同。对于存在堤外洪水的局部渠段，根据堤外洪水位确定的防护堤高程，与渠道堤顶高程相比较来确定防护堤的布置形式，具体见第10章相关内容。渠道半挖半填典型断面图见图2-6。

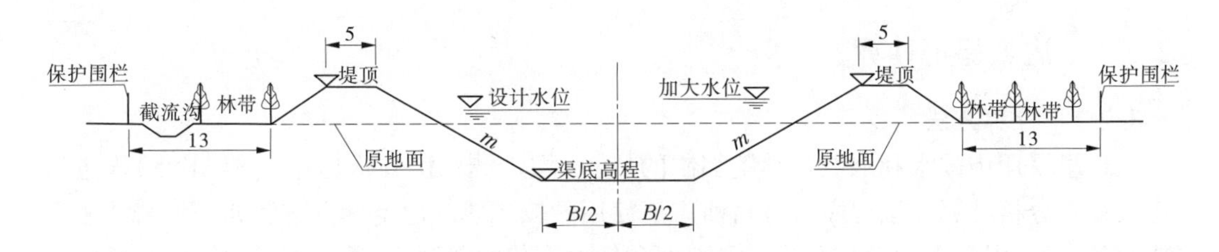

图 2-6　渠道半挖半填典型断面图　(单位:m)

2.3　渠道边坡的设计

2.3.1　计算工况及安全系数

2.3.1.1　设计工况

大型输水渠道在建设、运行及维修期间,水力边界条件往往差异很大;南水北调总干渠的渠道边坡设计通常按如下工况进行设计:

设计工况Ⅰ:渠道内设计水深 7.0 m,地下水稳定渗流,计算内坡;渠道内设计水深 7.0 m,堤外无水,计算外坡。

设计工况Ⅱ:渠内设计水位骤降 0.3 m,计算内坡。

校核工况Ⅰ1:施工期,渠内无水,地下水稳定渗流,计算内坡。

校核工况Ⅰ2:填筑高度>8 m 的填方渠道,渠内加大水深,堤外无水,衬砌防渗局部失效,计算渠堤外坡。

校核工况Ⅱ1:设计工况Ⅰ+地震,计算内坡。

校核工况Ⅱ2:填筑高度>8 m 的填方渠道,渠内设计水深+地震,堤外无水,计算外坡。

2.3.1.2　各工况的安全系数

根据工程规模和《水利水电工程等级划分及洪水标准》(SL 252—2000),按照《南水北调中线一期工程总干渠明渠土建工程初步设计技术规定》,并参照《碾压式土石坝设计规范》(SL 274—2001)的规定,对于 1 级建筑物,采用毕肖普法不同工况下边坡抗滑稳定的安全系数 K 值(见表 2-2)。

表 2-2　抗滑稳定的最小安全系数 K

工况		荷载					安全系数	备注
		土重	水重	孔隙压力	汽车荷载	地震压力		
正常情况	Ⅰ	√	√	√	√		1.5	
	Ⅱ	√	√	√	√		1.5	
非常情况	Ⅰ	√	√	√	√		1.3	
	Ⅱ	√	√	√	√	√	1.2	

2.3.2 边坡稳定计算

2.3.2.1 计算方法

这里采用中国水利水电科学院编制的《土石坝边坡稳定分析程序》(STAB95)来进行边坡稳定分析计算。该程序具有目前广泛使用的较成熟的稳定计算方法如毕肖普法和瑞典圆弧法等,滑裂面的形状有圆弧滑裂面和任意形状的滑裂面,程序可以对圆弧或任意形状滑裂面搜索相应最小安全系数的临界滑裂面。

浸润线计算则采用有限元数值分析方法计算,采用河海大学软件——水工结构有限元分析系统程序。渗流计算的基本控制方程为

$$\frac{\partial}{\partial x}\left(K_x \frac{\partial H}{\partial x}\right) + \frac{\partial}{\partial y}\left(K_y \frac{\partial H}{\partial y}\right) = 0 \tag{2-8}$$

式中:H 为渗流场的水头函数; K_x 和 K_y 分别为 x 和 y 方向上的渗透系数。

2.3.2.2 挖方渠段地下水渗透浸润线计算

(1) 地下水位低于渠底高程时,不计算浸润线。

(2)地下水位介于渠底高程和渠道设计水位之间时,设计工况下不计算浸润线,做水平线处理。

(3)地下水位介于渠底高程和渠道设计水位之间时,校核工况下施工期,渠内无水,地下水处于稳定渗流状态,计算结果见图 2-7。

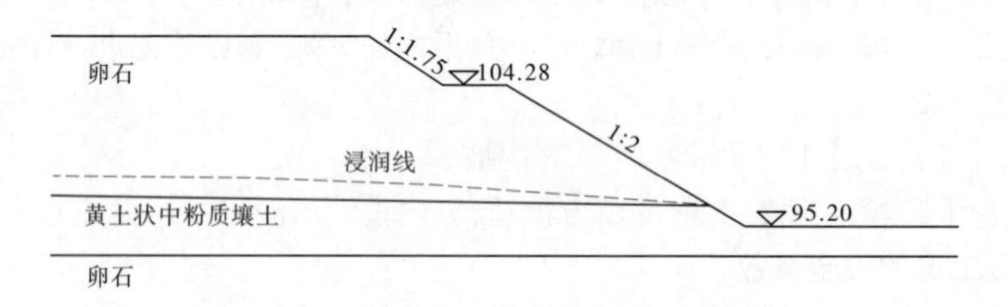

图 2-7 挖方渠段地下水处于稳定渗流状态

这里所研究的渠道沿线地层内包含多层土质,土质类型比较复杂,土体结构类型分为黏、砾双层和多层结构、黏、砂、砾多层结构、泥砾均一结构等。

2.3.3 典型断面选取及力学指标选用

首先,在渠道土岩体地质岩性分段基础上,考虑地下水位、渠道挖填深度对边坡稳定的影响等因素,对渠道进行分段和分类,然后对不同类型的渠段按照偏于不利原则,选取典型断面进行边坡稳定计算。在进行边坡稳定分析时,浸润线以上部位均采用自然快剪指标,浸润线以下部位除校核工况(施工期完建期渠内无水,地下水处于稳定渗流状态)采用饱和快剪指标外,其余均采用饱和固结快剪指标。

2.3.4 一般土质边坡设计

根据以上所述的设计标准、计算条件、计算方法等,对渠道沿线划分的每一设计段选定的控制性代表断面进行边坡稳定分析计算。首先初拟边坡系数进行计算,不满足要求

时，再将边坡系数以 0.25 为级数进行调整，直至计算的安全系数满足设计要求为止。

渠道设计边坡的拟定，根据《南水北调中线一期工程总干渠明渠土建工程初步设计技术规定》，主要依据边坡稳定计算与分析的结果，同时考虑混凝土衬砌施工及混凝土板抗滑稳定的要求。

根据长江勘测规划设计研究院《明渠初步设计技术规定》中的规定：土质挖方及半挖半填渠段过水断面（一级马道以下）边坡系数一般采用 2.0~3.0，当计算值小于 2.0 时，根据土层结构条件，经分析论证后，可适当降低。

经分析计算，土质边坡渠道设计内坡边坡系数一级马道以下为 1.75~2.5，一级马道以上边坡以 0.25 或 0.5 级数递减，渠道设计外坡一级坡为 1.5，二级坡为 2.0。

2.3.5　特殊渠段的设计处理

南水北调总干渠跨域上千千米，途径地区的渠段地质条件较为复杂，河南段有些渠段位于膨胀岩（土）区域，同时位于山前洪冲积扇地带及冲洪积平原和低丘陵相间地带；渠段沿线多为平原和丘岗地貌，局部有沙丘沙地地貌，覆盖层由山前洪冲积物构成，表层主要有黄土状壤土、粉质壤土、粉质黏土、砾质土。山丘区土层瘠薄，多有岩石出露，散落分布有阔叶林、灌木及草本植物，植被较差。而冲积扇及山区河道两岸滩地赋存深厚的砂卵石层，平原地区土层肥厚，种植业发达。地下水除山前丘陵区浅层孔隙水外，还有岩溶裂隙水，平原区浅层地下水主要为储存于第四系松散层中的孔隙水。因此，这类渠段的设计方案要综合考虑膨胀土和强透水层地质、高地下水位等多种因素。

2.3.5.1　膨胀土特性

膨胀土由于其特有的胀缩性引发的裂隙通常在表层 2.5 m 以内发育密集，对土体整体性造成破坏，渠道经过膨胀岩土地质段时，成渠条件差。

有降水入渗时，水分沿裂隙很快下渗到裂隙发育密集的深度范围之内，裂隙周边的岩土体也因吸水膨胀而逐渐向周边扩散，使表层岩土体达到饱和状态，抗剪强度降低，从而易在表层引发膨胀土渠坡的浅层滑坡。因此，渠道经过膨胀土地质段时，渠坡稳定性差。

膨胀土的胀缩性对渠道衬砌影响较大，易使衬砌遭到破坏，导致渠水外渗，渠道不能正常运行，必须采取特殊的工程处理措施。

2.3.5.2　注意事项

膨胀土地质段渠道设计的主要问题是边坡稳定问题和消除或减弱其胀缩性问题。在膨胀岩（土）地质段进行渠道设计时，应综合考虑膨胀土膨胀性的强弱、边坡土体结构类型、渠道的挖填情况、地下水位与设计渠水位的关系等因素，选择不利断面进行渠坡稳定性计算。

2.3.5.3　参数选用

渠坡稳定计算涉及的主要指标是岩土体的抗剪强度。膨胀土强度指标的选取是个复杂的问题，目前还没有一个统一的标准，但总体趋向于中、强膨胀土取残余强度或流变强度，弱膨胀土取峰值强度。膨胀岩土边坡稳定计算参数采用值见表 2-3。

表 2-3 膨胀岩土边坡稳定计算参数采用值

岩性	膨胀等级	水上		水下	
		c(kPa)	φ(°)	c(kPa)	φ(°)
泥灰岩	弱	26	21	20	20
黏土岩	弱	30	21	20	17

2.3.5.4 **各种工况下的膨胀岩土强度指标取值原则**

中、强膨胀岩(土)浸润线以上取峰值强度的折减,浸润线以下取残余强度;弱膨胀岩(土)浸润线以上均采用自然快剪指标,浸润线以下除校核工况Ⅰ1(施工期完建期渠内无水,地下水处于稳定渗流状态)采用饱和快剪指标外,其余工况均采用饱和固结快剪指标。

2.3.5.5 **计算方法**

特殊膨胀土段的渠坡稳定计算采用简化毕肖普法,对工况复杂段,用分带取参数的方法进行复核计算,典型断面计算见图 2-8。

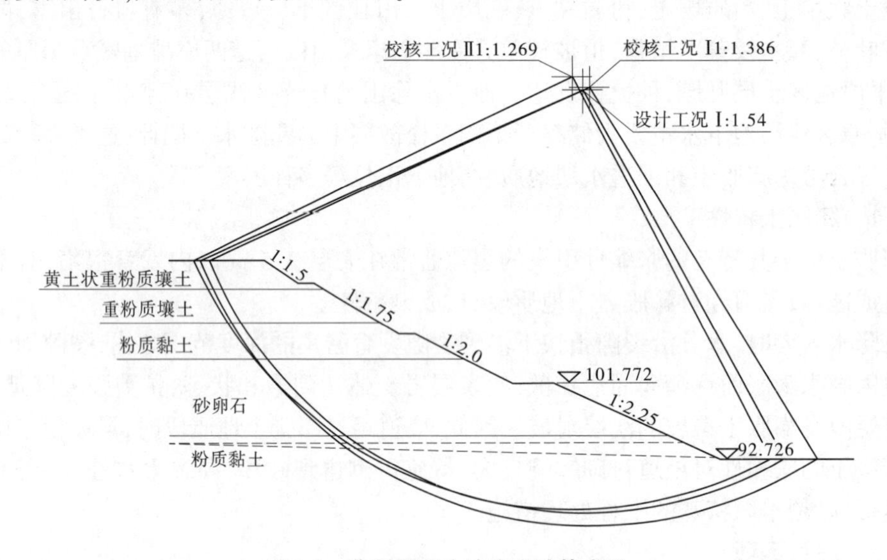

图 2-8 典型断面边坡稳定计算成果

2.3.5.6 **工程措施**

对计算稳定的膨胀土边坡,需采取必要的防护措施以防止渠坡遇水或失水引起胀缩变形,致使衬砌破坏渠坡失稳。

针对本书所述渠段,综合考虑以上因素,经过膨胀土拌和石灰置换迎水坡面方案、迎水面黏土铺盖方案、现浇混凝土衬砌方案的比选,最终确定了采用迎水面黏土铺盖方案:在设计开挖断面的基础上,分别向渠坡外水平超挖,依据当地大气影响急剧层深度和当地对膨胀岩、土处理的经验,并考虑有关水文地质条件,确定以黏土岩出露高程为界线,黏土岩以下垂直边坡换填厚度 1.4 m,黏土岩以上一级马道以下垂直边坡换填厚度为 3.7 m,换填材料选用黏性土,压实度 0.98。

2.4　渠道衬砌设计

2.4.1　渠道衬砌基本指标的确定

2.4.1.1　衬砌材料

渠道采用混凝土衬砌，一般采用现浇等厚板，渠底厚度 8 cm，边坡厚度 10 cm，封顶板宽度不小于 30 cm，寒冷地区渠道衬砌混凝土采用强度等级为 C20，抗冻等级 F150，抗渗等级 W6。混凝土衬砌坡脚应设混凝土齿墙。

2.4.1.2　衬砌范围

渠道衬砌范围为全断面衬砌，包括渠道过水断面的边坡和渠底，填方渠道至堤顶，挖方渠底至一级马道高程。衬砌范围见图 2-9。

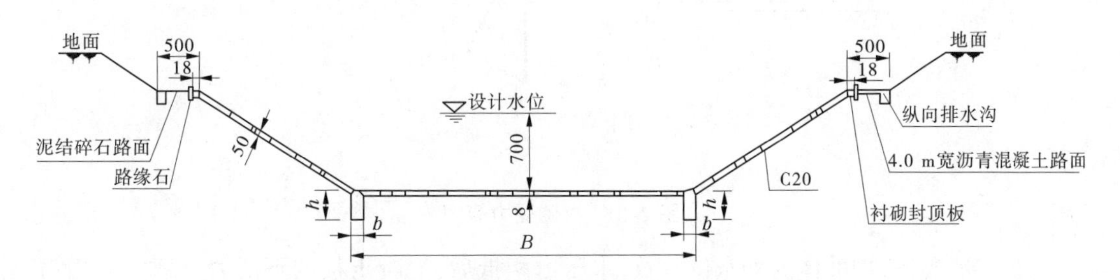

图 2-9　挖方渠段衬砌范围示意　（单位：cm）

2.4.1.3　衬砌断面

全段渠道均采用混凝土板衬砌。混凝土板的厚度及尺寸，与地基、气温、施工条件等有关，根据规范及计算结果选用。

根据《渠道防渗设计规范》（SL 18—2004），现浇纯混凝土板的厚度，当渠道内流速小于 3 m/s 时，大型梯形渠道混凝土等厚板的最小厚度在温和地区为 8 cm，寒冷地区为 10 cm。

为增加混凝土衬砌的抗滑稳定性，渠道两坡脚处均设置齿墙，其高、宽尺寸由衬砌的稳定计算而定，在不同的地质段、不同的边坡情况下，采用不同的设计尺寸，根据对各段渠道的衬砌稳定计算，齿墙宽度为 30~50 cm，高度为 30~80 cm。

现浇混凝土板根据其分缝情况确定平面尺寸，单块板顺渠向长 4 m，宽为 3~5 m。

2.4.2　渠道衬砌的稳定计算

对混凝土衬砌板，需验算板的稳定性，其计算工况见表 2-4。

表 2-4　衬砌稳定复核计算工况

工况		荷载			安全系数		备注
		自重	水重	扬压力	抗滑	抗浮	
正常情况		√	√	√	1.3	1.10	
非常情况	Ⅰ	√	√	√	1.2	1.05	
	Ⅱ	√	√	√	1.2	1.05	

正常情况:对挖方渠段,计算条件为设计水深,地下水稳定渗流;对填方渠段,设计条件为设计水深,堤外无水。

非常情况Ⅰ:正常情况下设计水位骤降0.3 m。

非常情况Ⅱ:对填方渠段,渠内闸前设计水位,堤外校核洪水位。

2.4.2.1 抗滑稳定

抗滑稳定安全系数 $K_h = \frac{f}{G\sin\alpha} = \frac{摩擦力}{下滑力}$,计算简图见图2-10。

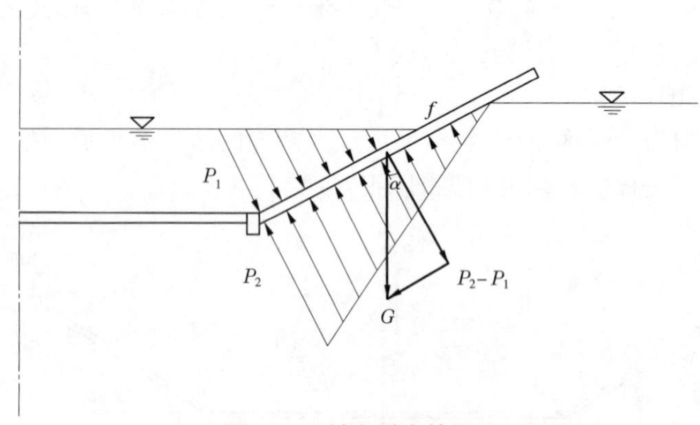

图2-10 衬砌受力简图

正常情况下,护坡体内外水位一致,水压力相抵后,混凝土板的下滑力及摩阻力均由混凝土板自重产生。非常情况时,渠水位骤降0.3 m,此时渠坡外地下水位没有及时下降,外水压力大于内水压力,混凝土板的下滑力及摩阻力是由混凝土自重减去内外水压力的差值后产生。以上两种情况,位于水下部分的混凝土板重按浮容重计。有水位骤降的工况对齿墙稳定最为不利。

根据以上结算结果确定齿墙的结构尺寸。

2.4.2.2 抗浮稳定计算

安全系数

$$K_f = \frac{G\cos\alpha}{P_{外} - P_{内}} = 板自重在法线上的分量$$

外水压力-内水压力计算简图见图2-11。

在地下水位低于渠道设计水位的情况下,内水压力≥外水压力,衬砌体均满足抗浮稳定的要求,但当地下水位高于渠道设计水位且渠内水位骤降或外水位骤升时,由于衬砌体内外水位差作用,产生向上的浮力大于向下的重力,该工况抗浮稳定不容易满足。

做好衬砌体下排水设施是增加抗浮稳定的有效措施。因此,应根据计算结果对相应渠段采取排水措施。

2.4.3 渠道的防渗设计

2.4.3.1 防渗材料

根据《土工合成材料应用技术规范》(GB 50290—98)的规定和衬砌混凝土板抗滑稳

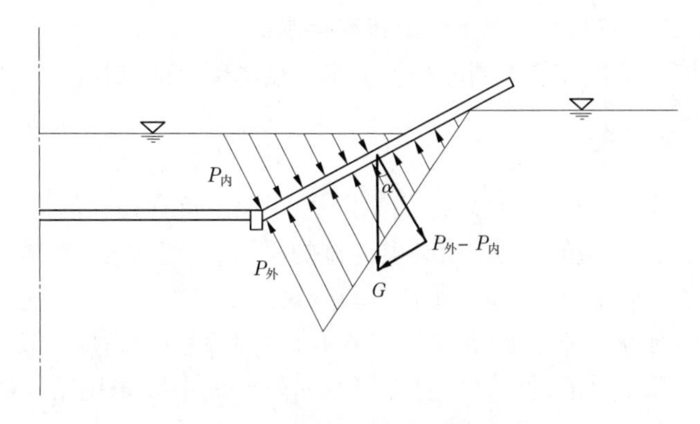

图 2-11　渠坡抗浮计算简图

定的要求,选用强度高、均匀性好的长纤复合土工膜作为防渗材料。一般渠段采用规格为 600 g/m^2 的两布一膜,其中膜厚 0.3 mm。

2.4.3.2　**防渗结构**

底防渗复合土工膜压在坡脚齿墙下,渠坡防渗复合土工膜顶部高程与衬砌顶部高程相同,并压在封顶板及路缘石下。

防渗材料均铺在混凝土衬砌板下,保温层之上。在土工膜防渗渠段,土工膜要求平面搭接,搭接宽度不小于 10 cm,其搭接处采用 RS 胶黏结,黏结方向由下游向上游顺序铺设,上游边压下游边。典型断面见图 2-12。

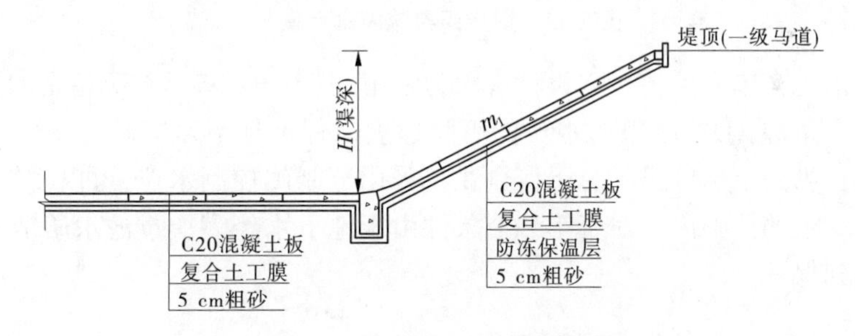

图 2-12　土工膜铺设典型结构示意

2.5　渠道周边地下水排水设计

2.5.1　设计原则

为保证渠道边坡及衬砌的稳定性,需对地下水位高于渠道设计渠底高程的渠段设置一定的排水措施。对于地下水位低于设计渠底的渠段,存在以下因素:①预测最高地下水位雨量资料系列长度不足,具有不确定性;②渠道修建后,可能因截断地下水的排泄通道而引起地下水位的升高;③总干渠长期运行后,渠坡及渠基一定范围内会由于渗水而饱和,在渠道放空时,衬砌下会产生扬压力。因此,同样需要采取排水措施。

需要在渠底和渠坡设置适当的排水设施,即在渠底及渠坡各设置一排纵向集水暗管,并每隔 15 m 在渠底及渠坡各设置 1 个逆止式排水器。

这里重点阐述对工程安全不利的高地下水位排水措施的设计。

2.5.2　排水措施方案

地下水排水方式有两种：一是外排，适用于总干渠附近存在天然沟壑等有自流外排条件的渠段或地下水水质不符合要求而必须外排的渠段；二是内排，对地下水水质良好，且不具备自流外排条件的渠段，将地下水排入总干渠。

渠道排水措施有许多种方案，每种方案均有自身的特点及适应性：

对于地下水位低于渠道设计水位且地下水质较好的渠段采用暗管集水，逆止式排水器自流内排。

在渠道两侧坡脚处设暗管集水，根据集水量的计算成果，每隔一定间距设一逆止式排水器。当地下水位高于渠道水位时，地下水通过排水暗管汇入逆止式排水器，逆止式阀门开启，地下水排入渠道内，使地下水位降低，减少扬压力，反之阀门关闭。布置见图 2-13。

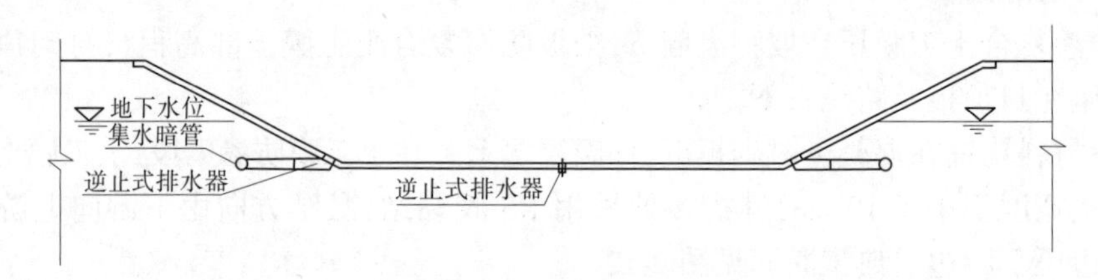

图 2-13　逆止阀自流内排示意

这种排水措施在国内渠道排水设计中较为常用，但为满足渠道衬砌稳定的要求，内排措施需满足两个条件：①控制渠内水位的下降速度以保证地下水有较充裕的排出时间；②出水口畅通。第一个条件由于总干渠全线将采用节制闸控制水位，可以使渠内水位下降速度控制在一定的范围内。对于第二个条件由于地下水经多次过滤水质清洁，因此出水畅通应能得到保证。

2.5.3　渠道排水计算

2.5.3.1　计算条件

(1)选择对工程最不利的水位组合，即渠道无水，地下水位为预测多年最高水位的组合，此时暗管集水量最大。

(2)内排集水暗管在渠道完建期、检修期及运行期均按有压流计算，根据各段的集水量的多少而采用不同的管径。

2.5.3.2　暗管集水流量计算公式

1. 暗管单侧集水流量的确定

根据《水文地质手册》及《地下水利用》(宁夏农学院主编)，按水平截潜流工程来计算。根据本渠段的地质条件，砂卵石含水层厚度均不太厚，因此按完整式水平截潜流工程来计算集水量，见图 2-14。

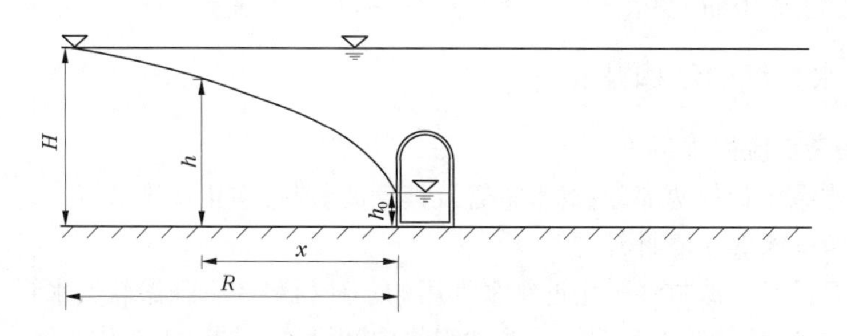

图 2-14　单侧进水完整式集水工程示意

$$Q = L \times K \frac{H^2 - h_0^2}{2R} = L \times K \frac{H + h_0}{2} \frac{H - h_0}{R} = L \times K \frac{H + h_0}{2} I \tag{2-9}$$

式中：Q 为单侧集水流量，m^3/d；R 为地下水影响半径；I 为潜水降落曲线的平均水力坡降，I 值可参考表 2-5 所列数值取值；K 为含水层渗透系数，m/d；L 为集水段长度，m；H 为含水层厚度，m；h_0 为集水廊道外侧水层厚度，m，$h_0 = (0.15 \sim 0.3)H$。

表 2-5　不同土质渗流水力坡度值

岩性	I 值	岩性	I 值
砂砾石	0.003~0.006	粉砂	0.050~0.100
粗砂	0.006~0.020	黏土	0.100~0.150
中细砂	0.020~0.050		

2. 地下水集水暗管过流能力计算

集水暗管过流能力按有压管道恒定流公式计算：

$$Q = \mu_c \omega \sqrt{2gH_0} \tag{2-10}$$

$$\mu_c = \frac{1}{\sqrt{a + \lambda \frac{l}{d} + \sum \zeta}} \tag{2-11}$$

式中：Q 为流量；μ_c 为管道流量系数；a 为动能改正系数；λ 为沿程阻力系数；ω 为管道断面面积；d 为管道直径；l 为管道计算段长度；$\sum \zeta$ 为管道计算段中各局部损失系数之和。

不同工况的排水水力计算按不同的水力边界条件处理：①完建期及检修期以上述公式按自由出流计算。②渠道运行期以上述公式按淹没出流计算。

3. 内排逆止式排水器出水量

根据可更换型地下水逆止式排水器相关技术资料，逆止式排水器长 28 cm，出水室内径 14 cm。在 0.05 m 水头下日出水量为 7.92 m^3，在 0.2 m 水头下日出水量为 25.49 m^3，在 0.3 m 水头下日出水量为 35.28 m^3；其中 25.49 m^3 作为设计采用值。

4. 排水水力计算结果

根据各排水渠段的地层参数和地下水位成果，分别计算各段排水暗管数量及逆止式排水器间距和数量等。当计算出的逆止式排水器间距大于 15 m 时,渠坡排水器间距取 15 m,小于 15 m 时按计算值选用;针对选择计算的渠段,渠坡逆止式排水器间距为 5~15 m 不等,渠底均按 10 m 选用。

2.5.4 排水系统的结构及布置

2.5.4.1 渠坡自流内排系统

暗管排水系统包括两部分:集水暗管及其反滤材料,逆止式排水器。

1. 集水暗管及其反滤材料

集水暗管及其反滤材料采用近年来常用的一种材料——强渗软透水管。强渗软透水管系一新型材料,该管结构为两层尼龙纱织物中间设置一层土工布作为透水材料料,透水材料料以钢环支撑,开挖沟槽埋设后回填粗砂。本渠段采用直径为 15 cm、25 cm 的强渗软透水管,依据《土工合成材料测试规程》(SL/T 235—1997),该规格软管的抗压强度能满足要求。该排水结构形式已在水利工程中广泛应用。

2. 逆止式排水器

根据市场调查,可更换型逆止式排水器的主要部件由硬聚氯乙烯(PVC-U)制作,设有进水室、出水室和逆止活动门。逆止活动门设置在进水室和出水室之间。集水暗管中的地下水通过连接管汇入进水室,当地下水位高于渠内水位即外水压力大于内水压力时,逆止活动门开启,地下水通过排水器排出;当内水压力大于外水压力时,由负压差自动关闭逆止活动门。

3. 自流内排系统布置

渠坡纵向集水暗管布置原则为:若地下水位高于渠底 4 m 以上,则布置双排纵向集水暗管,并每隔 45 m 设一道横向连通管;4 m 以下则布置单排纵向集水暗管。集水暗管采用软式透水管,软管周围设粗砂垫层。

2.5.4.2 渠底自流内排系统

对于地下水位高于渠底的渠段,为了保证渠底衬砌板免受扬压力的破坏在渠底铺设 5 cm 粗砂集水排水层,同时在渠底正中间设一排纵向集水暗管,并每隔 10 m 布置 1 个逆止式排水器即能满足排水要求。

2.6 渠坡防护设计

2.6.1 渠坡分类

渠坡是渠道所有坡面的总称,包括内坡(挖方渠段一级马道以下,填方渠段内侧的坡面)、岸坡(挖方渠段一级马道以上的坡面)和外坡(填方渠段外坡面)。渠道内坡防护,即渠道衬砌。渠坡防护范围是指渠道的岸坡和外坡的防护。渠坡防护措施是采用坡面排水和工程措施与植物措施相结合的坡面防护,渠坡分类见图 2-15。

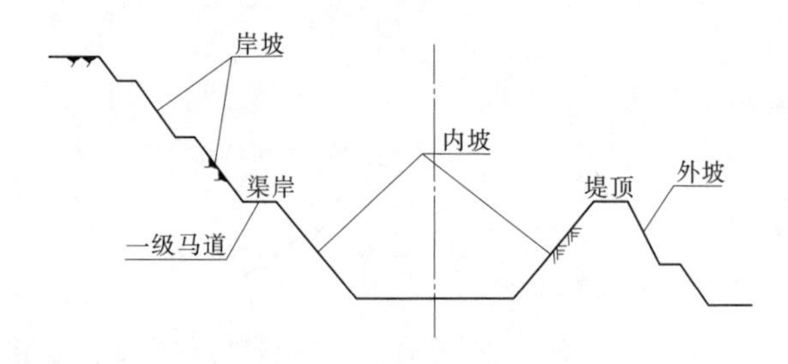

图2-15　渠坡分类示意

2.6.2　坡面排水设计

2.6.2.1　坡面排水沟布置

为了顺利有效地排除降雨在坡面上产生的径流,需在坡面上设置排水沟,排水沟分横向与纵向两种,横向排水沟与渠道水流方向垂直,设置在各级坡面及马道上;纵向排水沟与渠道水流方向平行,设置在各级马道靠近坡脚一侧,且纵横向排水沟相互贯通。

2.6.2.2　排水沟设计

挖方渠段:一级马道以上按渠道设计横断面逐级设置纵横排水沟。

设置在各级坡面及马道上的横向排水沟,间距60 m;纵向排水沟设置在各级马道上靠近坡脚一侧,与横向排水沟贯通。纵横向排水沟布置见图2-16、图2-17。

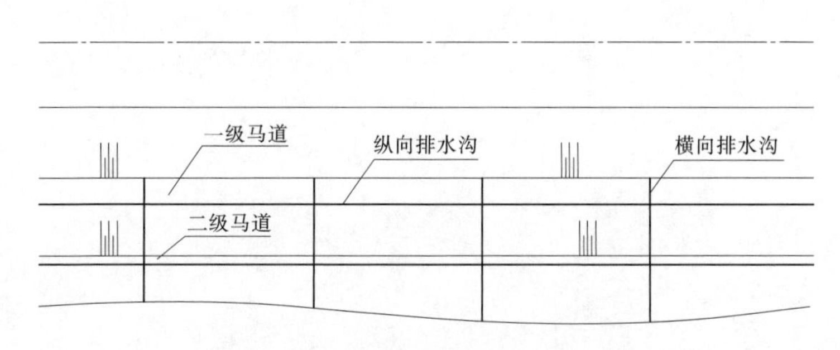

图2-16　坡面排水沟平面布置示意

排水沟均为矩形断面,结构形式及尺寸为:一级马道纵横向排水沟沟宽0.4 m,沟深0.5 m,为M7.5水泥浆砌块石,厚度0.3 m。其余纵横排水沟深和宽均为0.3 m,采用C15预制混凝土凹形槽,厚度0.1 m,每段长0.6 m。

2.6.3　坡面防护设计

基于生态渠道工程理念,岸坡防护形式为混凝土与植草相结合的六棱体框格和干砌块石两种。由于本书所研究的渠段湿陷性黄土及膨胀岩土分布较为广泛,湿陷性黄土多处于低含水量的非饱和状态,在遇水饱和后会产生湿陷变形和浸水软化的特征;膨胀岩土具有网状裂隙,遇水膨胀,失水收缩干裂,抗风化能力差。以上各种不利因素的影响,若采用草皮护坡,不能有效防护岸坡及外坡。为了保证渠坡的安全稳定,较好防护坡面新铺草

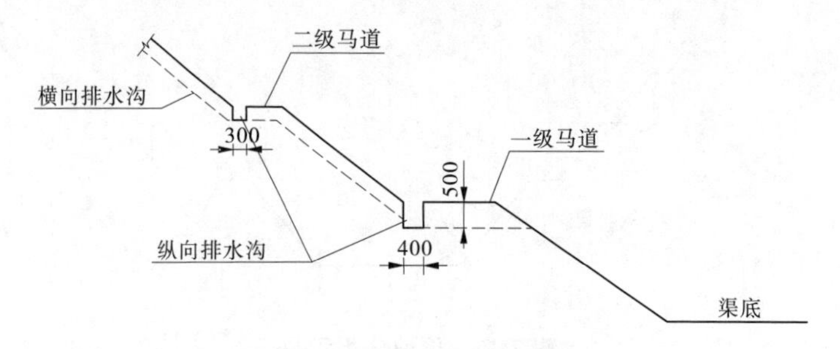

图 2-17　坡面排水沟横断面示意

皮及表层土,采用预制混凝土六棱体框格防护,六棱体框格采用三个预制混凝土 Y 形构件拼装组成,框格内填土并植草。Y 形构件见图 2-18。

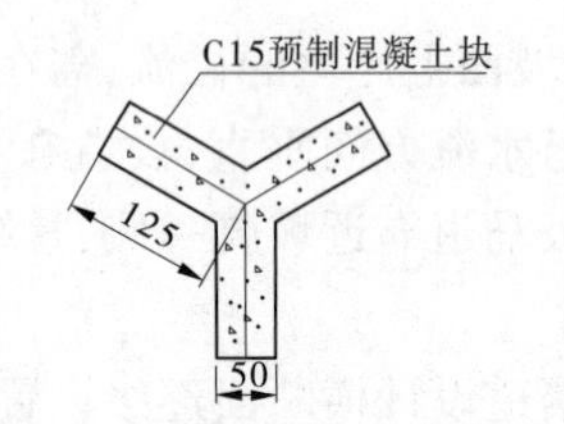

图 2-18　Y 形构件　(单位:mm)

第3章　运行期渠道变形损伤的处理方案研究

3.1　运行期常见渠道变形损伤情况

输水渠道经过一段时期的运行，总会受到一些损失，衬砌渠道过水断面常见的损伤破坏情况主要有以下几种：

(1)衬砌结构下部的土体滑动，导致衬砌板断裂、隆起，同时引起了衬砌结构中的土工膜、排水管等断裂。这种破坏类型是较为严重的，必须及时予以处理。是本书所属的破坏类型之一。

(2)衬砌结构下部土体沉降，导致衬砌板下部支撑体脱空，衬砌板在渠道水压力作用下出现不均匀沉降，导致错台、断裂。

(3)强降雨导致上跨渠道的左排渡槽内排水下泄能力不足，洪水从渡槽内漫流进入渠道。该种破坏方式主要是水体跌落渠道后直接冲击边坡，破坏位置主要位于边坡及一级马道衬砌板，也是本书讨论的内容之一。

(4)地下隐伏管线导致的破坏。工程地质测量布置的勘测孔间距较大，未能将地下隐伏的管线全部排查统计，漏处理一些年代较为久远的地下管廊，是工程的一个安全隐患，在长期运行情况下，不可避免地出现一些渗漏，渗漏通道一旦与地下管廊联通，将导致相关位置沉陷。该种破坏形式可能导致衬砌板塌陷，需要进行水下修复。

(5)桥梁桩(柱)与渠道断面结合部位，是渠道施工的一个薄弱环节，首先因其桥梁成桩后，该部位的土工膜无法整体铺设，需要进行切割、粘贴、缝补等工艺，个别桥梁桩柱周边还需要开挖回填，同时土工膜具有一定硬度，铺设后存在一定褶皱，铺设过程中容易扰动其下部粗砂层，且该部位的衬砌工艺与渠道大面积衬砌不同，主要靠人工衬砌。综合以上因素，该部位是容易出现破坏的薄弱点，而且一旦出现破坏，基本上位于水位变化区，破坏面恶化速度较一般部位发展快，需要尽快处理。

(6)地方雨污分流措施尚未完全落实，下穿总干渠的污水廊道在遭遇强降雨时，还被迫承担着雨污混流情况下排泄污水的功能。而初步设计阶段考虑的排污管道的流量、压力均是以排泄污水为其主要功能的，一旦洪水进入，势必造成管道排泄能力不足，管内压力升高，甚至漂浮物淤塞管道，若不及时疏通，将导致进水口壅水过高，当水位高于防洪堤时，将进入总干渠，对渠道边坡及过水断面造成水毁。

(7)渠道衬砌板出现的冻融、冻胀破坏。

以上的工程破坏情况，或缩小了过水断面面积，或增加了过水断面的糙率，或形成了渠内外水联系的通道，或降低了边坡的稳定性，影响了渠道通水运行，且损坏部位发展扩大或情况恶化将对正常输水带来潜在危险。

这里主要针对第 1 种和第 3 种的渠道变形破坏进行修复方案研究。本章以典型修复工程为例,只讨论(1)中破坏形式的修复方案;第 3 种破坏形式的修复方案则在第 7 章中予以详细介绍。

3.2　典型修复渠段及局部损伤情况

3.2.1　修复涉及渠段工程的平面布置

受到局部损伤的渠段位于辉县韭山渠段,修复渠段上游 104+295.46 为小官庄左排渡槽,下游 105+414.47 为韭山公路桥,下游 106+923.83 为地方东河河道,总干渠采用暗渠方式通过,附近工程平面布置见图 3-1。

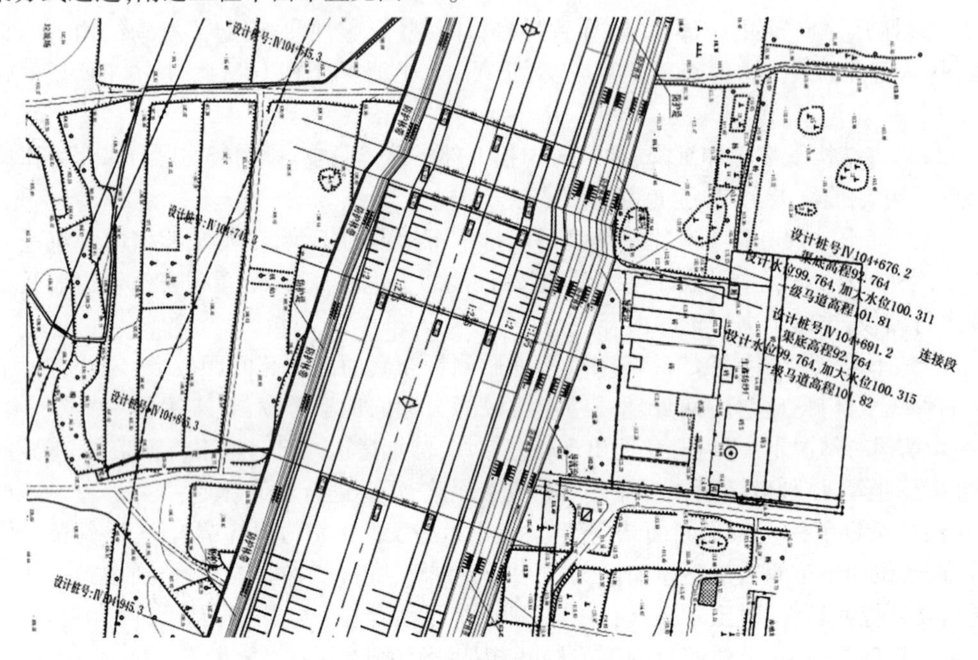

图 3-1　修复渠段平面布置

3.2.2　水文地质条件

3.2.2.1　初步设计阶段

辉县段Ⅳ104+500~Ⅳ105+500 段建筑物场区位于太行山山前冲洪积倾斜平原上,地形较为宽阔平缓,略倾向东南。渠坡土岩性主要由黄土状重粉质壤土、粉质黏土、卵石和黏土岩组成。渠底板主要位于卵石层底部或黏土岩顶部。地下水主要为第四系松散岩类孔隙潜水含水层组,含水层组主要由冲洪积砾卵石夹薄层(黄土状)粉质壤土组成。第四系松散岩类孔隙潜水主要接受大气降水入渗、侧向径流、灌溉及地表(河、沟、渠等)水入渗补给,排泄方式主要为侧向径流及人工开采。

1. 地层岩性

辉县段桩号 HZ103+730~HZ105+550(上黏性土、下软岩土岩双层结构),该段以挖方为主,半挖半填次之。挖方深度一般8~15 m,最大挖深23.5 m左右。渠坡土岩性主要由黄土状重粉质壤土、粉质黏土、卵石和黏土岩组成。渠底板主要位于卵石层底部或黏土岩顶部。

(1)黄土状重粉质壤土($^{al+pl}Q_2^{\ 3}$)。天然含水量18.3%~25.4%,天然干密度平均值1.54 g/cm^3;液性指数平均值0.14,呈可塑—硬塑状;压缩系数平均值0.28 MPa^{-1},具中等压缩性,标贯击数4~22击,平均7.5击,多属中硬—硬土;湿陷系数δ_s=0.018~0.027,具轻微湿陷性。

(2)粉质黏土($^{al+pl}Q_2$)。天然含水量14.3%~25.8%,天然干密度平均值1.58 g/cm^3;液性指数平均值0.04,多呈硬塑状;压缩系数平均值0.17 MPa^{-1},具中等压缩性,标贯击数5~28击,平均19击,属中硬—硬土;自由膨胀率δ_{ef}=40%~62.5%,具弱膨胀潜势。

(3)卵石($^{al+pl}Q_2$)。重型动力触探击数8~25击,平均15击,多呈中密状。

(4)黏土岩(N_{2L})。天然含水量12%~26.5%,天然干密度平均值1.70 g/cm^3;自然单轴抗压强度1.15 MPa,属极软岩。自由膨胀率δ_{ef}=42%~58%,具弱膨胀潜势。

2.地下水

渠段内多年最高地下水位高于渠底板的渠段主要分布在桩号Ⅳ104+600~Ⅳ108+700(高于渠底板0~2.5 m);多年最高地下水位在渠底板附近的渠段分布在桩号Ⅳ102+600~Ⅳ104+600,见图3-2。地下水具动态变化特征,地下水位受降水和地表径流影响变化较大,卵石层一般具强透水性,渠道存在冲刷、渗漏问题。

3.2.2.2　招标设计阶段

招标设计阶段,小官庄北沟下游原有沟道被填平,村中再无其他专门的排洪通道,而原线路上的小官庄北沟左排出口又紧邻附近房屋,左排出口洪水在没有空间充分扩散的情况下集中下泄必将对附近房屋的安全造成严重威胁,因此设计单位对渠道轴线进行了局部调整。调整后,地质部门针对调整线路进行了补充勘察。

勘察成果显示:

(1)桩号Ⅳ103+700 ~Ⅳ105+600地质段属黏砾多层结构段,地层岩性上部为黄土状重粉质壤土、粉质黏土、卵石,下部为第三系黏土岩、砂砾岩。

(2)渠底板主要位于黏土岩,局部位于砂卵石地层中。

(3)桩号Ⅳ104+400~Ⅳ105+100渠段砂卵石层(高程104~107 m)为透镜体,位于渠道开挖断面内。

(4)桩号Ⅳ105+400左岸砂卵石地层埋深约2.5 m,桩号Ⅳ105+693左右岸砂卵石地层在地表出露。

(5)地质纵断面图见图3-2。

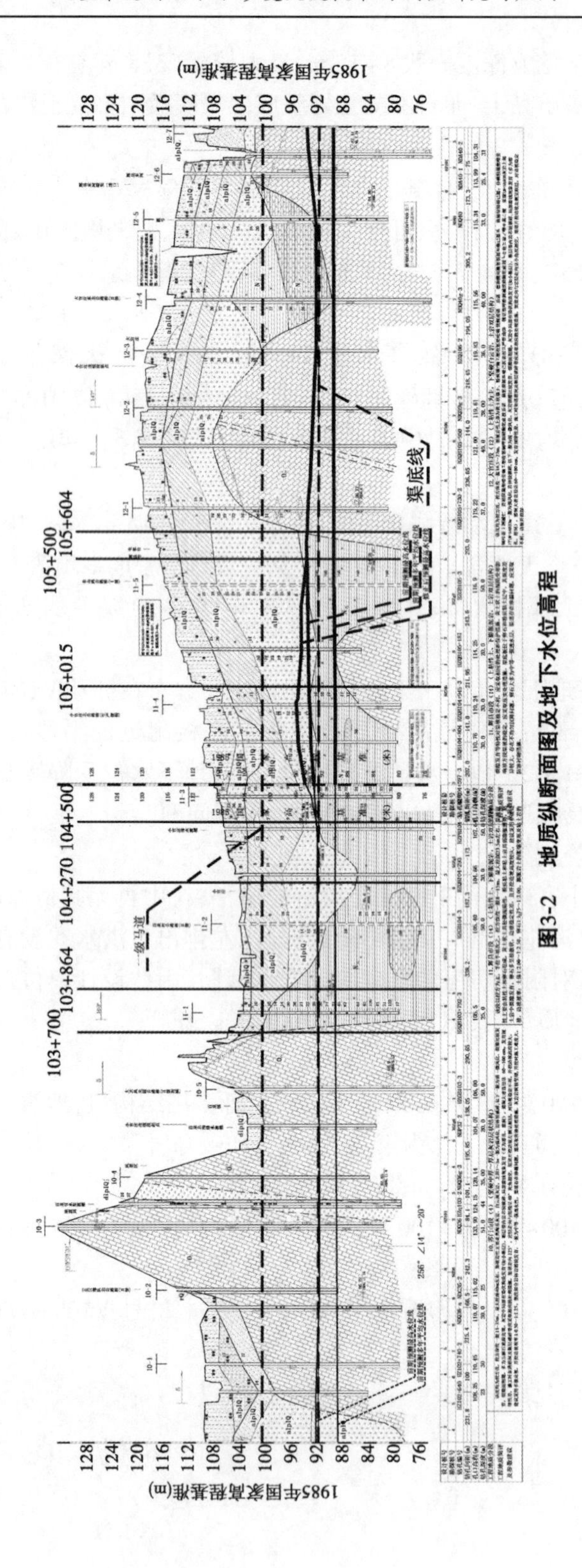

图3-2　地质纵断面图及地下水位高程

3.2.2.3　施工阶段

1.地质情况

施工开挖后,地质编录成果如下:

(1)地质编录范围为:桩号Ⅳ104+300~Ⅳ105+400渠道换填开挖底面高程(89.1~91.4 m)至一级马道高程(101.7 m)。

(2)桩号Ⅳ104+300~Ⅳ104+400渠底(高程89.1 m)地层为粉质黏土,一级渠坡地层岩性以粉质黏土为主,中间分布薄层卵石和透镜体。

(3)桩号Ⅳ104+400 ~Ⅳ105+400渠底及渠坡(高程89.1 m~93.1 m)地层为黏土岩,高程93.1 m以上一级渠坡地层为砂卵石和粉质黏土互层结构,卵石层多成条带状透镜体,厚薄不均。

根据施工阶段地质编录成果,地质条件变化如下:

(1)桩号Ⅳ104+300~Ⅳ104+400渠段卵石层底部高程由招标阶段87.0 m抬升至89.1 m以上。

(2)桩号Ⅳ104+400~Ⅳ105+000渠段招标阶段砂卵石层与粉质黏土层界限明显,施工编录中该渠段渠坡以粉质黏土和黄土状重粉质壤土为主,土层中分布有较多砂卵石透镜体,透镜体大小不一。

(3)桩号Ⅳ105+000~Ⅳ105+400渠段招标阶段渠坡为均一砂卵石地层,施工编录中该段渠坡砂卵石层呈条带状与粉质黏土层互层分布。

2.地下水情况

本渠段地下水可划分为第四系松散岩类孔隙潜水含水层组和可溶岩岩溶裂隙含水层组共两个含水层组。

第四系松散岩类孔隙潜水含水层组:小官庄(桩号Ⅳ103+700~Ⅳ105+600)含水层组主要由冲洪积砾卵石夹薄层(黄土状)粉质壤土组成。本渠段粉质壤土一般具微—弱透水性,赋水条件一般较差,砾卵石一般具强透水性,赋水性较好。主要接受大气降水入渗、侧向径流、灌溉及地表(河、沟、渠等)水入渗补给,排泄方式主要为侧向径流及人工开采。

可溶岩岩溶裂隙含水层组:上第三系孔隙裂隙岩溶含水层组在小官庄—赵庄一带(桩号Ⅳ104+100~Ⅳ105+200)。主要接受侧向径流补给,以侧向径流方式排泄。

根据《南水北调中线一期工程总干渠新乡段施工阶段地下水情况工程地质说明》,桩号Ⅳ104+200~Ⅳ105+606.5段2010年10月地下水位高程为94.60~95.70 m,高于渠道换填建基面4.5~5.0 m(高于渠底1.8~3 m),汛期左岸渠坡局部渗水部位高程可达97.46 m(高于渠底4.7 m);2011年2月地下水位高程桩号Ⅳ104+200~Ⅳ105+606.5段地下水位高程为94.80~95.0 m,高于渠道换填建基面3.4~5.7 m(高于渠底2.3 m左右)。

其中,桩号Ⅳ104+601~Ⅳ105+320段地下水最高水位高于前期预测最高水位,结合地形地质因素分析,该段地下水明显具有滞水性质,其余段地下水位在前期预测最高水位范围之内,水位线见图3-2。

本渠段地下水具有动态变化特征,水位变化受降雨影响较大。

3.2.3　设计结构

本段为全挖方渠段，挖深 18.0 m 左右，渠道纵向设计比降为 1/20 000，设计底宽 b= 14.5 m，渠道内边坡自下而上依次为 1∶2.25、1∶2.0、1∶1.75、1∶1.5，设计水深 7 m，加大水深约 7.55 m，渠底高程 92.756～92.751 m，设计水位 99.756～99.75 m，加大水位 100.307～100.302 m，一级马道高程 101.81 m，宽 5 m，一级马道以上各级马道宽 2 m，相邻马道高差 6 m。

本渠段过水断面为现浇混凝土衬砌，渠坡厚 10 cm、渠底板 8 cm，强度等级为 C20，抗冻等级 F150，抗渗等级 W6。渠道衬砌分缝间距 4 m，通缝和半缝间隔布置，缝宽 2 cm。分缝临水侧 2 cm 均采用聚硫密封胶封闭，下部均采用闭孔塑料泡沫板充填。

本渠段采用过水断面铺设保温板进行防冻设计，渠坡保温板厚度 2.5 cm，渠底保温板厚度 2 cm；采用规格为 600 g/m^2 的两布一膜对渠道衬砌断面进行铺设防渗，复合土工膜膜厚 0.3 mm；渠底布设逆止式排水器一排，左右岸渠坡各布设逆止式排水器一排，排水器间距均为 10 m。

本渠段排水沟均为矩形断面：一级马道纵、横向排水沟宽 0.4 m，沟深 0.6 m，厚度 0.15 m，C15 混凝土结构。其余纵横排水沟深和宽均为 0.3 m，采用 C15 预制混凝土“凹”形槽，厚度 0.1 m，每段长 0.6 m。

渠道一级马道以上内坡采用“菱形框格+混凝土六角框格+草皮”进行防护。

本段截流沟布置在渠道左岸防护林带外侧、渠道永久占地外边线内侧 1 m 处。沟底宽 2 m，边坡 1∶1.5，采用 0.3 m 厚浆砌石全断面护砌。本段防护堤布置在渠道开口线以外 13 m 工程管理范围之内截流沟内侧，距开口线 1 m 处，左岸防护堤堤顶宽度 3 m，边坡 1∶1.5，临水侧采用 0.3 m 厚干砌石防护。

渠段内分布有砂卵石强透水层和具有膨胀性的黏土岩层，砂卵石地层换填黏土垂直厚度 3.7 m，黏土岩膨胀岩土层渠坡换填厚度为 1.4 m，渠底换填厚度 1.0 m。

根据桩号Ⅳ104+270～Ⅳ105+500 施工期地下水位复核成果，地下水位升高，施工期采用了在砂卵石地层换填层下方铺设排水管网，并通过与排水管网相连接的 PVC 波纹管将水排入渠道内的方案，PVC 波纹管在渠道运行前采用混凝土封堵。排水管网中纵向集水管间距 4 m，横向集水管间距 8 m，PVC 波纹管间距 8 m。集水管和 PVC 波纹管直径均为 150 mm。渠段典型结构横断面见图 3-3。

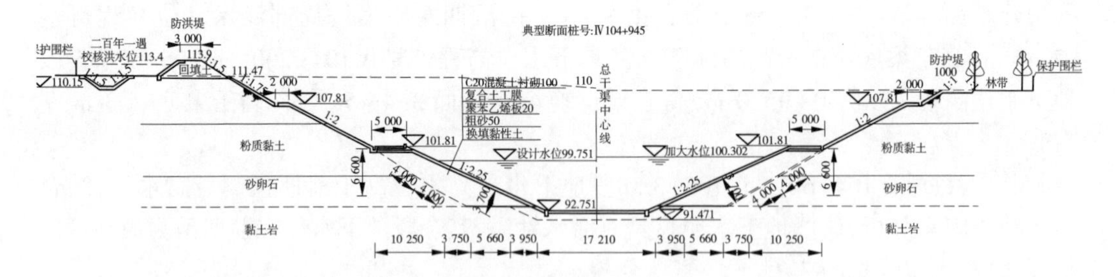

图 3-3　渠道换填处理断面图(典型断面桩号：Ⅳ104+945)　(单位：尺寸，mm；高程，m)

3.2.4　变形情况概述

7 月 11 日辉县段设计桩号Ⅳ104+890～Ⅳ104+934 范围内，左岸一级马道出现纵向裂缝，后发展为靠近路缘石侧一级马道部分沥青路面沉陷，沥青路面与原换填土体顶部结合面脱空，地下水沿脱空面进入衬砌板下部，有明显水流声音，二级边坡坡体地下水通过一级马道纵向排水沟缝隙流入排水沟，路缘石已向马道内侧倾倒，同时塌陷相应部位渠道混凝土衬砌滑塌、隆起，在水下排查时发现塌陷区域水下第一块渠坡衬砌板严重变形、隆起，最高隆起高度将近 50 cm。

沥青路面开槽探测显示该区域内靠近渠道路缘石侧路面基本处于脱空状态，局部二级边坡坡脚有洇湿情况。

桩号Ⅳ104+890～Ⅳ104+934 滑塌处，滑裂面后缘距换填边缘 2～3 m，换填层未整体滑动；滑出层位于渠底以上渠坡第 2 块衬砌板处，渠坡底部第一块板及渠底板未出现变形迹象；因此推测的滑裂面见图 3-4，险情段现场照片见图 3-5～图 3-7。

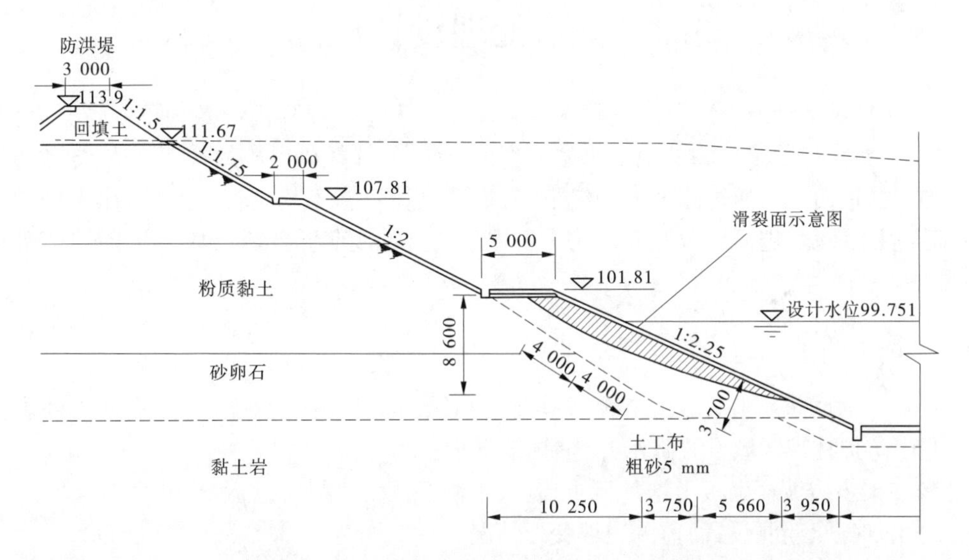

图 3-4　滑裂面示意图　（单位：尺寸，m；高程，m）

图 3-5　边坡衬砌板隆起

图 3-6　混凝土路面下部脱空

(a)

(b)

图 3-7 一级马道路面破坏情况

3.3 变形处理设计原则

针对边坡破坏情况,经研究分析,主要破坏原因为持续强降雨导致地下水位升高,且远远超出初步设计阶段预测的地下水位最高值,地下水顶托该渠段的换填土体,导致边坡变形。同时,地面汇水通过路面结构缝下渗,换填土体存在不均匀性,土体含水率增加导致局部换填土泥化,进而导致路面结构失稳塌陷及衬砌板变形破坏。基于以上原因,处理原则如下。

3.3.1 应急处置

(1)第一时间进行降水,在二级马道坡脚和纵向排水沟内钻排水孔,降低内外水头差;在左岸防护林带区域设置降水井,抽排地下水。

(2)在渠道边坡衬砌板上增加压重措施,平衡扬压力,增加边坡稳定性。

(3)增加安全监测设置,监测边坡变形情况。

(4)临时提高渠道运行水位,平衡扬压力。

3.3.2 后期处理

(1)拆除破坏的路面结构及渠道衬砌结构,并挖除边坡破坏的土体。

(2)挖除后,采用混凝土恢复渠道断面。

(3)分别以初步设计阶段勘测的地下水位、渠道运行期设计水位为渠道外水位控制条件,确定边坡开挖厚度及相关修复方案。

(4)对建设期的排水系统进行改造,降低地下水位高程。

(5)在边坡上增设土锚杆,提高边坡稳定系数。

3.4　应急处置

3.4.1　降水措施

采取的降排水措施主要通过在左岸一级马道纵向排水沟设置竖向排水孔，在左岸林带位置设计降水井，以将左岸地下水位降低至渠道运行水位为目标。

3.4.1.1　排水孔

在设计桩号Ⅳ104+500～Ⅳ105+500 渠段左岸一级马道纵向排水沟沟底设置竖向排水孔，孔径 150 mm，孔深以深入相对不透水层 1 m 为控制原则，排水孔间距 10～20 m，在破坏严重的部位钻孔适当加密，成孔后下 UPVC 花管，选取配套水泵抽排地下水。

3.4.1.2　降水井

在设计桩号Ⅳ104+500～Ⅳ105+500 渠段左岸截流沟和防洪堤之间布置强降水井，根据地质条件，现场共布置 5 眼降水井，降水井内径 40 cm，深 21～27 m，降水井穿透砂砾石强透水层至黏土岩顶部，采用水泵抽水降压。

在应急抢险期间通过排水孔和降水井联合排水，将险情段左岸地下水位降至运行水位以下。

3.4.2　压重措施

应急抢险段 0#～54#共 220 m 范围内一级边坡衬砌已经发生明显变形位移，为防止进一步恶化发展，对该区域衬砌面板进行压重保护。压重采用碎石袋进行水下码放，码放位置为渠道底板自下而上到坡面衬砌板 4 块面板。碎石袋压重保护方式如下：

(1)破坏程度较轻的渠段，设计桩号Ⅳ104+730～Ⅳ104+786 段：自下而上第一块衬砌板码放 3 层石子袋，第二块码放 3 层，第三块码放 2 层，第四块码放 2 层。

(2)破坏程度较重的渠段，设计桩号Ⅳ104+786～Ⅳ104+950 段：自下而上第一块衬砌板码放 5 层石子袋，第二块码放 4 层，第三块码放 3 层，第四块码放 2 层。

3.4.3　抬升渠道水位

险情段下游设计桩号Ⅳ115+724 处为孟坟河节制闸，距离最近为设计桩号Ⅳ106+924 东河暗渠控制闸，以辉县东河暗渠进口水位作为险情渠段的控制水位，通过水位调度，逐步抬升险情渠段运行水位，应急处置期间对东河暗渠节制闸闸门采取临时锁定装置。处置结束后，逐步降低渠道运行水位。

3.4.4　加强安全监测工作

在左岸滑塌区的二级马道及堤顶 200 m 范围内布设 9 个安全监测断面；左岸一级马道路缘石内侧封顶板上每隔 40 m 布设一个监测断面；在右岸一级马道封顶板上每隔 96 m 布设一个监测断面进行变形监测，共 10 个断面；在左岸滑塌区布设 5 个监测断面。

应急处理完成后，已发生变形的边坡情况不再发展，且未出现新的破坏情况。

3.5　变形处理设计方案

3.5.1　处理范围

本次边坡修复方案主要针对破坏严重的区域进行水下修复，根据现场实际情况，破坏严重的渠段桩号为左岸Ⅳ104+886～Ⅳ104+930，共44 m长，考虑与上下游渠段的连接，处理范围分别向两侧延伸一块衬砌板，处理范围为桩号Ⅳ104+882～Ⅳ104+934，共52 m长(见图3-8)，对该部分渠道衬砌结构及部分换填土体清除及恢复，对渠道一级马道路面结构拆除及恢复，并对相应段的排水系统进行改造。

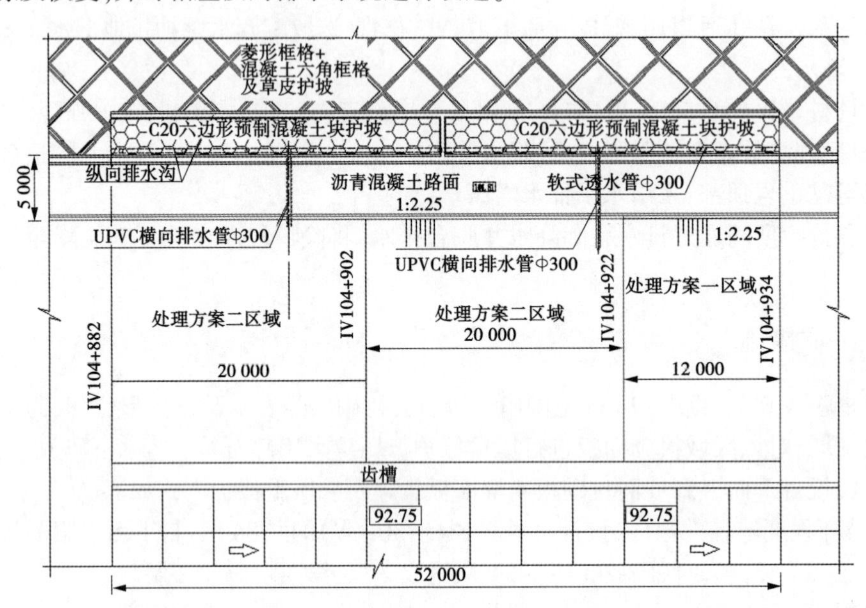

图3-8　处理区域平面示意　(单位：m)

针对变形情况，选择两种设计方案：方案一以初步设计阶段预测的最高地下水位为渠道外水位控制条件进行处理设计；方案二以渠道运行水位为渠道外水位控制条件进行处理设计。以上两种方案均是在渠道不间断输水状态下进行的，因此需设置钢围挡，形成相对静水作业区，进行有关水下修复作业。两种方案处理方式主要区别在于水下边坡修复内容，关于水面以上的开挖、排水系统及其他辅助措施基本一致。因此，首先描述相同部分，后面重点介绍不同内容。

3.5.2　钢围挡

钢围挡措施的主要作用：①将修复区域和渠道正常输水区域隔离，形成相对静水作业区，为水下作业创造条件；②避免施工过程产生的污染物进入渠道输水区域。本章仅描述钢围挡的基本布置情况，具体详细设计及安装详见第5章。

根据修复区域范围，水下围挡布置范围为桩号Ⅳ104+876～Ⅳ104+970.8(长94.8 m)

渠道左岸,采用三面围挡。围挡采用装配式结构,骨架采用国标[10 及[18 槽钢焊接而成,挡水面板采用 5 mm 钢板。围挡顶部高程为 100.25 m,高出设计水位 0.5 m。为保证围挡具有一定的密封性及防止对衬砌产生破坏,钢围挡底部与总干渠底板及渠坡设置橡胶或其他柔性垫层接触。围挡底部设置预制混凝土块和砂石袋压重,顶部设置钢缆牵拉。围挡平面布置见图 3-9,横断面见图 3-10,单榀围挡结构见图 3-11。

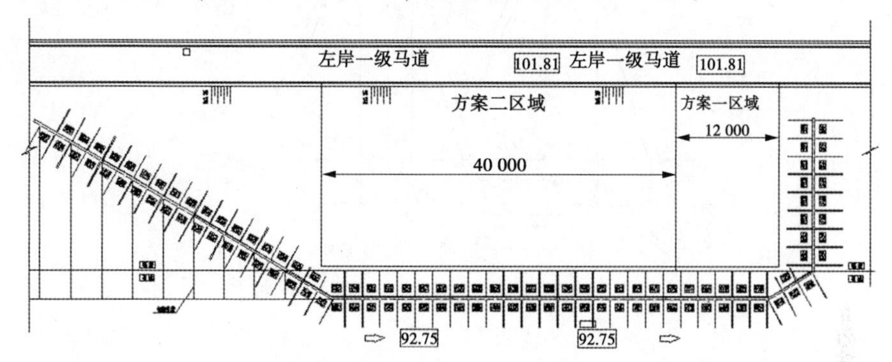

图 3-9　钢围挡平面布置示意　(单位:尺寸,mm;高程,m)

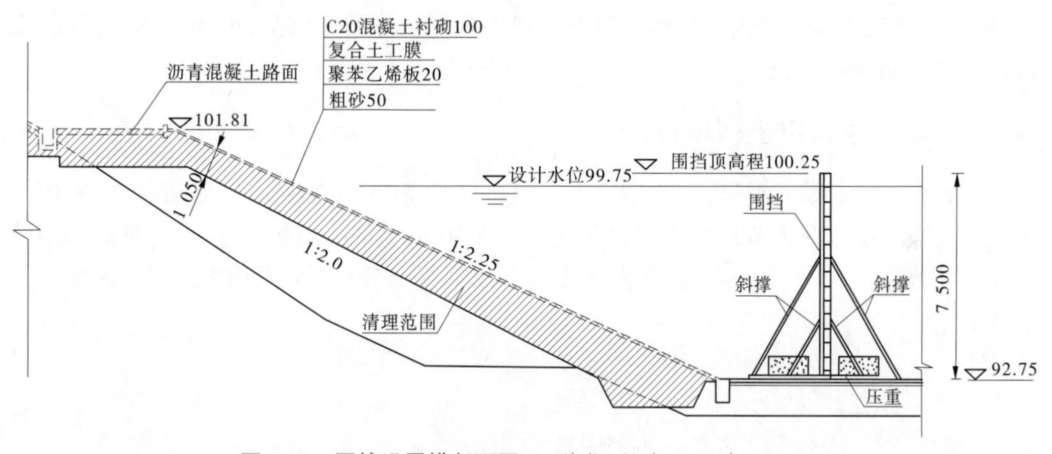

图 3-10　围挡设置横断面图　(单位:尺寸,mm;高程,m)

考虑目前 7 m 水深的情况下,利用明渠均匀流计算公式,计算渠道过流能力为 265 m^3/s,渠道流速为 1.25 m/s,渠道横断面过流面积为 211.8 m^2。设置围挡后,围挡内面积为 76.9 m^2,剩余渠道过流面积为 134.9 m^2,考虑流速不变的情况下,渠道设计水位下的过流能力为 168.6 m^3/s。

水下钢围挡为临时防污染措施,施工完毕后需拆除。

3.5.3　设计水位以上开挖设计

以设计水位为界,将渠道修复处理内容分为水上部分和水下部分。根据现场破坏情况,一级马道路面以下临水侧部分土体破坏严重,一级马道纵向排水沟下部有脱空,换填土体滑移严重,初步考虑清理范围如下:一级马道处土体清理至纵向排水沟以下,深度为

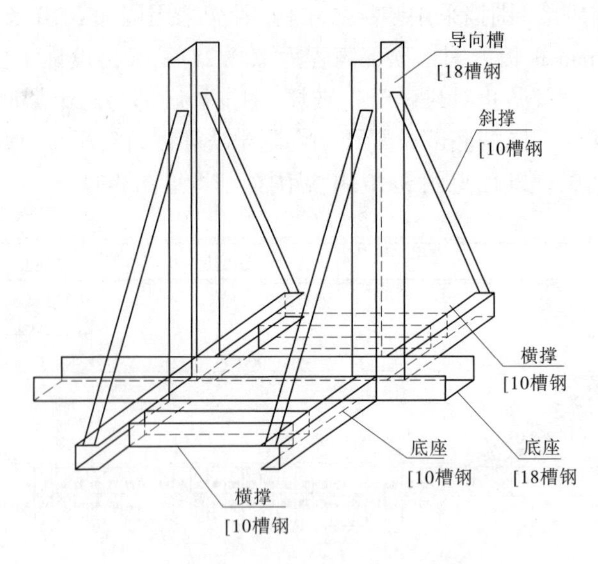

图 3-11　单榀围挡结构示意

1.3 m。在施工过程中采用逐步清理的方式,在逐步检查后确定合理的清理边界,确定挖除松动的、扰动土体的范围及深度。清理过程中根据土体破坏情况,可加大开挖深度,直至略高于渠道运行水位。

3.5.4　设计水位以上回填设计

开挖完成后,采用泡沫混凝土回填至一级马道路面以下 60 cm 高程位置,其干密度等级为 A6,吸水率等级为 W5,强度等级不应低于 5 MPa,上部浇筑普通混凝土,最后采用沥青混凝土恢复一级马道路面。过水断面采用普通混凝土与水下修复边坡顺接。断面图见图 3-12。

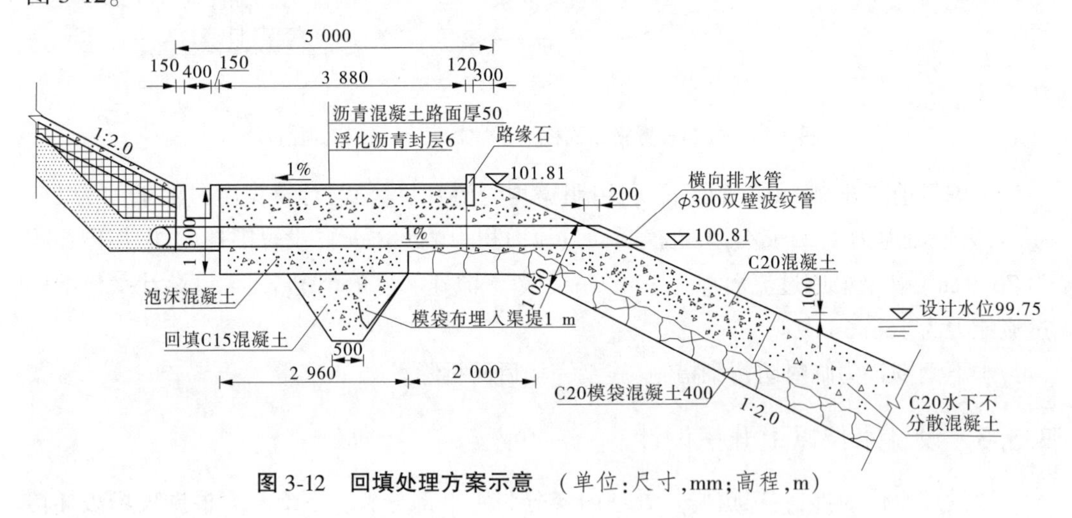

图 3-12　回填处理方案示意　(单位:尺寸,mm;高程,m)

3.5.5　排水系统设计

排水系统由竖向排水孔、盲沟、纵向集水管、横向排水管及拍门组成。竖向排水孔高程低于渠道底板 1 m,高程 91.75 m。

3.5.5.1　竖向排水孔

根据换填厚度计算有关的边界条件,需在换填层后设置竖向排水孔以降低外水位。排水孔设置于一级马道纵向排水沟外侧排水盲沟下部,成孔孔径 220 mm,孔底高程低于渠道渠底 1 m,91.75 m 左右,排水孔间距 5 m,成孔后下桥式钢滤水管(镀锌),公称规格 146 mm,内径 130 mm,壁厚 5 mm,外部回填碎石,竖向排水孔出水口高程为 99.85 m,与纵向集水管相接,上部接钢管伸至坡面高程,坡面处设置 C20 混凝土封口,孔口设置 C20 预制混凝土盖板,必要时可将盖板打开通过抽排措施降低渠外地下水位。纵向集水管采用ϕ 300 软式透水管,透水管中心高程 100.00 m,具体布置及孔口处理见图 3-13~图 3-14。

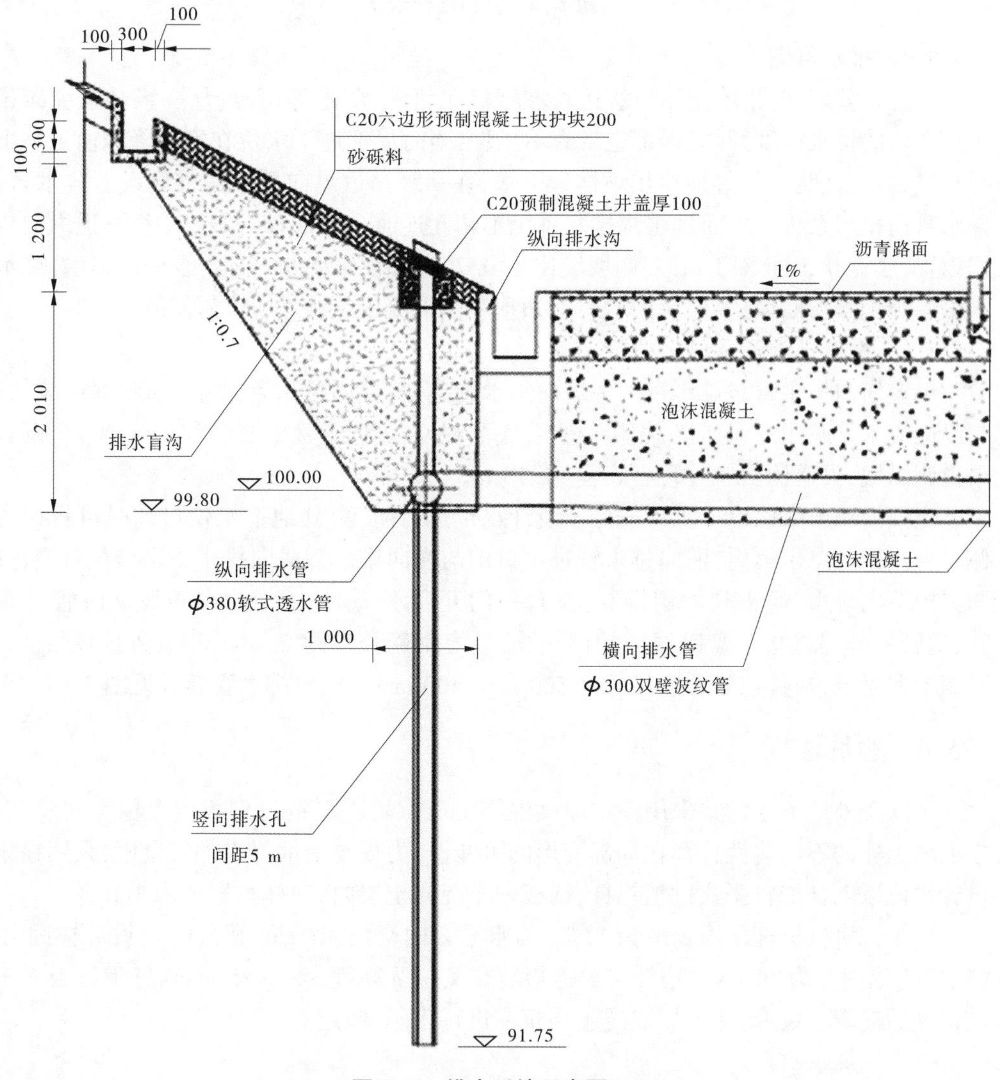

图 3-13　排水系统示意图

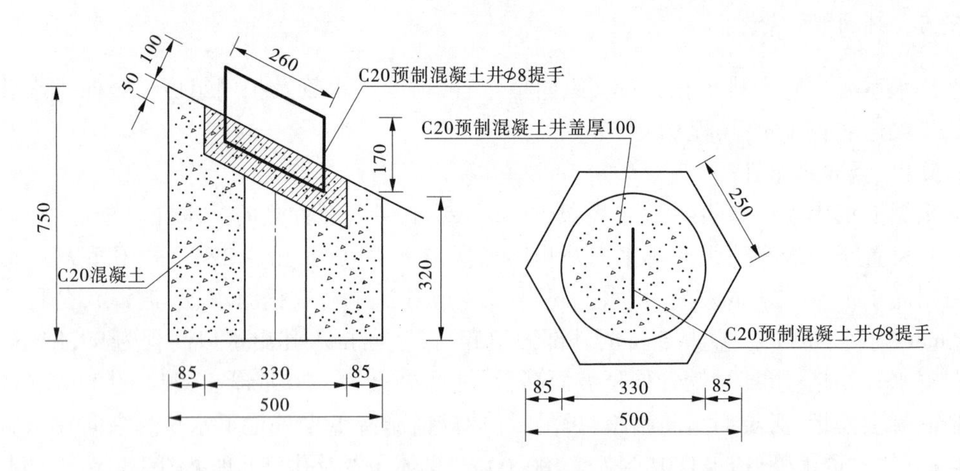

图 3-14　孔口结构示意

3.5.5.2　**排水盲沟**

应急处置期间,渠段左岸二级边坡坡脚存在荫湿、出水等情况,从一级马道纵向排水沟钻孔后的冒水程度判断,局部也带有承压性,当时局部地下水位在实施降水前可高出一级马道 2~3 m,为了更好地排出坡体地下水,在一级马道纵向排水沟外侧设置排水盲沟,排水盲沟排水系统与坡面排水沟排水系统不相互连通。排水盲沟紧挨一级马道纵向排水沟设置,底宽 0.5 m,深 1 m,外侧坡坡比 1∶0.7,底部设置Φ 300 软式透水管集水,排水盲沟采用级配碎石回填,上部采用 C20 六边形预制混凝土块护坡,护坡厚 20 cm。

3.5.5.3　**横向排水管及单向拍门**

设置横向排水管与排水盲沟中纵向集水管连通,横向排水管采用Φ 300 双壁波纹管,与纵向集水管采用三通连接,相接位置管底高程 99.85 m,管中心高程 100.00 m,设置向渠道侧纵坡,渠道侧出口处管底高程 99.75 m。

当该处总干渠以设计水位或低于设计水位运行时,渠外地下水位过高时可将渠道外侧水自流排入总干渠内,横向排水管进水口即与横向排水管横向排水管出口位置逆止阀,向渠内单向排水,逆止阀采用钢制拍门,拍门开启水头 10 cm。出口位置波纹管外套钢管,钢管外部焊接法兰盘以便与拍门相连,外套钢管长度约 2.1 m,钢管外侧设置 10 cm 厚矩形混凝土包封,包封外边尺寸为 500 mm×500 mm。横向排水管布置见图 3-15。

3.5.6　边坡锚杆

降低渠外地下水位并采用一定厚度混凝土压重解决渠道衬砌板抗浮稳定问题,但考虑换填土体的不均匀性且存在局部变形的可能性,为提高上部衬砌的安全度,采用在渠道设计水位以上增加自张式机械锚杆,锚板嵌于混凝土层内,锚杆布置见图 3-16。

自张式机械锚杆单根长度为 12 m,与水平方向交角 40°,间距 2.0 m,设计锚固力 80 kN,锁定锚固力为 40 kN。锚杆与渠道边坡交叉位置高程为 99.85 m,锚杆承压板嵌于相应位置的混凝土层内,待上层混凝土浇筑前进行张拉、锁定。

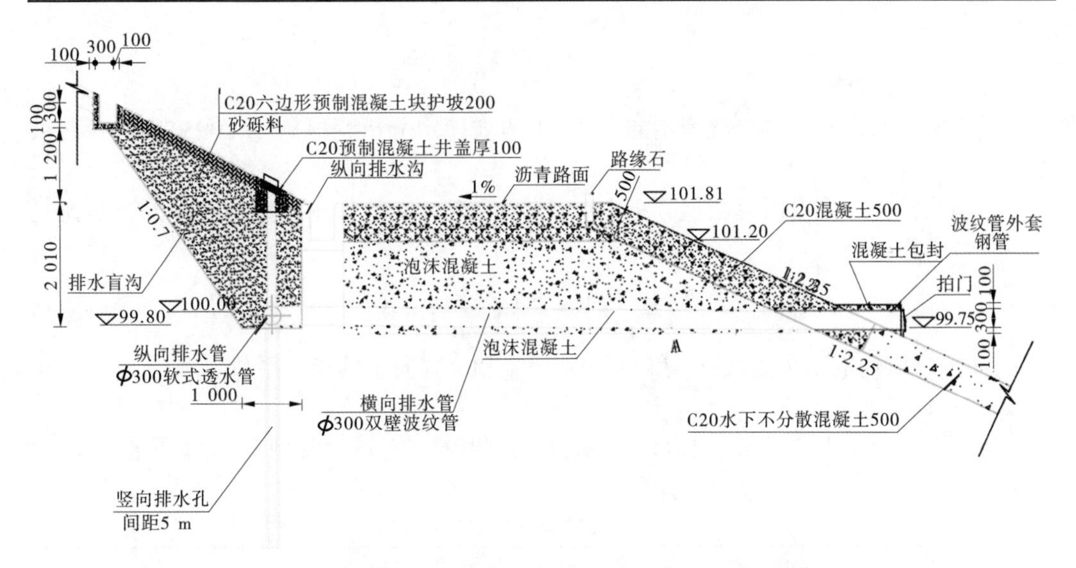

图3-15　横向排水管设置图(本图纸需要改动,取消底部截渗槽)

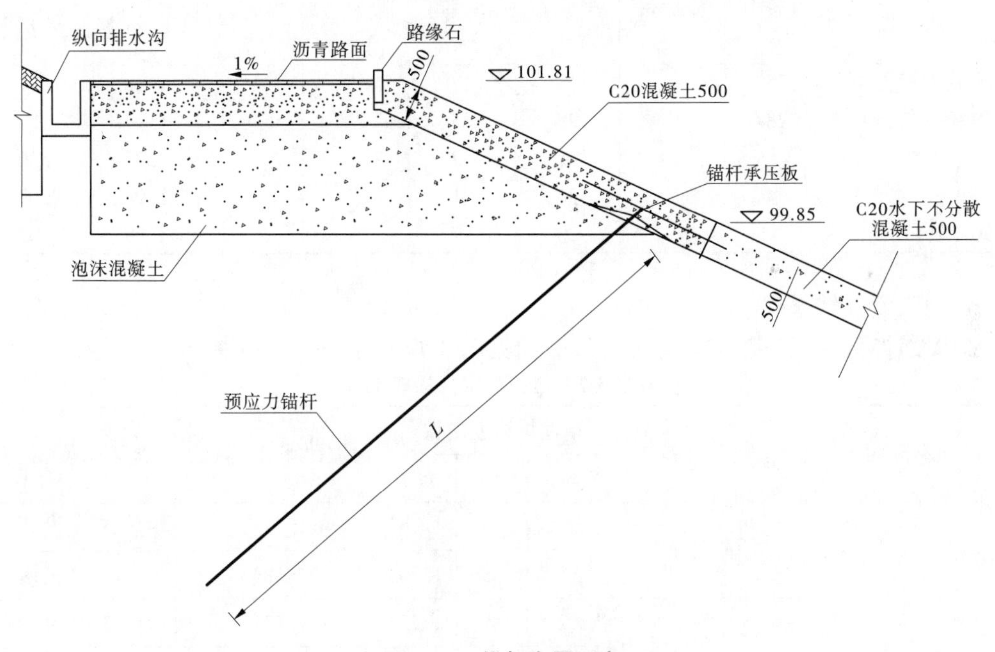

图3-16　锚杆布置示意

3.5.7　修复前边坡稳定计算

3.5.7.1　计算工况

选取典型断面,对不同组合工况下的边坡稳定进行计算复核。工况如下:①渠道内为设计水位,分别计算不同渠外地下水稳定渗流情况下设计断面边坡稳定。②鉴于渠段局部换填土体已经被破坏,为分析目前边坡所处的极限状态,考虑极限计算工况Ⅱ:渠内为设计水位,分别计算不同渠外地下水稳定渗流情况下,不考虑换填土体压重作用下的坡稳定。

3.5.7.2 **计算方法**

采用中国水利水电科学院编制的《土石坝边坡稳定分析程序》(STAB95)来进行边坡稳定分析计算。

浸润线计算采用有限元数值分析方法,采用河海大学软件水工结构有限元分析系统程序。基本模型为

$$\frac{\partial}{\partial x}\left(K_x \frac{\partial H}{\partial x}\right) + \frac{\partial}{\partial y}\left(K_y \frac{\partial H}{\partial y}\right) = 0 \tag{3-1}$$

式中:H 为渗流场的水头函数;K_x 和 K_y 分别为 x 和 y 方向土的渗透系数。

3.5.7.3 **计算参数**

地下水位分别选取初设时 94.75 m,施工期 97.75 m。典型断面计算参数采用值见表 3-1。

表 3-1 典型断面计算参数采用值

渠坡及渠底岩性	自然快剪		饱和快剪		饱和固结快剪		湿密度(g/cm³)	饱和密度(g/cm³)
	凝聚力(kPa)	摩擦角(°)	凝聚力(kPa)	摩擦角(°)	凝聚力(kPa)	摩擦角(°)		
黄土状重粉质壤土	25	19	18	17	19	18	1.88	1.98
粉质黏土	28	17	25	15	23	16	1.94	2
卵石			0	32			2.20	2.30
黏土岩(水上)			30	21			1.98	2.03
黏土岩(水下)			20	17			1.98	2.03

3.5.7.4 **计算结果**

边坡计算成果见表 3-2。边坡计算断面见图 3-17~图 3-20。

表 3-2 边坡稳定复核成果

典型断面	计算工况	计算边坡内坡			边坡计算安全系数	地下水位(m)
		m_1	m_2	m_3		
Ⅳ104+945.0	计算工况Ⅰ	2.25	2	1.75	1.775	94.75(初设时)
		2.25	2	1.75	1.683	97.75(施工期)
	计算工况Ⅱ	2	2	1.75	1.521	94.75(初设时)
		2	2	1.75	1.503	97.75(施工期)

根据计算结果可以看出,在计算工况Ⅰ条件下,渠道整体边坡安全系数为 1.683,满足规范要求;在计算工况Ⅱ条件下,不考虑换填土体的压重,渠道整体边坡安全系数为 1.503,且边坡安全系数随着外水位的升高而减小。因此,在渠道边坡处理期间,要关注渠道外地下水位的情况,出现极端情况要及时采取降水措施。

3.5.8 水下修复方案一

以设计水位为界,将渠道修复处理内容分为水上部分和水下部分。实际上,在处理期

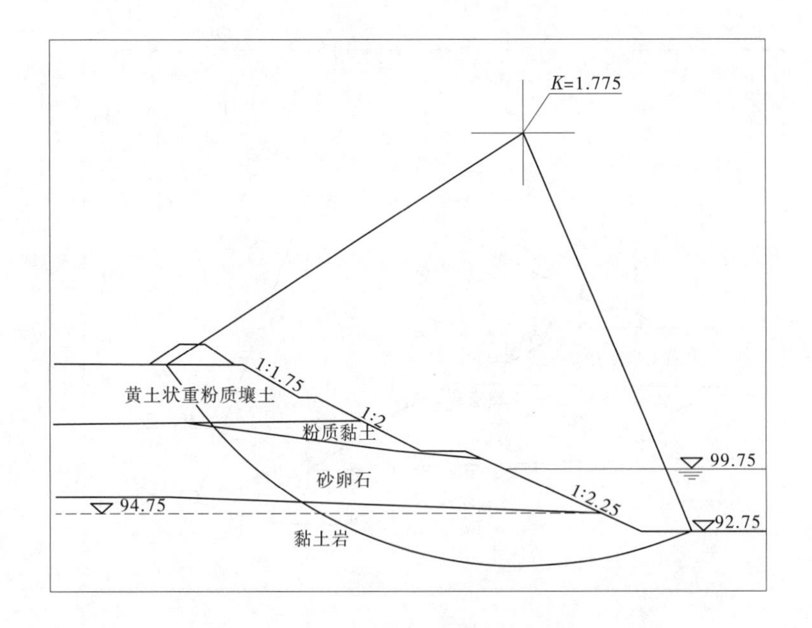

图 3-17　边坡稳定计算图 1

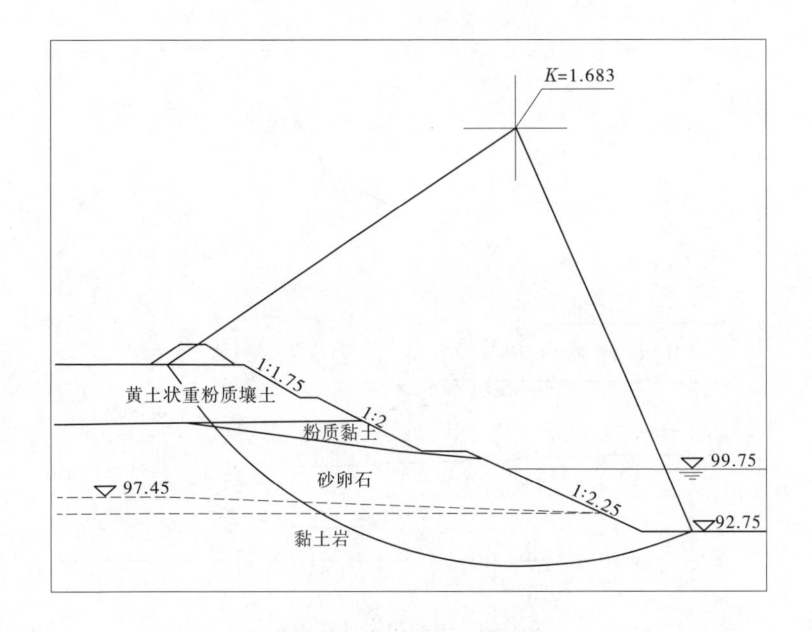

图 3-18　边坡稳定计算图 2

间,渠道运行水位基本保持在设计水位附近,即水深约 7 m。

方案比选,主要是断面恢复时水下不分散、模袋、预制块的比选。

3.5.8.1　设计原则

为保持修复期间渠道通水状态,恢复方案应充分考虑在不影响总干渠正常通水的条件下,对总干渠渠坡进行功能性恢复,主要原则如下:

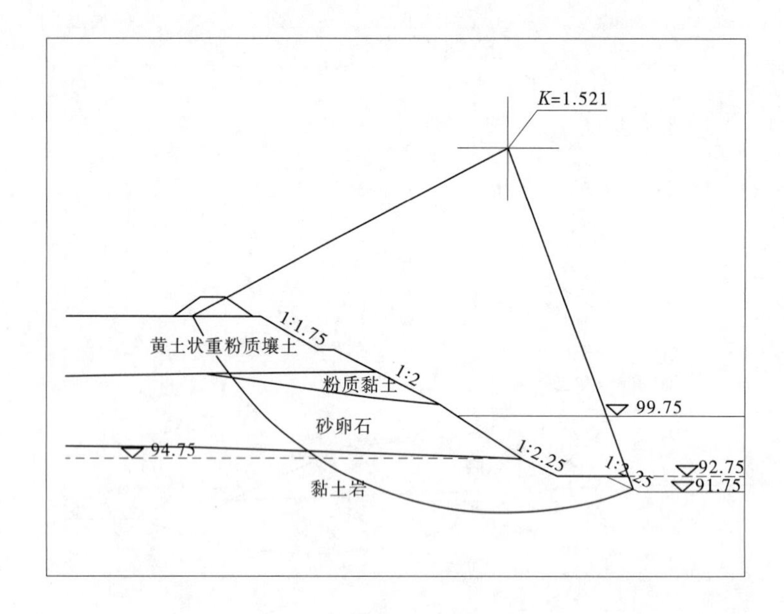

图 3-19　边坡稳定计算图 3

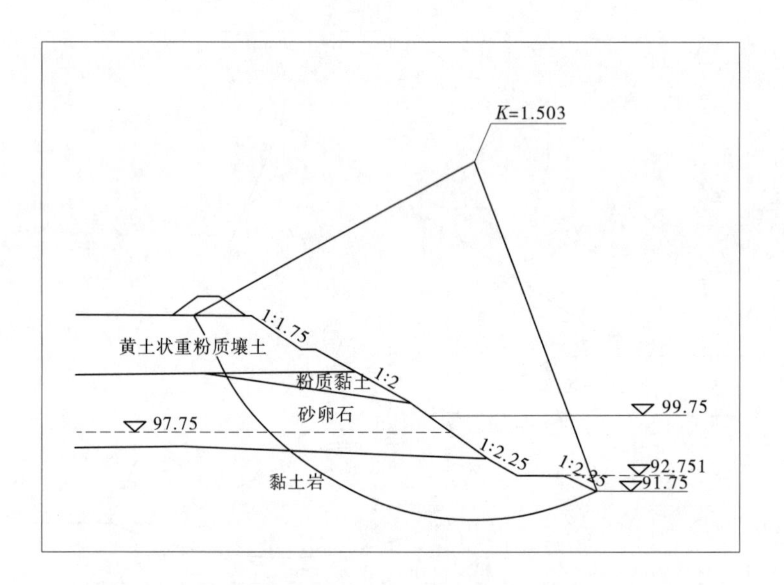

图 3-20　边坡稳定计算图 4

(1)对渠道左岸衬砌及部分换填土体清除并恢复。对于范围内左岸渠道边坡衬砌均清除,对于土体主要按拟定的断面清理扰动部分,施工过程中根据水下土体的状况可调整。

(2)在考虑水下施工条件的限制及水下施工的影响情况下,对于渠道换填土体及渠道衬砌结构的恢复考虑采用混凝土材料,即对原混凝土衬砌考虑增加厚度,以替代原渠道原保温板、砂砾料等结构层,这样更有利于渠道衬砌结构稳定。

(3)设计修复方案的选取充分考虑其在实施过程中对于总干渠尽可能不产生污染。

3.5.8.2 断面清理

根据现场破坏情况,一级马道路面以下临水侧部分土体破坏严重,一级马道纵向排水沟下部有脱空,换填土体滑移严重,初步考虑清理范围如下:一级马道处土体清理至纵向排水沟以下,深度为1.3 m,边坡换填土体的清理考虑在一级马道处自封顶板向渠道外侧清理2.5 m,封顶板处垂直深度为1.05 m,清理土体内部坡比为1:2.0,底部为渠底以下1 m,约91.75 m高程处,坡脚处处置清理深度为1.82 m,底部水平开挖宽度为3 m。

图3-21中阴影为渠坡清理范围,清理范围内破损一级马道路面、渠道衬砌结构、衬砌下扰动的原换填土体等均清除,本断面为清理设计控制断面,在施工过程中应采用逐步清理的方式,在逐步检查后确定合理的清理边界,确定挖除松动的、扰动土体的范围及深度。清理过程中根据土体破坏情况,可加大开挖深度,直至略高于渠道运行水位。

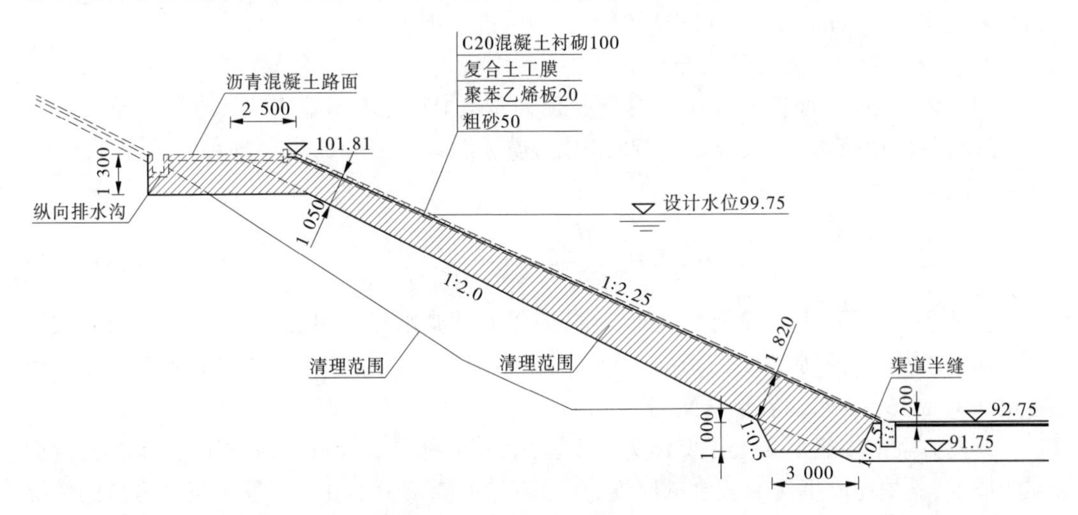

图3-21 渠道断面清理示意

3.5.8.3 衬砌修复

由于修复区域绝大部分位于水位以下,常规的土体回填基本无法在水下实施,另渠道原有的保温板及土工膜也很难在水下铺设,因此修复方案考虑采用混凝土材料对渠道坡体及衬砌进行恢复。

受水下施工条件所限,土体的清理也无法达到陆上的干地施工状态,所以对于恢复的混凝土考虑分两层施工。为方便施工且为使浇筑的混凝土更贴合建基面,靠近土体侧采用模袋混凝土结构,该结构施工完成后可为后续模筑混凝土的施工带来便利条件并为模板的搭建提供支撑作用。模袋混凝土结构上部临水侧采用现浇水下不分散混凝土。

1. 模袋混凝土

模袋混凝土是通过用高压泵把混凝土或水泥砂浆灌入模袋中,模袋上下两层具有一定强度稳定性和渗透性的高质量机织化纤布制成模型,混凝土或水泥砂浆的厚度通过袋内吊筋袋、吊筋绳(聚合物如尼龙等)的长度来控制,混凝土或水泥砂浆固结后形成具有一定强度的板状结构或其他状结构。

土工模袋施工采用一次喷灌成型,施工简便、速度快,能适应各种复杂地形,可直接水下施工,机械化程度高,所护坡面面积大、整体性强、稳定性好,使用寿命长。模袋混凝土的这些特点非常适合作为边坡恢复的打底层,可使回填体与基础面更好地结合,有利于回填体的整体稳定。

1)模袋材料的选择

根据工程实际条件模袋布的选择主要考虑下列3种因素:①保证砂浆中的水分能迅速排出,又使细骨料不能穿过;②满足岸坡排水的反滤要求;③满足施工工艺中模袋拖、拉的强度要求。因此,模袋布既要满足保土性、防淤堵性,又要有一定的强度,模袋材料采用涤纶高强机织布。根据《土工合成材料 长丝机制土工布》(GB/T 17640)规定,模袋材料单位面积质量≥550 g/m^2,经向断裂强度≥100 kN/m,纬向断裂强度≥70 kN/m,延伸率<30%,CBR顶破强度≥10.5kN,等效孔径(O_{90})0.05~0.25 mm。模袋上下层扣带间距初步拟定采用20 cm×20 cm,可根据经现场试验进一步确定。

2)模袋混凝土厚度及稳定分析

(1)模袋混凝土厚度的确定。模袋混凝土充填C20混凝土。根据《水利水电工程土工合成材料应用技术规范》(SL/T 225)规定,模袋混凝土的厚度主要满足其抗漂浮要求,计算公式如下:

$$\delta \geqslant 0.07cH_{w}\sqrt[3]{\frac{L_{w}}{L_{z}}}\cdot\frac{\gamma_{w}}{\gamma_{c}-\gamma_{w}}\cdot\frac{\sqrt{1+m^{2}}}{m} \tag{3-2}$$

式中:c为面板纱数,大块混凝土护面$c=1$,护面上有滤水点$c=1.5$;H_w、L_w为波浪高度与长度,m;L_z为垂直于水边线的护面长度,m;m为坡角α的余切;γ_c为砂浆或混凝土有效容重,kN/m^2;γ_w为水的容重,kN/m^2。

修复方案的模袋混凝土主要作为一个基层,其上部还有混凝土衬砌压重,不存在抗漂浮的要求,其填充厚度选取适合的厚度,在考虑尽可能减少不分散混凝土浇筑方量的情况下,本次选取为40 cm。

(2)抗滑稳定分析。根据《水利水电工程土工合成材料应用技术规范》(SL/T 225)规定,模袋混凝土抗滑稳定安全系数计算公式如下:

$$F_{s}=\frac{L_{3}+L_{2}\cos\alpha}{\sin\alpha}\cdot f_{cs}$$

式中:L_2、L_3为长度,见图3-22;α为坡角(°);f_{cs}为模袋与坡面间摩擦系数,由试验测定,无试验资料时可采用0.5;F_s为安全系数,应大于1.2。

模袋混凝土铺设坡面坡比为1∶2.0,斜长17.1 m,底部水平长度1.5 m,经计算,抗滑稳定安全系数$F_s=1.23>1.2$,抗滑稳定满足规范要求。模袋混凝土铺设见图3-23。

3)模袋混凝土铺设

模袋混凝土沿清理的断面铺设,顶部水平铺设长度为2 m,渠坡铺设长度为17.1 m,底部水平铺设长度为1.5 m。

2. 混凝土衬砌

对于模袋混凝土上部采用现浇混凝土的恢复方式,99.75 m高程以下浇筑C20水下

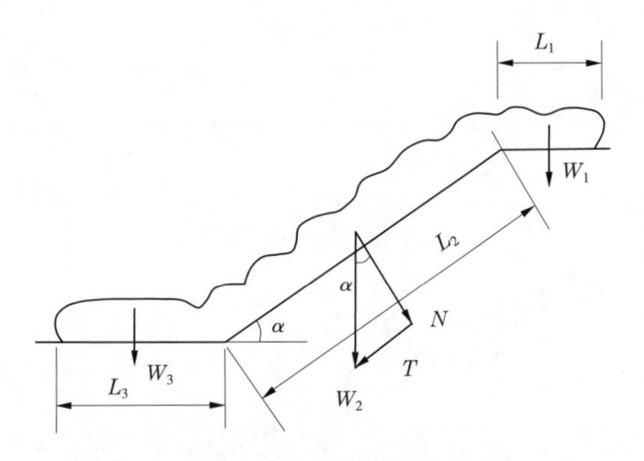

图 3-22　抗滑稳定分析示意

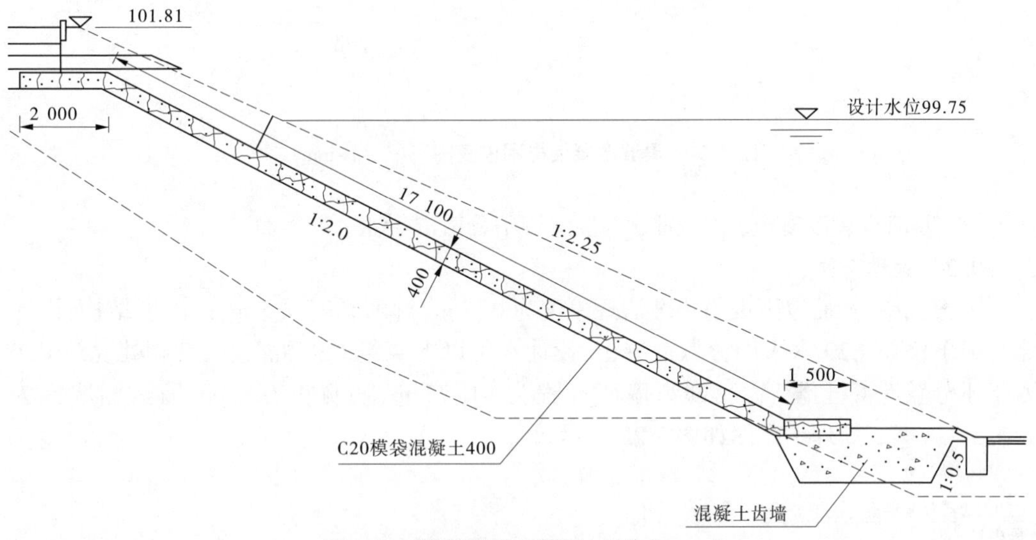

图 3-23　模袋混凝土铺设　（单位:mm）

不分散混凝土,99.75 m 高程以上浇筑 C20 混凝土,坡脚处浇筑 C20 水下不分散混凝土齿墙。

浇筑完成后的混凝土衬砌成楔形体,顶宽 0.420 m,封顶板处垂直厚度为 0.65 m,坡脚处垂直厚度 1.420 m,邻水侧边坡坡比 1∶2.25,下部边坡坡比 1∶2.0,底部齿墙底高程为 91.75 m,底宽 3.0 m。详细结构见图 3-24。

3.5.9　水下修复方案二

3.5.9.1　处理原则

（1）水上部分处理原则与方案一基本一致。

（2）以设计水位为渠道外水位高程,降低边坡清理厚度,相应混凝土衬砌厚度减小。

（3）缩小坡脚底部齿槽尺寸。

（4）在设计水位以上增设纵向通长地梁,采用顺坡面通长的钢梁与水下衬砌结构连接,地梁设置锚桩,锚桩深入原状土体。

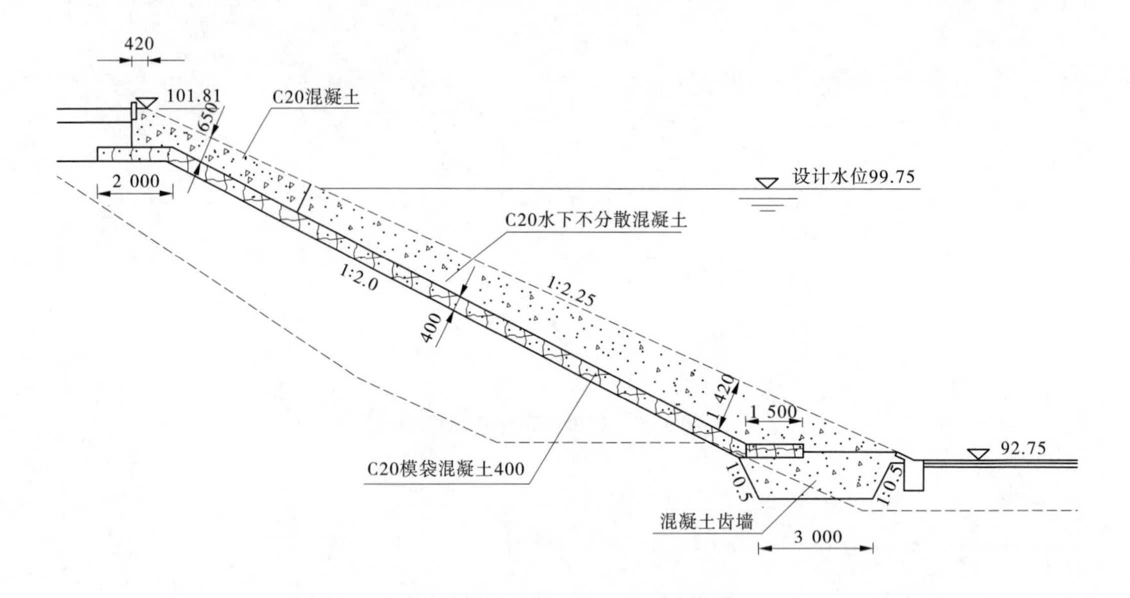

图 3-24　渠坡混凝土衬砌恢复图　(单位:mm)

(5)取消模袋混凝土,水下部分直接浇筑不分散混凝土。

3.5.9.2　处理方案

方案二中,水面以下渠道边坡清理厚度为 0.5 m,衬砌厚度 0.5 m,等厚度结构,设计水位以下浇筑 C20 水下不分散混凝土,设计水位以上浇筑 C20 混凝土,坡脚处浇筑 C20 水下不分散混凝土齿墙,底部齿墙底高程为 91.75 m,底宽 1.0 m,齿墙两侧坡比为 1:0.5。方案二处理示意图如图 3-25 所示。

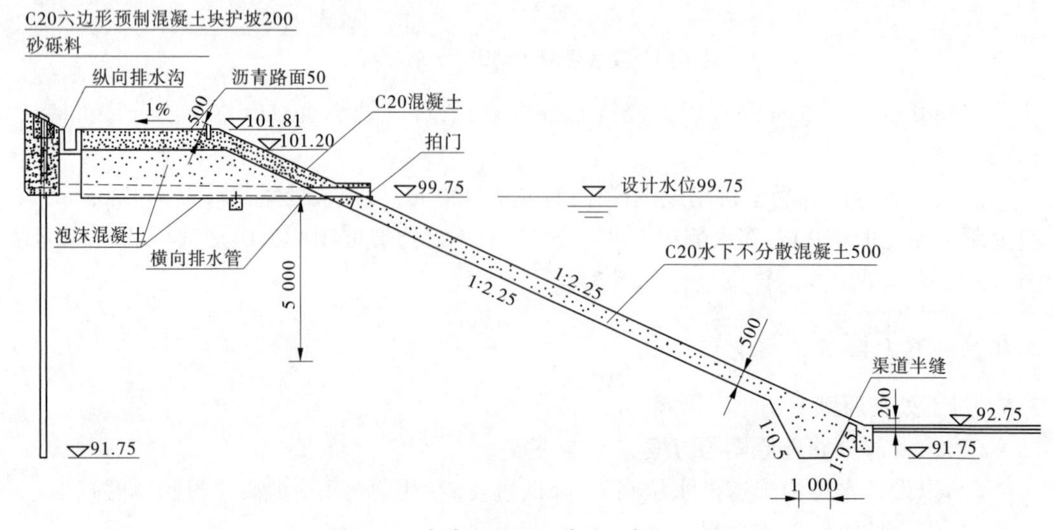

图 3-25　方案二处理示意　(单位:mm)

在 99.75 m 水位高程处设置顺水流方向的现浇混凝土地梁,通过地梁上纵向槽钢作为支撑,配合垂直水流方向横向槽钢梁,作为固定水下模板的支撑点。纵向地梁采用 C30 现浇钢筋混凝土,水平宽度 1.4 m,高度 1.0 m 左右。为保持上部混凝土衬砌的整体稳定,地梁间隔 2 m 设置钢筋混凝土锚固桩,锚固桩直径为ϕ 300,采用 C30 钢筋混凝土,桩深 5 m,深入原状土体,桩底部高程为 94.75 m 左右。锚桩布置见图 3-26。

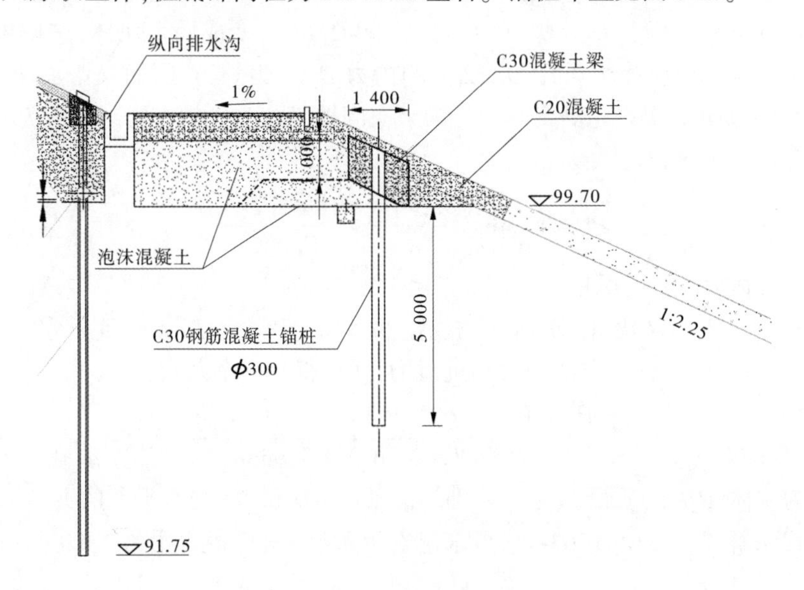

图 3-26　锚桩布置示意

3.5.10　修复后的边坡稳定复核

3.5.10.1　方案一边坡安全复核

将模袋混凝土及现浇混凝土体概化为一个刚性体进行抗滑稳定分析,采用极限平衡法的力平衡法进行计算,力平衡法只考虑土体是否滑移而不考虑是否转动,作用在刚体的力只需要满足主向量等于 0 的平衡条件,而不需要考虑是否满足力矩平衡条件。

刚体受力示意见图 3-27。

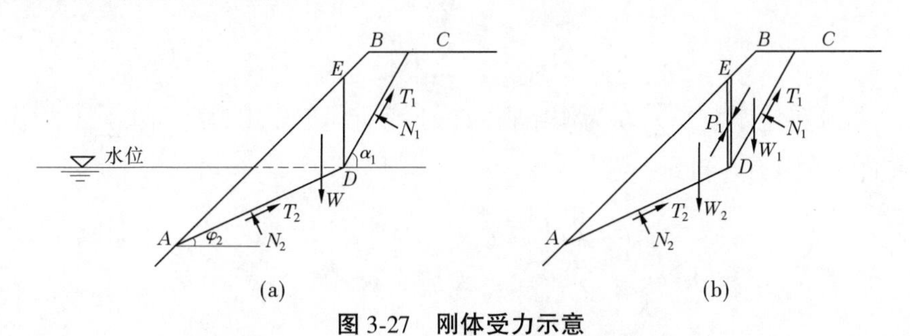

图 3-27　刚体受力示意

图 3-27(a)表示作用在滑动面 CD、AD 上的正压力分别为 N_1、N_2,滑动面上的抗剪力分别为

$$T_1 = \frac{N_1\tan\varphi_1 + c_1 l_1}{F_s}, T_2 = \frac{N_2\tan\varphi_2 + c_2 l_2}{F_s}$$

式中：F_s 为安全系数；φ_1 为水位以上基土的内摩擦角；φ_2 为水位以下基土的内摩擦角；c_1 为水位以上基土的黏聚力；c_2 为水位以下土体的黏聚力；l_1 为水位以上刚体与基土接触面长度；l_2 为水位以下刚体与基土接触面长度。待定的未知量为 N_1、N_2 和安全系数 F_s，而滑动土体的平衡方程只有两个，是一个超静定问题

将块体 ADCB 从折点 D 处竖直切开，见图 3-27(b)，变成两个块体，这样可以建立 4 个力的平衡方程。当块体切开后，DE 面上的内力 P_1 变为外力，因而又增加两个未知量，即 P_1 和 P_1 的方向 θ，仍是超静定问题。为解决问题，假定 P_1 的方向与内坡 DC 平行。考虑块体 BCDE 的平衡，有：

$$P_1 = W_1\sin\alpha_1 - \frac{W_1\cos\alpha_1\tan\varphi_1 + c_1 l_1}{F_s} \tag{3-3}$$

式中：W_1 为块体 BCDE 的质量。

然后分析块体 EDA 沿 AD 面滑动的稳定性，将 P_1 和块体 EDA 的重力分别沿 AD 面分解为切向力和法向力，计算出滑动力和抗滑力，从而得到安全系数：

$$F_s = \frac{[P_1\sin(\alpha_1 - \alpha_2) + W_2\cos\alpha_2]\tan\varphi_2 + c_2 l_2}{P_1\cos(\alpha_1 - \alpha_2) + W_2\sin\alpha_2} \tag{3-4}$$

式中：W_2 为块体 ADE 的质量；α_1、α_2 分别为滑动面 CD 和 DA 与水平面的夹角。

用迭代法解式(3-3)和式(3-4)，可求出安全系数 F_s，F_s 就是沿 CD、AD 面滑动的安全系数。

采用设计桩号Ⅳ104+900.0 为典型断面，基础采用换填的黄土状重粉质壤土参数，参数见第 4 章相关表格。计算工况如下：运行期，渠内设计水位 99.75，刚体后地下水深 9.1 m(考虑渠坡处地下水位在一级马道高程)。

计算模型及受力分析见图 3-28。

经计算，刚体抗滑安全系数为 1.63，恢复的衬砌抗滑稳定满足要求。

3.5.10.2 方案二边坡稳定复核

抗浮稳定计算采用如下公式：

$$K = \frac{\sum V}{\sum U} \tag{3-5}$$

式中：K 为抗浮稳定系数；$\sum U$ 为作用在铺盖上垂直向上作用力之和；$\sum V$ 为作用在铺盖上垂直向下作用力之和。

$$\sum U = \gamma_w \times (h_2 + h) \tag{3-6}$$

$$\sum V = \gamma_w \times h_1 + \gamma \times h \tag{3-7}$$

$$h' = \frac{h}{\cos\alpha} \tag{3-8}$$

式中：h 为渠底换填厚度，m；h_1 为渠内水位与渠底高差，m；h_2 为地下水位与渠底高差，m；γ_w 为水的容重，取 10 kN/m^3；γ 为换填土容重，取 19.5 kN/m^3；h' 为渠坡换填厚度，m；α 为超挖坡度。

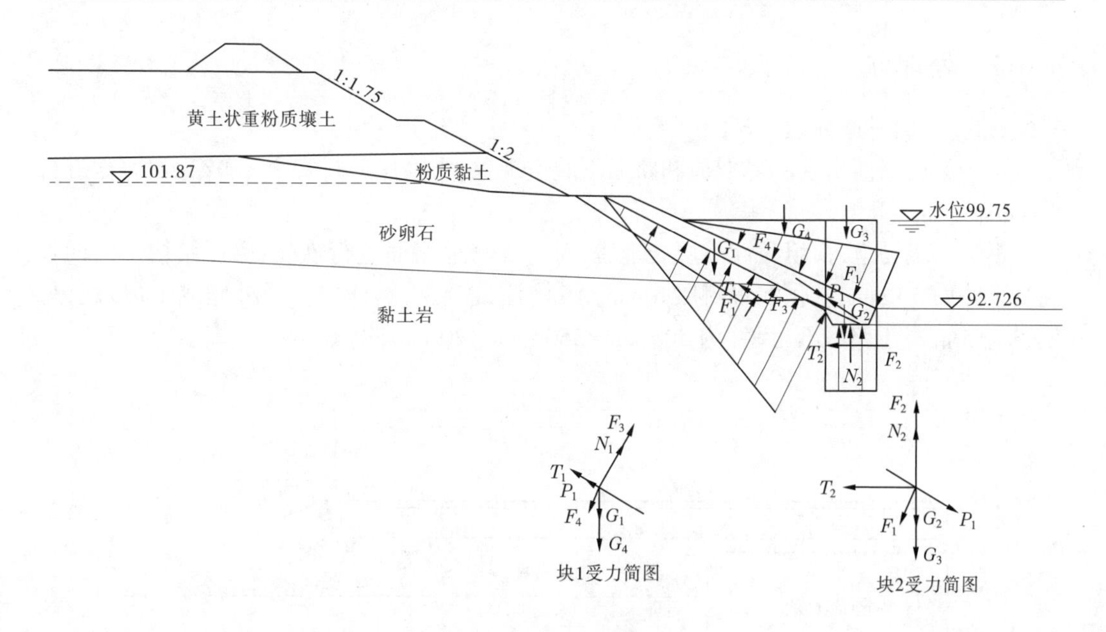

图 3-28 刚体受力计算示意

经计算在取安全系数为 1.1 时,运行期外水位不能高于渠道内运行水位,安全系数取 1.05 时,运行期外水位不能高于渠内运行水位 0.25 m,安全系数为极限 1.0 时,外水位不能高于渠内运行水位 0.65 m。

对于本段渠道在运行期,应采取措施保证渠道外侧地下水位不能超过渠道运行水位 0.25 m。

3.6 影响渠段的修复方案

桩号Ⅳ104+882~Ⅳ104+934 是破坏较为严重的渠段,在强降雨期间,上下游也有一定变形,下游渠段在采取了应急处置措施之后,基本稳定,且渠道过水断面未发生破坏,不影响正常输水;上游段,部分及马道路面结构沉陷,衬砌板断裂,主要分布在上游 190 m 范围内。因此,处理时对上游影响渠段一并采取措施处理。

3.6.1 处理原则

(1)仅处理设计水位以上部分。

(2)拆除路面结构,清除部分换填土体后,采用泡沫混凝土回填,减轻渠坡上部荷载。

(3)改造排水系统:一级马道坡脚设排水盲沟及横向排水管,降低渠外地下水水头。

(4)在一级马道排水沟内侧增设黏土截渗齿槽。

(5)增设边坡锚杆,提高边坡稳定性。

3.6.2　处理方案

3.6.2.1　一级马道处理

鉴于渠段路面出现沉降裂缝和路面下脱空现象,为确保运行安全,对该渠段路面进行全部拆除。

拆除一级马道、换填黏性土层处理后,对一级马道路面进行恢复,路面结构采用沥青混凝土路面 50 mm,乳化沥青封层 6 mm,A6 泡沫混凝土,路面向渠道外侧成 1%坡度,另设置 C15 混凝土路缘石,尺寸为 500 mm×350 mm×120 mm,见图 3-29。

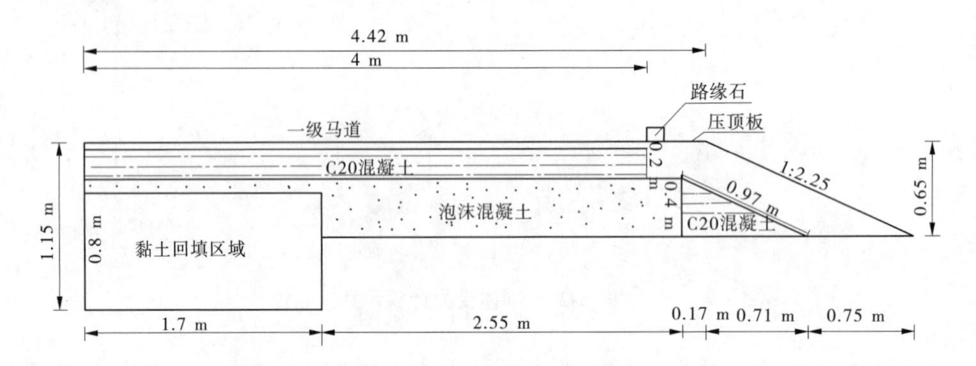

图 3-29　一级马道处理方案典型断面图

图 3-29 所示,自一级马道向下垂直开挖深度在同一断面上有所区别,靠近二级马道坡脚纵向排水沟附近,采取了黏土截渗槽处理措施,厚度 0.8 m,靠近渠道中心线方向均为黏土换填层,以将破坏扰动土体全部清除为准,挖除后采用泡沫混凝土回填,初步拟定开挖深度 0.65 m,对局部破坏较严重的,可适当加大开挖深度,典型断面如图 3-30 所示。遇到特殊情况,另行处理。

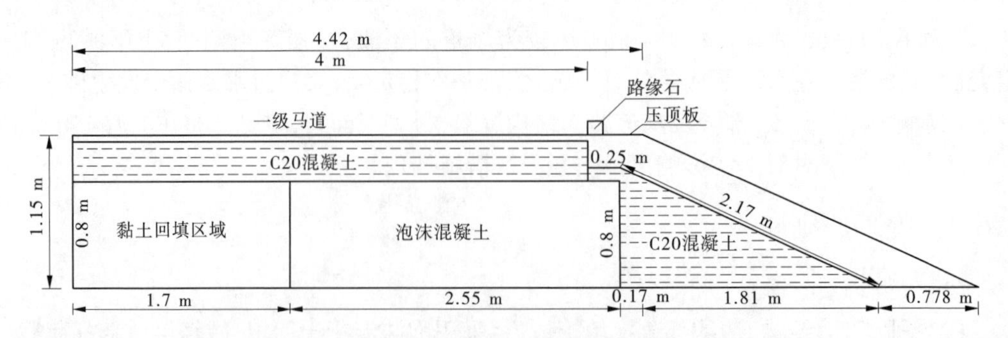

图 3-30　一级马道局部处理示意

同时,为避免地下水通过纵向排水沟底部绕渗至黏土和混凝土回填界面,产生渗漏,靠近纵向排水沟位置回填 1.7 m×0.80 m(宽×高)黏土截渗齿槽,马道中间位置设置 0.3 m×0.3 m(宽×高)C20 混凝土纵向截渗齿墙。C20 混凝土截渗齿墙与 A14 泡沫混凝土之间设置橡胶止水带,如图 3-31 所示 A 部位。

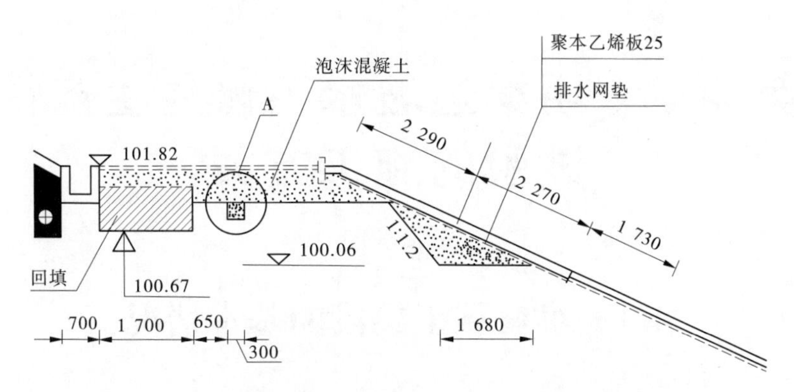

图3-31　一级马道止水布置图　（单位:尺寸,m;高程,m）

3.6.2.2　排水系统

本段排水系统设计原则与桩号Ⅳ104+882～Ⅳ104+934基本一致,由竖向排水孔、盲沟、纵向集水管、横向排水管及拍门组成。主要区别在于Ⅳ104+882～Ⅳ104+934段设计水位以上全部挖除,回填了泡沫混凝土,而本段开挖深度较小,因此保留有一定厚度的黏土换填层,针对黏土换填层边坡存在的渗水点,加设逆止式排水器。

3.6.2.3　边坡锚杆

根据渠道换填土体开挖揭露情况,部分换填土体出现多条顺水流方向沉降缝,为避免上部换填土体进一步发展,产生较严重的破坏、损毁,采取加设边坡锚杆的方式对换填土体上部进行加固,见图3-32。

锚杆深度12 m,深入边坡原状土体,锚头锁定后,加设钢筋网片浇筑在边坡衬砌混凝土中。

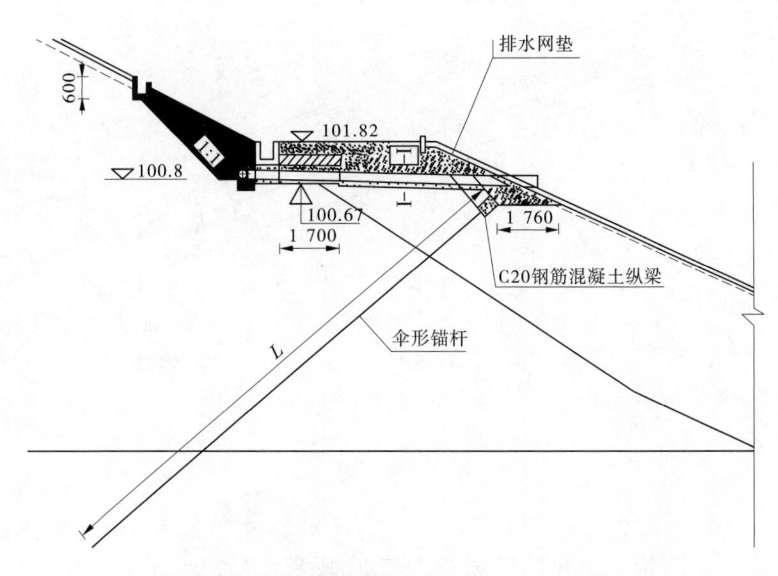

图3-32　边坡锚固示意　（单位:尺寸,m;高程,m）

第4章 明渠边坡水下修复生产性试验的施工方案

4.1 维修施工渠段的基本情况

4.1.1 修复渠段概述

大型输水渠道边坡的水下修复是一项技术难题,这里以南水北调中线总干渠河南段一个典型渠段边坡水下修复的生产性试验为例,介绍明渠边坡水下修复工程的施工方案。这是位于总干渠辉县段韭山公路桥上游左岸的渠道边坡水下修复试验及局部边坡修复工程项目,涉及渠段长246.8 m,起点距上游小官庄渡槽约400 m,终点距韭山公路桥约500 m,项目位置见图4-1。

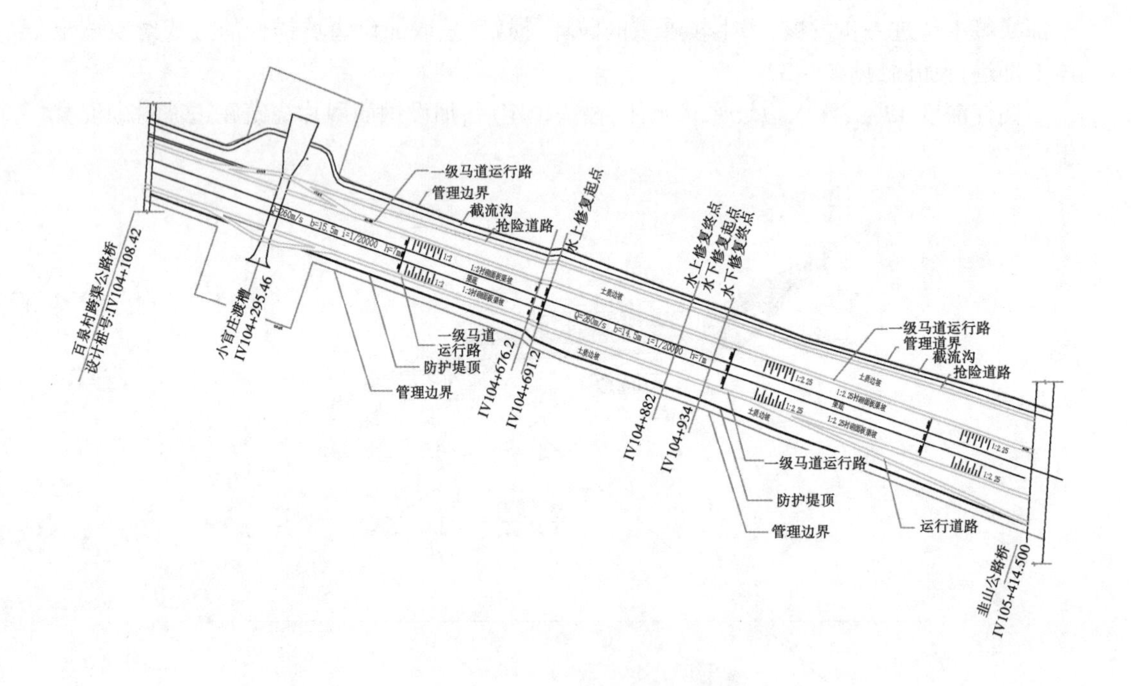

图4-1 边坡水下修复试验项目位置

该渠段为梯形断面明渠,深挖方渠道,桩号Ⅳ104+691.2~Ⅳ104+934段渠道设计纵比降为1/20 000,设计底宽 b = 14.5 m,渠道内边坡自下而上依次为1:2.25、1:2.0、

1∶1.75,设计水深 7 m,加大水深约 7.55 m,渠道底高程为 92.756~92.751 m,设计水位 99.756~99.75 m,加大水位 100.307~100.302 m,一级马道高程 101.81 m,宽 5 m,一级马道以上各级马道宽 2 m,相邻马道高差 6 m,断面图见图 4-2。

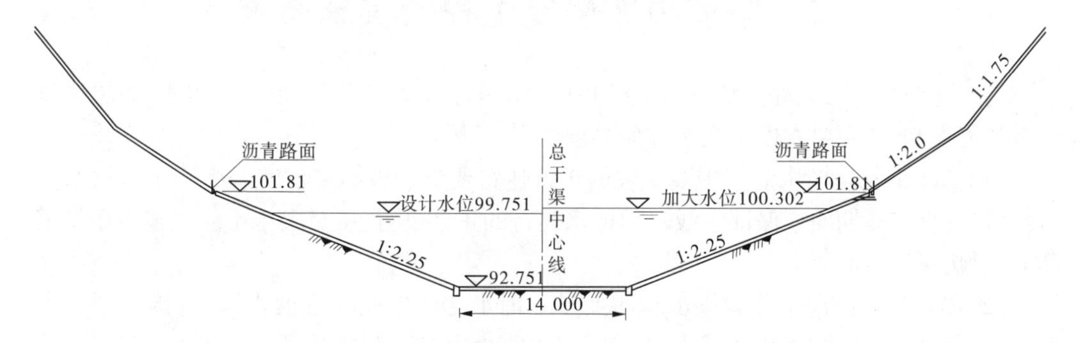

图 4-2　深挖方渠道典型横断面(桩号 104+592 ~105+194)

本渠段过水断面为现浇混凝土衬砌,渠坡厚 10 cm、底板厚 8 cm,强度等级为 C20,抗冻等级 F150,抗渗等级 W6。渠道衬砌分缝间距 4 m,通缝和半缝间隔布置,缝宽 2 cm。分缝临水侧 2 cm 均采用聚硫密封胶封闭,下部均采用闭孔塑料泡沫板填充。

过水断面采用铺设保温板进行防冻设计,渠坡保温板厚度 2.5 cm,渠底保温板厚度 2 cm;采用规格 600 g/m^2 的两布一膜对渠道衬砌断面进行铺设防渗,复合土工膜厚 0.3 mm;渠底布设逆止式排水器一排,左右岸渠坡各布设逆止式排水器一排,排水器间距均为 10 m。排水沟均为矩形断面:一级马道纵、横向排水沟宽 0.4 m,沟深 0.6 m,厚度 0.15 m,C15 混凝土结构。其余纵横排水沟深和宽均为 0.3 m,采用 C15 预制混凝土凹形槽,厚度 0.1 m,每段长 0.6 m。渠道一级马道以上内坡采用“菱形框格+混凝土六角框格+草皮”进行防护。

2016 年 7 月 9 日受当地强降雨影响,韭山公路桥上游左岸段地下水位骤然上升,渗透压力过大,引起渠道换填土体局部破坏,进而导致局部一级马道塌陷、部分衬砌板变形甚至破坏。

4.1.2　边坡修复施工区的交通及电力供应

南水北调水下修复试验项目位于辉县管理处韭山跨渠公路桥左岸上游约 500 m 处,受该段渠道交通条件限制,试验项目进出场主要道路为 2017 年修建的韭山桥至小官庄渡槽的防汛抢险道路。施工主要设备、材料可自韭山桥左岸上游大门进入,沿 1.2 km 的抢险道路至小官庄渡槽,然后沿一级马道运行道路行进约 400 m 至试验现场。抢险道路及一级马道运行道路均为 4 m 宽,沥青路面,小官庄渡槽出口处可设置调头平台,见图 4-1。中小型车辆可由韭山桥右岸进入,沿一级马道运行,绕行东河进口至左岸到达试验现场,绕行距离约 4 km;也可由金河小屯桥右岸进入,绕行刘店干河暗渠出口至左岸沿一级马道运行到达现场,绕行距离约 4.5 km。

2016 年该渠段边坡出现变形损伤,抢险现场搭设了一条连接左右岸的钢浮桥,桥宽 2 m,可以解决韭山桥渠段修复施工期左右岸的交通问题。韭山跨渠公路桥上游侧左岸桥头,有一台为当地供电的 100 kVA 变压器,经协调可用作试验施工期部分动力电源;不足部分拟依靠发电机补充供应。

4.2 渠道边坡修复工程的实施要求

南水北调总干渠工程担负着为沿线和京津供水的重大任务,一般不能停水,边坡修复受多种因素制约,主要有以下几个方面必须考虑、兼顾:

(1)施工期保障南水北调中线工程的正常运行要求。根据南水北调中线工程供水运行现状,项目实施期间应保证中线工程输水运行的正常进行;项目实施不能过多占用渠道断面,影响渠道过流能力。

(2)施工期保障南水北调供水水质要求。南水北调中线工程通水以来,国家强力推动实施丹江口库区及上游水污染防治和水土保持"十二五"规划、重点区域污染防治、干渠沿线生态带建设等,初步形成输水渠道沿线千里绿色走廊。目前,中线干线供水水质稳定在Ⅱ类标准及以上,受水区水源切换后,城市居民饮用水水质改善明显;沧州、衡水、邢台、邯郸等市彻底告别了饮用苦咸水、高氟水的历史,政治意义巨大。因此,必须确保水源区和输水干渠水质,必须确保"一渠清水永续北送"。

(3)施工期对施工技术的要求。要求项目实施在有水下开挖、水下混凝土浇筑及水面以上渠道内坡拆除、开挖、混凝土浇筑等项目时,必须采取严格的保护措施,不允许对干渠供水水质带来不利影响。

要求边坡修复工程涉及的开挖、拆除必须采取措施,防止拆除物、开挖料进入水体;要求开挖、拆除后必须做好坡面保护,防止水流冲刷杂物进入水体;边坡修复时使用的混凝土浇筑脱模剂必须符合水质要求,不允许混凝土浇筑时向水中漏浆。要求现场施工机械、设备要采取保护措施,避免燃油、润滑油等油类遗漏在作业面进入渠道,影响输水水质。

(4)施工期对保障渠道工程安全的要求。2016 年 7 月边坡抢修期间曾采取加强排水降低水位、加大该段运行水位、衬砌板变形及破坏部位采用碎石袋压重等临时应急措施,保证了当时供水正常进行。现在进行破坏边坡的修复,首先必须对那些临时水下压重物进行拆除,对部分变形或破坏严重的衬砌板进行拆除、更换;其次必须考虑原有边坡破坏部位土体的不稳定性增强,修复施工期间必须防止地下水位陡升对工程安全的破坏;另外,修复项目实施期间必须做好防强降雨对渠道稳定及项目施工造成的破坏,保证施工期间的工程安全。

4.3 渠道边坡不停水修复工程实施的技术难点

(1)基于安全导流的围挡设计是边坡修复工程实施的基础。修复工程实施需进行边坡衬砌的拆除、开挖及混凝土浇筑。为保证修复工程施工期南水北调总干渠的水质安全,保证水下作业人员安全,施工期间需对边坡水下修复作业区进行围挡。为保证施工期渠道正常供水,围挡至少要预留 2/3 的渠道过水面积以满足渠道的正常过流要求。而对已破坏边坡的开挖、修复范围一般要直达渠道坡脚,同时围挡稳定要求还必须占用部分渠底板,并留有可以进行边坡水下修复的施工空间。所以,科学合理的围挡设计是边坡水下修复工程实施的基础与关键技术。

(2)边坡修复部位的水下开挖难度大。典型修复工程需开挖部位最低处距一级马道垂直距离为10.06 m,水平距离为21.5 m,开挖的土质为压实的粉质黏土或夹卵石的粉质黏土。受工作面及边坡稳定影响,施工机械难以施展作业,最适合水下开挖的长臂反铲在这里无法使用。另外,受水下开挖土质过硬、深度及渠道施工面影响,清淤机也不能使用。因此,边坡修复部位的水下开挖技术也是工程实施的一个关键难点。其次水下开挖面的精度控制也是该项目的一项技术难点,因为水下开挖必须达到一定精度,完成后还要进行模袋混凝土浇筑或直接在开挖面上架设模板,因此必须提前制定开挖面的精度控制措施,满足修复施工技术要求。

(3)水下模板架立及固定控制的技术难点。根据边坡修复施工技术要求,坡度1∶2.25的衬砌板恢复需浇筑坡面混凝土,其中水下部分约7 m深。水下混凝土浇筑无法进行振捣,完全靠模板挤压成型;模板架立直接在开挖后的土基上进行,无固定基础,又是水下安装,技术难度很大;另外,受施工场地狭小及起重量限制,无法使用大型模板构件。水下混凝土浇筑的质量取决于浇筑分仓方式、模板结构设计、模板水下固定方式、模板安装表面精度控制等这些关键技术难题。

(4)施工场地狭小,施工机械难以充分发挥作用。项目实施有土方开挖、面板拆除、反滤料及土料回填、集水管及排水管安装、钻孔、混凝土浇筑、锚杆安装、临时钢围堰制作安装、模板制作安装、钢筋制作安装等大量构件运输、装卸及组装工作,但是主要运输通道及工作场地仅有4 m宽的一级马道,而且满足施工交通要求的仅有一端马道可用。因此,施工期必须统筹考虑各类作业的运输方式,包括增加必要的垂直运输、水上运输方式,合理规划施工顺序,必须保证施工期交叉作业的有序开展。

(5)渠道通信网络干线“硅芯管”的保护。硅芯管是南水北调中线工程内网、外网、专网的传输通道,铺设在渠道沿线一级马道排水沟外侧底部,并包裹在0.15 m×0.15 m混凝土保护层内。根据修复施工要求,紧邻一级马道排水沟要布设排水盲沟工程,排水盲沟深度不能小于2.1 m。排水盲沟施工时如果保护措施不到位,极易造成硅芯管变形、受损甚至断裂。一旦硅芯管受损或断裂,将直接影响总干渠全线网络信息的传输,甚至导致全线网络瘫痪。因此,在修复施工期,一级马道排水盲沟外侧最少要预留0.3 m不允许开挖,以免造成硅芯管破坏;特别是在横向排水管施工时,排水沟底部的掏孔必须保护排水沟底侧的硅芯管,应增设必要的硅芯管底部支撑,以保证硅芯管安全。

4.4　施工导流及辅助运输设施设计

4.4.1　施工导流设计

根据干渠不停水运行及项目施工要求,必须在水下修复施工区域外侧设立钢围挡,借助围挡将施工区域(静水区)与渠道输水通道(动水区)进行阻隔,保证边坡水下修复工作的顺利进行,同时又避免施工期对输水水质造成影响。为了满足干渠输水需求,钢围挡设置必须遵循在满足结构要求、施工需要的基础上,尽量少占用渠道输水部分的有效空间。因此,钢围挡平面布置设计见图 4-3,纵向全长 117 m,顺水流向长 60 m,上游侧 32 m,下游侧 25 m;横向占据渠道需要修复的边坡,并延伸至渠道坡脚外 3. 0 m,如图 4-3 中的粗线所示。根据结构计算,围挡全部由型钢、钢板等构件组成,故亦称钢围挡;钢围挡首先通过焊接等工艺形成基本组件,然后送入水中设计预定位置,通过螺栓连接完成钢围挡的整体组装。

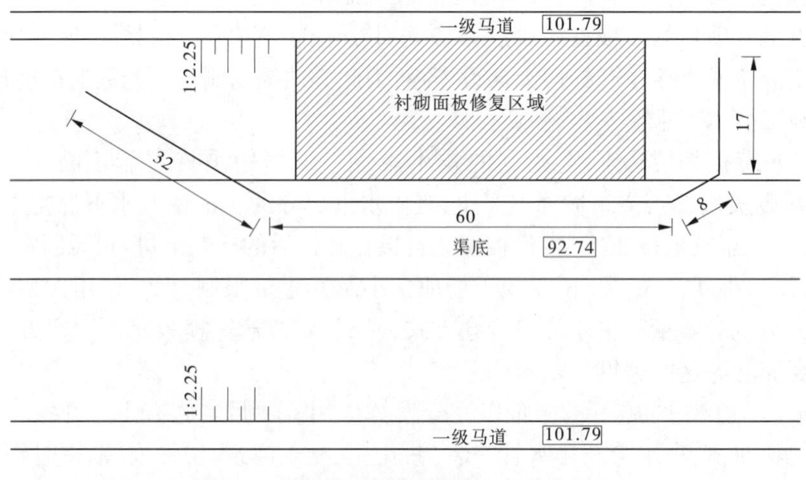

图 4-3　钢围挡平面布置设计　(单位:m)

4. 4. 2　辅助运输设施的设计

边坡水下修复工程的施工包括钢围挡架设、破坏区的混凝土面板拆除、土方开挖、钻孔、混凝土浇筑等内容,但进出实施现场的主要通道仅有渠道两侧 4 m 宽的马道。为解决施工设备、材料的运输问题,设计土方运输、混凝土运输必须利用一级马道进行,钢围挡、钢模板的运输及安装工作则通过设计的其他三种措施来解决。一是在右岸桩号Ⅳ104+894 处通过加宽一级马道,设置错车平台,平台长 40 m,最宽处 6. 5 m,并在此设置 QY25K5-1 吊车一部,主要用于钢围挡制作、吊装等前期辅助运输工作;二是在左岸二级马道桩号Ⅳ104+906 处设置塔吊一个,完成水下模板构件运输、施工设备运输及辅助水下开挖等工作;塔吊基础采用摩擦桩,最大活动工作半径 48 m,最大起吊重量 0. 8 t;三是自制两个水上浮动平台,各自安装一台水上起吊机,解决右岸吊车及左岸塔吊作业盲区的运输及水上运输问题。

4. 4. 3　施工场地的布置设计

根据施工现场环境条件、施工进度安排及辅助运输设施的布设安排,以方便施工、科学利用、互不交叉影响为原则,进行了施工场地的平面布置设计。施工区共分为办公区、临时堆料区、塔吊区、吊车区、钢围挡加工区、模板及预埋件放置区、水下潜水设备区等七个部分,详见图 4-4。

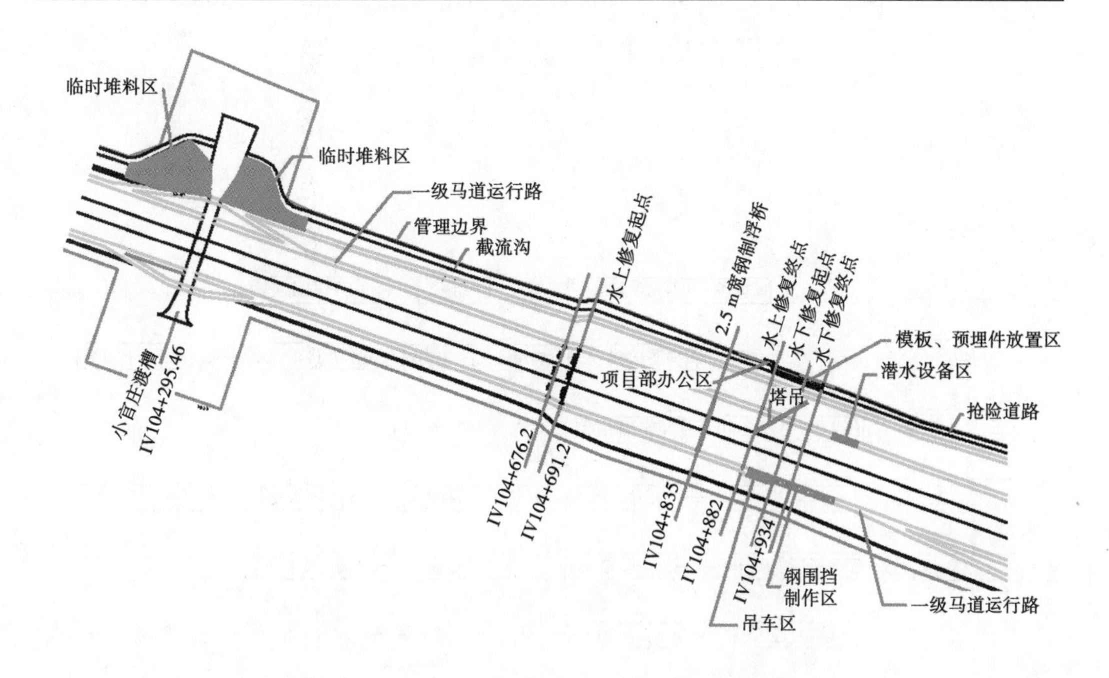

图4-4　边坡水下修复生产性试验的施工区平面布置

4.5　边坡水下修复施工总体方案

4.5.1　修复施工总体顺序

根据边坡修复施工内容及总干渠输水运行要求,在确保工程安全、运行安全、水质安全的基础上,项目施工安排首先进行排水盲沟施工及桩号Ⅳ104+691.2~Ⅳ104+882段一级马道恢复施工;并考虑当遇强降雨时,设计通过集水管、排水管将突增地下水排入渠道的预案,避免地下水位过快上涨引起工程破坏,保证工程安全且为后续水下试验段施工创造必要的施工条件。其次在桩号Ⅳ104+691.2~Ⅳ104+882段一级马道具备通行条件后,在不影响一级马道通行的前提下,顺序开展水上修复段的土坡加固、水上衬砌板恢复工作。在边坡水下修复试验段,顺序开展水下碎石袋拆除→钢围挡架设→水下衬砌板拆除→水下开挖→水下衬砌板恢复→试验段渠坡加固→试验段一级马道恢复→试验段渠坡加固→试验段水上衬砌板恢复施工。在边坡水下修复工作完成后,拆除施工区钢围挡;最后进行一级马道路面恢复工程。

边坡修复试验的总体施工流程见图4-5。

4.5.2　主要修复项目的施工方法设计

4.5.2.1　排水盲沟工程及一级马道恢复工程

排水盲沟工程主要内容有坡面排水沟施工、排水盲沟土方开挖、横向排水沟开挖、排水孔钻设、集水管及排水管铺设、反滤料填筑、六棱框恢复等,设计图见图4-6。一级马道

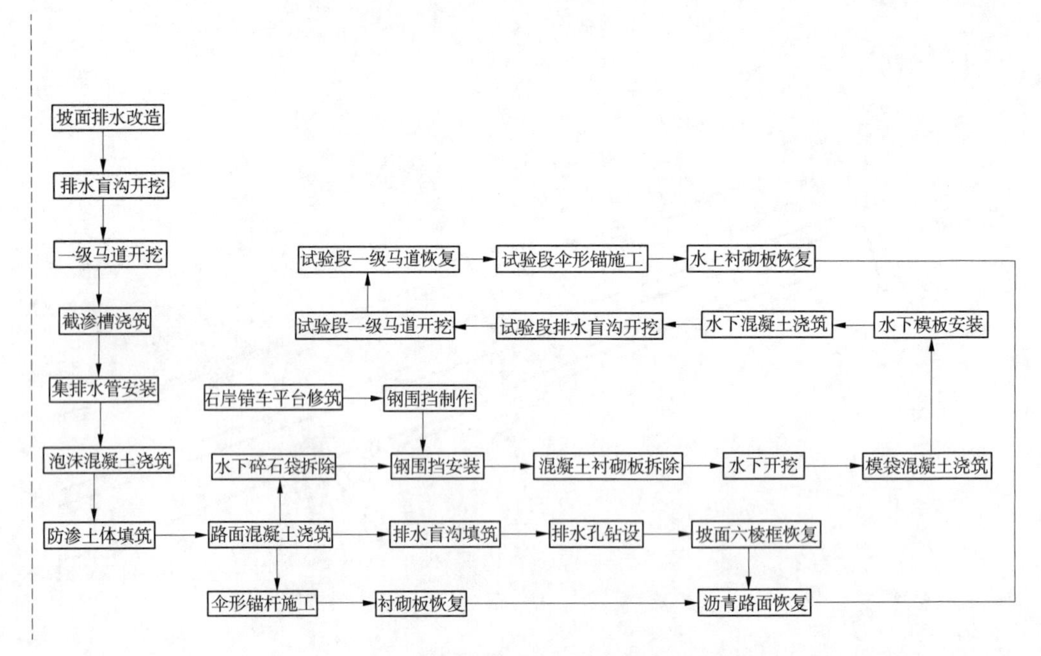

图 4-5　边坡水下修复试验项目总体施工流程

恢复工程主要有一级马道开挖、截渗槽混凝土浇筑、泡沫混凝土浇筑及截渗土心墙填筑等。根据现场条件，两项工程需要同时实施、分段进行；空间安排上是自下游向上游依次进行，每次工作段长度取 60 m。实施顺序为：坡面排水沟改造→排水盲沟开挖→一级马道开挖→横向排水沟开挖→混凝土截渗齿槽开挖→混凝土截渗齿槽浇筑→横向排水管安装→泡沫混凝土浇筑→集水管铺设→反滤料回填（预留排水孔）→排水孔钻设→排水管安装→坡面六棱框恢复。

1. 坡面排水沟改造

为保证排水盲沟实施期间坡面排水正常实现，工程实施前先行完成坡面排水改造工程。在排水盲沟开挖边线外侧新修纵向排水沟，收集坡面雨水，间隔 30 m 修建横向排水沟一道，将坡面纵向排水沟的水导入一级马道排水沟内，通过一级马道横向排水沟排入渠道内，避免坡面水直接进入开挖的排水盲沟对工程造成破坏。

2. 排水盲沟开挖

坡面排水改造完成后进行纵向排水盲沟开挖及一级马道开挖，采用人工配合小型挖掘机、风镐进行。排水盲沟开挖时挖掘机先沿一级马道排水沟外侧开挖出工作平台，工作平台中心线距排水沟外侧 2 m，使开挖中心线距排水沟外侧保持 1.5 m，以保护排水沟外侧硅芯管。挖掘机挖至设计高程后，人工开挖两侧坡面至设计坡面。排水盲沟开挖完成后，开始对一级马道进行拆除、开挖，进行至横向排水管处时，一并将横向排水管开挖完成，横向集水管与一级马道纵向排水沟交汇处，采用人工掏洞方式完成开挖，沟宽不大于 1.0 m，以保护排水沟及硅芯管。排水盲沟及一级马道开挖料直接装入机动四轮车，运至临时堆料场，然后由载重汽车运至渠道外指定地点。

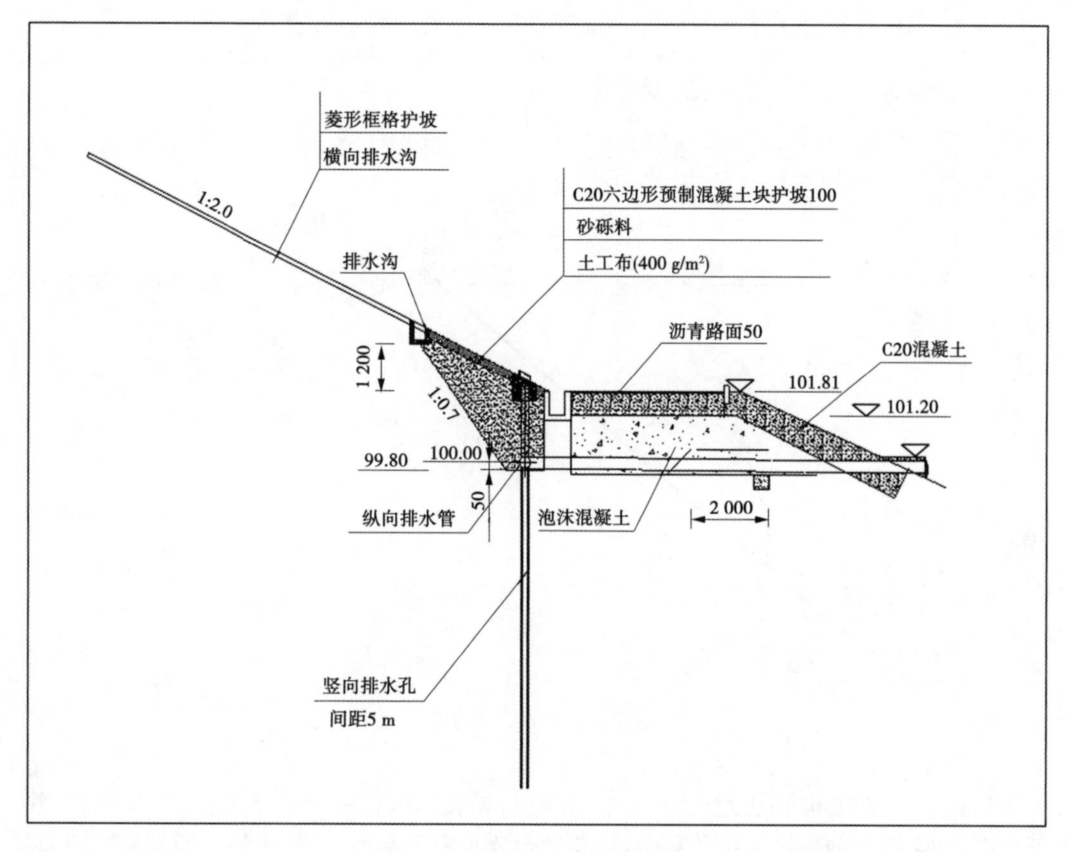

图4-6　一级马道恢复断面图

3. 泡沫混凝土浇筑

纵向排水盲沟、一级马道开挖完成后,采用XRDYL-600小型振动碾进行黏土心墙填筑,填筑完成后按设计要求进行削坡,进行混凝土心墙开挖、浇筑,然后进行横向排水管安装及泡沫混凝土模板安装,浇筑一级马道泡沫混凝土,最后进行一级马道路面基层混凝土浇筑,恢复一级马道通行功能。

4. 反滤料回填与集水管铺设

一级马道具备通行条件后,进行反滤料填筑。反滤料填筑采用XRDYL-600小型振动碾进行,局部采用80型汽油冲击夯,铺筑厚度、碾压遍数及含水量通过现场试验确定,保证反滤料压实度。反滤料填筑时,按实施要求,预留排水孔位,埋设D250无砂混凝土管,便于后期排水孔钻设。反滤料填筑到集水管高程处进行集水管铺设,并通过三通与排水管相连。集水管铺设完成后继续进行反滤料填筑,直至设计坡面。

5. 排水管铺设与坡面六棱框恢复

反滤料填筑完成后进行排水孔钻设及排水管埋设工作。排水孔钻设选用钻机进行,排水孔钻设完成后立即进行排水管埋设及周边反滤料回填工作。反滤料填筑完成后进行六棱框铺筑,采用人工方式进行。

4.5.2.2　伞形锚杆施工

一级马道恢复泡沫混凝土施工完毕具备强度后,即开展伞形锚杆施工,伞形锚杆施工见图 4-7。伞形锚杆施工主要有钻孔→锚杆安装→锚杆张拉→注浆等工序。

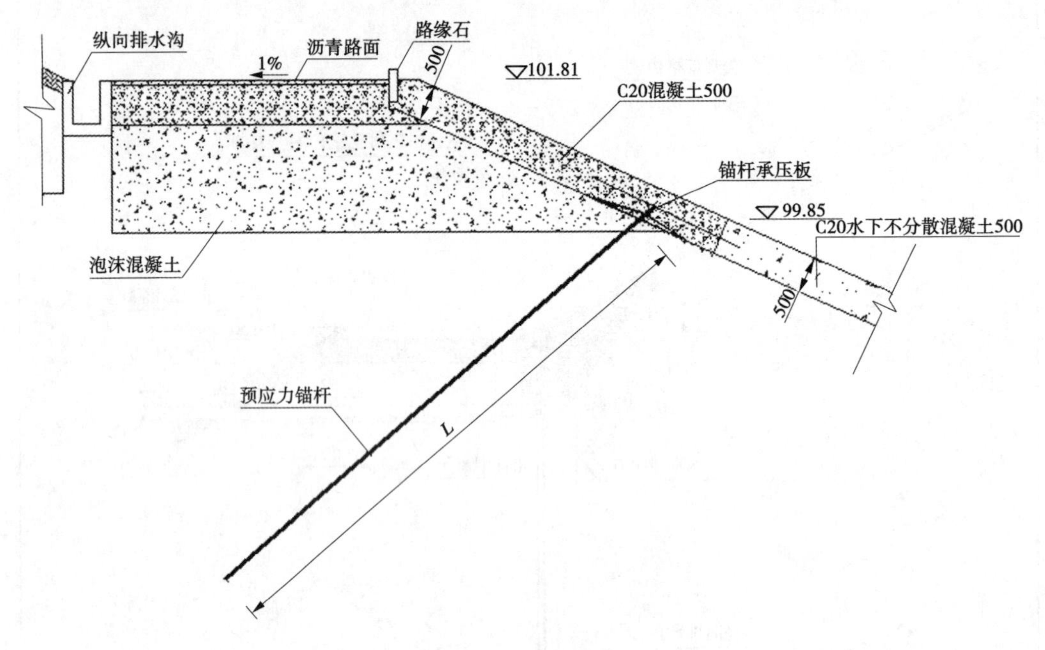

图 4-7 伞形锚杆施工

1. 钻孔

钻孔采用 200B40 钻机配 XY-2 地质钻进行钻孔。因钻孔处位于坡面,锚杆倾斜、邻近干渠水面,钻孔前先搭设钻孔平台;钻孔平台要求位于水面上,临水侧三面需做围挡,底板封闭且设置集污池,能够放置施工时的活动泥浆,以保证钻孔作业时不污染干渠水质。

2. 锚杆安装

锚杆钻孔完成后进行锚杆安装,锚杆采用ϕ 28 螺纹钢,使用套筒与锚头连接,安装时锚头收拢向下置入孔内,人工加力将锚头置入孔底;若锚头未进入孔底未张开,可采用钻机配合人工带动锚杆转动使锚头张开。

3. 锚杆张拉

锚杆安装完成后进行张拉,张拉设备置入锚杆端部并锁定,通过电动油压泵张拉。张拉应分阶段进行,上阶段张拉后稳定一段时间后,测量锚杆伸长量,符合要求后再进行下一阶段张拉,防止对临近锚杆土体产生较大影响。锚杆张拉至预定锚固力后,在千斤顶支架底座内锁定装置卡瓦套内嵌入卡瓦。

4. 注浆

张拉完成后进行注浆,注浆采用注浆机在钻孔平台上进行,浆液为 42.5 MPa 水泥浆,应保证灌浆密实、无连通气泡、无脱空。注浆完成后,在承压板上浇筑 C20 封锚混凝土。

4.5.2.3 水上衬砌板恢复工程

水上衬砌板恢复工程设计图纸见图 4-8,主要施工流程为面板拆除→土工膜拆除→基面清理→排水网垫安装→局部渗水点处理→模板安装→混凝土浇筑等。

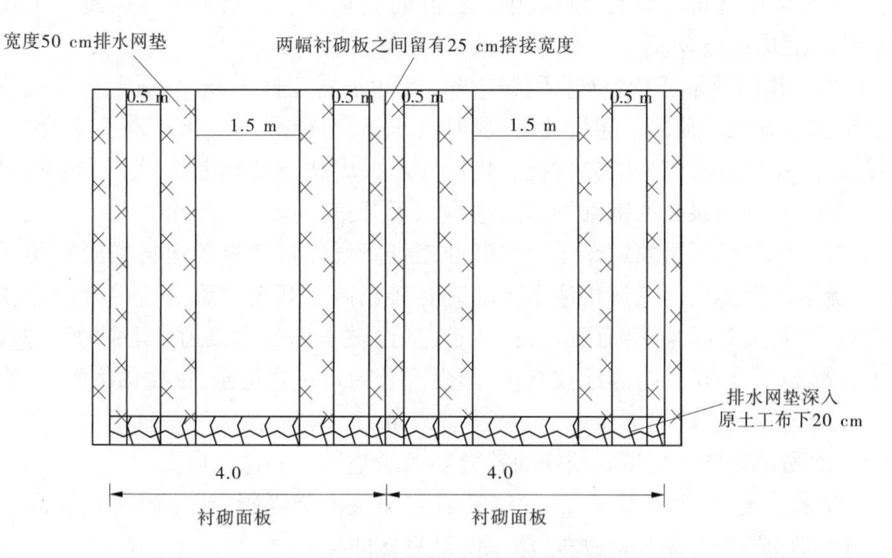

图4-8　水上衬砌板恢复工程设计图

1. 面板拆除

面板拆除采用手持式切割机进行切割,小型爆破锤破除、小型挖掘机清运方式进行。面板清除完成后进行土工膜拆除,采用人工剪除方式,在底部,预留0.2 m土工膜便于后期搭接。土工膜拆除后,采用人工配合小型挖掘机对坡面破坏、松散土体进行清除,清至坚实土体,并保证最小厚度不小于0.25 m。

2. 排水网垫安装及渗水处理

基面清理验收后,进行排水网垫安装→局部渗水点处理→模板安装。由人工将排水网垫按设计位置固定在坡面上,下部须伸入未拆除衬砌面板下的砂垫层中。局部渗水点处安装ϕ90逆止排水器与单根长度1.3 m的ϕ110PVC管组成的组装件,进行渗水点处理,四周回填反滤料。模板采用槽钢,两侧由钢筋固定在边坡上,槽钢顶为设计坡面。

3. 混凝土浇筑

混凝土浇筑采用溜槽方式入仓,人工平仓,插入式振捣器配合平板振捣器振捣,磨光机收面,人工覆膜养护。

4.5.2.4　试验段衬砌面板恢复工程

试验段衬砌面板恢复工程主要有压重碎石袋拆除、临时钢围挡封闭、混凝土面板拆除、基面清理、模袋混凝土浇筑、水下不分散混凝土浇筑、钢围挡拆除等。

(1)压重碎石袋拆除,采用潜水员搬运碎石袋至自制小车内,陆上卷扬机牵引小车至一级马道,陆上人员装入农用车中运至堆料场。

(2)钢围挡以起吊设备起吊能力为前提,在陆上完成构件制作,然后由吊车吊入水面,水上起重机吊运到位,潜水员水下安装。衬砌板拆除由潜水员采用液压锯将大块衬砌板混凝土切割成小块,通过自制水上起重架吊出水面,利用塔吊吊至堤顶道路装车运至弃渣场。清理衬砌板时需注意与新衬砌结合部位处衬砌板的拆除,原衬砌板底部铺有土工布,为了保证其止水效果,需留有20~30 cm的土工布接头,浇筑新衬砌板时将该20~30

cm 的土工布浇筑进新混凝土衬砌板中。拆除时破损的保温板和土工膜由人工收集到编织袋后装车运出渠道外。

(3)因工作面狭窄,清淤机等无法进场。受边坡稳定性影响,最适合水下边坡开挖的长臂反铲在该处无法使用。通过搅吸泵抽排、水下液压锯切割、水下高压水枪切割、水下抓斗抓取、绳锯切割等多种工艺试验。最后确定采用高压水枪冲击、塔吊和卷扬机配合自制挖泥斗铲运、气力泵清淤铺助的方法进行水下开挖。挖泥斗挖出的泥土先堆到一级马道上,具备运输条件后由农用车运至临时堆渣场。气力泵通过管道将淤泥抽排至截流沟内,在截流沟内沉淀后由挖掘机清运至临时弃渣场内。开挖完成后使用测深仪器对开挖深度进行测量,测量时采用断面法进行测量,从边坡水面处向渠道中心拉扯一根钢丝线,并每 1 m 标记 1 个点,进行测深仪测量,陆上配合人员进行记录,依次向下测量,直至此断面结束。随后将钢丝线向下游或上游平移 3.5 m,继续上面的工作,直至整个开挖区域水下开挖水深测量完毕。测量开挖断面符合要求后进行下一道工序。

(4)试验方案中,最下游 12 m 段清基后先铺筑模袋混凝土,然后在模袋混凝土上浇筑水下不分散混凝土,作为衬砌板,施工图纸见图 4-9。

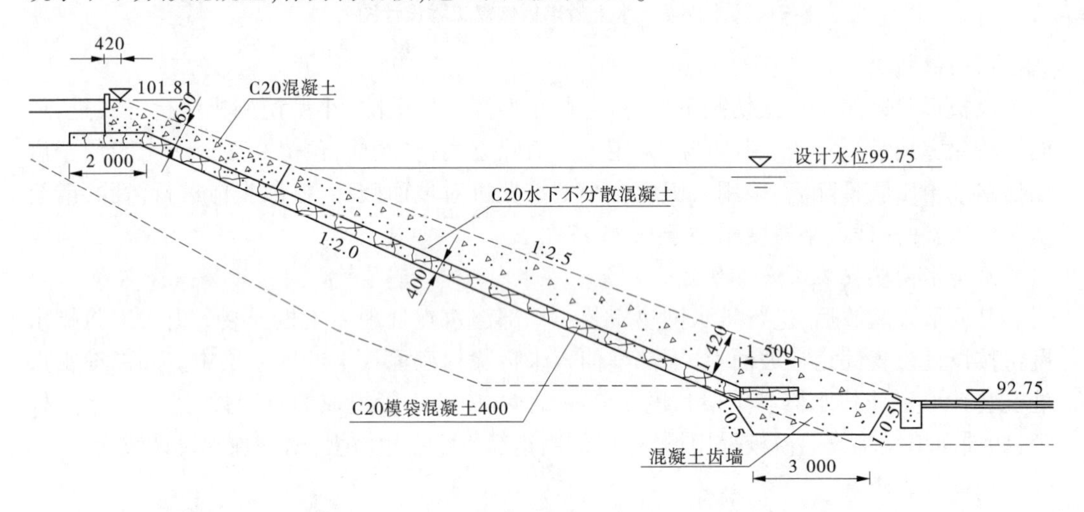

图 4-9 试验段最下游 12 m 衬砌板恢复施工图 (单位:尺寸,mm;高程,m)

12 m 长段水下开挖完成后,先浇筑齿槽部位水下不分散混凝土,然后铺筑 0.4 m 厚模袋混凝土,混凝土凝固后在模袋混凝土表面锚固钢筋,作为水下衬砌混凝土模板拉筋。模袋一幅 4 m 宽、21 m 长,共铺设三幅。模袋运至现场准确定位后,利用人工按自上而下方向顺坡滚铺,随铺随压模袋。模袋铺展、压稳后,紧固模袋两侧挂绳,并将坡顶紧固钢管固定在预留的渠堤沟内,使整块模袋平整地铺在坡面上,不致下滑。模袋铺设完成后进行灌注混凝土,先将堤顶沟内部分模袋灌满后,再依次自顶向坡下逐行灌浆口进行灌注。灌注混凝土采用泵车有压灌注方式进行,灌注过程中人工或潜水员加强混凝土的流动情况和模袋稳定情况检查,若出现模袋混凝土局部填充不满的现象,人工或潜水员将此处上部的混凝土向下挤压,保证混凝土填充完全。按照以上方法,逐幅模袋进行铺设、灌注,直到三幅模袋混凝土全部完成。

(5)模袋混凝土浇筑完成后,进行水下混凝土模板安装。根据现场起重、作业等条件,混凝土浇筑分块进行,每块宽 2.4 m,一次浇筑高度 3~5 m。模板安装前先安装侧轨,侧轨由埋设在模袋混凝土内的膨胀螺丝、支撑钢管、可调节螺栓及顶轨组成。支撑钢管上焊接可调节螺栓,顶部与顶轨焊接,底部与锚固膨胀螺栓连接,调整可调节螺栓,保证顶轨坡度、高度满足要求。侧轨埋设完成后进行顶模板安装。模板为 1.2 m×1.5 m 钢模板,利用埋设在模袋混凝土内的锚杆固定,从模板上预留的螺栓孔内插入Φ 18 拉杆,拉杆锚入之前模袋混凝土预设的锚固孔内,并在孔内注入锚固剂锚固。拉杆顶端预留 15 cm 套丝,顶部通过螺母内外将模板与锚杆固定。顶模板安装完成后安装侧模板,侧模板通过侧轨支撑固定,并用水下快速封堵剂对侧模底部的缝隙进行堵漏,防止浇筑时跑浆。侧面模板与面层模板之间通过连接螺栓固定。模板安装完成后,为防止浇筑过程中涨模,模板表面采用碎石袋压重。

模板安装完成验收后,进行混凝土浇筑,混凝土浇筑采用泵车直接入仓的方式进行,人工控制泵车出口导管埋入混凝土不小于 1 m 且应对称、均匀浇筑。

(6)试验方案中,40 m 长为不铺设模袋混凝土直接浇筑水下不分散混凝土段。因土体上无锚固模板条件,水下混凝土浇筑采取铺设模板、吨包袋压覆固定的形式进行。根据现场条件及起吊重量,混凝土采取连续浇筑方式进行,每仓宽度 3.03 m,高度 3~5 m。开挖完成验收后,先在齿槽内埋设预埋件及侧模板,浇筑齿槽。然后利用齿槽中的预埋件、陆上的地梁间隔 3.3 m 顺坡预埋钢梁一根,分隔仓面,支撑固定表面钢模板。钢梁采用 20#工字钢焊接为长 24 m 的整体型钢,为提高其刚度,在型钢两侧及下部采用 5 cm×5 cm 角钢焊接成桁架形式,型钢顶部正中位置焊接Φ 18 mm 高强螺栓,高 18 mm,间距 0.6 m,为水下固定模板所用。为提高预埋骨架的整体性,顺坡向间隔 4 m 设一联系槽钢与钢梁焊接形成骨架。顶模板采用陆上拼装、加固的 3 m×1.2 m 或 3 m×2.4 m 钢模板直接与钢梁连接,形成封闭仓,钢模板防浮采用吨包袋方式。

第 5 章　基于钢围挡的静水施工环境保障技术

大型输水干渠在不停水的工作状态下,进行水下边坡修复是十分困难的;主要是深水阻隔措施难度大、缺乏专用设备。作者团队提出了基于外动内静的渠道水下边坡修复技术,即利用钢围挡构筑不停水情况下渠道修复段的静水施工环境,成功实现了渠道输水条件下的静水边坡修复,本章以南水北调中线干渠韭山段左岸渠道边坡水下修复工程为典型实例,介绍基于钢围挡的静水施工环境保障技术,包括钢围挡的设计原理、钢围挡的平面布置与水动力特性分析、钢围挡的结构设计与结构特性分析、典型工程钢围挡拼装技术与生产性试验、典型工程钢围挡安装技术与工艺、钢围挡的修改设想及其水动力与结构特性分析。

5.1　钢围挡的设计思路及平面布置

为了满足不停水情况下开展渠道修复的任务,作者团队提出在渠道需要维修的一侧边坡设置钢结构的围墙(钢围挡),与边坡一起构筑成与渠道水流既相对连通又相对封闭的静水施工环境。这样的钢围挡设置既容易平衡渠道水流的动水压力,采用轻型钢结构;又为渠道边坡修复提供一个可靠的静水施工环境,很好地解决了大型渠道输水状态下的边坡修复难题。

为了具有良好的水力边界特性,钢围挡采用上游迎流段使渠道逐渐收缩的平面布置形式,见图 5-1;利用钢围挡对渠道维修区域进行局部封闭,形成相对静水施工环境(钢围挡无止水要求,内外水相对连通),实现在静水区开展水下施工维修。图 5-1 是为南水北调中线总干渠韭山公路桥上游渠段左岸渠道边坡修复开展生产性试验而设计的布置形式,钢围挡采用三面围堰,顺水流方向长 97 m,横向范围达到左岸坡脚外 3. 7 m,钢围挡高 7. 5 m,满足最高水位的挡水需求。钢围挡上部是具有 30°收缩角的迎流渐缩段,长 30 m;中部是 60 m 长的顺流缩窄段,下部为长 7 m 的扩散段。

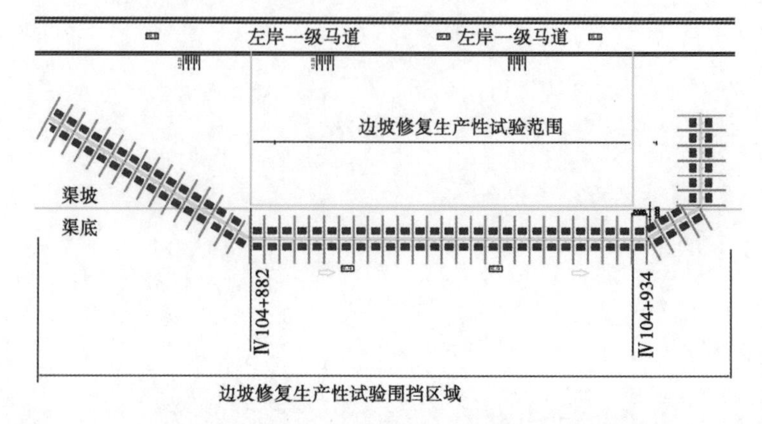

图 5-1　钢围挡的平面布置及边坡修复生产性试验围挡区域

钢围挡采用钢模板作为面板，面板采用钢板和槽钢加工制作；以槽钢作为骨架，增加挡水钢板的整体强度，同时迎水面钢围挡内侧设置斜撑，抵抗水流冲击和局部壅水造成的压力，保证钢围挡的整体稳定性，示意图见图 5-2，钢围挡现场施工照片见图 5-3、图 5-4。

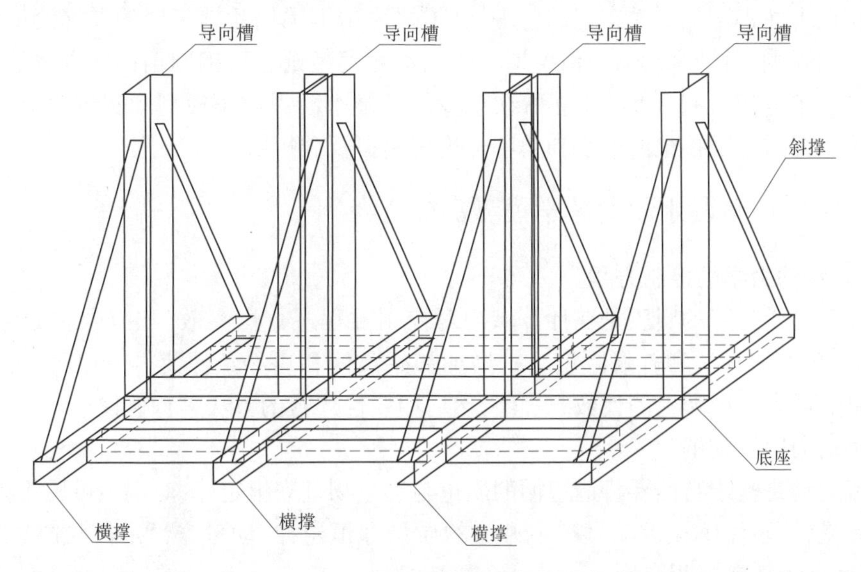

图 5-2　渠道钢围挡基本构件示意

图 5-3　钢围挡现场施工场景

图 5-4　钢围挡内的静水施工区与钢围挡外的动水区

5.2　钢围挡渠段水动力特性研究

为验证上述钢围挡平面布置的合理性，了解采用钢围挡后施工区的渠道流场特性和对输水区的影响，借助水动力数值模拟和概化水力模型试验对钢围挡设计方案的水动力学特性进行了分析研究。通过建立所在渠段的三维水动力数学模型和实体比尺模型，分不同运用工况对钢围挡渠段的水动力特性进行模拟及分析研究。

5.2.1　钢围挡渠段水动力数学模型的建立

5.2.1.1　水动力学的控制方程

流体动力学计算的实质是在计算域内对控制方程进行点离散（如有限差分法）或者区域离散（如有限元法和有限体积法），增加初始条件和边界条件使得方程闭合，转变为在各网格点或者子区域上的代数方程组，然后用线性代数的方法进行迭代求解，获得计算域内的水动力因子的解。

水流运动是基于自然界普遍遵循的质量与动量物理守恒定律，对于不可压流动，流体密度认为是常数；流体在运动过程中遵循的质量守恒定律、动量守恒定律与能量守恒定律，可以由如下控制方程表示。

1. 质量守恒方程

$$\frac{\partial}{\partial x_i}(\rho u_i) = 0 \tag{5-1}$$

式中：x_i、u_i 和 ρ 分别为在 i 方向上的空间坐标、流体流速和流体密度。

2. 动量平衡方程

$$\frac{\partial}{\partial x_i}(\rho u_i u_j) = -\frac{\partial p}{\partial x_i} + \mu_i \frac{\partial}{\partial x_j}\frac{\partial u_i}{\partial x_j} - \frac{\partial}{\partial x_j}(\overline{\rho u'_i u'_j}) + f_i\rho \tag{5-2}$$

式中：p、f_i、μ_i 分别为平均压强、i 方向上的重力分量和 i 方向上的流体黏性；$\overline{-\rho u'_i u'_j}$ 是由 Boussinesq 假设推得的紊流雷诺应力，采用 k-ε 方程，则具有如下表达式：

$$-u'_i u'_j = v_t\left(\frac{\partial u_i}{\partial x_j} + \frac{\partial u_j}{\partial x_j}\right) - \frac{2}{3}\delta_{ij}k \tag{5-3}$$

式中：$k = \frac{1}{2}(\overline{u'_i u'_j})$ 表示紊动能；而 v_t 则表示与紊动能 k 和其耗散率 ε 相关的紊流黏度，由下式表示：

$$v_t = C_\mu \frac{k^2}{\varepsilon} \tag{5-4}$$

在 k-ε 方程中，C_μ 是常数，一般取 0.09。

3. 能量方程

能量守恒定律是流动系统有热交换必须满足的基本规律，但对于不可压缩流动，热交换可以忽略，因此针对本次明渠水流流态分析可不考虑涉及热交换的能量守恒方程。

5.2.1.2　紊流模型的选择

基于 CFD(computational fluid dynamics)的流体动力学计算软件很多,这里采用广泛应用于水利、金属铸造、航天等领域的三维计算流体动力学软件 FLOW-3D,使用有限差分法求解 N-S 方程。

1. 多相流模型

FLOW-3D 数值模拟软件中多相流模型包括 VOF 模型、混合模型、欧拉模型等,针对本次模拟明渠水流低速、无空化、不稳定流动的特点,结合 VOF 模型具界面构造功能,且能够获得较好的空泡壁面、自由液面等分界面,能更为真实地获得出水过程中界面相互作用,其压力计算结果能更好地反映实际的物理过程,因此本次多相流模型选用 VOF 模型。

2. 紊流模型

FLOW-3D 中常用的紊流模型有单方程(Spalart-Allmaras)模型、双方程 (k-epsilon)模型、k-omega 模型、雷诺应力 Reynolds Stress 模型等。双方程模型包括标准模型、RNG 模型、Realizable 模型。模型包括标准模型、剪切应力输运(SST) 模型。

单方程(Spalart-Allmaras)模型在有逆压梯度的流动区域内,在考虑边界层黏性问题领域计算效果较好,适用于壁面边界层及低雷诺数流等工况。S-A 模型会抑制流动的横向分离,与其他方程模型相同,存在稳定性较差、可靠性较低的弊端。

标准模型通过求解紊流动能方程和紊流耗散率方程,得到两个方程解,再利用解计算紊流黏度,最后通过 Boussinesq 假设得到雷诺应力解。该模型考虑了低雷诺数、可压缩性和剪切流扩散的影响,适用于混合层、射流及自由剪切流的计算。但该模型将紊流假定为各向同性且均匀的,在非均匀性紊流问题中误差较大。

与标准 k- 模型相比,Realizable 模型采用新的紊流黏度计算式。该模型在雷诺应力上满足约束条件,且与真实的紊流相同,可用于计算平面的扩散速度、旋转流、带压强梯度的边界层和分离流等问题。研究表明,在考虑雷诺应力、计算分离流等复杂流动时,该模型稳定性和计算精度高、预测分离位置准确高、经济性好。

与标准模型相比,RNG 模型在形式上相似,但是方程考虑了旋转效应的影响并添加了附加项,使得在求解较大速度梯度和强旋转流动问题时精度较高;与标准模型相比,SST 模型添加了横向的耗散导数项,考虑了紊流的剪切应力传递过程,而且紊流常数也不尽相同,可以计算跨音速激波问题。

雷诺应力模型(RSM)在求解问题时求解方程较多,相比单方程模型和双方程模型,计算精度高,但受限于模型封闭形式,其计算精度无法保证,且计算量的急剧增加,只有在雷诺应力表现为明显各向异性特点时,才表现出优势。

针对本次数值模拟研究对象为明渠不可压缩流,且在钢围挡工程区(水流收缩与扩散)段还会发生边界层分离现象,产生回流及漩涡;综合考虑模拟精度要求、模拟计算时间限制等因素,根据各个紊流模型的特点,考虑 Realizable 模型计算精度和稳定性较好,本次数值模拟的紊流模型选择 Realizable 模型。

5.2.1.3　水动力模型的搭建

1. 钢围挡渠段数值模拟背景及边界范围

本次研究模拟的原型是南水北调中线总干渠明渠水流,考虑有、无钢围挡工程两种流场边界类型(见图 5-5 和图 5-6),一是为了利用原型明渠水流的试验观测数据率定数学模型;二是为了检验设计钢围挡的合理性并进行优化。本次模拟研究范围重点是钢围挡施工区,即渐缩段与扩散段之间的区域,研究内容侧重于从渐缩段至扩散段和下游恢复段的水流流场形态及各水力要素的分布,出于对实际需求和计算量的综合考虑,流体域范围选取包括工程段及上下游一定长度的全部明渠,流体域高度范围选择满足各种模拟流量下的水深。

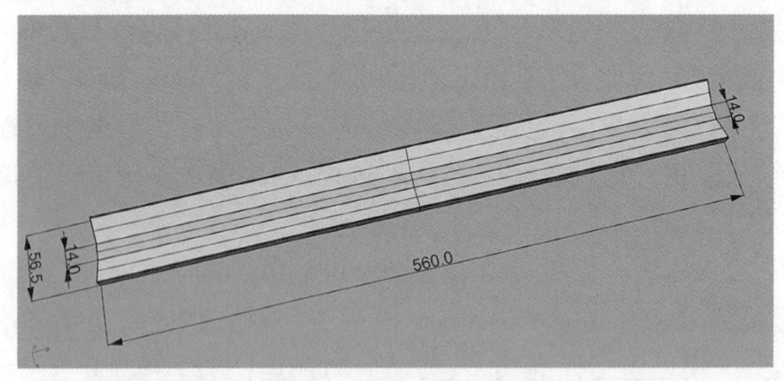

图 5-5　无钢围挡工程数值模拟明渠段形态及基本尺寸　(单位:m)

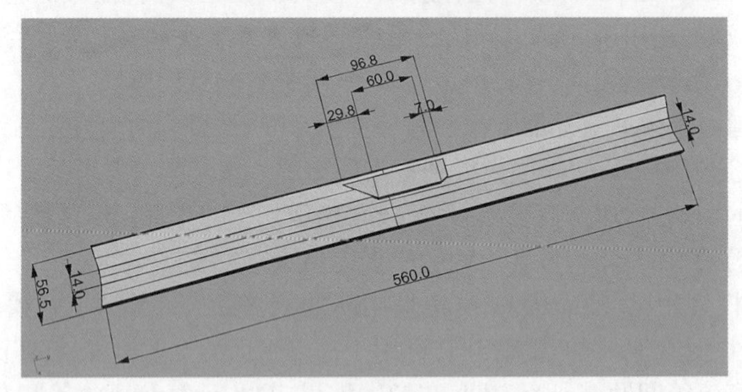

图 5-6　有钢围挡工程数值模拟明渠段形态及基本尺寸　(单位:m)

数值模拟试验利用 Rhinoceros 软件建立三维明渠模型,见图 5-7、图 5-8,数值模拟计算的区域按两种流场边界状态考虑:

(1)正常输水状态:模拟范围为中线总干渠韭山段明渠(桩号Ⅳ104+592～Ⅳ105+194),作为与有钢围挡影响的无工程干扰对比背景流场,模拟范围总长近 605 m。

(2)维修输水状态:模拟范围为中线总干渠韭山段明渠,模拟区包括上游明渠过渡段、渐缩段、钢围挡工程缩窄段(简称缩窄段)、扩散段和下游明渠恢复段。

上游明渠过渡段长 240 m,渐缩段长 30 m,缩窄段长 60 m,扩散段长 7 m,下游明渠恢复段长 223 m,模拟范围总长近 560 m。

2. 模型搭建的质量检查

1)网格剖分原则

FLOW-3D 采用 FAVOR 技术进行网格处理,在模拟复杂结构物时,可在结构化的网格内部定义独立复杂的几何体,达到利用简单的矩形网格表示任意复杂的几何形状。采用 FAVOR 技术后,相比传统的 FDM 技术,仅需更少的网格就可以将集合体边界描述得很精确,传统的 FDM 技术必须以较多的网格数量才可以达到相同的要求。

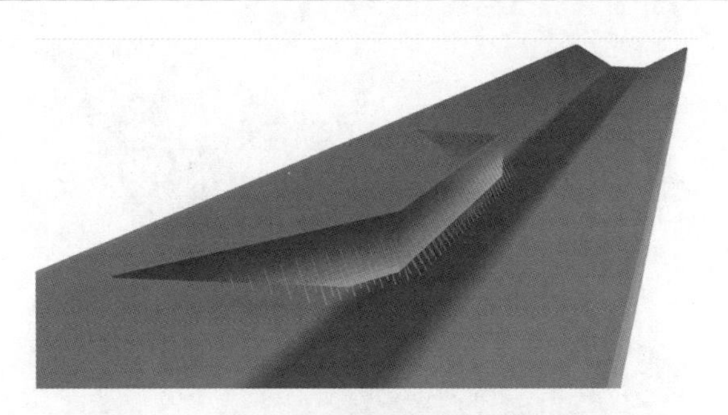

图5-7 钢围挡工程数值模拟明渠段形态

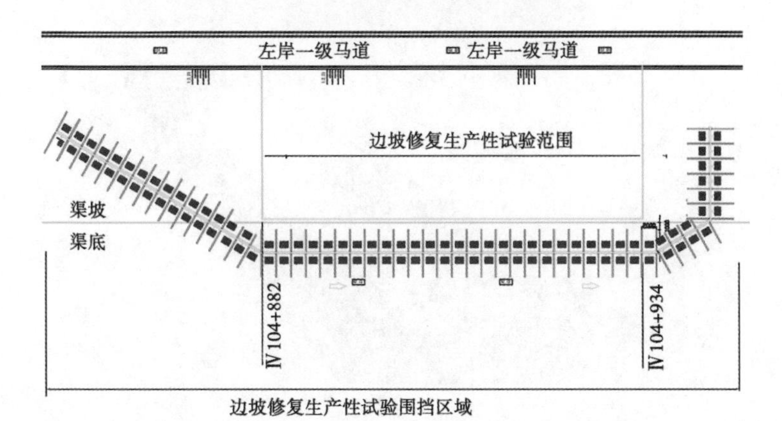

图5-8 钢围挡工程数值模拟明渠段形态

FLOW-3D将矩形网格结构简单、易于构成和占用内存小等优点和形状不一但和模型吻合较好的网格(剖分网格)的协调性组合在一起,这样使网格和几何体不互相影响,谓之自由网格法。矩形网格结构简单,占用内存小,不用专门地剖分,能简化操作,当需要定义光滑曲面时,自动裁剪网格的一部分。当定义障碍物时,由于网格组成的计算域将障碍物包含在计算域内部,所以系统将自动识别该障碍物所占网格的个数,从而判断障碍物的体积面积。任意复杂的几何体都能够通过这种"数格子"的方法来描述出来,这就是FLOW-3D的FAVOR方法,更加简单易操作,并提高精度。图5-9是本书模拟钢围挡结构划分的矩形网格数量,因精度需要进行了局部加密。

2)网格质量检查

在网格剖分后,为满足数值模拟计算精度的要求,需要对剖分网格的质量进行检查,划分网格时,网格划分的质量取决于单元数量及划分精度,特别在细节部位网格划分时,可能引起网格单元变形,而劣质的网格单元即会造成劣质的计算结果,网格单元信息见图5-10。

3.壁面处理

在紊流运动中,远壁点处黏性力相比惯性力可以忽略,但在固体壁面附近,黏性力不可忽略,壁面对紊流流动具有很大的影响。边界层内根据流动状态的不同可分为三层,自固体壁面开始依次为黏性底层、过渡层和紊流核心层。前两者的厚度在一般的流动中总是非常小的,特别是在流速较大的紊流中,厚度几乎可以忽略,但是由于实际水流的流动摩擦阻力主要取决于边壁附近的流速分布,因此流体模拟中近壁面的处理对流动计算的

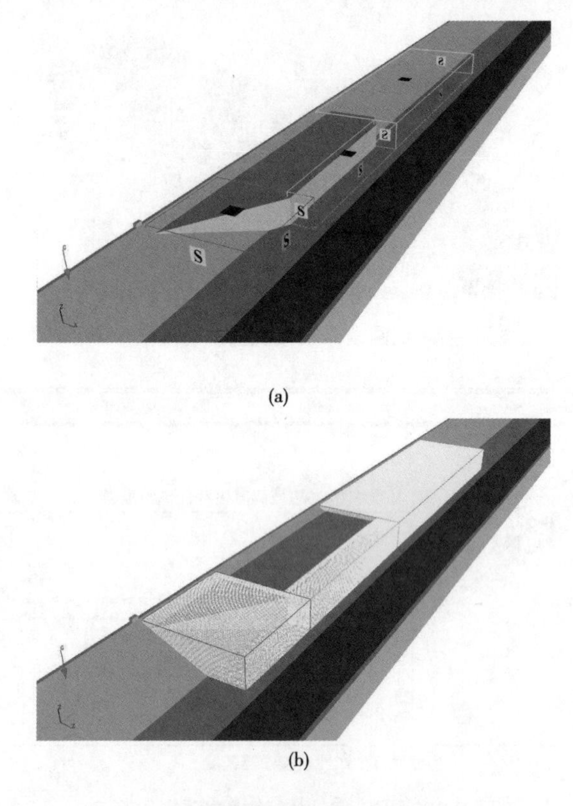

(a)

(b)

图 5-9　钢围挡边界附近的局部加密

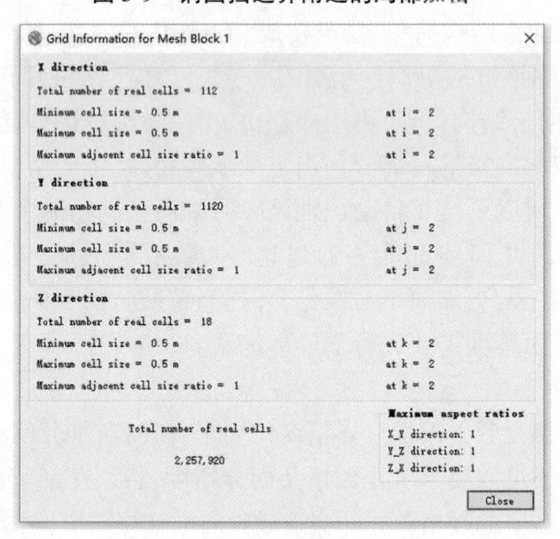

图 5-10　网格单元信息

准确性极为重要。

针对近壁区黏性底层和过渡层流速的求解，常采用两种方法：第一种是采用低 *Re* 数的模型来求解黏性底层和过渡层，此时需要在壁面区划分比较细密的网格，越靠近壁面，网格越细，但会引起网格质量的下降及计算量的成倍增加；第二种将壁面上黏性底层与过渡层内的流速分布通过一组半经验公式计算得出，即引入壁面函数将壁面上的物理量与紊流核心区内的相应物理量联系起来,本次模拟试验采用引入壁面函数法,该种方法的优点避免了三维方程求解,改用一维数学模型求解,避免加密网格,降低了计算资源的使用,该种方法的计算条件是要求第一层网格节点必须配置在紊流充分发展区域。

1)壁面函数的选择

在本次数值模拟试验中,考虑到扩散段边壁处边界层分离,选取合适的壁面函数对壁面处水流流态分析至关重要。

在模型中常用壁面函数主要有以下几种:①标准壁面函数;②scalable 壁面函数;③非平衡壁面函数;④增强壁面处理,鉴于非平衡壁面函数考虑了压力梯度效应,采用双层概念计算近壁单元内的紊流动能,对于涉及分离、撞击及再附着等与压力梯度相关的复杂流动,计算结果比较符合实际,本次数值模拟对近壁区的概化计算选择非平衡壁面函数。

2)近壁区网格的优化

在确定壁面函数之后,边界层网格设置就需要考虑边界层网格节点布置是否合理。这就需要检查网格的 y^+ 值,即第一层网格的质心到壁面的无量纲距离。

引入无量纲参数:

$$u^+ = u / u^* \tag{5-5}$$

$$y^+ = (y \cdot u^*) / \nu \tag{5-6}$$

式中:u 为边界层内某一点的平均流速;u^* 为摩阻流速,$u^* = \sqrt{\frac{\tau_\omega}{\rho}}$,$\tau_\omega$ 为壁面切应力;y 为该点到壁面的距离;ν 为运动黏滞系数。

在黏性底层内,流速服从线性分布,有

$$u^+ = y^+ \tag{5-7}$$

在紊流核心层内,流动处于充分发展的紊流状态,流速分布服从对数率,即

$$u^+ = \kappa^{-1} \ln y^+ + C \tag{5-8}$$

式中:κ 为卡门常数,光滑壁面时 $\kappa = 0.5$;C 为与壁面粗糙度有关的常数,随壁面粗糙度的增加而减小。

对于充分发展的紊流而言,y^+ 合适的取值宜为 30~300,即 $30 \leqslant y^+ \leqslant 300$。模拟计算尚未开始之前,在摩阻流速 u^* 未知的情况下,要想得到 y^+ 的分布情况以确定第一层网格间距是否合适,则需要进行预运算,这需要事先在合适的 y^+ 范围内估算第一层的网格间距 y。若计算得到 y^+ 的值符合区间要求,则说明第一层边界网格布置得比较合理;若所得 y^+ 的值不合适,则需要回过头重新调整网格间距,网格间距 y 和 y^+ 的确定是一个相互协调试算的过程。

常用估算第一层的网格间距 y 值有两种方法:一是根据经验或相似试验来确定;二是使用 NASA Viscous Grid Space Calculator 等专门计算器进行计算。本次研究利用计算器进行初估计算,底板和两侧边壁 y^+ 均在 70 以内。

4. 自由液面的设置

自由液面是两种不同流体介质的交界面,考虑到自由液面两侧流体介质的物理性质相差较大,而且自由液面的变形较大,例如明渠中水跃的形态,因此自由液面的确定一直是数值计算中多相流模拟的难点。

考虑到本次模拟自由液面会存在波动,特别是在增设钢围挡措施后,流场边界变化较大,且介质之间存在混掺,明渠流动是一个强烈的非均匀流动,在保证模拟精度的情况下,本次模拟的自由液面采用 VOF 法。FLOW-3D 中使用了经过改进的 VOF 方法,改进后能够更好、更精确地计算网格内运动流体的百分比,也考虑到使用更多的流体体积函数模拟多个流体分量等。VOF 法也被大多数计算流体软件所采用。

VOF 函数为

$$F_{ij} = \frac{1}{\Delta V_{ij}} \int_{I_{ij}} \alpha(\vec{x}, t)\, \mathrm{d}V \tag{5-9}$$

该函数满足条件$\frac{\partial F}{\partial t}+\mu\frac{\partial F}{\partial x}+\mu\frac{\partial F}{\partial y}=0$,则称之为 VOF(Volume of Fluid)方程。

5.2.1.4　模型参数选择

1. 边界条件设置

流体域的边界条件有三个,进口一个,出口一个,固壁一个。流体域进口为指定流量边界(specified flow rate),流体域上表面大气压力;流体域侧壁和底面(包括钢围挡边界)为固壁边界(wall);流体域出口为指定压力边界(specified pressure)。

根据原型观测资料结合总干渠水力设计成果,确定进口(液相进口)水深 7.3 m,出口断面(压力出口)水深 7.1 m;液相流速进口的流速根据对应不同流量(223 m^3/s、260 m^3/s 和 320 m^3/s)确定为 1 m/s、1.11 m/s、1.36 m/s;无量纲紊动强度取 0.02;水力半径由过流面积和湿周计算确定,固壁边界为无滑移。

2. 其他求解数设置

鉴于水体流动特性,明渠水流不存在恒定的稳定状态,为避免计算量和数据量过大,并提高计算效率,本文选择 SOR 算法进行方程的求解。

考虑到求解过程中,空间离散化对精度有着很大影响,而且钢围挡工程区渐缩段和扩散段有比较强烈的分离流动,对精度要求较高。

为使得流动控制方程能够更好地收敛,将亚松弛因子调节至略小于默认值。调整值见表 5-1。

表 5-1　对应各变量的亚松弛因子

对应变量	压力	动量	密度	体积力
亚松弛因子	0.3	0.5	0.5	0.5
对应变量	体积分数	湍动能	耗散率	紊流黏度
亚松弛因子	0.3	0.5	0.5	0.5

5.2.1.5　数学模型的验证

1. 原型观测断面及测点

为了进行模型验证在工程区进行了水力学原型观测,在该渠段共设置 18 个测量断面,各测量断面设置若干测点,断面和测点布置见图 5-11,精确观测了工程段及上下游明渠的水力要素,包括水深、水位、流速等。

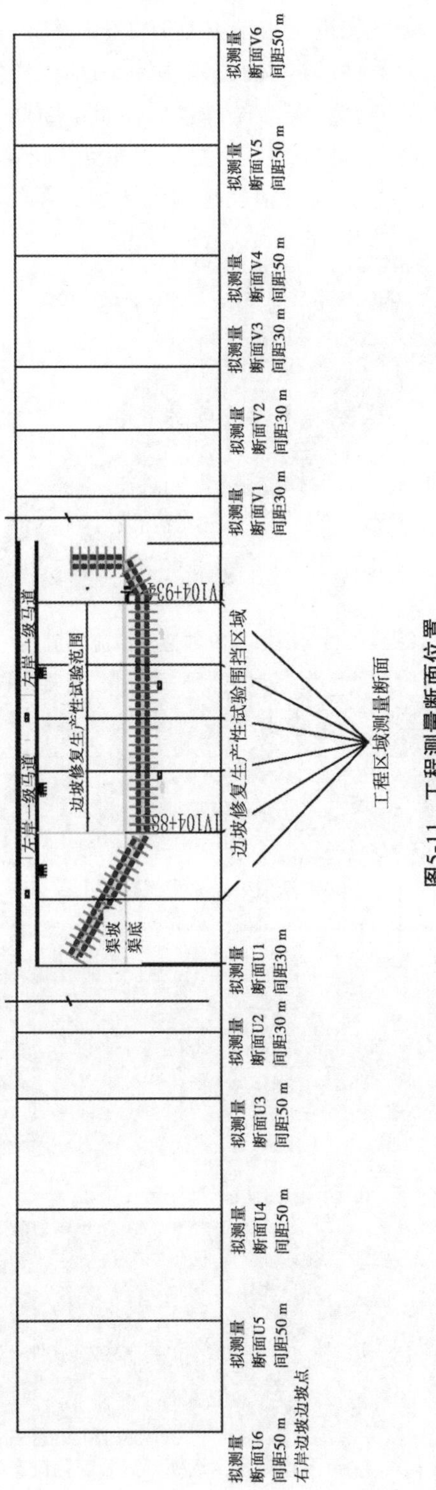

图5-11　工程测量断面位置

2. 数值模拟验证成果分析

针对复杂边界的水流运动,在进行水动力数值模拟研究之前,必须首先要验证数值模拟的可靠性,即数学模型的科学性。这里根据采用钢围挡生产性试验期间获取的实测水力要素,进行模型验证与参数调试。实测资料包括在布设断面及测点实测的水位、水深、流速及流态观测资料。数学模型进行了与原型观测相同水力边界条件的数值模拟试验,从模拟流场的流线图(见图5-12)看,数值模拟的流场与实际观测的流场及物理模型试验观测的流场流态基本一致,见图5-13。

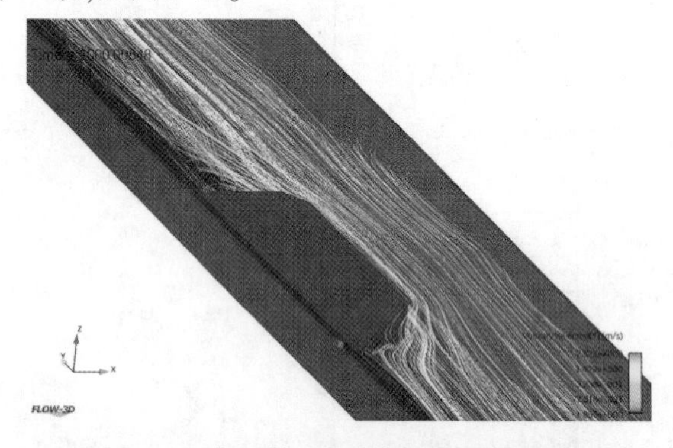

图5-12 钢围挡渠段数值模拟流场流线

(a)钢围挡渠段原型流态(上段)

(b)钢围挡渠段原型流态(下段)

(c)钢围挡渠段比尺模型试验观测流态

图5-13 原型与模型试验观测的钢围挡渠段流态(模型几何比尺:55)

经阻力参数调试和进口边界条件的改善,选用合适的钢围挡渠段糙率,得出了与实测数据基本符合的模拟计算水位结果。钢围挡渠段水面线的对比见图 5-14。由图 5-14 可以看出,模拟水面线整体与实测水面线变化趋势一致,在钢围挡区和上下游水位吻合度较高;仅在钢围挡扩散段局部区域水位略高,这是由于回流区涡漩强烈,三维紊动性强所致。局部水位偏差不超过 3 cm,对侧壁水压力影响很小,不会引起钢围挡水压荷载的偏差。

部分断面渠道中轴线流速沿垂线分布成果和不同流层流速沿河宽分布的数值模拟成果都与相应实测成果进行了对比分析,见图 5-15、图 5-16,可以看到垂线流速分布的数值模拟成果与不同流层流速沿河宽分布的数值模拟成果都与实测资料十分相近,表明研究河段三维流速场的模拟是可信的。

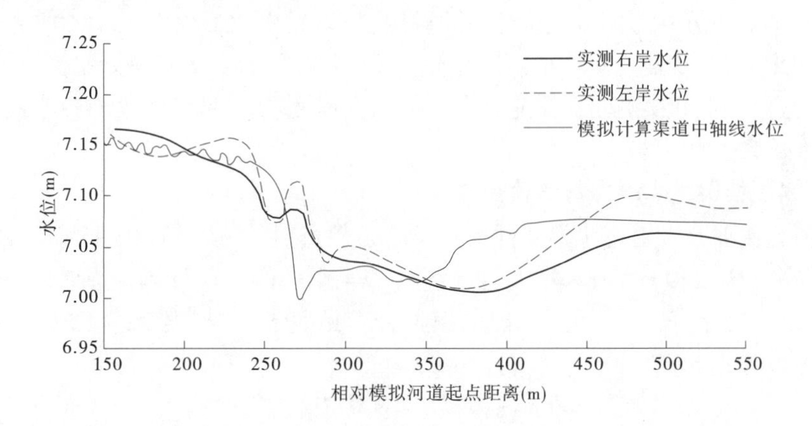

图 5-14　钢围挡渠段沿程水位对比

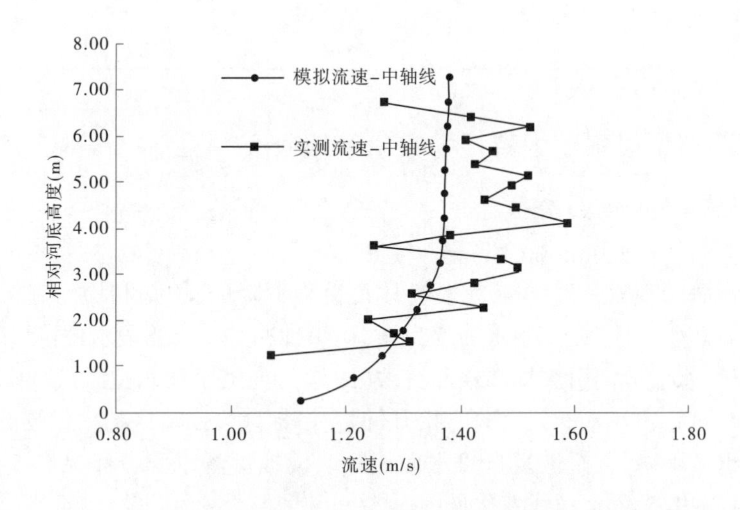

图 5-15　实测与计算流速沿垂线分布对比(x=255 m 断面)围挡收缩段中轴线

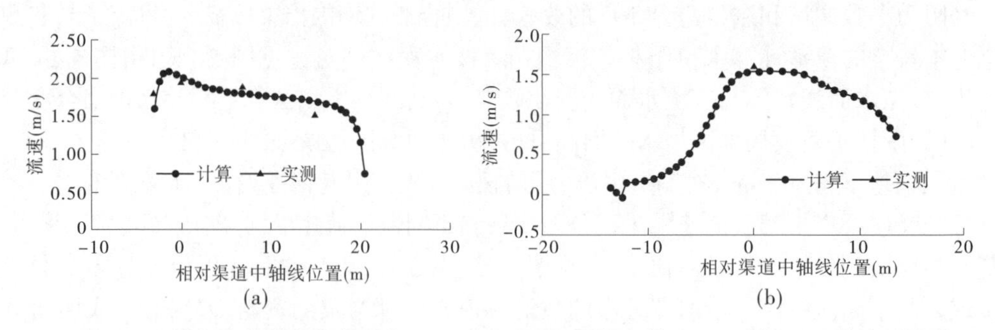

图 5-16　纵向流速横向分布对比(x=270 m 断面)围挡上游 0 m,0.2 倍、0.6 倍水深流层

根据实测流速分布与模拟流速分布的对比,可以看出数值模拟试验考虑边壁阻力对水流特性的影响,边壁处流速较小,实测流速受测量仪器限制,无边壁处水流流速资料;但总体来看,数值模拟和实测断面流速分布整体拟合程度较好,验证了所建数学模型对流速场模拟的准确性。

5.2.1.6　钢围挡渠段水动力数值模拟方案

本次研究主要是针对总干渠三种水力强度条件,包括一般运行条件(Q=220 m³/s)、设计运行条件(Q=220 m³/s)和加大运行条件(Q=320 m³/s)。钢围挡边界条件采用设计条件与修改优化条件两种。不同工况的模拟方案见表 5-2。根据上述工况,分别进行了各工况的流场模拟计算。

表 5-2　模拟工况设置情况一览

边界条件流量(m³/s)	无钢围挡	设计钢围挡	优化修改方案一	优化修改方案二
220	√	√	√	√
260	√	√	√	√
320	√	√	√	√

5.2.2　钢围挡渠段水动力特性的数值模拟研究

5.2.2.1　流场水位(水深)分布

1. 现状条件:Q=220 m³/s 流场模拟成果

与原型观测的现象一致,渠道水位整体是沿程下降的,但是和均匀流相比,钢围挡的存在使其上游产生一段壅水,壅水高度为 0.10~0.12 m,在收缩段水位持续降低。在收缩段末段转角处,水流分离引起局部水面突跌(凹陷);在缩窄段水位继续下降,但下降速率变缓;出缩窄段后,主流水面线又略有抬升,但左岸扩散段回流区的水位较低,形成横向水位差。然后继续下降,逐渐恢复自然水面比降。模拟流场水深分布见图 5-17(自由面高程云图)~图 5-19,沿程水面线变化见图 5-20。

2. 设计流量条件:Q=260 m³/s 流场模拟成果

与 Q=220 m³/s 模拟的流场状态基本一致,渠道水位整体是沿程下降的,但在钢围挡上游产生一段壅水,壅水高度为 0.12~0.18 m,在收缩段水位持续降低。在收缩段末段转角处,水流分离引起局部水面凹陷;在缩窄段水位继续下降,但下降速率变缓;出扩散段

图 5-17　$Q=220\ \mathrm{m^3/s}$，模拟钢围挡河段流场水深分布(等值线云图)

图 5-18　$Q=220\ \mathrm{m^3/s}$,模拟钢围挡河段收缩区流场水深分布(起点距:$x=180\sim300$ m)

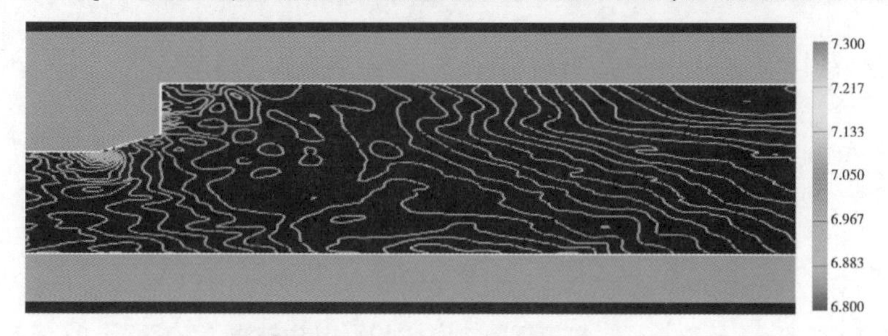

图 5-19　$Q=220\ \mathrm{m^3/s}$,钢围挡河段扩散区及下游流场水深分布(起点距:$x=320\sim430$ m)

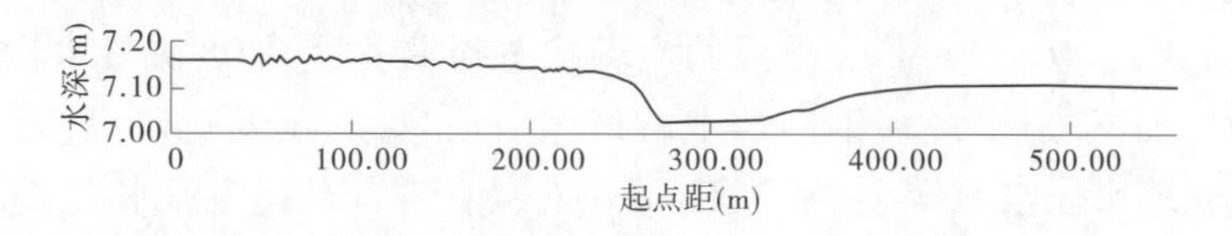

图 5-20　$Q=220\ \mathrm{m^3/s}$,模拟钢围挡河段水面(中轴线,起点距:$x=0\sim560$ m)

后,主流水面线又略有抬升,然后继续下降,逐渐恢复自然水面比降。模拟流场水深分布见图 5-21(自由面高程云图)~图 5-23,沿程水面线变化见图 5-24。

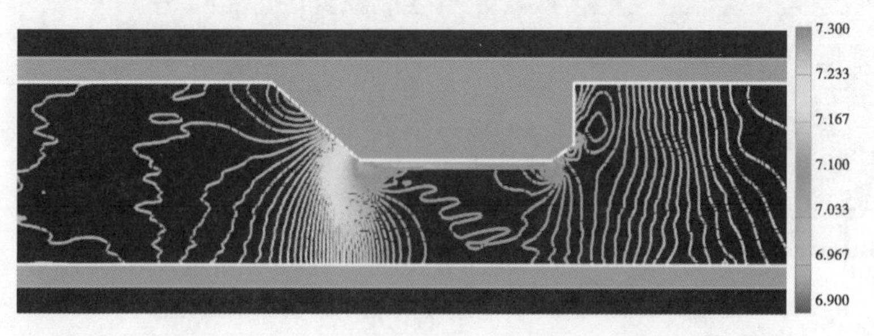

图 5-21　$Q=260\ \mathrm{m^3/s}$，模拟钢围挡河段流场水深分布

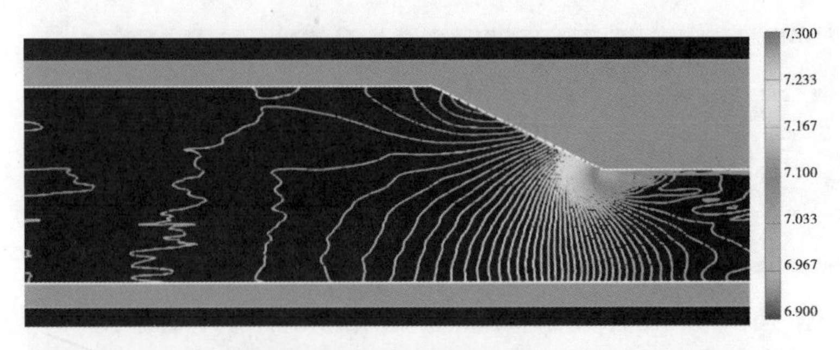

图 5-22　$Q=260\ m^3/s$,模拟钢围挡河段收缩区流场水深分布(起点距:$x=180\sim300\ m$)

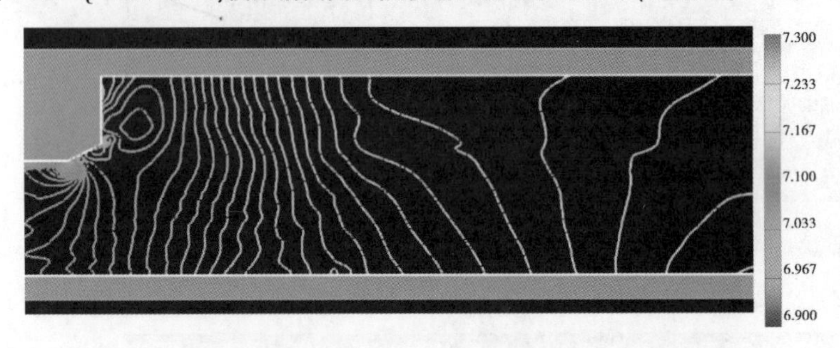

图 5-23　$Q=260\ m^3/s$,模拟钢围挡河段扩散区及下游流场水深分布(起点距:$x=320\sim430\ m$)

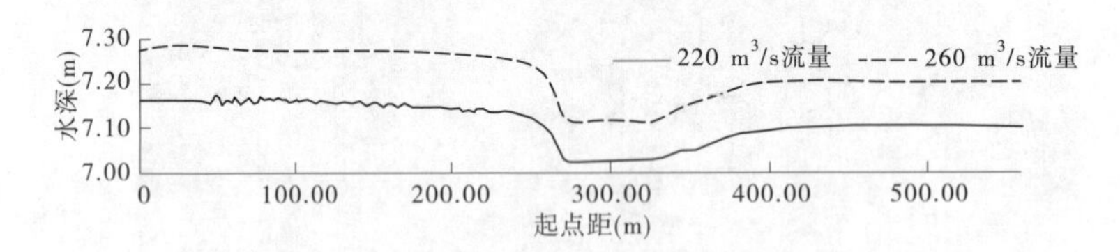

图 5-24　$Q=260\ m^3/s$、$220\ m^3/s$,模拟钢围挡河段水面线(中轴线,起点距:$x=0\sim560\ m$)

3. 加大流量条件:$Q=320\ m^3/s$ 流场模拟成果

与 $Q=220\ m^3/s$、$Q=260\ m^3/s$ 模拟的流场状态基本一致,加大流量水深比设计流量时平均高约 0.3 m,渠道水流在钢围挡上游产生一段壅水,水面比降平缓,壅水高度为 0.16~0.2 m;在缩窄段水深最小,为 7.41 m 左右;出扩散段后,主流水面又略有抬升,水深增大 0.14 m,然后逐渐恢复自然水面比降与水深。模拟流场水深分布见图 5-25(自由面高程云图)~图 5-27。$Q=320\ m^3/s$ 沿程水面线变化见图 5-28,其他两种流量的水面线也一并给出,便于对比;三种流量的各特征断面水深见表 5-3。

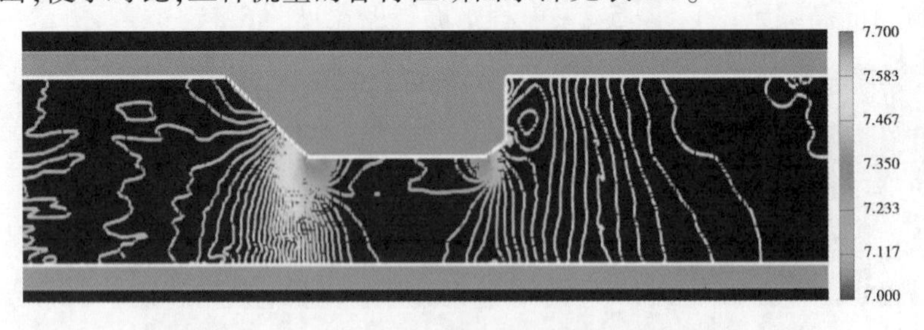

图 5-25　$Q=320\ m^3/s$, 模拟钢围挡河段流场水深分布

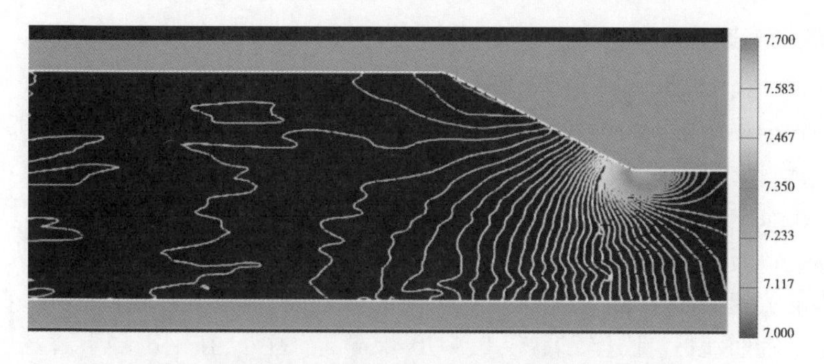

图 5-26 $Q=320\ m^3/s$,模拟钢围挡河段收缩区流场水深分布(起点距:$x=180\sim290$ m)

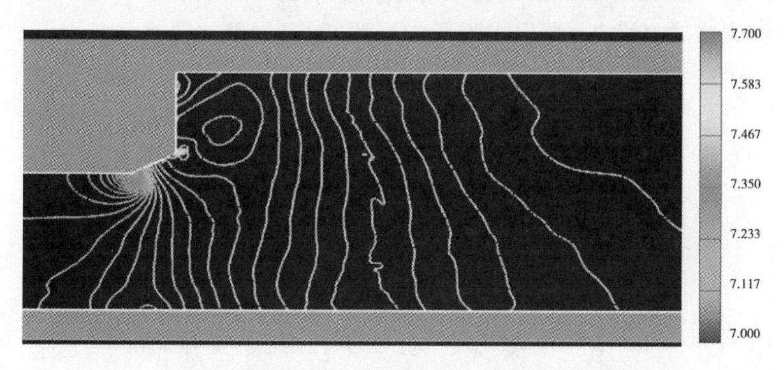

图 5-27 $Q=320\ m^3/s$,模拟钢围挡河段扩散区及下游流场水深分布(起点距:$x=310\sim390$ m)

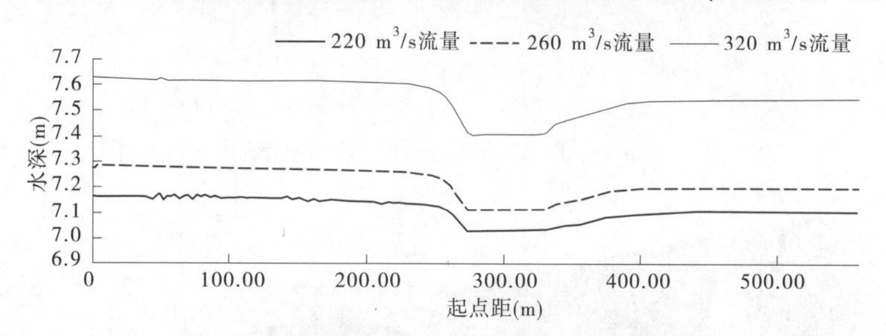

图 5-28 三种流量模拟钢围挡河段水面线对比(渠道中轴线,$x=0\sim660$ m)

表 5-3 不同流量特征断面水位(水深)一览 (单位:m)

特征断面位置	围挡上游 110 m	围挡上游 0 m	围挡斜直面拐角	围挡直边下 26 块模板	围挡下游 30 m	围挡下游 90 m
起点距(m)	130	240	270	322	367	427
$Q=220\ m^3/s$	7.15	7.13	7.03	7.03	7.06	7.10
$Q=260\ m^3/s$	7.27	7.25	7.12	7.11	7.16	7.29
$Q=320\ m^3/s$	7.61	7.59	7.42	7.41	7.49	7.55

5.2.2.2　流场流速分布

1. 现状条件：Q = 220 m^3/s 流场流速分布模拟成果

根据模拟给出的流速分布云图（自由面）（见图 5-29）可以看出，钢围挡的存在，使流场特性发生很大变化：在钢围挡缩窄段过水断面的减小使流速增大，此区的表面流速在 2.0 m/s 左右，是无钢围挡时流速的 1.37 倍，流速增加近 38%。出钢围挡后水流逐渐扩散，大约 100 m 后流速分布逐渐恢复到无干扰状态；流速场具有中轴线流速大，沿横向两侧逐渐减小的流速分布特征，主流流速约 1.5 m/s，边岸流速 0.7 m/s 左右。在钢围挡上游边岸有小范围回流区，流速较低，仅 0.1~0.4 m/s。另外，在钢围挡下游左岸有大范围回流区，主回流区长度为 40~60 m，回流区边岸流速仅 0.2~0.4 m/s。全流场流速最高区域在钢围挡收缩段末端转角处，那里水流形成局部凹陷；局部比降大、流速高，最大流速接近 2.8 m/s。给出的模拟流场流线图（见图 5-30）反映出，在钢围挡上段（收缩段）主流开始向右岸偏斜，出缩窄段后水流复又扩散。左起第 2 和 5 断面都显示出明显的回流区的流线变化特点和流速分布特征。

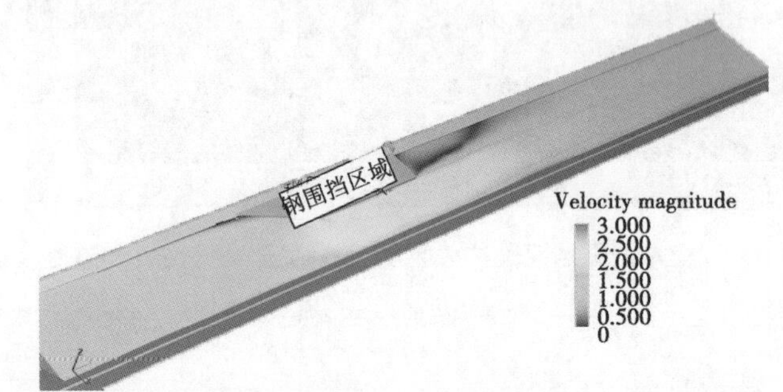

图 5-29　Q = 220 m^3/s，模拟渠段自由面流速分布云图（轴测视图）

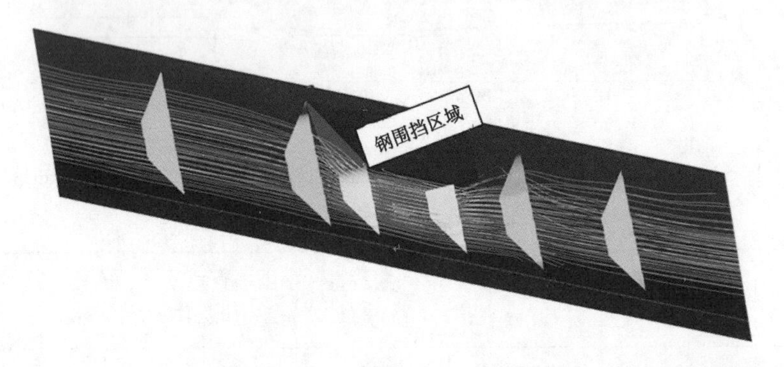

图 5-30　Q = 220 m^3/s，模拟渠段流场流线及 6 个典型断面流速分布云图（轴测视图）

在图 5-31~图 5-34 中给出了钢围挡模拟区各个局部流场不同流层的流速分布云图与流速矢量场图，体现了更精细的局部流场特征，可以看到回流区的流速大多在 0.1~0.4 m/s，收缩段流速一般在 1.76~2.2 m/s。

在图 5-35~图 5-37 中给出了钢围挡模拟区沿程不同断面上纵向流速的分布云图与流速等值线的断面分布。从各分布图可以看出，钢围挡的存在对流速分布的影响，例如在接近收缩段末端的 x = 270 断面，左侧流速最高达 2.14 m/s；在处于钢围挡下游回流区的

$x=367\sim427$ 断面，可以明显看到回流区内纵向流速的空间分布，以及回流区内流速与主流区流速的差异；可以看到主流逐渐向渠道中轴线恢复，在 $x=527$ 断面，主流基本居中。

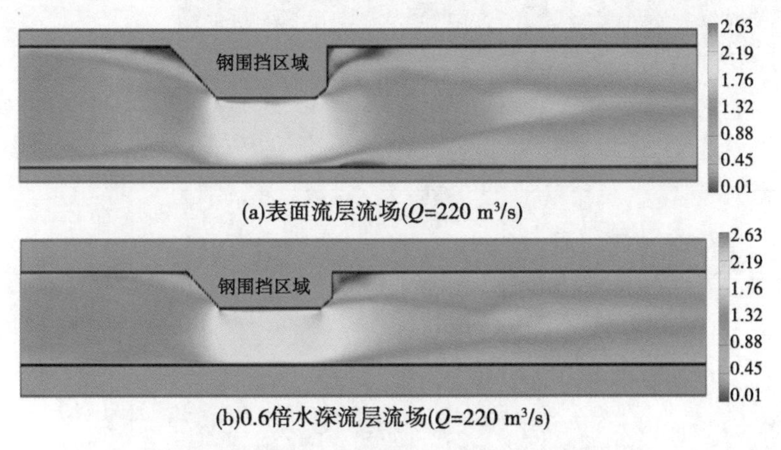

(a)表面流层流场(Q=220 m³/s)

(b)0.6倍水深流层流场(Q=220 m³/s)

图 5-31　模拟渠段不同流层流速分布云图（$Q=220\ \mathrm{m^3/s}$）

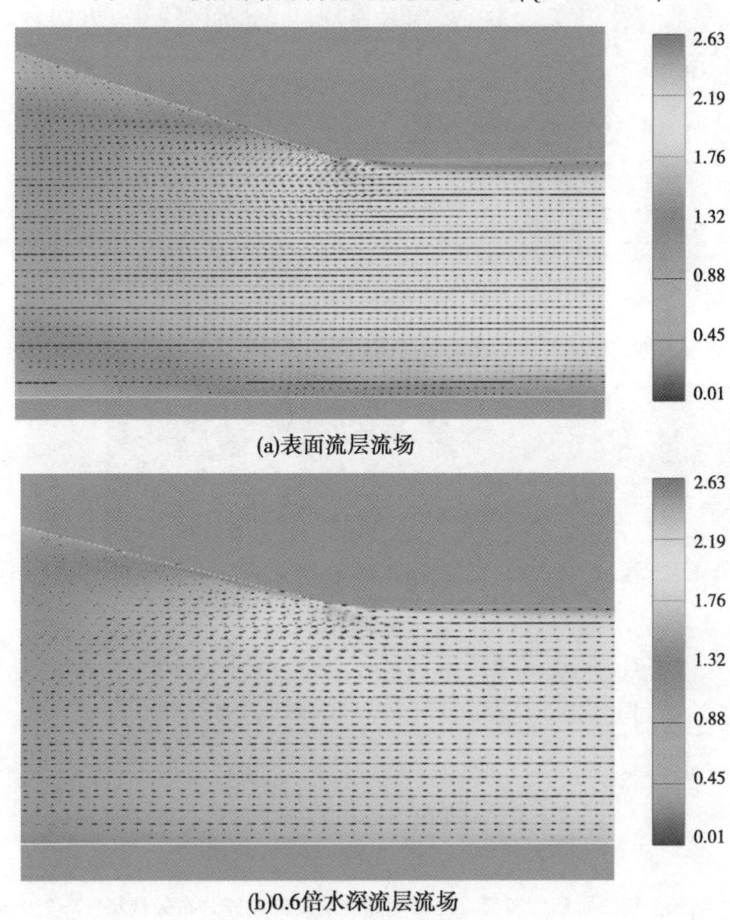

(a)表面流层流场

(b)0.6倍水深流层流场

图 5-32　钢围挡收缩段转角区局部流场流速分布云图（$Q=220\ \mathrm{m^3/s}$）

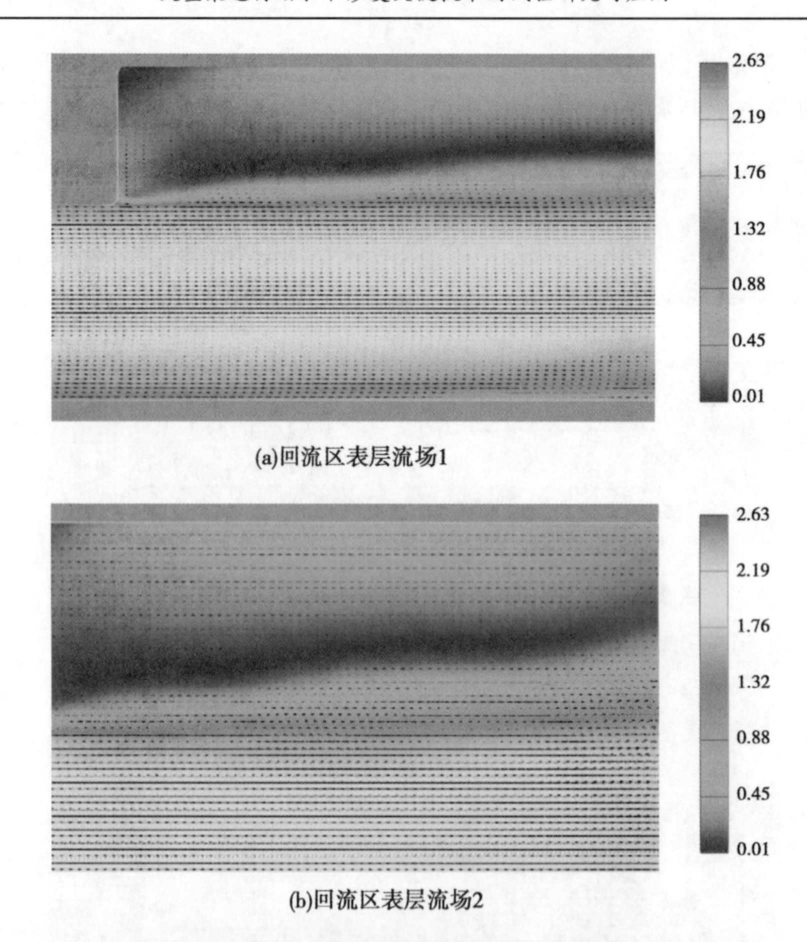

(a)回流区表层流场1

(b)回流区表层流场2

图 5-33　钢围挡缩窄段后回流区局部表面流速分布矢量场($Q=220\ m^3/s$)

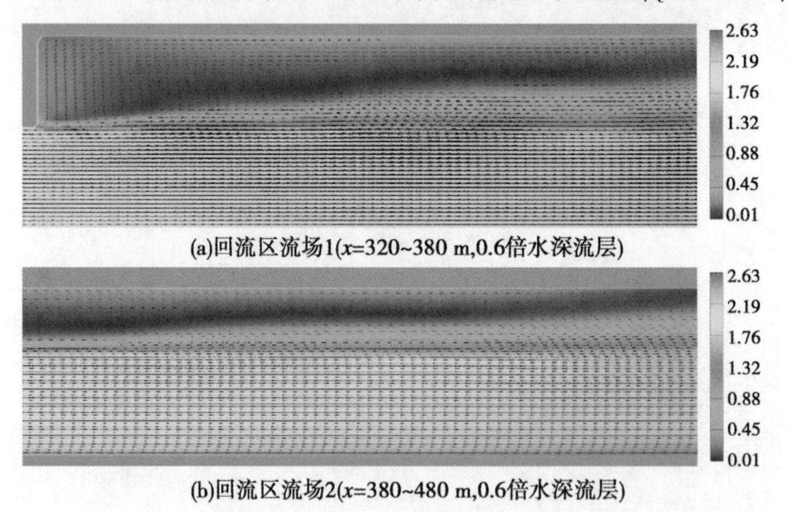

(a)回流区流场1(x=320~380 m,0.6倍水深流层)

(b)回流区流场2(x=380~480 m,0.6倍水深流层)

图 5-34　钢围挡缩窄段后回流区 0.6 倍水深流层局部流速分布矢量场($Q=220\ m^3/s$)

在图 5-38 中给出了钢围挡模拟区沿程不同断面上横向与垂向流速的断面分布,从图 5-38(a)可以看出,钢围挡的存在使水流产生向右岸的横向流动,从图 5-38(b)可以看

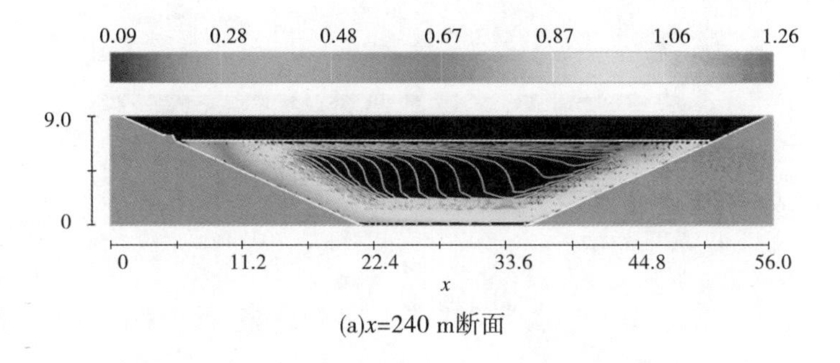

(a)x=240 m断面

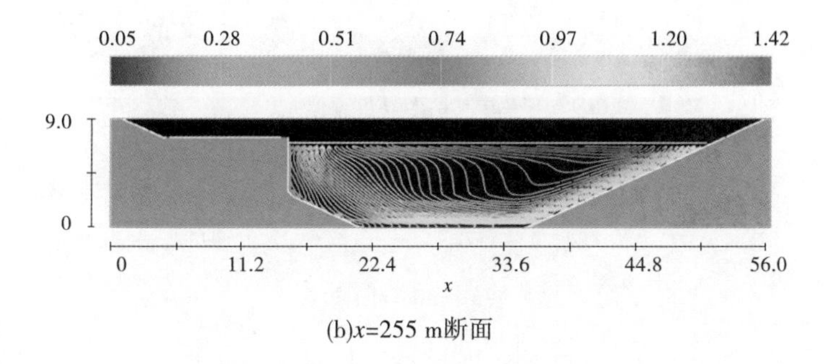

(b)x=255 m断面

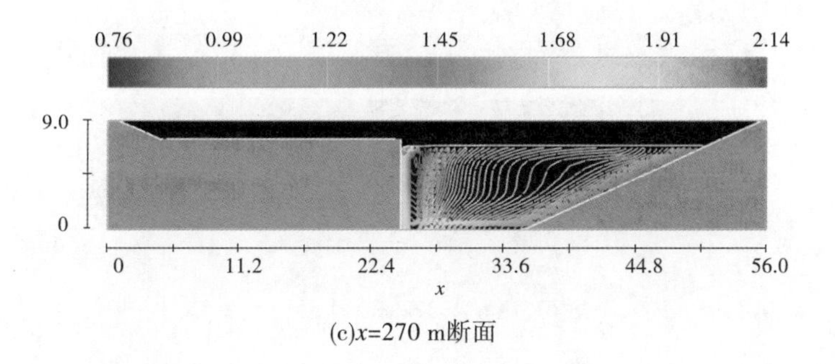

(c)x=270 m断面

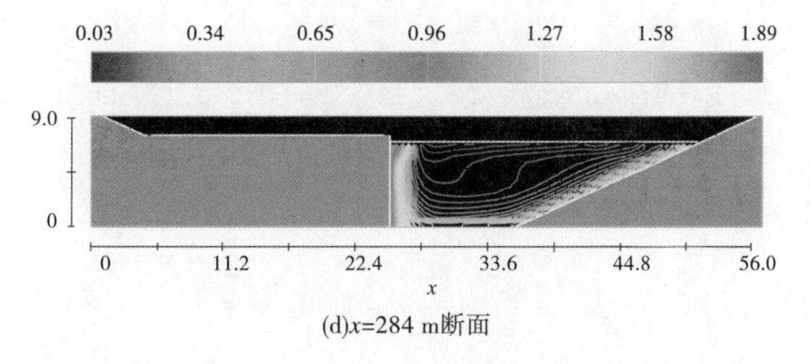

(d)x=284 m断面

图 5-35　钢围挡所在渠段沿程各断面纵向流速分布等值线(1)(Q=220 m^3/s)

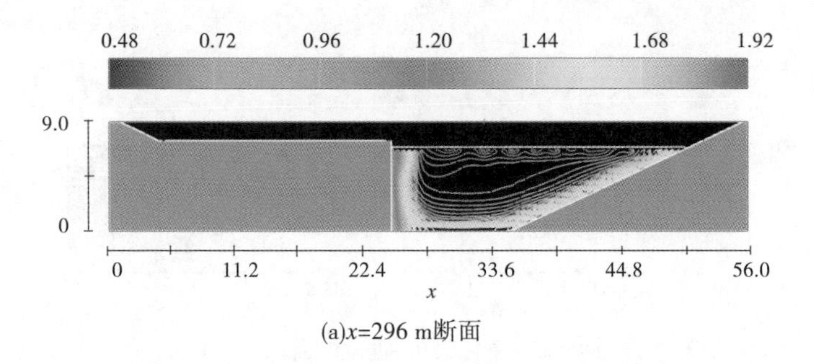

(a)x=296 m断面

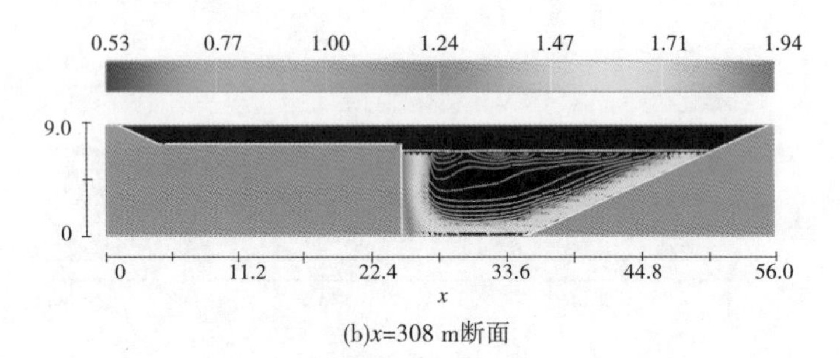

(b)x=308 m断面

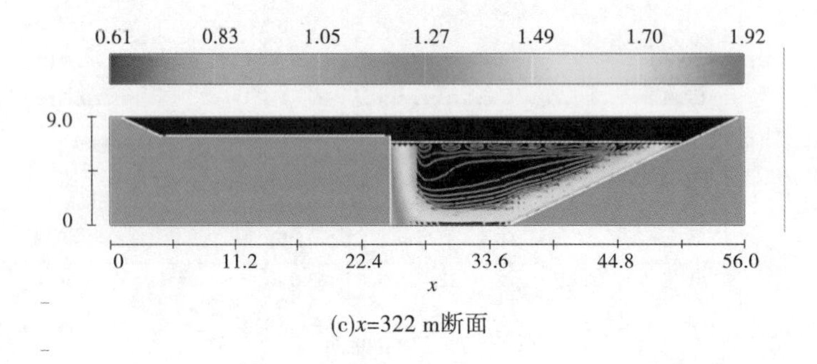

(c)x=322 m断面

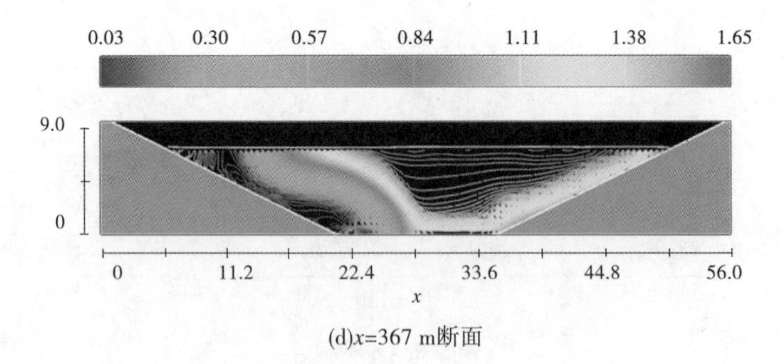

(d)x=367 m断面

图 5-36　钢围挡所在渠段沿程各断面纵向流速分布等值线(2)(Q=220 m^3/s)

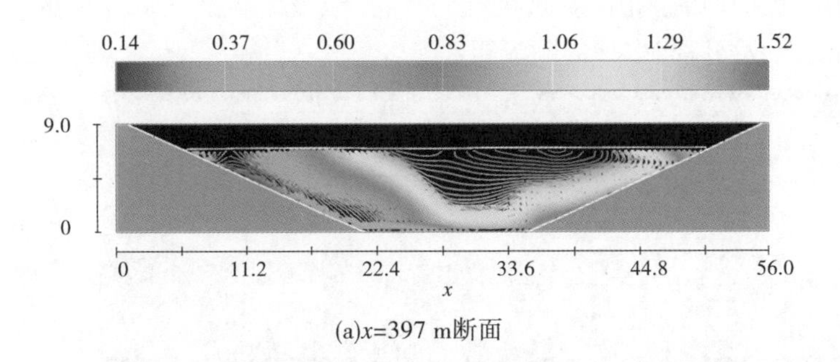

(a)x=397 m断面

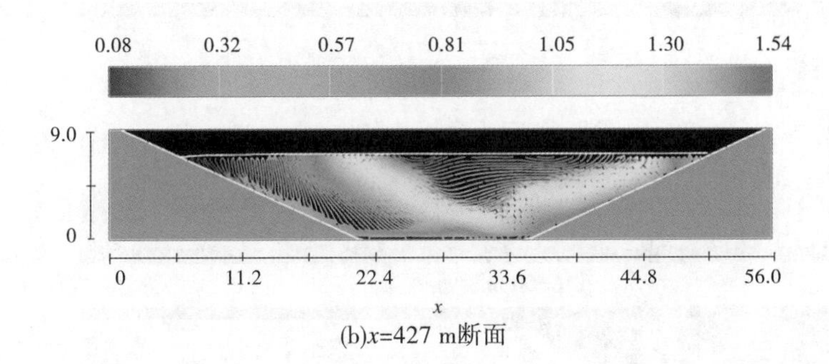

(b)x=427 m断面

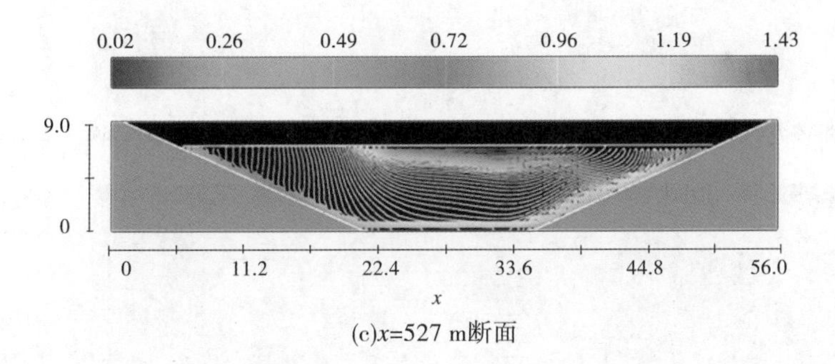

(c)x=527 m断面

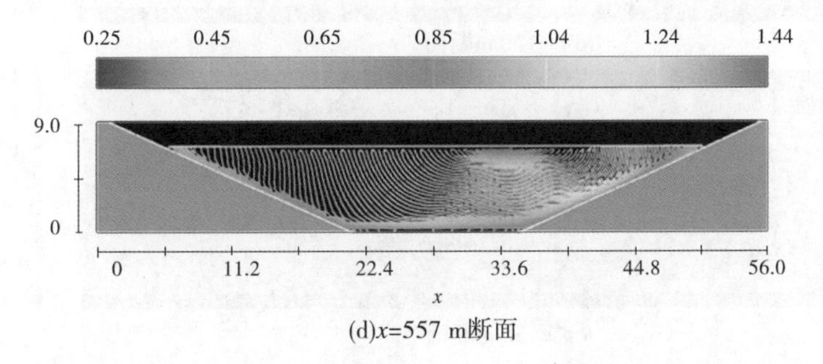

(d)x=557 m断面

图 5-37　钢围挡所在渠段沿程各断面纵向流速分布等值线(3)(Q=220 m^3/s)

出，在缩窄段被挤压的水流呈螺旋流动，断面上存在纵轴环流；从图 5-38（c）~（e）可以看出，钢围挡下游左侧的回流区内，横向缓流的存在，以及主流逐渐向左岸的扩散（各图中的 L 是指从钢围挡收缩段起点计的顺流距离）。

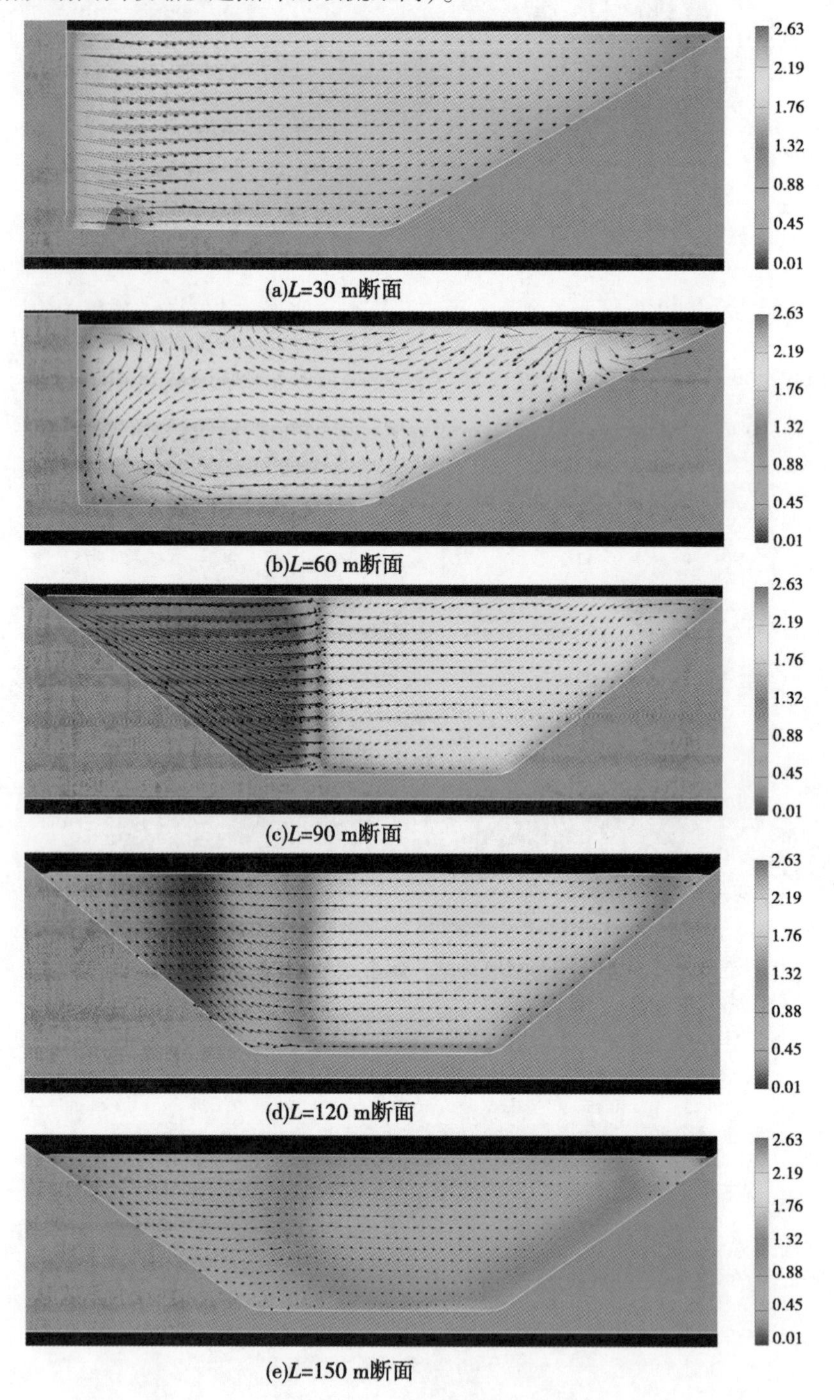

(a)L=30 m断面

(b)L=60 m断面

(c)L=90 m断面

(d)L=120 m断面

(e)L=150 m断面

图 5-38　钢围挡所在渠段沿程各特征断面流速横向分量分布

2. 设计流量条件:$Q=260\ m^3/s$ 流场流速分布模拟成果

根据模拟给出的流速分布云图(自由面)(见图5-39)可以看出,与 $Q=220\ m^3/s$ 时的流场基本相似,钢围挡缩窄段的表面流速在2.2~2.5 m/s,是无钢围挡时流速的1.58倍,流速增加近57.6%。出钢围挡后水流逐渐扩散,回流区长度120 m;主流流速约1.8 m/s,边岸流速0.4~0.8 m/s。钢围挡下游左岸主回流区长度为50~60 m,回流区边岸流速仅0.2~0.45 m/s。在钢围挡收缩段末端转角处,最大流速接近2.7 m/s。

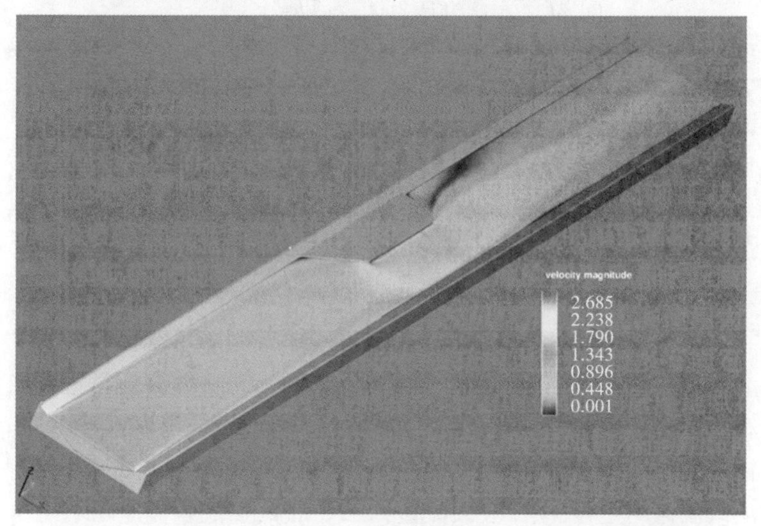

图5-39 $Q=260\ m^3/s$, 模拟渠段表面流速分布云图(轴测视图)

给出的模拟流场流线图(见图5-40)反映出,在钢围挡上段(收缩段)主流开始向右岸偏斜,出缩窄段后水流复又扩散。左起第5~7断面显示出明显的回流区的流线变化特点和流速分布特征。在图5-41给出了钢围挡模拟区流场不同流层的流速分布云图,体现了更精细的局部流场特征,可以看到回流区的流速大多在0.1~0.4 m/s,收缩段流速一般在2.1~2.4 m/s。

图5-40 $Q=260\ m^3/s$,模拟渠段各典型面流速分布云图(轴测视图)

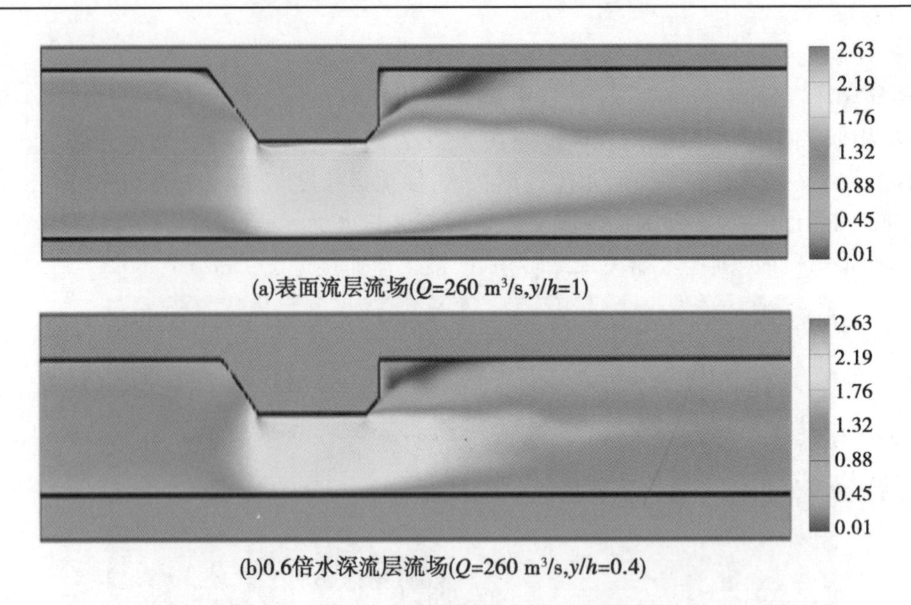

(a)表面流层流场(Q=260 m³/s,y/h=1)

(b)0.6倍水深流层流场(Q=260 m³/s,y/h=0.4)

图 5-41　钢围挡区及下游渠段流速分布云图($Q=260\ m^3/s$)

在图 5-42 中给出了钢围挡模拟区沿程不同断面上纵向流速的分布云图与流速等值线的断面分布。从各分布图可以看出,钢围挡的存在对流速分布的影响,$x=270$ m 断面的左侧流速接近 2.4 m/s;处于钢围挡下游回流区的 $x=367$ m 断面,可以明显看到回流区内流速与主流区流速的差异,主流表面流速约 1.8 m/s,回流区流速 0.1~0.4 m/s。

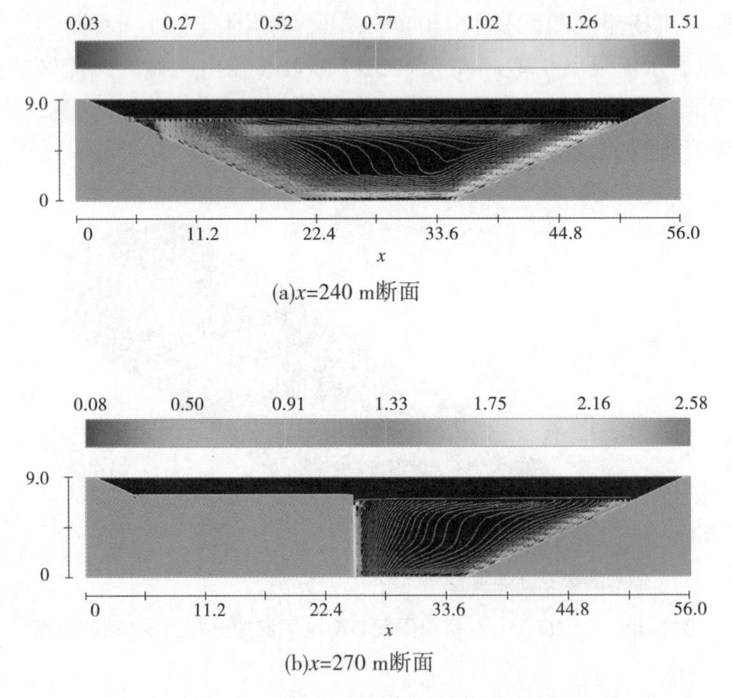

(a)x=240 m断面

(b)x=270 m断面

图 5-42　钢围挡所在渠段沿程各断面纵向流速分布等值线($Q=260\ m^3/s$)

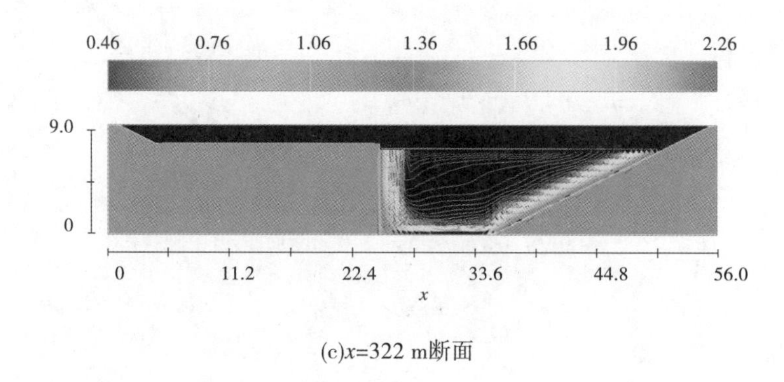

(c)x=322 m断面

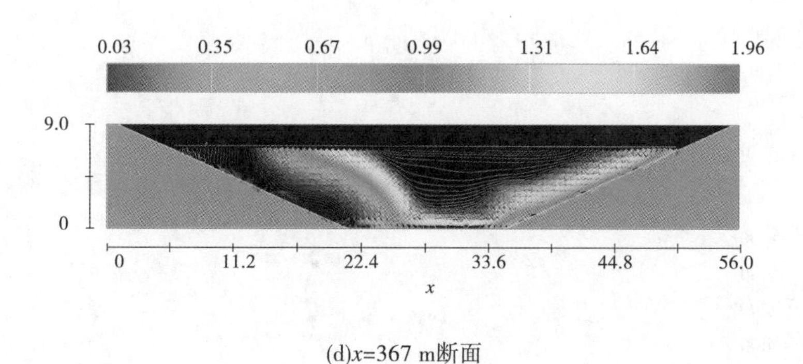

(d)x=367 m断面

续图 5-42

图 5-43 给出有工程与无工程条件,沿程各典型断面中轴线流速沿垂线分布对比,可以看出在 x=240 m 断面,受工程影响造成上部流速向右偏移,纵向流速减小。图 5-43(b)~(d)均反映出,受钢围挡压缩过流断面和下游回流压缩主流的影响,工程条件下中轴线处流速均比无工程时大 1.3~1.5 倍,垂线分布相似。

图 5-44 给出了设计流量条件下,不同断面(特征流层)纵向流速的横向分布;可以看出钢围挡影响了水流运动,流速横向分布相应进行了调整。可以看到进入钢围挡影响区后,主流流速逐渐向右偏移;在进入钢围挡缩窄段(x=270 m 断面)以后,有工程流速比无工程流速增加 1.3~1.5 倍,在 x=322 m 断面甚至达到 1.68 倍;在其后的两个断面,可以看到回流区存在对流速分布的影响,回流区流速大大降低,甚至有反向流速。回流区的这些水动力特性可以考虑用来截留水中的污染物,防止施工期水质污染。

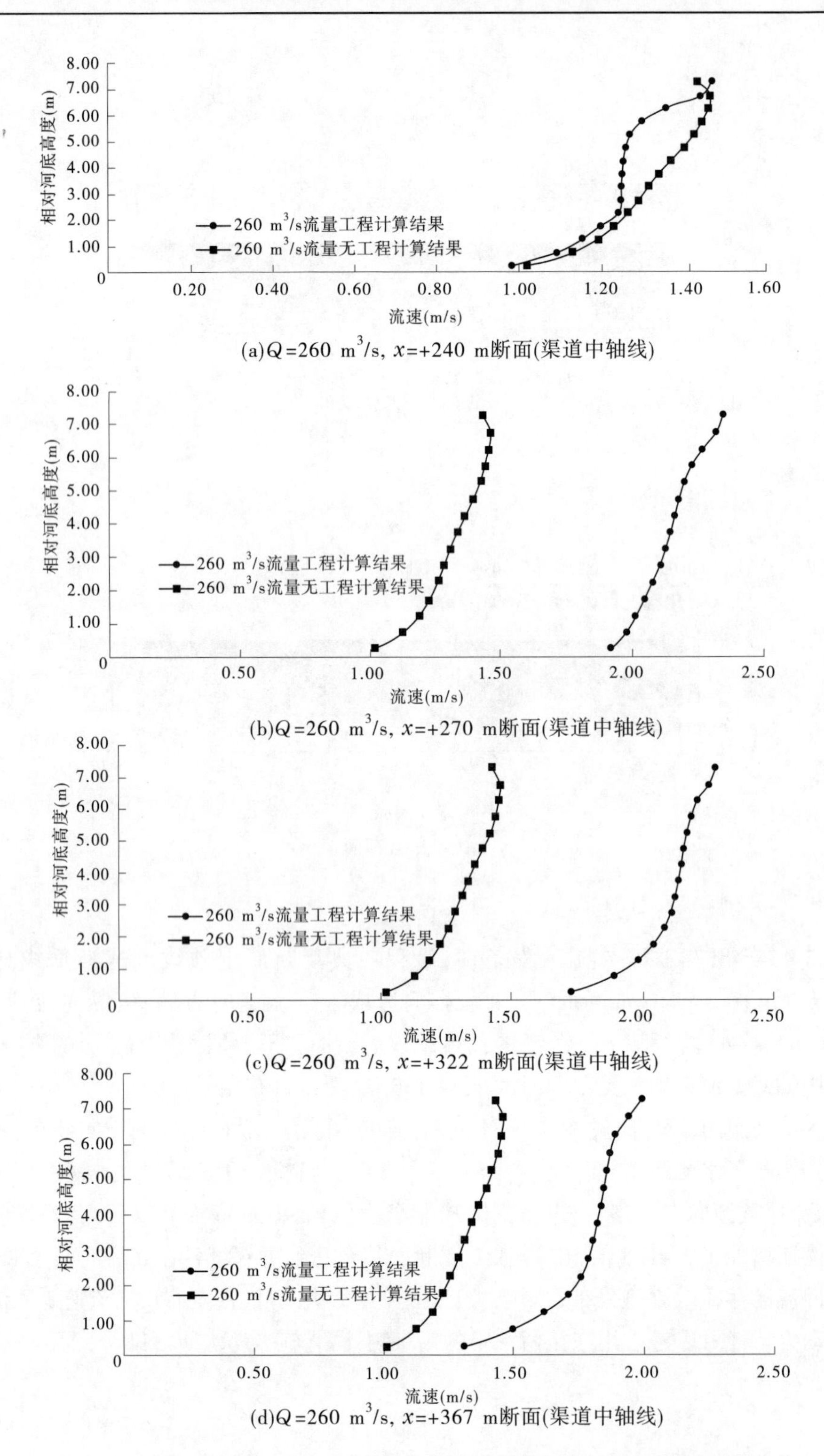

图 5-43　有工程与无工程条件，沿程各典型断面中轴线流速沿垂线分布对比

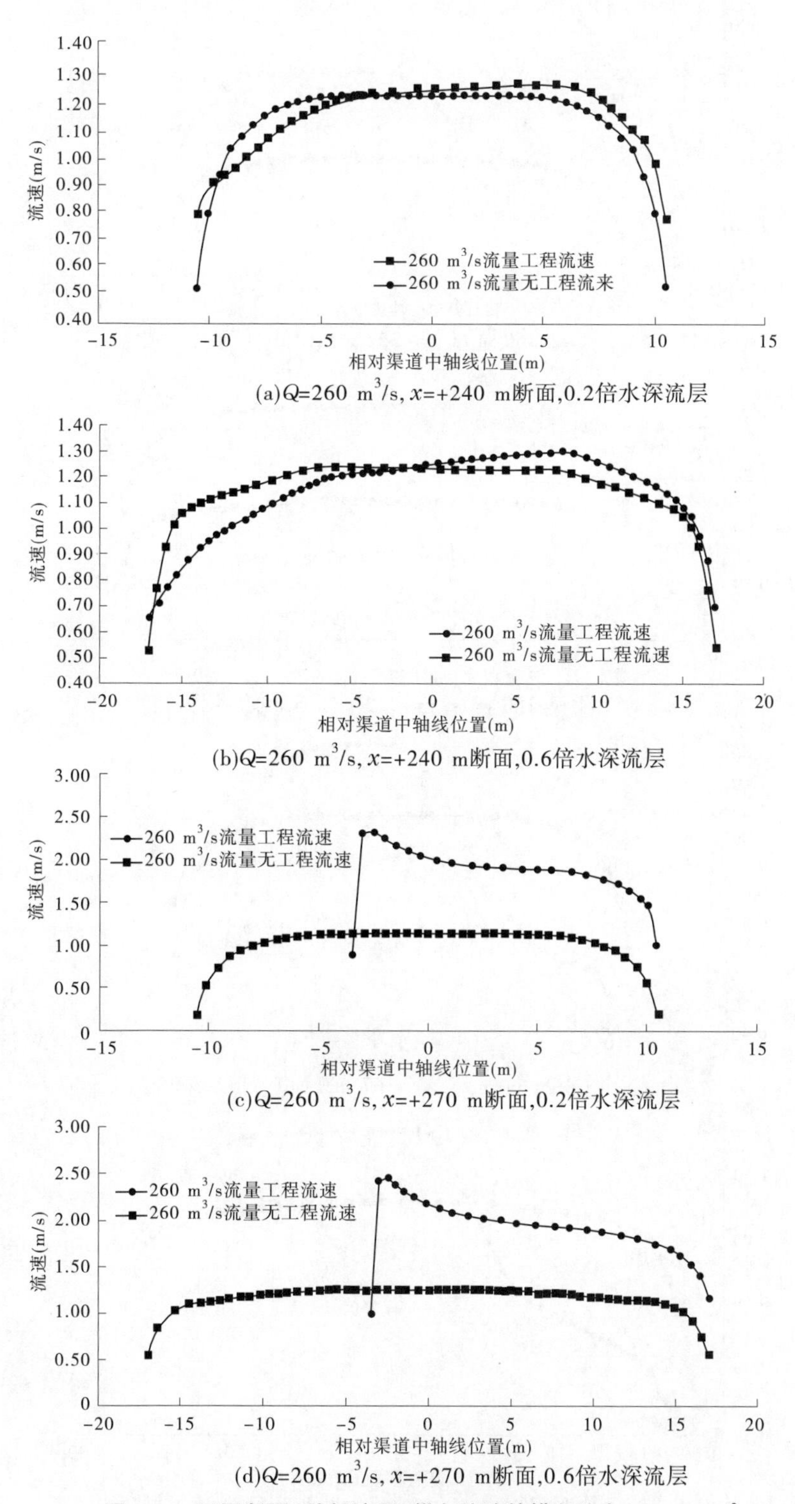

图 5-44　不同断面(特征流层)纵向流速的横向分布($Q=260\ m^3/s$)

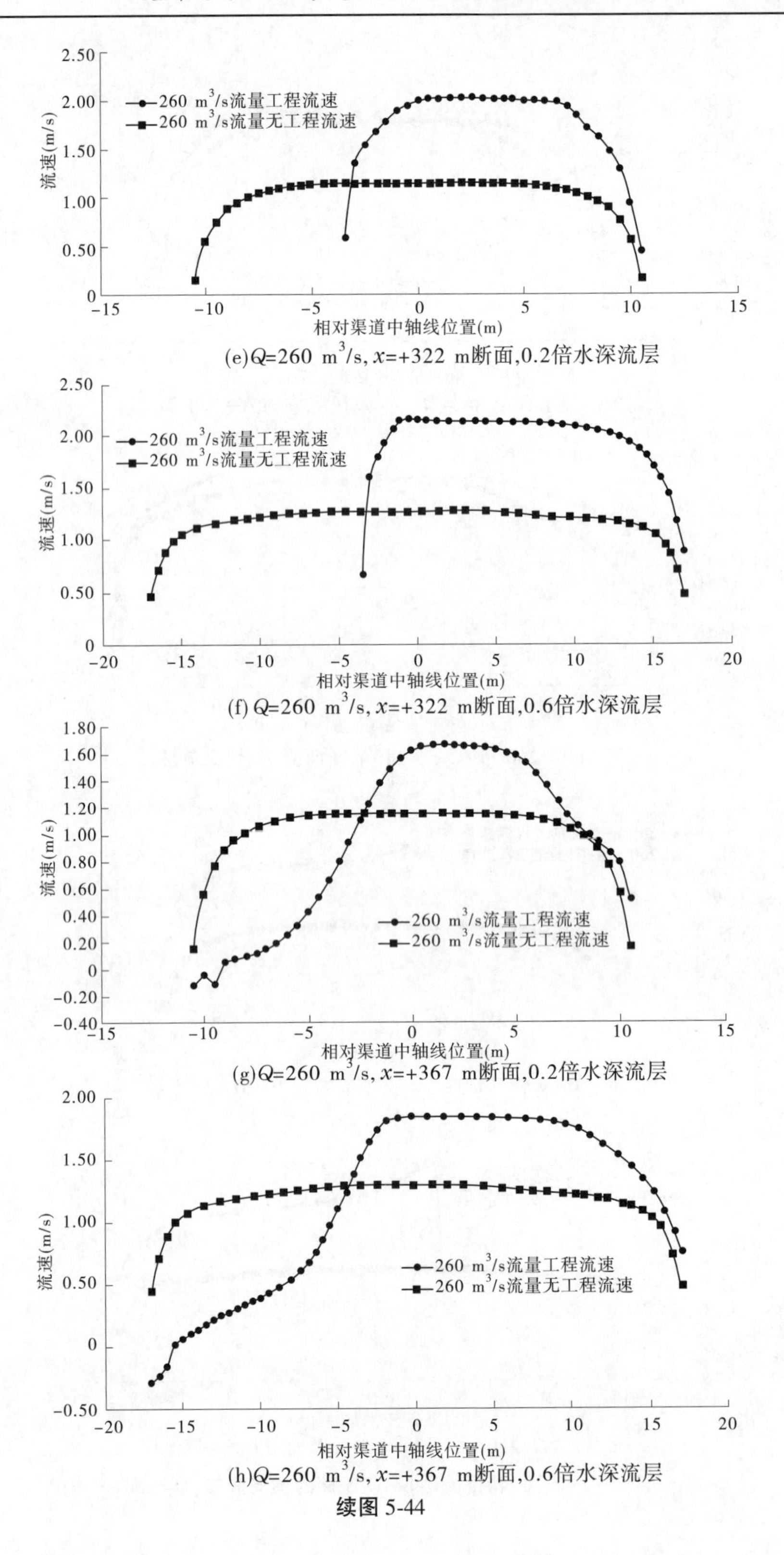

(e)Q=260 m³/s, x=+322 m断面,0.2倍水深流层

(f) Q=260 m³/s, x=+322 m断面,0.6倍水深流层

(g)Q=260 m³/s, x=+367 m断面,0.2倍水深流层

(h)Q=260 m³/s, x=+367 m断面,0.6倍水深流层

续图 5-44

3. 加大流量条件:$Q = 320\ m^3/s$ 流场流速分布模拟成果

根据模拟给出的流速分布云图(自由面)(见图 5-45)可以看出,加大流量 $Q = 320\ m^3/s$ 时的流场与前两种流量的流场形态基本相似,钢围挡缩窄段的表面流速在 2.4~2.7 m/s,是无钢围挡时流速的 1.62 倍,流速增加近 62%。出钢围挡后下游回流区长度 120 m 左右;主流带表面流速 1.8~2.05 m/s,边岸流速 0.4~0.8 m/s。钢围挡下游左岸主回流区长度为 60~70 m,回流区边岸流速仅 0.2~0.45 m/s。在钢围挡收缩段末端转角处,最大流速接近 3.0 m/s。

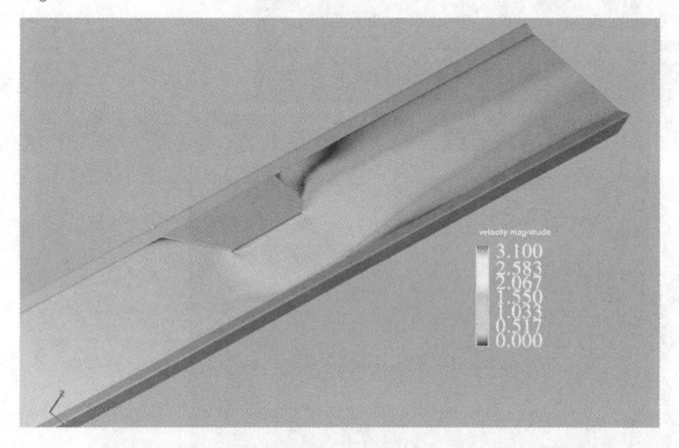

图 5-45　模拟渠段表面流速分布云图(轴测视图,$Q = 320\ m^3/s$)

模拟流场流线图(见图 5-46)可以清晰地看到,受钢围挡收缩段的导流影响,上端有一小回流区,流线开始向右偏斜,缩窄段流线密集,出钢围挡区后水流复又扩散。图 5-47、图 5-48 更体现了水流进出钢围挡的精细局部流场,显示出明显的流线变化特点和流速分布特征。图 5-49~图 5-51 给出了加大流量时钢围挡模拟区流场不同流层的流速分布云图,可以看到回流区的流速大多在 0.1~0.4 m/s,收缩段流速一般都在 2.2~2.8 m/s。

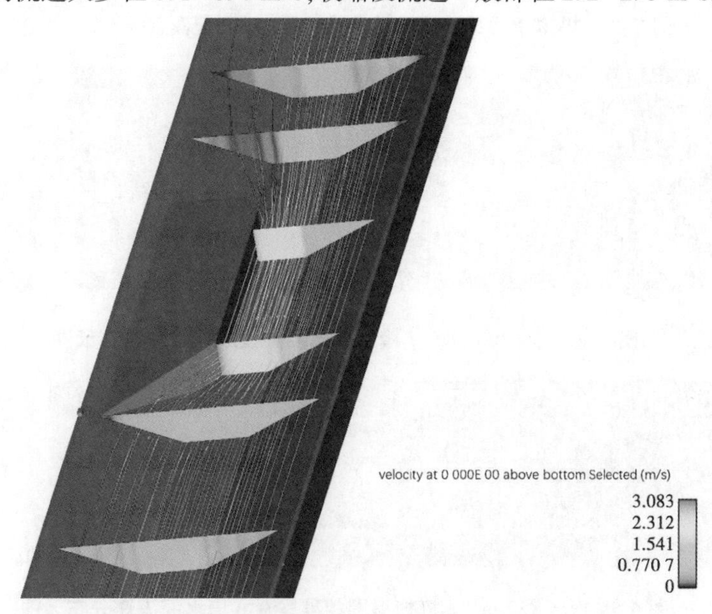

图 5-46　模拟渠段各典型面流速分布云图(轴测视图,$Q = 320\ m^3/s$)

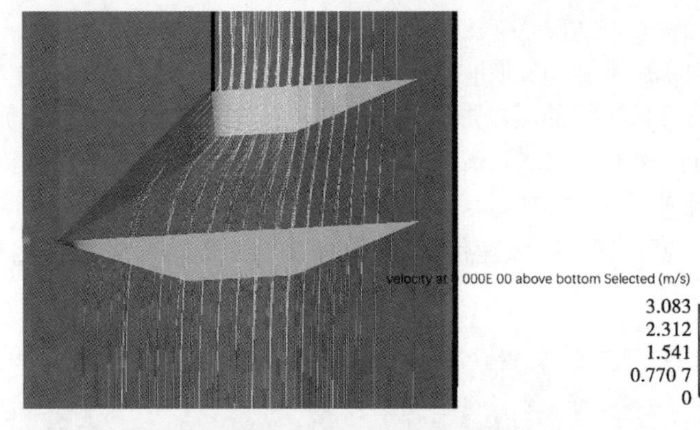

图 5-47　模拟渠段收缩段流速分布云图(轴测视图, $Q=320\ \mathrm{m^3/s}$)

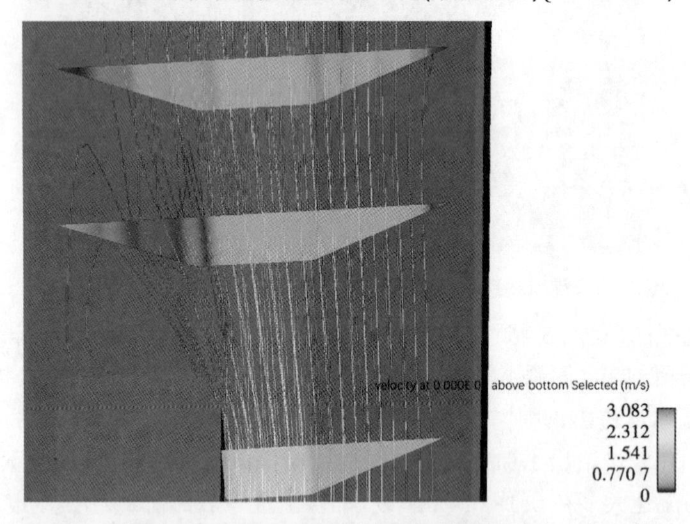

图 5-48　模拟渠段回流区流速分布云图(轴测视图, $Q=320\ \mathrm{m^3/s}$)

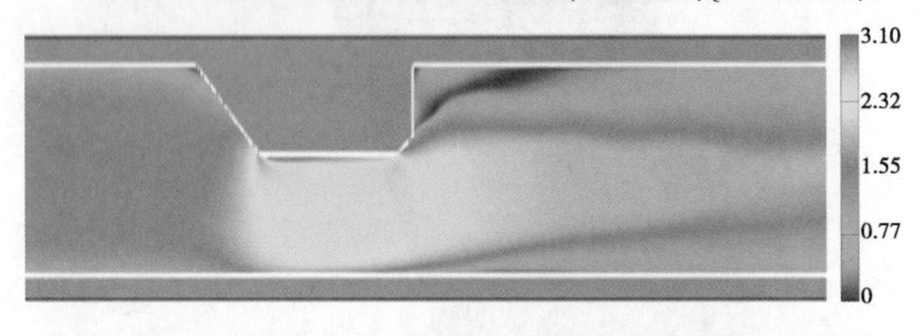

图 5-49　$Q=320\ \mathrm{m^3/s}$, 模拟钢围挡渠段表面流速分布云图

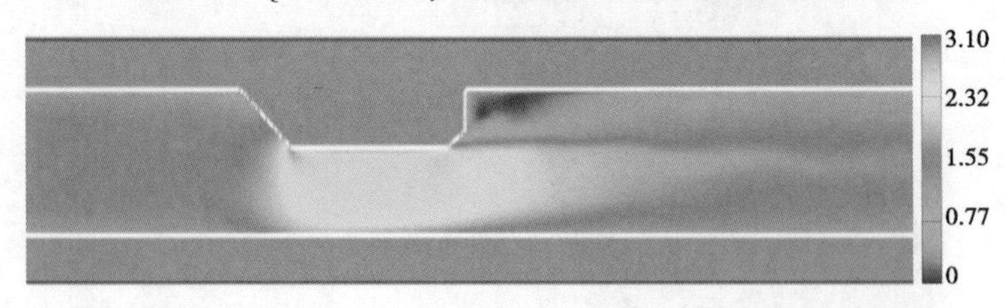

图 5-50　$Q=320\ \mathrm{m^3/s}$,模拟钢围挡渠段 0.6 倍水深流速分布云图

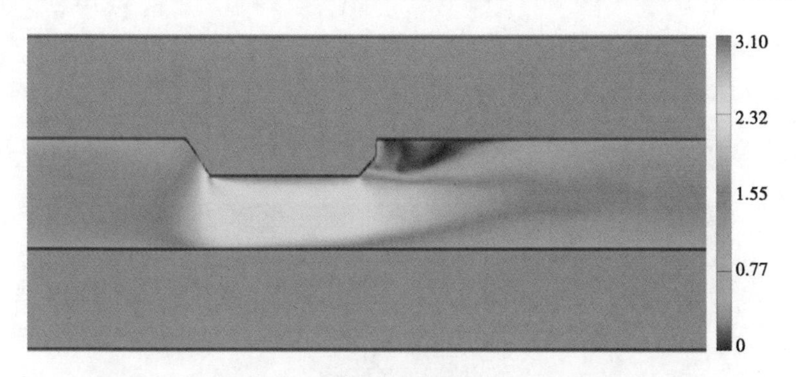

图 5-51　$Q=320\ m^3/s$,模拟钢围挡渠段 0.2 倍水深流速分布云图

在图 5-52 中给出了钢围挡模拟区沿程不同断面上纵向流速的分布云图与流速等值线的断面分布。从各分布图可以看出,钢围挡的存在对流速分布的影响,$x=270$ m 断面的左侧流速接近 2.8 m/s;处于钢围挡下游回流区的 $x=367$ m 断面,可以明显看到回流区内流速与主流区流速的差异,主流表面流速约 2.0 m/s,回流区流速 0.2~0.6 m/s。

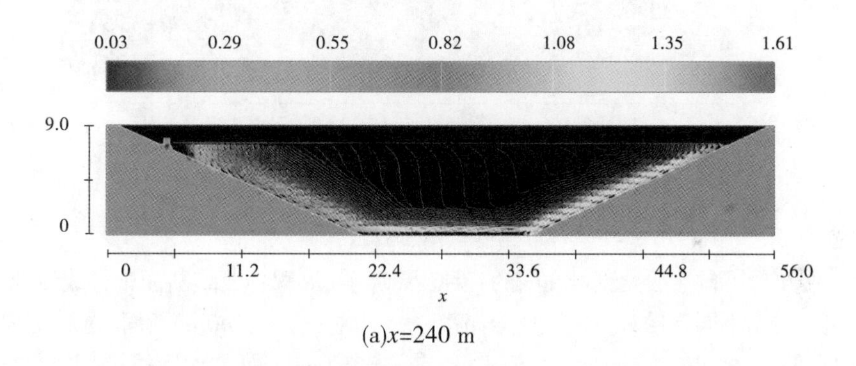

(a)x=240 m

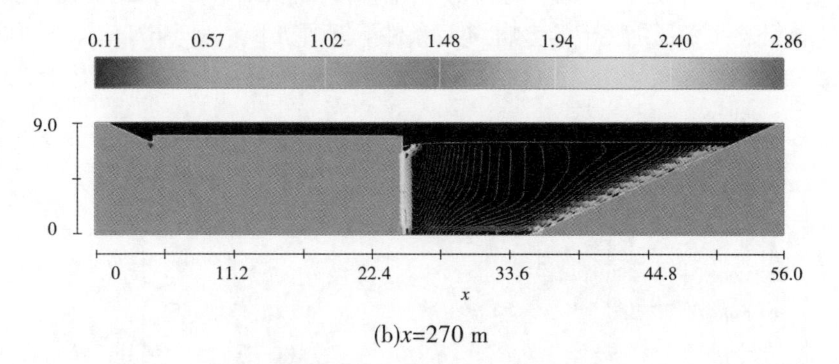

(b)x=270 m

图 5-52　钢围挡区及下游渠段流速分布云图($Q=320\ m^3/s$)

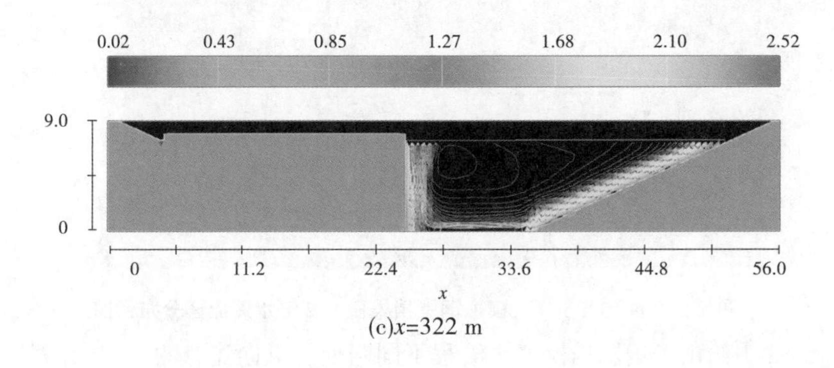

(c)x=322 m

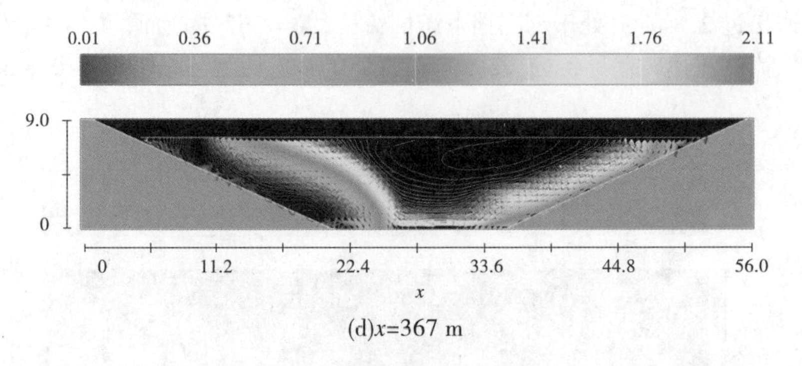

(d)x=367 m

续图 5-52

图 5-53 给出了包括加大流量在内的三种流量条件,沿程各典型断面中轴线流速沿垂线分布对比,可以看出不同流量对应的流速分布都是相似的。在 $x=240$ m 断面,受工程影响造成上部流速向右偏移,纵向表面流速为 1.5 m/s。在 $x=270$ m 断面,受工程影响表面流速增大至 2.58 m/s,比无工程流速的 1.64 m/s 增大 57%,缩窄段($x=320$ m 断面)的流速一般都在 2.5 m/s,受钢围挡下游回流压缩主流的影响,工程条件下钢围挡下游($x=367$ m 断面)中轴线处上部流速在 2.05~2.09 m/s,均比无工程时大 1.3~1.6 倍,但流速的垂线分布还是相似的。

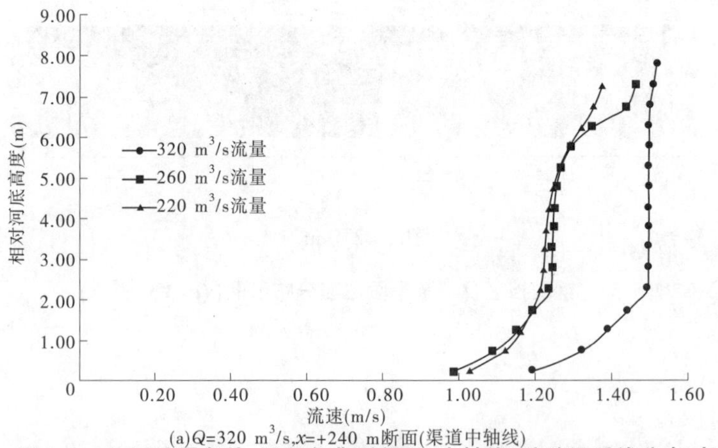

(a)Q=320 m³/s,x=+240 m断面(渠道中轴线)

图 5-53　不同流量条件,沿程各典型断面(中轴线)流速沿垂线分布对比

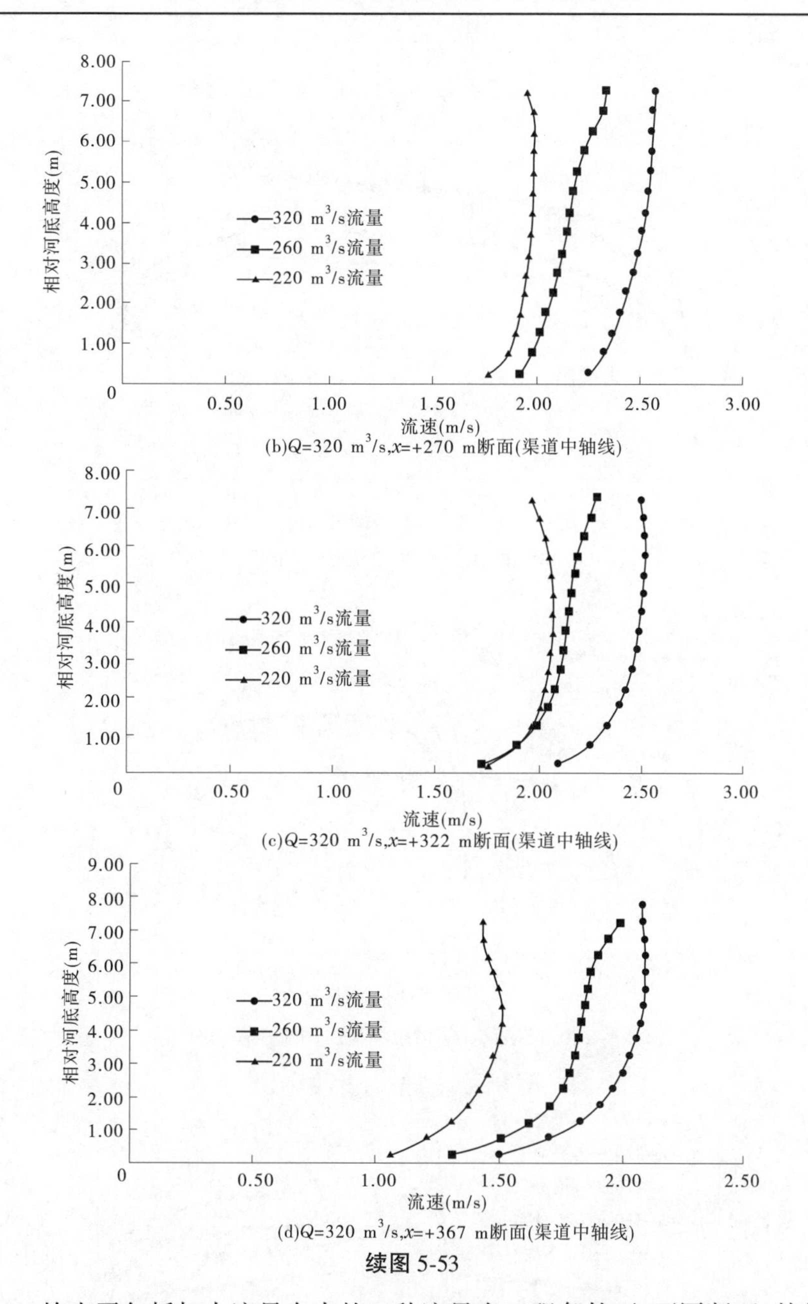

(b)Q=320 m^3/s,x=+270 m断面(渠道中轴线)

(c)Q=320 m^3/s,x=+322 m断面(渠道中轴线)

(d)Q=320 m^3/s,x=+367 m断面(渠道中轴线)

续图 5-53

图5-54给出了包括加大流量在内的三种流量在工程条件下,不同断面(特征流层)纵向流速的横向分布对比,同时也给出了加大流量无工程条件的流速横向分布;可以看出不同流量的流速分布规律是相同的,同时也体现了钢围挡工程的影响。

钢围挡影响了水流运动,流速横向分布相应进行了调整。可以看到进入钢围挡影响区后,主流流速逐渐向右偏移;在进入钢围挡缩窄段(x=270 m断面)以后,有工程流速比无工程流速增加1.3~1.5倍,在x=322 m断面甚至达到1.68倍;在其后的两个断面,可以看到回流区存在对流速分布的影响,回流区流速大大降低,甚至有反向流速。回流区的这些水动力特性可以考虑用来截留水中的污染物,防止施工期水质污染。

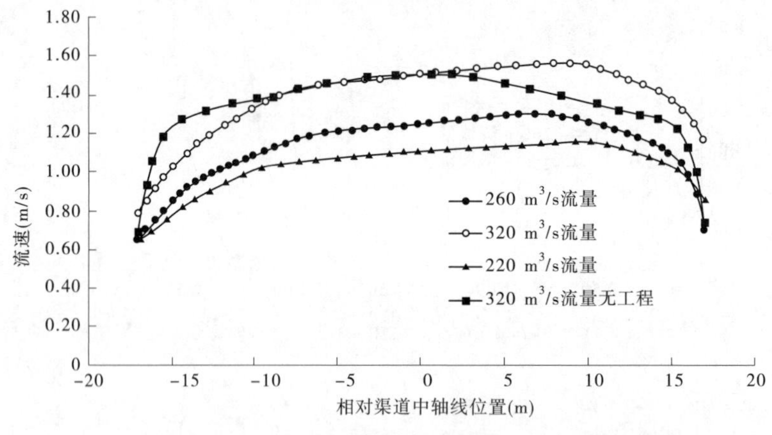

(a)x=+240 m断面,-0.6倍水深流层的流速横向分布

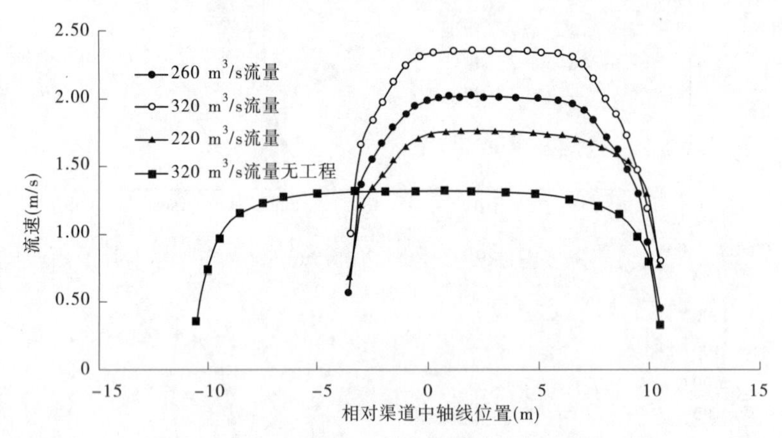

(b)x=+270 m断面,-0.6倍水深流层的流速横向分布

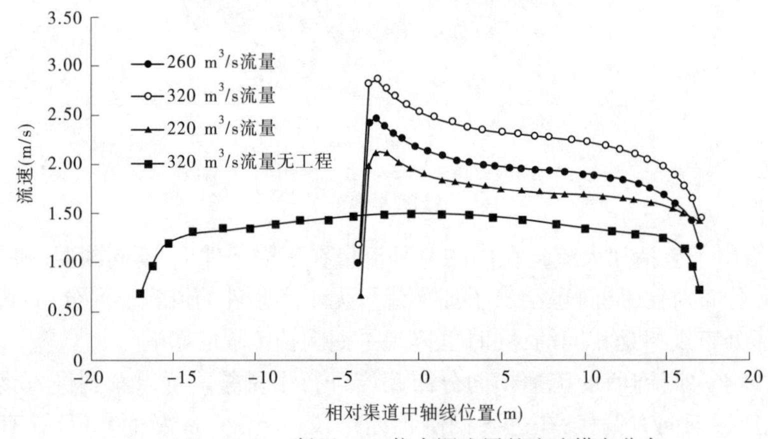

(c)x=+322 m断面,-0.2倍水深流层的流速横向分布

图 5-54　不同流量条件,各断面特征流层流速沿横向分布对比

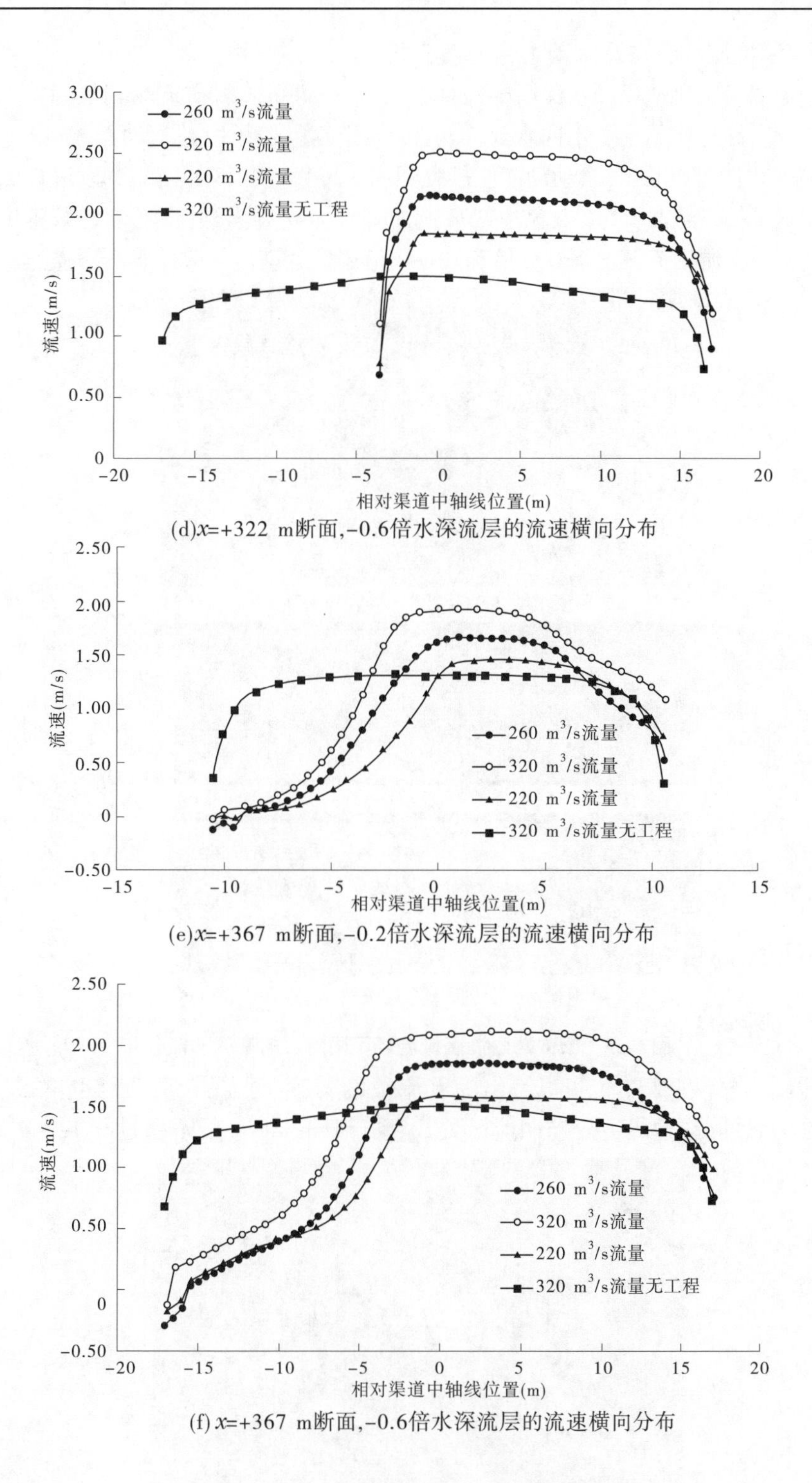

(d)x=+322 m断面,-0.6倍水深流层的流速横向分布

(e)x=+367 m断面,-0.2倍水深流层的流速横向分布

(f) x=+367 m断面,-0.6倍水深流层的流速横向分布

续图 5-54

5.2.2.3　模拟流场流态及水动力特征值分析

根据数值模拟流速场和水深场的计算成果，可以进一步求得流场其他相关水动力特征值。图 5-55～图 5-57 给出了不同水流条件下，模拟钢围挡渠段的紊动动能分布（紊动动能 $\varepsilon=\mu'^2/2$）。由图可以看出，紊动动能比较强烈的区域集中在钢围挡缩窄段进口的左侧水面凹陷区和钢围挡下游回流区（白色虚线环所注部分），涡旋强烈，紊动能耗散集中。而且可以看到钢围挡下游回流区水下 0.2 倍和 0.6 倍流层的紊动能耗散比表面还强烈。

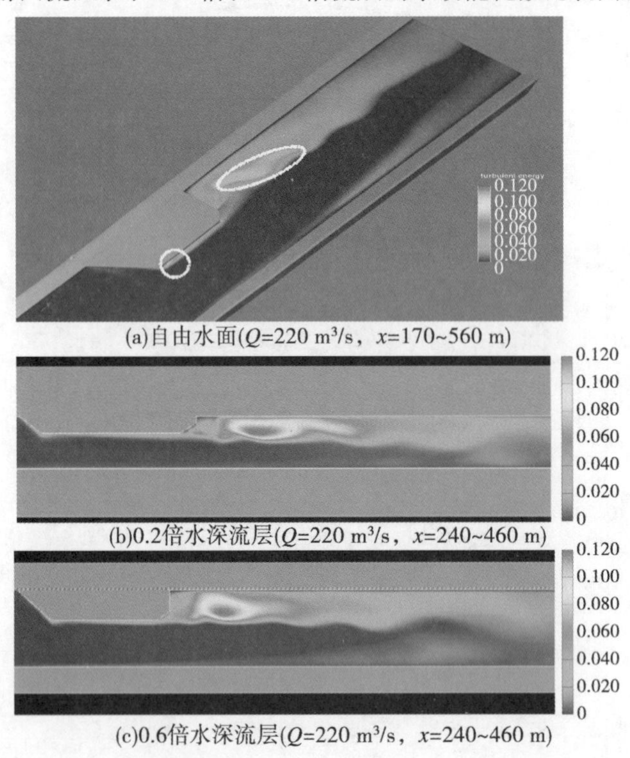

(a)自由水面(Q=220 m³/s，x=170~560 m)

(b)0.2倍水深流层(Q=220 m³/s，x=240~460 m)

(c)0.6倍水深流层(Q=220 m³/s，x=240~460 m)

图 5-55　钢围挡附近区域流场不同流层的紊流动能分布

对比图 5-56、图 5-57 也可以看出随着流量最大，紊动增强，紊动能也增强，紊动能分布规律是一致的，在边界突变与回流区处，紊动能比较高，一般不超过 0.12。

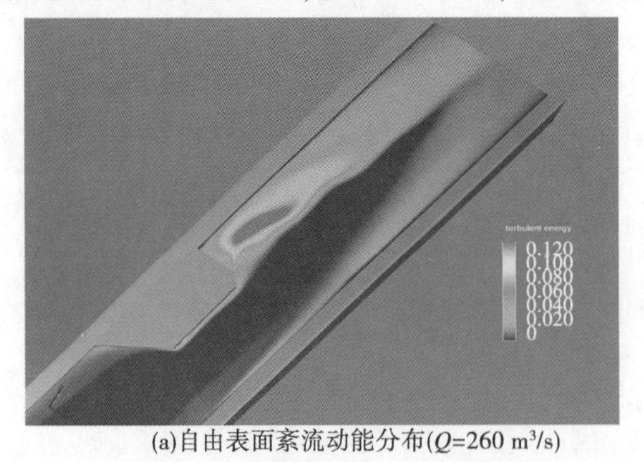

(a)自由表面紊流动能分布(Q=260 m³/s)

图 5-56　钢围挡附近渠段流场不同流层紊流动能分布（Q=260 m³/s）

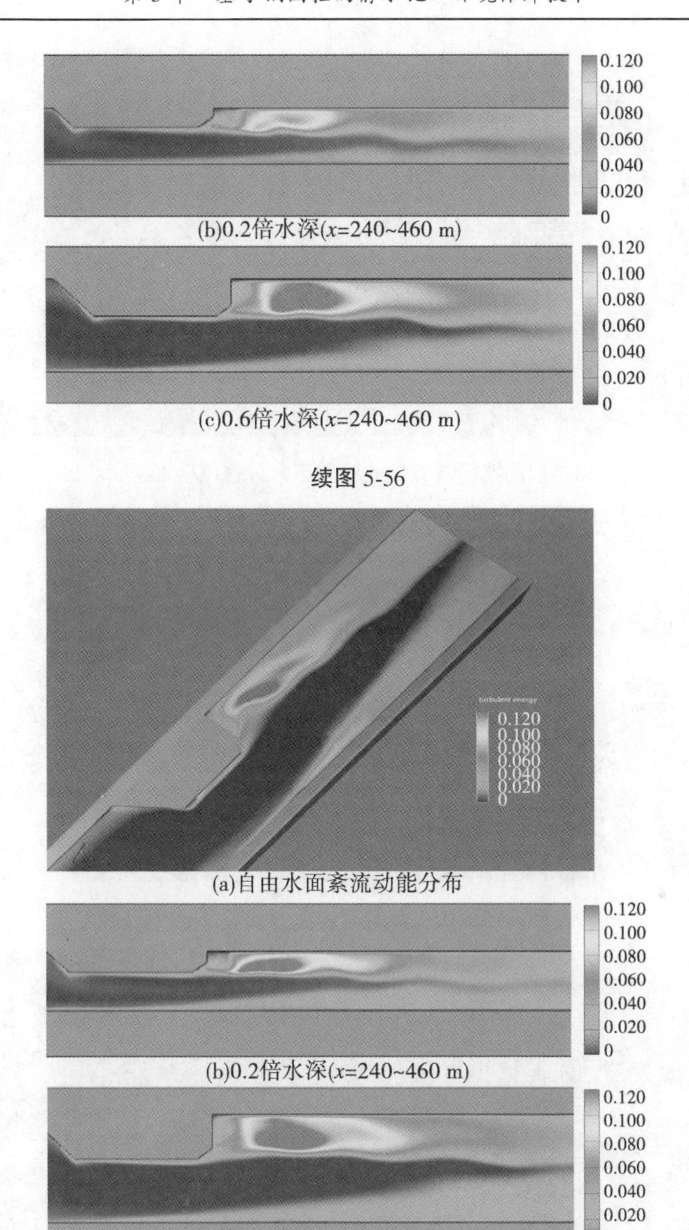

(b)0.2倍水深(x=240~460 m)

(c)0.6倍水深(x=240~460 m)

续图 5-56

(a)自由水面紊流动能分布

(b)0.2倍水深(x=240~460 m)

(c)0.6倍水深(x=240~460 m)

图 5-57 钢围挡附近渠段流场不同流层紊流动能分布($Q=320\ m^3/s$)

图 5-58~图 5-60 给出了不同水流条件下,模拟钢围挡渠段的动水压力分布(动水压强 $p=\gamma h$),体现了下部压力大上部压力小的共同特征,这里只是反映钢围挡面水侧的动水压力分布,没有体现钢围挡内的静水压力。

图 5-61~图 5-63 给出了不同水流条件下,模拟钢围挡渠段的流场流线图,这些图更直观清晰地反映水流经过钢围挡区域时的变化:上游流线偏移收缩,下游流线扩散,回流区流线体现了大范围回流区内存在多个小型环流的流态特征。

图 5-58　钢围挡区域流场的流体压力分布($Q=220\ m^3/s$)

图 5-59　钢围挡区域流场的流体压力分布($Q=260\ m^3/s$)

图 5-60　钢围挡区域流场的流体压力分布($Q=320\ m^3/s$)

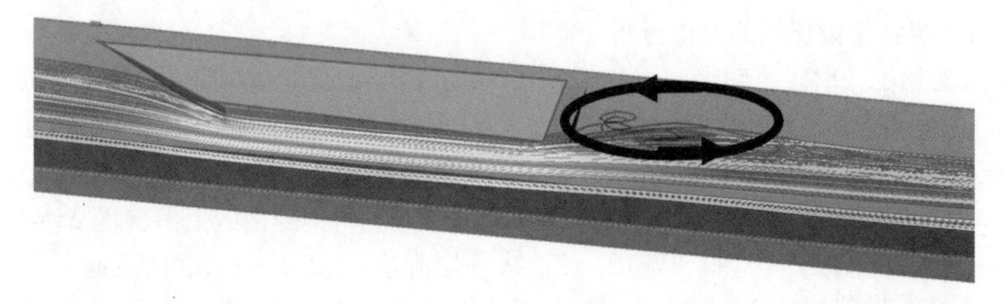

图 5-61　钢围挡区域流场的流线空间分布($Q=220\ m^3/s$)

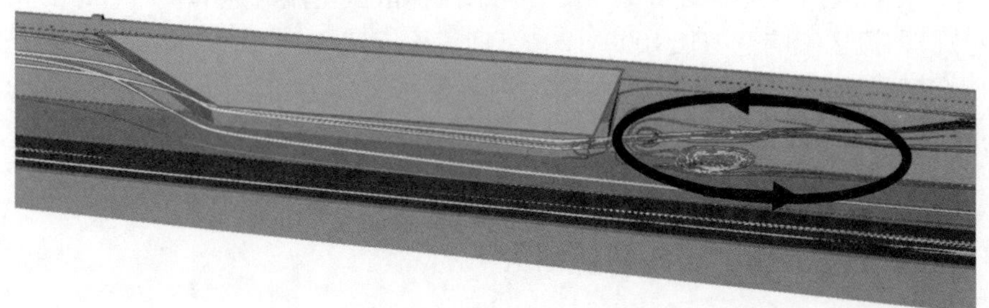

图 5-62　钢围挡区域流场的流线空间分布($Q=260\ m^3/s$)

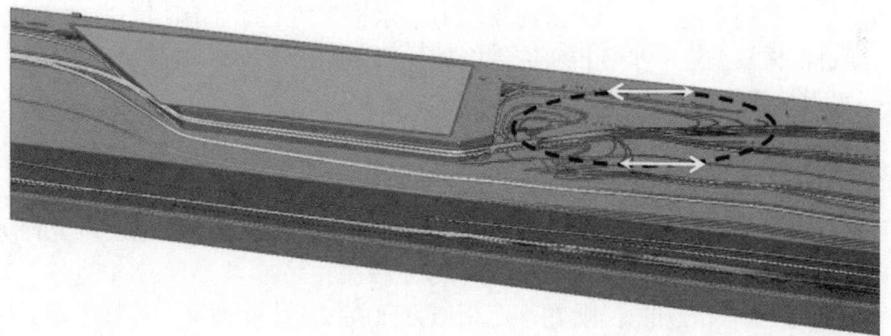

图 5-63　钢围挡区域流场的流线分布($Q=320\ m^3/s$)

5.2.2.4　模拟渠段流场的总体分析

(1)无钢围挡时输水明渠基本为均匀流,钢围挡类似无坎宽顶堰,约束了该段水流;形成了钢围挡区上游壅水,中部缩窄过流,下游逐渐扩散且左岸有长距离回流区的基本流动特征。

(2)设计流量条件时,在现设计尺寸的钢围挡影响下,钢围挡区上游壅水 Δz = 0.12 ~ 0.18 m;缩窄段水深 H = 7.11 ~ 7.12 m,垂线平均流速 v = 2.1 m/s,表面流速 u_m = 2.2 ~ 2.6 m/s,为无钢围挡时流速的1.58倍;下游水流扩散区主流流速约1.8 m/s,钢围挡后部(左侧)回流区影响范围长100 ~ 120 m,回流区流速0.1 ~ 0.4 m/s。

(3)加大流量条件时,在现设计尺寸的钢围挡影响下,钢围挡区上游壅水 Δz = 0.16 ~ 0.20 m;缩窄段水深 H = 7.41 ~ 7.42 m,垂线平均流速 v = 2.14 m/s,表面流速 u_m = 2.4 ~ 2.7 m/s,为无钢围挡时流速的1.62倍;下游水流扩散区主流流速1.8 ~ 2.05 m/s,钢围挡后部(左侧)回流区影响范围长100 ~ 120 m,回流区流速0.2 ~ 0.45 m/s。

(4)在钢围挡背后的回流区流速大大降低,形成整体的回流运动,同时还有次生的几个小环流速,回流区的这些水动力特性可以考虑用来截留水中的污染物,防止施工期水质污染。

5.2.3　钢围挡渠段水力模拟试验研究

5.2.3.1　钢围挡渠段概化模型试验设计

钢围挡在使用期间的内外水压力是结构分析计算的重要条件,这就必须要了解钢围挡在使用期间的内外水位;目前,还无法准确实现钢围挡在使用期间内(静)外(动)引起的水位差的数值模拟。同时,为了进一步检验数学模型的验证成果及不同工况模拟的可靠性,利用华北水利水电大学的大型河流动力学水槽又进行了钢围挡渠段的概化水力模型试验,通过实体模型进一步分析研究钢围挡使用期间水流流态、流速分布及动静水位差等一系列水力学问题,同时可以检验优化方案的效果。

1.相似准则

按照《水电水利工程模型试验规程》关于模型比尺设计的要求,模型为定床正态水力模型,满足重力相似准则,并考虑紊动阻力相似的要求。根据试验场地及研究任务,采用下列相似准则作为本模型的设计依据 ,进而选定模型比尺。

依据满足主导力相似的原则,在水流相似方面应按重力相似准则设计模型,并满足紊动阻力相似要求,即模型设计满足:

水流重力相似条件

$$\lambda_V = \lambda_H^{1/2} \tag{5-10}$$

水流紊动阻力相似条件

$$\lambda_n = \frac{1}{\lambda_V}\lambda_H^{2/3}\lambda_J^{1/2} = \lambda_H^{2/3}\lambda_L^{-1/2} \tag{5-11}$$

水流运动相似条件

$$\lambda_{t1} = \frac{\lambda_L}{\lambda_V} \tag{5-12}$$

2. 模型比尺

根据研究问题精度要求,采用正态模型,几何比尺为:$\lambda_L=\lambda_H=55$;由水流重力相似条件式(5-10)得流速比尺 $\lambda_V=7.416$;由紊动阻力相似条件式(5-11)得糙率比尺 $\lambda_n=1.95$。模型糙率比原型糙率小,采用有机玻璃材料制作钢围挡模型,用水泥砂浆塑制渠道,可以满足糙率相似要求。模型各比尺见表 5-4。

表 5-4　模型比尺总汇

比尺名称		比尺数值
水平比尺	λ_L	55
垂直比尺	λ_H	55
糙率比尺	λ_n	1.95
流速比尺	λ_V	7.42
流量比尺	λ_Q	22 434
水流运动时间比尺	λ_{t1}	7.42

5.2.3.2　模型布置与测量仪器

根据试验目的与研究任务,模型包括钢围挡所有建筑物及部分渠段(钢围挡上游 100 m、下游 200 m 的渠段),模型布置见图 5-64、图 5-65。

水位差测点2
水位差测点3
水位差测点4
水位差测点1
水位差测点5
测点断面1
测点断面2
测点断面3
测点断面4
测点断面5
测点断面6
测点断面7
测点断面8
测点断面9
测点断面10
下游控制断面

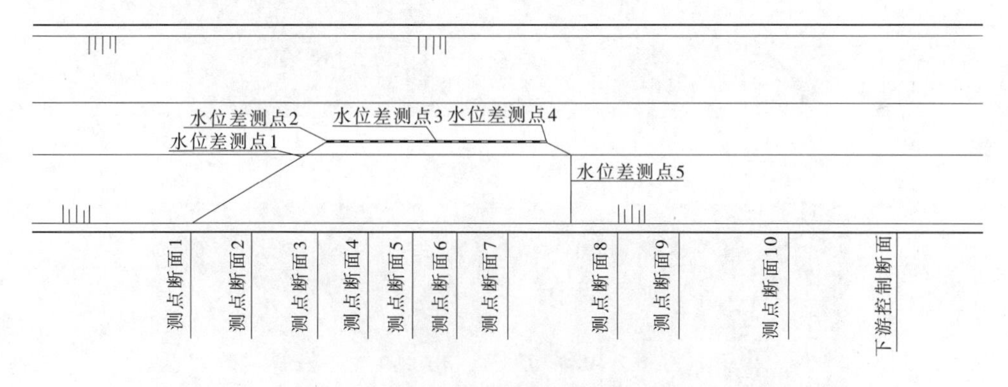

图 5-64　模型平面布置

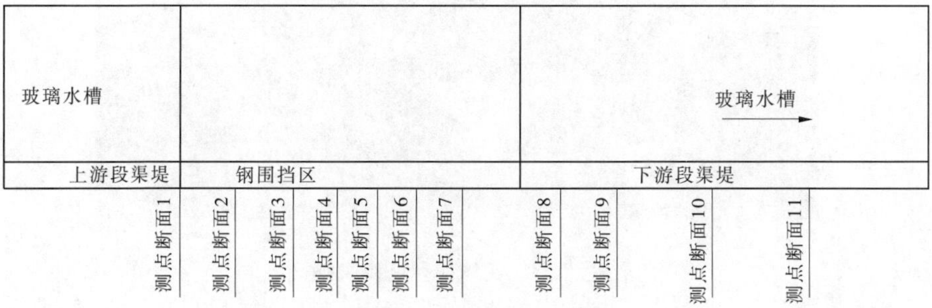

玻璃水槽
玻璃水槽
上游段渠堤
钢围挡区
下游段渠堤
测点断面1
测点断面2
测点断面3
测点断面4
测点断面5
测点断面6
测点断面7
测点断面8
测点断面9
测点断面10
测点断面11

图 5-65　模型纵剖布置

渠道模型按照总干渠地形图采用水泥砂浆进行塑制，钢围挡建筑物采用有机玻璃制作，模型鸟瞰照片见图 5-66、图 5-67。渠段采用水泥精细预制并进行涂蜡光滑处理，糙率可以达到 0.009，能够满足模型阻力相似要求。

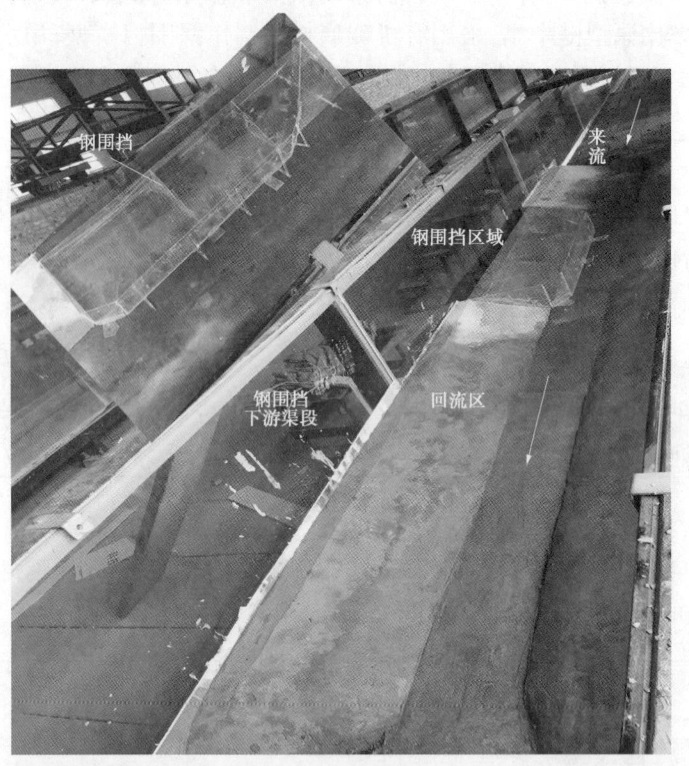

图 5-66　实体模型

图 5-67　实体模型试验鸟瞰

模型试验均采用恒定流重力式循环供水试验方法，主要测量仪器见图 5-68，简述如下：

(1)流量:E-MAG电磁流量计控制河道上游来水流量。

(2)水位:固定水位测针及自计水位仪记录钢围挡上下游及渠道各控制点水位变化。

(3)流速:L-8红外式多点旋桨流速仪量测流速,见图5-68(d)。

(4)流态:采用ADV流速仪测量水流紊动特征道,见图5-68(e)。

(5)试验进程:采用数字摄像机记录全过程。

(6)量测仪器精度满足《水电工程常规水工模型试验规程》(DL/T 5244—2010)的要求。

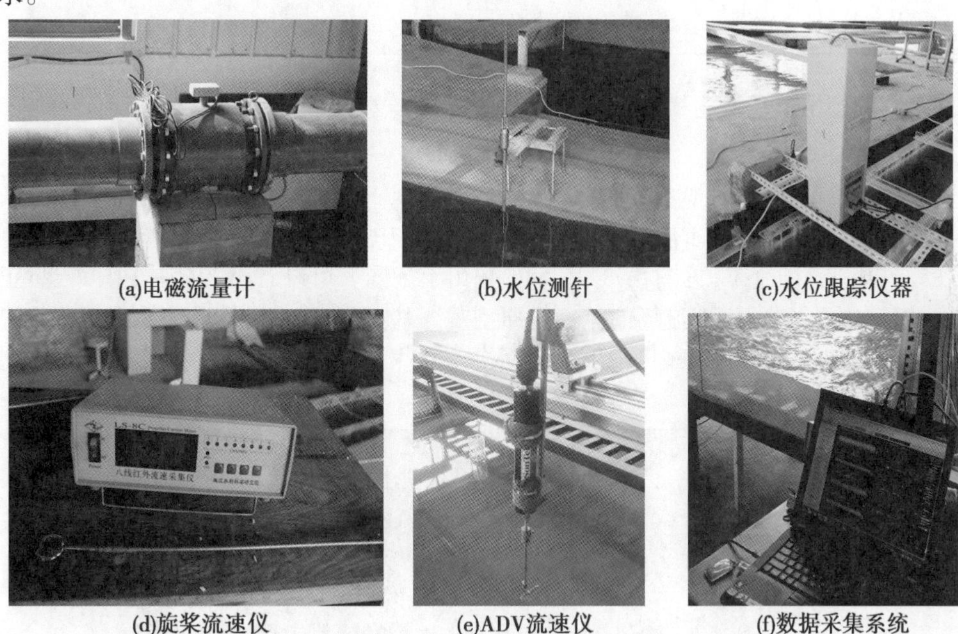

(a)电磁流量计　(b)水位测针　(c)水位跟踪仪器

(d)旋桨流速仪　(e)ADV流速仪　(f)数据采集系统

图5-68　模型试验量测仪器

5.2.3.3　主要测试点的布设与试验工况

模型试验采集水位、流速等水力要素的主要测试断面和测试点的布设见图5-64、图5-65,主要测试断面和测试点见表5-5。经多次调试,模型水流系统可正常运行,满足试验要求。

试验工况考虑了常见流量、设计条件与两种优化条件,工况组合见表5-6。

表5-5　模型试验量测断面及量测点布置一览

序号	1	2	3	4	5	6	7	8	9	10	控制断面
断面编号	1	2	3	4	5	6	7	8	9	10	11
相对位置(m)	0	17	35	49	61	73	87	117	127	157	187

注:钢围挡上游起始点为0。

表 5-6 模拟工况设置情况一览

流量 (m^3/s)	边界条件		
	设计钢围挡	优化修改方案一	优化修改方案二
180	√	√	√
220	√	√	√
260	√	√	√
320	√	√	√

5.2.3.4 钢围挡渠段概化模型试验成果及分析

1. 模型验证

模型验证试验采用现状流量(Q = 220 m^3/s),试验放水情况见图 5-69,钢围挡区实测水位见表 5-7,钢围挡内外的水位差见表 5-8。试验中清晰观测到钢围挡内外的水位差(见图 5-70)和流场流态(见图 5-71、图 5-72);由上述图表可以看出,钢围挡渠段模型正确模拟了原型边界条件,模拟流场的流态与原型观测基本一致;各观测断面水深变化规律一致,水深误差都在 0.1 m 以内;钢围挡内外水位差模拟值与原型值的误差都在 0.01 m 以内。

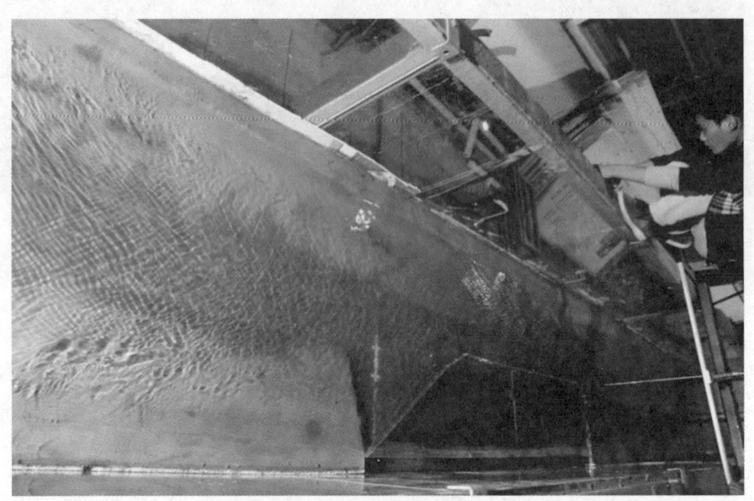

图 5-69 模拟钢围挡渠段 Q = 220 m^3/s 时的流场

表 5-7 模型验证各断面水深(Q = 220 m^3/s)

水深(m)	断面 1	断面 2	断面 3	断面 4	断面 5	断面 6	断面 7	断面 8	断面 9	断面 10
模型试验值	7.08	7.04	7.02	7.03	5.98	7.01	5.96	5.95	7.00	7.03
现场实测值	7.12	7.07	7.02	7.03	7.04	7.03	7.02	7.01	7.01	7.03
差值	-0.04	-0.03	0	0	-0.06	-0.02	-0.06	-0.05	-0.01	0
起点距	0	17	35	49	61	73	87	117	127	157

表5-8　模型验证钢围挡内外水位差($Q=220\ m^3/s$)

水位差(m)	迎流面(测点1)	迎流面拐角(测点2)	顺流段中部(测点3)	钢围挡背后(测点4)	钢围挡背后(测点5)
模型试验值	0.03	0.06	0.01	0.05	-0.02
现场实测值	0.05	0.09	-0.02	0.02	-0.02
差值	0.02	0.03	0.03	0.03	0

图5-70　模拟钢围挡内外水位差,$Q=220\ m^3/s$

图5-71　模拟钢围挡渠段$Q=220\ m^3/s$时的流场流态(1)

2.设计方案试验成果分析

1)水位与钢围挡内外水位差

设计流量($Q=260\ m^3/s$)时,进行了模拟放水试验,模拟试验流场状况见图5-73。钢围挡渠段流态与$Q=220\ m^3/s$时的流场流态基本一致,各观测断面水深沿程变化规律也呈现先壅水再降水,出钢围挡区后又略壅水的特征,与原型观测规律一致,实测水位见表5-9;试验中清晰地观测到了钢围挡内外的水位差,见图5-74,钢围挡内外的水位差值见表5-10。

图 5-72 模拟钢围挡渠段 $Q = 220\ m^3/s$ 时的流场流态(2)

(a)钢围挡上游流场

(b)钢围挡下游流场

图 5-73 模拟钢围挡渠段 $Q = 260\ m^3/s$ 时的流场

(a)钢围挡迎流面段水位差

(b)钢围挡顺流段水位差

(c)钢围挡顺流段末端水位差

(d)钢围挡背流面水位差

图5-74　模拟钢围挡内外水位差($Q=260\ m^3/s$)

按加大流量($Q=320\ m^3/s$)也进行了模拟放水试验,模拟试验流场水位变化规律及钢围挡内外水位差的变化规律与设计流量的变化规律基本一致,沿程实测水深与钢围挡内外水位差见表5-9和表5-10。

表5-9　不同流量时流场实测水位

流量(m^3/s)	断面1	断面2	断面3	断面4	断面5	断面6	断面7	断面8	断面9
260	7.36	7.26	7.24	7.10	7.06	7.19	5.97	7.11	7.29
320	7.46	7.28	7.20	7.12	7.07	7.20	7.13	7.18	7.40

表5-10　不同流量时实测各测点钢围挡内外水位差　(单位:cm)

流量(m^3/s)	断面1	断面2	断面3	断面4	断面5	备注
260	5.0	-2.6	3.9	-3.3	-2.2	设计流量
320	9.4	-12.8	4.5	-9.34	-9.8	加大流量

不同流量级时,钢围挡模拟渠段的实测沿程水深变化情况见图5-75;由图可以清晰地看出钢围挡上游壅水,而后降水,沿程波动,出钢围挡后复有水位抬升、水深加大的基本相似的变化规律。不同流量级时,受水流运动时动势能转换的影响,钢围挡内的准静水区与外侧动水区产生水位差,实测沿程钢围挡内外水头差的变化情况如图5-76、图5-77所示,变化规律表明上游壅水呈正向水头差,下游呈反向水头差,而中部缩窄区段受水流波动影响,水头差亦呈波动变化;另外,钢围挡内外水头差的量值整体呈与流量单调增变化的趋势。

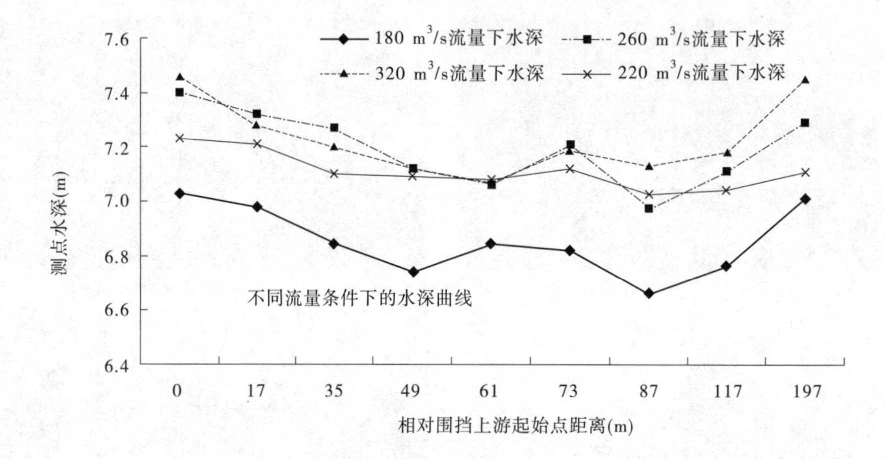

图 5-75　不同流量级,模拟钢围挡渠段水深沿程变化对比

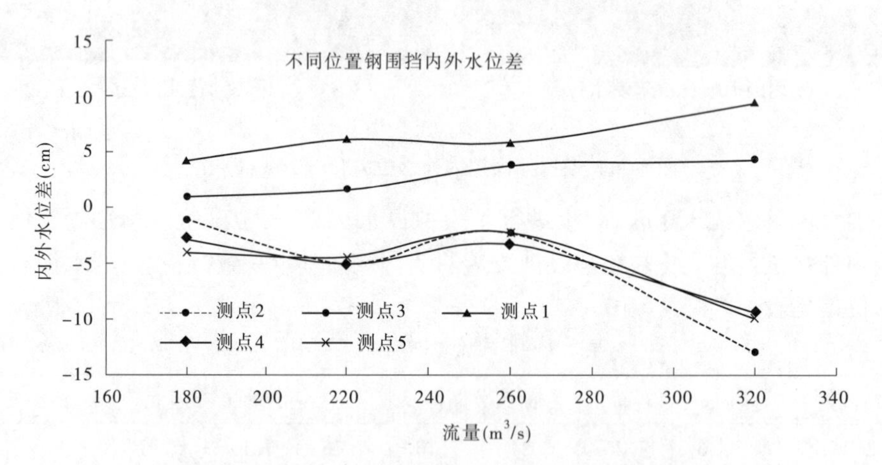

图 5-76　各特征点处钢围挡内外水位差与流量变化关系

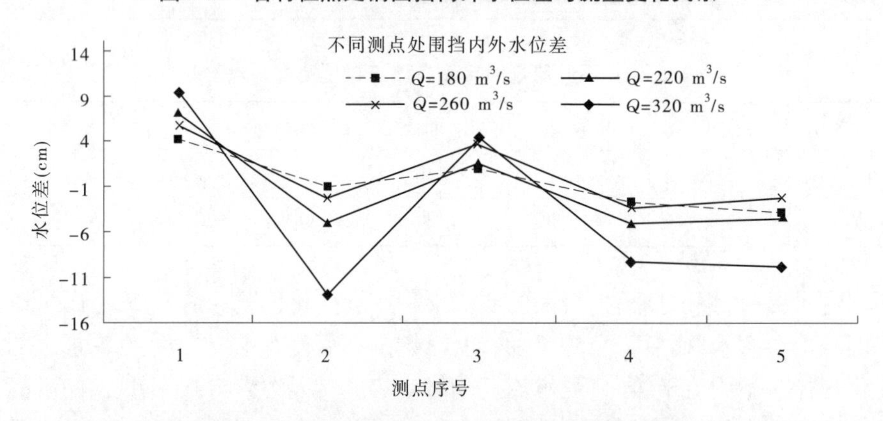

图 5-77　钢围挡内外水位差的沿程变化特点(测点序号与水流方向一致)

2)流场流态及流速分布

钢围挡区流场流态观测见图 5-78 ~ 图 5-80。由图 5-78(a)、(b)看到,在通过钢围挡

收缩段时,水流受到挤压偏移,在进入缩窄段的拐角处(图a粗箭头所指)水流进一步收缩,并向右岸偏移,并有局部水流脱离和水面局部凹陷现象(图b中粗箭头所指区域);在钢围挡缩窄段,水流相对归顺、流速增高,引起水面有所波动,出钢围挡后主流开始向左岸扩散,并有明显的卷吸流态,流体中的悬浮物也有横向扩散,见图5-80;钢围挡渠段整体流场流态相对平稳,钢围挡下游水流逐渐向右侧扩散,回流区宽度也收到挤压,沿程减小。总体来看,钢围挡区域历经三个阶段:收缩、顺流、扩散;流速的不同、能量分布的差异也造成钢围挡内外的水位差亦经历三种变化特点:外高内低,波动变化,内高外低;因为顺流缩窄段水流相对湍急、水面波动,所以也造成在缩窄段的钢围挡内外水位差不稳定,出现正负水位差波动,但绝对值均在0.1 m以内;综上所述表明,设计流量下的钢围挡渠段模型流场的流态与 $Q=220\ m^3/s$ 原型观测基本一致。

图5-78　模拟钢围挡渠段上游流态($Q=260\ m^3/s$)

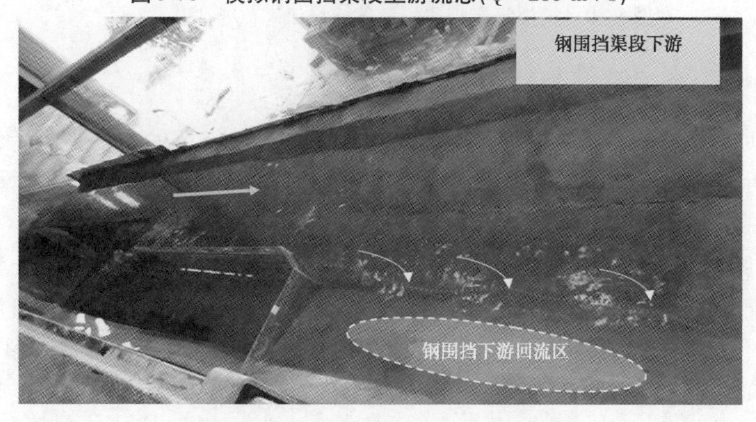

(a)钢围挡渠段下游流态($Q=260\ m^3/s$)

图5-79　钢围挡下游渠段水流流态及回流区

(b)钢围挡下游渠段回流区及水流扩散流态($Q=260\ m^3/s$)

续图 5-79

加大流量($Q=320\ m^3/s$)时,也进行了模拟放水试验,模拟流场流态及水深变化规律与设计流量的情形相似,不再赘述;钢围挡渠段流场状况见图 5-81(a),钢围挡内外水位差状况见图 5-81(b),沿程各断面水深与钢围挡内外水位差的实测数值见表 5-9 和表 5-10;可以看出沿程水深与钢围挡内外水位差均呈现随流量增大,水深与水位差也增大的特点。

图 5-80　模拟钢围挡渠段整体流场流态($Q=320\ m^3/s$)

5.2.4　钢围挡水力特性整体分析

(1)借助数值模拟和概化模型试验方法对钢围挡设计方案的水动力学特性进行了分析研究,分析表明钢围挡设计方案的平面布置合理,具有较好的水力边界特性,经过钢围挡区的水流比较适顺,没有剧变的复杂不利流态。

(2)模拟渠段流场的基本流动特征为:钢围挡上游形成壅水区,收缩段(钢围挡迎流区)水流受挤压逐渐加速,中部缩窄段(钢围挡工作区)流速增大,紊动强烈;出钢围挡区后水流扩散,逐渐恢复到无钢围挡时的正常明渠输水状态,钢围挡下游左岸形成长距离回流区,并伴有几个次生小环流。

(3)设计方案时,与无钢围挡相比,在钢围挡上游水位的最大壅高为 0.16 m(设计流量)~0.20 m(加大流量),在钢围挡缩窄段流速增加至 2.1 m/s(设计流量)~2.14 m/s

(a)钢围挡渠段流场状况

(b)钢围挡内外水位差状况

图5-81

(加大流量),表面流速为无工程时流速的1.55倍(设计流量)~1.62倍(加大流量)。钢围挡区边界动水压力分布与水深变化一致,相对比较均衡,没有剧变区域;钢围挡内外水位差(动水压力差)沿程表现为上游收缩段外高内低为正差,最大水位差为+9.0 cm;下游扩散段外低内高为负差,最大水位差为-9.9 cm。下游水流扩散区主流流速为1.8~2.05 m/s,钢围挡后部(左侧)回流区影响范围长100~120 m,回流区流速0.1~0.45 m/s。

5.3　钢围挡的结构设计

渠道围挡结构从空间分区看,分渠底围挡和渠坡围挡两大部分,其中渠坡围挡分为迎水面围挡及背水面围挡两类,渠底围挡分为迎水面围挡、顺水流围挡和背水面围挡三类。

5.3.1 渠底围挡的结构设计

渠底围挡的平面布置见图5-82,渠底围挡的迎水面围挡长8 m,顺水流围挡长60 m,背水面围挡长8 m,由于这三部分围挡均位于渠底,在同一高程,因此故迎水面围挡、顺水流围挡和背水面围挡的单元体结构形式相同。

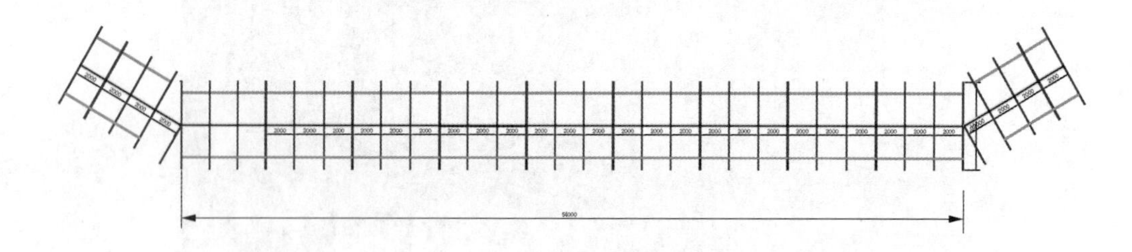

图5-82 渠底围挡平面示意

渠底单元体围挡长6 m,高7.5 m,每个单元体分三层,每层高2.5 m,全部为钢结构。每个单元体的结构形式及尺寸见图5-83,单元体采用150 mm×100 mm×3 mm的矩形方钢、8号槽钢(纵横支撑)、12号槽钢(导向槽)及Φ75×3.75 mm的钢管斜撑加工制作而成。单元体各部分组件的相互关系见图5-84。

底座由矩形方钢与8号槽钢(纵横支撑)焊接组成,由于底座尺寸较大,考虑到加工后运输的便利,将底座分为左右两部分,其中一侧底座采用槽钢与方钢焊接,另一侧底座预先将部分槽钢焊接,并通过连接板与方钢上焊接的槽钢连接。导向槽总长7.5 m,分成两节,分别长2 m和5.5 m,两节之间采用螺栓连接,连接形式见图5-85;采用螺栓连接时先在导向槽连接端部焊接∠75×10角钢,通过角钢使用M16螺栓连接。

导向槽与底座矩形方钢的连接形式见图5-86,两者之间采用螺栓连接,螺栓为M20。连接时先在方钢顶部焊接一块钢板,然后在导向槽底部焊接相同的钢板,并在相同的位置预留螺栓孔,进行螺栓连接。导向槽钢与底座连接板有两种方式,见图5-87、图5-88:一类连接板适合单元体中间双槽钢组成的导向槽连接,另一类连接板适合单元体两边的单槽钢导向槽连接。每个单元体需制作双槽钢导向槽和单槽钢导向槽两类连接板各2套。

长、短斜撑的结构及尺寸见图5-89,两者与导向槽的连接形式见图5-90与图5-91,斜撑与底座的连接形式见图5-92。斜撑与导向槽之间全部采用M24精制螺栓连接,其中短斜撑用2个螺栓,长斜撑用1个螺栓;两种斜撑与底座均采用2个M16精制螺栓连接。

钢围挡与渠道水流的隔离是靠在导向槽之间安装钢挡板,钢挡板受到的水流动压力将传导至斜撑从而使钢围挡整体受力。单个钢挡板的形式及尺寸见图5-93,钢挡板采用8号槽钢及3 mm厚钢板制作而成,8号槽钢与3 mm厚钢板之间焊接固定,焊缝要求同上。单块钢挡板尺寸为2.5 m×1.95 m。钢围堰单元体之间通过M16螺栓连接固定,因此需在导向支架底部预留安装螺栓孔。

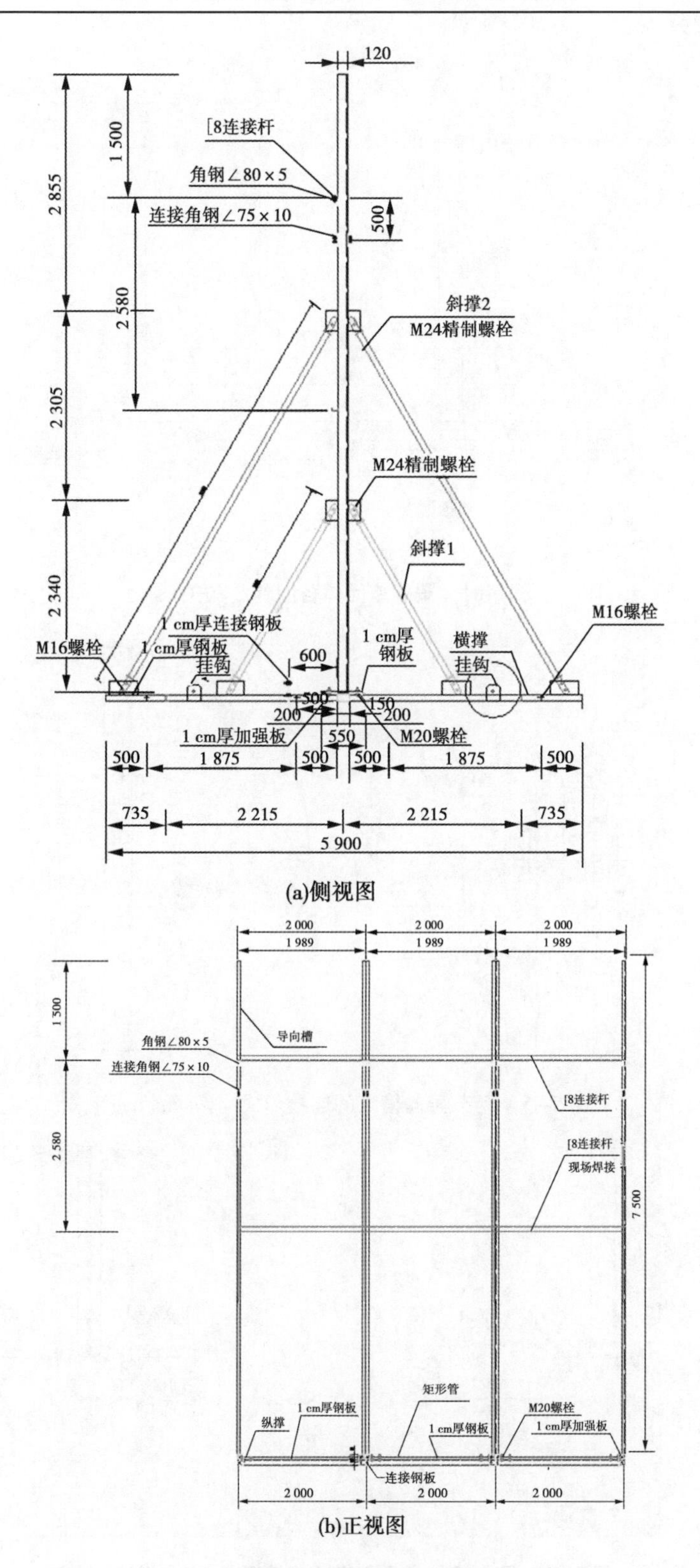

图5-83　渠底单元体围挡正面侧面结构形式　(单位:mm)

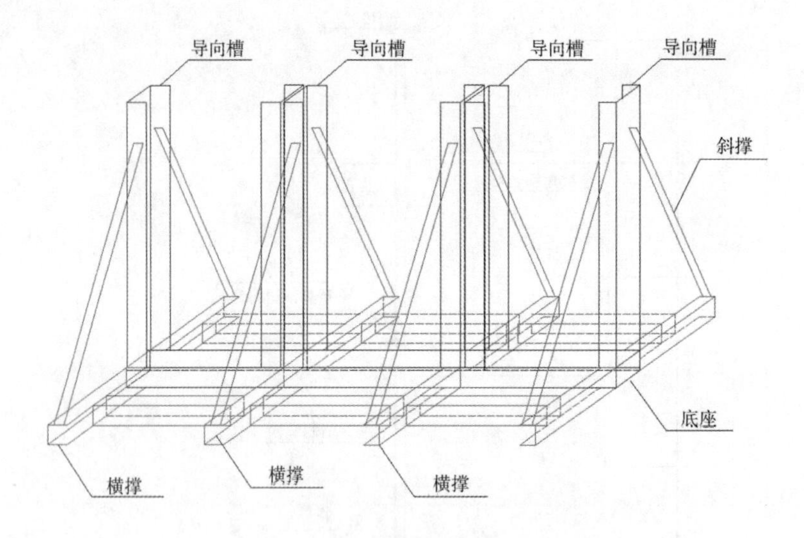

图 5-84　渠底单元体各组件结构关系

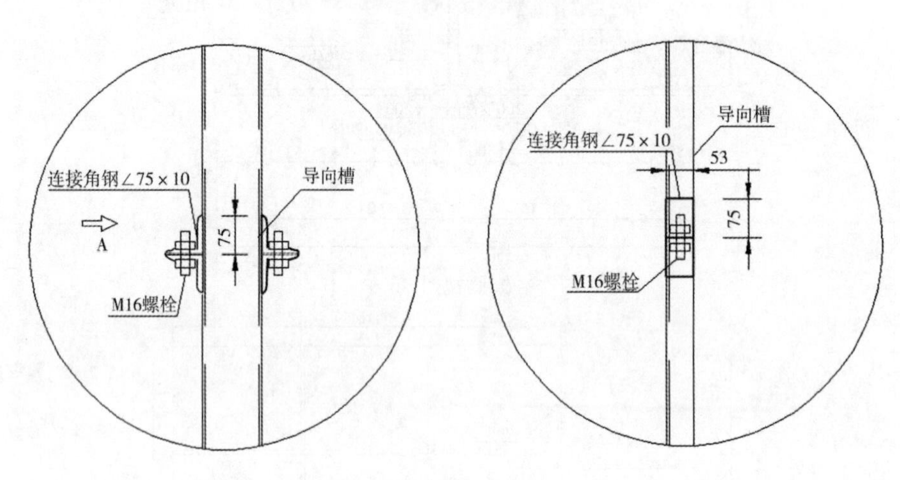

图 5-85　两节导向槽之间连接形式　（单位:mm）

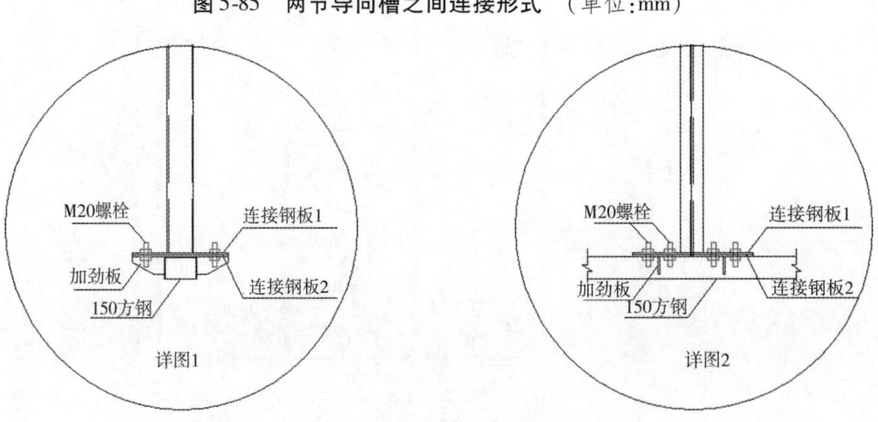

图 5-86　导向槽与底座方钢的连接形式　（单位:mm）

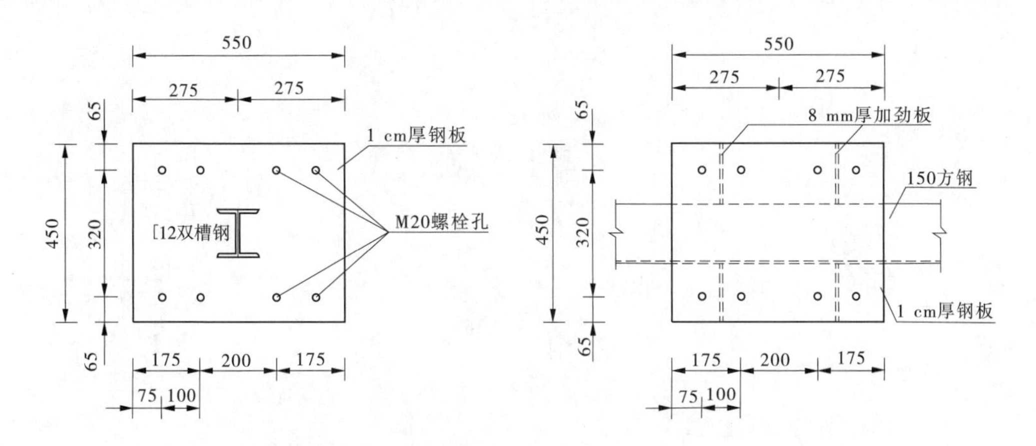

图 5-87　双槽钢导向槽连接板及螺栓连接形式　（单位:mm）

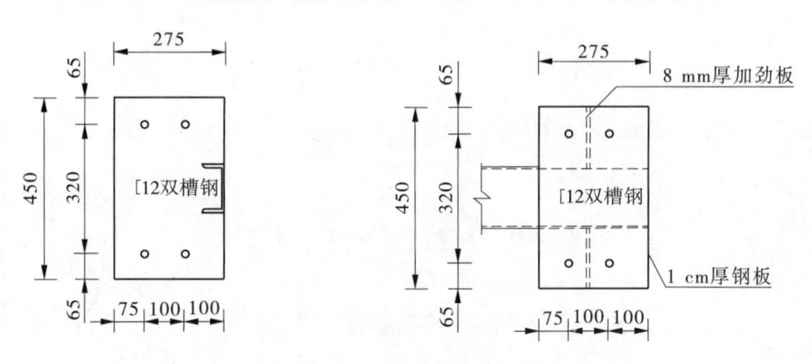

图 5-88　单槽钢导向槽连接板及螺栓连接形式　（单位:mm）

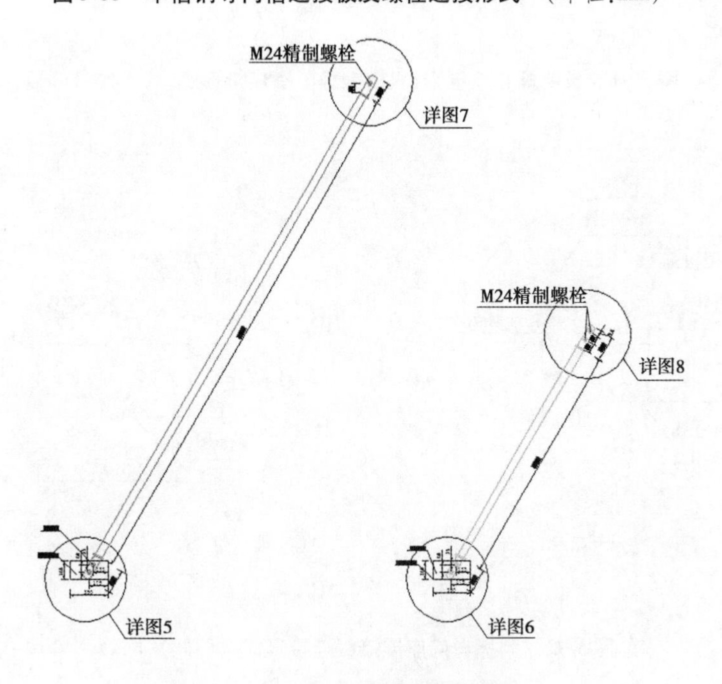

图 5-89　长、短斜撑的结构及尺寸

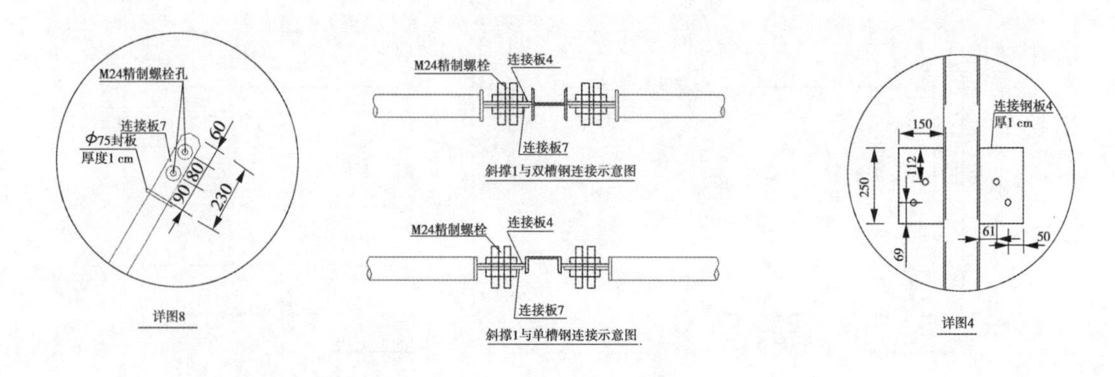

图 5-90 短斜撑与单槽钢、双槽钢导向槽连接形式 （单位:mm）

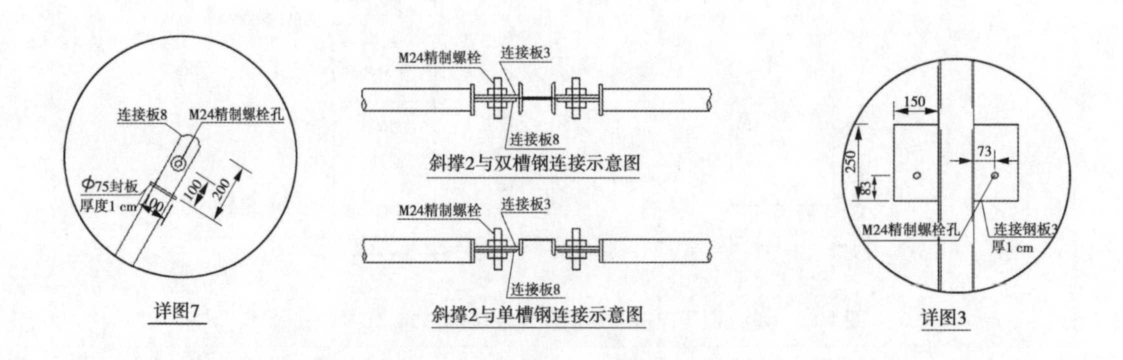

图 5-91 长斜撑与单槽钢、双槽钢导向槽连接形式 （单位:mm）

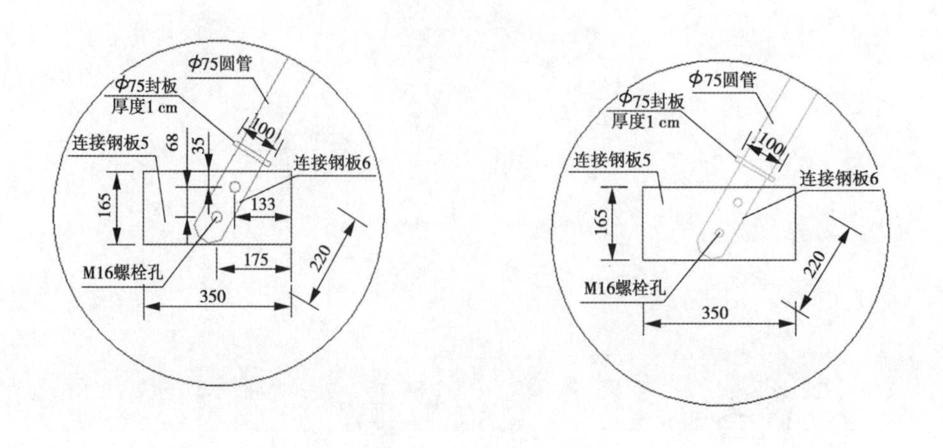

图 5-92 斜撑与底座连接板连接形式 （单位:mm）

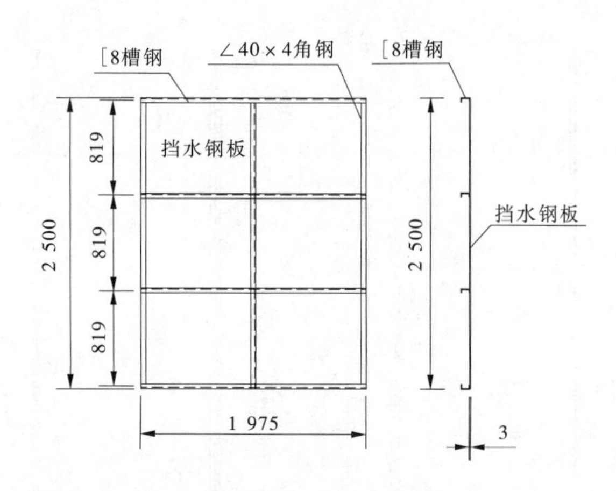

图 5-93　单个挡水钢挡板平面及剖面结构与尺寸　(单位:mm)

5.3.2　渠坡围挡的结构设计

5.3.2.1　迎水面围挡

渠坡围挡处的迎水面围挡长 36 m,该段围挡分为 6 个单元体,总体轮廓及尺寸见图 5-94、图 5-95。由于该部分围挡底座位于 1∶2.25 渠坡上,同时挡水钢板整体与水流方向成 34°夹角,故该部分围挡单元体导向槽长度、单元体底座与导向槽的夹角、斜撑长度与渠底单元体均不同,但是相关结构所采用型钢的型号、构件的连接方式、底座的尺寸(除渠坡渠底交接部位)、钢挡板的尺寸(除水下第一排)基本与渠底单元体相同,6 个单元体的结构与尺寸均不相同,详见图 5-96 ~ 图 5-101。

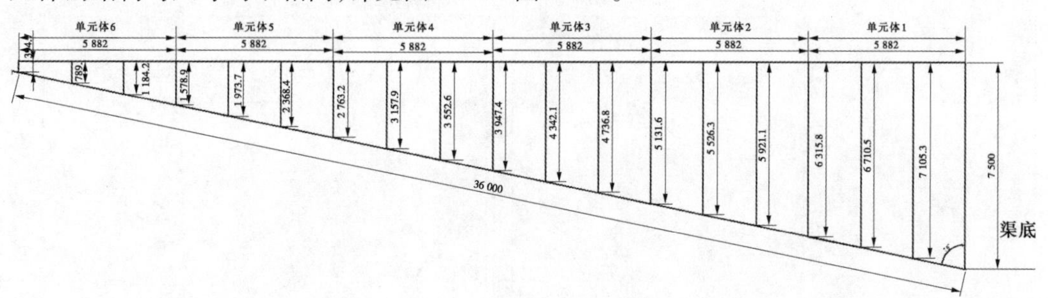

图 5-94　迎水面渠坡围挡外轮廓尺寸

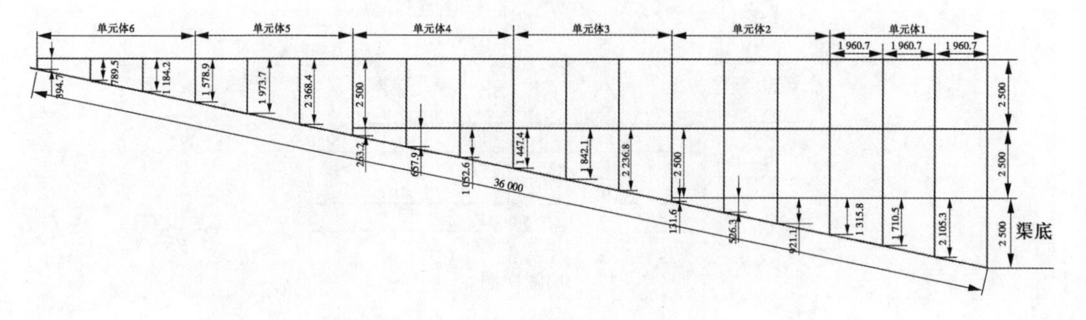

图 5-95　迎水面渠坡围挡钢挡板尺寸

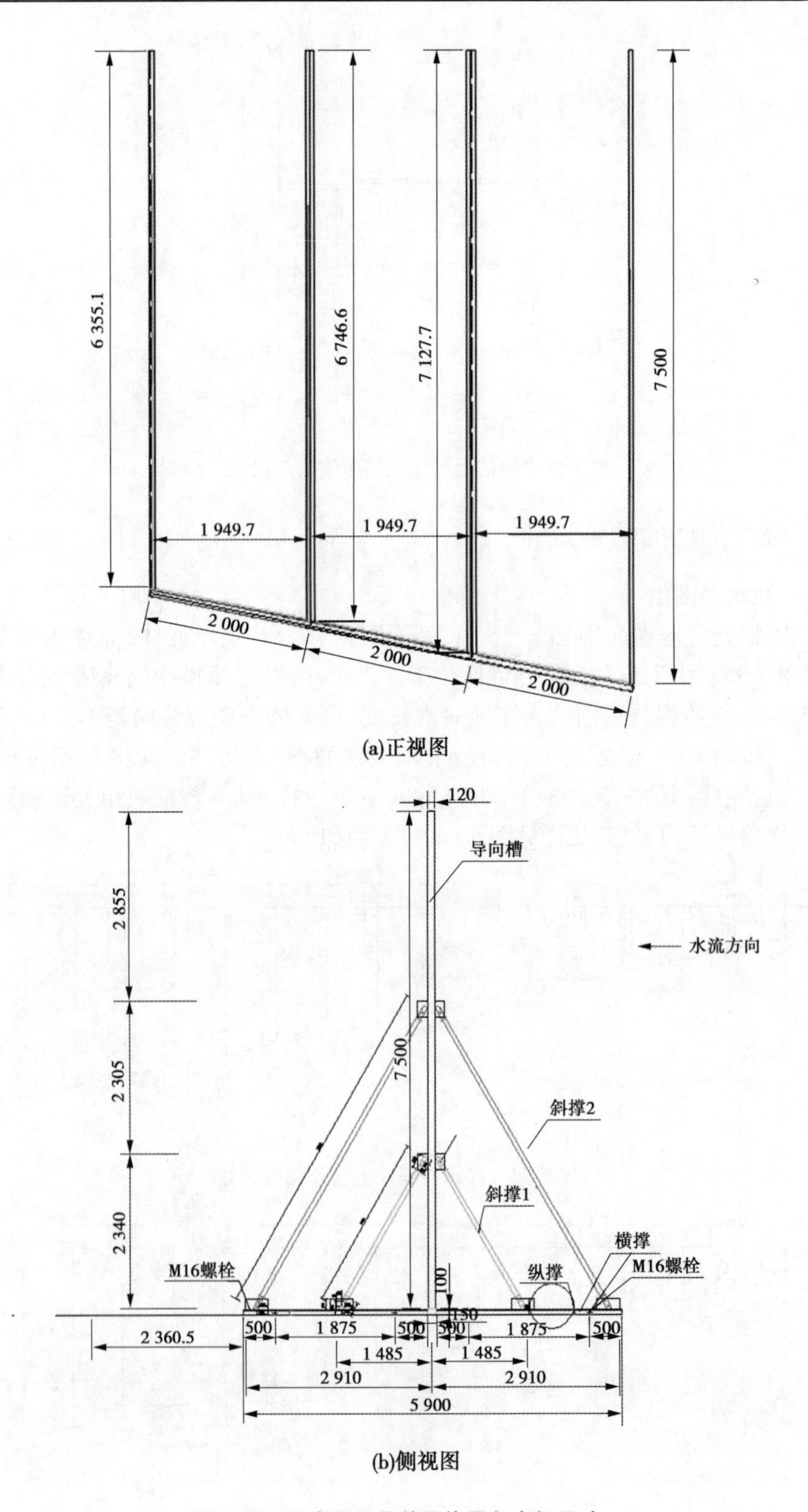

图 5-96 迎水面 1 号单元体导向支架尺寸

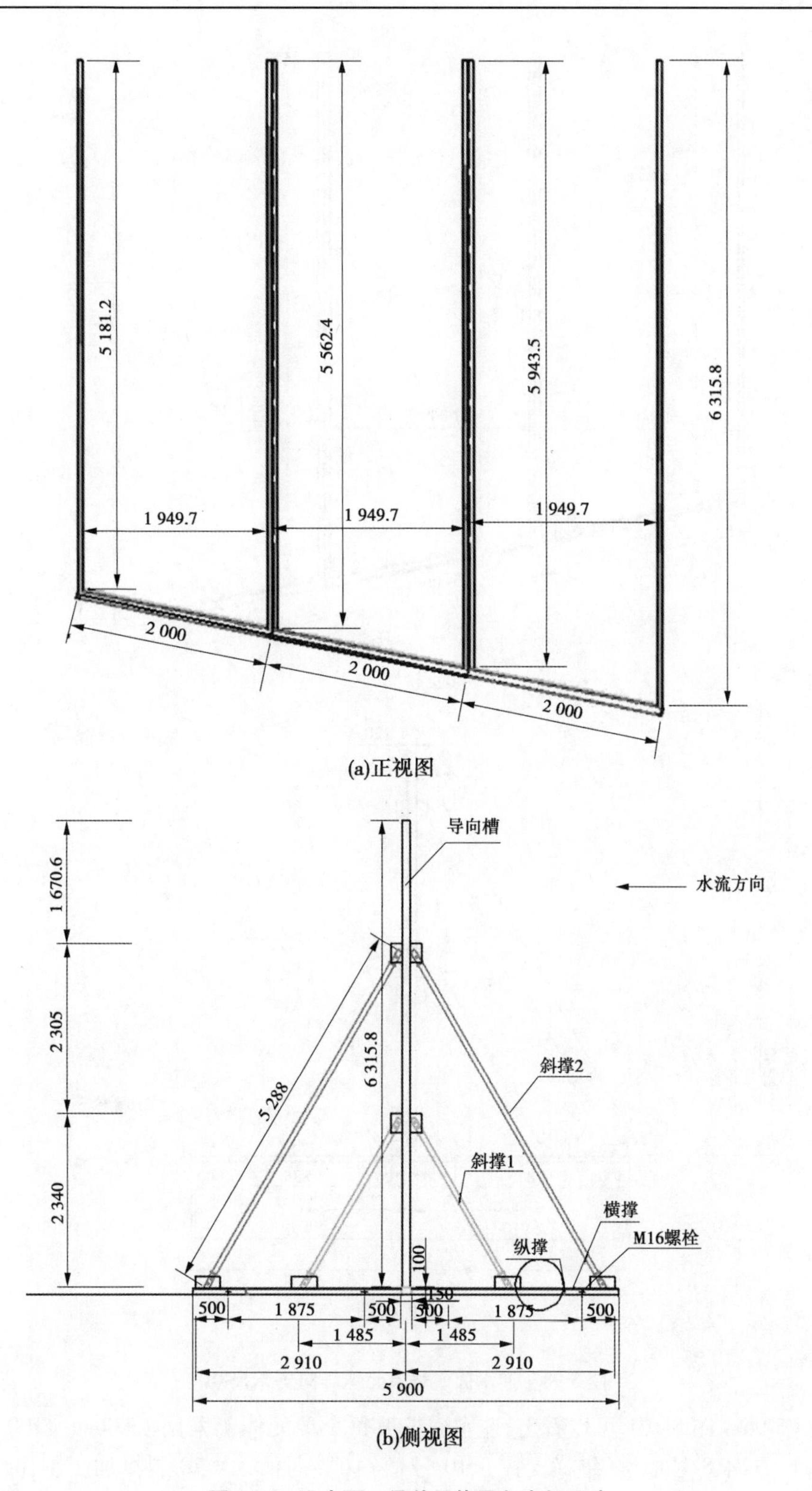

图 5-97　迎水面 2 号单元体导向支架尺寸

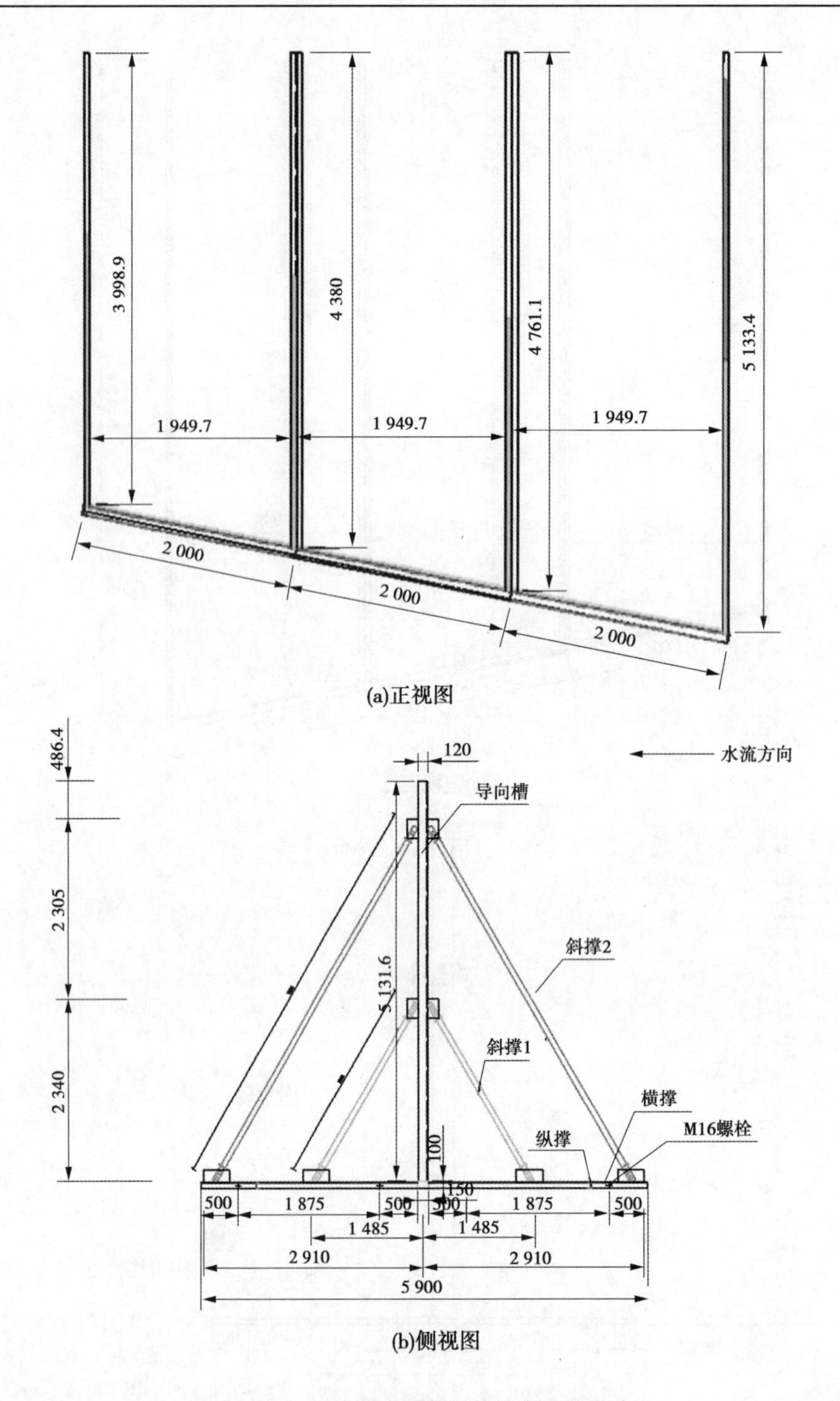

图 5-98　迎水面 3 号单元体导向支架尺寸

从图 5-96 ~ 图 5-101 可以看出，迎水面渠坡每个单元体仍采用 150 mm × 100 mm × 4 mm 的矩形方钢、8 号槽钢（纵横支撑）、10 号槽钢（导向槽）、Φ 70 斜撑加工制作而成，型钢之间仍采用焊接方式进行连接，焊缝需双面满焊，焊缝高度为 1.2 tmin。单元体之间通

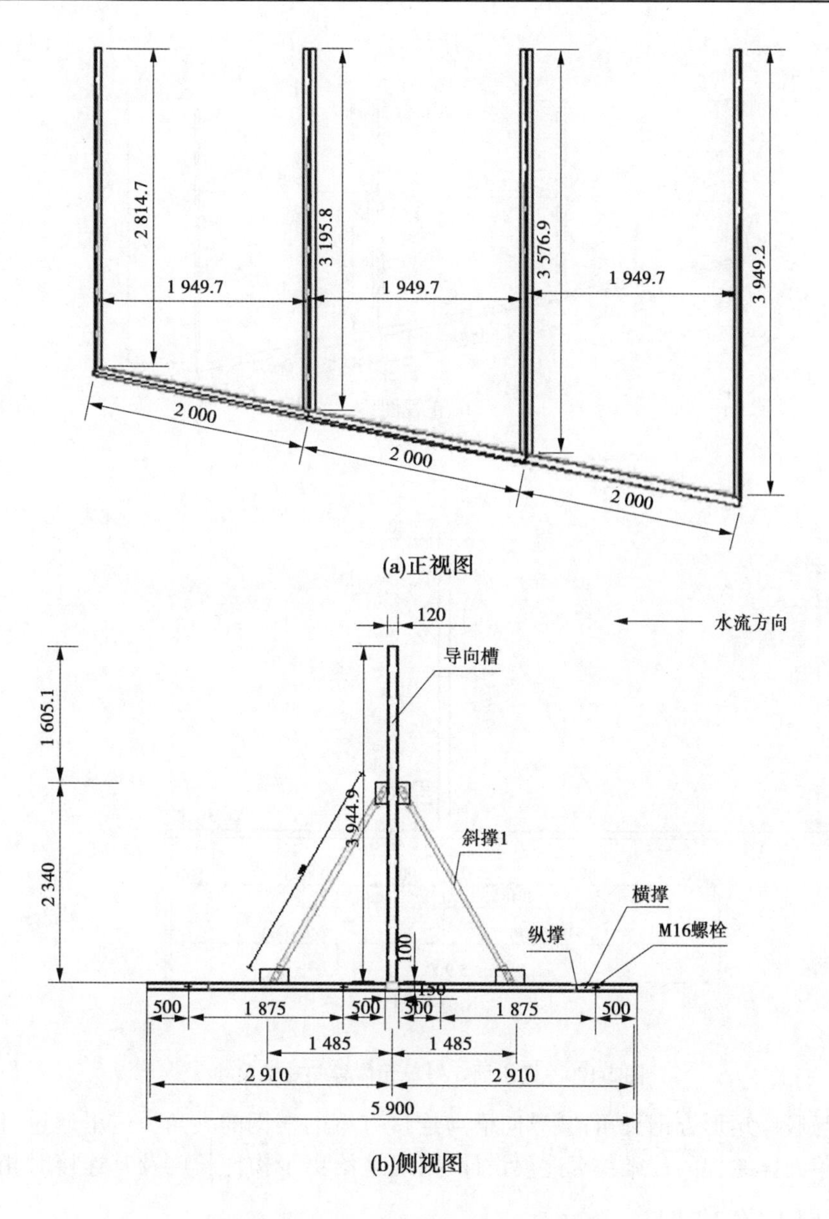

图 5-99　迎水面 4 号单元体导向支架尺寸

过 M16 螺栓连接固定。

渠坡围挡单元体中有部分钢挡板的尺寸可按照标准尺寸(2.5 m×1.95 m)加工制作,沿渠坡坡面处的钢挡板宽度与标准钢挡板的宽度 1.95 m 相同,但高度需适应渠坡坡面坡度变化。

渠坡 1 号单元体与渠底单元体之间的变形过渡,空间结构形式比较复杂,见三维仿真示意图 5-102。由于渠底单元体底座位于平面上,导向槽与底座垂直即可;但是渠坡单元体底座位于 1∶2.25 边坡上,因此渠坡 1 号单元体导向槽若要与渠底单元体导向槽搭接不留缝隙,就必须要对底座与导向槽的夹角进行调整。夹角调整需要考虑两个方向的因素:

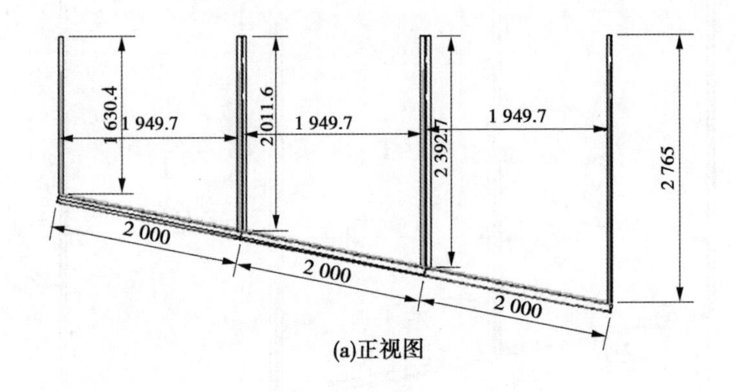

(a)正视图

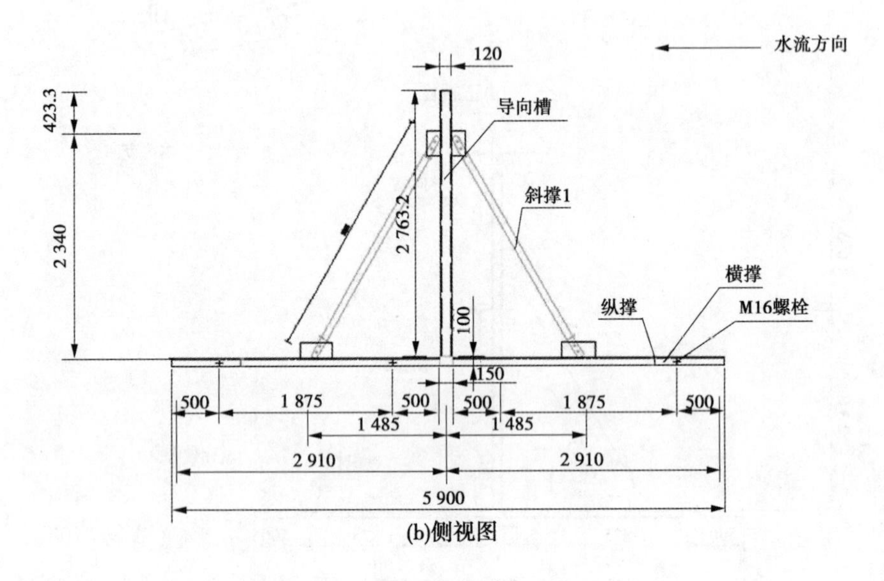

(b)侧视图

图 5-100　迎水面 5 号单元体导向支架尺寸

①导向槽与底座矩形方钢夹角;②导向槽与连接方钢的槽钢的夹角。这里通过对渠坡渠底过渡段单元体结构的三维仿真建模设计,精确地给出了构件长度及其连接时相互之间的夹角,如图 5-102 所示。

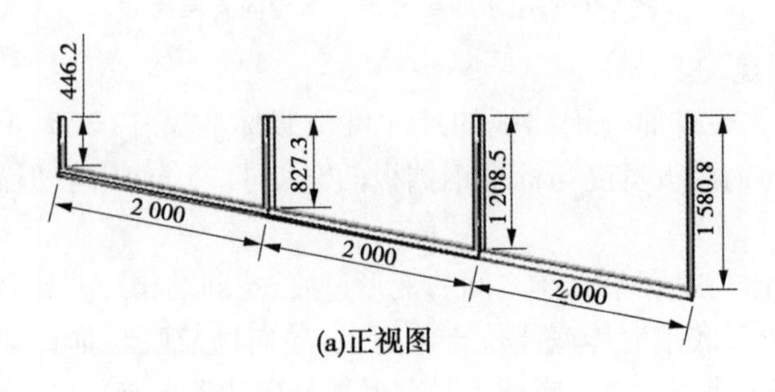

(a)正视图

图 5-101　迎水面 6 号单元体导向支架尺寸

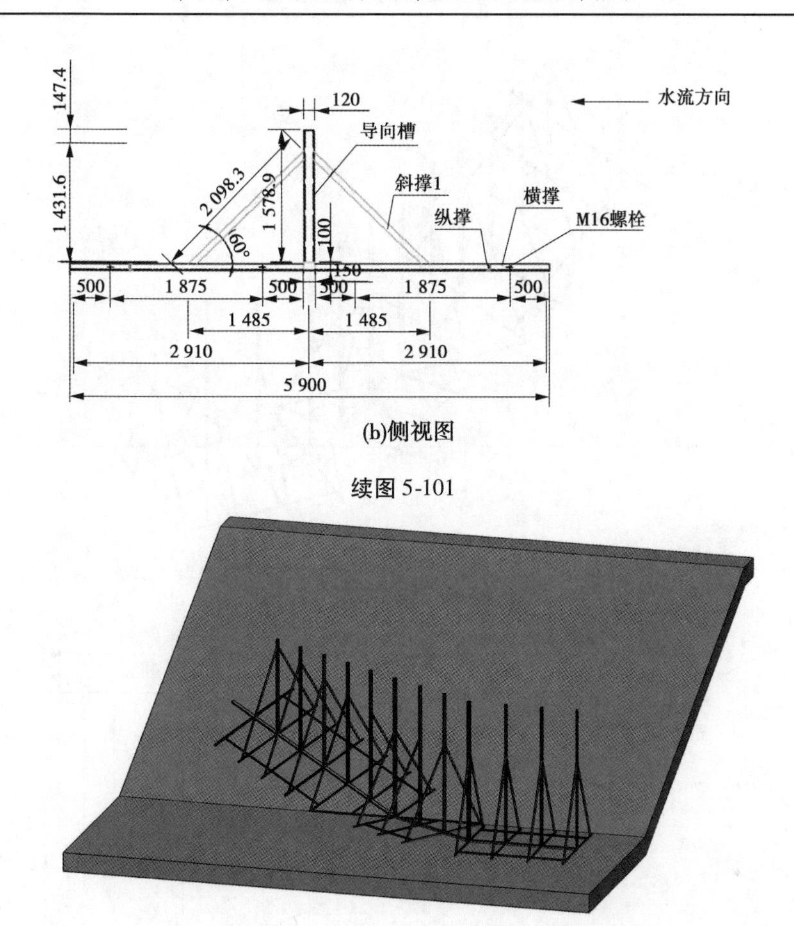

(b)侧视图

续图 5-101

图 5-102　渠坡与渠底单元体连接的三维仿真示意

从图 5-102 可以看出，渠底单元体与渠坡第一块单元体是紧密搭接的，所以渠坡单元体导向槽需垂直渠底板，但底座需适应 1∶2.25 渠坡变化。经过三维仿真模拟计算，渠坡单元体导向槽与底座矩形方钢夹角为 76°，与连接矩形方钢的槽钢夹角为 110°，见图 5-103。导向槽与底座矩形方钢连接方式及渠底单元体采用的方式不同，由于两个方向夹角变化，需对导向槽部分连接板进行现场变形加工，辅以各种型钢加工固定，未变形部分的连接板仍采用螺栓固定。由于渠底单元体与渠坡第一块单元搭接的两个底座并不是标准的6 000 mm×5 900 mm，所以需根据边坡地形的变化进行底座搭接部位边角尺寸调整。渠坡其他单元体导向槽与底座夹角变化与上述保持一致。具体见图 5-102、图 5-103 所示。

5.3.2.2　背水面围挡

渠坡围挡处的背水面围挡长 18 m，该段围挡分为 3 个单元体，整体轮廓及尺寸见图 5-104、图 5-105。该部分围挡与迎水面围挡不同，虽然底座位于1∶2.25 渠坡上，但挡水钢板整体与水流方向成 90°夹角，故该部位围挡单元体结构有自己的特点。背水面围挡的导向槽长度、单元体底座与导向槽的夹角、斜撑长度均与渠底单元体、迎水面单元体不同，但是相关钢结构所采用型钢的型号、构件的连接方式、底座的尺寸（除渠坡渠底交接部位）、钢挡板的尺寸（除水下第一排）基本与渠底单元体、迎水面单元体相同，背水面围挡三个单元体的结构形式与尺寸详见图 5-106～图 5-108。

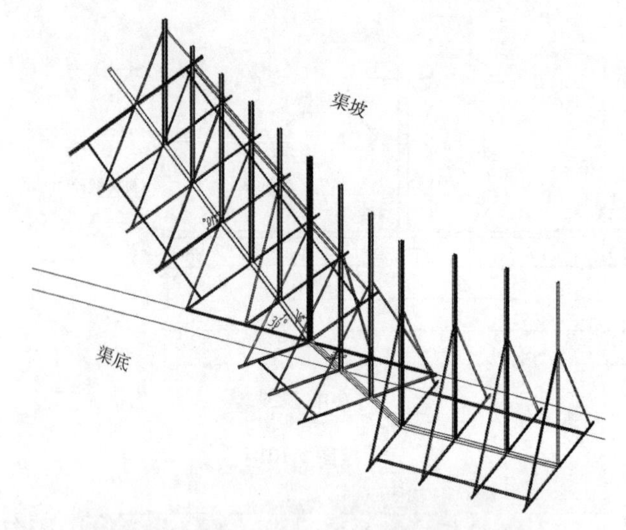

图 5-103 渠坡与渠底单元体导向槽夹角示意

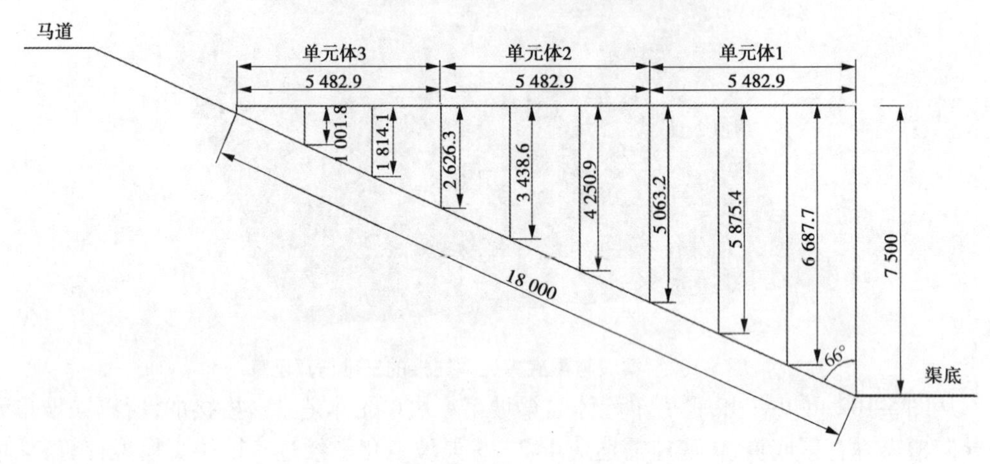

图 5-104 背水面渠坡围挡外轮廓尺寸

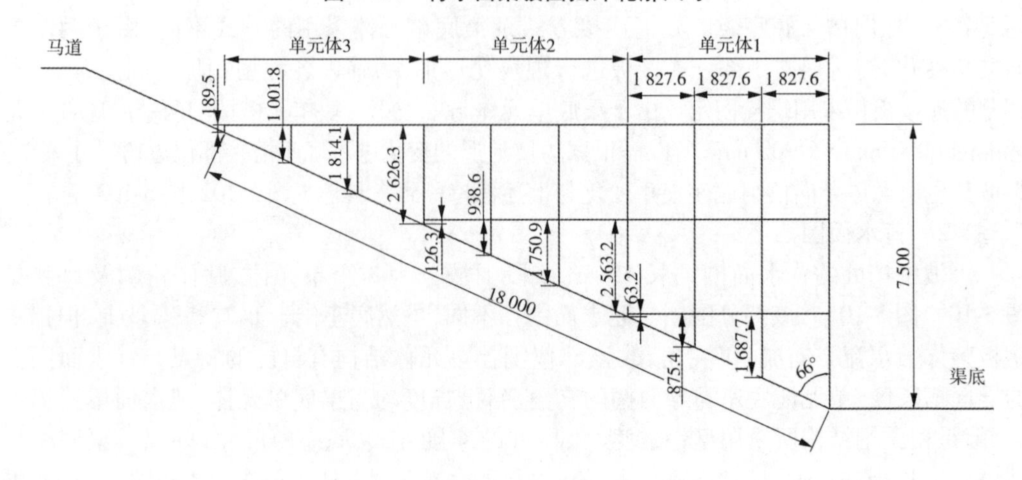

图 5-105 背水面渠坡围挡钢挡板尺寸

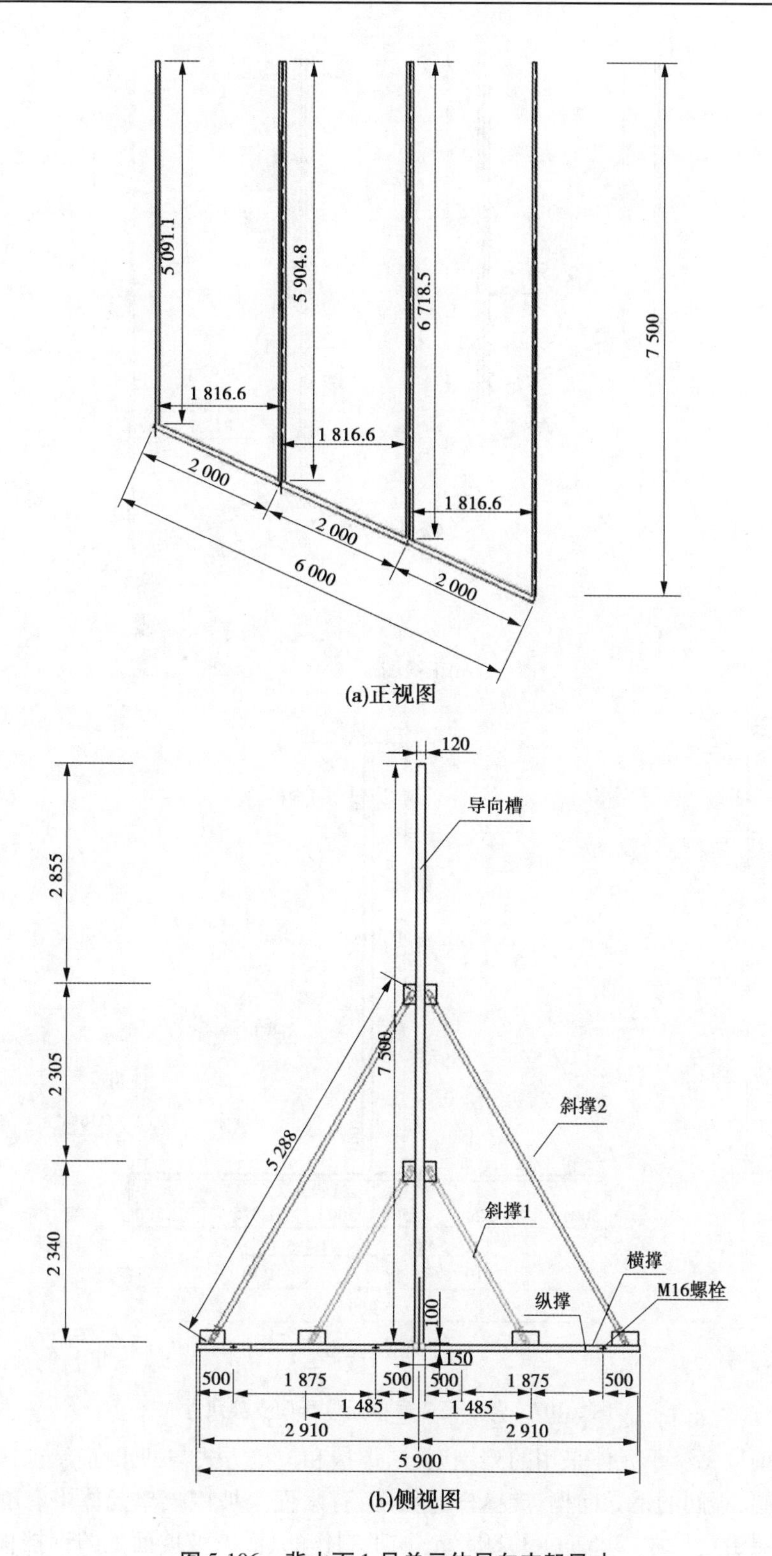

图 5-106　背水面 1 号单元体导向支架尺寸

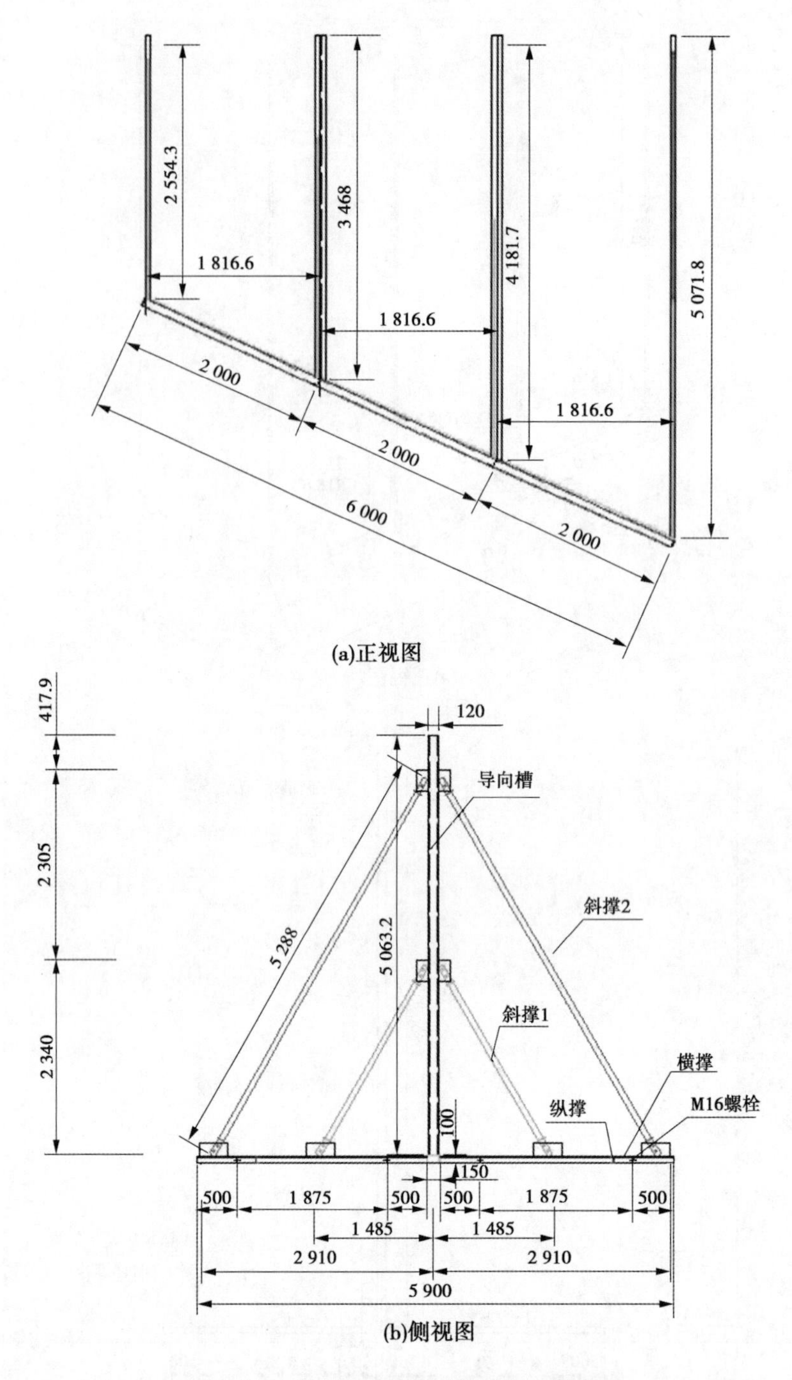

图 5-107　背水面 2 号单元体导向支架尺寸

背水面渠坡每个单元体采用的型钢型号、焊接和连接方式与迎水面单元、渠底单元采用的基本相同,不同的是导向槽、支撑杆的长度;背水面渠坡围挡单元体中有部分钢挡板的尺寸是按照给定尺寸(2.5 m×1.805 m)加工制作的,沿渠坡坡面处的钢挡板宽度与标准钢挡板的宽度 1.805 m 相同,但高度则是适应渠坡坡面变化相应有所调整。

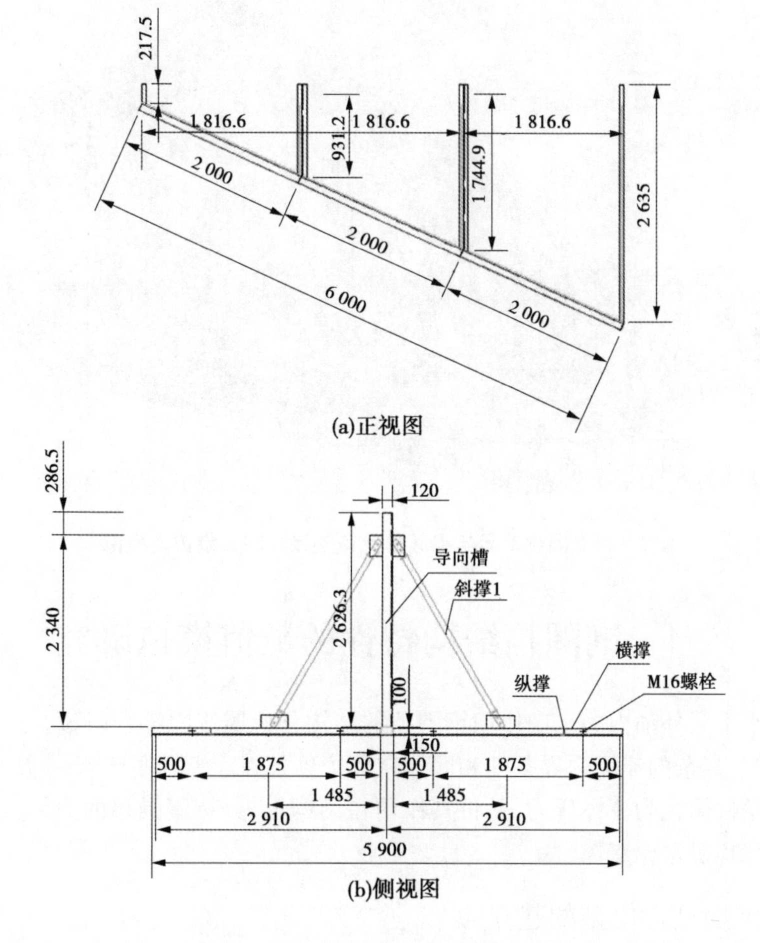

图5-108　背水面3号单元体导向支架尺寸

背水面渠坡1号单元体与渠底单元体之间的导向槽需要紧密搭接，由于渠底单元体底座位于平面上，导向槽与底座垂直即可；但是渠坡单元体底座位于1∶2.25边坡上，因此渠坡1号单元导向槽若要与渠底单元体导向槽搭接不留缝隙，就必须对底座与导向槽的夹角进行调整：夹角调整与迎水面单元体不同，只需要考虑导向槽与底座矩形方钢夹角即可，见三维仿真模拟图5-109。为了设计背水面渠坡渠底过渡段单元体合理的结构，精确给出过渡段构件长度及连接时相互之间的夹角，对该段设计也采用三维仿真建模，如图5-109所示。

从该图可以看出，为了满足渠底单元体与渠坡第一块单元体紧密搭接，以渠坡单元体导向槽需垂直渠底板，但底座需适应1∶2.25渠坡变化；经过三维仿真模拟计算，渠坡单元体导向槽与底座矩形方钢夹角为66°。这种夹角的变化，要求对导向槽部分连接板进行现场变形加工，辅以各种型钢加工固定；未变形部分的连接板仍采用螺栓固定。背水面渠坡其他单元体导向槽与底座夹角变化与第一单元保持一致。

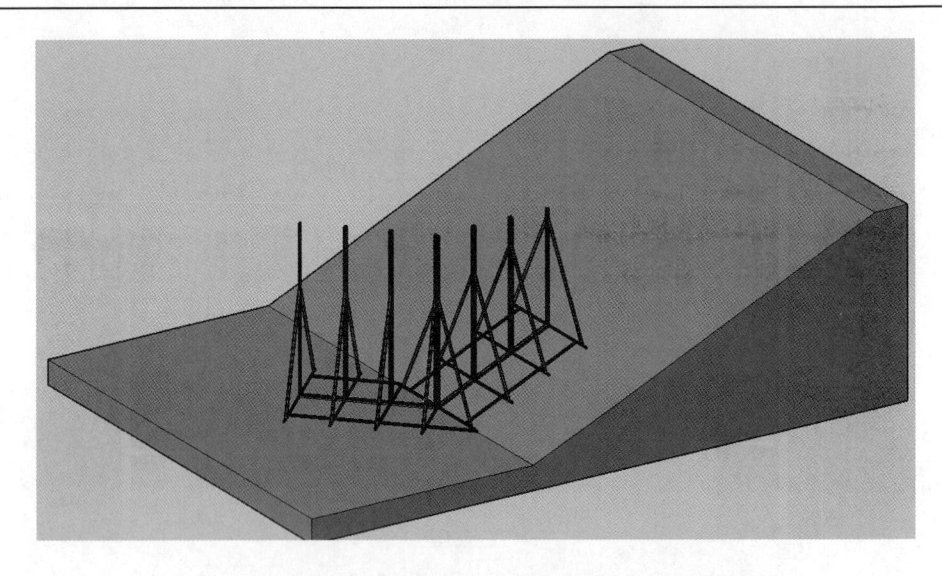

图 5-109 渠坡单元与渠底单元体连接段的三维仿真模拟

5.4 钢围挡结构特性的数值模拟研究

大型输水干渠外动内静水中作用钢围挡的结构分析属流固耦合(FSI)系统的力学分析,其计算涉及复杂的流场边界条件和固体域的边界条件。为方便计算,本次分析将复杂的流场边界条件简化为流体压力,并将其作用在结构上,分析钢围挡的力学性能,为钢围挡的优化设计提供理论支撑。

5.4.1 钢围挡结构模型的建立

5.4.1.1 钢围挡的空间分区

钢围挡的空间分区说明:渠道围挡按结构形式分为渠底围挡和渠坡围挡两大部分。渠坡围挡又分为迎水面围挡(a)及背水面围挡(b),由于渠坡围挡所处底高程均有变化,故该部分围挡结构形式均不相同。渠底围挡又分为迎水面围挡(a)、顺水流围挡(b)、背水面围挡(c)三部分,该部分围挡均位于渠底部,底高程相同,故迎水面围挡、顺水流围挡、背水面围挡结构形式相同;但由于荷载条件不同,故选择三个典型单元体:上游单元,中游单元和下游单元,如图 5-110 所示。

5.4.1.2 钢围挡各区尺寸及结构

1. 钢围挡各区长度

渠底围挡处的迎水面围挡长 8 m,顺水流围挡长 60 m,背水面围挡长 8 m;渠坡围挡处的迎水面围挡长 36 m,背水面围挡长 18 m,见图 5-110。

2. 渠底单元体尺寸

渠底单元围挡长 6 m,高 7.5 m,每个单元体分三层,每层高 2.5 m,结构及详细尺寸见图 5-111。

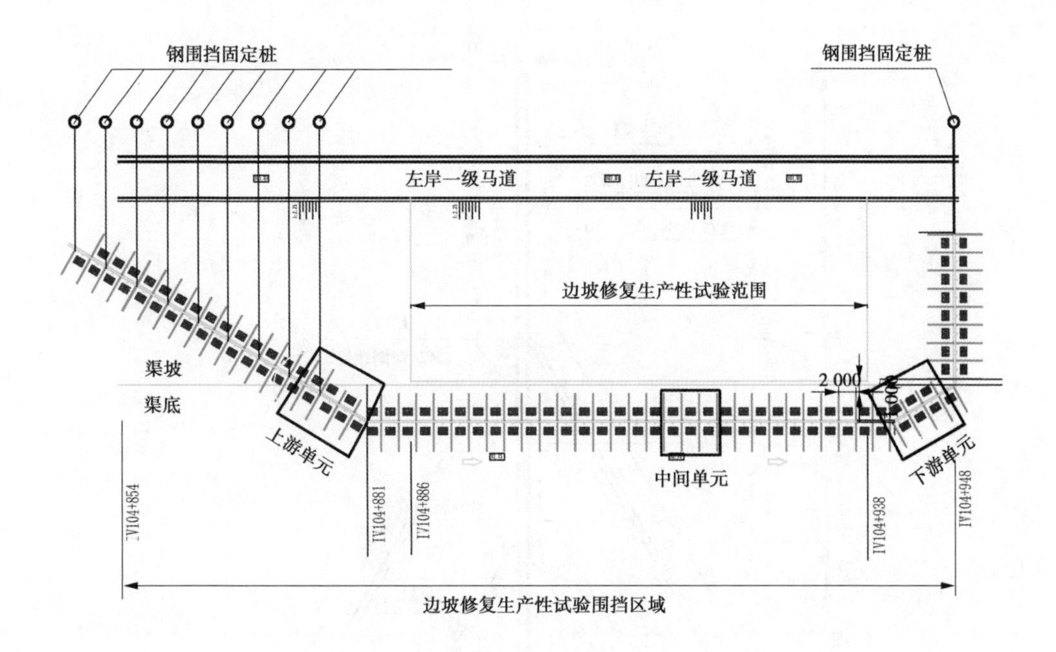

图 5-110　围挡区域示意

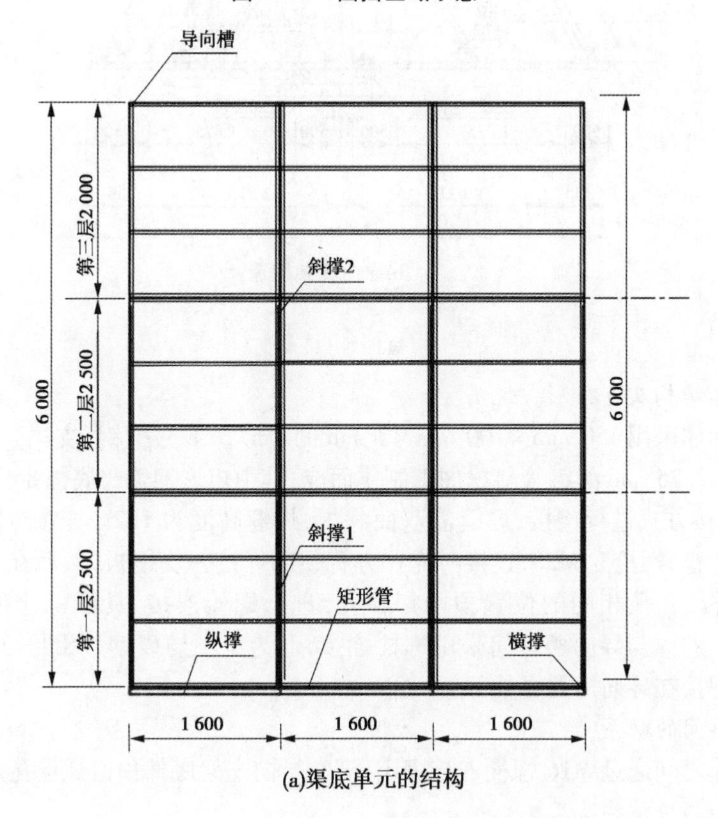

图 5-111　钢围挡渠底单元的结构和导向支架构造

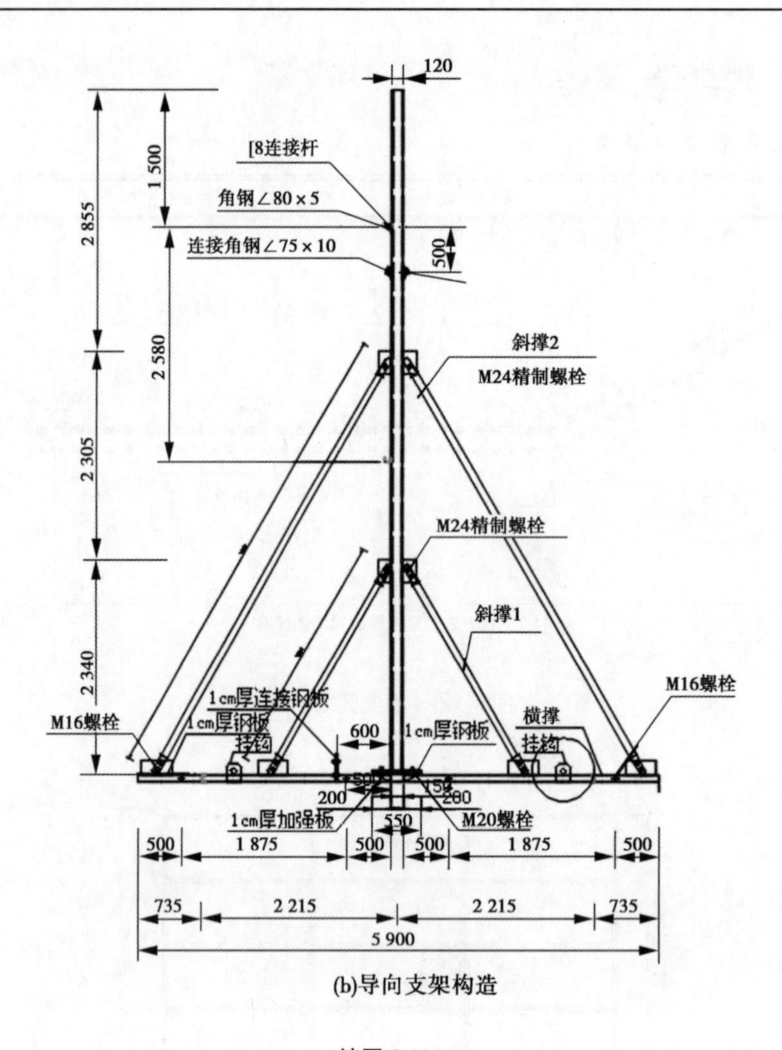

(b)导向支架构造

续图 5-111

3.单元体结构及连接形式说明

每个单元体采用150 mm×100 mm×3 mm的矩形管、8号槽钢(支撑)、12号槽钢(导向槽)、ϕ75×3.75 mm的钢管斜撑加工制作而成;其中矩形钢管与底部8号槽钢(纵横支撑)间采用焊接方式进行连接,焊缝需双面满焊,焊缝高度为$1.2t_{\min}$;导向槽与矩形管之间采用螺栓连接,螺栓为M20,连接时先在方管顶部焊接一块钢板,然后在导向槽底部焊接相同的钢板,并在相同的位置预留螺栓孔,进行螺栓连接,具体螺栓位置及数量如图5-112所示;斜撑与导向槽之间采用螺栓连接,但为了不妨碍钢板沿导向槽下放,连接螺栓需提前焊接在导向槽翼缘外部。

4.单元体间的联系

各单元体之间通过M16螺栓连接固定,需在导向支架底部预留螺栓孔。

5.钢围挡挡板结构及尺寸

钢围挡板采用8号槽钢及3 mm厚钢板制作而成,8号槽钢与3 mm厚钢板之间焊接固定,焊缝要求同上;单块钢挡板尺寸为2.5 m×1.95 m。

5.4.2　钢围挡结构分析技术

钢围挡的结构分析包括静力强度分析、静力刚度分析和静力稳定性分析。强度和刚度采用有限元单元法进行分析，稳定性分析则将围挡各构件看作是压弯构件，根据压弯构件的屈曲理论，计算其稳定系数。

5.4.2.1　单元技术

研究将导向槽、纵横支撑和矩形管采用3D二次有限应变梁单元进行模拟，该单元基于铁摩辛克(Timoshenko)梁理论，包括剪切变形的影响，适合于分析细长到中等细长的梁结构的线性、大转动、大应变和弯曲、侧倾及扭转屈曲问题。斜撑用3D有限应变杆单元模拟，该单元可以模拟桁架、连杆、索和弹簧等，具有塑性、蠕变、旋转、大变形、大应变功能，单元示意见图5-112，图中I、J为3D二次有限应变梁的两节点，单元体外的坐标系为整体坐标系，单元内的坐标系为单元坐标系，单元坐标系中①为z轴的负面，②为y轴的负面，③为x轴的负面。挡水板用4节点有限应变壳单元，该单元适用限模拟薄壳(板)至中等厚度的壳(板)结构，适合于板壳结构的线性及大转动、大应变等非线性分析。单元示意见图5-113，图中I、J、K、L为四节点板壳单元，单元体外的坐标系为整体坐标系，单元内的坐标系为单元坐标系，单元坐标系中①为z轴的负面，②为z轴的正面，③、④、⑤、⑥为单元的四个边面。

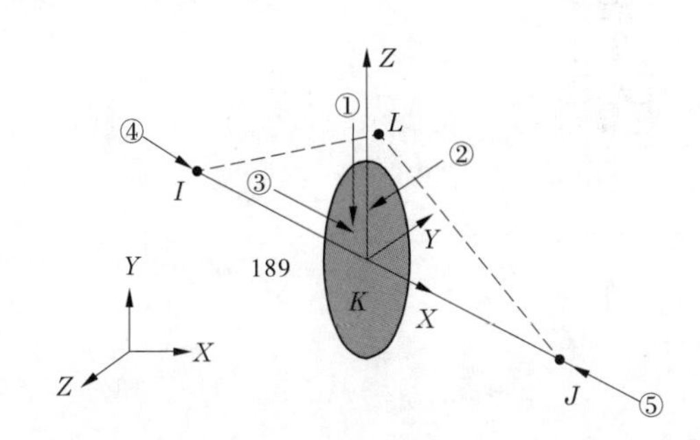

图5-112　3D二次有限应变梁单元模型

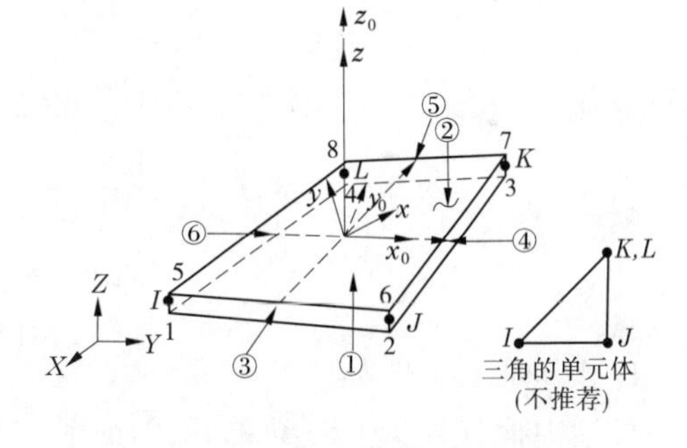

图5-113　有限应变壳单元模型

5.4.2.2　钢围挡结构空间分区的计算区域说明

根据分析问题所需精度，钢围挡的有限元模型如图5-114所示，图中左侧为钢围挡上游，右侧为钢围挡下游。图5-114(b)是钢围挡上游单元有限元模型图。图5-114(c)是钢围挡中间单元有限元模型图。图5-114(d)是钢围挡下游单元有限元模型图。

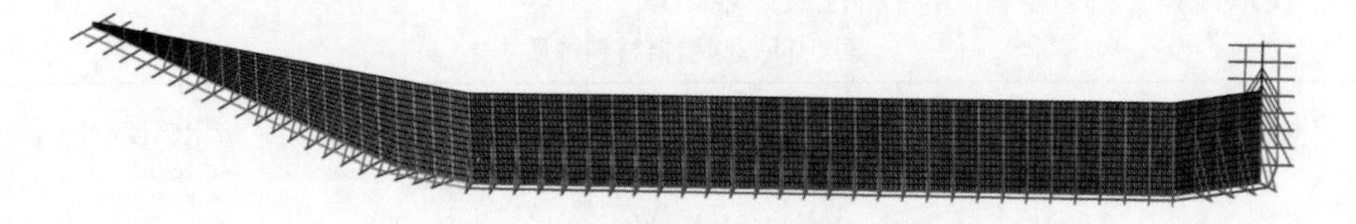

(a)围挡整体有限元模型

图5-114　围挡结构有限元模型

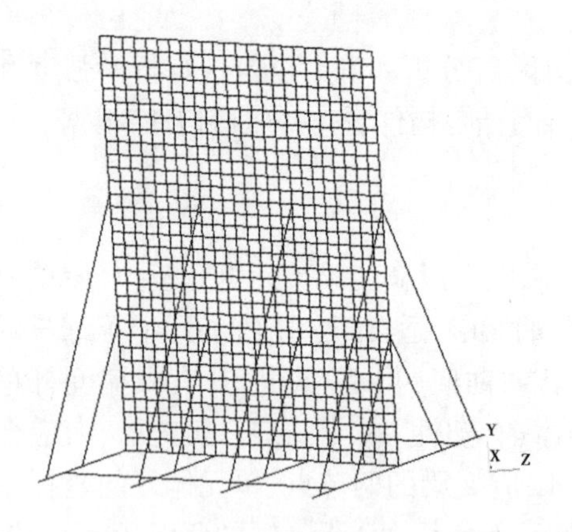

(b)上游单元网格示意

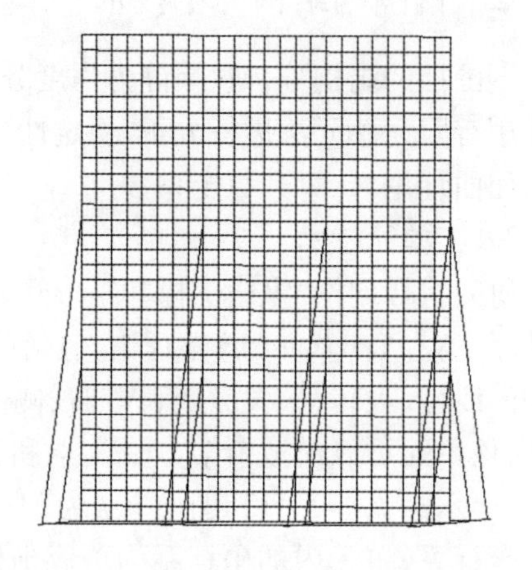
(c)中间单元网格示意

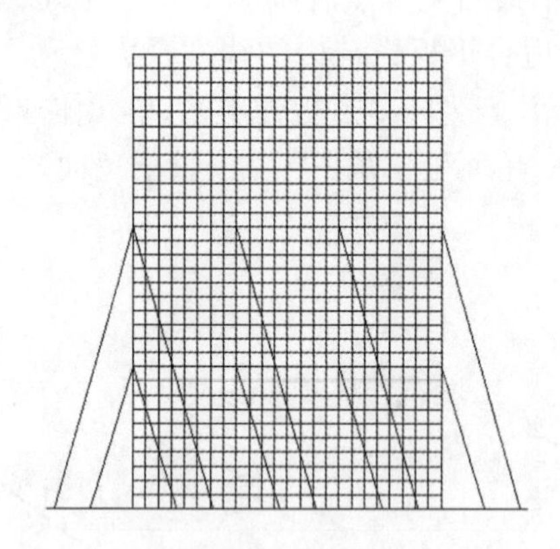
(d)下游单元网格示意

续图 5-114

1. 计算单元及节点

模型中含有 4 993 个梁单元,214 个杆单元,13 660 壳单元;共有 18 867 个单元,24 587个节点。

2. 总体坐标系统

坐标 X 轴指向左岸,Y 轴指向与渠底垂直,Z 轴指向水流方向,坐标原点在Ⅳ104 +861。

3. 材料性质

模拟计算材料为钢材,其材料性质如表 5-11 所示。

表 5-11　钢围挡材料性质

材料	密度(kg/m^3)	弹性模型(MPa)	泊松比	屈服强度(MPa)	极限强度(MPa)
Q235a	7 800	2×10^5	0.3	235	375

5.4.2.3　钢围挡水力荷载分析

1. 动水压力

动水压强的分布特点：钢围挡两侧均有水体，但由于外动内静，围挡内外两侧有水位差，如图5-115所示。动水压力的计算公式为

$$F_{\mathrm{p}} = \frac{1}{2}\rho g H^2 B \tag{5-13}$$

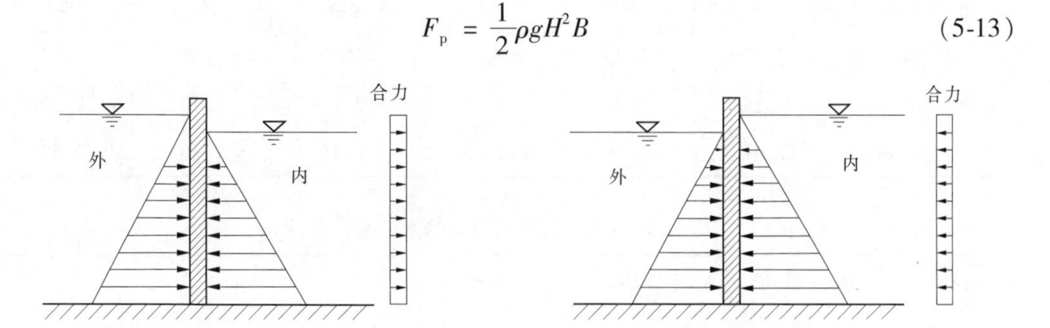

(a)上游，外高内低型　(b)下游，内高外低型

图5-115　钢围挡内外两侧水体压力分布示意

因此，两侧的压力差计算公式为

$$\Delta F_{\mathrm{p}} = \frac{1}{2}\rho g B\left(\Delta H_{\text{高}}^2 - \Delta H_{\text{低}}^2\right) \tag{5-14}$$

式中：ρ为水体密度；g为重力加速度；B为计算宽度；H为计算宽度内的平均水深。

根据水动力数值模拟成果，不同流量条件下钢围挡区域各特征断面的水深数据见图5-116、表5-12；特征断面钢围挡内外的水位差分析计算结果（参考概化水槽试验数据）见表5-13。

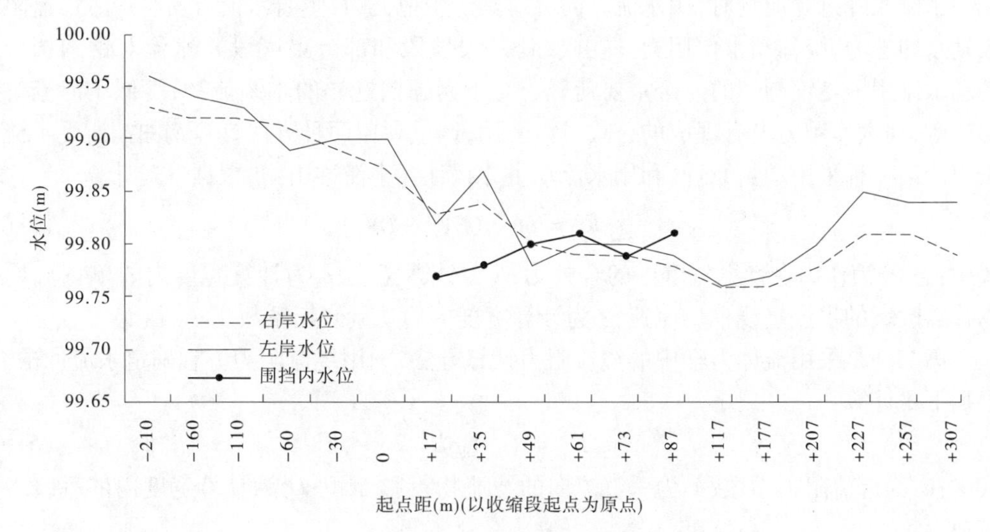

图5-116　实测沿程水深分布

表 5-12　不同流量各特征断面水位(水深)一览　(单位:m)

特征断面说明		围挡上游 110 m	围挡上游 0 m	围挡斜直面拐角	围挡直边下 26 块模板	围挡下游 30 m	围挡下游 90 m
起点距(m)		130	240	270	322	367	427
流量	220 m^3/s	7.15	7.13	7.03	7.03	7.06	7.10
	260 m^3/s	7.27	7.25	7.12	7.11	7.16	7.29
	320 m^3/s	7.61	7.59	7.42	7.41	7.49	7.55

表 5-13　围挡外内侧静水深差　(单位:m)

位置	$Q = 220\ m^3/s$	$Q = 260\ m^3/s$	$Q = 320\ m^3/s$	备注
+0 m	无	无	无	围挡上游 0 m
+17 m	0.050	0.065	0.080	围挡上斜面中间
+35 m	0.094	0.122	0.150	围挡斜直面拐角
+49 m	-0.025	-0.033	-0.040	围挡拐角下直边 7 块模板
+61 m	-0.013	-0.016	-0.020	围挡直边下 13 块模板
+73 m	0.013	0.016	0.020	围挡直边下 19 块模板
+87 m	-0.025	-0.033	-0.040	围挡直边下 26 块模板
+117 m	无	无	无	围挡下游 30 m

2. 动水作用力(冲击力)

水流在经过绕流物时,顺水流方向会对其产生拖曳力,垂直水流方向会产生压差阻力或动水冲击力,统称动水作用力。在收缩段(渠坡段和部分渠底段),水流对钢围挡产生的动水作用力是钢围挡的一个重要荷载。对于钢围挡这样的半绕流物,类似于河流桥梁的边墩,动水作用力没有现成的公式可以套用;这里利用两种方法计算钢围挡所受水流冲击力。第一种采用动量原理,利用水流动量方程计算水流冲击力,根据下式计算:

$$\sum F_i = \rho q_i b_i (\beta V_2 - \beta V_1) \tag{5-15}$$

式中:$\sum F_i$为作用在计算宽度内的合外力;b_i为计算宽度;q_i为计算宽度内的单宽流量;V为计算区域的水流垂线平均流速;β为计算宽度内的动量修正系数。

第二种是采用流体力学中的绕流阻力计算方法,利用绕流阻力方程确定水流冲击力,根据下式计算:

$$F_p = C_d A_d \rho U^2 / 2 \tag{5-16}$$

式中:C_d为绕流阻力系数;A_d为垂直流向的绕流物投影面积;U为计算宽度内的垂线平均流速。

考虑到收缩段来流流速在横向分布上的不均匀性,采用上述两种方法计算水流冲击力时,式(5-15)和式(5-16)应表达成如下形式:

$$\sum F_D = F_{D_1} + F_{D_2} + F_{D_3} + F_{D_4} + F_{D_5} \tag{5-17}$$

式中：F_{D_i} 为钢围挡收缩段顺流向投影第 i 个分区所受绕流阻力。

为了在钢围挡收缩段分区计算水流冲击力，图5-117给出了顺流向投影面积的分区示意，图5-118给出了收缩段分区流速确定的位置示意图。

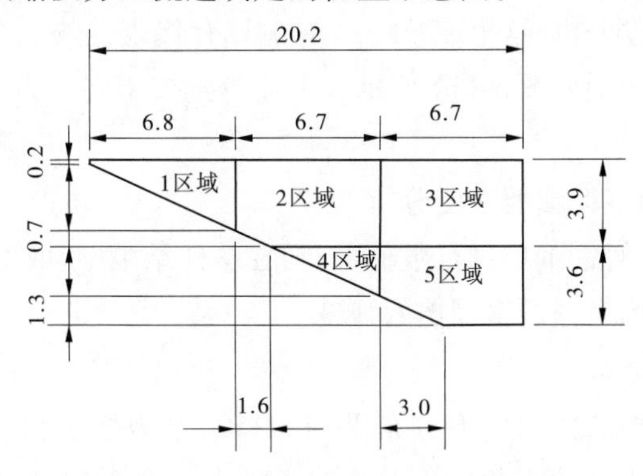

图5-117 钢围挡收缩段顺流向投影面积分区示意 （单位：m）

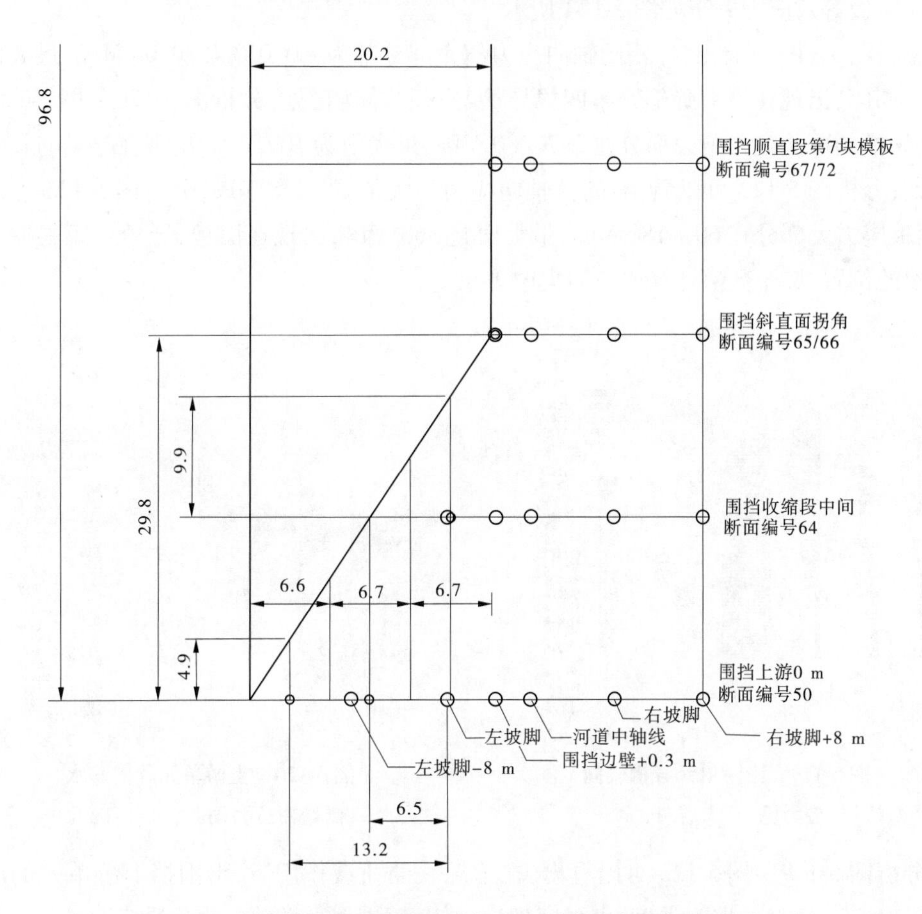

图5-118 钢围挡收缩段分区流速与水位测点分布示意 （单位：m）

经计算与综合分析,渠内动水压力作用在钢围挡上的压力荷载分别为 500 N/m^2、780 N/m^2、1 250 N/m^2,在以下计算中分别记为工况一、工况二和工况三。

5.4.3　工况一结构计算分析

对于钢围挡的强度分析,这里取整体结构中具有代表性的三个基本单元:上游单元、中间单元、下游单元,分别如图 5-114 所示。下面分别按不同水力强度(荷载)条件进行分别讨论。

5.4.3.1　工况一作用下钢围挡强度分析

在工况一作用下,对钢围挡进行数值分析,在整体结果中,取上游单元、中间单元和下游单元各构件的应力场来分析钢围挡的强度。

1. 上游单元强度分析

钢围挡上游单元导槽轴向应力分布见图 5-119,导槽静水侧表面的弯曲应力分布见图 5-120,导槽动水侧表面的弯曲应力分布见图 5-121,斜撑轴向应力分布见图 5-122,上游单元钢板等效应力分布如图 5-123 所示。

分析图 5-119 可看出,导槽的轴向应力值大部分都为 -0.013 4 ~ 0.08 MPa,最大值为 0.106 4MPa,出现在该上游单元第四根导槽与短斜撑连接处;分析图 5-120 和图 5-121 可看出,导槽的弯曲应力绝大部分在 2.7 ~ 80 MPa,最大值为 109 MPa,出现在导槽与长斜撑连接处;分析图 5-122 可以看出,斜撑轴向应力最大值是 13.8 MPa;分析图 5-123 可以看出,面板应力大部分在 60 ~ 180 MPa,最大值是 360 MPa,出现在面板、导槽和短斜撑三者相连接的位置,属于数值计算中应力集中现象。

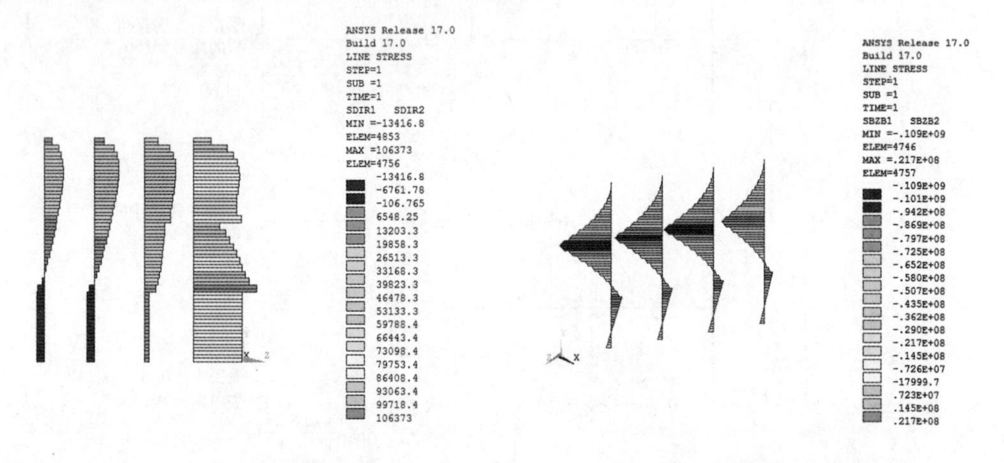

图 5-119　上游单元导槽轴向应力图　(单位:Pa)

图 5-120　上游单元导槽静水侧弯曲应力图　(单位:Pa)

分析图 5-119 ~ 图 5-123 可以看出,在工况一的荷载作用下,钢围挡上游单元的应力都小于 Q235a 钢材的屈服强度,由强度理论可知,钢围挡上游单元强度是安全的。

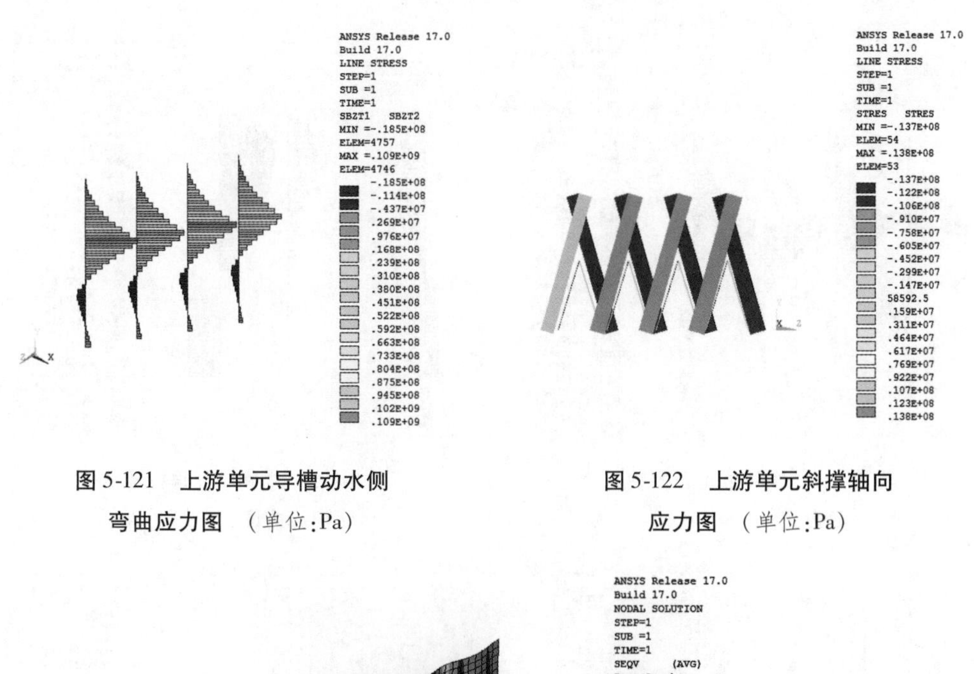

图5-121　上游单元导槽动水侧弯曲应力图　(单位:Pa)

图5-122　上游单元斜撑轴向应力图　(单位:Pa)

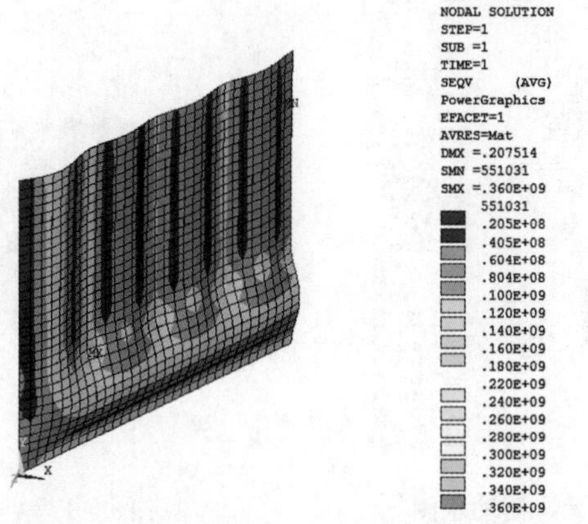

图5-123　上游单元钢板 mises 应力图　(单位:Pa)

2. 中间单元应力分析

钢围挡中间部分共由10个单元组成,取中间的一个单元为分析对象。钢围挡中间单元导槽轴向应力分布见图5-124,导槽静水侧表面的弯曲应力分布见图5-125,导槽动水侧表面的弯曲应力分布见图5-126,斜撑轴向应力分布见图5-127,上游单元钢板等效应力分布如图5-128所示。

分析图5-124～图5-128可以看出,导槽的轴向应力分布在0～1.6×10^{-3} MPa;弯曲应力绝大部分值都在1～7 MPa,最大值为12.6 MPa,位于该中间单元的第一根(从上游数)与斜撑的连接处;斜撑轴向应力最大值是1.6 MPa;面板应力大部分在2.5～20 MPa,最大值是42 MPa,位于面板与第一根短斜撑(沿水流方向数)以及导槽连接处的位置。

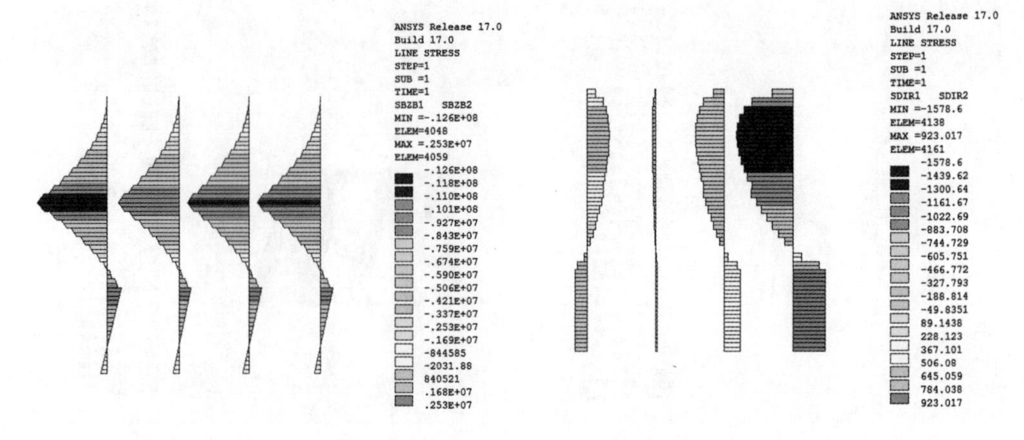

图 5-124　**中间单元导槽轴向应力图**　（单位：Pa）

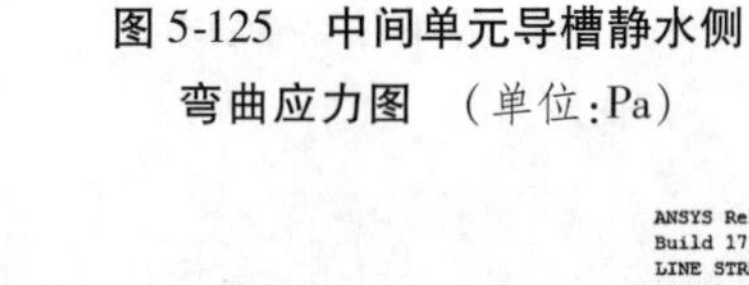

图 5-125　**中间单元导槽静水侧弯曲应力图**　（单位：Pa）

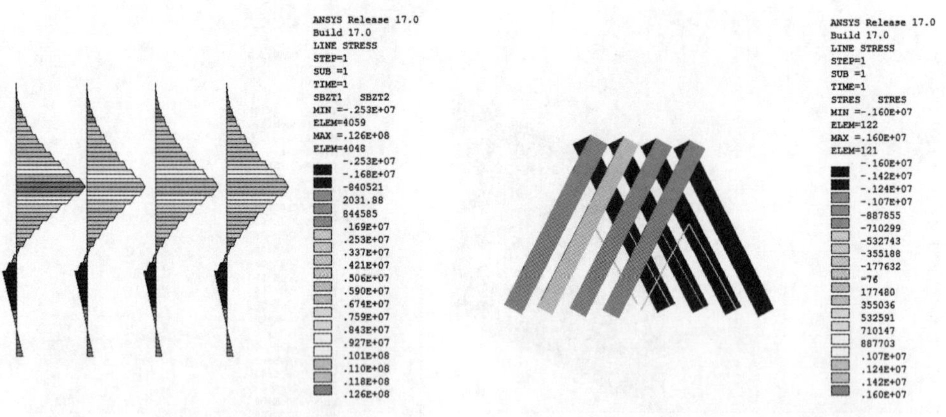

图 5-126　**中间单元导槽动水侧弯曲应力图**　（单位：Pa）

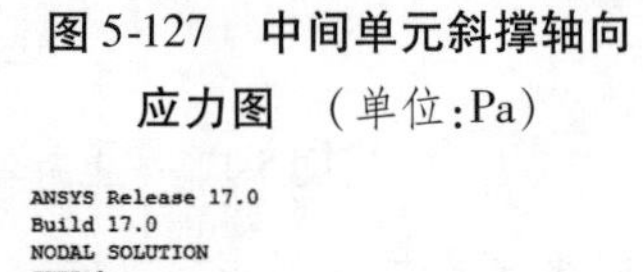

图 5-127　**中间单元斜撑轴向应力图**　（单位：Pa）

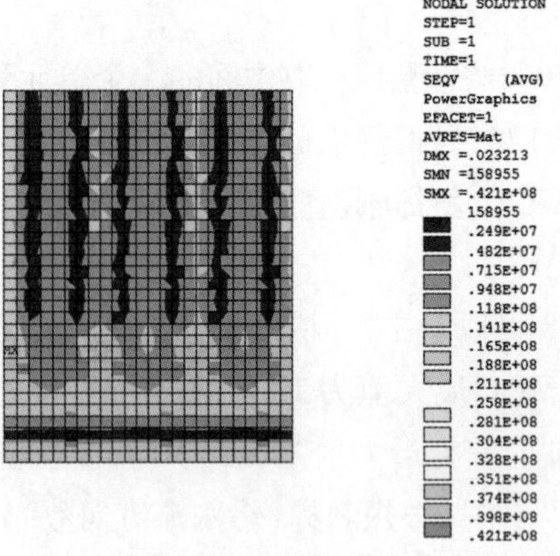

图 5-128　**中间单元面板 mises 应力图**　（单位：Pa）

对于钢围挡中部单元,由钢围挡河段的水动力模拟计算可知流场模拟的水流方向与结构平行,而且钢围挡内外水头差别很小,各构件应力值均小于 Q235a 钢材的屈服强度,由强度理论可知,钢围挡中间单元强度是安全的。

3. 下游单元应力分析

钢围挡下游单元导槽轴向应力分布见图 5-129,导槽静水侧表面的弯曲应力分布见图 5-130,导槽动水侧表面的弯曲应力分布见图 5-131,斜撑轴向应力分布见图 5-132,上游单元钢板等效应力分布如图 5-133 所示。

分析图 5-133 可以看出,导槽的轴向应力值大部分在 0.1 ~ 0.3 MPa,最大值为 0.5 MPa,位于转角处导槽与短斜撑连接处;分析图 5-130、图 5-131 可以看出,导槽的弯曲应力值大部分在 0.8 ~ 6 MPa,最大值为 11.5MPa,位于长斜撑与导槽连接处;分析图 5-132 可以看出,斜撑轴向应力最大值是 1.45 MPa;分析图 5-133 可以看出,面板应力值绝大部分处于 2 ~ 15 MPa,最大值是 40 MPa,位于面板与短斜撑以及第二根(沿水流方向)导槽相连接处。

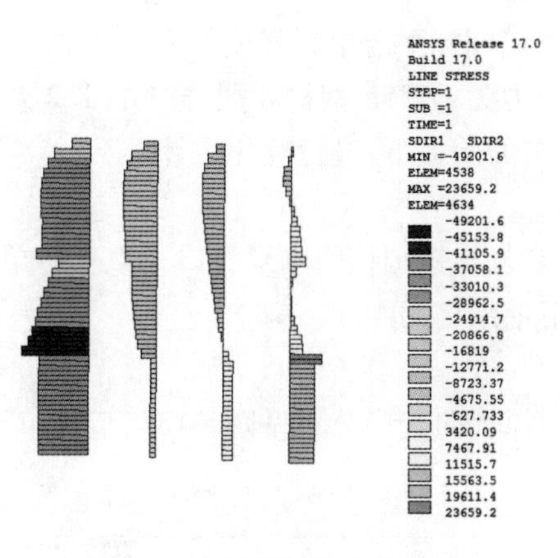

图 5-129 下游单元导槽轴向应力图 (单位:Pa)

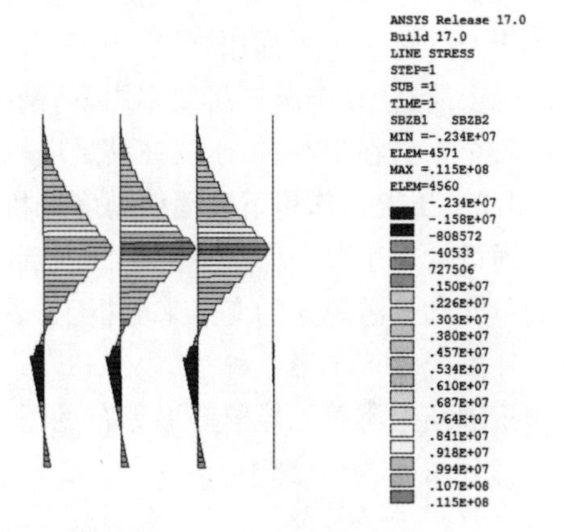

图 5-130 下游单元导槽静水侧弯曲应力图 (单位:Pa)

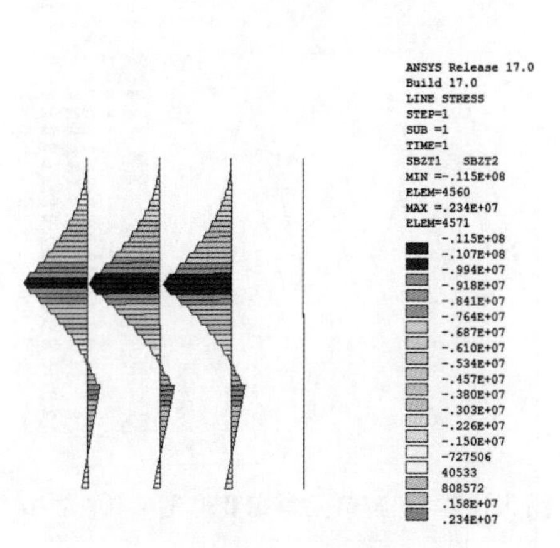

图 5-131 下游单元导槽动水侧弯曲应力图 (单位:Pa)

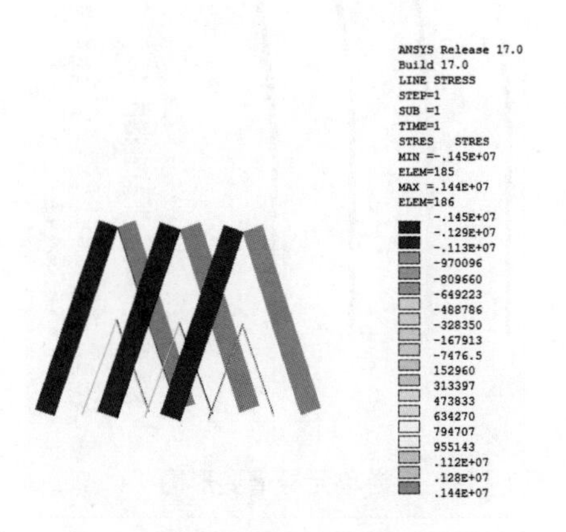

图 5-132 该结构斜撑轴向应力图 (单位:Pa)

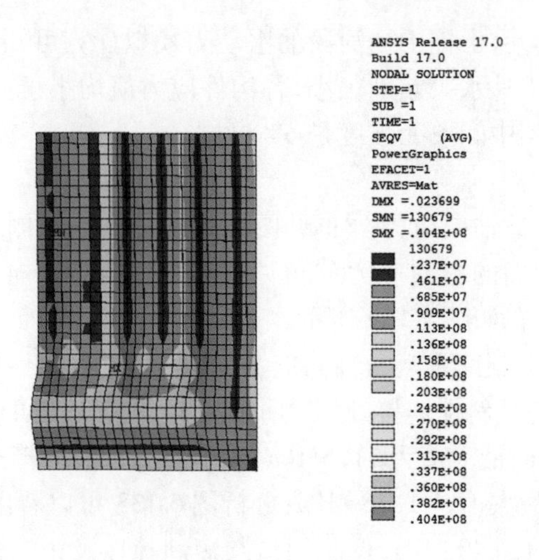

图 5-133　下游单元面板 mises 应力图　(单位:Pa)

分析图 5-129～图 5-133 可以看出,在工况一的荷载作用下,钢围挡下游单元的应力都小于 Q235a 钢材的屈服强度,由强度理论可知,钢围挡下游单元强度是安全的。

综上所述,在工况一荷载作用下,钢围挡的应力为 Q235a 钢材屈服强度的 1/2 左右,强度安全系数在 2 左右,建议在满足结构构造要求的前提下,进行优化设计。

5.4.3.2　工况一作用下钢围挡刚度分析

通过计算工况一作用下整个钢围挡的变形,来复核钢围挡的刚度。以下以上游单元、中间单元和下游单元的变形来分析工况一作用下钢围挡的刚度。

1. 上游单元变形分析

钢围挡上游单元导槽变形分布见图 5-134,斜撑轴向变形分布见图 5-135,上游单元钢板变形分布如图 5-136 所示。

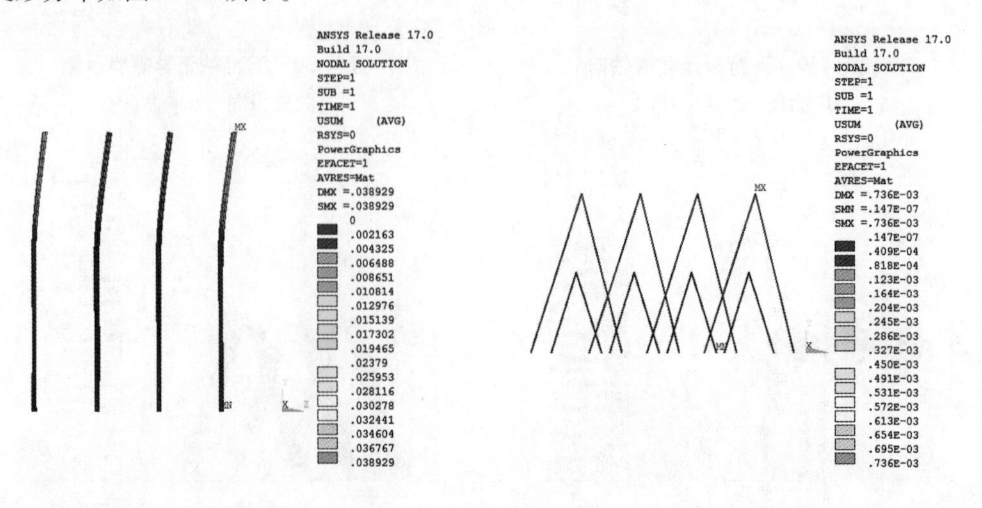

图 5-134　上游单元导槽变形图　(单位:m)　　**图 5-135　上游单元斜撑变形图**　(单位:m)

分析图 5-134 可以看出,导槽的最大变形在导槽最上部分,变形量为 39 mm。

分析图 5-135 可以看出,斜撑最大的变形在外部斜撑的最高处,变形量为 0.736 mm。

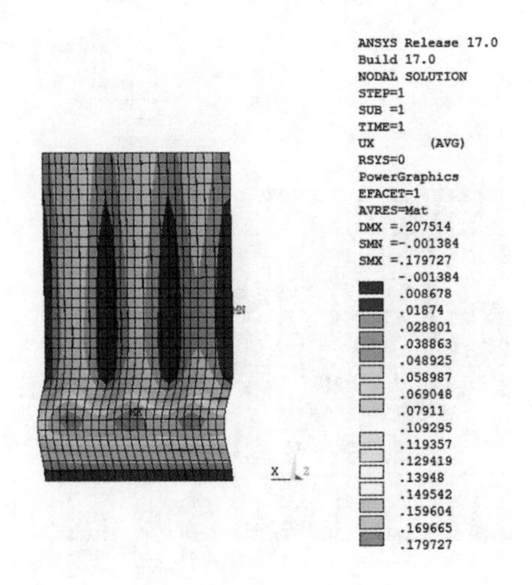

图 5-136　上游单元面板变形图　(单位:m)

分析图 5-136 可以看出,钢板的大部分变形量很小,为 5 mm 左右,但是结构下部板边的变形量却很大,变形量约为 17.9 cm。

根据《钢结构设计标准》(GB 50017—2017)3.4.1 条款的要求,对于有轻轨(质量等于或小于 24 kg/m)轨道的平台梁,挠度容许值为 $l/400$。对于钢围挡结构应于导槽的变形来复核围挡的刚度,即容许挠度值为 1.875 cm。由图 5-135 可知,导槽的变形量为 3.9 cm,大于容许值。建议斜撑上支撑点向上移至 1.25 m 处。钢板下边变形量为 17.9 cm,已超出了《钢结构设计标准》(GB 50017—2017)3.4.1 条款的要求,对于支撑其他屋面材料的平台板,即挠度容许值为 $l/200$,即板的容许挠度值 3.75 cm。由图 5-136 可知,板的变形量最大为 17.9 cm,大于容许值,建立在板面上设置竖向加劲肋,或在水下将板与导槽螺栓连接。

2. 中间单元变形分析

钢围挡中间单元导槽变形分布见图 5-137,斜撑轴向变形分布见图 5-138,中间单元钢板变形分布见图 5-139。

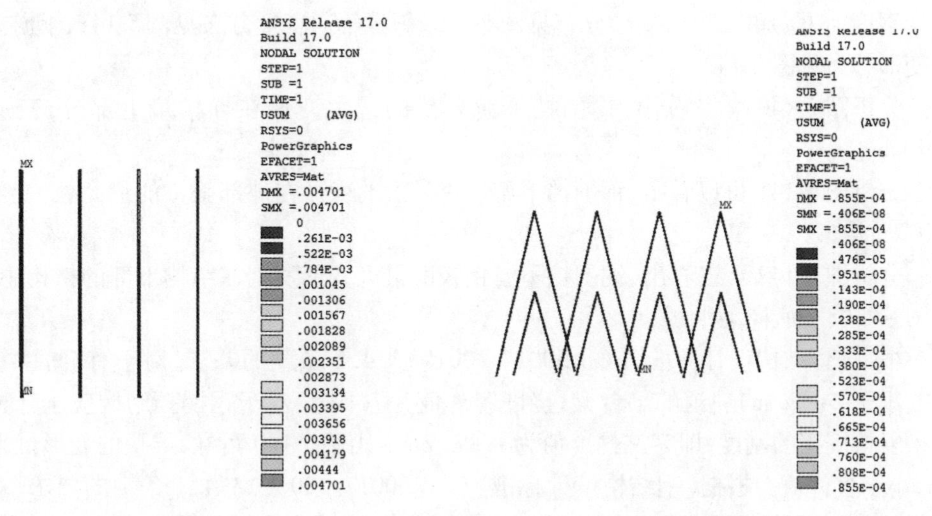

图 5-137　中间单元导槽变形图　(单位:m)　　图 5-138　中间单元斜撑变形图　(单位:m)

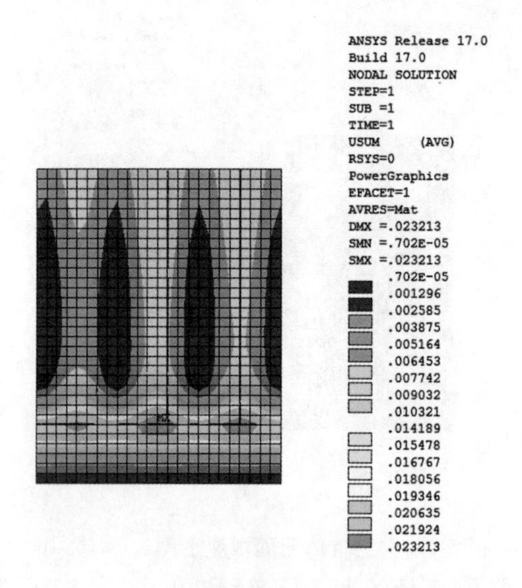

图 5-139　中间单元面板变形图　(单位:m)

分析图 5-137 可以看出,中间单元导槽的最大变形在导槽最上部分,变形量为 4.7 mm;分析图 5-138 可以看出,中间单元斜撑最大的变形在外部斜撑的最高处,变形量为 0.086 mm;分析图 5-139 可以看出,中间单元钢板的最大变形发生在结构下部的格构中,变形量为 2.45 cm。

根据《钢结构设计标准》(GB 50017—2017)3.4.1 条款的要求,对于有轻轨(重量等于或小于 24 kg/m)轨道的平台梁,挠度容许值为 *l*/400。对于钢围挡结构应于导槽的变形来复核围挡的刚度,即容许挠度值为 1.875 cm。由图 5-137 可知,导槽的变形量为 0.47 cm,小于容许值。根据《钢结构设计标准》(GB 50017—2017)3.4.1 条款的要求,对于支撑其他屋面材料的平台板,即挠度容许值为 *l*/200,板的容许挠度值为 3.75 cm。钢板下边最大变形量为 2.45 cm,小于容许值。

3. 下游单元变形分析

钢围挡下游单元导槽变形分布见图 5-140,斜撑轴向变形分布见图 5-141,下游单元钢板变形分布见图 5-142。

分析图 5-140 可以看出,钢围挡下游导槽的最大变形在导槽最上部分,变形量为 4.0 mm。

分析图 5-141 可以看出,钢围挡下游斜撑最大的变形在外部斜撑的最高处,变形量为 0.077 mm。

分析图 5-142 可以看出,钢围挡下游钢板的最大变形发生在结构下部的格构中,变形量为 -2.05 cm,向动水侧。

根据《钢结构设计标准》(GB 50017—2017)3.4.1 条款的要求,对于有轻轨(重量等于或小于 24 kg/m)轨道的平台梁,挠度容许值为 *l*/400。对于钢围挡结构应于导槽的变形来复核围挡的刚度,即容许挠度值为 1.875 cm。由图 5-140 可知,导槽的变形量为 0.40 cm,小于容许值。根据《钢结构设计标准》(GB 50017—2017)3.4.1 条款的要求,对于支撑其他屋面材料的平台板,即挠度容许值为 *l*/200,板的容许挠度值为 3.75 cm。钢板下边最大变形为 2.05 cm,小于容许值。

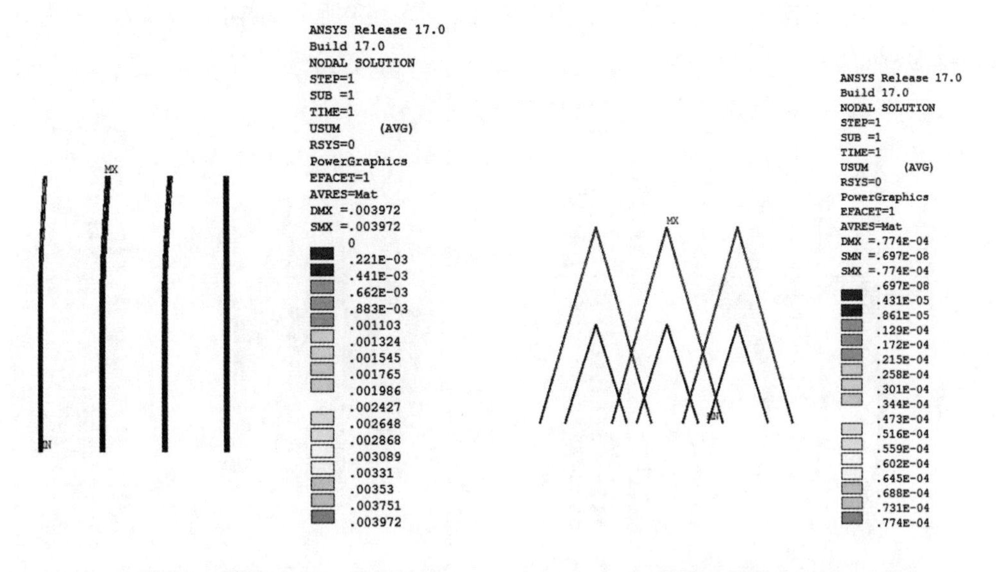

图 5-140　下游单元导槽变形图　(单位:m)　　图 5-141　下游单元斜撑变形图　(单位:m)

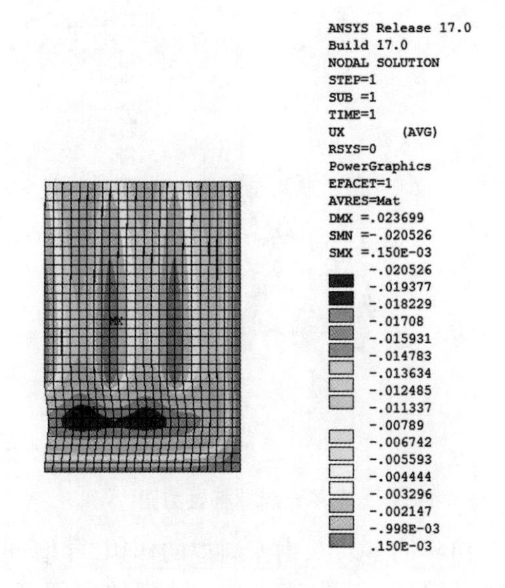

图 5-142　下游单元面板变形图　(单位:m)

综上所述,第一工况作用下,钢围挡的上游单元的导槽和钢板的刚度不满足规范要求,建议强化支撑体系和加劲肋体系。中间单元和下游单元的刚度均满足规范要求。

5.4.3.3　工况一作用下钢围挡稳定性分析

钢围挡的稳定性分为导槽的压弯稳定和支撑杆的轴压稳定。压弯稳定需要分析构件的弯矩和轴力,轴压稳定需要分析构件的轴力。在工况一作用下,求出钢围挡导槽的轴力与变矩,按相关公式来验算导槽的稳定性。求出轴压杆的轴压力,采用欧拉公式验算。

1. 上游单元稳定性分析

工况一荷载作用下，上游单元导槽的弯矩如图 5-143 所示，轴向受力如图 5-144 所示，斜撑杆的轴力如图 5-145 所示。

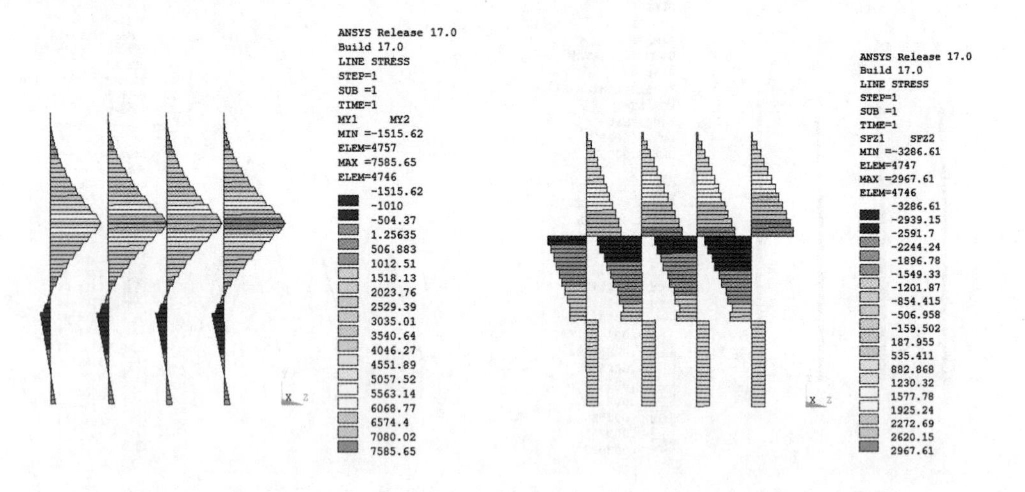

图 5-143　上游单元导槽弯矩图　（单位：N · m）　图 5-144　上游单元导槽轴向受力图　（单位：N）

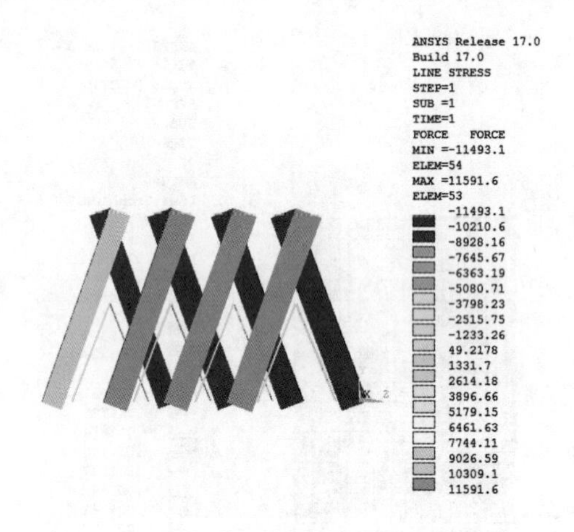

图 5-145　上游单元斜撑杆轴力图　（单位：N）

分析图 5-143 和图 5-144 可以看出，由于斜撑的作用，导槽近似地被分为三部分。其中受轴向压力最大的是第四根（沿水流方向）导槽的中间一段，轴向压力最大值为 3 286. 61 N，而此时所对应的弯矩图中的弯矩最大值为 7 585. 65 N · m。

弯矩作用在对称轴平面内的实腹式压弯构件，弯矩作用平面内稳定性按《钢结构设计标准》（GB 50017—2017）校核。

平面内稳定计算公式：

$$\frac{N}{\varphi_x A} + \frac{\beta_{mx} M_x}{\gamma_x W_{lx}(1 - 0.8N/N'_{Ex})} \leqslant f_y \tag{5-18}$$

$$N'_{Ex} = \pi^2 EA/(1.1\lambda^2) \tag{5-19}$$

式中：N 为所计算构件范围内轴心压力设计值，N；N'_{Ex} 为参数，按式（5-19）计算，mm；φ_x 为弯矩作用平面内轴心受压构件的稳定系数；M_x 为所计算构件段范围内的最大弯矩设计值，N · m；W_{lx} 为在弯矩作用平面内对受压最大纤维的毛截面模量，mm²；等效弯矩系数 β_{mx} 应按下列规定采用：在本构件中，全跨均布荷载 $\beta_{mx}=1-0.18\ N/N_{cr}$。

$$N_{cr}=\frac{\pi^2 EI}{(\mu l)^2} \tag{5-20}$$

对于钢围挡上游的导槽，取构件长细比 $\lambda=2\ 300\div 50=46$，欧拉荷载 $N_{Ex}=1\ 590$ kN，抗力分项系数取 1.1，由式(5-19)计算得

$$N'_{Ex}=\frac{N_{Ex}}{1.1}=1\ 445(\mathrm{kN})$$

$$\beta_{mx}=1-0.18N/N_{cr}\approx 1$$

由《钢结构设计标准》(GB 50017—2017)附表 D0.2 按 b 类截面查表得稳定系数 $\varphi_x=0.856$，则

$$\frac{N}{\varphi_x A}+\frac{\beta_{mx}M_x}{\gamma_x W_{lx}(1-0.8N/N'_{Ex})}$$

$$=\frac{3\ 286.61}{0.856\times 1\ 704}+\frac{1\times 7\ 585.65}{1.05\times 69.8\times 10^3\times(1-0.8\times 3\ 286.61/1\ 445\ 000)}$$

$$=2.357(\mathrm{N/mm^2})<f_y=235\ \mathrm{N/mm^2}$$

钢围挡的导槽稳定性满足要求，且有很大的富余，建议进行优化。

对于斜撑杆件：该结构只受拉压的轴向作用力，$\lambda=\frac{\mu l}{i}$，该杆件两端铰接，$\mu=1$；则 $\lambda=5\ 300/25.3=209$，由《钢结构设计标准》可知，对于轴心受压构件，支撑的容许长细比为 200，该结构为 209，支撑杆件满足要求。

由应力分析结果可知：支撑杆件轴向应力最大值为 1.38×10^7 Pa，而欧拉临界应力 $\sigma_{cr}=\frac{\pi^2 E}{\lambda^2}=1.44\times 10^7$ Pa。支撑杆件稳定性满足要求。

2. 中间单元稳定性分析

工况一荷载作用下，中间单元导槽的弯矩如图 5-146 所示，轴力如图 5-147 所示，支撑的轴力如图 5-148 所示。

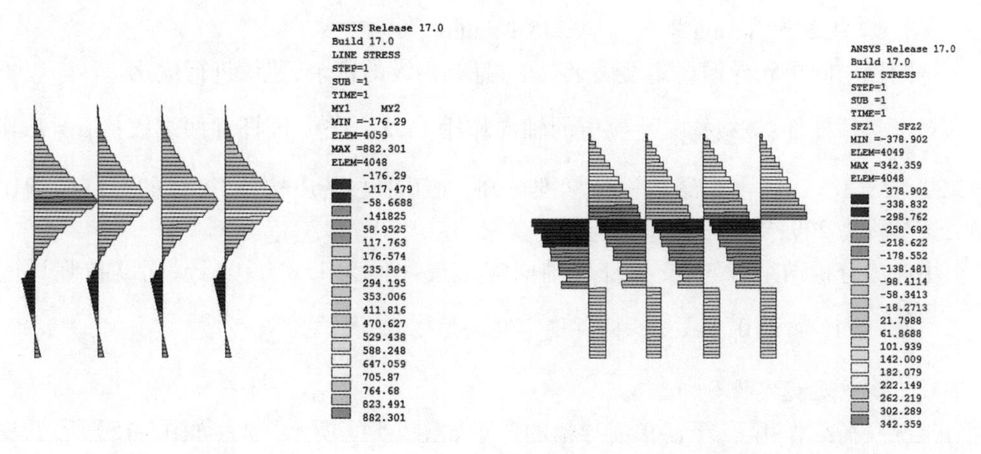

图 5-146　中间单元导槽弯矩图　（单位：N · m）　图 5-147　中间单元导槽轴向受力图　（单位：N）

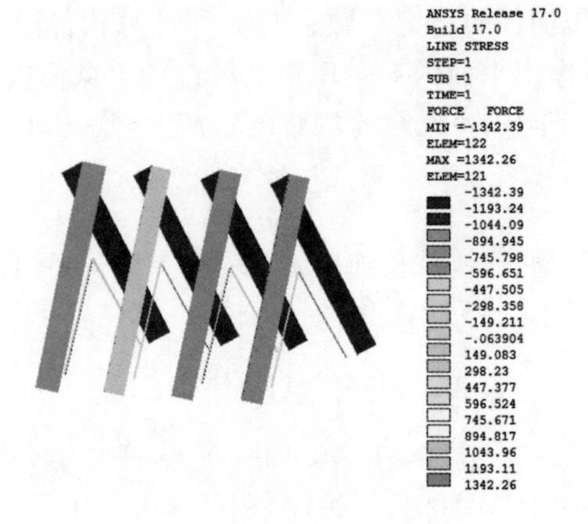

图 5-148　中间单元斜撑杆轴力图　（单位:N）

分析图 5-146 和图 5-147 可知:由于斜撑的作用,导槽近似地被分为三部分。其中,受轴向压力最大的是第一根(沿水流方向)导槽的中间一段,轴压力最大值为 379 N,而此时所对应的弯矩图中的弯矩最大值为 882.3 N·m。

弯矩作用在对称轴平面内的实腹式压弯构件,弯矩作用平面内稳定性按钢结构设计规范校核。

钢围挡中间单元导槽因其全跨均布荷载:$\beta_{mx}=1-0.18\ N/N_{cr}$,构件长细比 $\lambda=2\ 300\div 50=46$,欧拉荷载 $N_{Ex}=1\ 590$ kN,抗力分项系数取 1.1。由式(5-19)计算得

$$N'_{Ex}=\frac{N_{Ex}}{1.1}=1\ 445(\text{kN}),\beta_{mx}=1-0.18N/N_{cr}\approx 1$$

由《钢结构设计标准》(GB 50017—2017)附表 D0.2 按 b 类截面查表得稳定系数 $\varphi_x=0.856$,则

$$\frac{N}{\varphi_x A}+\frac{\beta_{mx}M_x}{\gamma_x W_{lx}(1-0.8N/N'_{Ex})}$$
$$=\frac{379}{0.856\times 1\ 704}+\frac{1\times 882.3}{1.05\times 69.8\times 10^3\times(1-0.8\times 379/1\ 445\ 000)}$$
$$=0.272(\text{N/mm}^2)<f_y=235\ \text{N/mm}^2$$

钢围挡中间单元导槽稳定性满足要求,且有很大的富余,建议进行优化。

对于斜撑杆件:该结构只受拉压的轴向作用力,$\lambda=\dfrac{\mu l}{i}$,该杆件两端铰接 $\mu=1$,则 $\lambda=5\ 300/25.3=209$,由钢结构设计标准可知,对于轴心受压构件,支撑的容许长细比为 200,该结构为 209,支撑杆件基本上满足要求。

由应力分析结果可知:支撑杆件轴向应力最大值为 1.6×10^6 Pa,而欧拉临界应力 $\sigma_{cr}=\dfrac{\pi^2 E}{\lambda^2}=1.44\times 10^7$ Pa,支撑杆件稳定性满足要求。

3. 下游单元稳定性分析

工况一荷载作用下,下游单元导槽的弯矩如图 5-149 所示,轴力如图 5-150 所示,支撑的轴力如图 5-151 所示。

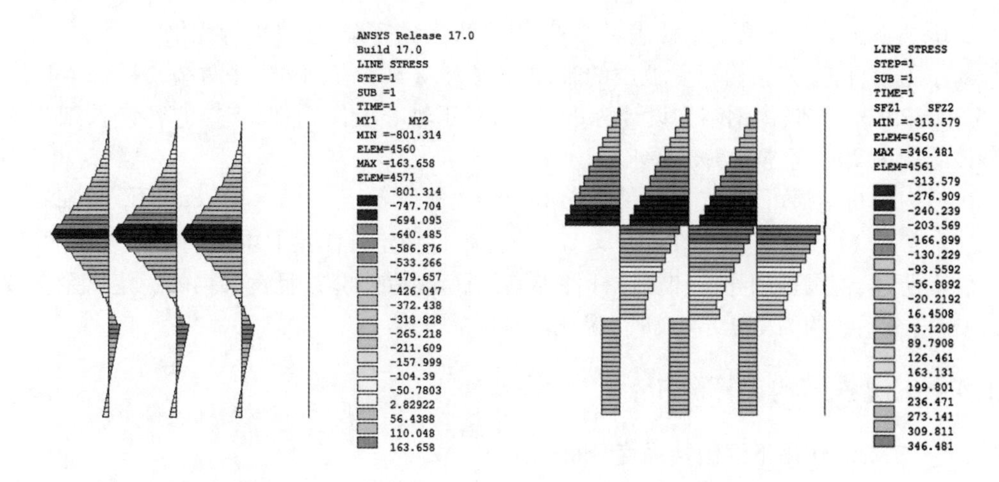

图5-149　下游单元导槽弯矩图　（单位：N·m）　**图5-150　下游单元导槽轴向受力图**　（单位：N）

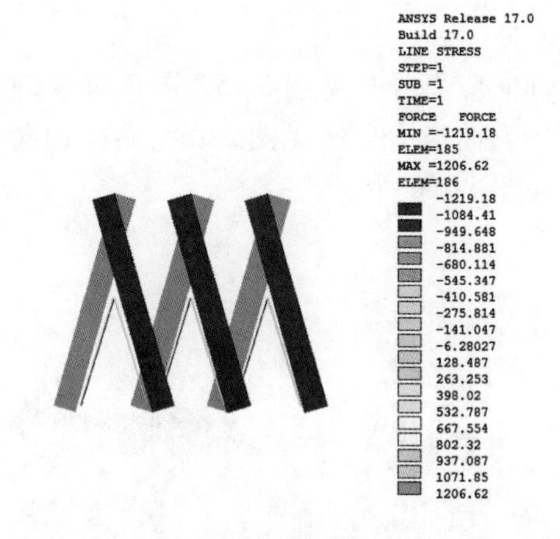

图5-151　下游单元斜撑杆端力图　（单位：N）

分析图5-149和图5-150可以看出，由于斜撑的作用，导槽近似地被分为三部分。其中受轴向压力最大的是第二根（沿水流方向）导槽的上部分，轴向压力最大值为313.6 N，而此时所对应的弯矩图中的弯矩最大值为801.3 N·m。

钢围挡下游单元导槽，全跨均布荷载，取$\beta_{mx}=1-0.18N/N_{cr}$，构件长细比$\lambda=2\ 300\div 50=46$，欧拉荷载$N_{Ex}=1\ 590\ \text{kN}$，抗力分项系数取1.1。由式（5-19）计算得

$$N'_{Ex}=\frac{N_{Ex}}{1.1}=1\ 445(\text{kN}),\beta_{mx}=1-0.18N/N_{cr}\approx 1$$

由《钢结构设计标准》（GB 50017—2017）附表D0.2按b类截面查表得稳定系数$\varphi_x=0.856$，则

$$\begin{aligned}&\frac{N}{\varphi_x A}+\frac{\beta_{mx}M_x}{\gamma_x W_{lx}(1-0.8N/N'_{Ex})}\\&=\frac{313.6}{0.856\times 1\ 704}+\frac{801.3}{1.05\times 69.8\times 10^3\times(1-0.8\times 313.6/1\ 445\ 000)}\\&=0.23(\text{N/mm}^2)<f_y=235\ \text{N/mm}^2\end{aligned}$$

钢围挡下游单元导槽稳定性满足要求,且有很大的富余,建议进行优化。

对于斜撑杆件:该结构只受拉压的轴向作用力,$\lambda = \mu l/i$,该杆件两端铰接,$\mu = 1$,则 $\lambda = 5\ 300/25.3 = 209$,由钢结构设计标准可知,对于轴心受压构件,支撑的容许长细比为200,该结构为209,基本上满足要求。

由应力分析结果可知:支撑杆件轴向应力最大值为 $\sigma = 1.45 \times 10^6$ Pa,而欧拉临界应力 $\sigma_{cr} = \pi^2 E/\lambda^2 = 1.44 \times 10^7$ Pa。$\sigma \leqslant \sigma_{cr}$ 支撑杆件稳定性满足要求。

综上所述,钢围挡的导槽和支撑杆件都满足稳定性的要求,且钢围挡的稳定富余量较大,稳定安全系数约为100,建议进行优化。

5.4.4　工况二结构计算分析

5.4.4.1　工况二作用下钢围挡强度分析

在工况二作用下,对钢围挡进行数值分析,在整体结果中,取上游单元、中间单元和下游单元各构件的应力场来分析钢围挡的强度。

1. 上游单元强度分析

钢围挡上游单元导槽轴向应力分布见图5-152,导槽静水侧表面的弯曲应力分布见图5-153,导槽动水侧表面的弯曲应力分布见图5-154,斜撑轴向应力分布见图5-155,上游单元钢板等效应力分布如图5-156所示。

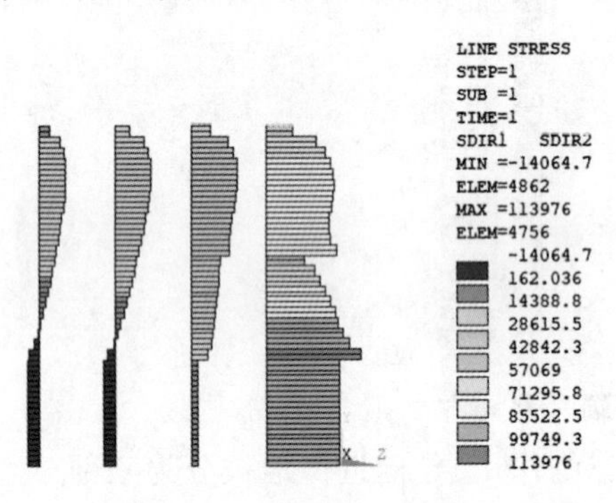

图5-152　上游单元导槽轴向应力图　(单位:Pa)

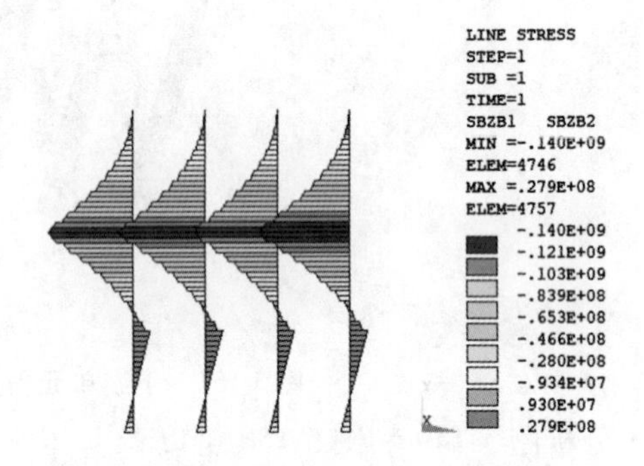

图5-153　上游单元导槽静水侧弯曲应力图　(单位:Pa)

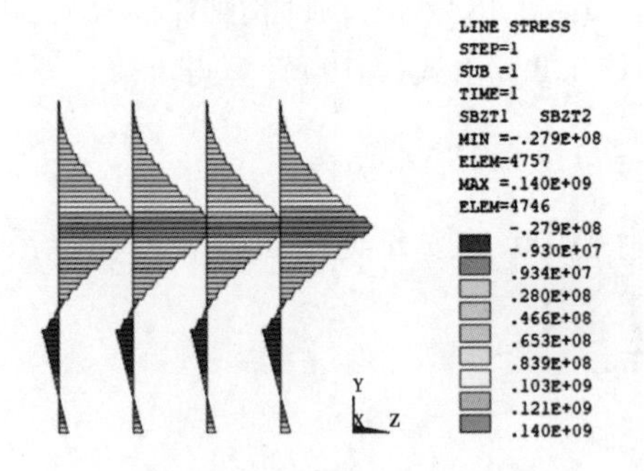

图5-154　上游单元导槽动水侧弯曲应力图　(单位:Pa)

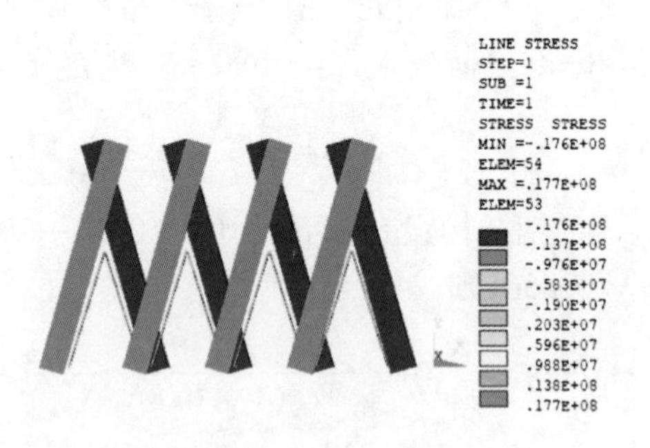

图5-155　上游单元斜撑轴向应力图　(单位:Pa)

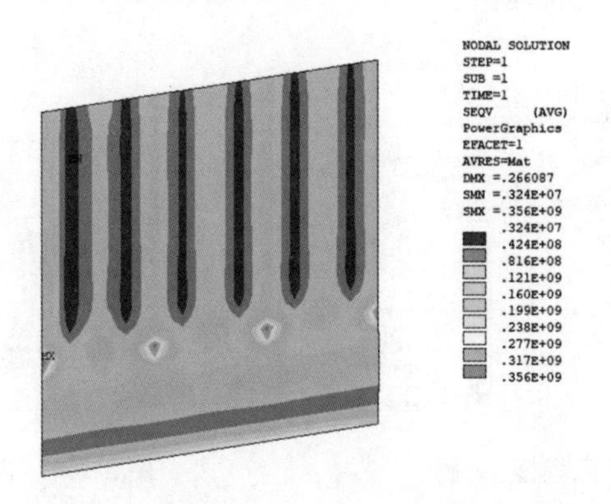

图 5-156　上游单元钢板 mises 应力图　(单位:Pa)

分析图 5-152 可以看出,导槽的轴向应力值大部分都在 -0.014 ~ 0.08 MPa,最大值为 0.11 MPa,出现在该上游单元第四根导槽与短斜撑连接处;分析图 5-153 和图 5-154 可以看出,导槽的弯曲应力绝大部分在 28 ~ 120 MPa,最大值为 140 MPa,出现在了导槽与长斜撑连接处;分析图 5-155 可以看出,斜撑轴向应力最大值是 17.7 MPa;分析图 5-156 可以看出,面板应力大部分在 30 ~ 180 MPa,最大值是 356 MPa,出现在面板、导槽和短斜撑三者相连接的位置,属于数值计算中应力集中现象。

分析图 5-152 ~ 图 5-156 可以看出,在工况二的荷载作用下,钢围挡上游单元的应力都小于 Q235a 钢材的屈服强度,由强度理论可知,钢围挡上游单元强度是安全的。

2. 中间单元应力分析

钢围挡中间部分共由 10 个单元组成,取中间的一个单元为分析对象。钢围挡中间单元导槽轴向应力分布见图 5-157,导槽静水侧表面的弯曲应力分布见图 5-158,导槽动水侧表面的弯曲应力分布见图 5-159,斜撑轴向应力分布见图 5-160,上游单元钢板等效应力分布如图 5-161 所示。

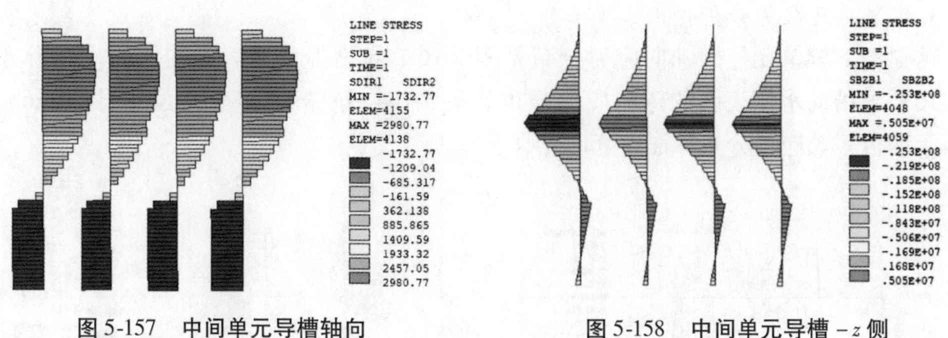

图 5-157　中间单元导槽轴向应力图　(单位:Pa)

图 5-158　中间单元导槽 $-z$ 侧弯曲应力图　(单位:Pa)

分析图 5-157 ~ 图 5-161 可以看出,导槽的轴向应力分布在 0 ~ 3.0×10^{-3} MPa;弯曲应力绝大部分值都在 1 ~ 15 MPa,最大值为 25 MPa,位于该中间单元的第一根(从上游数)与斜撑的连接处;斜撑轴向应力最大值是 3.2 MPa;面板应力大部分在3.2 ~ 280 MPa,最大值是 356 MPa,位于面板与第一根短斜撑(沿水流方向数)及导槽连接处位置。

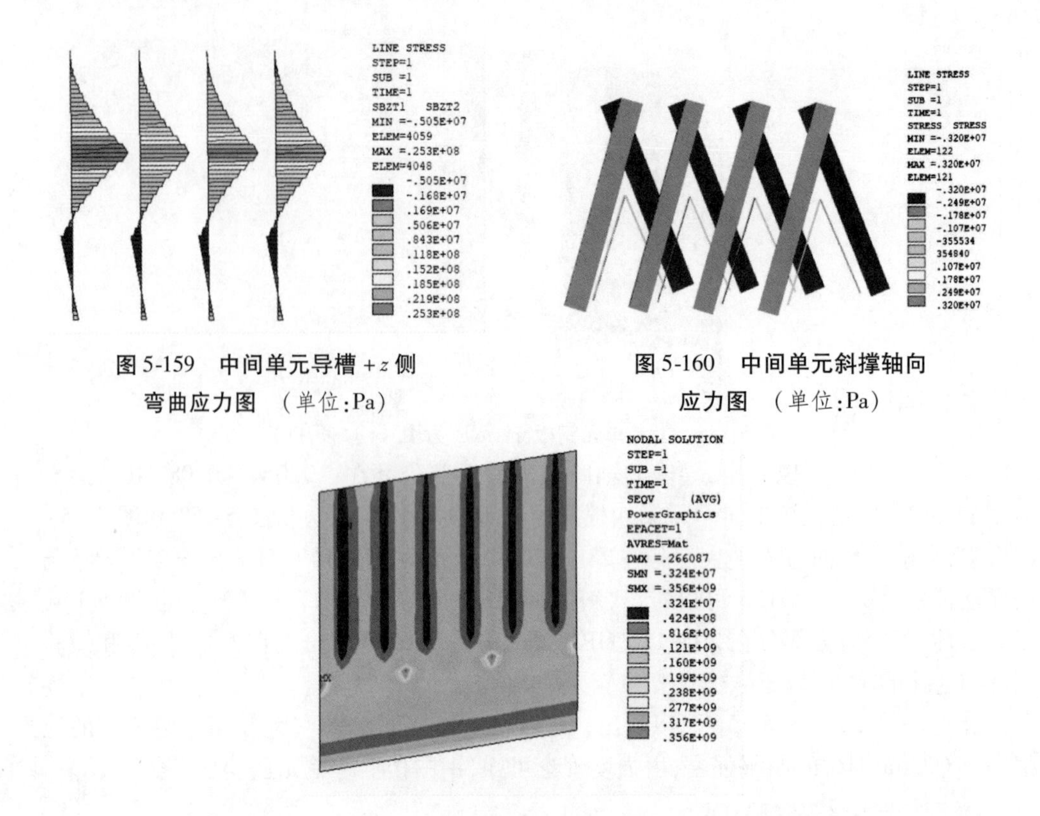

图 5-159　中间单元导槽 $+z$ 侧弯曲应力图　（单位:Pa）

图 5-160　中间单元斜撑轴向应力图　（单位:Pa）

图 5-161　中间单元面板 mises 应力图　（单位:Pa）

对于钢围挡中部单元,由钢围挡河段的水动力模拟计算可知流场模拟的水流方向与结构平行,而且钢围挡内外水头差别很小,各构件应力值均小于 Q235a 钢材的屈服强度,由强度理论可知,钢围挡中间单元强度是安全的。

3. 下游单元应力分析

钢围挡下游单元导槽轴向应力分布见图 5-162,导槽静水侧表面的弯曲应力分布见图 5-163,导槽动水侧表面的弯曲应力分布见图 5-164,斜撑轴向应力分布见图 5-165,上游单元钢板等效应力分布如图 5-166 所示。

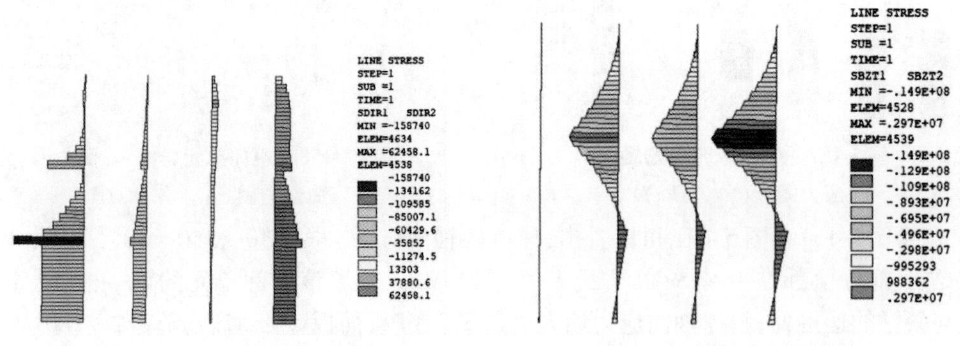

图 5-162　下游单元导槽轴向应力图　（单位:Pa）

图 5-163　下游单元导槽静水侧弯曲应力图　（单位:Pa）

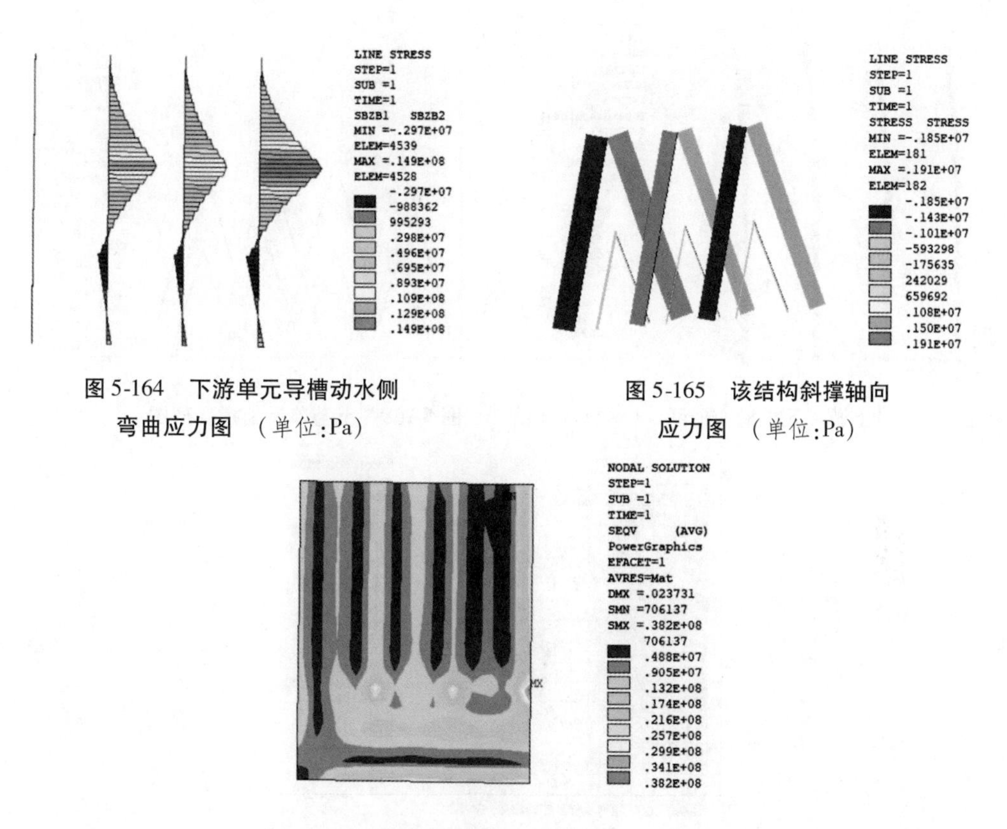

图 5-164　下游单元导槽动水侧弯曲应力图　(单位:Pa)

图 5-165　该结构斜撑轴向应力图　(单位:Pa)

图 5-166　下游单元面板 mises 应力图　(单位:Pa)

分析图 5-162 可以看出,导槽的轴向应力值大部分在 0.1 ~ 0.6 MPa,最大值为 0.16 MPa,位于转角处导槽与短斜撑连接处;分析图 5-163、图 5-164 可以看出,导槽的弯曲应力值大部分在 1.0 ~ 11 MPa,最大值为 14.9 MPa,位于长斜撑与导槽连接处;分析图 5-165 可以看出,斜撑轴向应力最大值是 1.85 MPa;分析图 5-166 可以看出,面板应力值绝大部分处于 0.7 ~ 30 MPa,最大值是 38 MPa,位于面板与短斜撑以及第二根(沿水流方向)导槽相连接处。

分析图 5-162 ~ 图 5-166 可以看出,在工况二的荷载作用下,钢围挡下游单元的应力都小于 Q235a 钢材的屈服强度,由强度理论可知,钢围挡下游单元强度是安全的。

综上所述,在工况二荷载作用下,钢围挡的应力为 Q235a 钢材屈服强度的 1/2 左右,强度安全系数在 2 左右,建议在满足结构构造要求的前提下,进行优化设计。

5.4.4.2　工况二作用下钢围挡刚度分析

通过计算工况二作用下整个钢围挡的变形,来复核钢围挡的刚度。以下以上游单元、中间单元和下游单元的变形来分析工况二作用下钢围挡的刚度。

1. 上游单元变形分析

钢围挡上游单元导槽变形分布见图 5-167,斜撑轴向变形分布见图 5-168,上游单元钢板变形分布如图 5-169 所示。

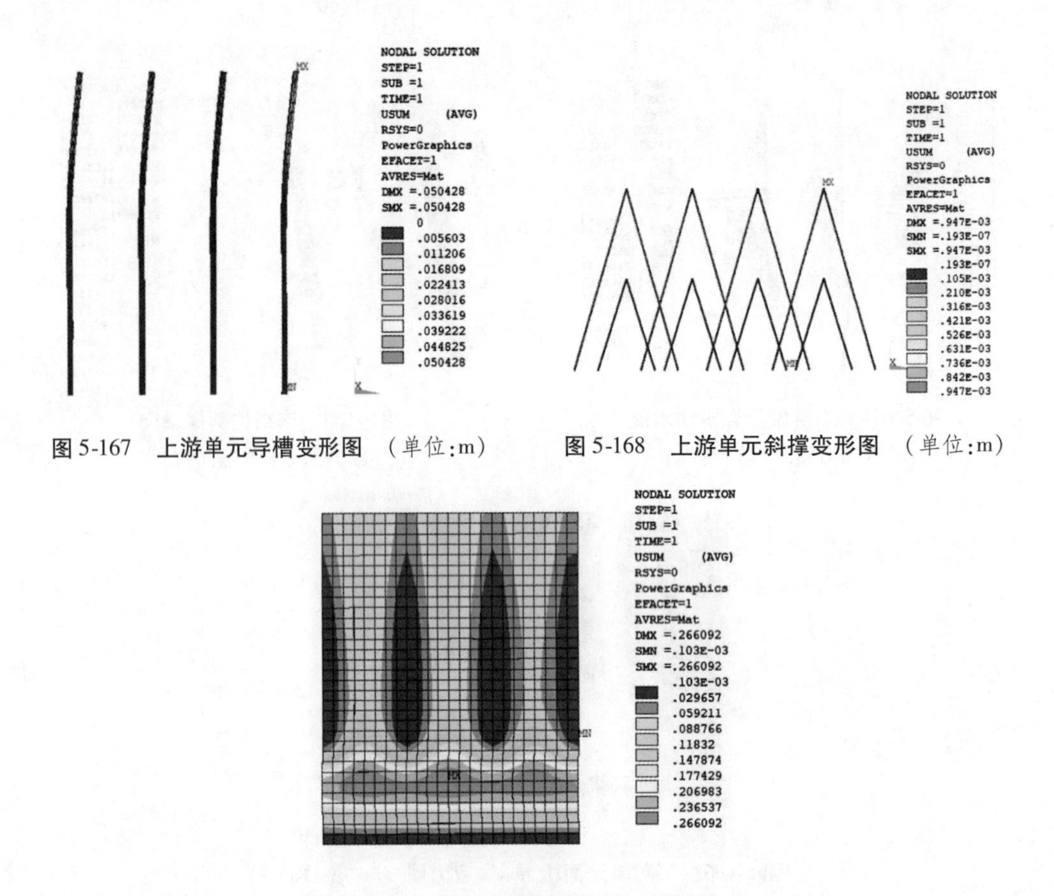

图 5-167　上游单元导槽变形图　（单位:m）

图 5-168　上游单元斜撑变形图　（单位:m）

图 5-169　上游单元面板变形图　（单位:m）

分析图 5-167 可以看出,导槽的最大变形在导槽最上部分,变形量为 50 mm;分析图 5-168可以看出,斜撑最大的变形在外部斜撑的最高处,变形量为 0. 947 mm;分析图 5-169可以看出,钢板的大部分变形量很小,在 5 mm 左右,但是结构下部的板边的变形量却很大,变形量约为 25. 6 cm。

根据《钢结构设计标准》(GB 50017—2017)3. 4. 1 条款的要求,对于有轻轨(重量等于或小于 24 kg/m)轨道的平台梁,挠度容许值为 $l/400$。对于钢围挡结构应用导槽的变形来复核围挡的刚度,即容许挠度值为 1. 875 cm。由图 5-167 可知,导槽的变形量为 5. 0 cm,大于容许值。建议斜撑上支撑点向上移至 1. 25 m 处。钢板下边变形为 25. 6 cm,已超出了《钢结构设计标准》(GB 50017—2017)3. 4. 1 条款的要求,对于支撑其他屋面材料的平台板,即挠度容许值为 $l/200$,板的容许挠度值 3. 75 cm。由图 5-169 可知,板的变形量最大为 25. 6 cm,大于容许值,建议在板面上设置竖向加劲肋,或在水下将板与导槽螺栓连接。

2. 中间单元变形分析

钢围挡中间单元导槽变形分布见图 5-170,斜撑轴向变形分布见图 5-171,中间单元钢板变形分布见图 5-172。

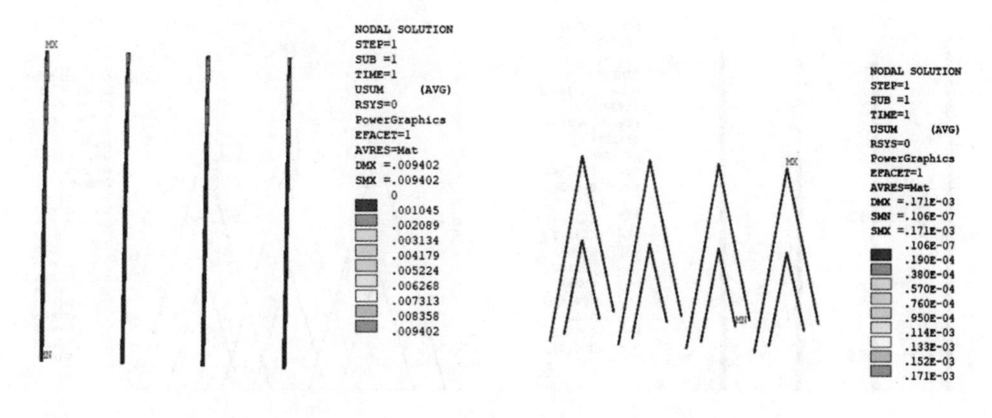

图5-170　中间单元导槽变形图　(单位:m)　　**图5-171　中间单元斜撑变形图**　(单位:m)

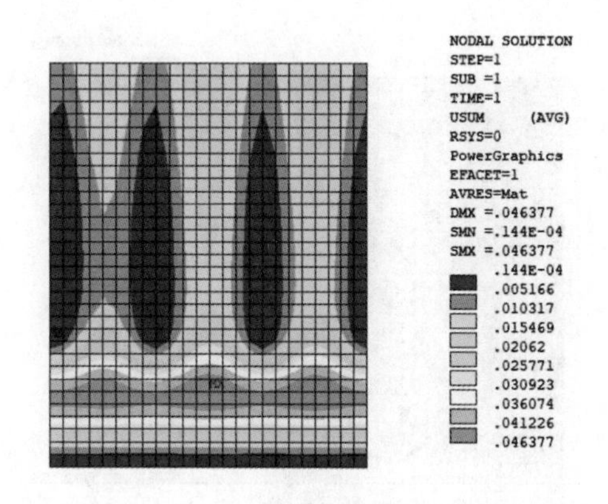

图5-172　中间单元面板变形图　(单位:m)

分析图5-170可以看出,中间单元导槽的最大变形在导槽最上部分,变形量为9.4 mm;分析图5-171可以看出,中间单元斜撑最大的变形在外部斜撑的最高处,变形量为0.171 mm;分析图5-172可以看出,中间单元钢板的最大变形发生在结构下部的格构中,变形量为4.63 cm。

根据《钢结构设计标准》(GB 50017—2017)3.4.1条款的要求,对于有轻轨(重量等于或小于24 kg/m)轨道的平台梁,挠度容许值为$l/400$。对于钢围挡结构应用导槽的变形来复核围挡的刚度,即容许挠度值为1.875 cm。由图5-170可知,导槽的变形量为0.94 cm,小于容许值。根据《钢结构设计标准》(GB 50017—2017)3.4.1条款的要求,对于支撑其他屋面材料的平台板,即挠度容许值为$l/200$,板的容许挠度值为3.75 cm。钢板下边最大变形量为4.63 cm,大于容许值,建立在板面上设置竖向加劲肋,或在水下将板与导槽螺栓连接。

3. 下游单元变形分析

钢围挡下游单元导槽变形分布见图5-173,斜撑轴向变形分布见图5-174,下游单元钢板变形分布见图5-175。

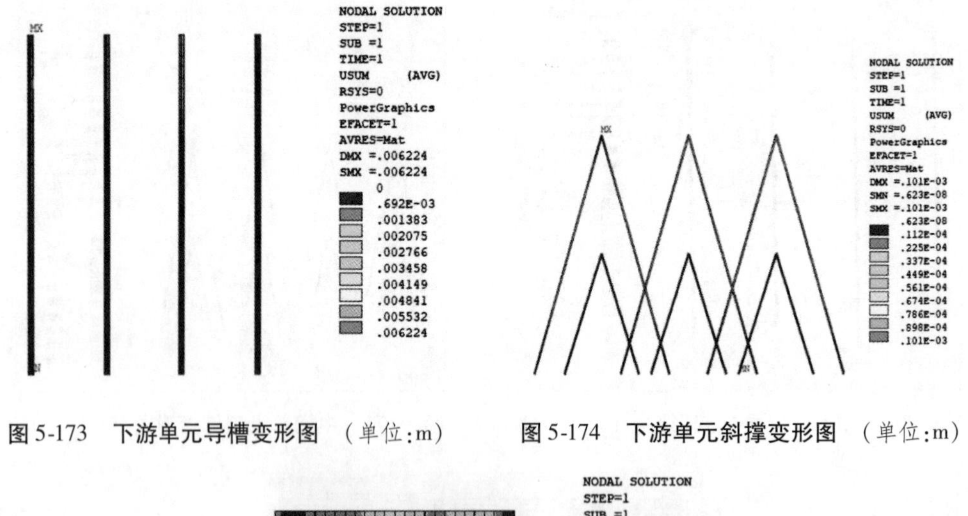

图 5-173　下游单元导槽变形图　(单位:m)　　**图 5-174　下游单元斜撑变形图**　(单位:m)

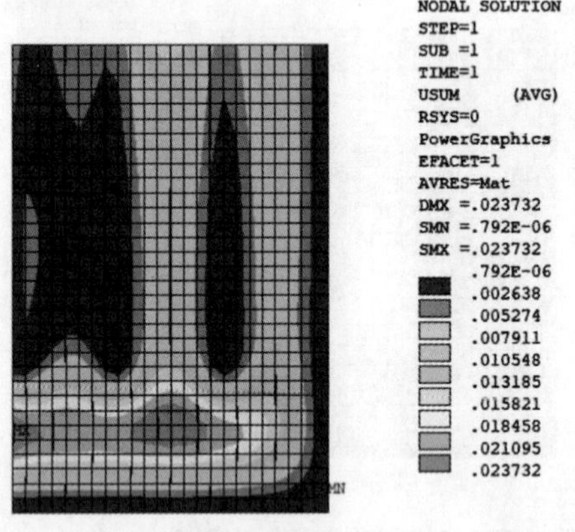

图 5-175　下游单元面板变形图　(单位:m)

分析图 5-173 可以看出,钢围挡下游导槽的最大变形在导槽最上部分,变形量为 6.2 mm;分析图 5-174 可以看出,钢围挡下游斜撑最大的变形在外部斜撑的最高处,变形量为 0.101 mm;分析图 5-175 可以看出,钢围挡下游钢板的最大变形发生在结构下部的格构中,变形量为 2.3 cm。

根据《钢结构设计标准》(GB 50017—2017)3.4.1 条款的要求,对于有轻轨(质量等于或小于 24 kg/m)轨道的平台梁,挠度容许值为 $l/400$。对于钢围挡结构应用导槽的变形来复核围挡的刚度,即容许挠度值为 1.875 cm。由图 5-173 可知,导槽的变形量为 0.62 cm,小于容许值。根据《钢结构设计标准》(GB 50017—2017)3.4.1 条款的要求,对于支撑其他屋面材料的平台板,即挠度容许值为 $l/200$,板的容许挠度值为 3.75 cm。钢板下边最大变形量为 2.3 cm,小于容许值。

综上所述,第二工况作用下,钢围挡的上游单元的导槽和钢板的刚度不满足规范要求,建议强化支撑体系和加劲肋体系。中间单元的钢板的刚度不满足规范要求,建议钢板加肋处理。下游单元的刚度满足规范要求。

5.4.4.3　工况二作用下钢围挡稳定性分析

钢围挡的稳定性分为导槽的压弯稳定和支撑杆的轴压稳定。压弯稳定需要分析构件的弯矩和轴力,轴压稳定需要分析构件的轴力。在工况二作用下,求出钢围挡导槽的轴力与变矩,按相关公式来验算导槽的稳定性。求出轴压杆的轴压力,采用欧拉公式验算。

1. 上游单元稳定性分析

工况二荷载作用下,上游单元导槽的弯矩如图 5-176 所示,导槽轴力受力如图 5-177 所示,支撑的轴力如图 5-178 所示。

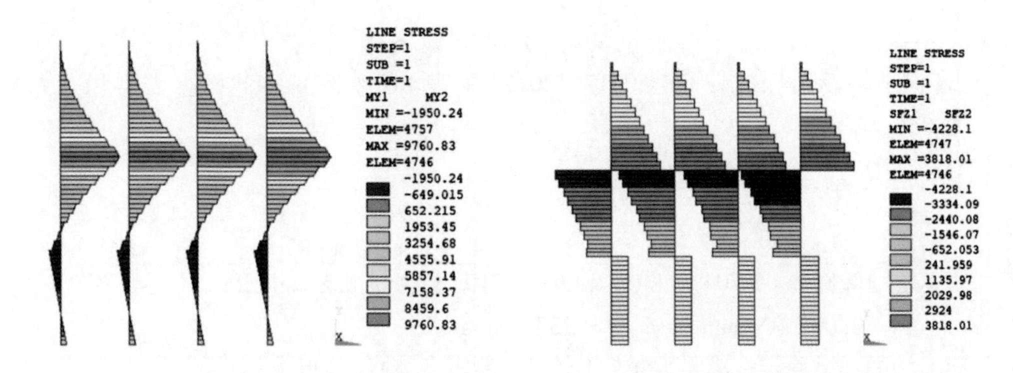

图 5-176　上游单元导槽弯矩图　(单位:N·m)　**图 5-177　上游单元导槽轴向受力图**　(单位:N)

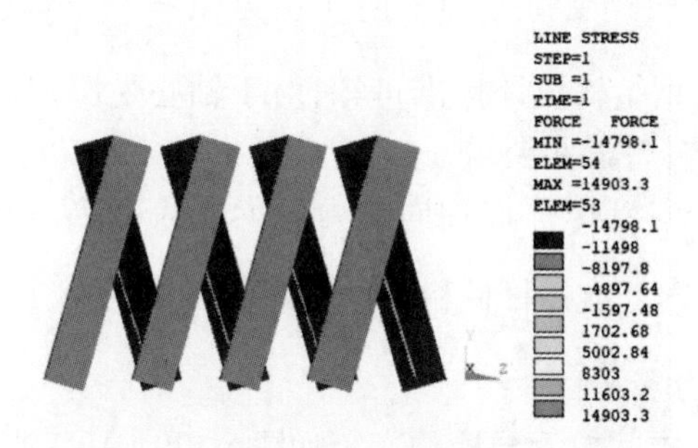

图 5-178　上游单元斜撑杆轴力图　(单位:N)

分析图 5-176 和图 5-177 可以看出,由于斜撑的作用,导槽近似地被分为三部分。其中受轴向压力最大的是第四根(沿水流方向)导槽的中间一段,轴压力最大值为4 228.1 N,而此时所对应的弯矩图中的弯矩最大值为 9 760.83 N·m。

弯矩作用在对称轴平面内的实腹式压弯构件,弯矩作用平面内稳定性按《钢结构设计标准》(GB 50017—2017)校核。

平面内稳定计算公式:

$$\frac{N}{\varphi_x A}+\frac{\beta_{mx}M_x}{\gamma_x W_{lx}(1-0.8N/N'_{Ex})}\leqslant f_y \tag{5-21}$$

$$N'_{Ex}=\pi^2 EA/(1.1\lambda^2) \tag{5-22}$$

式中:N 为所计算构件范围内轴心压力设计值,N;N'_{Ex} 为参数,按式(5-19)计算,mm;φ_x 为弯矩作用平面内轴心受压构件稳定系数;M_x 为所计算构件段范围内的最大弯矩设计值,

N · m; W_{lx} 为在弯矩作用平面内对受压最大纤维的毛截面模量,mm²;等效弯矩系数 β_{mx} 应按下列规定采用:在本构件中,全跨均布荷载: $\beta_{mx} = 1 - 0.18N/N_{cr}$。

$$N_{cr} = \frac{\pi^2 EI}{(\mu l)^2} \tag{5-23}$$

对于钢围挡上游的导槽,取构件长细比 $\lambda = 2\ 300 \div 50 = 46$,欧拉荷载 $N_{Ex} = 1\ 590$ kN,抗力分项系数取 1.1,由式(5-22)计算得

$$N'_{Ex} = \frac{N_{Ex}}{1.1} = 1\ 445(\text{kN})$$

$$\beta_{mx} = 1 - 0.18N/N_{cr} \approx 1$$

由《钢结构设计标准》(GB 50017—2017)附表 D0.2 按 b 类截面查表得稳定系数 $\varphi_x = 0.856$,则

$$\frac{N}{\varphi_x A} + \frac{\beta_{mx} M_x}{\gamma_x W_{lx}(1 - 0.8N/N'_{Ex})}$$

$$= \frac{4\ 228.1}{0.856 \times 1\ 704} + \frac{1 \times 9\ 760.83}{1.05 \times 69.8 \times 10^3 \times (1 - 0.8 \times 4\ 228.1/1\ 445\ 000)}$$

$$= 3.002\ (\text{N/mm}^2) < f_y = 235\ \text{N/mm}^2$$

钢围挡的导槽稳定性满足要求,且有很大的富余,建议进行优化。

对于斜撑杆件:该结构只受拉压的轴向作用力,$\lambda = \frac{\mu l}{i}$,该杆件两端铰接,$\mu = 1$,则 $\lambda = 5\ 300/25.3 = 209$,由钢结构设计标准可知,对于轴心受压构件,支撑的容许长细比为 200,该结构为 209,支撑杆件满足要求。

由应力分析结果可知:支撑杆件轴向应力最大值为 1.77×10^7 Pa,而欧拉临界应力 $\sigma_{cr} = \frac{\pi^2 E}{\lambda^2} = 1.44 \times 10^7$ Pa。支撑杆件稳定性不满足要求。

2. 中间单元稳定性分析

工况二荷载作用下,中间单元导槽的弯矩如图 5-179 所示,轴力受力如图 5-180 所示,支撑的轴力如图 5-181 所示。

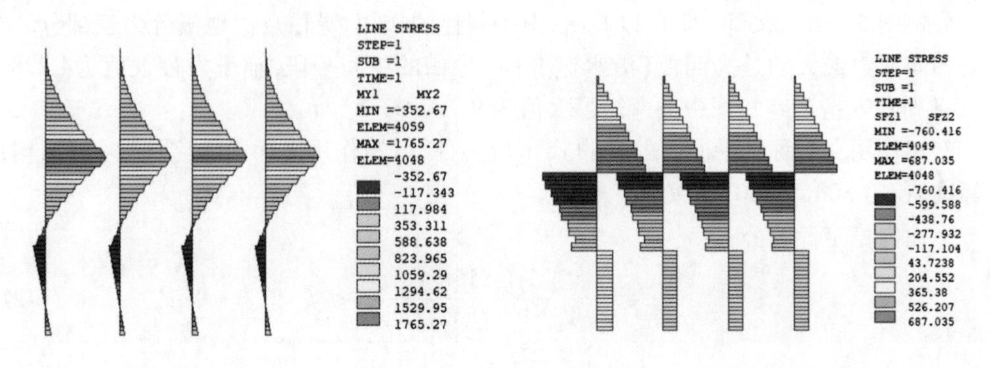

图 5-179　中间单元导槽弯矩图　(单位:N · m)　　图 5-180　中间单元导槽轴向受力图　(单位:N)

分析图 5-179 和图 5-180 可知,由于斜撑的作用,导槽近似地被分为三部分。其中,受

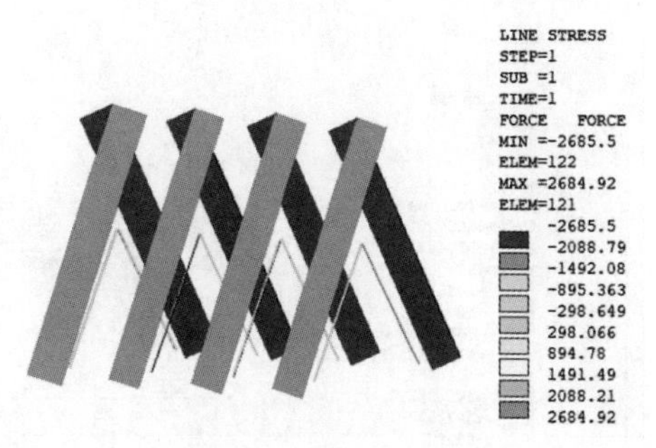

图 5-181　中间单元斜撑杆轴力图　(单位:N)

轴向压力最大的是第一根(沿水流方向)导槽的中间一段,轴压力最大值为 760.4 N,而此时所对应的弯矩图中的弯矩最大值为 1 765.3 N·m。

弯矩作用在对称轴平面内的实腹式压弯构件,弯矩作用平面内稳定性按钢结构设计规范校核。

钢围挡中间单元导槽因其全跨均布荷载:$\beta_{mx}=1-0.18N/N_{cr}$,构件长细比 $\lambda=2\,300\div50=46$,欧拉荷载 $N_{Ex}=1\,590$ kN,抗力分项系数取 1.1。由式(5-19)计算得:

$$N'_{Ex}=\frac{N_{Ex}}{1.1}=1\,445(\mathrm{kN}),\beta_{mx}=1-0.18N/N_{cr}\approx1$$

由《钢结构设计标准》(GB 50017—2017)附表 D0.2 按 b 类截面查表得稳定系数 $\varphi_x=0.856$,则

$$\frac{N}{\varphi_x A}+\frac{\beta_{mx}M_x}{\gamma_x W_{lx}(1-0.8N/N'_{Ex})}$$
$$=\frac{760.4}{0.856\times1\,704}+\frac{1\times1\,765.3}{1.05\times69.8\times10^3\times(1-0.8\times760.4/1\,445\,000)}$$
$$=0.545(\mathrm{N/mm^2})<f_y=235\ \mathrm{N/mm^2}$$

钢围挡中间单元导槽稳定性满足要求,且有很大的富余,建议进行优化。

对于斜撑杆件:该结构只受拉压的轴向作用力,$\lambda=\frac{\mu l}{i}$,该杆件两端铰接 $\mu=1$,则 $\lambda=5\,300/25.3=209$,由钢结构设计标准可知,对于轴心受压构件,支撑的容许长细比为 200,该结构为 209,支撑杆件基本上满足要求。

由应力分析结果可知:支撑杆件轴向应力最大值为 3.2×10^6 Pa,而欧拉临界应力 $\sigma_{cr}=\frac{\pi^2E}{\lambda^2}=1.44\times10^7$ Pa,支撑杆件稳定性满足要求。

3. 下游单元稳定性分析

工况二荷载作用下,下游单元导槽的弯矩如图 5-182 所示,轴力受力如图 5-183 所示,支撑的轴力如图 5-184 所示。

分析图 5-182 和图 5-183 可以看出,由于斜撑的作用,导槽近似地被分为三部分。其中受轴向压力最大的是第二根(沿水流方向)导槽的上部分,轴压力最大值为 396.2 N,而此时所对应的弯矩图中的弯矩最大值为 1 038.7 N·m。

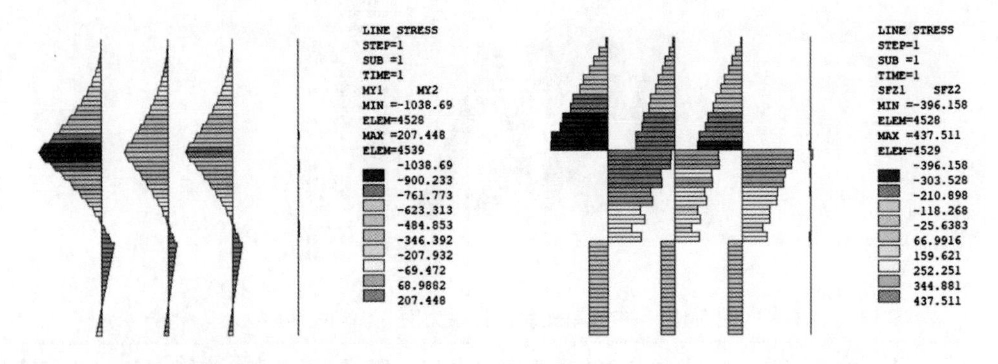

图 5-182　下游单元导槽弯矩图　(单位:N · m)　**图 5-183　下游单元导槽轴向受力图**　(单位:N)

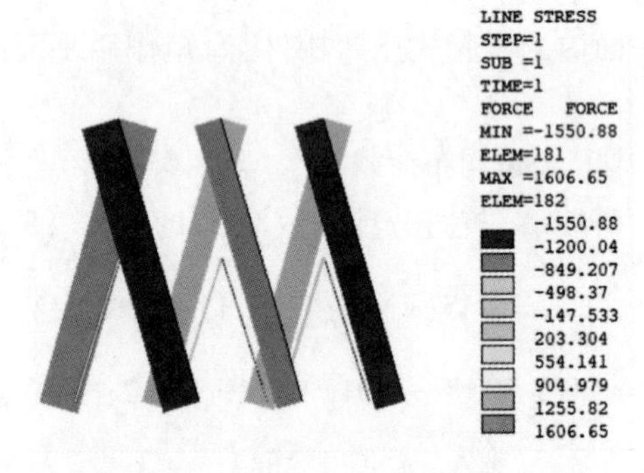

图 5-184　下游单元斜撑杆端力图　(单位:N)

钢围挡下游单元导槽,全跨均布荷载,取 $\beta_{mx}=1-0.18N/N_{cr}$,构件长细比 $\lambda=2\ 300\div50=46$,欧拉荷载 $N_{Ex}=1\ 590$ kN,抗力分项系数取 1.1。由式(5-19)计算得:

$$N'_{Ex}=\frac{N_{Ex}}{1.1}=1\ 445(\mathrm{kN}),\beta_{mx}=1-0.18N/N_{cr}\approx1$$

由《钢结构设计标准》(GB 50017—2017)附表 D0.2 按 b 类截面查表得稳定系数 $\varphi_x=0.856$,则

$$\frac{N}{\varphi_x A}+\frac{\beta_{mx}M_x}{\gamma_x W_{lx}(1-0.8N/N'_{Ex})}$$
$$=\frac{396.2}{0.856\times1\ 704}+\frac{1\times1\ 038.7}{1.05\times69.8\times10^3\times(1-0.8\times396.2/1\ 445\ 000)}$$
$$=0.30(\mathrm{N/mm^2})<f_y=235\ \mathrm{N/mm^2}$$

钢围挡下游单元导槽稳定性满足要求,且有很大的富余,建议进行优化。

对于斜撑杆件:该结构只受拉压的轴向作用力,$\lambda=\frac{\mu l}{i}$,该杆件两端铰接,$\mu=1$,则 $\lambda=5\ 300/25.3=209$,由《钢结构设计标准》(GB 50017—2017)可知,对于轴心受压构件,支撑的容许长细比为 200,该结构为 209,基本上满足要求。

由应力分析结果可知:支撑杆件轴向应力最大值为 $\sigma=1.91\times10^6$ Pa,而欧拉临界应

力 $\sigma_{cr}=\dfrac{\pi^2 E}{\lambda^2}=1.44\times10^7$ Pa。$\sigma\leqslant\sigma_{cr}$ 支撑杆件稳定性满足要求。

综上所述,钢围挡的导槽和支撑杆件都满足稳定性的要求,且钢围挡的稳定富余量较大,稳定安全系数约为75,建议进行优化。

5.4.5　钢围档结构计算分析评价及改善措施

对于经过对两种工况作用下的钢围挡的强度、刚度和稳定性分析计算,从结构方面提出如下评价。

5.4.5.1　钢围挡的结构强度

(1)钢围挡上游单元结构应力都小于Q235a钢材的屈服强度,由强度理论可知,钢围挡上游单元结构强度安全,满足设计要求。

(2)钢围挡中部单元平面与水流方向平行,钢围挡内外动、静水头差很小,各构件应力值均小于Q235a钢材的屈服强度,因此钢围挡中间单元强度也是安全的。

(3)钢围挡下游单元的结构应力都小于Q235a钢材的屈服强度,单元强度是安全的,结构强度安全系数在2左右,在满足构造要求前提下,可以进行结构优化。

5.4.5.2　钢围挡的结构刚度

(1)钢围挡上游单元部分构件导槽和钢面板的挠度大于容许值,刚度不满足规范要求,建议强化支撑体系和加劲肋体系。

(2)钢围挡下游单元构件挠度均小于容许值,结构刚度满足规范要求。

(3)钢围挡中部单元在工况一时挠度小于容许值,刚度满足规范要求;工况二时钢板挠度大,刚度不满足规范要求,建议钢板加肋处理。

5.4.5.3　钢围挡的结构稳定性

(1)钢围挡的导槽稳定性在各个工况均满足要求,且钢围挡导槽的稳定富余量较大,工况一时稳定安全系统约为100,工况二时稳定安全系数约为75,可以进行结构优化。

(2)经稳定性分析表明,上游单元的支撑杆件在工况二中稳定性不满足要求,需要采取加强措施。

(3)通过结构稳定性计算,钢围挡中部单元和下游单元的支撑杆件容许长细比满足规范要求;两个单元导槽和支撑杆件也都满足结构稳定性要求,且构件具有较大的稳定富余量。鉴于实际工程所处环境的复杂多变性,水流冲击力和剪切力并未在结构计算中精确考虑,因此在钢围挡中部和下部采用较大的安全系数,留出足够的结构强度冗余,有利于保证钢围挡结构的整体安全。虽然这些部位稳定安全系数较大,但结构优化空间很小,建议维持现有构件尺寸的规格。

5.4.5.4　改善优化要点

(1)由于下游单元导槽强度安全系数在2.0左右,建议将导槽12号槽钢(导向槽)调成10号槽钢,优化后的结构强度依然满足要求。

(2)针对钢围挡上游单元部分导槽构件挠度大于容许值的问题,可以采用焊接或螺栓连接,将各单元的槽钢两两相连,或采用工字钢锚固来加强结构刚度。

(3)针对上游单元支撑杆件刚度及稳定性不足,建议增大上游单元拐角处静水区斜撑,斜撑构件规格由ϕ73×3.75调整增加为ϕ73×4.0;为了减小导槽的变形,可以将斜撑上支撑点向上移至1.25 m处来增强结构刚度。

(4)对于面板,部分工况上游单元和中游单元面板的变形量大于容许值,建议在钢板静水侧水下部位增设竖向加劲肋,在水下将面板与导槽实施螺栓连接。

5.5　典型工程钢围挡拼装技术研究(钢围挡拼装试验)

5.5.1　钢围挡陆上预拼装技术

为了使钢围挡能够在水下顺利安装,必须在现场陆地上进行预拼装。预拼装主要是对单个单元体钢构件的组装。首先是底座的焊接:矩形方钢与8号槽钢(纵横支撑)之间需双面满焊,保证焊缝高度$1.2t_{min}$;其中一侧底座采用槽钢与方钢焊接,另一侧底座预先将部分槽钢焊接,并通过连接板与方钢上焊接的槽钢连接。

立柱导向槽与矩形方钢底座之间采用螺栓连接,螺栓为M20;连接时先在方钢顶部焊接一块钢板,然后在导向槽底部焊接相同的钢板,并在相同的位置预留螺栓孔,进行螺栓连接;导向槽钢与底座的连接板采用两种方式:①连接板适合单元体中间双槽钢组成的导向槽连接;②连接板适合单元体两边的单槽钢导向槽连接;每个单元体需配备双槽钢导向槽和单槽钢导向槽两类连接板各2套。立柱导向槽的两节之间采用螺栓连接,在导向槽连接端部焊接∠75×10角钢,通过角钢使用M16螺栓连接。

斜撑与导向槽之间采用M24精制螺栓连接,其中短斜撑用2个螺栓,长斜撑用1个螺栓。两种斜撑与底座均采用2个M16精制螺栓连接。所有焊接与螺栓连接必须满足钢构件施工规程的技术要求。

图5-185和图5-186为典型工程(韭山渠段)钢围挡陆上拼装试验的照片,拼装施工场地利用渠道两侧的马道;陆上拼装试验后,经检验拼装组件均满足施工技术要求。

图5-185　钢围挡底座的陆上拼装

图5-186　钢围挡导向槽的陆上拼装

5.5.2　钢围挡水下拼装技术与试验研究

钢围挡的陆上预拼装完毕后，单元组件就需要进行水下拼装、连接与固定，在典型工程进行的水下拼装生产试验中设计了两种水下安装方式，都获得了成功。

5.5.2.1　水下单元组件拼装

主要技术流程为：建立浮式工作平台→安装提升机→吊运单元组件入水→潜水员进行钢围挡单元体的水下拼装固定。经典型工程试验，水下拼装钢围挡单元体组件的技术方案基本可行；但水下拼装耗时较长，水下拼装精度控制难度较大。典型工程试验时，由于需要维修的左岸渠坡和渠底留有抢险施工的碎石袋，这些近岸碎石袋附近的流速较大，进行水下作业难度较大，因此在渠道对岸相应位置进行了钢围挡水下安装试验。首先采用2 节浮式平台组装成安装提升机的浮船平台，如图 5-187 所示。通过小浮船将钢围挡单元体组件运至对岸钢围挡预安装区域。随后潜水员入水进行钢围挡单元体组件的水下拼装。水下安装完毕后，钢围挡单元体满足施工技术要求，作业过程图片见图 5-188 ~ 图 5-193。

图 5-187　浮式平台改造

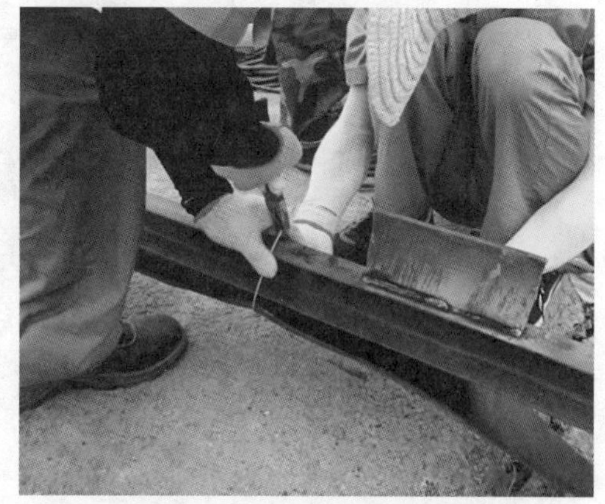

图 5-188　钢围挡底部拴绑橡胶垫

图 5-189　浮式平台运输

图 5-190　潜水员着装下水

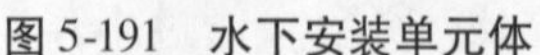

图 5-191　水下安装单元体

图 5-192　安装挡板

图 5-193　钢围挡水下安装完毕后整体照片

5.5.2.2　水下单元整体安装

主要技术流程为:陆上拼装整体单元体→建立浮驳式水上工作平台→安装吊机→吊运整体单元至左岸钢围挡安装区域下水→潜水员进行钢围挡单元体的水下定位安装。经典型工程现场试验,成功实施了钢围挡单元体的整体下水及水下定位安装。

5.6　钢围挡安装施工技术(典型工程钢围挡安装施工试验)

5.6.1　施工区的总体布置

这里以典型工程(韭山渠段边坡维修)为例,介绍经生产试验验证可行的钢围挡安装施工技术。渠道边坡维修的施工场地狭窄,必须科学布局、合理分配,施工布置应遵循科学合理、实用可行的原则。一般要根据现场实际情况,结合渠道附近交通及地形进行布置,钢围挡从厂家将制作的基本组件运输到施工渠段的运输管理道路,施工场地根据钢围挡施工分为运输、安装和配合三大类，具体可以分为以下几个部分。

5.6.1.1　**渠道内水上移动作业平台**

水下拼装钢围挡单元体组件的安装作业 1 方案，只需使用浮船搭设小型水上移动作业平台即可，但试验表明单元体组件水下拼装效率低下，水下拼装单元体组件的精度受水流影响难以把控，影响施工效率。如果在陆地将单元体组装完成后，作业场地又难以满足单元体直接入水的条件。因此，采用设置一个大型水上移动作业平台，在陆上拼装钢围挡骨架，通过水上移动作业平台进行二次组装，然后转运至指定位置，钢框架先下水就位，再下设挡板的作业方案；水上移动作业平台的基本结构见图 5-194 与图 5-195。

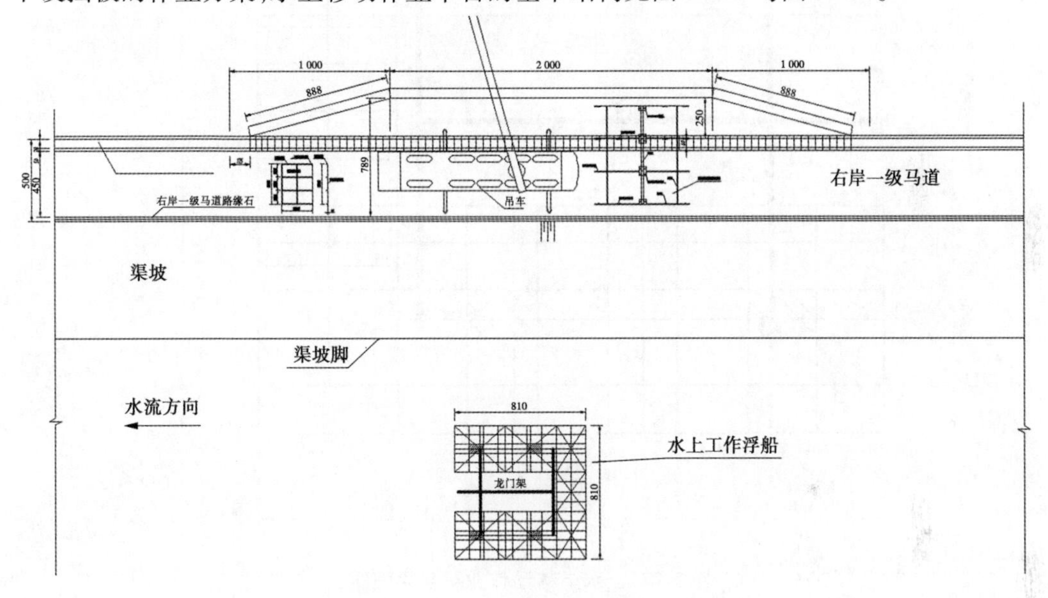

图 5-194　水上移动作业平台立面图

水上移动作业平台采用浮筒搭设，使用槽钢和角钢连接，总长度 8.1 m，宽度 8.1 m，由 160 个水上移动作业平台浮箱拼接而成；单箱浮力 180 kg，总浮力为 28.8 t。作业平台上设置 3 t 龙门吊和提升吊机，主要用于吊放钢围挡单元体并配合进行安装。水上移动作业平台的总荷载为 10.36 t，其中经加固的平台框架自重约 4.8 t，龙门吊自重约 3 t，提升吊机和潜水设备自重约 1 t，一套钢围挡单元体框架自重约 1.56 t；全部荷载作用下移动平台平均吃水深度约为 20 cm。

典型工程的水上移动作业平台设计在右岸进场公路的错车平台处进行搭设和焊接，制作完成后将水上移动作业平台运至施工区域，使用吊车将其吊至水面固定。水上平台上对钢围挡单元体的焊接与制作工作，使用从左岸拉设的专用电缆。

5.6.1.2　**水上移动作业平台牵引系统**

渠道内水上移动作业平台自身无动力，需要抵抗渠道内流速 1.0 m/s 以上的水流作用力，必须通过附加牵引拖曳水上移动作业平台，才能实现移动与定位。这里采用在 U 形水上移动作业平台的 4 角各设置 1 个 3 t 的卷扬机，通过钢缆与左右两岸对称布置的系缆桩进行连接，通过操作 3 t 的卷扬机进退挡来控制钢缆的长度，从而控制水上移动作业

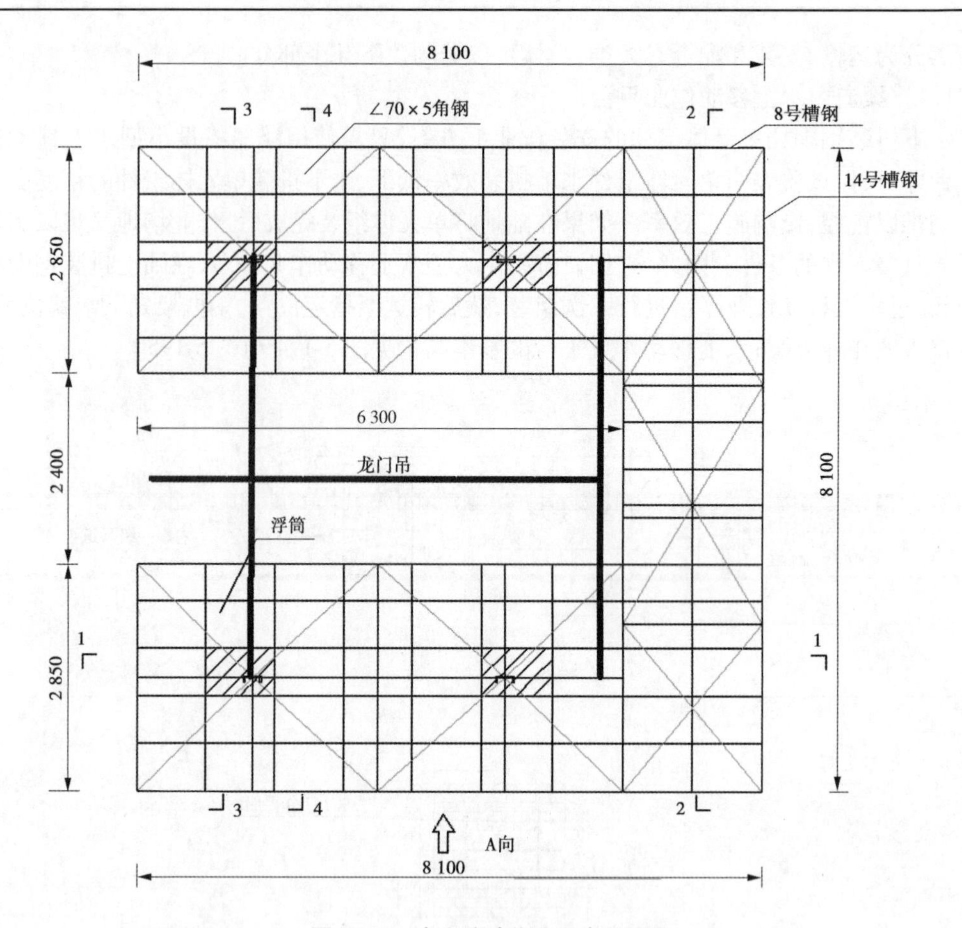

图 5-195　水上移动作业平台平面图

平台的移动;通过钢缆将移动平台和左右岸设置的系拦桩进行连接。

5.6.1.3　岸边锚桩布置

施工区渠道流速较大,渠道内水上移动作业平台的稳定需要通过岸上锚桩的系泊来实现。典型工程从上游左右两岸总共布设 14 个系缆桩,使用一端固定在左右两岸系缆桩的钢缆将水上移动作业平台稳定在渠道中间;同时可以通过收放钢缆对移动平台进行调整和小范围移动,系缆桩的布置见图 5-196 及图 5-197。

典型工程中左岸系缆桩布置在左岸二级马道坡脚位置(高于一级马道 1.3 m),开挖 1.5 m×1.5 m×1 m(长×宽×深)的坑洞,预埋钢筋和缆绳后浇筑混凝土。在遇到一级马道下部设有横向排水沟的位置,将缆绳穿过横向排水沟固定在纵向排水沟内。

5.6.1.4　潜水设备及工作区

这是潜水设备、水上监视系统、潜水员供气设备等潜水配合设备安置的区域,均布置在现场制作的水上移动作业平台上。

5.6.1.5　施工渠道交通桥

在施工区域 40 m 上游处设置连接左右岸的交通浮桥,便于人员交通、物资运输与观测。

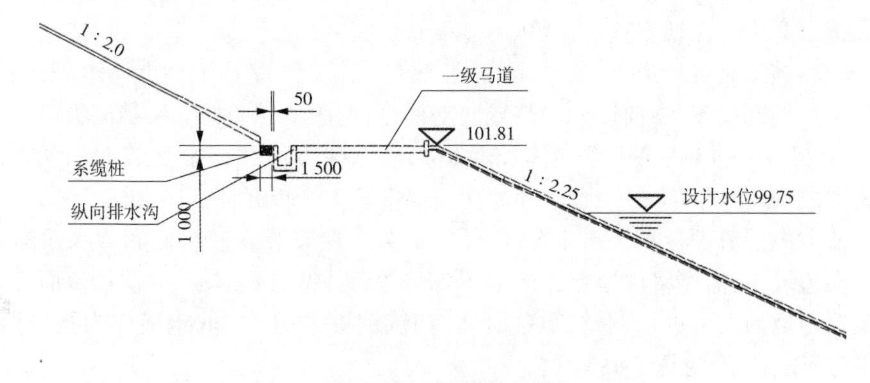

图5-196　系缆桩示意

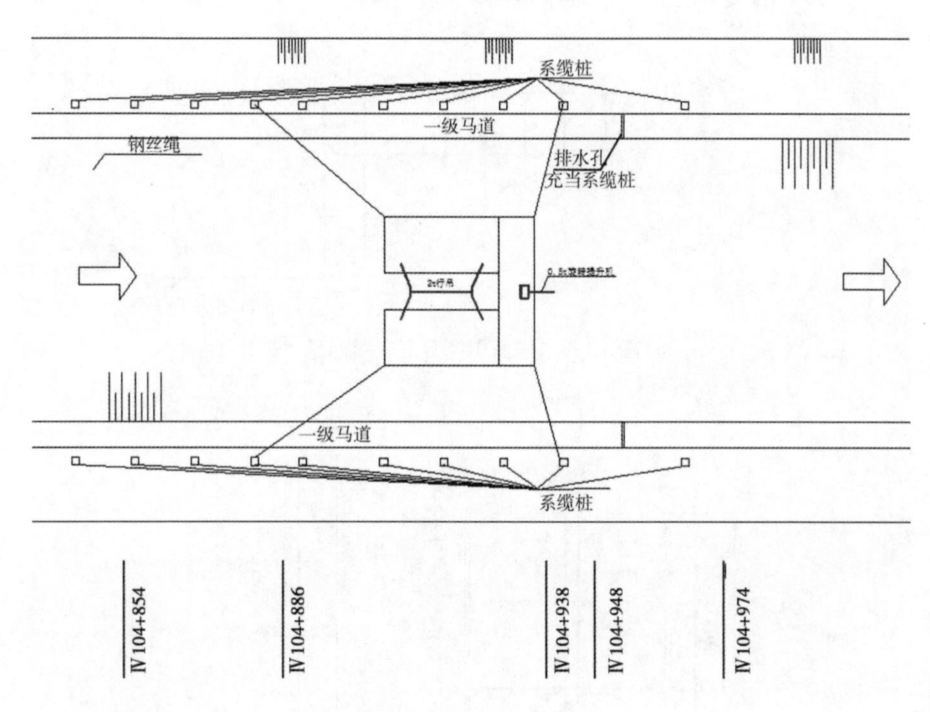

图5-197　系缆桩布置示意

5.6.1.6　**施工供电系统**

施工现场设置满足施工机械及照明等负荷要求的常备电源与电路系统，能满足施工要求。

5.6.1.7　**施工通信系统**

现场采用移动电话和高频电话联络，形成有效完整的通信指挥调度网络系统。

5.6.2　钢围挡分解与组装

受钢围挡运输和渠道现场施工场地狭小的限制，需要在安装前对钢围挡进行事先分解和组装。例如，典型工程渠道左岸一级马道无法支立吊车，右岸巡查公路最宽处只有

5.5 m,大型吊车也无法将钢围挡支架直接吊至指定位置。因此,只有根据现场实际情况,对安装施工方案进行因地制宜的调整。

典型工程施工时将从加工厂出厂时钢围挡单元体分解成若干小单元体,采取导向支架和挡流板分期现场安装,前期先安装导向支架,后期顺着导向槽安装挡流板。整个钢围挡需要安装20个单元体:每个单元体长度6 m,顺水流方向共需要安装11个单元体,迎水面方向需要安装6个单元体,背水面方向需要安装3个单元体。

顺水流方向挡流面板每块高2.5 m,宽2 m,分3层安装。迎水面和背水面围挡由于需要架立在边坡上,需要将底座制作成1∶2.25的斜坡,见图5-198。底层挡流面板每块高度都需根据边坡的高度进行调整,单独制作;挡流钢板采用3 mm钢板作为挡流面板,用8#槽钢作为横向骨架,见图5-199。

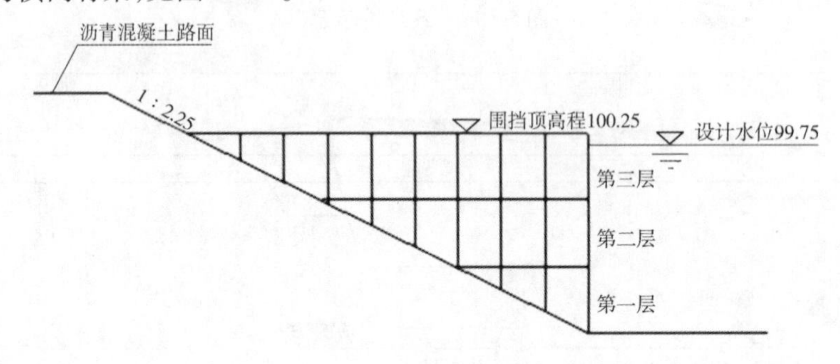

图5-198　坡面围挡分层安装示意

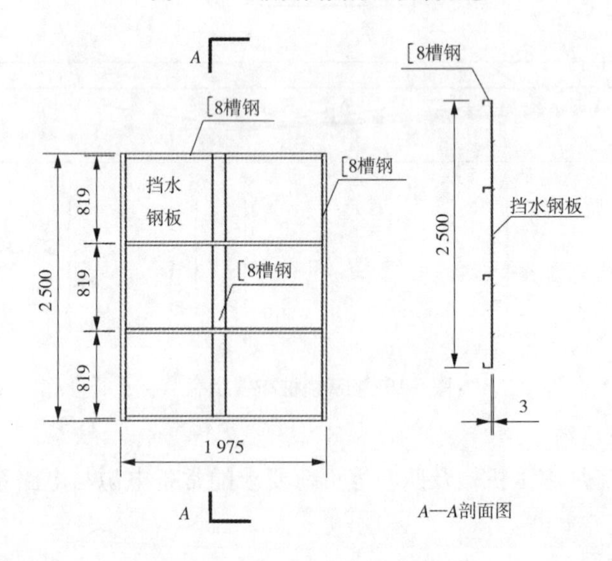

图5-199　挡流钢板结构　(单位:mm)

导向支架由底座、导槽和斜撑构成。导向支架按6 m×5.9 m的尺寸作为1个单元体进行制作,底座采用150×100×3矩形方管制作,每节长度6 m,底座上每隔2 m设置一根导向槽,导向槽为10#双拼工字钢,高度7.5 m高。导向槽两侧设置ϕ70钢管斜撑,用于支撑导槽，防止发生变形。钢围挡主要安装结构见图 5-200 ~ 图 5-205。

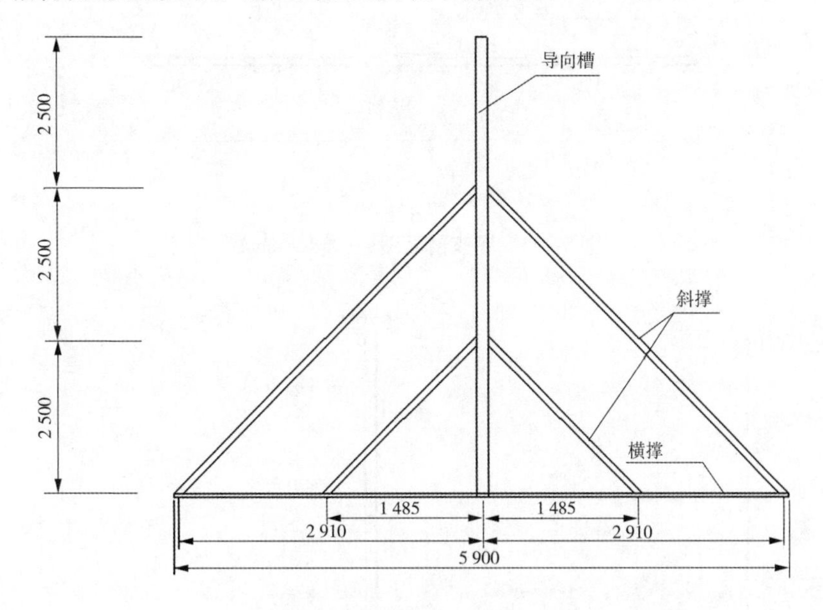

图 5-200　导向支架结构示意　（单位:mm）

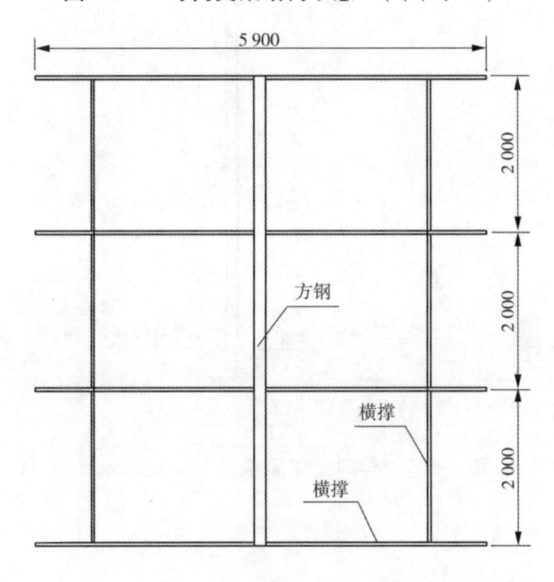

图 5-201　底座平面图　（单位:mm）

钢围挡导向支架单元体在出厂运输时，拆分为 5 个小单元，到达现场后进行拼装。顺水流方向的导向支撑单元体最大(6 m × 5.9 m)，重约 1.9 t，底座单个自重为 412 kg，单组立柱支撑最大自重 372 kg。各个小单元体到达现场后，在陆上进行拼装，随后使用 25 t 的吊车将导向支架吊至水面，并使用现场搭设的 U 形水上移动作业平台吊运至施工区域。

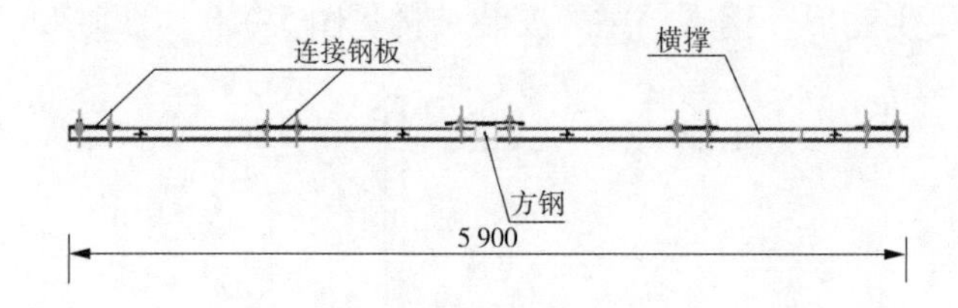

图 5-202　底座剖面图　（单位:mm）

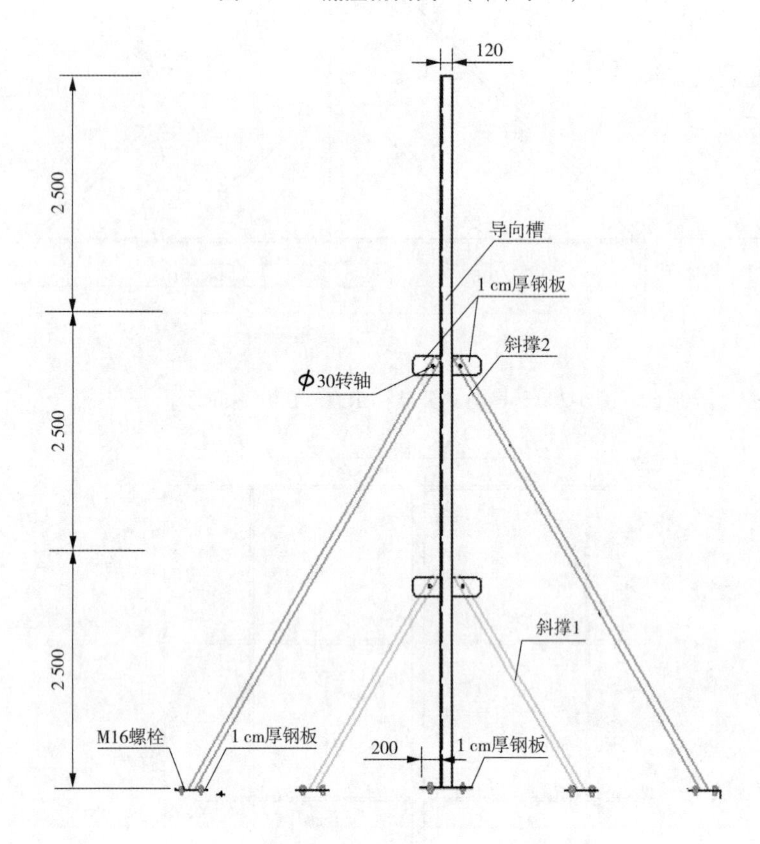

图 5-203　导向支架侧视图　（单位:mm）

5.6.3　钢围挡的二次转运

使用三轮拖拉机运输钢围挡单元体到右岸错车平台处,在陆上进行拼装后,施工试验图见图 5-206;然后使用 25 t 吊车将其吊到水面的水上移动平台,见图 5-207 和图 5-208,再使用水上移动作业平台将其转运至指定位置。

水面运输时,在水上移动作业平台的四个角各放置 1 台 3 t 的卷扬机,将卷扬机的钢缆固定在左右两岸的系缆桩上,通过操作卷扬机进退挡来控制四条钢缆的长度,从而实现水上移动作业平台的走向。

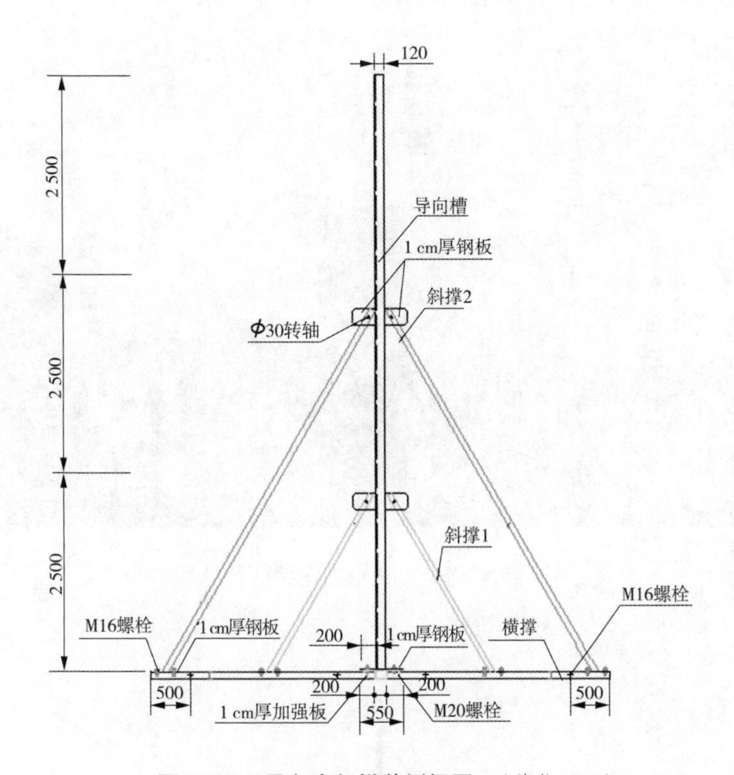

图 5-204　导向支架拼装侧视图　（单位:mm）

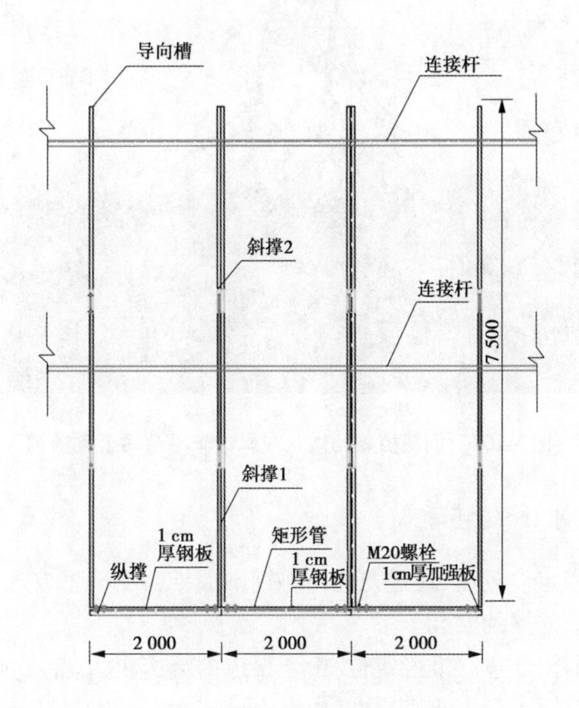

图 5-205　导向支架拼装正视图　（单位:mm）

图 5-206　陆上钢围挡拼接

图 5-207　钢围挡单元体从右岸错车平台吊至渠道内

5.6.4　钢围挡的水下安装就位

钢围挡运输到指定位置后,通过龙门吊将钢围挡导向支架下放入水,由潜水员在水下进行最后 1 个导向短支撑的安装。

导向支架下放前需要进行准确定位,由于渠道内流速较大,想要实现在水上直接定位后准确下放至指定位置十分困难。因此,由潜水员在水下辅助进行导向支架的水下定位。现场使用槽钢制作 2 个 1 m×1 m 的框架,将其紧贴在边坡的底部,间距为 6 m。钢围挡底座下放时,将其与制作的 2 个 1 m×1 m 的框架边缘对齐即可。

图 5-208　钢围挡渠道内运输

当进行 2 组单元体对接时，潜水员在对接的两个单元体上拉拽紧绳器，通过紧绳器将 2 个单元体靠近；这样可以避免因水流作用导致钢围挡下落过程有斜度，若直接到底就可能出现使 2 个单元体之间存在空隙的现象。2 个单元体对齐后，使用螺栓进行把接固定、钢缆连接和水下焊接固定。

钢围挡竖向支撑下放完毕后，在水面上沿导向支架槽下放挡流板（见图 5-209），确保挡流板下放到底。

图 5-209　挡水面板下放

5.6.5　钢围挡水下加固措施

5.6.5.1　底座压重

钢围挡底座下放到位后，为了增强钢围挡的整体稳定性和防倾覆危险，潜水员使用碎石袋对底座进行压重；根据稳定计算，仅对迎水面和渠底前三套钢围挡单元体进行压重，防止底座出现倾滑等现象。压重时要将导向支架与底座的连接处预留出来。

5.6.5.2　缆绳牵拉

钢围挡安装完毕后需要在钢围挡上布设缆绳，缆绳固定于两岸设置的锚桩上，用于拉拽钢围挡，确保钢围挡的稳定。现场共布设 4 根缆绳，固定在钢围挡底座和立柱交叉部位，其中 2 根从钢围挡外侧牵引出来，固定在右岸系缆桩上；另外 2 根从钢围挡内部（静水区）牵引出来，固定在左岸系缆桩上。在作业过程中，根据作业平台移动位置需要，可将钢缆固定在不同的系缆桩上。

5.6.6　钢围挡特殊部位的调整

5.6.6.1　渠坡斜交

在安装渠底迎水面和背水面钢围挡时，复杂的空间交错关系使得钢围挡存在底座重叠和斜撑阻碍的现象。因钢围挡底座、渠道边坡两个平面斜交的立体位置关系，导致钢围挡在上游迎水面与渠道边坡的结合为三维立体交叉；而在钢围挡制作和现场安装时都难以精准控制，现场安装常有误差。因此，对迎水面和背水面施工位置处的渠道边坡进行了现场测量，并根据测量结果对迎水面和背水面钢围挡进行局部修改调整，实现斜坡斜交的钢围挡安装。

5.6.6.2　迎水段与顺流段衔接处

对钢围挡迎水面段和顺水流段两段立面衔接时，改造迎水面下游侧的底座槽钢方向，将钢围挡内侧的槽钢支腿向单元体内侧收紧，并将钢围挡外侧的槽钢支腿向外侧偏转，形成一个内“八”字，这样既满足和顺水流段钢围挡的对接，也满足了迎水面钢围挡拐角支撑的问题，如图 5-210 和图 5-211 所示。

5.6.6.3　迎水面渠底和渠坡结合处

在安装施工中发现，迎水面渠底和渠坡结合处的 2 套钢围挡底座设计制作不合理，若按照设计尺寸进行安装，会出现底座被垫起来的现象；因此针对 2 个钢围挡所在特殊位置的特点，进行了相应的改造调整。

迎水面渠底钢围挡改造：将钢围挡内侧的底座支腿向内侧收紧，同时钢围挡外侧的支腿向外侧偏转，这样可以将渠底钢围挡和渠坡线紧贴，不会出现底座悬空被垫起来的现象。

迎水面渠坡钢围挡改造：将钢围挡外侧的底座支腿向内收紧，将内侧的钢围挡底座支腿向外偏转，使渠坡钢围挡与渠坡线紧贴，见图 5-212 ~ 图 5-214，下游侧挡水面的钢围挡与渠道边坡为垂直交叉，调整改造相对简单，安装时得到了很好的效果。

5.6.6.4　顺流段与背流段衔接处

背水面和顺水面钢围挡对接的改造形式和效果与迎水面改造情况一样，也将原设计

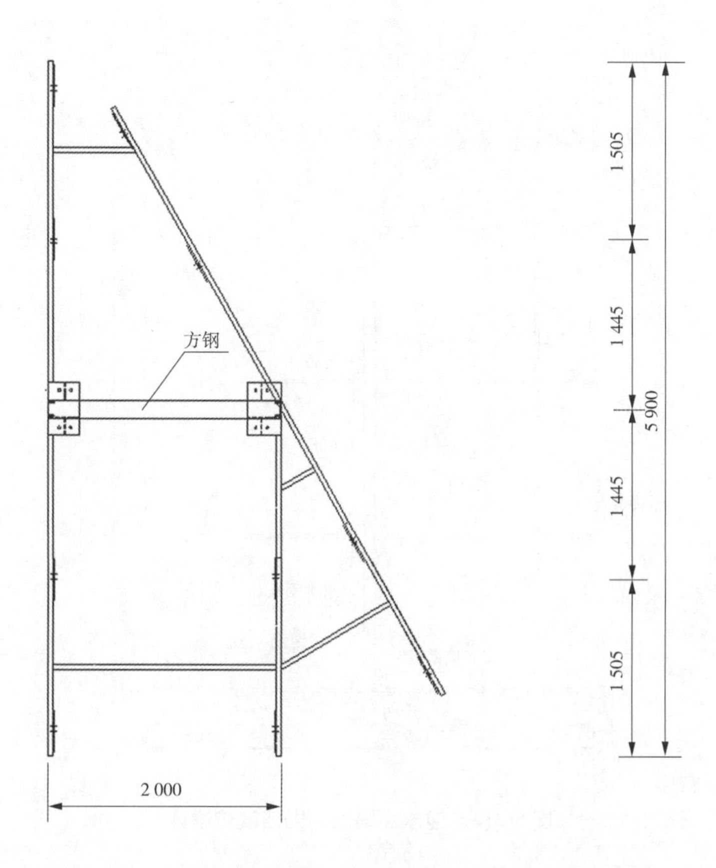

图5-210　迎水面和顺水流方向对接钢围挡改造设计

图5-211　迎水面和顺水流方向对接钢围挡改造效果

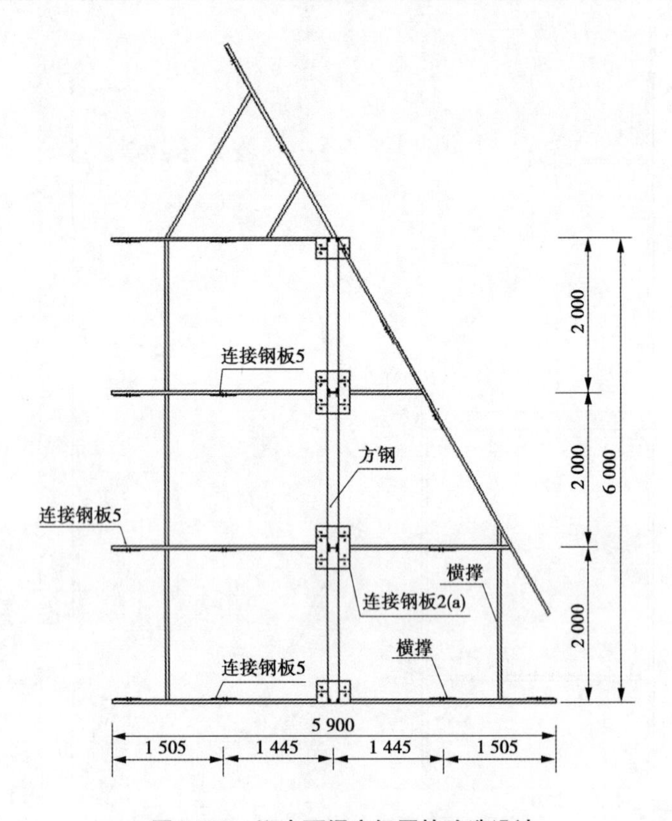

图 5-212　迎水面渠底钢围挡改造设计

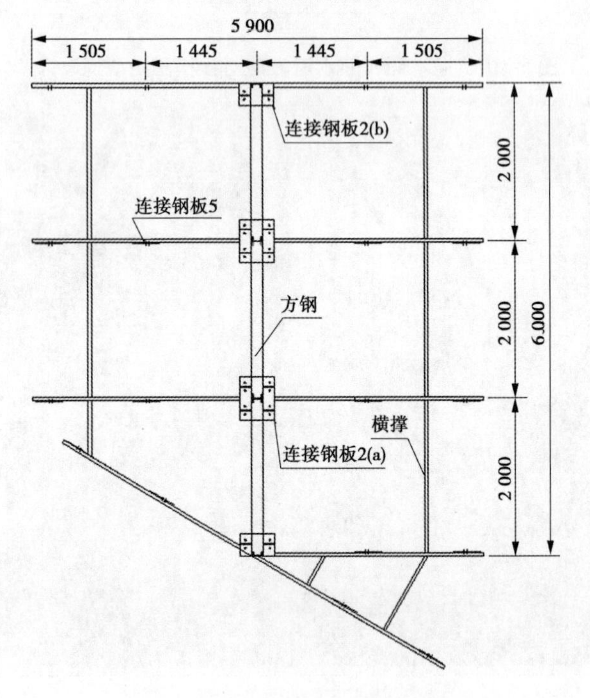

图 5-213　迎水面渠坡钢围挡改造设计

图 5-214　迎水面渠底钢围挡改造效果

方案进行了调整改进,使得钢围挡的对接和转角处的钢结构做到合理、可行,便于加工安装。

5.6.7　钢围挡区渠底逆止阀与衬砌面的保护

在典型工程的钢围挡安装施工时发现,渠底钢围挡安装区域从桩号Ⅳ104 + 882.00 至桩号Ⅳ104 +934.00 区域存在逆止阀,逆止阀高出渠底底板 8 ~10 cm,逆止阀间距为 8 m。为了保护渠底逆止阀,在安装渠底钢围挡时,在钢围挡单元体中方钢的两侧各放置 2 根通长的 10#槽钢将整个钢围挡单元体垫高 10 cm,保证逆止阀的安全;对于钢围挡底部抬高的空隙,则在钢围挡单元体安装完毕后使用碎石袋将方钢底部空隙填满,保证方钢底部不漏水、不通流。

同时,在钢围挡安装过程中,为避免钢围挡和渠道底板硬接触,导致衬砌板受压破坏,在钢围挡底座采取了加设橡胶垫片的措施。

5.7　钢围挡布置的改进与水动力特性分析

5.7.1　钢围挡渠段的流场特性分析

通过不同工况的流场数值模拟研究表明,钢围挡的平面布置与水流条件是影响钢围挡渠段流场特性的重要因素。首先是钢围挡迎流面的布置,迎流面位于钢围挡的最前端,承受动水压力与来流冲击力。目前,生产性试验布置的是钢围挡与来流方向有 34°左右的夹角;在钢围挡的约束作用下,经过钢围挡区的水流类似无坎宽顶堰流,见图 5-215、

图 5-216。来流在进入收缩段后，流速逐渐加快，上游形成壅水（0.1 ~ 0.2 m）；在收缩段结束时，水面复有跌落，靠近钢围挡边壁附近还有因水流边界分离形成的局部水面凹陷；而后在缩窄段水流比降略大于均匀流比降，流速一般为 1.5 ~ 2.7 m/s。较无钢围挡区增大 37% ~ 62%，在出钢围挡后，水面略有抬升。

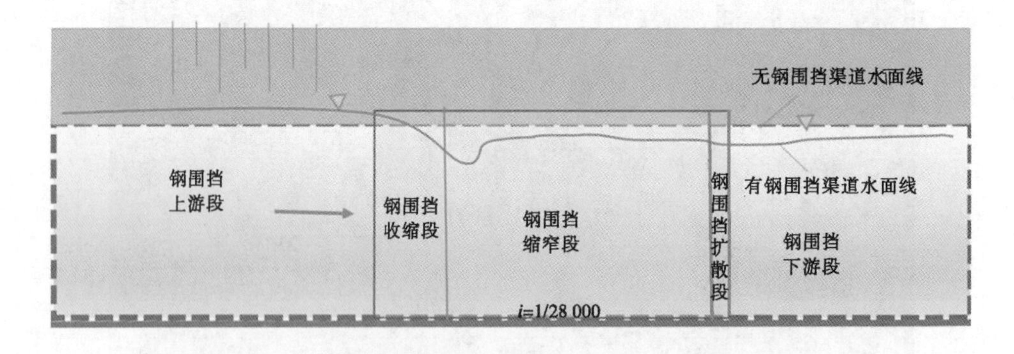

图 5-215　钢围挡渠段（纵剖面）水位沿程变化特征示意图

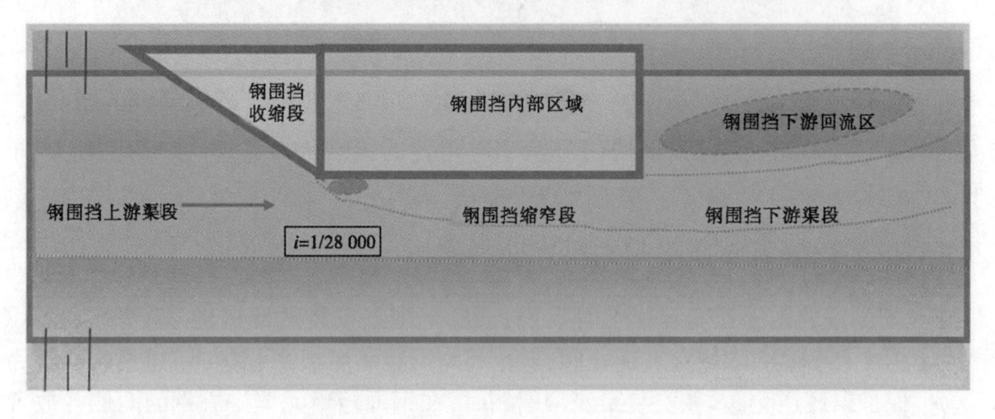

图 5-216　钢围挡渠段平面流场示意

改变钢围挡迎流收缩段的角度会影响该区域的壅水范围与高度；同时会影响来流对钢围挡迎流面的水流冲击力，对钢围挡结构承受的荷载与整体的稳定产生影响。一般来说，减小收缩段长度会增大收缩角，增大该段流线曲率，收缩段末端的局部水面跌落也会增加；但钢围挡边坡段的施工难度就会降低，钢围挡内部的有效施工区域就会相对增大。

在钢围挡扩散段下游，水流出钢围挡收缩段范围后，产生分离现象和大范围回流区，回流区程度为 60 ~ 120 m，回流区流速一般在 0.3 ~ 0.7 m/s。在这个区段，主流沿程逐渐扩散，流速分布逐渐调整恢复至无干扰状态；而回流区的宽度沿程逐渐缩小，回流强度也逐渐减弱。受回流区的卷吸作用，水流中的悬浮物会进入回流区沉积，钢围挡施工区的泄漏物也会部分进入回流区沉积。利用回流区自身水力特性，在施以辅助措施，可以进一步改善施工区对水环境的干扰，杜绝污染隐患。

5.7.2　钢围挡优化布置的方案研究

5.7.2.1　调整钢围挡上游段平面布置的简化方案一

原型方案为了减小绕流阻力，将迎水面钢围挡与来流方向约有34°左右的夹角。在钢围挡的实际布置中，钢围挡迎流面从渠底延伸到渠道边坡，结构比较复杂且加工精度难以保证，现场装配复杂、经常修改、安装效率低下。所以，需要对迎流面钢围挡布置进行优化改造，一方面采用与边坡正交的横向围挡结构，在转角处设置3 m长的过渡转折切角，见图5-217、图5-218，钢围挡总长依然为95.8 m，但有效施工长度增加30 m，有效施工面积增加44.7%。

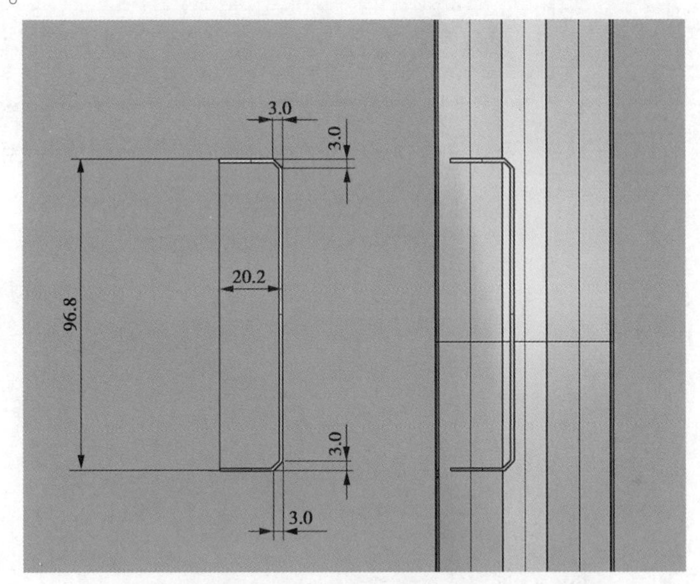

图5-217　钢围挡简化方案一平面布置　（单位：m）

图5-218　钢围挡简化方案一的三维效果

5.7.2.2　改善钢围挡上游流态与利用下游回流区的优化方案二

（1）采用导流帘改善钢围挡迎流流态：在简化方案一的基础上，通过设置柔性半透水导流帘，引导水流逐渐收缩偏转，减小对横向围挡迎水面的水流冲击力，导流帘收缩角为

26°。导流帘上部由固定于岸边的钢缆牵引定位,底部则借助压重袋固定,导流帘采用高强度尼龙布制作,平面布置见图5-219,三维立体效果图见图5-220。

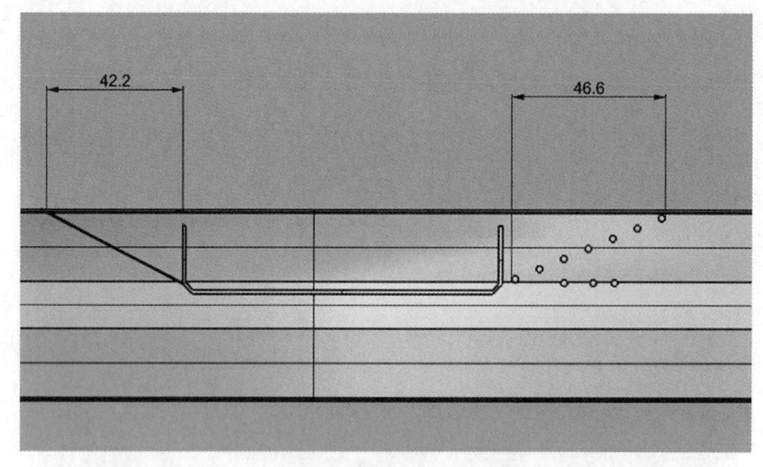

图5-219　钢围挡优化方案二的平面布置　(单位:m)

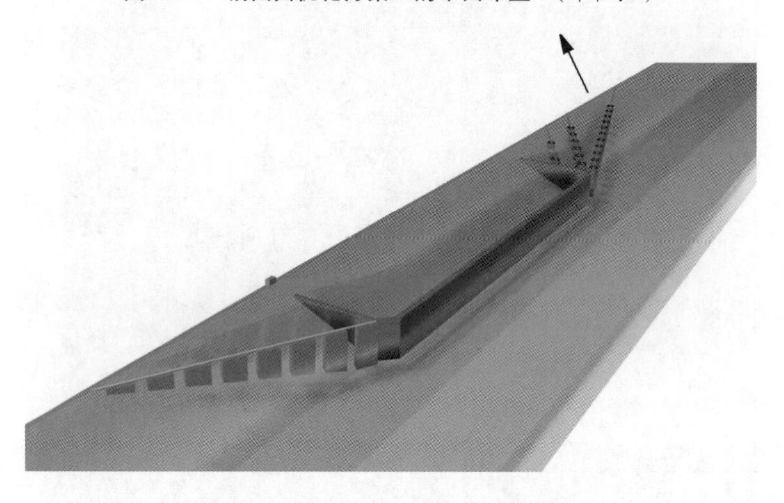

图5-220　钢围挡优化方案二的三维效果

(2)利用钢围挡下游回流区特性增强施工区截污能力:为了充分利用钢围挡下游回流区的卷吸、沉淀效应,增强回流区的施工期截污作用;在优化方案二中,为钢围挡下游回流区设置多排条状柔性织物管袋,内置可控释放的絮凝剂,形成絮凝管袋阵,见图5-221;当施工污染物流经回流区及其附近时,通过摩擦卷吸作用被带进回流区,促使其发生絮凝沉淀,将回流区利用成为絮凝沉积区。下游设置拦污网,通过专用真空吸附泥浆泵,及时清除施工期产生的水体污染沉积物。提高对施工区泄露污染物的拦截效率,保证施工区水体不受污染。管袋阵的结构与工作原理设想如下:增设管袋阵中的絮凝管袋采用可拆卸式结构,本体由内置可控释放絮凝剂装置的织物长管袋构成,上部固定在由钢围挡牵引至岸坡的钢索上并设置浮漂,下部设置活动压载块,成排交错布置在钢围挡后回流区范围内(见图5-219、图5-220)。漂浮颗粒物絮凝后大部分沉淀于絮凝管袋阵区,絮凝剂消耗完毕后,可补充更换重复利用。管袋挂钩安装非常简易,便于维护更换,安装位置还易于调整。回流区的漂浮物和水中絮凝沉淀杂质由下游拦截垃圾网收集,其结构类似渔网。

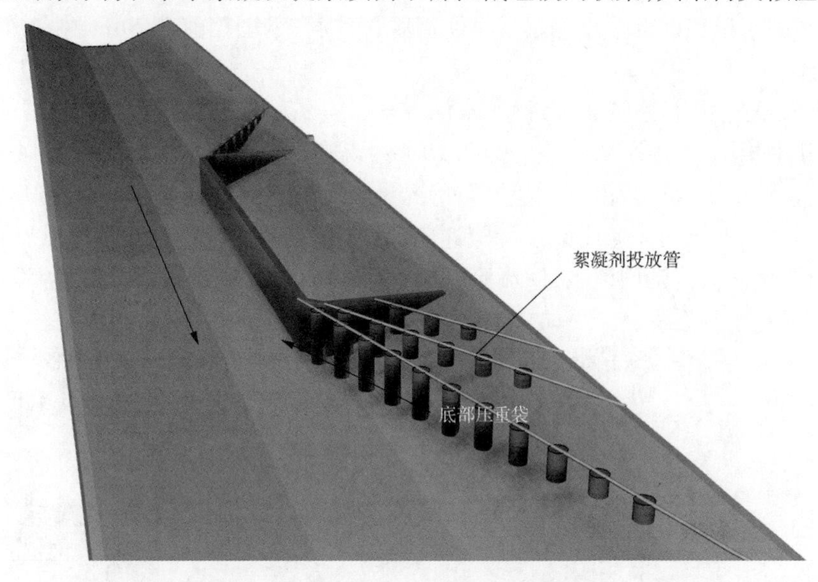

图 5-221　钢围挡优化方案二的下游回流区增絮截污设施三维效果

5.7.3　钢围挡优化方案的水动力数值模拟研究

5.7.3.1　简化方案一的流场特性及效果分析

设计流量条件下,简化方案一的数值模拟成果整理成水深沿程分布图 5-222、流速分布图 5-223、图 5-224 和反映流场流态的流线图 5-225。

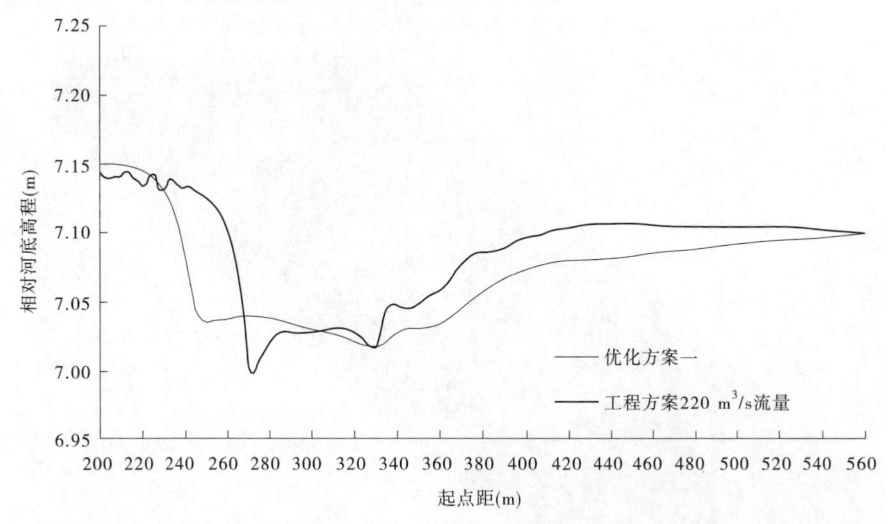

图 5-222　简化方案一和工程 $Q = 220\ m^3/s$ 水面线对比

由图 5-222 可以看到,简化方案一采用了直角收缩,没有收缩过渡段,但上游壅水高度没有变化;水流在 $x = 240$ 断面进入钢围挡区后同样产生水面降落,水位变化比原设计方案早,30 m 内水面降落 0.11 m,比原设计方案还少降 0.04 m。由于水位降落较快,流速比原设计增加较早。不同工况,沿流程各特征断面的水深见表 5-14。去除收缩过渡段后,在钢围挡横档前部左岸侧出现小回流区,范围在钢围挡前部 20 m 左右;但回流强度很低,回流流速 0.1 ~0.25 m/s。

进入缩窄段后,水流逐渐理顺,水深 $H=7.10\sim7.13$ m,与原设计钢围挡水深 7.11 m 相比,几乎相同,垂线平均流速约为 2.10 m/s,与原设计垂线平均流速 2.14 m/s 相比,也基本接近。钢围挡渠段沿程流速分布情况见表 5-14,可以看到在钢围挡进口断面,由于迅速收缩,优化方案的流速比原设计流速略高。由图 5-223 ~ 图 5-225 可以看到,在钢围挡下游依然存在大范围回流区,回流流速 0.2 ~0.45 m/s,主回流区长度为 50 ~60 m,与原设计方案基本相近。

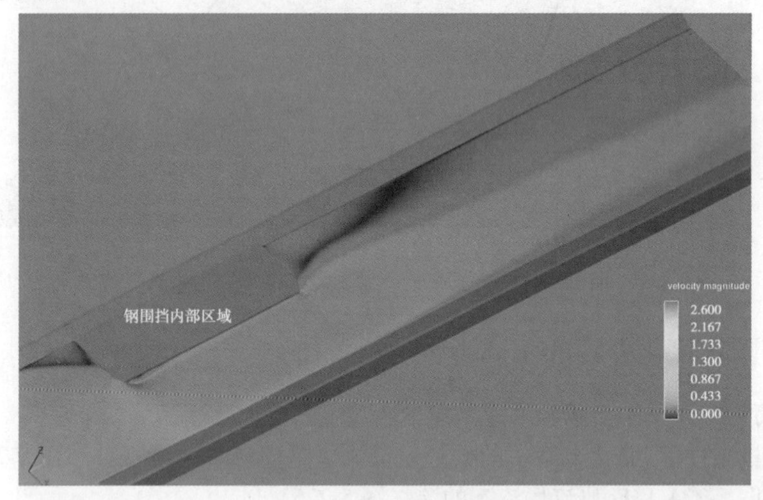

图 5-223 简化方案一,设计流量 $Q=260\ m^3/s$,表面流速分布云图

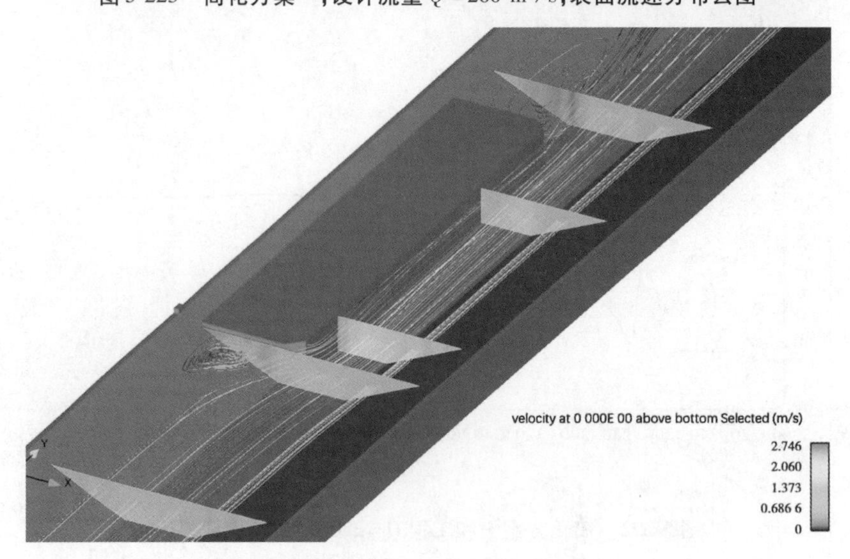

图 5-224 简化方案一,钢围挡渠段流场流线和特征断面流速分布云图

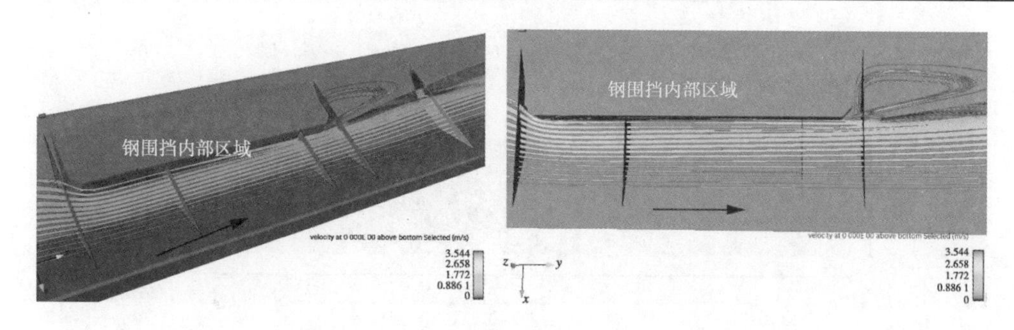

续图5-224

图5-225　简化方案一,钢围挡后部回流区流线

图5-226(a)~(h)给出了设计流量下,钢围挡渠段沿程各特征断面的纵向流速分布。由这些图可以看出:在 $x=235$ 断面,已经受横向直立钢围挡的影响,左侧出现低速回流区,主流开始往右侧偏移。在 $x=270$ 断面,靠近钢围挡壁面近底部区域存在0.2~0.4 m/s的低流速区,这也同原型观测的水流现象是完全一致的。在出钢围挡后的 $x=360$ 断面,断面流速分布图清晰地体现了处于回流区的左侧流速分布特征,回流区存在近零流速带,左右两侧分别为正逆向环流流速,环流流速为0.3~0.5 m/s;$x=397$ 断面以后回流范围逐渐减小、强度减弱。

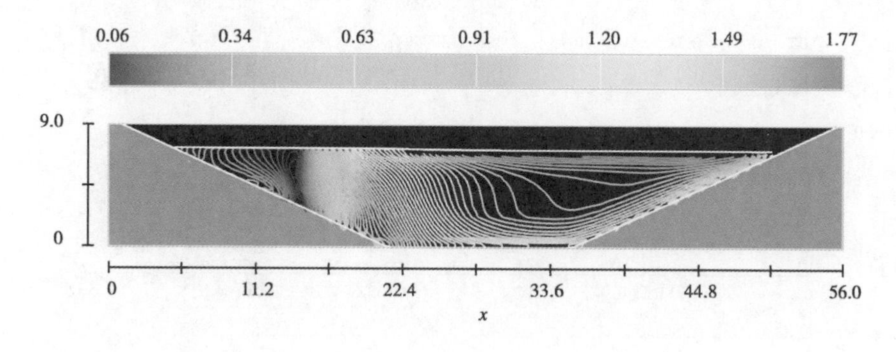

(a)$x=235$ 断面

图5-226　设计流量,沿程各特征断面纵向流速分布(等值线云图)

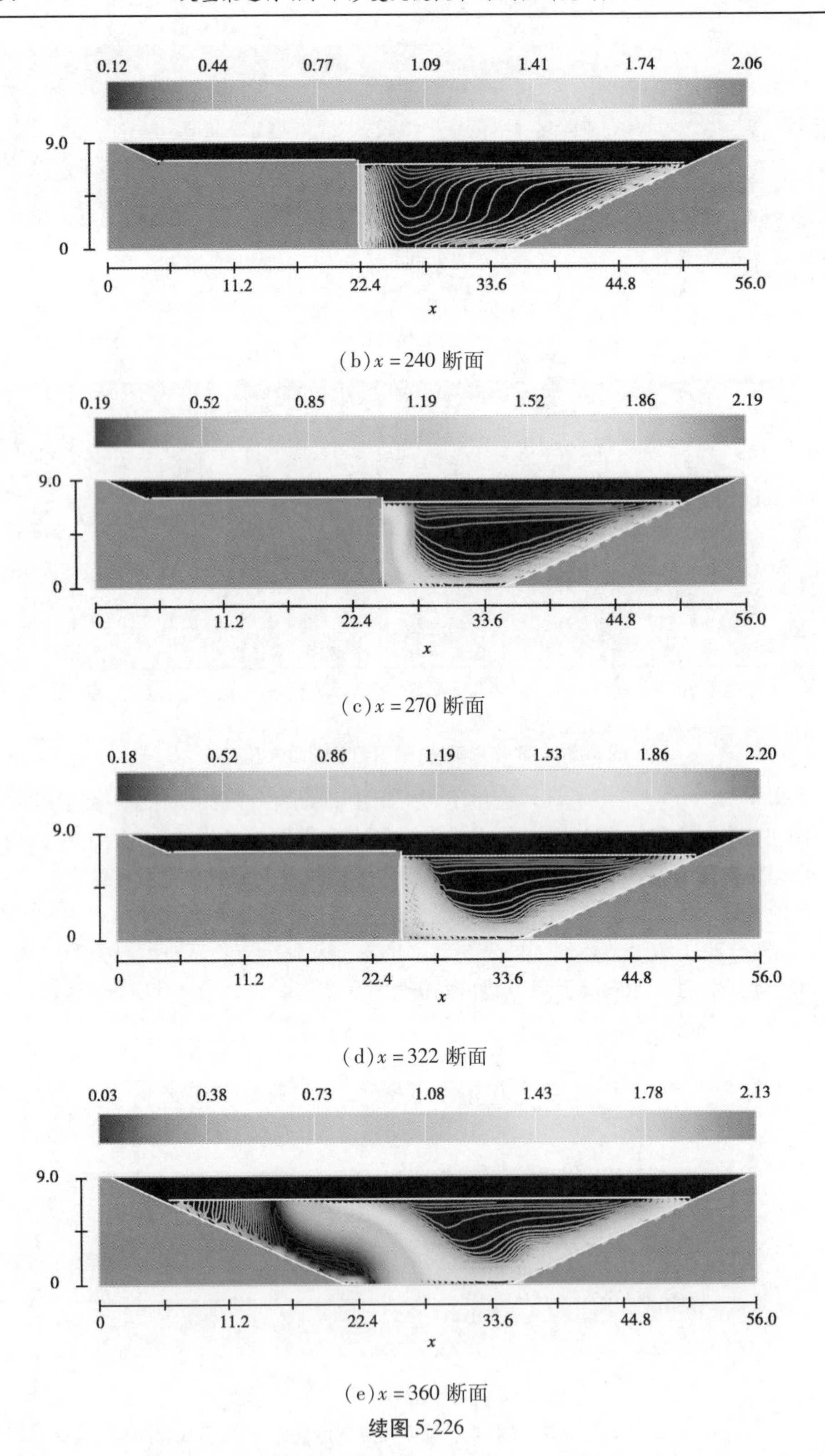

(b) $x=240$ 断面

(c) $x=270$ 断面

(d) $x=322$ 断面

(e) $x=360$ 断面

续图 5-226

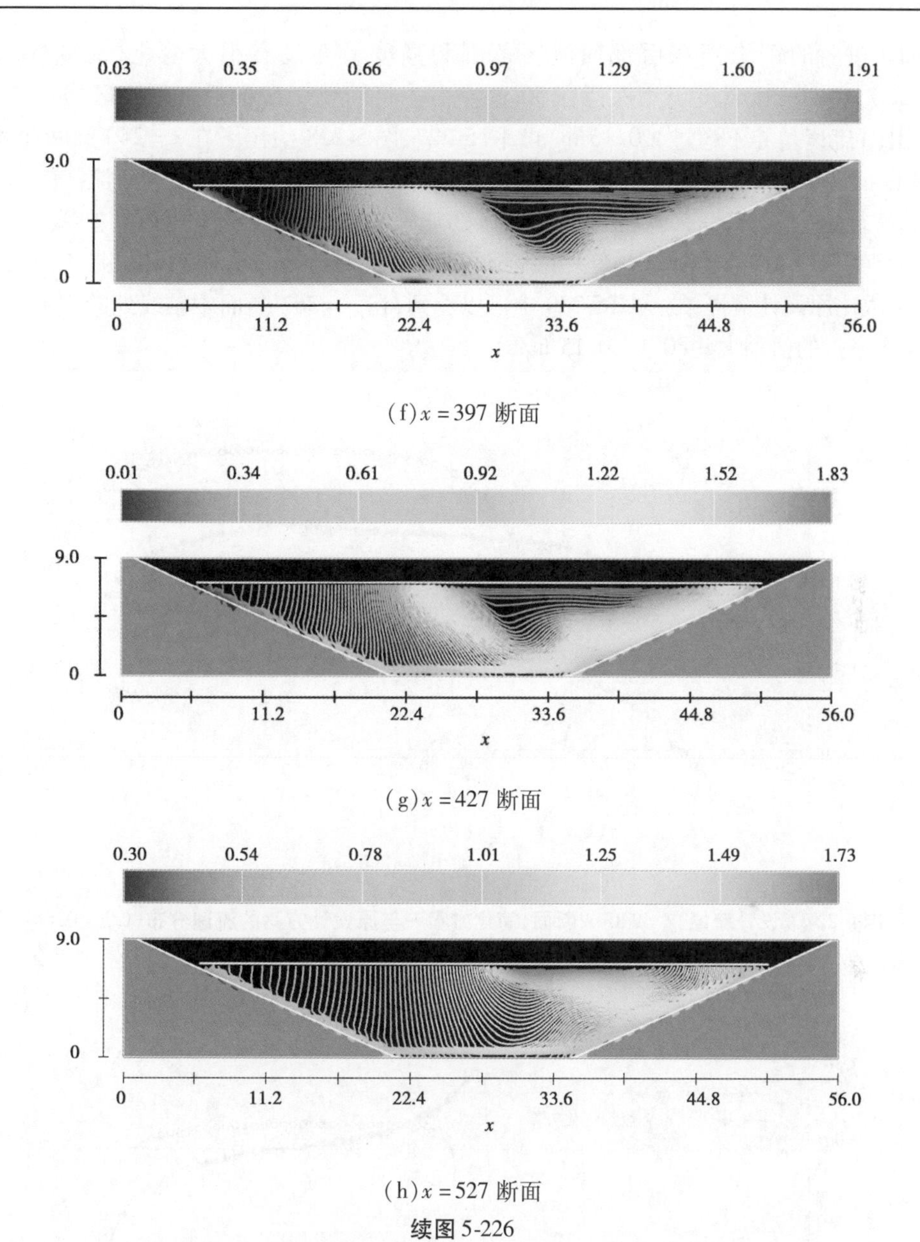

(f) $x=397$ 断面

(g) $x=427$ 断面

(h) $x=527$ 断面

续图 5-226

表 5-14　不同方案,钢围挡渠段沿程(中轴线)垂线平均流速对比一览

相对原设计收缩段起点(m)	原工程方案状态	简化方案一状态	无工程状态	断面说明
0	1.45	1.79	1.51	钢围挡上游起点 0 m 断面
30	2.14	2.10	1.51	原钢围挡斜直面拐角处
82	2.10	1.94	1.51	钢围挡缩窄顺直段中下部
127	1.77	1.74	1.51	钢围挡下游 30 m(左侧有回流区)

简化过后的钢围挡在后部回流区范围和强度上并没有很大变化(见图5-227～图5-232),主回流区长度仍然保持在50 m左右。将简化工况的后部回流区的流速与原工况相比,流速差异不超过±0.15 m/s。图5-227、图5-228给出了在$x=240$ m断面和$x=270$ m断面两种方案,不同流层纵向流速的横向分布,可以看到左侧处于回流区的流速横向分布特征。主流带偏右,左侧进入回流区的流速较低,一般在±0.5m/s之内。从纵向流速的垂线分布看,由于简化方案一的缩窄段比原设计长30 m,水流更为理顺;因此出钢围挡后,扩散比原设计缓慢,故从图5-230中可以看到,在$x=367$断面中轴线处的中上部的流速简化方案一的值稍大些(0.1～0.15 m/s)。

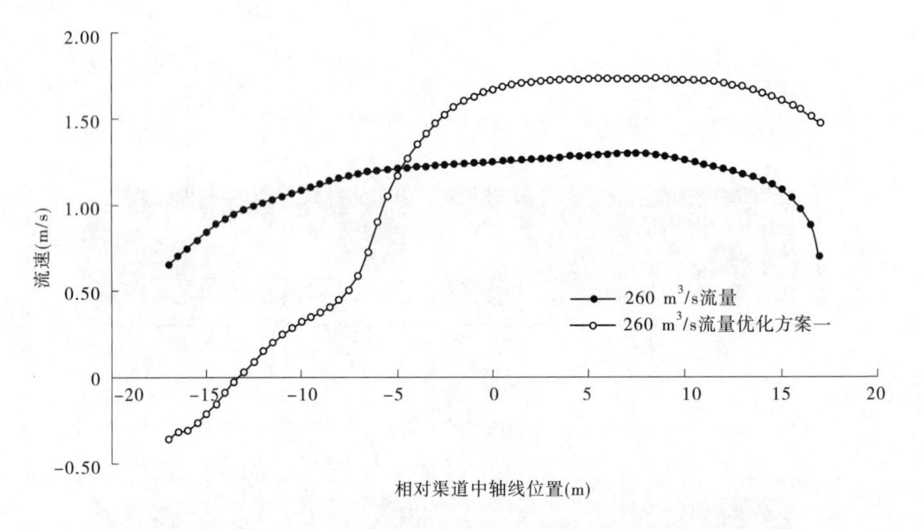

图5-227 设计流量,$x=240$ m断面,简化方案一与原设计方案的流速分布,$y/h=0.6$

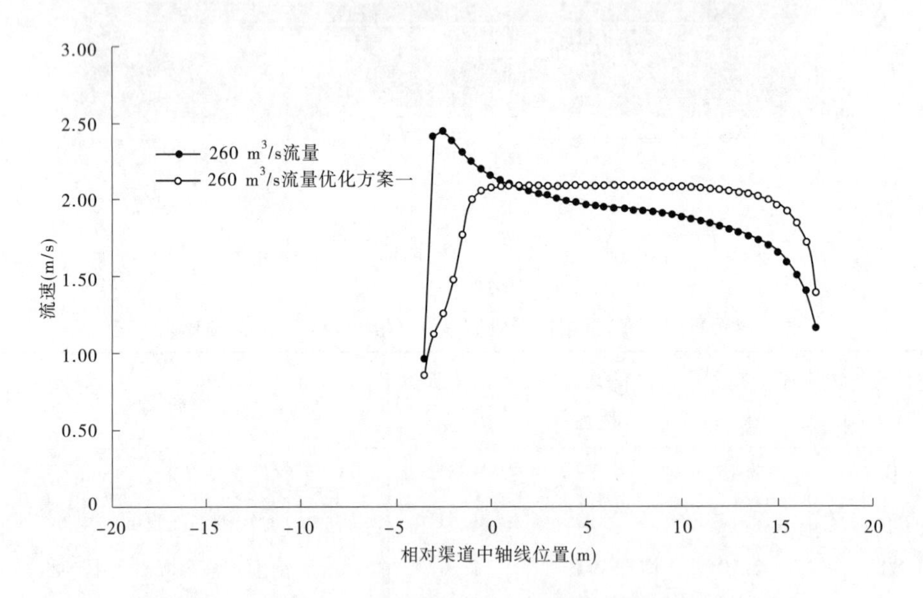

图5-228 设计流量,$x=270$ m断面,简化方案一与原设计方案的流速分布,$y/h=0.6$

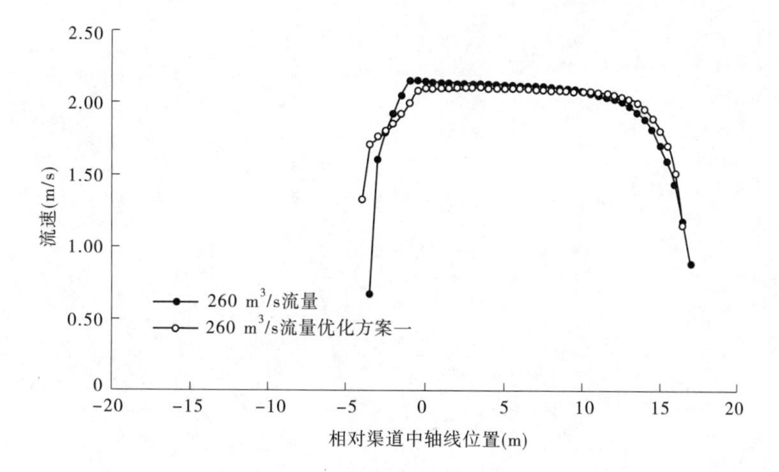

图 5-229　设计流量，$x=322$ m 断面，简化方案一与原设计方案的流速分布，$y/h=0.6$

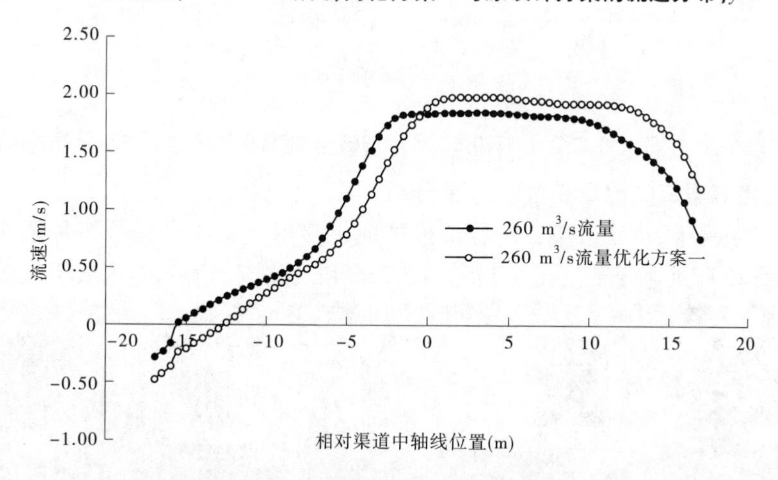

图 5-230　设计流量，$x=367$ m 断面，简化方案一与原设计方案的流速分布，$y/h=0.6$

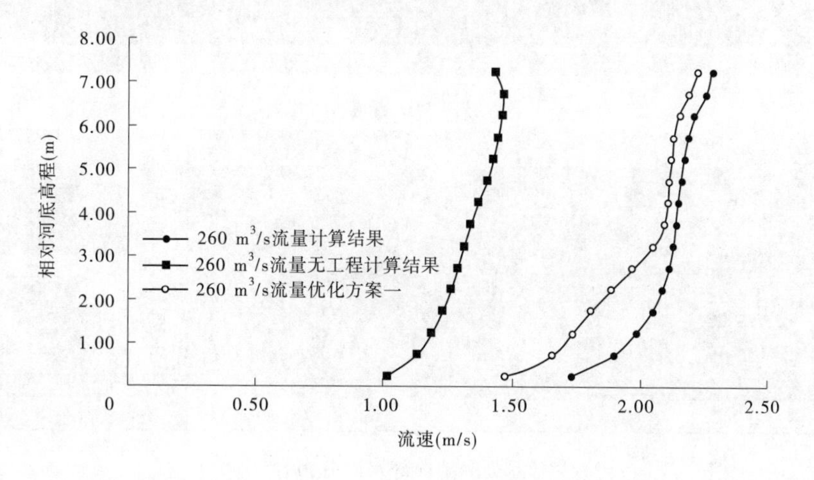

图 5-231　简化方案一和工程 $Q=220\ m^3/s$、$x=322$ m 断面垂线流速分布对比图(中轴线)

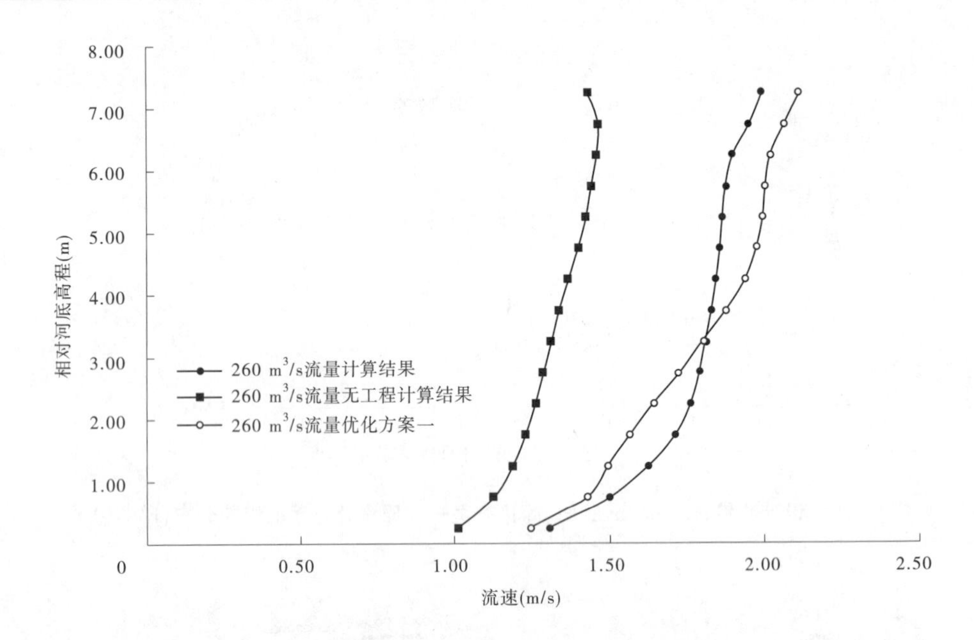

图 5-232　简化方案一和工程 $Q=220\ \mathrm{m^3/s}$、$x=367$ m 断面垂线流速分布对比图(中轴线)

5.7.3.2　优化方案二的流场特性及效果分析

设计流量条件下,优化方案二的数值模拟成果整理成水深沿程分布见图 5-233、水面线对比见图 5-234、流速分布见图 5-235、图 5-236 和反映流场流态的流线图见图 5-237。

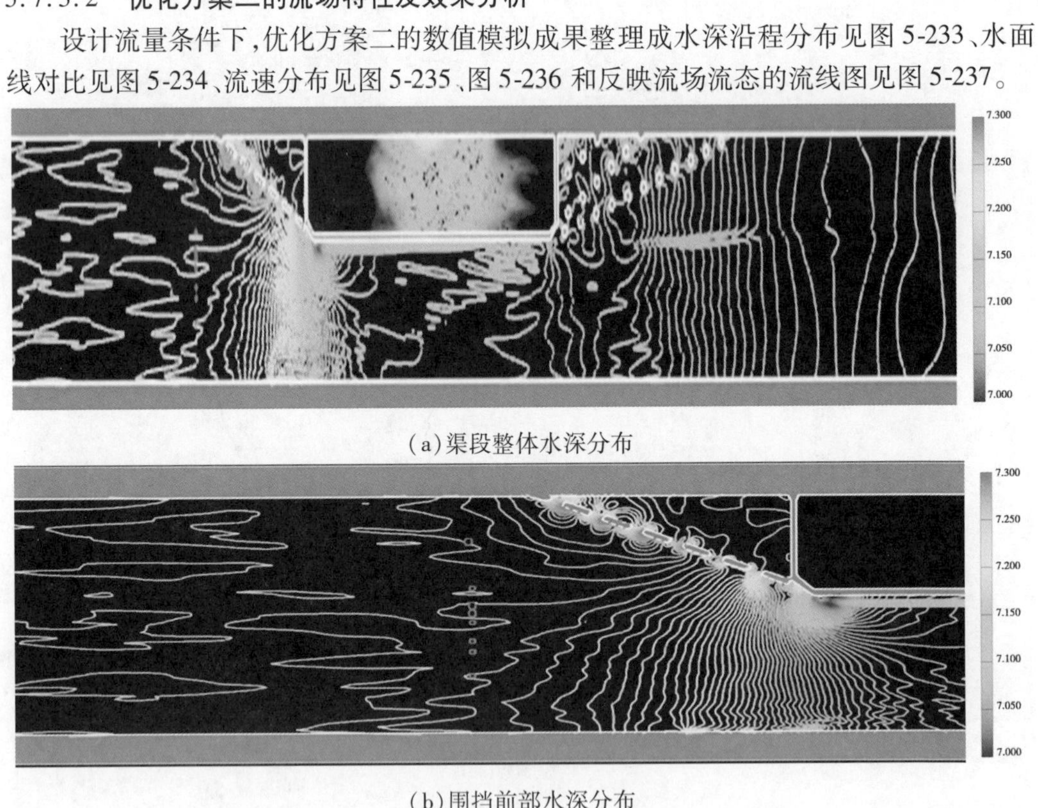

(a)渠段整体水深分布

(b)围挡前部水深分布

图 5-233　260 $\mathrm{m^3/s}$ 流量优化方案二流场水位图(相对渠底)

(c)围挡后部水深分布

续图5-233

由图5-233可以看到,优化方案二采用了前置收缩段,但上游壅水高度略有降低;水流在进入钢围挡42 m长的收缩区后水流逐渐压缩调整,水位逐渐降低;在 $x=240$ 断面,比设计方案一的水位降落略多0.1 m;在钢围挡转角处有局部水位跌落,与设计方案一相比,水面降落基本相同。水位降落相对比较平缓,流速则同步平缓逐渐增加。不同工况,沿流程水面线对比见各特征断面的水深见图5-233,收缩过渡段的保护使钢围挡横档前流速仅0.1 ~0.2 m/s。

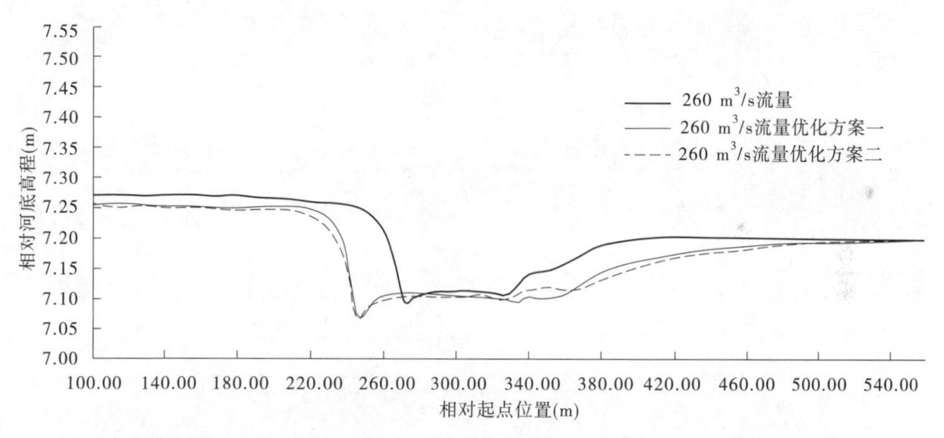

图5-234 260 m³/s 流量简化方案一/二和原工程方案水面线对比

进入缩窄段后,水流逐渐理顺,水深 H =7.10 ~7.11 m,与原设计钢围挡水深7.12 m相比略低0.1 m;垂线平均流速约为2.10 m/s,与原设计垂线平均流速2.14 m/s相比,也基本接近。钢围挡渠段沿程自由面流速分布情况见图5-234,可以看到在钢围挡前置收缩导流段的作用下,钢围挡上游迎水面流速很低,优化方案二的流速比原设计流速略高,但比简化方案一明显降低。由图5-234 ~图5-237可以看到,在钢围挡下游依然存在大范围回流区,回流流速0.1 ~0.4 m/s,主回流区长度为60 ~80 m,比原设计方案略有增加。

图5-238(a) ~(f)给出了设计流量优化方案二,钢围挡渠段沿程各断面的纵向流速分布。由这些图可以看出:在 $x=230$ 和245断面,受前置导流帘的影响,左侧出现低速静水区,主流开始往右侧偏移。在 $x=270$ 断面,靠近钢围挡壁面近底部区域存在0.2 ~0.4 m/s的低流速区,这也同原型观测的水流现象是完全一致的。在出钢围挡后的 $x=356$ 断

图 5-235　260 m^3/s 流量优化方案二流场表面速度云图(轴侧视图)

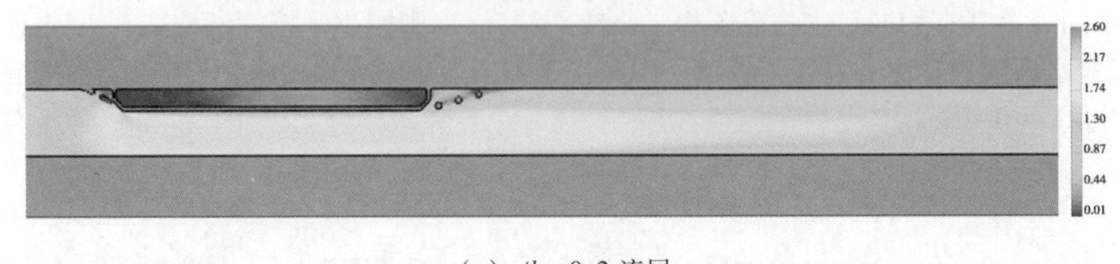

(a) $y/h = 0.2$ 流层

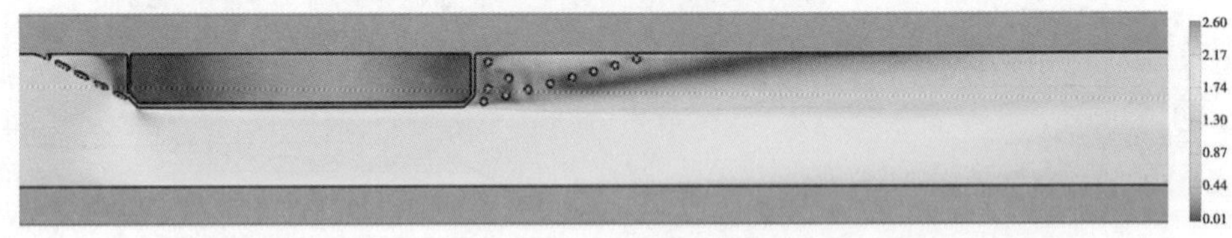

(b) $y/h = 0.6$ 流层

图 5-236　260 m^3/s 流量优化方案二流场剖面速度云图

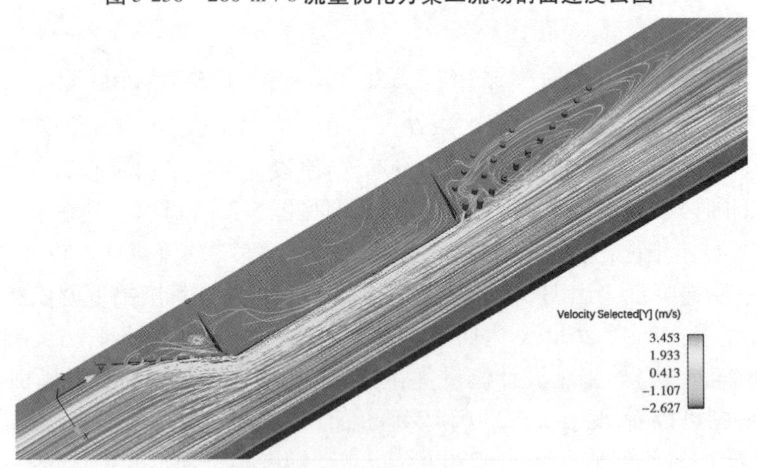

图 5-237　260 m^3/s 流量优化方案二流场流线和特征断面流速分布云图

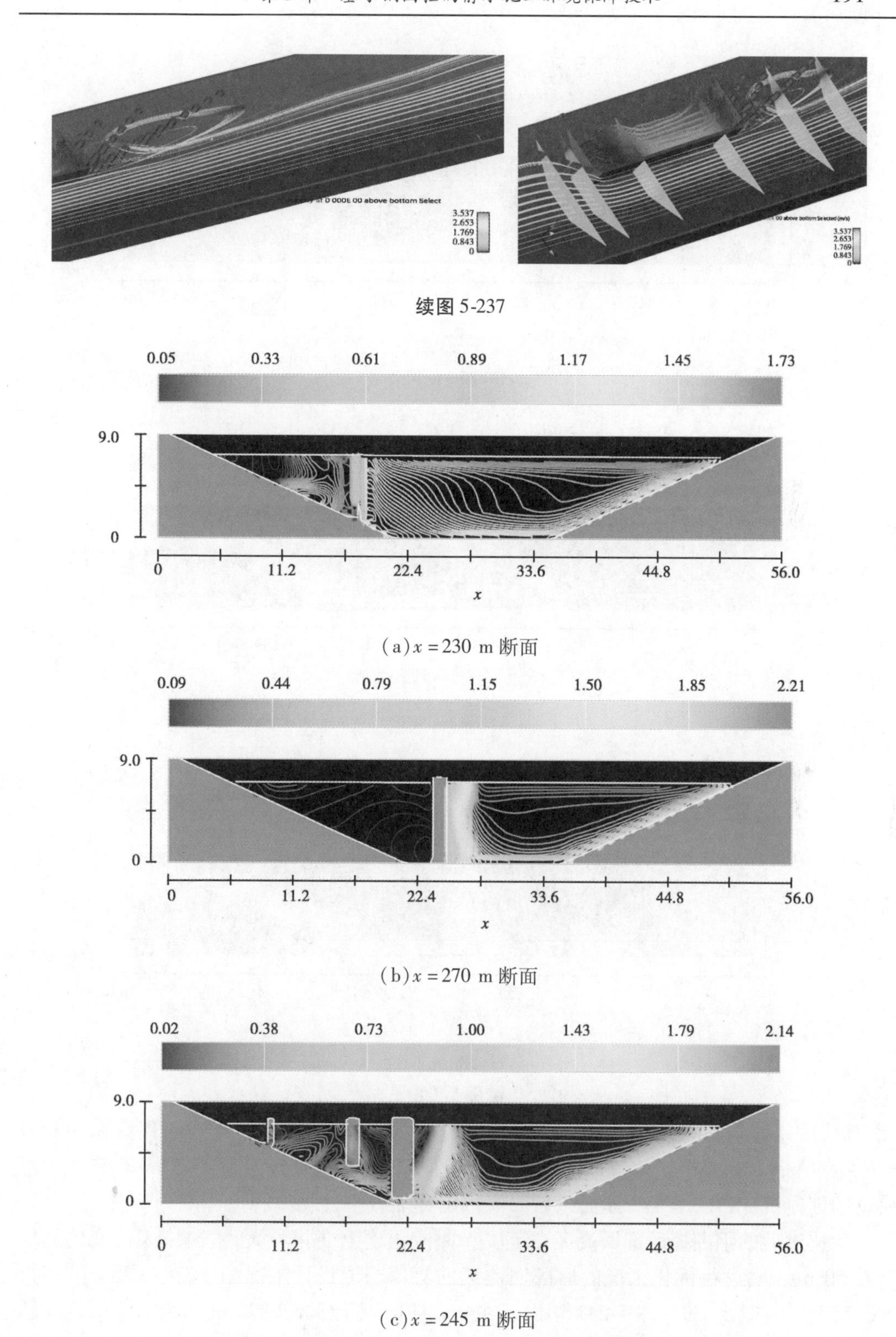

续图 5-237

(a) $x=230$ m 断面

(b) $x=270$ m 断面

(c) $x=245$ m 断面

图 5-238　流量 260 m^3/s 优化方案二特征断面流速剖面图

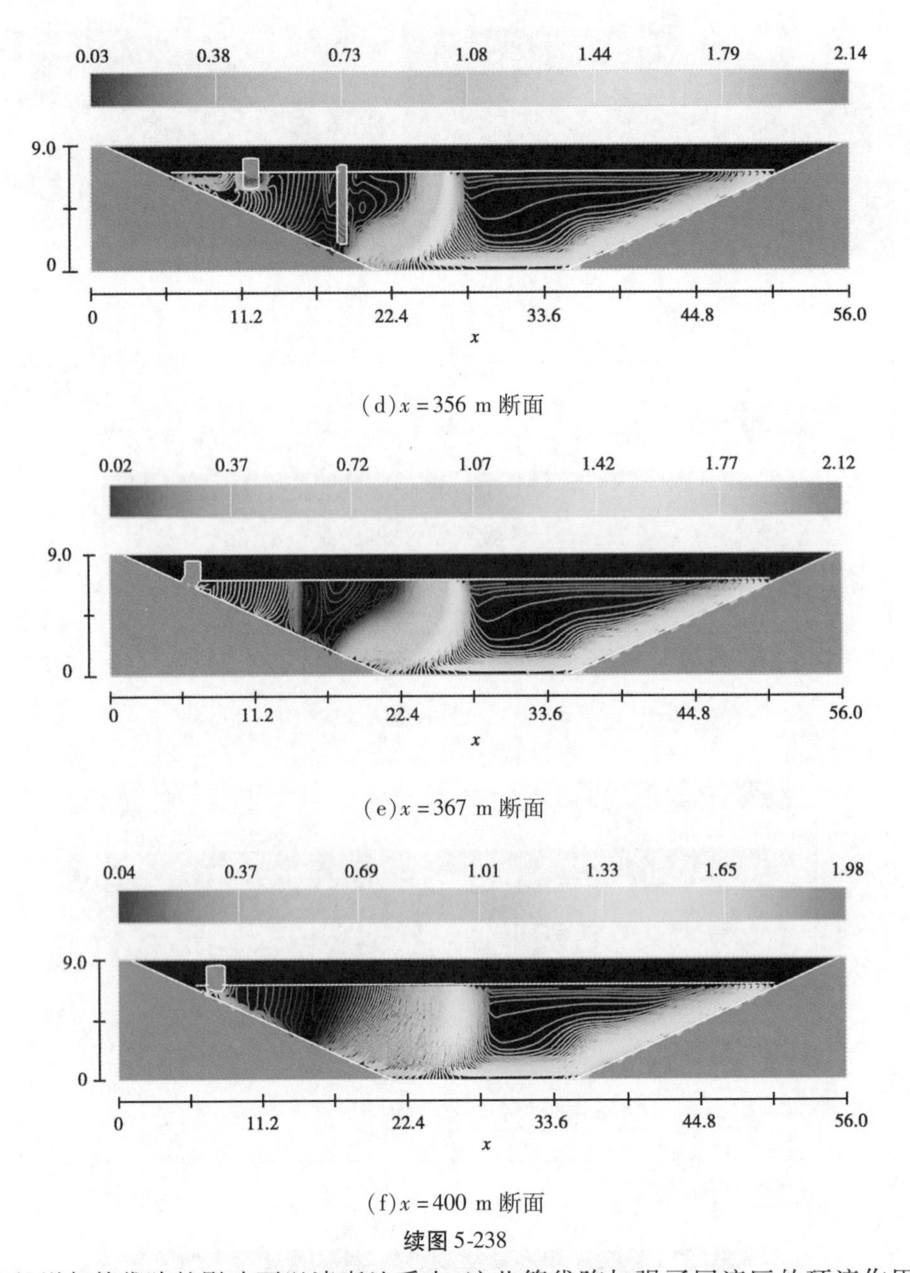

(d) x = 356 m 断面

(e) x = 367 m 断面

(f) x = 400 m 断面

续图 5-238

面以后，增絮管袋阵的影响可以清晰地看出，这些管袋阵加强了回流区的环流作用；x = 356～477 断面图，反映了回流区的流速分布特征，环流流速多为 0.2～0.5 m/s，有利于污染物的絮凝沉淀；在 x = 477 断面以后回流范围逐渐减小、强度减弱。

优化过后的钢围挡后部回流区在范围和回流强度上变化不大，主回流区长度仍然保持在 50 m 左右。将优化工况的后部回流区的流速与原设计工况相比，流速差异不超过 ±0.15 m/s。图 5-239～图 5-242 给出了在 x = 240 m 断面、x = 270 m 断面、x = 322 m 断面、x = 367 m 断面，两种方案时不同流层纵向流速的横向分布，可以看到左侧处于回流区的流速横向分布特征。主流带偏右，左侧进入回流区的流速较低，一般在 ±0.5 m/s

之内。

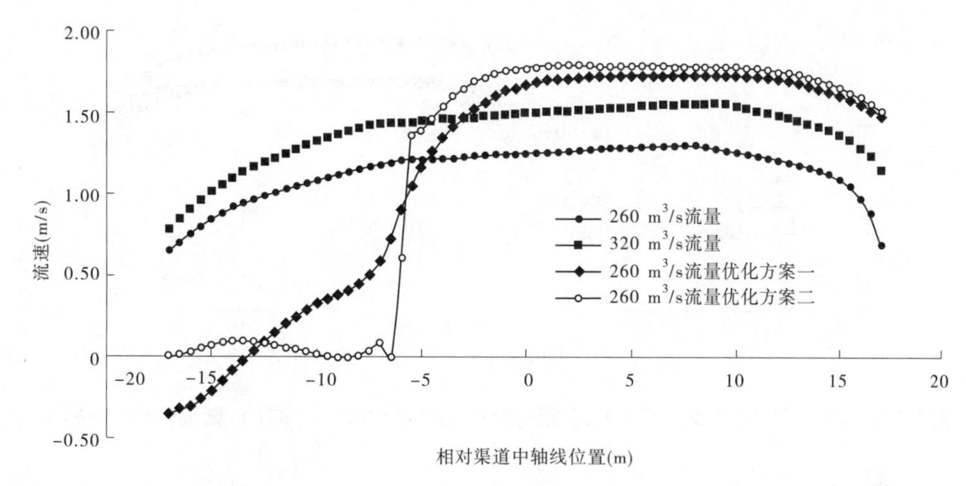

图5-239 260 m^3/s 设计流量下不同工况流速横向分布的对比，$x=240$ m 断面，流层：$y/h=0.6$

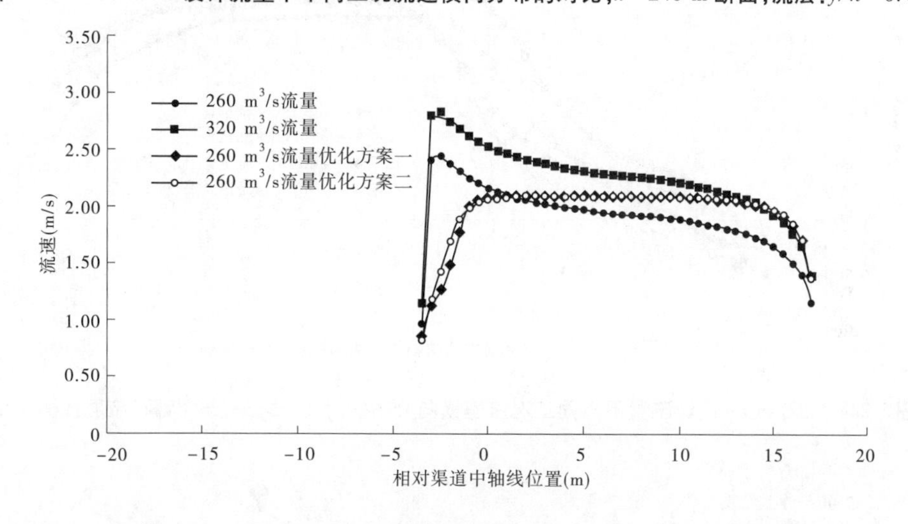

图5-240 260 m^3/s 设计流量下不同工况流速横向分布的对比，$x=270$ m 断面，流层：$y/h=0.6$

图5-243～图5-246给出了从 $x=240$ m 到 $x=360$ m 四个断面渠道中轴线流速沿垂线分布的情况；可以看到简化方案一和优化方案二两种改进工况时的流动特征，在钢围挡顺流段（$x=240$ m 和 $x=270$ m 断面）两者的流速沿垂线分布规律和流速大小都基本相同。在 $x=322$ m 和 $x=367$ 断面，即钢围挡顺流段出口位置和回流区位置，由于简化方案一在此的水流扩散较快，其流速在水流的中上部（$y=3\sim7$ m）比优化方案二低，最大可降低0.3～0.5 m/s，有越接近水面降低越多的分布趋势。主要原因是优化方案二出口左侧布置絮凝管袋阵，阻碍了水流横向扩散，减小了钢围挡出口处的水流扩散角。使得优化方案二主流更为集中、流速更大。

从纵向流速的垂线分布看，由于简化方案一的缩窄段比原设计长30 m，顺流段水流相对更为平顺；因此出钢围挡后，水流扩散比原设计方案缓慢；所以从图5-246中可以看到，在 $x=367$ m 断面中轴线处，简化方案一时的上部流速与优化方案二基本相同，但中下

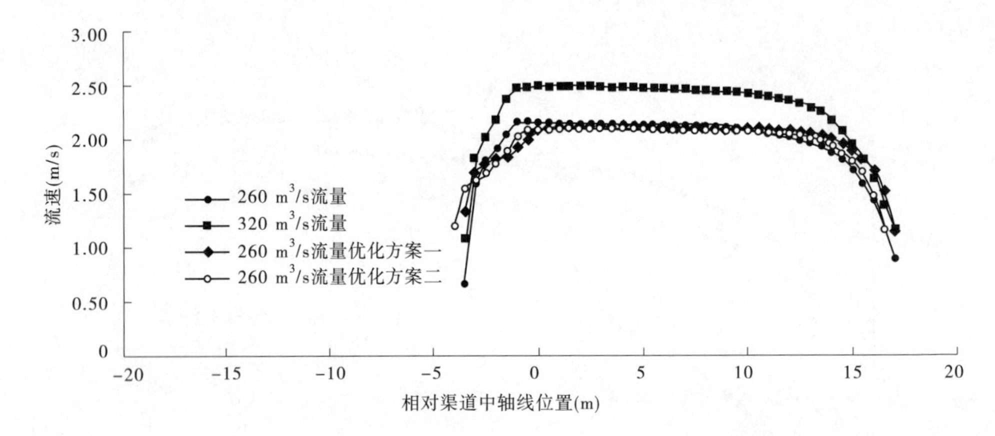

图 5-241　260 m^3/s 设计流量下不同工况流速横向分布的对比，$x=322$ m 断面，流层：$y/h=0.6$

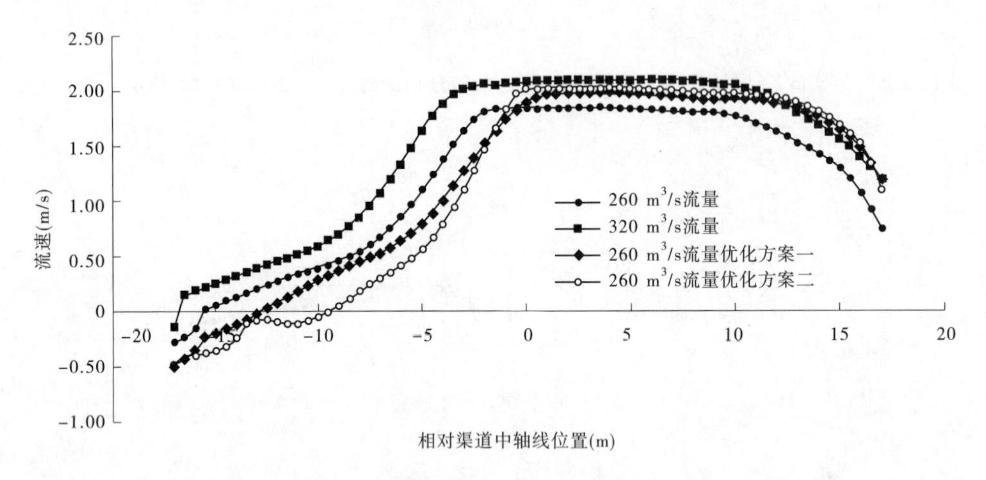

图 5-242　260 m^3/s 设计流量下不同工况流速横向分布的对比，$x=367$ m 断面，流层：$y/h=0.6$

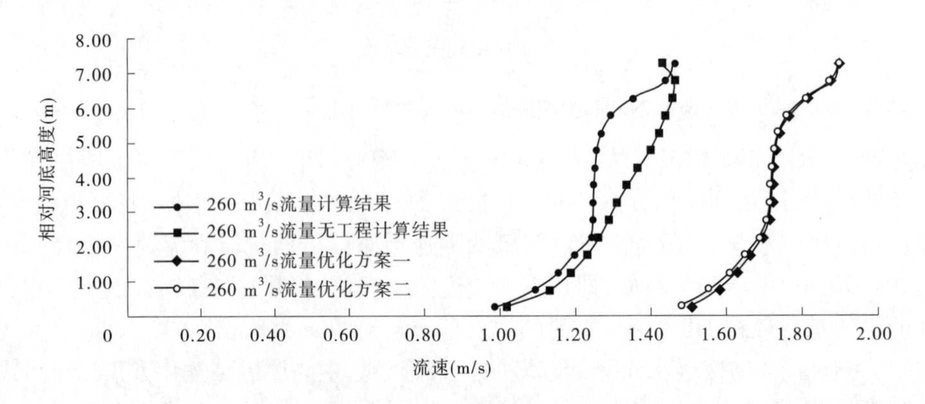

图 5-243　四种工况渠道中轴线处流速沿垂线分布（$Q=220\ m^3/s$，$x=240$ m 断面）

部的流速还是比优化方案二稍小些（0.1 ~0.15 m/s）。

从整个钢围挡渠段的紊流动能分布看，图 5-247 反映了表面流场的紊动特征，进口段末端转角处及钢围挡下游回流区是紊流动能强且分布集中的部位，特别是受絮凝管袋阵

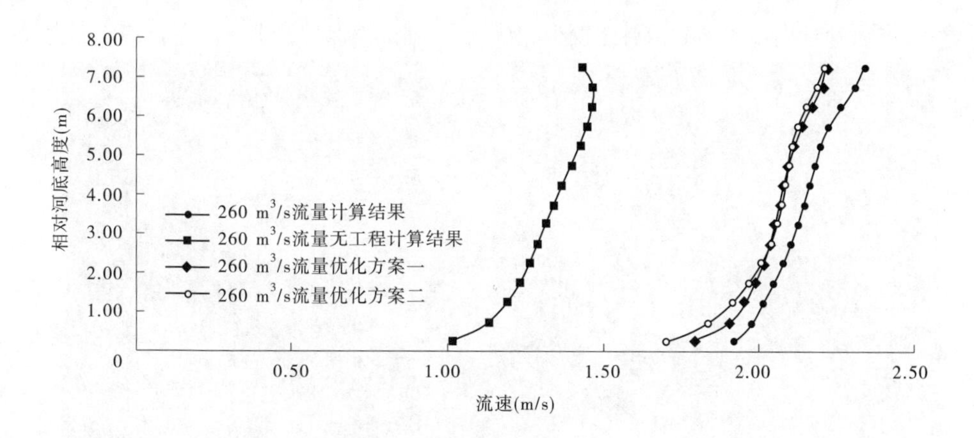

图 5-244　四种工况渠道中轴线处流速沿垂线分布($Q = 220\ m^3/s$, $x = 270$ m 断面)

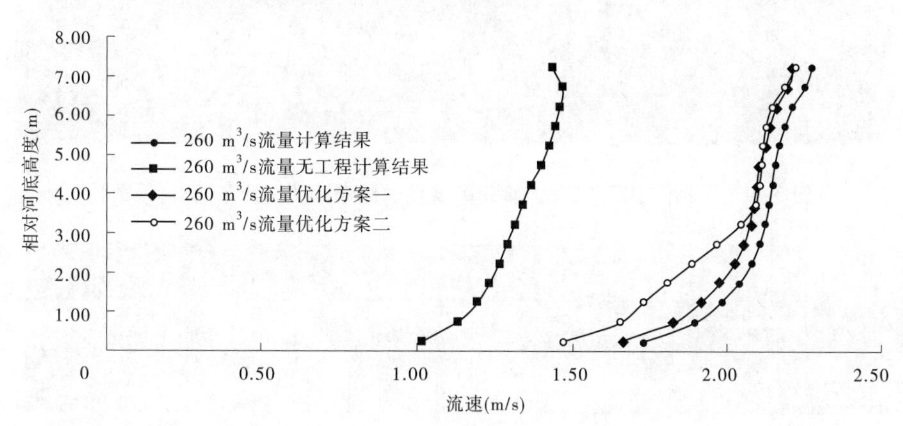

图 5-245　四种工况渠道中轴线处流速沿垂线分布($Q = 220\ m^3/s$, $x = 322$ m 断面)

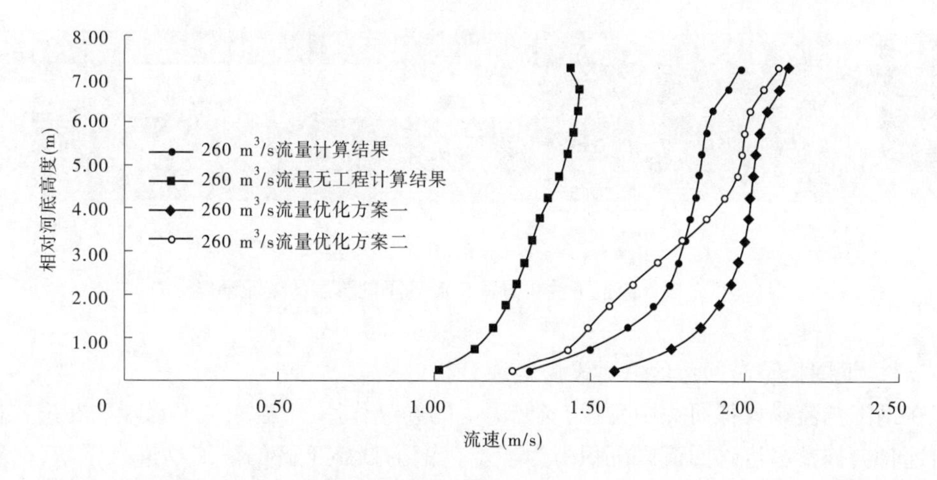

图 5-246　四种工况渠道中轴线处流速沿垂线分布($Q = 220\ m^3/s$, $x = 367$ m 断面)

的影响,回流区管袋阵下游的紊流动能异常强烈,量值在0.09~0.12分布,比原设计方案有明显增强;而且有沿水深分布渐趋减弱的特点。图5-248反映出近底区($y/h = 0.2$)流场的紊动较弱,受管袋阵的影响相对比较小,但影响范围依然保持在 120 m 左右的范围内。

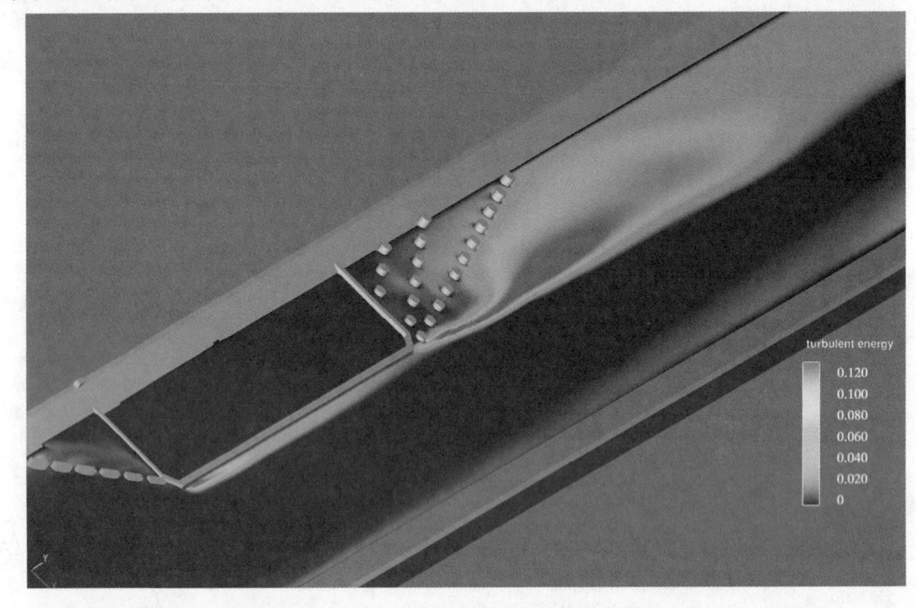

图 5-247　设计流量下优化方案二的流场表面紊流动能分布(轴侧视图)

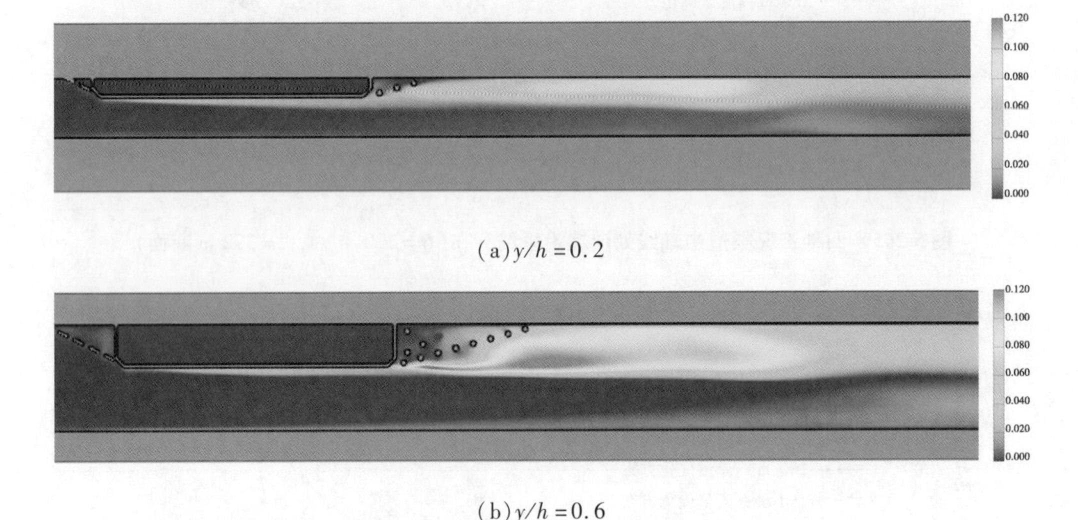

(a)$y/h=0.2$

(b)$y/h=0.6$

图 5-248　设计流量下优化方案二流场不同流层的紊流动能分布

5.7.3.3　钢围挡下游回流区拦污设施效果分析

在钢围挡流场模拟研究中发现,受回流区的卷吸作用,上游来流中悬浮物在进入回流区附近时会被卷吸进入回流区沉积。为了避免钢围挡施工区的泄漏物进入下游,研究团队利用回流区自身水力特性,再施以辅助措施“絮凝管袋阵”,力求进一步削弱施工区对水环境的干扰,杜绝污染隐患。为了增强回流区的施工期截污作用,在优化方案二为钢围挡下游回流区设置多排条状柔性织物管袋,内置可控释放的絮凝剂,形成絮凝管袋阵;当施工污染物流经回流区及其附近时，通过摩擦卷吸作用被带进回流区，利用絮凝管袋阵形成的增涡增絮凝区，加大回流区絮凝沉淀强度，使回流区成为截留污染物的有效利用区。通过在回流区下游设置拦污网，通过专用真空抽吸泥浆泵，及时清除施工期水体中产生的已降解污染沉积物；提高对施工区泄漏污染物的拦截效率，保证施工区经过的水体不受污染。

分析流场模拟成果发现，优化过后的钢围挡在后部回流区范围和强度上并没有很大变化，回流区中增设絮凝管袋阵加强了回流区的涡旋强度及环流作用，环流流速多为 0.2 ~0.4 m/s，有利于增加污染物与絮凝管袋的接触，加速絮凝沉淀。为了检验利用回流区及管袋阵的截污效果，这里又进行了悬浮颗粒经过增设絮管袋阵的回流区时运动状态的数值模拟，见图 5-249 ~ 图 5-257。模拟的污染物颗粒特性见表 5-15，产生的区域为钢围挡顺流段外侧 2 m，从 $x=230$ m 断面到 $x=330$ m 断面共 100 m 的范围内；污染物颗粒输移速率为每秒 500 个，污染物在产生区域内随机分布。

图 5-249　污染物颗粒产生及泄漏区域的示意图

表 5-15　污染物颗粒的组成

粒子名称	颗粒直径(mm)	颗粒密度(kg/m³)	粒子占比(%)	是否溶于水
漂浮粒子 1	2	950	40	否
水泥粒子 1	0.5	1 300	30	否
水泥粒子 2	0.5	1 900	30	否

通过数值模拟，污染颗粒在流场中的运动状态、分布特点与沉积效果见图 5-250 ~ 图 5-257。可以看到设计流量条件下，大量污染颗粒卷吸进入回流区沉积；统计分析表明，钢围挡施工区泄露的污染物颗粒 90% 都会被水流卷入回流区絮凝沉积。粒子在顺直

段生成后随水流运动，速度在 1.8 ~ 2.2 m/s；不过一旦被卷吸进入回流区之后，流速会迅速下降到 0.8 m/s 以下，在絮凝管袋附近的颗粒速度仅在 0.3 m/s 以内，非常有利于絮凝化学作用的发生。在回流卷吸与絮凝吸附沉淀的共同作用下，悬浮粒子数量大大减小。所以在回流区絮凝管袋阵布置充分合理的情况下，大部分污染物颗粒将会在 50 ~ 120 m 的回流区范围内被截留。下游布设的真空抽污泵宜设置于回流区边坡坡脚处，以最大化吸出絮凝沉淀物和未被吸附的污染颗粒。

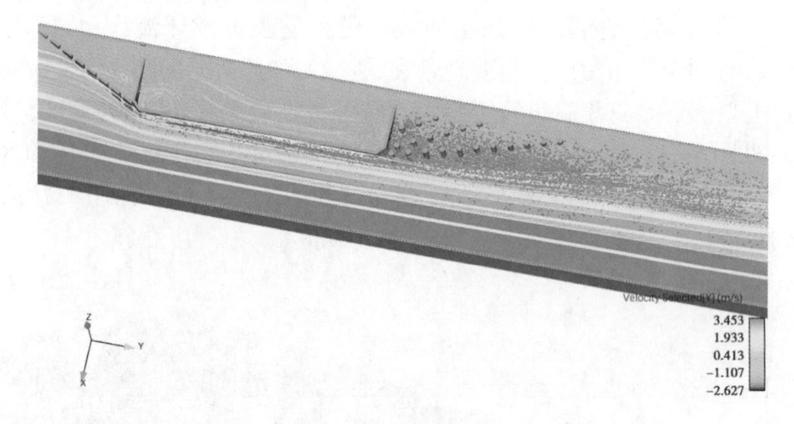

图 5-250　260 m^3/s 流场流线图及污染物颗粒分布

图 5-251　260 m^3/s 流量速度云图及污染物颗粒分布

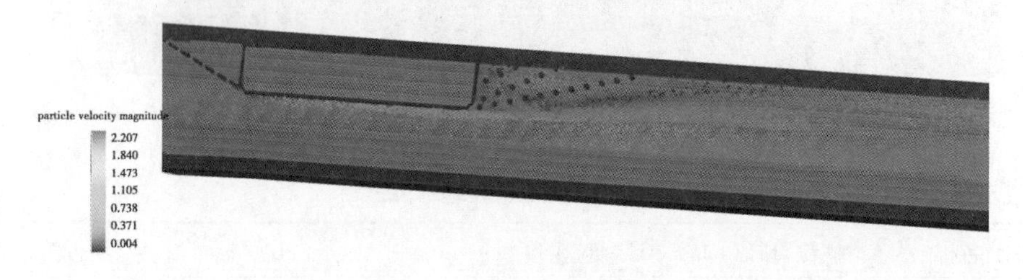

图 5-252　设计流量下污染物颗粒速度分布

由图 5-256、图 5-257 可以看出，不同密度的粒子在回流区的分布及沉积位置分布规律并无明显差异。在垂向分布上，密度较小（950 kg/m^3）的粒子 1 分布在较上层，两种水泥粒子则多分布在中下层。不同密度的颗粒均在回流区内发生坡面沉积；考虑到模拟颗粒为易发生滚动球体，工程情况下产生的污染颗粒形状会很不均匀，污染物颗粒在回流区坡面上沉积的现象应该更为明显，污染物拦截效率也会更高。

图 5-253　设计流量下回流区絮凝管袋附近污染物颗粒分布

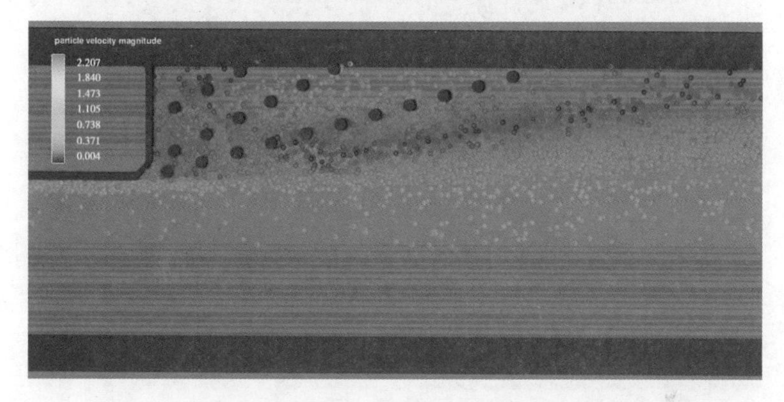

图 5-254　设计流量下回流区絮凝管袋附近污染物颗粒浓度及速度分布

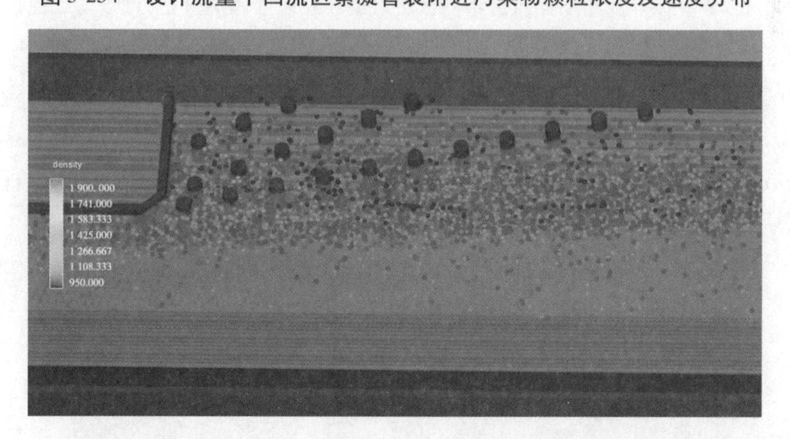

图 5-255　260 m^3/s 流量回流区不同密度污染物颗粒分布

从图 5-258 ~ 图 5-261 可以看出，不同密度的粒子在回流区沿程呈沉积、浓度逐渐衰减的态势。对污染物粒子空间分布的模拟计算结果进行分析可知，从上游泄放的颗粒在回流区范围内沿程沉积，从 $x=340$ m 断面到 $x=420$ m 断面，剖面沉积率（剖面沉积的颗粒数量/剖面颗粒物总数量 ×100%）迅速由 7.5% 增加到 58% 左右，自 $x=420$ m 断面下

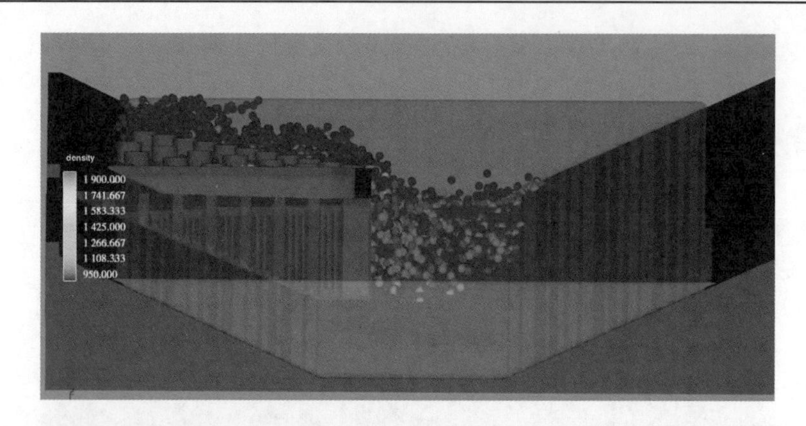

图 5-256 设计流量下回流区不同密度污染物颗粒沿垂向分布(顺流向正视)

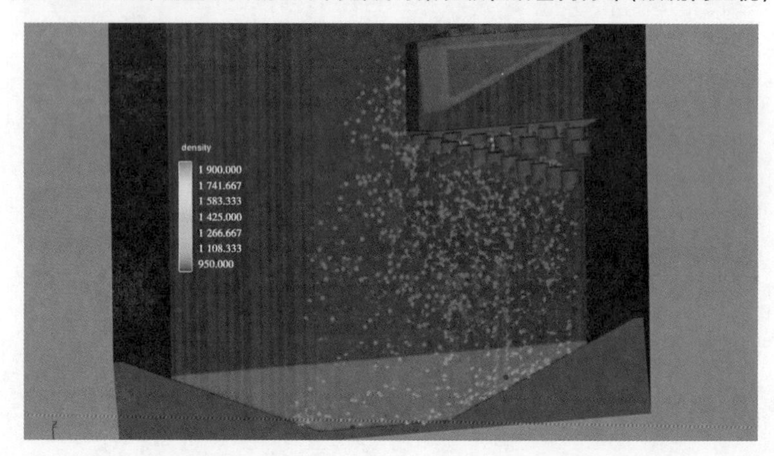

图 5-257 设计流量下回流区不同密度污染物颗粒沿垂向分布(顺流向后视)

游则趋于稳定,剖面沉积率保持在 55% ~60%。受回流卷吸和絮凝管袋阵的共同作用,悬浮颗粒总数量从钢围挡顺直段出口一直沿程递减,每隔 40 m 渠段颗粒总数减小 30%左右;从 $x=340$ m 断面到 $x=460$ m 断面,剖面浓度沿程迅速递减:从 0.186→0.121→0.079→0.065。若在回流区边缘设置抽吸清淤装置,对沉积的淤积物及时清理,施工区对渠道水流水质的干扰就能得到有效的控制。

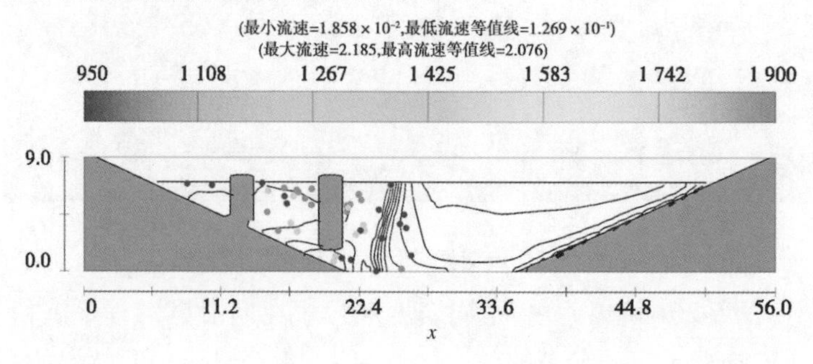

图 5-258 设计流量、$x=340$ m 断面,污染物颗粒分布(颗粒物密度见色带条) (单位:m/s)

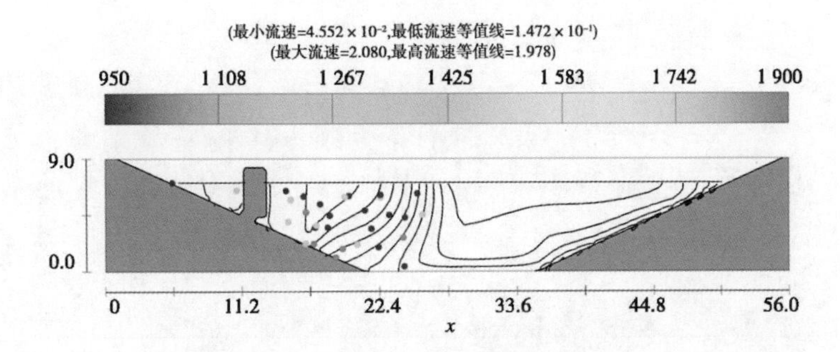

图 5-259　设计流量、$x=380$ m 断面，污染物颗粒分布（颗粒物密度见色带条）

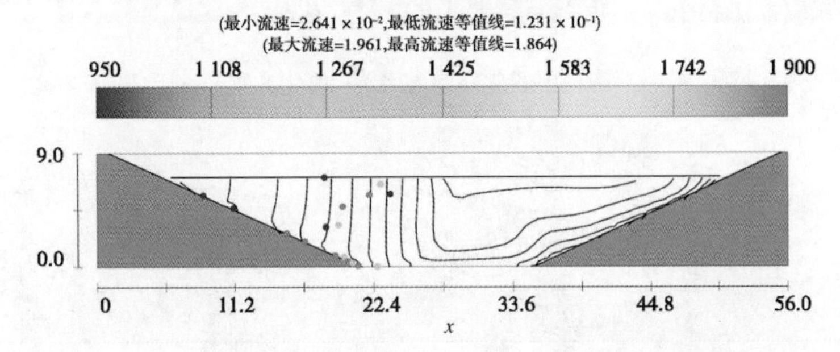

图 5-260　设计流量、$x=420$ m 断面，污染物颗粒分布（颗粒物密度见色带条）

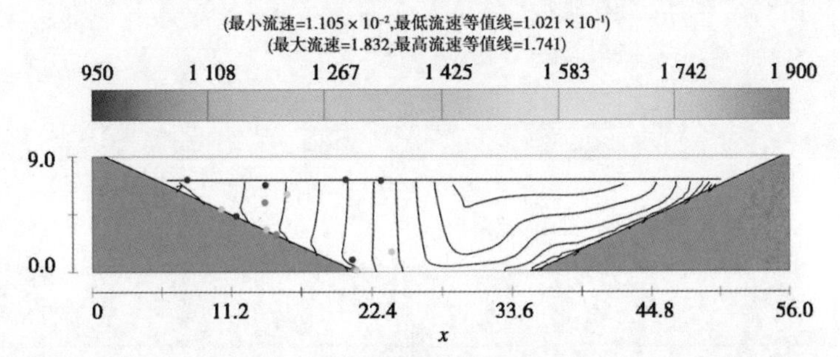

图 5-261　设计流量、$x=460$ m 断面，污染物颗粒分布（颗粒物密度见色带条）

5.7.4　钢围挡优化方案的水力模型试验研究

5.7.4.1　钢围挡渠段水位与钢围挡内外水位差试验成果分析

根据对钢围挡的两个改进方案，在设计流量（$Q=260\ m^3/s$）与加大流量（$Q=320\ m^3/s$）条件下，也进行了模拟放水试验。简化方案一的模拟试验流场状况见图 5-262、图 5-263，优化方案二的模拟试验流场状况见图 5-264 ~ 图 5-268。可以看到两种改进方案试验时的钢围挡渠段流态与 $Q=220\ m^3/s$ 时的流场流态基本一致，各观测断面水深沿程变化规律也呈现先壅水再降水，出钢围挡区后又略壅水的特征，特别是优化方案二的流场与数值模拟计算成果呈现的规律一致，两种方案的实测水位见表 5-16。修改方案一改为直角突缩进口，局部绕流强度比原设计方案要强烈，拐角形成的局部水面凹陷也更明显，所以此处的水深较小。优化方案二采用 26°收缩角的挂帘渐缩过渡段，收缩区挂帘内近似静水区，只有少部分水流将携带的固体颗粒沉积在准静水区内，除直角钢围挡迎流面不受收缩水流的直接冲击外，收缩段水流更为平顺，流态优于简化方案一。

图 5-262　模拟钢围挡渠段整体流场流态，简化方案一，$Q=260\ m^3/s$

图 5-263　模拟钢围挡渠段整体流场流态，简化方案一，$Q=320\ m^3/s$

图 5-264　模拟钢围挡渠段整体流场流态，优化方案二，$Q=260\ m^3/s$

图 5-265　模拟钢围挡渠段整体流场流态,优化方案二,$Q=320\ m^3/s$

图 5-266　钢围挡渠段整体流场示踪,优化方案二,$Q=320\ m^3/s$

图 5-267　钢围挡上游流场示踪,优化方案二

图 5-268　钢围挡下游流场示踪,优化方案二

两种方案试验中都清晰地观测到钢围挡内外的水位差,见图 5-269、图 5-270,钢围挡内外的水位差值见表 5-17。由于修改方案一在进入顺流段的拐角为 90°,局部绕流作用强,钢围挡内外的水位差也比较大,而优化方案二的过流比较平顺,此处的水位差则相对较小。

表 5-16 两种方案、不同流量时流场实测水位

流量(m^3/s)		断面 1	断面 2	断面 3	断面 4	断面 5	断面 6	断面 7	断面 8	断面 9
简化方案一	260	7.36	7.26	7.24	7.1	7.06	7.19	7.08	7.11	7.29
	320	7.46	7.28	7.23	7.12	7.07	7.2	7.13	7.18	7.38
优化方案二	260	7.32	7.20	7.15	7.13	7.11	7.13	7.17	7.21	7.23
	320	7.47	7.38	7.30	7.27	7.32	7.35	7.29	7.34	7.40

图 5-269 模拟钢围挡内外水位差,简化方案一,$Q=260\ m^3/s$

表 5-17 两种方案、不同流量时实测各测点钢围挡内外水位差 (单位:cm)

流量(m^3/s)		断面 1	断面 2	断面 3	断面 4	断面 5	备注
简化方案一	260	5.00	-2.60	3.90	-3.30	-2.20	
	320	9.40	-12.8	4.50	-9.34	-9.80	
优化方案二	260	4.2	-2.94	2.61	-3.30	-2.39	加测点: -9.2
	320	4,87	-4.30	3.44	-4.11	-4.40	加测点:-9.2

需要说明的是优化方案二采用的导流钢索(或特异纶索)一端固定在左岸上、另一端固定在拐角的立柱上,它一方面承担着悬挂导流挂帘、平顺收缩水流的作用,另一方面也使拐角立柱承担很大的拉力。钢围挡结构的荷载分布发生调整,需要通过改善钢围挡构件的方法,保证在钢围挡使用时的结构安全。

5.7.4.2 流场流态及流速分布的试验成果分析

1. 钢围挡上游及进口段

由图 5-262、图 5-263 可以看到,简化方案一采用了直角收缩,没有收缩过渡段,但上游壅水高度与原设计方案相比变化不大;由于去除了收缩过渡段,在钢围挡横挡前部左岸侧出现小回流区,范围在钢围挡前部 20 m 左右;回流流速 0.15 ~ 0.20 m/s,回流强度很低。水流在 $x=240$ m 断面进入钢围挡区后同样产生水面降落,不过水位降落的变化比原设计方案要早些,30 m 内水面降落 0.12 m。由于水位降落较快,相应流速的沿程增加也比原设计方案较早。

由图 5-264 ~ 图 5-268 可以看到,优化方案二采用了前置导流帘渐缩过渡方式,上游壅水高度略有降低;水流在进入钢围挡透水收缩区后水流逐渐压缩调整,水位逐渐降低;在 $x=230$ m 和 245 m 断面,受前置导流帘的影响,左侧出现低速静水区,主流开始往右侧

图5-270　模拟钢围挡内外水位差，优化方案二，$Q=320\ m^3/s$

偏移。流态相对更为平顺，水位变化较为平缓，与原设计方案相比，基本一致。由图5-269、图5-270可以看到不同工况，流动引起的钢围挡内外的水头差；沿流程水面线对比及各特征断面钢围挡内外水头差的沿程变化见图5-271、图5-272，由于优化方案二采用了收缩段，虽然在钢围挡转角处仍有局部水位跌落，但基本与设计方案相同，水位降落相对比较平缓，流速则同步平缓逐渐增加；收缩过渡段的保护使钢围挡横挡前迎水面流速很低，实测流速仅0.1～0.2 m/s。

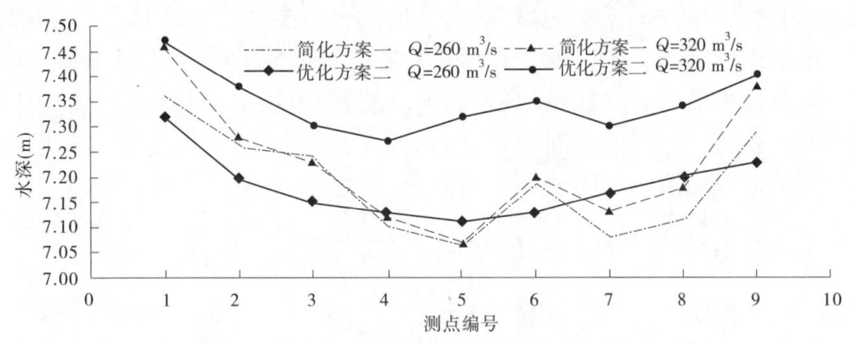

图5-271　不同修改方案钢围挡区域水深变化

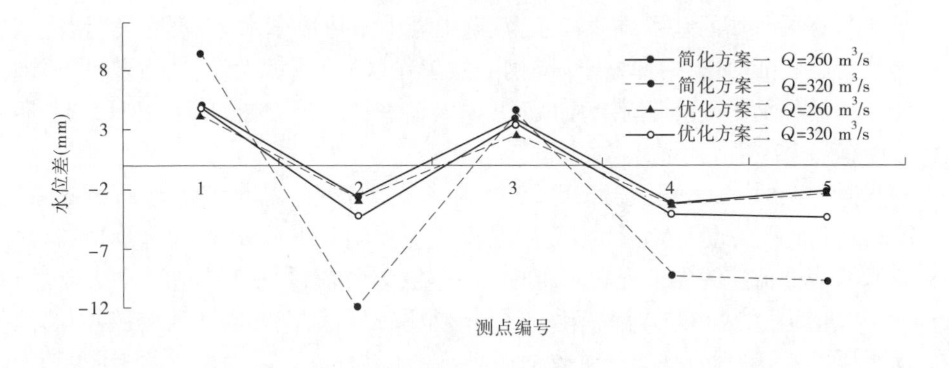

图5-272　不同修改方案钢围挡内外水位差

2.钢围挡区缩窄段

进入缩窄段后，水流逐渐理顺，简化一方案的水深$H=7.10\sim7.12$ m，与原设计钢围挡水深 7.11 m 相比，几乎相同，垂线平均流速约为 2.10 m/s，与原设计垂线平均流速 2.14 m/s 相比，也基本接近。钢围挡渠段沿程流速分布情况见表 5-14，可以看到在钢围挡进口断面，由于迅速收缩，流速比原设计流速略高。

可以看到优化二方案在钢围挡前置收缩导流段的作用下，进入缩窄段后水流逐渐理顺，设计流量下水深 H = 7.10 ~ 7.11 m，与原设计钢围挡水深 7.11 m 相比略低 0.05 m；垂线平均流速约为 2.10 m/s，与原设计垂线平均流速 2.14 m/s 相比，也基本接近。在 x = 270 m 断面附近，靠近钢围挡壁面近底部区存在低流速区，流速 0.15 ~ 0.42 m/s，这也同对应数值模拟的成果基本一致。

3. 钢围挡下游区扩散段

修改方案对钢围挡后部回流区范围和强度上并没有很大影响，由图 5-262、图 5-263 可以看到，简化一方案时在钢围挡下游依然存在大范围回流区，回流流速 0.2 ~ 0.45 m/s，主回流区长度为 50 ~ 60 m，与原设计方案基本相近。由于简化方案一的缩窄段比原设计长 30 m，水流更为理顺，出钢围挡后的扩散比原设计缓慢。

优化方案二试验观测发现，钢围挡后部回流区范围和强度上并没有很大变化，回流区总长度仍然保持在 120 m 左右，主回流区长 50 ~ 80 m，回流流速 0.1 ~ 0.4 m/s。优化方案一的后部回流区流速与原设计方案相比，流速差异不超过 ±0.14 m/s。在出钢围挡后的 x = 356 m 断面以后，可以清晰地看出增设絮凝管袋阵的影响，这些管袋阵加强了回流区的环流作用；从模拟试验拍摄的流场形态图（见图 5-265 ~ 图 5-268）中可以清晰地看出回流区的绕流与水流摩擦卷吸特征，环流流速多在 0.2 ~ 0.5 m/s，有利于污染物的絮凝沉淀；在 x = 477 m 断面以后回流范围逐渐减小、强度减弱。

5.7.5 钢围挡水动力特性研究的总结

（1）借助数值模拟和概化模型试验方法对钢围挡设计方案的水动力学特性进行了分析研究，分析表明钢围挡设计方案的平面布置合理，具有较好的水力边界特性，经过钢围挡区的水流比较适顺，没有剧变的复杂不利流态。

（2）模拟渠段流场的基本流动特征为：钢围挡上游形成壅水区，收缩段（钢围挡迎流区）水流受挤压逐渐加速，中部缩窄段（钢围挡工作区）流速增大，紊动强烈；出钢围挡区后水流扩散，逐渐恢复到无钢围挡时的正常明渠输水状态，钢围挡下游左岸形成长距离回流区，并伴有几个次生小环流。

（3）设计方案时，与无钢围挡相比，在钢围挡上游水位的最大壅高为 0.16 m（设计流量）~ 0.20 m（加大流量），在钢围挡缩窄段流速增加至 2.1 m/s（设计流量）~ 2.14 m/s（加大流量），表面流速为无工程时流速的 1.55 倍（设计流量）~ 1.62 倍（加大流量）。钢围挡区边界动水压力分布与水深变化一致，相对比较均衡，没有剧变区域；钢围挡内外水位差（动水压力差）沿程表现为上游收缩段外高内低为正差，最大水位差为 +9.0 cm；下游扩散段外低内高为负差，最大水位差为 -9.9 cm。下游水流扩散区主流流速为 1.8 ~ 2.05 m/s，钢围挡后部（左侧）回流区影响范围长 100 ~ 120 m，回流区流速 0.1 ~ 0.45 m/s。

（4）借助数值模拟与概化模型试验方法对钢围挡优化方案的水动力学特性进行了分析研究，分析表明优化二方案的平面布置合理，经过钢围挡区的水流总体适顺平稳；钢围挡上游水位的最大壅高为 0.14 m(设计流量) ~0.18 m(加大流量),收缩段水流在导流帘作用下进流比较顺畅,缩窄段流速与设计方案相同,钢围挡区边界动水压力分布与水深变化一致,没有剧变区域;钢围挡内外水位差(动水压力差)沿程表现为上游收缩段外高内低为正差,最大水位差为 +8.5 cm;下游扩散段外低内高为负差,最大水位差为 -9.6 cm。下游水流扩散区主流流速与回流区流速、影响范围均和原设计方案相同。修改方案大大减轻了钢围挡制作与施工安装难度,水力学特性优良,可以在满足结构安全的情况下使用。

(5)对钢围挡下游回流区的优化分析表明:流场计算与试验分析表明,设计钢围挡区域流场体现出较好的水动力特性,整体布局合理,没有不利流态;钢围挡下游的大范围回流提供了利用其低速环流结构截留水中污染物的潜在可能性。优化过后的钢围挡在后部回流区范围和强度上并没有很大变化,回流区中增絮管袋阵加强了回流区的环流作用,环流流速多在 0.2 ~0.5 m/s,污染物颗粒一旦进入回流区之后,流速会由 2 m/s 迅速下降到 0.8 m/s 以内,和絮凝管袋接触的颗粒速度在 0.3 m/s 以内,有利于增加污染物与絮凝管袋的接触,加速絮凝沉淀。在实际工程中絮凝管袋布置充分的情况下,大部分污染物颗粒将会在 50 m 的回流区范围内发生沉淀,沉积在坡面和絮凝管袋中。所以,在采取絮凝管袋促进颗粒物沉淀、真空抽污泵排出污染物沉淀、拦网拦截漂浮污染物等措施后,可以极大地提高对施工区泄露污染物的拦截效率,保证渠道水体不受污染。

5.8　钢围挡结构优化分析

基于施工方便和水动力学特性优良考虑,对大型输水干渠外动内静水中作业钢围挡的平面布置进行了优化模拟研究,提出了两种修改方案。这里对这两种方案进行结构优化分析,分析钢围挡的力学性能,为钢围挡的优化设计提供理论支撑。

5.8.1　钢围挡优化方案结构计算区域说明

5.8.1.1　钢围挡优化方案的结构空间分区

渠道围挡按结构形式分为渠底围挡和渠坡围挡两大部分。渠坡围挡又分为迎水面围挡及背水面围挡;渠底围挡又分为迎水面围挡、顺水流围挡、背水面围挡,围挡区域示意图如图 5-273 所示。

从 5.4 部分的结构分析结果得知:中游单元和下游单元(顺水流围挡、背水面围挡)由于水流方向和水压力的作用特点,该部分结构偏于安全;优化方案中对这两部分没有改动,故在本节中不再进行结构分析,主要分析平面布置与结构发生改变的上游单元。

5.8.1.2　钢围挡上游单元尺寸及结构

(1)在优化方案中渠坡围挡处的迎水面围挡长 18 m 与背水面围挡长度相同,平面布置基本相似。渠底单元体长 6 m,高 7.5 m,每个单元体分三层,每层高 2.5 m,详细尺寸如图 5-274 所示。

(2)单元体尺寸与结构:每个单元体采用 150 mm×100 mm×3 mm 的矩形管、8 号槽钢(支撑)、12 号槽钢(导向槽)、ϕ75×3.75 mm 的斜撑加工制作而成;各部件的连接见导

图 5-273　围挡区域示意

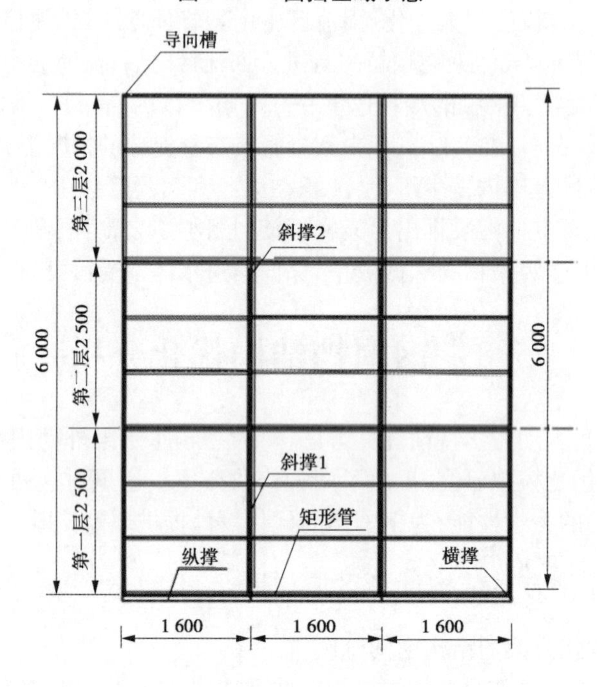

图 5-274　渠底单元围挡结构示意

向支架构造如图 5-275 所示。

(3)钢围挡挡板结构、尺寸和单元体间的联系方式在 5.4 部分已经说明,这里不再赘述。

5.8.2　钢围挡结构分析方法

钢围挡结构的强度和刚度分析采用有限元单元法进行分析,稳定性分析则根据压弯构件的屈曲理论进行分析。单元技术与 5.4 部分采用的分析方法相同,导向槽、纵横支撑和矩形管采用 3D 二次有限应变梁单元进行模拟,斜撑用 3D 有限应变杆单元模拟;挡水板采用 4 节点有限应变壳单元。单元示意见图 5-276;挡水板采用 4 节点有限应变壳单元,单元模型示意见图 5-277。

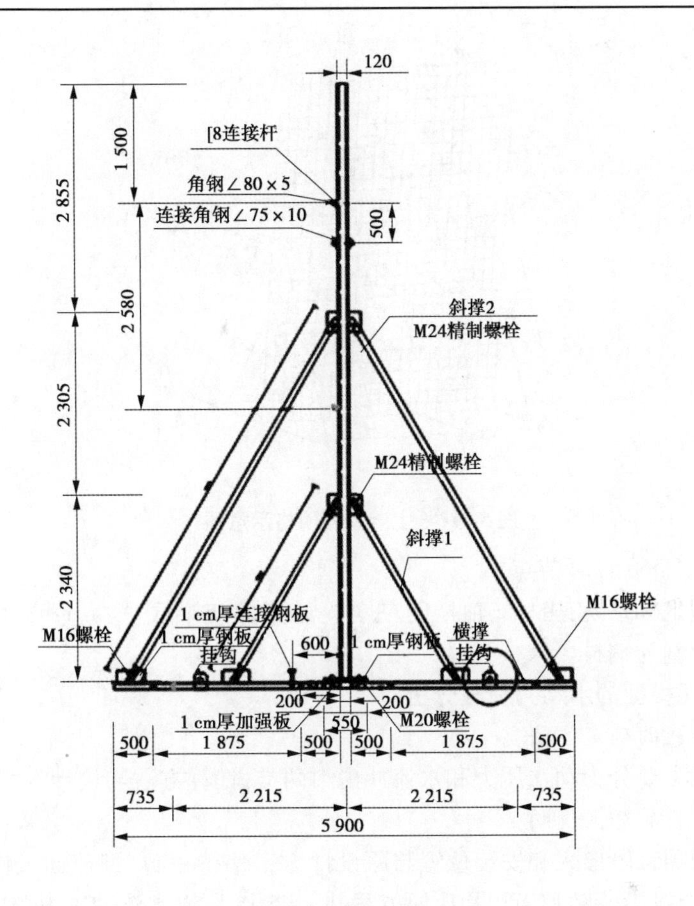

图 5-275　导向支架构造

图 5-276　围挡结构有限元模型

5.8.2.1　有限元模型

钢围挡整体的有限元模型如图 5-276 所示,钢围挡上游单元有限元模型(网格示意)图见图 5-277。模型计算单元中含有 14 564 个梁单元,50 个杆单元,5 924 个壳单元;共有

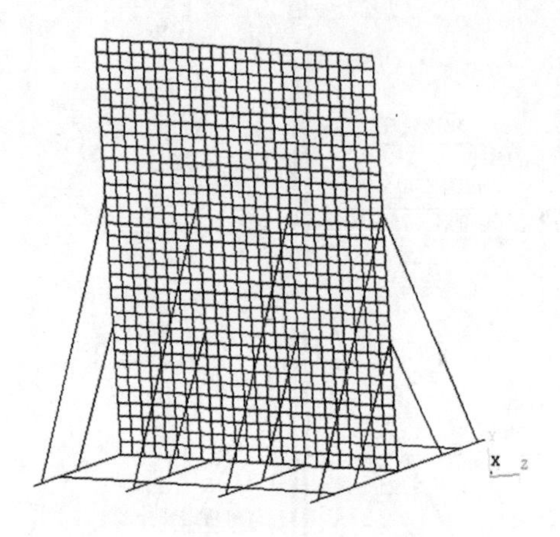

图 5-277 上游单元网格示意图

20 538 个单元,24 966 计算节点。

有限元模型坐标系统:坐标 z 轴指向左岸,y 轴指向与渠底垂直,x 轴指向水流方向。模拟计算材料依然为钢材。

5.8.2.2 有限元模型的水动力荷载分析

1. 水动力荷载的确定方法

水动力荷载主要分为动水压力和水流冲击力两类,计算方法与设计方案相同。

2. 水动力荷载的分区说明

优化方案的顺直段形式和安装位置与原设计方案保持一致,迎流面虽由斜直面变为直立面,但顺流向投影轮廓和面积相比原方案并无变化,所以水流冲击力分区计算划分仍然按照原设计方案进行,即将迎流面投影划分为五个分区,见图 5-117、图 5-118。

3. 基本技术参数的说明

根据水动力数值模拟成果和概化水槽模型试验成果的综合分析,确定设计流量下修改方案的水深、流速和钢围挡内外水位差等基本水力参数,见表 5-18 ~ 表 5-20 与图 5-278。

表 5-18 围挡外内侧静水深差 (单位:m)

位置	简化方案一	优化方案二	断面说明
+0	0.22	0.20	围挡直立面外侧
+17	0.07	0.065	+255 m 断面
+35	0.13	0.125	+270 m 断面(原拐角处)
+49	-0.04	-0.035	围挡拐角下直边 7 块模板
+61	-0.017	-0.017	围挡直边下 13 块模板
+73	0.017	0.017	围挡直边下 19 块模板
+87	-0.034	-0.034	围挡直边下 26 块模板
+117			围挡下游 30 m

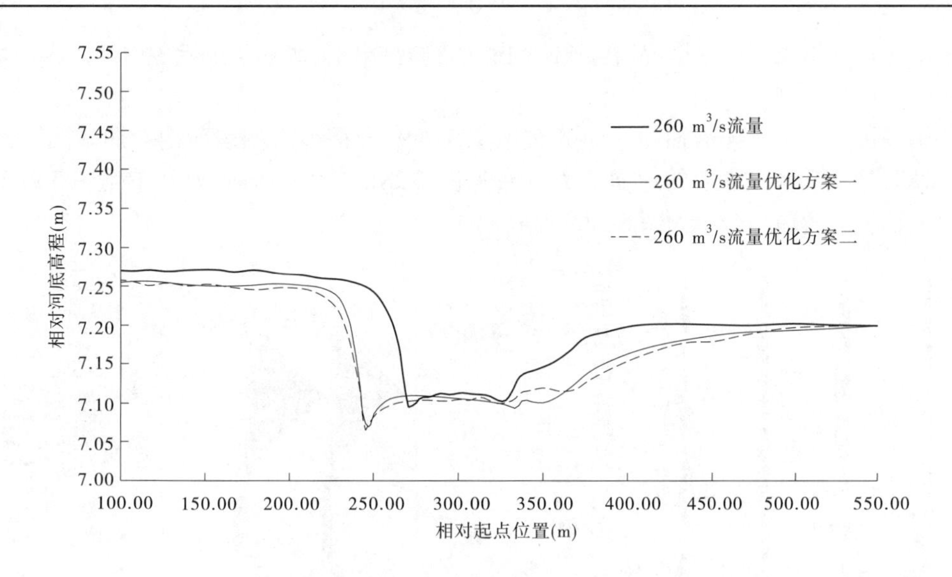

图 5-278　设计流量下改进方案和原工程方案渠道水面线对比

表 5-19　设计流量不同方案特征断面水深一览　（单位：m）

流量	直立面前侧	围挡上游 0 m	围挡斜直面拐角	围挡直边下 26 块模板	围挡下游 30 m	围挡下游 90 m
起点距(m)	130	240	270	322	367	427
简化方案一	7.25	7.14	7.1	7.1	7.13	7.17
优化方案二	7.25	7.13	7.1	7.1	7.12	7.17

表 5-20　不同方案计算绕流阻力各测点流速　（单位：m/s）

测点位置	1 分区	2 分区	3 分区	5 分区	拐角 $y/h=0.2$	拐角 $y/h=0.6$
简化方案一	1.04	1.07	1.6	1.62	2.6	2.63
优化方案二钢缆绳模块	1.14	1.47	1.55	1.64	2.52	2.63
优化方案二直立面模块	0.7	0.6	1.05	1.04	2.52	2.63

钢围挡流场模拟计算结果，在迎流面钢围挡受到来流的冲击力作用，根据水力学绕流阻力计算方法，确定钢围挡承受的绕流阻力。其中简化方案一迎流面受力为 523 kN，优化方案二悬挂土工布的钢缆受力为 211 kN、迎流面受力为 329 kN，力的作用方向为顺流向由上游指向下游。

5.8.3　优化方案一的结构计算成果分析

5.8.3.1　钢围挡上游单元强度分析

在给定的各种荷载作用下，对钢围挡进行数值分析，鉴于之前所做分析，中间单元和下游单元计算结果偏于安全,故在此不考虑在整体结果中,取上游单元各构件的应力场来分析钢围挡的强度。

钢围挡上游单元导槽轴向应力分布见图 5-279,导槽静水侧表面的弯曲应力分布见图 5-280,导槽动水侧表面的弯曲应力分布见图 5-281,斜撑轴向应力分布见图 5-282,上游单元钢板等效应力分布如图 5-283 所示。

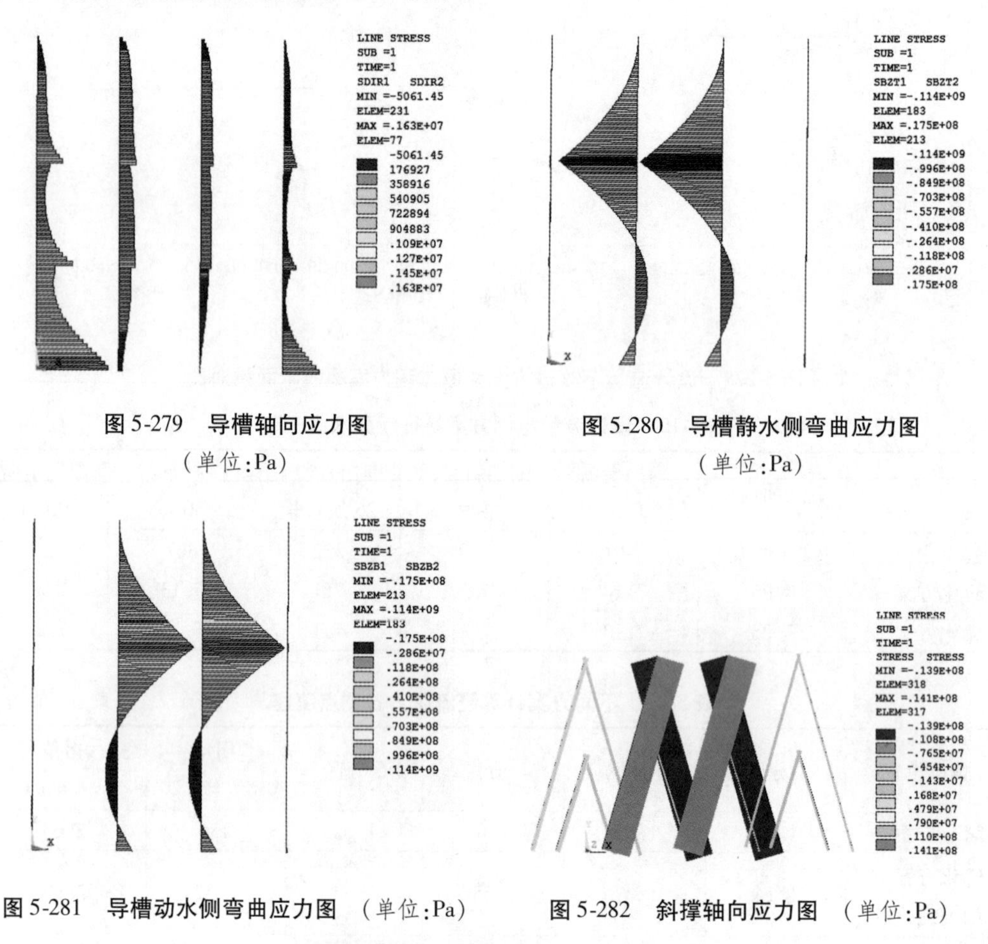

图 5-279　导槽轴向应力图
(单位:Pa)

图 5-280　导槽静水侧弯曲应力图
(单位:Pa)

图 5-281　导槽动水侧弯曲应力图　(单位:Pa)

图 5-282　斜撑轴向应力图　(单位:Pa)

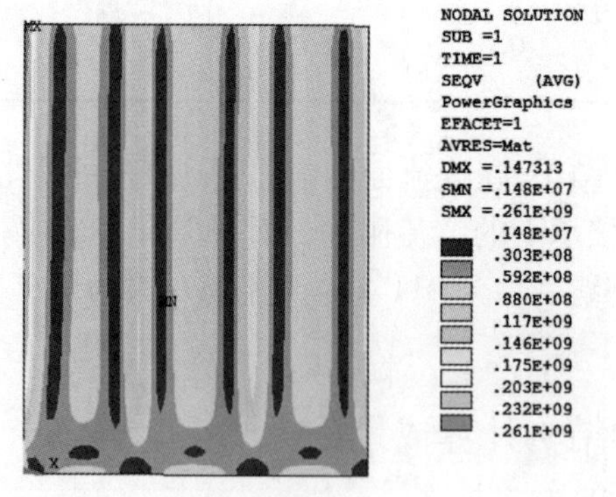

图 5-283　钢板等效应力图　(单位:Pa)

分析图 5-279 可看出,导槽的轴向应力值大部分都在 0.5～1.5 MPa,最大值为 1.63 MPa,出现在该上游单元第 1 根导槽与底部连接处;分析图 5-280 和图 5-281 可看出,导槽的弯曲应力绝大部分在 10～100 MPa,最大值为 114 MPa,出现在了导槽与长斜撑连接处;分析图 5-282 可以看出,斜撑轴向应力最大值是 14.1 MPa;分析图 5-283 可以看出,面板应力大部分在 30～230 MPa,最大值是 261 MPa,出现在面板和导槽两者相连接的位置,属于数值计算中应力集中现象。

分析图 5-279～图 5-283 可以看出,在该荷载作用下,钢围挡上游单元的应力都小于 Q235a 钢材的屈服强度,由强度理论可知,钢围挡上游单元强度是安全的。

综上所述,在该荷载作用下,钢围挡的应力基本和 Q235a 钢材屈服强度值大小相差不大,强度安全系数在 1.2 左右,建议在满足结构构造要求的前提下,进行优化设计。

5.8.3.2　钢围挡上游单元刚度分析

通过计算该荷载作用下整个钢围挡的变形,来复核钢围挡的刚度。下面以上游单元变形来分析该荷载作用下钢围挡的钢度。

钢围挡上游单元导槽变形分布见图 5-284,斜撑轴向变形分布见图 5-285,上游单元钢板变形分布如图 5-286 所示。

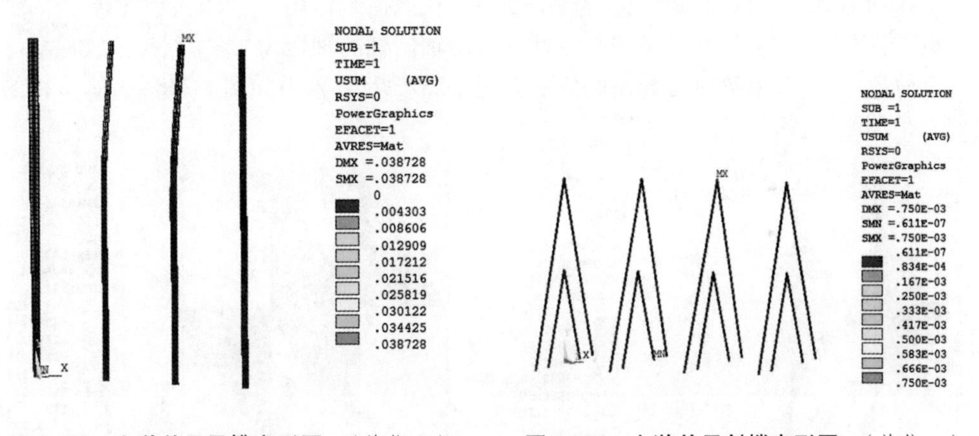

图 5-284　上游单元导槽变形图　(单位:m)　　图 5-285　上游单元斜撑变形图　(单位:m)

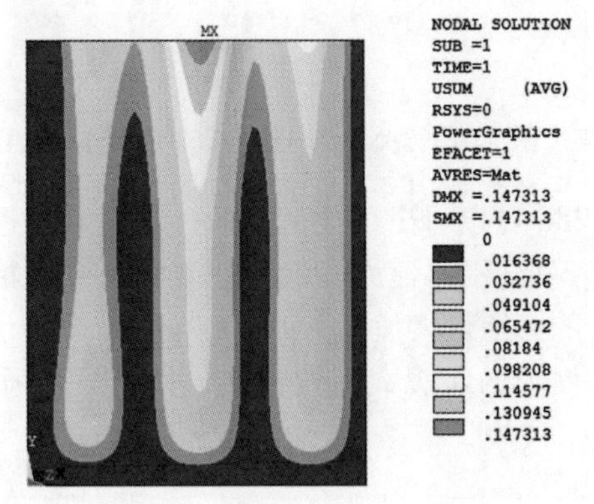

图 5-286　上游单元面板变形图　(单位:m)

分析图 5-284 可以看出，导槽的最大变形在导槽最上部分，变形量为 38.78 mm。

分析图 5-285 可以看出，斜撑最大的变形在外部斜撑的最高处，变形量为 0.75 mm。

分析图 5-286 可以看出，面板结构中部的位置变形量最大，变形量约为 147 mm。

根据《钢结构设计标准》(GB 50017—2017)3.4.1 条款的要求，对于有轻轨(重量等于或小于 24 kg/m)轨道的平台梁，挠度容许值为 $l/400$ 。对于钢围挡结构应用导槽的变形来复核围挡的刚度，即容许挠度值为 1.875 cm。由图 5-284 可知，导槽的变形量为 3.86 cm，大于容许值。建议斜撑上支撑点向上移至 1.25 m 处。钢板的变形量为 14.5 cm，已超出了《钢结构设计标准》(GB 50017—2017)3.4.1 条款的要求，对于支撑其他屋面材料的平台板，即挠度容许值为 $l/200$ ，板的容许挠度值为 3.75 cm。由图 5-286 可知，板的变形量最大为 14.7 cm，大于容许值，建议在板面上设置竖向加劲肋，或将钢板与导槽螺栓连接。

综上所述，该荷载作用下，钢围挡的上游单元的导槽和钢板的刚度不满足规范要求，建议强化支撑体系和加劲肋体系。

5.8.3.3 钢围挡上游单元稳定性分析

钢围挡的稳定性分为导槽的压弯稳定和支撑杆的轴压稳定。压弯稳定需要分析构件的弯矩和轴力，轴压稳定需要分析构件的轴力。在该荷载作用下，求出钢围挡导槽的轴力与变矩，按相关公式来验算导槽的稳定性。求出轴压杆的轴压力，采用欧拉公式验算。

该荷载作用下，上游单元导槽的弯矩如图 5-287 所示，轴力如图 5-288 所示，支撑的轴力如图 5-289 所示。

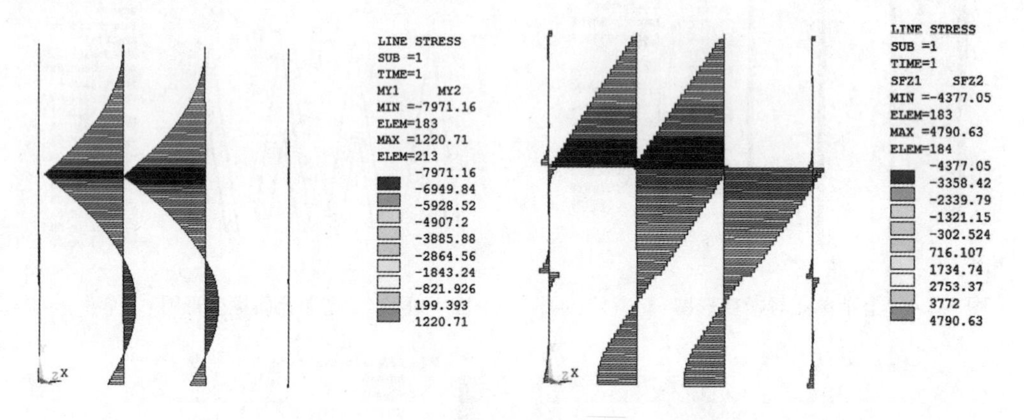

图 5-287 上游单元导槽弯矩图 (单位:N)　　图 5-288 上游单元导槽轴向受力图 (单位:N)

分析图 5-287 和图 5-288 可以看出，由于斜撑的作用，导槽近似地被分为三部分。其中受轴向压力最大的是第 3 根(沿水流方向)导槽的中间一段，轴压力最大值为 4 377 N，而此时所对应的弯矩图中的弯矩最大值为 7 971 N · m。

弯矩作用在对称轴平面内的实腹式压弯构件，弯矩作用平面内稳定性按《钢结构设计标准》(GB 50017—2017)校核。

平面内稳定计算公式：

$$\frac{N}{\varphi_x A}+\frac{\beta_{mx} M_x}{\gamma_x W_{lx}(1-0.8N/N'_{Ex})}\leqslant f_y \tag{5-24}$$

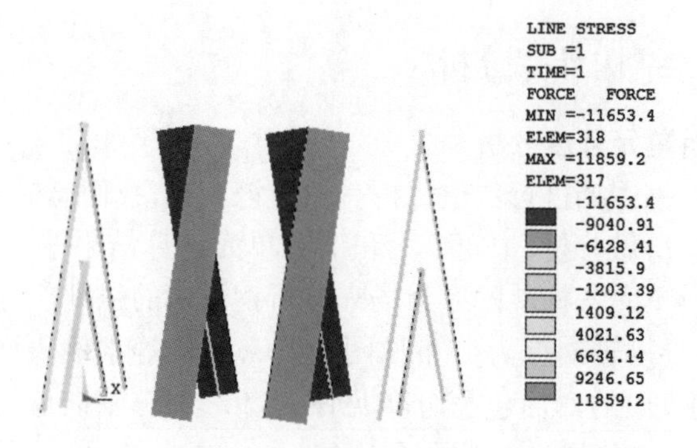

图5-289　上游单元斜撑杆轴力图　(单位:N)

$$N'_{Ex} = \pi^2 EA/(1.1\lambda^2) \tag{5-25}$$

式中:N为所计算构件范围内轴心压力设计值,N;N'_{Ex}为参数,按式(5-25)计算,mm;φ_x为弯矩作用平面内轴心受压构件稳定系数;M_x为所计算构件段范围内的最大弯矩设计值,N·m;W_{lx}为在弯矩作用平面内对受压最大纤维的毛截面模量,mm²;等效弯矩系数β_{mx}应按下列规定采用:在本构件中,全跨均布荷载$\beta_{mx}=1-0.18N/N_{cr}$,则

$$N_{cr} = \frac{\pi^2 EI}{(\mu l)^2} \tag{5-26}$$

对于钢围挡上游的导槽,取构件长细比$\lambda=2\ 300\times 50=46$,欧拉荷载$N_{Ex}=1\ 590$ kN,抗力分项系数取1.1,由式(5-25)计算得

$$N'_{Ex} = \frac{N_{Ex}}{1.1} = 1\ 445(\mathrm{kN})$$

$$\beta_{mx} = 1 - 0.18N/N_{cr} \approx 1$$

由规范附表D0.2按b类截面查表得稳定系数$\varphi_x=0.856$,则

$$\frac{N}{\varphi_x A} + \frac{\beta_{mx} M_x}{\gamma_x W_{lx}\left(1 - \frac{0.8N}{N'_{Ex}}\right)}$$

$$= \frac{4\ 377}{0.856\times 1\ 704} + \frac{1\times 7\ 971}{1.05\times 69.8\times 10^3\times(1-0.8\times 4\ 377/1\ 445\ 000)}$$

$$= 3.1(\mathrm{N/mm^2}) < f_y = 235\ \mathrm{N/mm^2}$$

钢围挡的导槽稳定性满足要求。

对于斜撑杆件:该结构只受拉压的轴向作用力,$\lambda=\frac{\mu l}{i}$,该杆件两端铰接,$\mu=1$,则$\lambda=5\ 300/25.3=209$,由钢结构设计标准可知,对于轴心受压构件,支撑的容许长细比为200,该结构为209,支撑杆件满足要求。

由应力分析结果可知:支撑杆件轴向应力最大值为1.41×10^7 Pa,而欧拉临界应力$\sigma_{cr}=\frac{\pi^2 E}{\lambda^2}=1.44\times 10^7$(Pa)。支撑杆件稳定性满足要求。

5.8.4 优化方案二结构计算分析

5.8.4.1 钢围挡上游单元强度分析

在荷载作用下,对钢围挡进行数值分析。对于该方案,我们同样采取和优化方案一处理方式一样,考虑之前所做分析,中间单元和下游单元计算结果偏于安全,故在此不考虑在整体结果中,取上游单元各构件的应力场来分析钢围挡的强度。

钢围挡上游单元导槽轴向应力分布见图 5-290,导槽静水侧表面的弯曲应力分布见图 5-291,导槽动水侧表面的弯曲应力分布见图 5-292,斜撑轴向应力分布见图 5-293,上游单元钢板等效应力分布如图 5-294 所示。

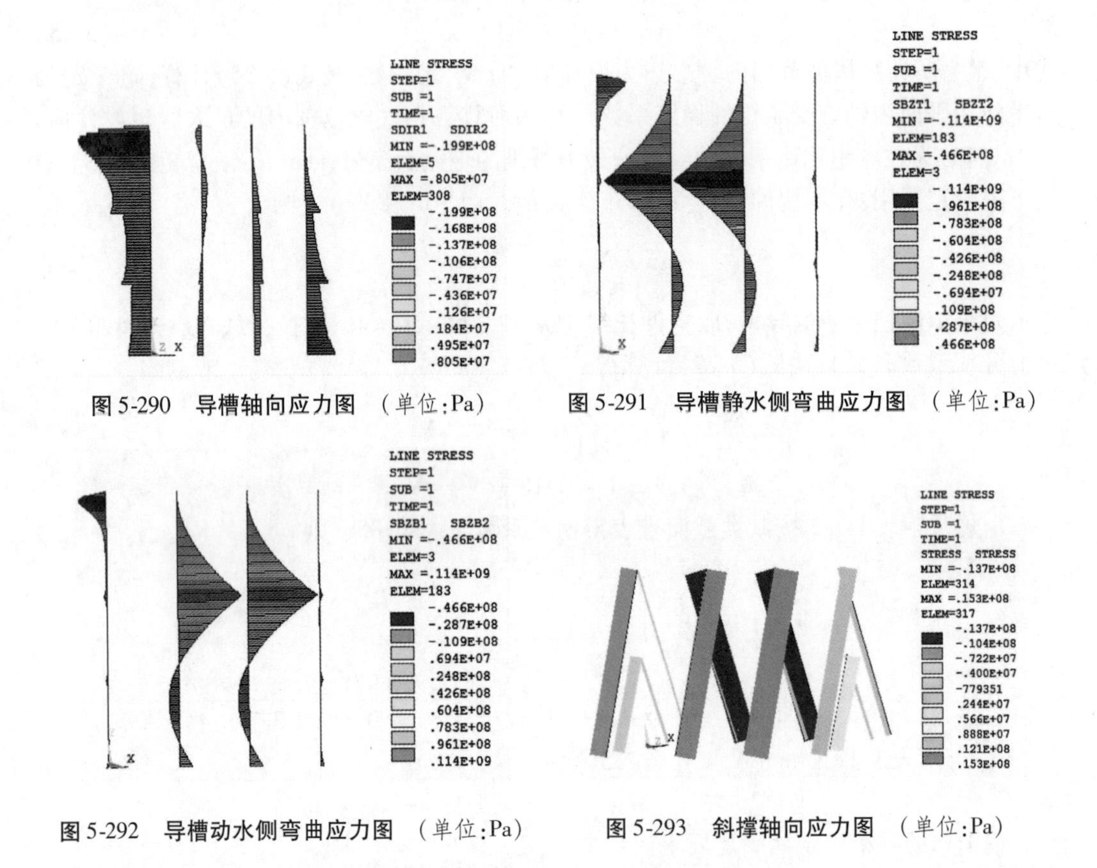

图 5-290 导槽轴向应力图 (单位:Pa)

图 5-291 导槽静水侧弯曲应力图 (单位:Pa)

图 5-292 导槽动水侧弯曲应力图 (单位:Pa)

图 5-293 斜撑轴向应力图 (单位:Pa)

分析图 5-290 可以看出,导槽的轴向应力值大部分都在 5 ~ 17 MPa,最大值为 19.9 MPa,出现在该上游单元第 1 根导槽的上部位置;分析图 5-291、图 5-292 可以看出,导槽的弯曲应力绝大部分在 7 ~ 96 MPa,最大值为 114 MPa,出现在导槽与长斜撑连接处;分析图 5-293 可以看出,斜撑轴向应力最大值为 15.3 MPa;分析图 5-294 可以看出,面板应力大部分在 2 ~ 200 MPa,最大值为 422 MPa,出现在面板、导槽和上部钢缆三者相连接的位置,属于数值计算中应力集中现象。

分析图 5-291 ~ 图 5-294 可以看出,在该荷载作用下,钢围挡上游单元的应力都小于 Q235a 钢材的屈服强度,由强度理论可知,钢围挡上游单元强度是安全的。

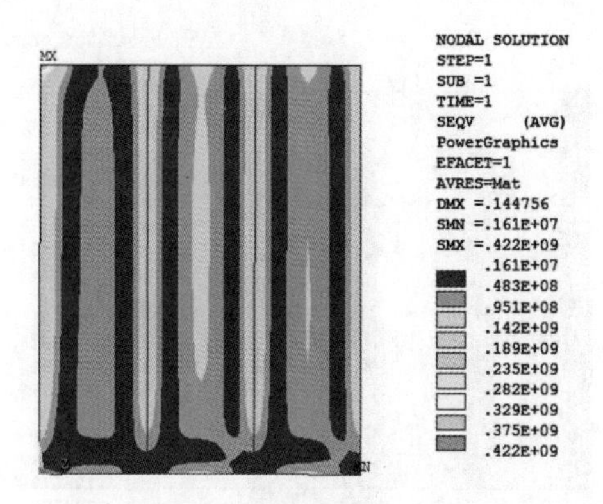

图 5-294　上游单元钢板 mises 应力图　（单位：Pa）

综上所述，在该荷载作用下，钢围挡的应力除去应力集中外小于 Q235a 钢材屈服强度，建议在满足结构构造要求的前提下，进行优化设计。

5.8.4.2　钢围挡上游单元刚度分析

通过计算该荷载作用下整个钢围挡的变形，来复核钢围挡的刚度。下面以上游单元变形来分析该荷载作用下钢围挡的钢度。

钢围挡上游单元导槽变形分布见图 5-295，斜撑轴向变形分布见图 5-296，上游单元钢板变形分布如图 5-297 所示。

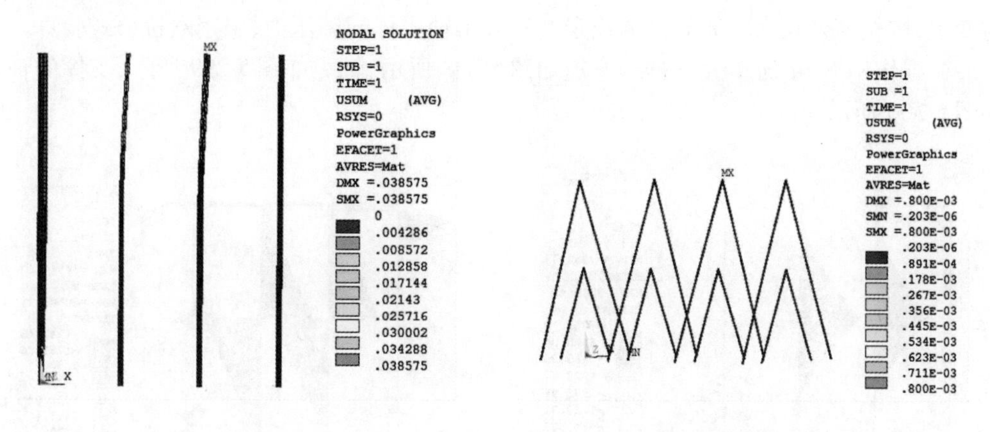

图 5-295　上游单元导槽变形图　（单位：m）　　　图 5-296　上游单元斜撑变形图　（单位：m）

分析图 5-295 可以看出，导槽的最大变形在导槽最上部分，变形量为 38.6 mm。

分析图 5-296 可以看出，斜撑最大变形在外部斜撑的最高处，变形量为 0.8 mm。

分析图 5-297 钢板的最大变形发生在两导槽中间部位，变形量在 145 mm 左右。

根据《钢结构设计标准》(GB 50017—2017)3.4.1 条款的要求，对于有轻轨（重量等于或小于 24 kg/m）轨道的平台梁，挠度容许值为 $l/400$ 。对于钢围挡结构应用导槽的变形来复核围挡的刚度，即容许挠度值为 1.875 cm。由图 5-295 可知，导槽的变形为 3.86 cm，大于容许值。建议斜撑上支撑点向上移至 1.25 m 处。钢板的变形量为 14.5 cm，已超出了《钢结构设计标准》(GB 50017—2017)3.4.1 条款的要求，对于支撑其他屋面材料的平台板，即挠度容许值为 $l/200$ ，板的容许挠度值为 3.75 cm。由图 5-297 可知，板的变

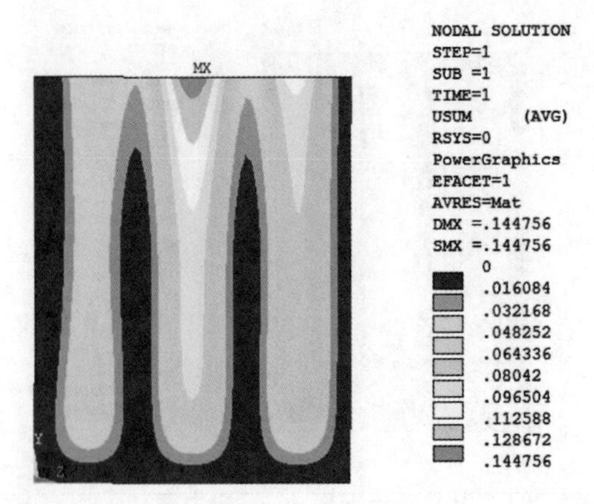

图 5-297 上游单元面板变形图 (单位:m)

形量最大为 14.5 cm,大于容许值,建议在板面上加强横向和竖向加劲肋。

综上所述,该荷载作用下,钢围挡的上游单元的导槽和钢板的刚度不满足规范要求,建议强化支撑体系和加劲肋体系。

5.8.4.3 钢围挡上游单元稳定性分析

钢围挡的稳定性分为导槽的压弯稳定和支撑杆的轴压稳定。压弯稳定需要分析构件的弯矩和轴力,轴压稳定需要分析构件的轴力。在该荷载作用下,求出钢围挡导槽的轴力与变矩,按相关公式来验算导槽的稳定性。求出轴压杆的轴压力,采用欧拉公式验算。

荷载作用下,上游单元导槽的弯矩如图 5-298 所示,轴力如图 5-299 所示,支撑的轴力如图 5-300 所示。

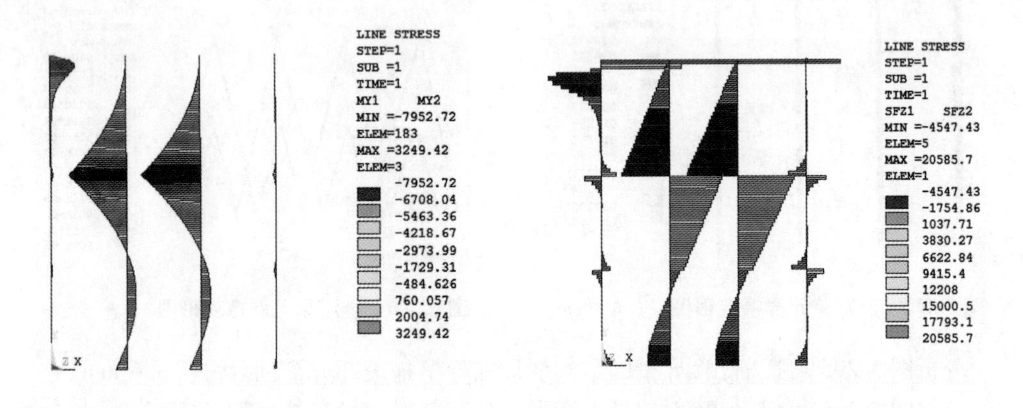

图 5-298 上游单元导槽弯矩图 (单位:N · m) 图 5-299 上游单元导槽轴向受力图 (单位:N)

分析图 5-298、图 5-299 可以看出,由于斜撑的作用,导槽近似地被分为三部分。其中受轴向压力最大的是第 4 根(沿水流方向)导槽的中间一段,轴压力最大值为 4 547 N,而此时所对应的弯矩图中的弯矩最大值为 7 953 N · m。

弯矩作用在对称轴平面内的实腹式压弯构件,弯矩作用平面内稳定性按《钢结构设计标准》(GB 50017—2017)校核。

平面内稳定计算公式:

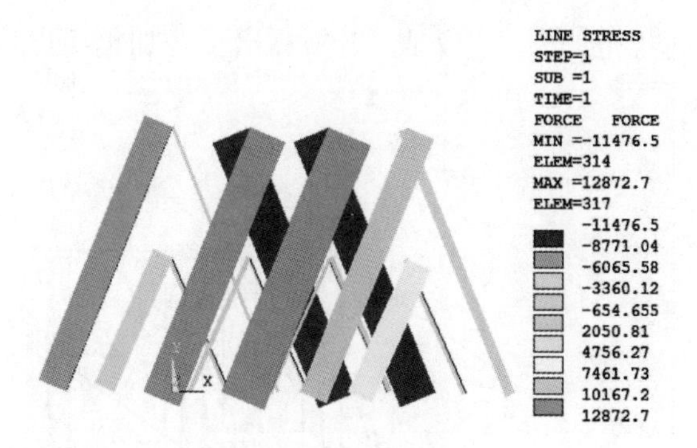

图 5-300　上游单元斜撑杆轴力图　（单位：N）

$$\frac{N}{\varphi_x A}+\frac{\beta_{mx} M_x}{\gamma_x W_{lx}(1-0.8N/N'_{Ex})}\leqslant f_y \tag{5-27}$$

$$N'_{Ex}=\pi^2 EA/(1.1\lambda^2) \tag{5-28}$$

式中：N 为所计算构件范围内轴心压力设计值，N；N'_{Ex} 为参数，按式(5-28)计算，mm；φ_x 为弯矩作用平面内轴心受压构件稳定系数；M_x 为所计算构件段范围内的最大弯矩设计值，N·m；W_{lx} 为在弯矩作用平面内对受压最大纤维的毛截面模量，mm^2；等效弯矩系数 β_{mx} 应按下列规定采用：在本构件中，全跨均布荷载：$\beta_{mx}=1-0.18N/N_{cr}$，则

$$N_{cr}=\frac{\pi^2 EI}{(\mu l)^2} \tag{5-29}$$

对于钢围挡上游的导槽，取构件长细比 $\lambda=2\,300\div 50=46$，欧拉荷载 $N_{Ex}=1\,590$ kN，抗力分项系数取 1.1，由式(5-28)计算得

$$N'_{Ex}=\frac{N_{Ex}}{1.1}=1\,445(\text{kN})$$

$$\beta_{mx}=1-0.18\,N/N_{cr}\approx 1$$

由规范附表 D0.2 按 b 类截面查表得稳定系数 $\varphi_x=0.856$

$$\frac{N}{\varphi_x A}+\frac{\beta_{mx} M_x}{\gamma_x W_{lx}\left(1-\dfrac{0.8N}{N'_{Ex}}\right)}=$$

$$\frac{4\,547}{0.856\times 1\,704}+\frac{1\times 7\,953}{1.05\times 69.8\times 10^3\times(1-0.8\times 4\,547/1\,445\,000)}$$

$$=3.2(\text{N/mm}^2)<f_y=235\ \text{N/mm}^2$$

钢围挡的导槽稳定性满足要求。

对于斜撑杆件：该结构只受拉压的轴向作用力，$\lambda=\dfrac{\mu l}{i}$，该杆件两端铰接，$\mu=1$，则 $\lambda=5\,300/25.3=209$，由钢结构设计标准可知，对于轴心受压构件，支撑的容许长细比为 200，该结构为 209，支撑杆件满足要求。

由应力分析结果可知：支撑杆件轴向应力最大值为 1.41×10^7 Pa，而欧拉临界应力 $\sigma_{cr}=\dfrac{\pi^2 E}{\lambda^2}=1.44\times 10^7$ Pa。支撑杆件稳定性满足要求。

5.8.4.4　优化方案复核分析

在本书提出的优化方案一和优化方案二中，经过上述计算，发现钢板的面板位移和导槽的挠度值超过了现行规范的要求。为此,本书提出了增加钢板厚度并增设钢缆绳的方案,如图5-301所示。

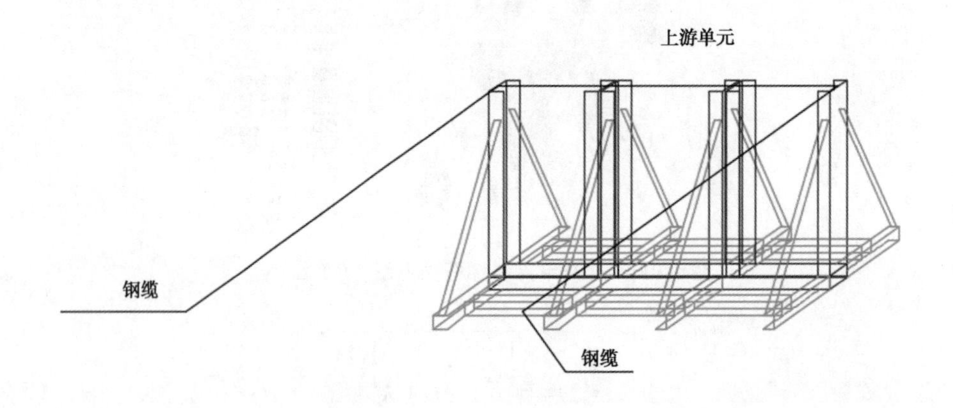

图5-301 增设钢缆绳方案

1. 钢围挡强度分析

在荷载作用下,对钢围挡进行数值分析,鉴于之前所做分析,中间单元和下游单元计算结果偏于安全,故在此不考虑在整体结果中,取上游单元各构件的应力场来分析钢围挡的强度。

钢围挡上游单元导槽轴向应力分布见图5-302,导槽静水侧表面的弯曲应力分布见图5-303,导槽动水侧表面的弯曲应力分布见图5-304,斜撑轴向应力分布见图5-305,上游单元钢板等效应力分布如图5-306所示。

分析图5-302可以看出导槽的轴向应力值大部分都在0.03~0.3 MPa,最大值为0.31 MPa,出现在该上游单元第4根导槽与底部连接处;分析图5-303、图5-304可以看出,导槽的弯曲应力绝大部分在2.6~25 MPa,最大值为25.1 MPa,出现在导槽与长斜撑连接处;分析图5-305可以看出,斜撑轴向应力最大值是3.1 MPa;分析图5-306可以看出,面板应力大部分在5~40 MPa,最大值为41.6 MPa,出现在面板和导槽两者相连接的位置。

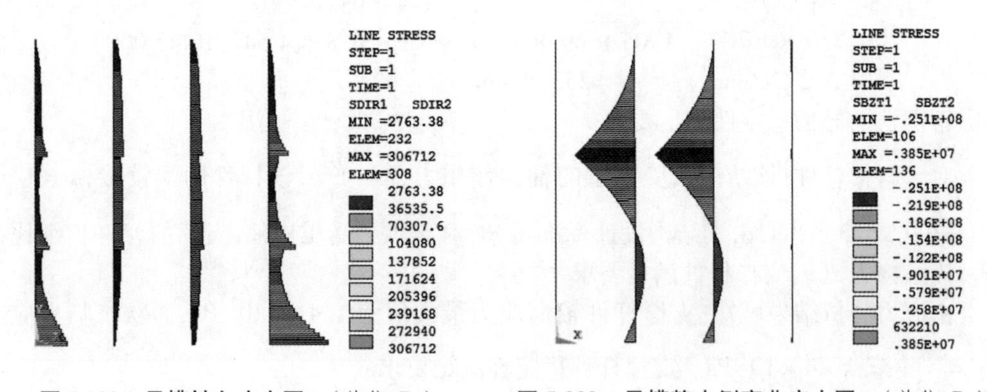

图5-302 导槽轴向应力图 (单位:Pa)　　图5-303 导槽静水侧弯曲应力图 (单位:Pa)

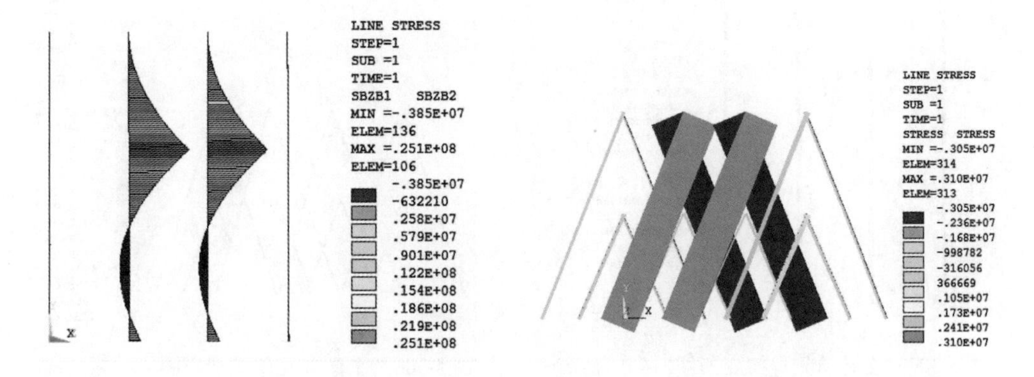

图 5-304　导槽动水侧弯曲应力图　（单位：Pa）　　**图 5-305　斜撑轴向应力图**　（单位：Pa）

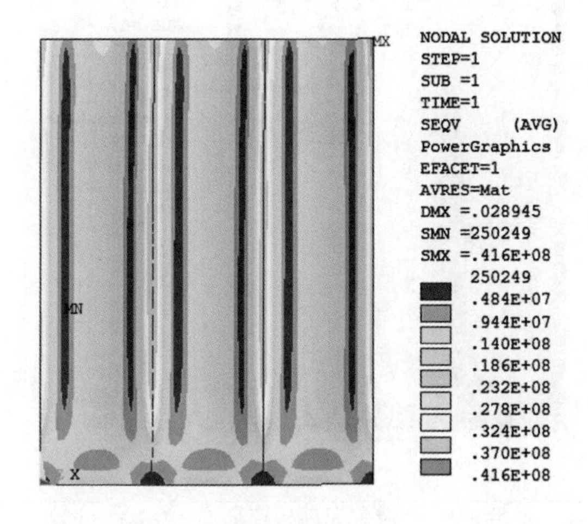

图 5-306　钢板 mises 应力图　（单位：Pa）

分析图 5-302 ~ 图 5-306 可以看出，在该荷载作用下，钢围挡上游单元的应力都小于 Q235a 钢材的屈服强度，由强度理论可知，钢围挡上游单元强度是安全的。

综上所述，在该荷载作用下，钢围挡的应力基本都小于 Q235a 钢材屈服强度值，强度满足要求。

2. 钢围挡刚度分析

通过计算该荷载作用下整个钢围挡的变形，来复核钢围挡的刚度。下面以上游单元变形来分析该荷载作用下钢围挡的钢度。

钢围挡上游单元导槽变形分布见图 5-307，斜撑轴向变形分布见图 5-308，上游单元钢板变形分布如图 5-309 所示。

分析图 5-307 可以看出，导槽的最大变形发生在第二根导槽的最上部分，变形量为 8.3 mm。

分析图 5-308 可以看出，斜撑最大的变形在外部斜撑的最高处，变形量为 0.165 mm。

分析图 5-309 可以看出，面板结构中部的位置变形量最大，变形量约为 2.9 cm。

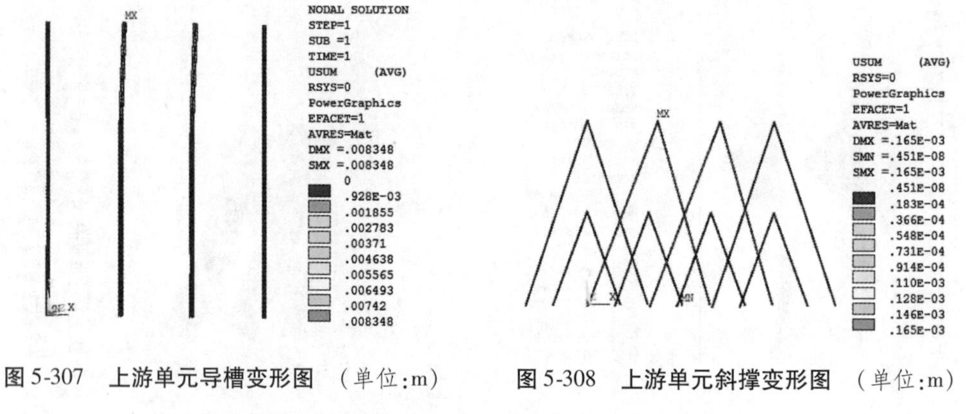

图 5-307　上游单元导槽变形图　(单位:m)

图 5-308　上游单元斜撑变形图　(单位:m)

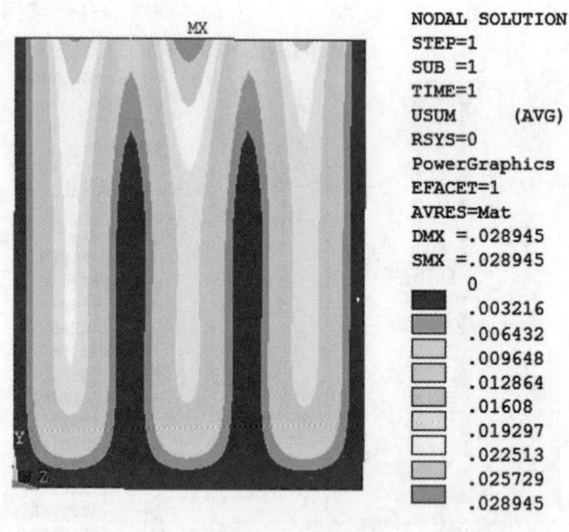

图 5-309　上游单元面板变形图　(单位:m)

根据《钢结构设计标准》(GB 50017—2017)3.4.1 条款的要求,对于有轻轨(重量等于或小于 24 kg/m)轨道的平台梁,挠度容许值为 $l/400$ 。对于钢围挡结构应用导槽的变形来复核围挡的刚度,即容许挠度值为 1.875 cm。由图 5-307 可知,导槽的变形量为 0.83 cm,小于容许值,满足要求。钢板的变形量为 2.9 cm,根据《钢结构设计标准》(GB 50017—2017)3.4.1 条款的要求,对于支撑其他屋面材料的平台板,即挠度容许值为 $l/200$,板的容许挠度值为 3.75 cm。由图 5-309 可知,板的变形量最大量为 2.9 cm,小于容许挠度值 3.75 cm,满足要求。

综上所述,该荷载作用下,钢围挡的上游单元的导槽和钢板的刚度均满足要求。

3. 钢围挡稳定性分析

钢围挡的稳定性分为导槽的压弯稳定和支撑杆的轴压稳定。压弯稳定需要分析构件的弯矩和轴力,轴压稳定需要分析构件的轴力。在该荷载作用下,求出钢围挡导槽的轴力与变矩,按相关公式来验算导槽的稳定性。求出轴压杆的轴压力,采用欧拉公式验算。

在该荷载作用下,上游单元导槽的弯矩如图 5-310 所示,轴力如图 5-311 所示,支撑的轴力如图 5-312 所示。

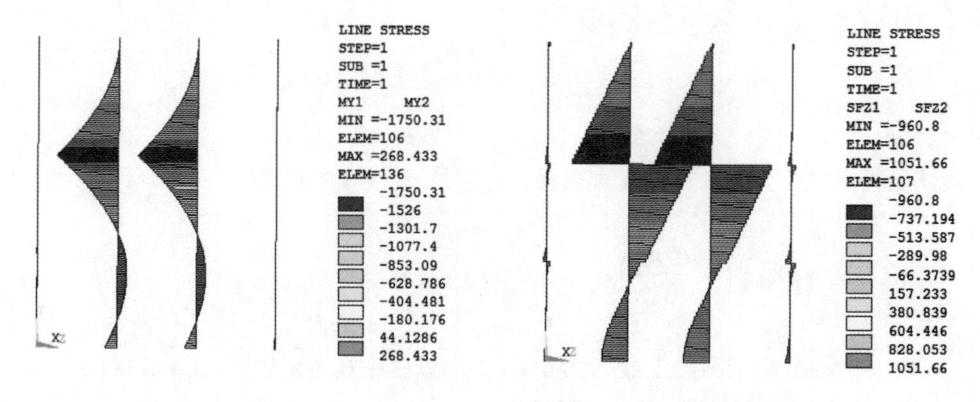

图5-310 上游单元导槽弯矩图 （单位：N·m） 图5-311 上游单元导槽轴向受力图 （单位：N）

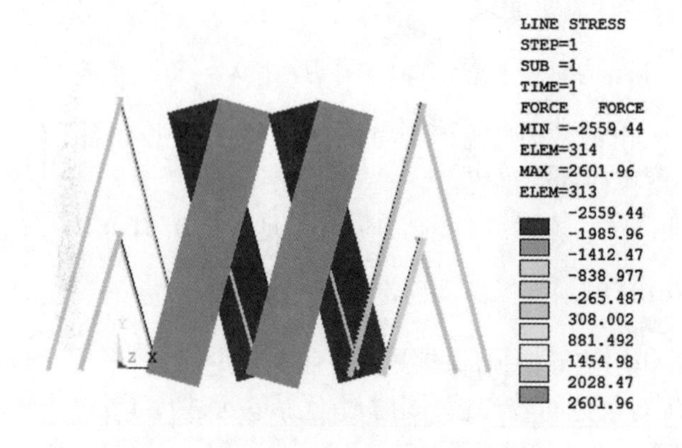

图5-312 上游单元斜撑杆轴力图 （单位：N）

分析图5-310和图5-311可以看出，由于斜撑的作用，导槽近似地被分为三部分。其中受轴向压力最大的是第3根（沿水流方向）导槽的中间一段，轴压力最大值为1 052 N，而此时所对应的弯矩图中的弯矩最大值为1 750 N·m。

弯矩作用在对称轴平面内的实腹式压弯构件，弯矩作用平面内稳定性按《钢结构设计标准》（GB 50017—2017）校核。

平面内稳定计算公式：

$$\frac{N}{\varphi_x A} + \frac{\beta_{mx} M_x}{\gamma_x W_{lx}(1 - 0.8N/N'_{Ex})} \leqslant f_y \tag{5-30}$$

$$N'_{Ex} = \pi^2 EA/(1.1\lambda^2) \tag{5-31}$$

式中：N为所计算构件范围内轴心压力设计值，N；N'_{Ex}为参数，按式（5-31）计算，mm；φ_x为弯矩作用平面内轴心受压构件稳定系数；M_x为所计算构件段范围内的最大弯矩设计值，N·m；W_{lx}为在弯矩作用平面内对受压最大纤维的毛截面模量，mm^2；等效弯矩系数β_{mx}应按下列规定采用：在本构件中，全跨均布荷载：$\beta_{mx} = 1 - 0.18N/N_{cr}$，则

$$N_{cr} = \frac{\pi^2 EI}{(\mu l)^2} \tag{5-32}$$

对于钢围挡上游的导槽，取构件长细比$\lambda = 2\ 300 \div 50 = 46$，欧拉荷载$N_{Ex} = 1\ 590$ kN，

抗力分项系数取 1.1,由式(5-32)计算得

$$N'_{Ex} = \frac{N_{Ex}}{1.1} = 1\ 445(\text{kN})$$

$$\beta_{mx} = 1 - 0.18N/N_{cr} \approx 1$$

由规范附表 D0.2 按 b 类截面查表得稳定系数 $\varphi_x = 0.856$,则

$$\frac{N}{\varphi_x A} + \frac{\beta_{mx} M_x}{\gamma_x W_{lx}\left(1 - \frac{0.8N}{N'_{Ex}}\right)}$$

$$= \frac{1\ 052}{0.856 \times 1\ 704} + \frac{1 \times 1\ 750}{1.05 \times 69.8 \times 10^3 \times (1 - 0.8 \times 1\ 052/1\ 445\ 000)}$$

$$= 0.75(\text{N/mm}^2) < f_y = 235\ \text{N/mm}^2$$

钢围挡的导槽稳定性满足要求。

对于斜撑杆件,该结构只受拉压的轴向作用力,$\lambda = \frac{\mu l}{i}$,该杆件两端铰接,$\mu = 1$,则 $\lambda = 5\ 300/25.3 = 209$,由钢结构设计标准可知,对于轴心受压构件,支撑的容许长细比为 200,该结构为 209,支撑杆件满足要求。

由应力分析结果可知:支撑杆件轴向应力最大值为 0.31×10^7 Pa,而欧拉临界应力 $\sigma_{cr} = \frac{\pi^2 E}{\lambda^2} = 1.44 \times 10^7$ Pa。支撑杆件稳定性满足要求。

经计算,钢缆的作用使导槽顶部的位移量有所减少,钢板采用 6 mm 的规格,面外位移是 2.9 cm,小于现行规范的容许值,同时对上游单元进行了分析,分析表明,钢围挡上游单元的强度、刚度、稳定性均满足要求。

5.8.5　钢围挡改进方案的结构特性总体分析

(1)对钢围挡两种改进方案的结构计算分析表明,钢围挡结构强度和稳定性没有问题。简化方案一和优化方案二都可以大量节省钢围挡钢材用量,且能够大大减小钢围挡的制作和安装难度。虽然上游迎水面部分构件有应力集中现象,但可以通过改善导槽和钢板的连接方式解决,保证构件强度大于荷载强度。钢围挡的整体刚度主要依靠导槽和钢板提供,为了增大结构刚度可以通过增加斜撑数量,缩短斜撑在导槽上的距离及增强钢板加劲肋来实现;总的来看,通过改善钢围挡结构可以增强材料强度和结构刚度,满足改进方案的结构安全要求。

(2)优化方案二有效地降低了钢围挡迎流面的直接水流冲击力,由于上游使用钢索牵拉土工布帘,局部改变了钢围挡结构的荷载分布;在钢索牵拉导槽和钢板的位置有应力集中现象,为了避免集中应力超过钢材屈服强度,可以在钢围挡迎流面使用多根钢索,将集中力分散,可以有效地改善钢围挡上游单元的荷载分布。

(3)针对优化方案二,采用钢缆可使导槽顶部的位移量有所减少,增加钢板厚度,可保证钢板的刚度要求。优化方案二采取上述措施,钢围挡上游单元的强度、刚度、稳定性均满足要求。

第 6 章　渠道损伤边坡修复的水下开挖

损坏边坡修复的水下开挖内容主要包括对已损坏渠道衬砌的混凝土面板、土工膜、粗砂、保温板的开挖及渠道换填土体。这里以南水北调中线干线工程韭山段边坡修复工程为例,介绍水下开挖的相关施工设备、水下开挖的工作流程、施工工艺、关键技术要点及水下边坡开挖的质量控制方法。

6.1　边坡开挖的水上作业平台

边坡开挖作业主要在水面以下,为保证水下开挖的顺利进行,施工区需要配置 3 个水上移动作业平台;其中 1 号作业平台是主作业平台,体形较大,设备较多,其结构与配置施工设备和 2、3 号平台不同;2、3 号作业平台为辅助水上作业平台。

6.1.1　1 号作业平台

1 号水上作业平台主作业平台是用槽钢和角钢连接的框架结构,长度和宽度均为 8. 1 m,由 160 个浮箱拼接而成,总浮力达到 28. 8 t,见图 6-1。水上移动作业平台上设置一台

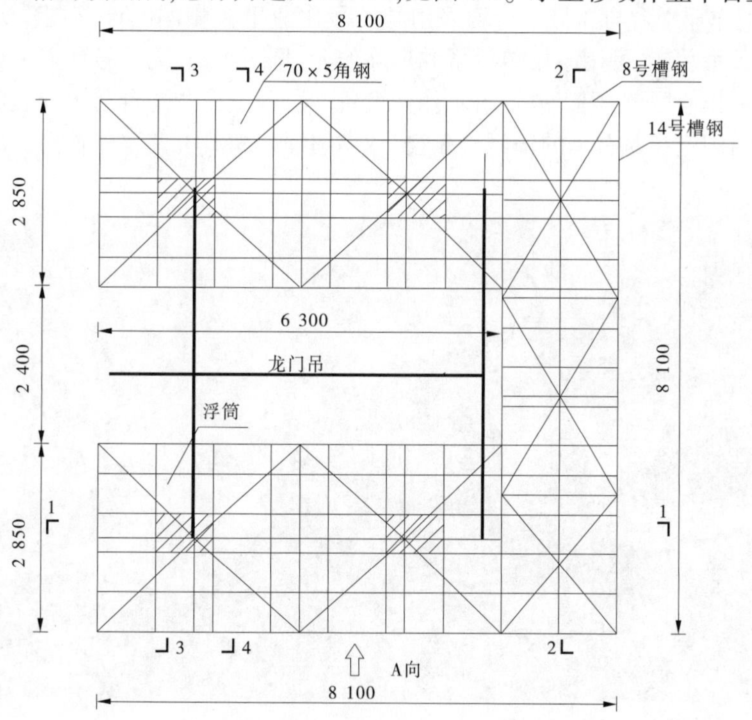

图 6-1　1 号水上移动作业平台平面布置　（单位:mm）

龙门吊,见图6-2。平台加固框架自重约4.8 t,龙门吊自重约3 t,提升吊机和潜水设备自重约1 t。平台上安置卷扬机,通过钢缆和岸上边坡的锚固桩相连,同时可以通过调整钢缆长度调节平台位置。

图6-2 1号水上作业平台

6.1.2 2、3号作业平台

2号水上作业平台与3号平台均采用与1号作业平台相同的浮筒制作方式,在2号平台上加设了吊装架,可用于吊装设备和拆除作业,见图6-3。而3号作业平台较小,主要为潜水员水下作业服务,用于放置潜水作业设备。这两个作业平台上也安装卷扬机,通过钢缆将平台与固定在左右岸的锚固桩相连,依靠缆绳的缩放可调整作业平台的位置。

图6-3 2号、3号作业平台

6.2　水下开挖设备

水下开挖的主要设备有高压水枪、铲运斗、搅吸泵、浮船、潜水设备等,详见设备一览表 6-1。

表 6-1　水下开挖设备一览

序号	名称	型号
1	需供式潜水头盔	KMB-28
2	需供式潜水脐带	100 m
3	潜水气瓶	12 L
4	干式脚蹼、压铅	干式
5	水下工具箱	
6	电动空压机	W-2.2/14
7	高压空气压缩机	VF-206
8	潜水电话	2825A
9	高频对话机	建伍 TK-308
10	稳压电源	TND1-2
11	水下摄像机	UWS-3020
12	应急气瓶	12 L
13	紧急备用系统	
14	龙门吊	2.8 t
15	污水电泵	WQ30-18-3
16	搅吸泵	150ZSQ140-18-15
17	高压水枪	200TJ3
18	抓斗	两瓣
19	铲运斗	0.7 m^3、30 kW
20	卷扬机	5 t
21	橡皮艇	含挂机
22	卷扬机	5 t
23	橡皮艇	含挂机

6.2.1 高压水枪

高压水枪(高压清洗机)主要由高压泵(见图 6-4)、安全阀、调压阀、脚踏控制阀(脚阀)、高压喷枪、高压喷头、动力装置、高压管路、传动装置、压力表等组成。额定压力 1 400 bar,工作流量 85 L/min,总重量 3 t。高压水枪各部件的功能介绍如下:

图 6-4 高压水泵

(1)高压泵。是高压清洗机的核心部件,作用是将普通的水转化为高压低流速的水,并将高压水通过高压管路输送到高压喷枪或高压喷嘴。

(2)安全阀。当高压泵的压力超过预定值时,安全阀打开,从而起到泄压的作用。

(3)调压阀。一般安装在高压泵的排出端,作用主要是凭借控制旁通水流来达到自动扩展高压清洗机工作压力的目的。当系统中压力超过预置值时,阀将部分开启。阀开启升程越高,旁通的水就越多,高压喷嘴的流量就越小。经阀溢流的水可以直接返回泵或前置水箱中。调压阀可分为归零调压阀和不归零调压阀两种。归零调压阀就是关枪后泵到调压阀之间的高压管路压力为“零”,阀到高压水枪之间的高压管路压力维持高压。不归零调压阀则关枪后,高压水泵到枪之间的高压管路仍全为高压。

(4)脚踏控制阀(脚阀)。作用类似于两种类型的高压水枪,其特点是操作者能够用脚动作,用以控制高压喷头或喷嘴。

(5)高压喷枪。是高压清洗机内置的一个或多个喷嘴,高压喷头限制了射流的过流面积,加速了水流速度并形成了所要求的射流形状。

(6)动力装置。由柴油机组成,动力装置与高压泵连接,主要为高压泵提供所需的动力。

(7)高压管路。主要作用是输送高压水到高压喷枪或高压喷嘴,一般分为硬管和软管两种,现场采用的是高压软管。

(8)传动装置。作用是将动力装置的动力传递给高压泵,从而产生驱动力。

6.2.2 搅吸泵

搅吸泵是对普通潜水泵进行改造后的专用设备,主要改造过程是:在主水泵两侧加装转动轴,转动轴下部加设铰刀,组成搅拌器。其启动开关和主泵开关分设(主泵和搅拌器均能独立工作)。水泵放至指定位置后,两侧加装的支撑轴可以兼作支点,用于支撑泵体稳定,开启搅拌器后,可切割土体,土体经切割搅碎后,通过主泵过滤后泵吸至抽水管中,见图6-5。

图6-5　搅吸泵

6.2.3　铲运斗及浮船

铲运设备是后期水下开挖的主要设备,主要由卷扬机、铲运斗组成。有关施工工艺在后面章节详细介绍。

浮船是水域内作业必不可少的辅助装置,主要由浮筒、型钢、卷扬机及其他有关安全防护设施组成,可在水域内移动。浮船移动主要通过调整钢缆绳的长度来实现。缆绳一端与固定在浮船上的卷扬机相连,另一端与布设在左右岸的锚桩相连,见图6-2、图6-3。

6.2.4　潜水设备

潜水装备主要由潜水服、氧气瓶、压缩机、气管、脚蹼、压铅、潜水通信设备、监控设备等组成,用于水下作业。

6.2.5　其他设备

其他辅助工具还有液压锯(见图6-6)、液压镐(见图6-7)等;另外,陆上备用反铲挖掘机两台,三轮车4辆,用于土方二次倒运。

图6-6　液压锯

图6-7　液压镐

6.3　衬砌结构的水下拆除

6.3.1　前期抢险沉积物的清理

为了防止边坡破坏险情的扩大,一般都及时进行临时抢险处理,在边坡损伤处投放包括碎石袋在内的压重补口物。因此,在衬砌结构拆除前,首先需要清理抢险期间码放在损伤衬砌板上的碎石袋等物。为了提高清理效率,宜采用潜水员水下作业,利用浮船吊架配合清运斗车进行清理作业,全部作业过程见图 6-8。

(a) 碎石袋装斗

(b) 清运斗车调整位置

(c) 卷扬机把清运斗车拉出水面

(d) 清运斗车拉上一级马道待二次倒运

图 6-8　前期抢险碎石袋的清理施工过程

首先在一级马道上设置卷扬机以备拉清运斗车,然后衬砌板上铺设土工膜,避免清运过程中裹挟的水体顺衬砌板缝隙进入下部土体,将装有吊架的浮船调整至作业区合适位置,将挂在吊钩上的清运斗下放至清理区指定位置,由潜水员将碎石袋装进清运斗内;装满碎石袋的清运斗由启动吊架调整至边坡较为平整处,然后启动卷扬机将清运斗车拉出一级马道,再由机动三轮车将碎石袋转运出去。

6.3.2　损伤区衬砌板的水下分割

南水北调中线干线工程边坡衬砌板分缝间距为 4 m,单块板 4 m×4 m,重量约 3.2 t,无法整块直接吊运,因此需要对衬砌板先进行水下分割,由潜水员采用液压镐进行破碎分割。一般分割原则是:沿衬砌板中间部位切割,将之分成 2 m×2 m 大小;对于靠近渠道底板原诱导缝的部位，需要保留一定宽度的土工膜，再采用液压锯进行切割，人工捣碎。

6.3.3　衬砌板与板膜的剥离

在衬砌板拆除时，还必须将衬砌板与下部土工膜剥离。混凝土衬砌面板和下部土工膜经过长时间的运行，结合较为紧密，试验时采用塔吊直接吊离风险较大，分离十分困难。经多次试验研究确定，利用水上移动作业平台，采用电动葫芦起吊，配合潜水员进行剥离作业。对局部较厚、面积偏大、重量偏重、电动葫芦无法起吊的衬砌板，可以采用1号水上作业平台上的5 t卷扬机进行衬砌板与板膜的剥离。

6.3.4　拆除后衬砌板的吊装及运输

在渠道左岸设置塔吊，潜水员将分割、拆除后的衬砌板借助塔吊调运至左岸防汛抢险道路；再进一步分割装车运往指定堆放渣场，主要施工过程见照片图6-9。

(a) 衬砌板吊装

(b) 衬砌板破碎

(c) 衬砌板装车转运

(d) 渣场码放整齐的破碎衬砌板

图6-9　拆除衬砌板的吊装及运输过程

6.3.5　衬砌板拆除注意事项

为保证新浇筑的修复混凝土和周边原有衬砌板结合,恢复原有防渗功能,拆除时在拆除区域周边衬砌板下部保留了20~30 cm的土工膜,后期将其浇筑在新修复的混凝土中。

6.4　衬砌修复区边坡的水下开挖

6.4.1　开挖范围、开挖方式及布置

6.4.1.1　开挖范围

根据处理方案不同,一般将水下边坡开挖分为两个区域。其中,桩号Ⅳ104+922~Ⅳ104+934为开挖1区,长度12 m,开挖后的边坡坡比要求为1∶2.0,垂直边坡开挖厚度底部为1.82 m,顺坡面向上逐渐减薄,开挖范围见图6-10;桩号Ⅳ104+882~Ⅳ104+922为开挖2区,长度40 m,开挖后的坡比要求为1∶2.25,开挖厚度按0.5 m等厚控制,开挖范围见图6-11。

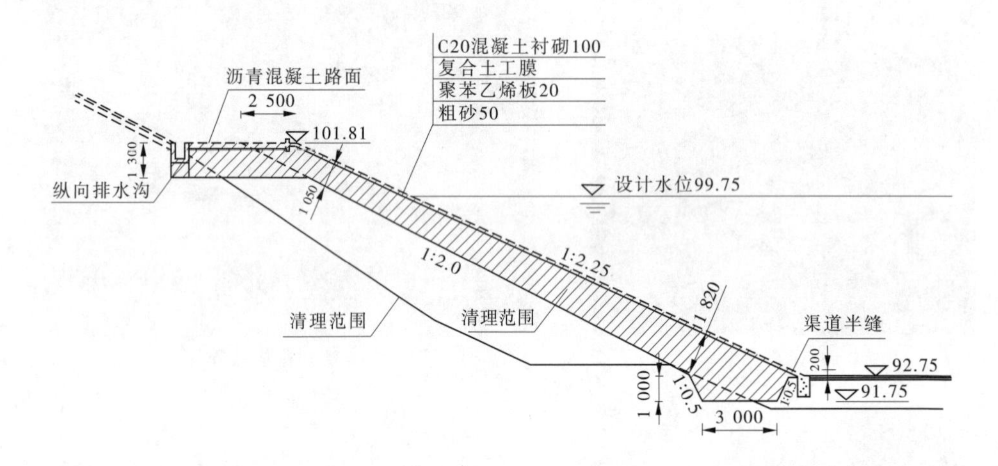

图6-10　开挖1区的开挖范围　(单位:尺寸,mm;高程,m)

6.4.1.2　开挖方式及布置

开挖1区主要采用搅吸泵进行开挖,搅吸泵两侧加装搅拌器。水上移动作业平台吊装搅吸泵沉入水下边坡开挖位置,搅吸泵将黏土搅碎后泵吸至左岸截流沟,在左岸截流沟内设置三级沉淀池进行沉淀。为避免积水下渗,在截流沟内铺设防渗彩条布,见图6-12,图6-13为搅吸泵及泵管布置。

开挖2区主要采用水下铲运斗进行开挖,开挖布置见图6-14。由塔吊吊装铲运斗至水下指定位置,在边坡上固定卷扬机,由卷扬机牵引铲运斗,将土体顺坡面刮出水面,然后由挖掘机配合三轮车进行二次倒运。

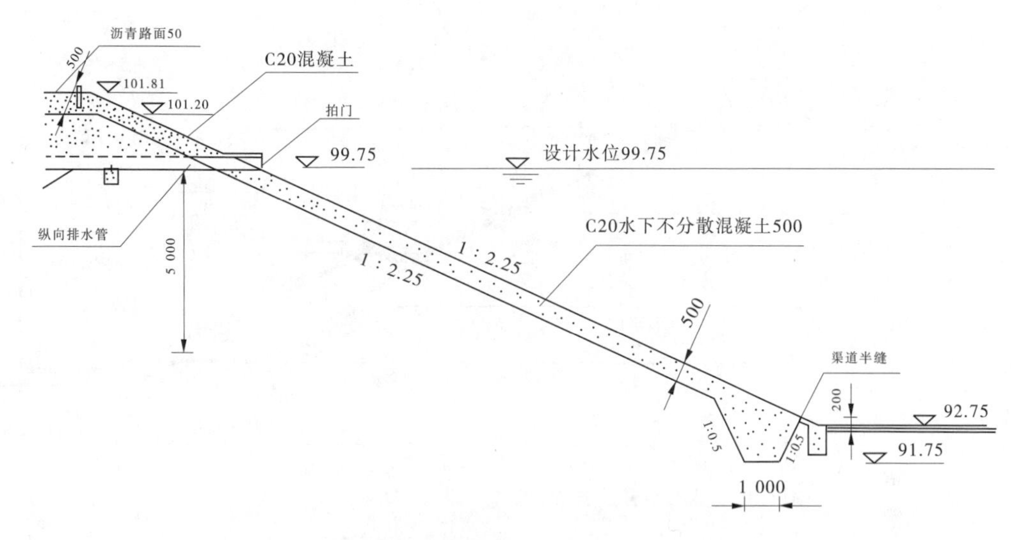

图 6-11　开挖 2 区的开挖范围　(单位:尺寸,mm;高程,m)

图 6-12　左岸截流沟布置

6.4.2　水下开挖技术的施工试验

6.4.2.1　搅吸泵开挖方式试验

按照现场的开挖顺序,首先进行了位于下游开挖 1 区的开挖。开挖主要的设备为搅吸泵,见图 6-15。它主要由水泵及搅拌器构成,中间部位为水泵,两侧加装搅拌器,搅拌器下部加设有铰刀,每个铰刀有三个刀片,刀片厚度约 2 cm,长度 12 cm,宽度 5 cm。主泵功率为 22 kW,扬程为 30 m,流量为 130 m^3/h。搅拌器功率 3 kW,可独立启停。

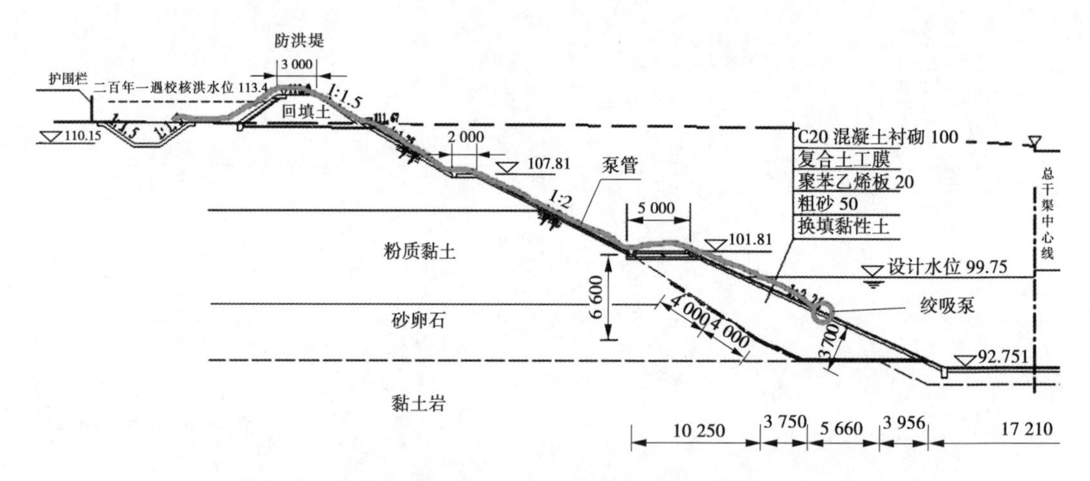

图 6-13　搅吸泵开挖方式示意　（单位：尺寸，mm；高程，m）

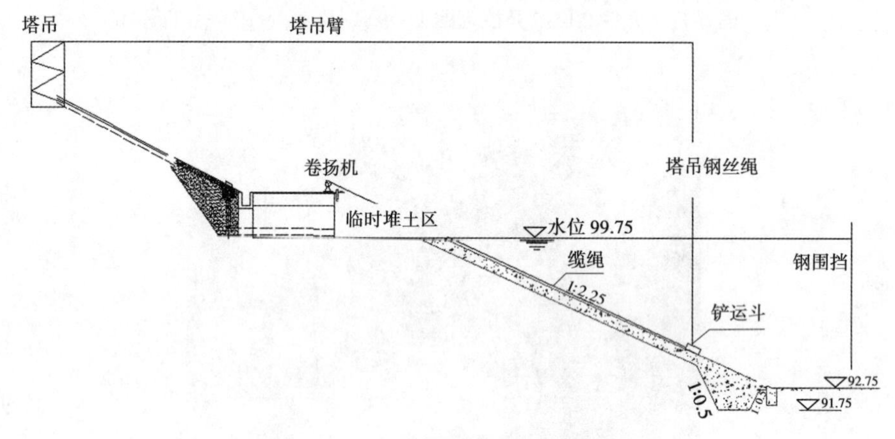

图 6-14　水下铲运斗开挖方式示意

1. 开挖试验过程

搅吸泵的工作流程为：采用水上移动作业平台上设置的龙门吊吊装水泵入水→下部支撑轴嵌入坡面土体→开启主泵→启动搅拌器搅碎土体→土体搅碎后→由主泵抽排至左岸截流沟。这种开挖方式在开挖坡面换替土体时，效率较高，基本能满足工期要求，每天开挖 12~15 m^3。开挖设备见图 6-15。

2. 开挖试验存在的技术问题

在开挖试验过程中发现存在一些技术工艺问题必须注意：

(1) 应注意搅拌器搅碎土体的效率与水泵抽排的效率保持匹配。如果不匹配，土体搅碎后形成的泥水能很快被主泵抽排，会导致主泵无效运转（抽排清水）。试验时因两者不匹配，需要频繁地移动水泵位置；而每次移动水泵都需要塔吊、潜水员、水上移动作业平台多方配合，造成效率较低。

(2) 采用搅吸泵开挖方式开挖后，在坡面上会形成搅吸集中的坑洞，这会使坡面平整度满足后续施工要求。

(3)要注意开挖时要避免土体中卵石进入搅吸泵,导致开挖效率急剧降低,甚至导致搅拌器铰刀卡死,进而烧毁电机。开挖出的土样见图6-16。

图6-15　开挖设备搅吸泵

图6-16　水下搅吸开挖出的土样

3.针对存在问题的设备改造

针对以上问题,在施工现场开展了开挖方式研究,并进行了相关工艺试验。

(1)将搅拌器的支撑轴削短,使水泵吃土深度增加,扩大铰刀和土体的接触面积,使其有效工作半径增加,明显增大了每次移动水泵后能够开挖的土体方量。

(2)在搅吸泵两侧安装消防龙头,辅助对土体进行射流冲击,大大提高土体的破碎效率。

经过上述技术改造,开挖效率明显提高,但卵石土卡死铰刀的问题还没有得到有效解决。

6.4.2.2　抓斗开挖方式试验

1.六瓣式抓斗

针对土体中存在卵石卡死铰刀,极大影响开挖效率的问题,通过现场研究,提出开展抓斗开挖方式的施工试验。这里采用了自重1.5 t的单绳链球六瓣抓斗,见图6-17。该抓斗的工作原理是:抓斗由塔吊吊放至1号移动作业平台上→由龙门吊吊放至水下开挖指定位置→吊放入水时抓斗斗齿为张开状态→接触土体后靠自重将斗齿嵌入土体→龙门吊起吊后抓斗闭合抓取土体→将抓取的土体吊至运输车运走。该作业方式针对土体较为平整的齿槽部位效果较好,在倾斜的坡面上抓斗入水后容易倾斜,难以实现正常作业。

2.两瓣式抓斗

在上述研究基础上,又采用了两瓣式抓斗进行土体开挖试验,抓斗自重500 kg,单斗体积0.3 m^3,见图6-18。由于这种抓斗重量较轻,无法靠自重嵌入土体,需要先用高压水枪将土体冲散;为了增加抓斗的吃土深度,在抓斗上焊接钢板进行配重,试验表明吃土深度有所增加;但遇到卵石时,斗齿无法收紧导致抓土失败;若遇边坡上土体偏硬,抓斗会出现倾斜而无法抓土;因此,两瓣式抓斗方式只能主要用于辅助齿槽部位土体开挖。

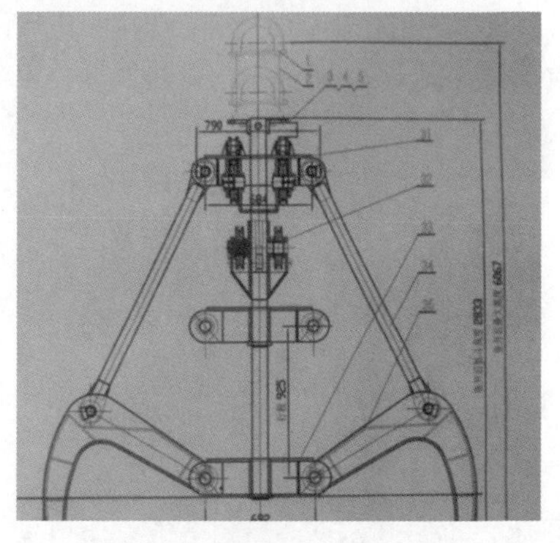

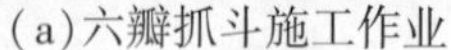

(a)六瓣抓斗施工作业　　(b)六瓣抓斗基本结构

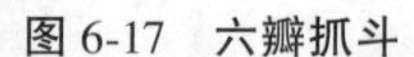

图 6-17　六瓣抓斗

图 6-18　两瓣式抓斗

6.4.2.3　高压水枪开挖方式试验

以上几种开挖方式的共同技术难点在于土体破碎效率较低,为此通过研究提出开展高压水枪开挖方式的试验研究。高压水枪的工作原理是:水体被高压水泵吸入压缩后,形成高压水流,经高压管路输送,通过高压水枪嘴喷出,成高压射流;高压水枪通过控制出水嘴流量来控制射流分散程度,基本原理就是水流势能与动能的转化。高压水枪由潜水员操作进行水下开挖作业,施工现场需要设置一个防护架,保持作业人员身体稳定及作业安全(防止水枪脱手鞭甩伤人)。高压水枪枪头自防护架间隙穿出,潜水员站立在防护架上手持高压水枪面对坡面,对斜上方向的土体进行射流冲击。利用高压水枪水下开挖作业的示意图见图 6-19,作业防护架照片见图 6-20。

根据现场工艺试验,高压水枪的冲散效率较高,完全能够满足清运设备工作进度需求。在施工试验探索过程中,开挖 1 区采用高压水枪方式基本是按照设计断面开挖完成的。试验也发现,现场清运设备效率也需要相应进一步提高。

高压水枪施工有一定的危险性,现场施工时要求其他管线布置要避开高压软管,其他

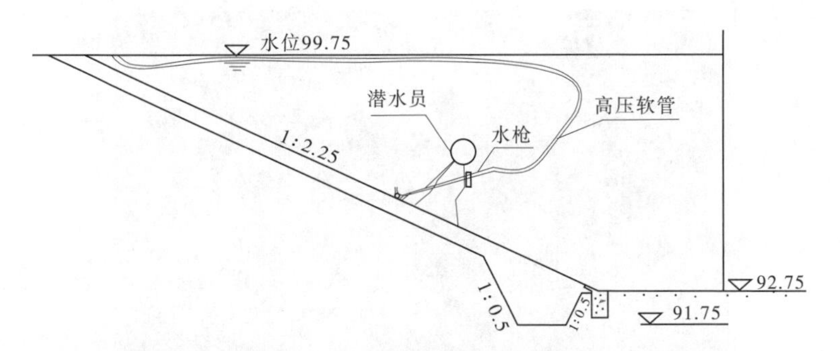

图 6-19　高压水枪水下作业示意

图 6-20　高压水枪作业防护架

作业面的作业与高压水枪射流作业无交叉现象;陆上高压水泵有专职人员值守,在作业过程中需要移动防护架时,由陆上人员配合移动;高压水枪使用有严格的操作规程,安全注意事项详见安全管理章节有关内容。

6.4.2.4　铲运斗开挖方式试验

1. 水下铲运斗的结构与工作原理

在以上开挖工艺试验研究的基础上,现场研究制作了一套水下铲运斗开挖设备,主要用于开挖 2 区。该设备作业原理在 6.4.1 中已做了简要介绍,铲运斗与相关设备的照片见图 6-21~图 6-23;铲运斗的结构组成见图 6-24、图 6-25,由图可见铲运斗斗体前段设置有牵引部件,通过螺栓与牵引绳连接,铲土板装有斗齿,牵引钢梁同时作为铲挖深度限位装置,可调节控制铲挖深度。铲运斗的开挖作业原理见图 6-26。

2. 铲运斗开挖施工作业需注意的技术关键

(1)铲运斗自重需与牵引力相匹配。铲运斗通过自重和牵引力铲动土层,铲运斗过轻,会导致铲运斗斗齿不能扎入土层直接滑过;铲运斗过重,则可能牵引力不足,需要匹配更大的牵引设备和提升设备。

(2)铲运斗斗齿要有合适的下倾角度。斗齿的下倾角度过小,斗齿不能顺利扎入土层;下倾角度过大,会增大行进阻力,造成牵引力的无效损耗。

(3)铲运斗宽度、长度和高度的比例要协调。铲运斗在不平坦的坡面上铲运时,会因重心过高造成失稳侧倾;为保证铲运斗不侧翻,且能高效地铲土和卸土,在确定斗容之后,

图 6-21　铲运斗(右)及附属卷扬机(左)

图 6-22　铲运斗正面

图 6-23　铲运斗侧面

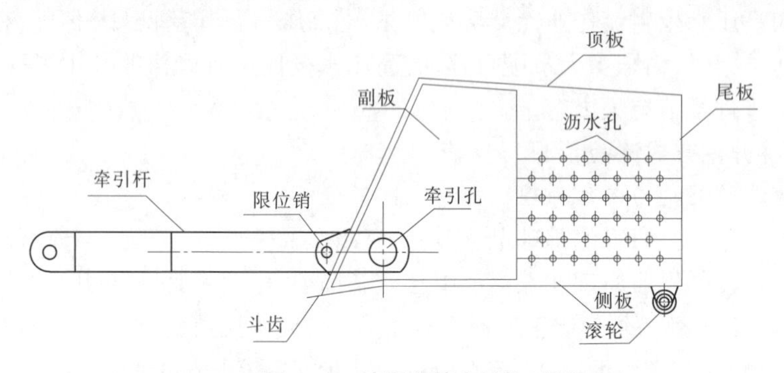

图 6-24　铲运斗基本结构(侧视)

需要给铲运斗设计合适的宽度、长度和高度。

(4)铲运斗需要限制铲挖深度。斗齿扎入土层后,如不限制铲挖深度,斗齿会越扎越深。如牵引力不够大,会导致铲不动;如牵引力太大,则又会导致铲斗前翻。铲挖深度主要根据斗容、斗体宽度和铲运行程确定,铲挖深度限位是该设备高效安全作业最关键的技术环节。

(5)铲运斗需具备沥水和方便卸土的功能。为保证铲起的土能顺利进入并充满斗体,斗体尾部、底部和侧面布置有排水孔。为方便卸土,斗体尾部设置可以手动开启的活动门。

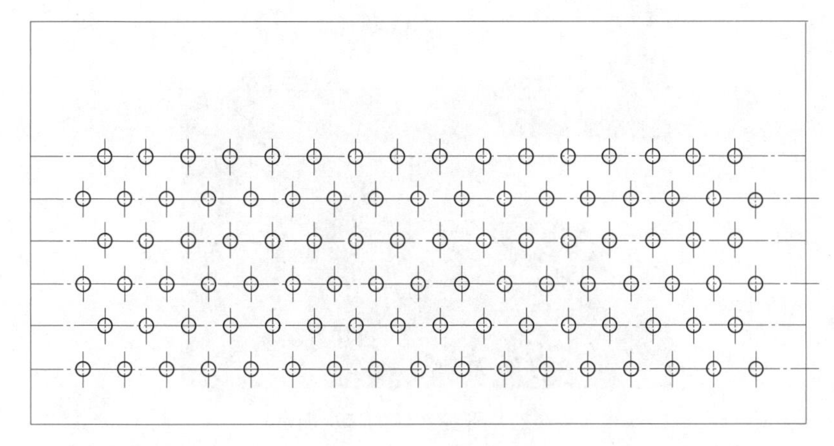

图6-25　铲运斗尾板

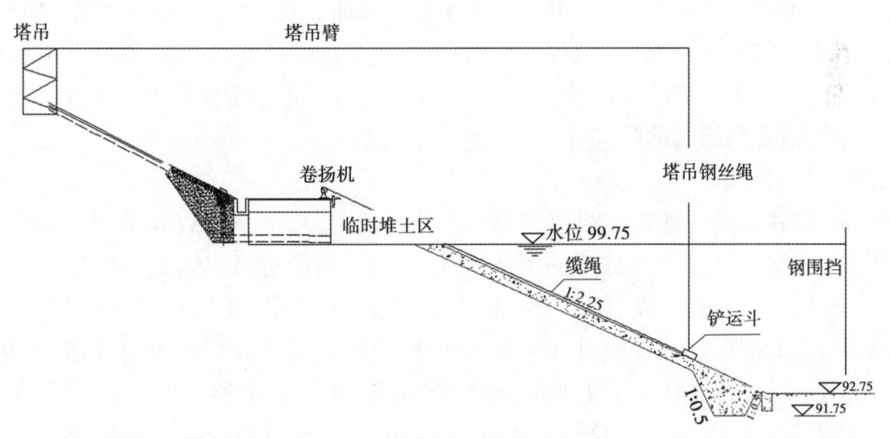

图6-26　铲运斗开挖原理示意

3. 铲运斗水下开挖作业过程

将卷扬机放置在一级马道上,采用钢筋桩将底座固定。由二级马道上的塔吊吊装铲运斗,根据水面上设置的标识绳下放铲运斗至坡面指定位置,铲运斗落在渠坡上以后,其前端斗齿嵌入土体,然后由卷扬机牵引,铲运斗顺坡面爬行,刮取土体。铲运斗出水面以后,在临时堆土区将斗内土体卸掉,卸土时需要塔吊及人工配合。重复以上过程,每个断面刮4~6次后,根据需要向上游或者下游移动,移动时卷扬机和铲运斗同步,保持在同一直线上。在制定开挖区域内作业完成一遍以后,进行断面测量,根据测量成果进行二次作业,直至符合开挖标准。

铲运斗将土体开挖出水面堆放在临时堆土区,之后由反铲挖掘机及三轮车配合进行开挖土体的二次倒运,见图6-27。

4. 施工试验存在的问题及解决方案

(1)铲运斗作业过程中,土体填满斗车顺坡爬行时,土体会向两侧溢撒,相邻两个铲运斗运行轨迹之间,会因溢撒形成一条土垄。在整个作业完成后,可将铲运斗沿着两个相邻运行轨迹的结合部进行坡面修整。

图 6-27　开挖土体的二次倒运

(2)根据作业原理,铲运斗在爬行过程中铲土,随着铲斗沿坡面上升,斗内土体逐渐增多,铲运斗整体重量增大,铲斗相应吃土深度也增加。这样便会导致开挖后的坡面形成上部超挖、下部欠挖的情况。为解决这个问题,可以通过在卷扬机前端相应位置增设滑轮,调节牵引斗车姿态的缆绳高度,让铲运斗在坡面行进过程中逐渐使斗齿脱开土体。

6.4.2.5　绳锯切割施工试验

1. 绳锯切割技术

绳锯切割施工是一种先进的结构物切割分离技术,切割工艺过程是利用直径 11 mm 的金刚石锯齿钢线,围绕切割物高速旋转进行切割。切割机可以通过导向轮改变钢线方向,进行任意方位、任意厚度、任意角度的切割。它可在复杂、特殊环境下切割(如狭窄空间、水下等),切割件大小可随意控制,施工作业速度快,切割件切口平直光滑,吊运方便、噪声低、无振动。目前,该技术主要用于混凝土结构体的切割、钢构件的切割等,用于水下卵石土体的切割尚无实践应用经验。因此,这里采用液压金刚石绳锯技术,进行了水下土体切割的现场施工试验。

水下金刚石绳锯主要由驱动装置、进给装置、张紧装置、紧夹装置、导向装置、锯弓板框架、切割框架、控制系统、液压动力源系统等组成。由液压动力源提供压力油供液压系统,首先由紧夹装置将金刚石串珠绳锯固定在待切割位置,通过液压系统使张紧装置工作,使串珠绳保持一定的工作张紧力;然后驱动装置带动进给装置开始工作,对结构物进行切割。在绳锯的运动系统中,压力油带动驱动马达,马达带动主动轮高速旋转,使张紧的金刚石串珠绳做循环运动,实现其沿切割通道的切向运动;同时在进给系统中,进给用的低速马达带动升降机的丝杆转动,带动绳锯弓板框架做直线运动,实现串珠绳锯在工作中始终处于张紧状态,保证切割所需的张紧力。

2. 绳锯施工试验

为了在水下开挖中试验绳锯切割技术的适用性,在边坡修复施工 2 区安装使用了绳锯,见图 6-28。为了给绳锯提供作业条件,首先在坡面适当位置采用搅吸泵开挖坑槽,坑槽深度大于 1 m,顺水流方向长度 1.5 m。在水面线以上布设钻机,沿坡面钻孔,入土点深入坡面土体垂直深度 0.6 m,直至与既有凌空面连通;之后在钻孔内下设 PVC 管,采取同样方式在间距 1 m 的位置钻另一钻孔,钻孔完成后下设 PVC 管,两个钻孔通道作为绳锯的切割通道。通道完成后，将绳锯链条通过管道穿出，并与绳锯连接，见图 6-29。以此形成切割面。有关工作原理见图 6-30。

图 6-28　绳锯施工现场

图 6-29　绳锯安装

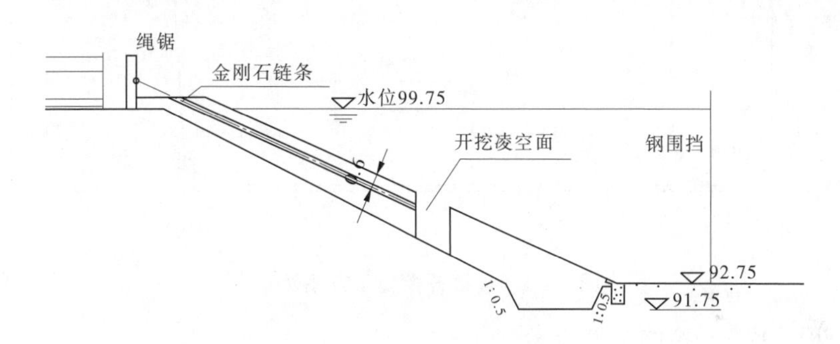

图 6-30　绳锯工作原理示意

在切割施工过程中，发现绳锯链条将 PVC 管道切开切入土体以后，摩擦力变大，过大的摩擦力使驱动装置的油缸漏油。经分析，主要原因是，绳锯切入土体后，水体随之侵入，切割面土体含水量增加，土体泥化后裹挟了绳锯链条，导致绳锯循环阻力增加，继续加压导致液压油封开裂漏油，使得绳锯无法继续工作。

6.5　齿槽的水下开挖

6.5.1　关键技术难点分析

齿槽开挖是水下开挖施工的重点和难点，它的开挖进度直接影响整个边坡修复工程的进展。齿槽开挖的主要技术难点如下：

(1) 齿槽开挖深度为 1 m，较边坡开挖工程量大，而且要求开挖为梯形断面，铲运斗无法像坡面开挖一样行进。

(2) 齿槽开挖位于坡脚位置，靠近钢围挡；坡面开挖的土体会散落在坡脚堆积形成淤泥，渠道内的藻类和其他杂物会通过钢围挡缝隙进入围挡内，加剧泥沙沉积，经测量施工期坡脚淤泥及杂物沉积厚度已经达到 0.8~1.0 m。

(3)齿槽开挖范围内同样存在卵石,上部淤泥的存在会直接影响高压水枪对齿槽开挖范围内土体的冲散效率。

6.5.2　齿槽水下开挖方式

6.5.2.1　齿槽开挖施工方案

根据现场施工环境,对齿槽施工技术难点进行分析,经研究对齿槽的开挖方式进行了相应的调整:在施工现场增建小型浮排,在浮排上设置气举式吸泥泵,沿钢围挡内侧不间断地抽排底部淤泥;抽排后再采用高压水枪将齿槽土体冲散;土体冲散后,将卷扬机固定于 1 号作业平台上,顺水流方向进行齿槽开挖,齿槽开挖施工方案见图 6-31。

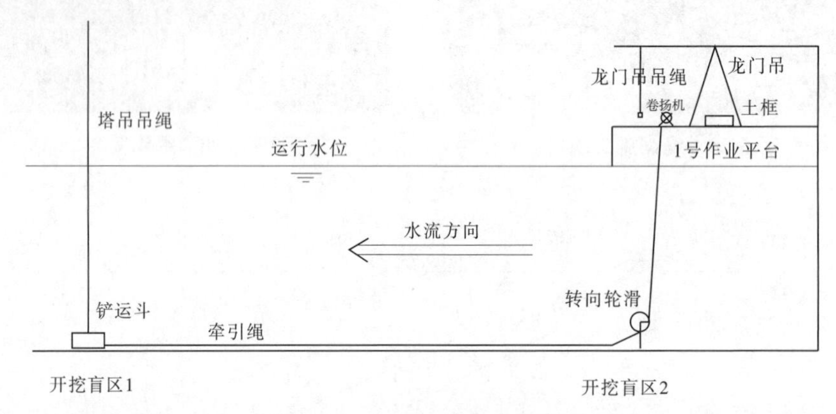

图 6-31　齿槽开挖施工方案示意

6.5.2.2　齿槽水下开挖施工流程

齿槽水下开挖的具体工艺流程如下:

(1)调整 1 号作业平台位置,使其位于开挖区域上游端。

(2)将卷扬机固定于 1 号作业平台上。

(3)在 1 号作业平台下方设置转向轮滑。

(4)用塔吊将铲运斗运送至下游段开挖范围的起始位置,铲斗斗齿靠自重嵌入土体。

(5)启动卷扬机使铲运斗沿齿槽刮土。

(6)铲运斗行进至转向轮滑位置时停止,由 1 号作业平台上的龙门吊将铲运斗吊出水面。

(7)铲运斗吊出水面沥水后,将土体倾倒至作业平台上放置的土框内,达到一定方量后进行二次倒运。

(8)倾倒土体后,将铲运斗挂在塔吊吊钩上,由塔吊将其运送至开挖范围起始端。

(9)重复以上作业,直至达到开挖深度。

(10)对齿槽两侧边坡,采用高压水枪进行修整,达到设计坡比。

(11)以上开挖方式中存在图 6-31 所示的两个开挖盲区:开挖盲区 1 是铲运斗下放时斗体占压位置,无法进行开挖;开挖盲区 2 是斗体起吊位置,同样无法开挖。针对这两个施工盲点,在现场施工时,可以采取高压水枪进行局部冲击松散,然后用两瓣式抓斗配合开挖,将盲点土体清运出水面。

6.6　水下边坡开挖的质量控制

为了保证渠道边坡修复的工程质量,土方开挖施工过程必须进行质量控制。在水面以上施工的工程质量控制相对较为简单,采用水准仪及测尺,配合测绳进行现场检测即可实现开挖断面的工程质量控制。而在水面以下进行的边坡开挖施工,其工程施工质量控制就比较困难,不易实现。试验施工现场主要利用测量船、测深杆、全站仪及潜水员在水下配合测量,在水下施工过程中开展水下开挖断面的实时测量,测量原理示意图见图6-32。

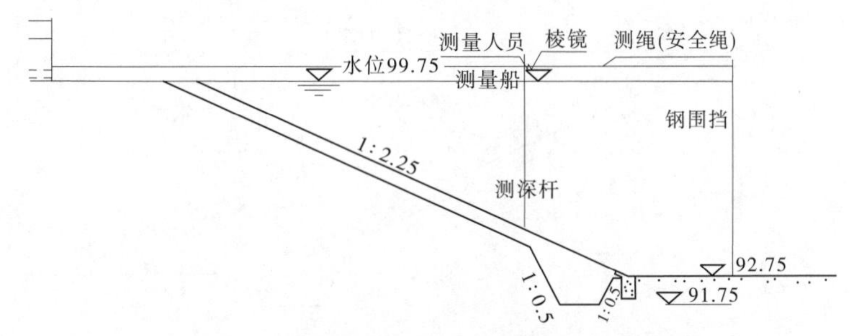

图6-32　现场进行边坡开挖质量检测的方式

6.6.1　现场测量工作要点及工作流程

(1)在施工区渠道右岸适宜位置设置测量基点。

(2)根据质量控制需求,选取合适的测量断面;在一般无特殊要求区域,施测时顺水流方向每间隔2 m布设一个测量断面。

(3)在渠道右岸选择高程适宜满足可通视条件的地点架设全站仪,然后在选取的测量断面上设置测绳,用于定位横向测点间距;横断面上测点的布置原则是:在渠道边坡上保持测点水平间距1 m,在渠底齿槽部位测点的水平间距控制在0.5 m。

(4)在施工区渠段,使用测量船在施工区水域内配合进行水下检测;船上的测量人员必须着救生衣,携带对讲机、全站仪的配套棱镜、测深杆及其他必要工具,例如记录测量数据的记录本或电脑等。

(5)根据横断面上的测点布置,移动测量船至测点位置,用测深杆垂直插入水体,将棱镜放在测深杆一定刻度上,由全站仪读取棱镜数据,据此得出该测点的水下坡面高程。

(6)根据各测点测量的水下边坡高程及各测点在测量断面的横向起点距,绘制水下边坡开挖曲线;检查实际边坡开挖状态即水下边坡开挖曲线是否与设计要求的边坡开挖曲线一致。

(7)通过实际与设计两条边坡开挖曲线的比对,根据测量成果指导下一步边坡开挖的修整作业。

6.6.2　边坡质量控制检测实例

图 6-33 为施工区一个检测断面的开挖曲线比对图(质量控制检测图),分析图中测量结果可知:距离左岸边 3.04 m 处的垂直边坡开挖深度仅为 0.12 m,实际开挖还未到达设计断面位置,表示该部位还欠挖;距离左岸边 6.62 m 处,该处已经高于开挖原始断面,表明该部位有土料堆积;距离左岸边 8.96 m 处,垂直边坡开挖深度为 0.5 m,此处刚好达到设计要求;在距离钢围挡 10.88 m 的范围内,实际开挖基本达到设计要求;根据比对图显示的实时开挖状况,针对性地开展下一步的开挖面整修工作,直至开挖坡面高程符合设计要求。

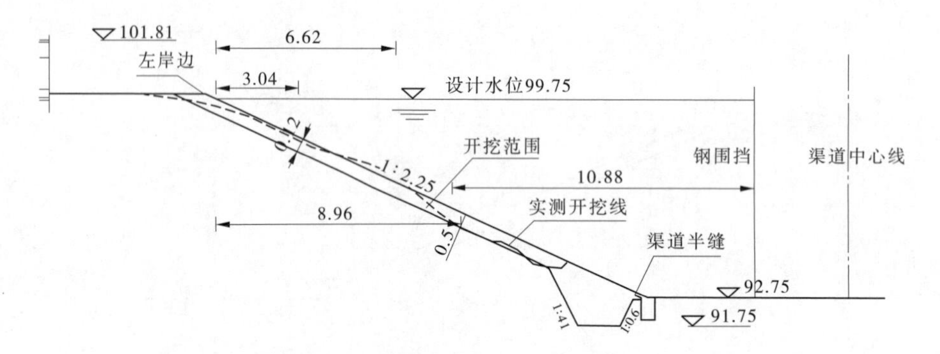

图 6-33　现场施工某测量断面的开挖曲线比对分析　(单位:m)

第7章　基于水下模袋混凝土技术的渠道边坡修复

7.1　模袋混凝土技术的发展与应用探索

模袋混凝土是指用高压泵把混凝土或水泥砂浆灌入模袋中,混凝土或水泥砂浆凝固后形成具有一定强度的板状结构或其他状结构,满足工程需要的一种现浇混凝土新技术。模袋一般由上、下两层高强度土工织物(布)及其内部的吊筋袋、吊筋绳(聚合物如尼龙等)组成,上、下层高强度土工织物(布)起到模板作用,使混凝土表面成型并防止浇筑过程中漏浆等,内部的吊筋袋、吊筋绳起到控制表面模袋进而控制混凝土或砂浆厚度的作用。

7.1.1　模袋混凝土技术的发展回顾

模袋混凝土技术最早起源于日本,1959年,日本在伊势湾修复围堰工程中,采用维尼纶纺织布灌砂替代传统的沉排护坡成功,开创了利用土工模袋进行水利工程修复的先河。1960年,美国建筑技术公司以高强度涤纶66研制出全世界第一批土工模袋,最初称此模袋为“法布”,从而奠定了模袋施工法的基础。1966年,美国采用模袋混凝土进行水利工程的岸坡防护试验,为模袋法的基本工法原理和应用提供了初步依据。此后,经过了5~10年时间,逐步在美国、日本、欧洲扩展。1973年,澳大利亚土木工程师马克·林德柏克(Marklinberg)发明foreshore(简称FS灌浆垫),在设计和应用方面取得了突出成就并取得专利。FS灌浆垫即现在的土工模袋的定型并商品化,为模袋混凝土的广泛应用创造了条件。随后,亚洲、欧洲、大洋洲、非洲等国家在海堤与海岸护坡工程、江、河、湖堤及江、河、湖岸护坡工程、港口、码头、桥墩、隧道、渠道、溢洪道、涵洞、排水沟、池塘、水库、水产养殖围堤、防洪堤、铁路、公路、护墙、水下瓦斯、石油、通信等管线的保护等均得到广泛应用。

1974年,江苏省在长江嘶马弯道护岸中,采用丙纶制作的软体沉排替代传统的抛石护脚,在我国开创了模袋法应用先河。1983年,交通部开始从日本旭化株式会社引进土工模袋应用于江苏省泰州市南宫河道护岸。1984年,国产土工模袋研制成功,同年在江苏省的交通、水利部门得到应用。直到1991年,土工模袋法在我国水资源堤坝建设、铁路、公路、港湾、桥墩、隧道、渠道及石油、化工、冶金矿山、环境保护及军事工程诸领域,出现了长足的进步。1995~2001年,国内自主创新的砂模袋施工法,为浙江省的甬江和江苏省的黄海等临海工程围堰防浪、防潮汐和防冻提供了良好的防护措施。1998年11月10日,中华人民共和国水利部发布《水利水电工程土工合成材料应用技术规范》(SL/T 225—98),明确了模袋混凝土的设计标准、施工要点,更使模袋混凝土在水利水电工程中得到广泛的推广应用。2001~2003年,由中国水利水电科学研究院自主创新的纯水泥浆模袋为溶洞防渗及堵漏处理另辟路径,在西南水电开发中解决了电站坝基与厂房基坑的大量涌水难题，先后荣获水利部和国家两级科技进步奖，进一步推动了模袋混凝土技术在我国各领域的应用。

7.1.2　模袋混凝土技术在南水北调中线工程中的应用

南水北调中线干线工程是缓解我国北方水资源严重短缺、优化配置水资源的重大战略性基础设施。设计多年平均调水量 95 亿 m^3，向华北平原北京、天津在内的 19 个大中城市及 100 个县提供生活、工业用水，兼顾农业用水。

总干渠从加坝扩容后的丹江口水库陶岔渠首闸引水，沿线开挖渠道，经唐白河流域西部过长江流域与淮河流域的分水岭方城垭口，沿黄淮海平原西部边缘，在郑州以西李村附近穿过黄河，沿京广铁路西侧北上，可基本自流到北京、天津。全长 1 432. 485 km，其中明渠长 1 103. 213 km，渡槽、暗渠、涵洞、倒虹吸等建筑物 2 241 座累计长 94. 155 km，北京、天津段管涵长 235. 113 km。

南水北调中线干线渠道全部采用现浇混凝土衬砌，渠坡一般为 10 cm 混凝土等厚板，渠底一般为 8 cm 混凝土等厚板。混凝土采用强度等级为 C20，抗冻等级 F150，抗渗等级 W6。渠道衬砌分缝间距按 4 m 控制，通缝和半缝间隔布置，缝宽 2 cm。分缝临水侧 2 cm 均采用聚硫密封胶封闭，下部均采用闭孔塑料泡沫板充填。衬砌板主要作用是保护板下防渗土工膜、降低渠道糙率。

南水北调中线工程渠道挖方段一级马道以上边坡、填方段或半挖半填段渠道外坡主要护坡形式有草皮护坡、菱形排水沟加混凝土六棱框护坡、混凝土框格护坡、干砌石护坡、浆砌石护坡、混凝土护坡、喷锚混凝土护坡等。

中线工程总干渠渠线长、规模大，建筑物样式多，交叉建筑物多。总干渠沿线涉及膨胀土(岩)、湿陷性黄土、高地下水、采空区、砂砾石透水地基等复杂工程地质条件，输水渠道工程从各种不良地质环境中穿行，挖方渠段、填方渠段交替串联，填方渠道料源复杂；部分渠道施工期紧，不同渠段开挖、填筑沉降变形期各不相同；同时，渠道工程施工单位众多，施工机械、工艺不可避免地存在差异。另外，工程运程过程中可能出现遭遇超标准设计洪水、地质灾害及人为活动影响，工程易发生损毁甚至破坏，特别是渠道衬砌面板、填方段或半挖半填段渠道外坡、深挖方一级马道以上边坡，一旦发生损毁甚至破坏，将直接影响总干渠的运行，甚至造成断水事故，必须尽快处理或抢修。

2016 年 7 月 9 日，新乡、鹤壁等地突降特大暴雨，辉县市区最大 12 h 降雨量 442 mm (凌晨 2 点至上午 10 点降雨量达到 420. 1 mm)，为有水文记录以来最大值。特大暴雨造成杨庄沟排水渡槽漫漕，洪水直接冲刷杨庄沟排水渡槽右岸上游衬砌面板，造成桩号Ⅳ107+658. 8～Ⅳ107+678. 8 内边坡衬砌板自下而上第二、三、四块衬砌板损坏，局部土工膜、保温板破损，长度 20 m。损坏衬砌板顺水流方向 5 块，垂直水流方向 3 块，共 15 块衬砌面板损坏面积 240 m^2。最上层顺水流方向 5 块衬砌板部分位于水面以上，其他位于水面以下，最深 5 m。此部位衬砌面板坡比为 1∶2，顶部一级马道高程为 101. 527 m，渠底高程为 92. 509 m，运行水位高程为 99. 45 m。损坏情况见图 7-1。

为避免对工程造成更大破坏影响通水，水毁发生后，迅速组织潜水队伍对损坏脱落的 15 块衬砌面板进行了拆除清运，并对损坏渠坡段采用碎石袋护坡压重，碎石袋压重厚约

60 cm,碎石袋表面用尼龙绳网进行罩盖,见图 7-2。

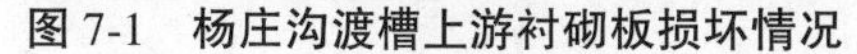
图 7-1　杨庄沟渡槽上游衬砌板损坏情况

图 7-2　衬砌面板损坏处抢修用的碎石袋

模袋混凝土采用陆上充灌方式灌注混凝土,整体性、稳定性、耐久性好,不需架设围堰,可直接水下施工。为了保证工程正常运行,避免停水检修对沿线受水区城市产生较大影响,2017 年 9 月,组织人员在杨庄沟水毁段修复中开展水下模袋混凝土水下修复生产性试验。通过试验,探索模袋混凝土在南水北调中线工程衬砌板修复中的适用性,获取实施简便、经济合理的模袋混凝土修复技术,为后期模袋混凝土新技术应用于南水北调中线工程局部衬砌损坏修复及应急抢险修复提供技术支持,探索模袋混凝土在南水北调中线工程坡面防护中的适用性。

7.2　利用模袋混凝土技术进行边坡修复试验的工程实例研究

这里以南水北调中线干线工程杨庄沟渠段损伤边坡的修复试验工程为例,具体介绍利用模袋混凝土技术进行渠道边坡修复的工程实践。

7.2.1　修复渠段原工程概况

南水北调中线杨庄沟渡槽水毁段紧邻杨庄沟渡槽上游右岸,渠道桩号Ⅳ107+658.8~Ⅳ107+678.8。该段为挖方段,挖方深度 17 m 左右。场区地层岩性自上而下主要为:上更新统上段冲洪积黄土状重粉质壤土,中更新统冲洪积重粉质壤土,上第三系潞王坟组砾岩,奥陶系上马家沟组灰岩(共 2 层)、角砾状灰岩、灰岩夹泥质灰岩。其中,中更新统卵石局部钙质胶结;上第三系砾岩岩泥钙质半胶结。上马家沟组灰岩呈微风化,上层岩体较完整,下层裂隙发育,岩芯破碎;角砾状灰岩弱-微风化,钙质胶结较好,致密坚硬,局部裂隙发育;弱-微风化,结构致密坚硬,局部夹黄色薄层状泥质灰岩。渠底板位于灰岩中。

场区地下水类型为岩溶裂隙潜水,含水层为奥陶系中统马家沟组灰岩。地下水具动态变化特征。场区地下水化学类型为 HCO_3-Ca-Mg 型,对混凝土无腐蚀性。施工场区土体中的黄土状重粉质壤土($^{al+pl}Q_2^3$)湿陷系数 δ_s=0.015~0.070,具轻微-中等湿陷性,渗透系数范围分别为 8.34×10^{-6}~9.60×10^{-5};重粉质壤土($^{al+pl}Q_2$)自由膨胀率 δ_{ef}=40%~62.5%,具弱膨胀潜势,渗透系数范围分别为 3.40×10^{-6}~2.20×10^{-5}。

该渠段设计流量 260 m^3/s,加大流量 310 m^3/s,渠底宽 15.5 m,一级坡坡比 1∶2,二级坡坡比 1∶1.5,渠道纵比降 1∶20 000,渠道设计水深 7 m,加大水深 7.52 m。渠坡为 10 cm 厚混凝土护砌,渠底为 8 cm 厚混凝土护砌。衬砌板下为复合土工膜 600 g/m²、右岸保温板厚度 2.5 cm、砂砾石垫层 5 cm,衬砌结构见图 7-3。

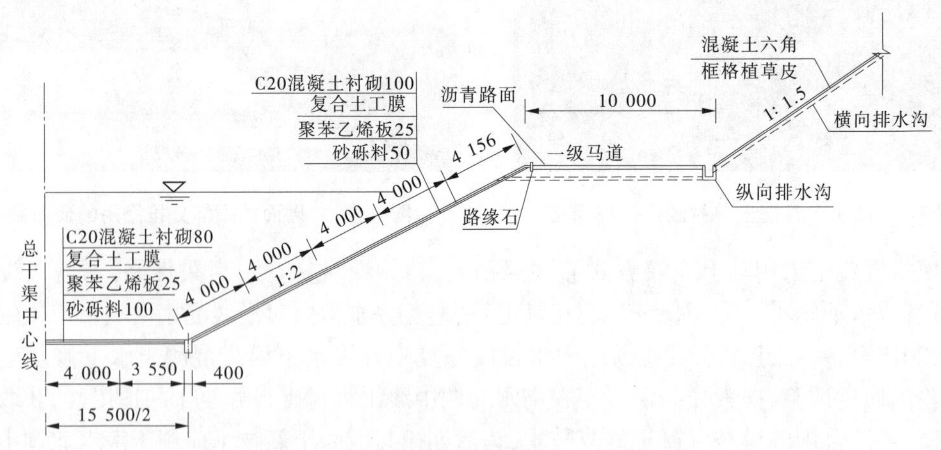

图 7-3　杨庄沟渠道衬砌结构　(单位:mm)

渠坡纵向集水暗管采用强渗软式透水管,集水管内径为 250 mm、间距 L_1 = 8 m,渠底沿中心线设一排纵向集水暗管,每隔 8 m 设一个逆止式排水器,间隔 16 m 设一道横向连通管,横向连通管同样采用强渗软式透水管,内径同纵向集水暗管,横向连通管绕过齿墙铺设,排水布置见图 7-4。

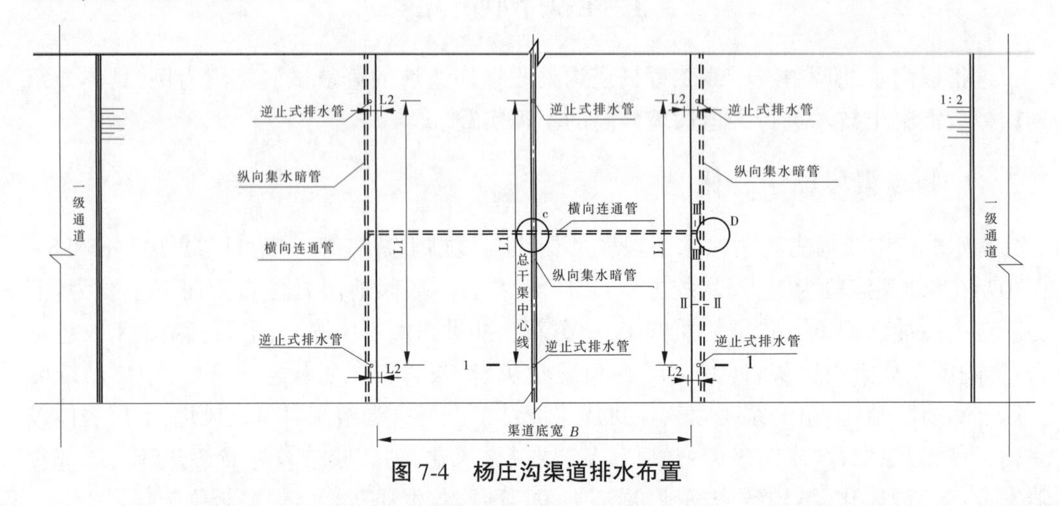

图 7-4　杨庄沟渠道排水布置

该渠段为膨胀土渠段,膨胀性为弱,处理措施为换填黏性土,渠底垂直换填 1 m 和渠坡垂直换填 1.4 m,一级马道以上不换填,膨胀土换填结构见图 7-5。

7.2.2　模袋混凝土试验研究内容

结合水下衬砌修复渠段实际的工程现状,同时考虑方便以后在其他渠段加以推广,生产性试验研究内容如下。

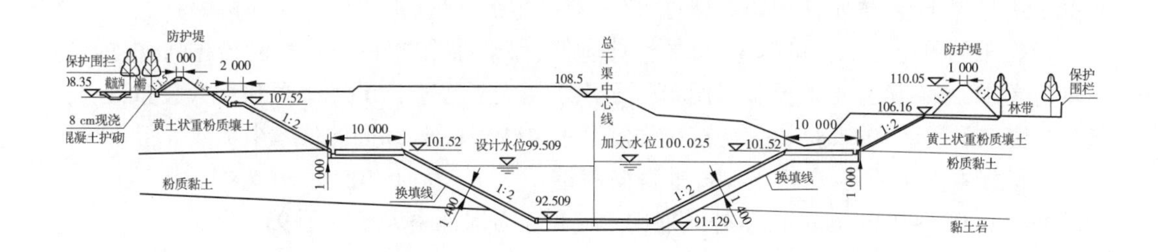

图 7-5　渠道膨胀土换填结构　(单位:尺寸,mm;高程,m)

7.2.2.1　模袋平整度控制措施(方法)研究

基于南水北调中线工程对渠道过水断面、平整度、输水能力、水质保护等的要求,模袋混凝土的修复要求基本不影响渠道输水能力。为此,进行模袋混凝土表面平整度控制措施(方法)的研究,重点进行了以下研究:

(1)研究不同结构的模袋产品。针对各种模袋材料特性,选择物理和化学特性好的,并且价格适宜的材料作为土工模袋布的材料;结合各种土工模袋的结构形式特点,选择整体性好、平整度好、便于实施,适合南水北调总干渠的模袋结构形式。

(2)研究模袋水下铺装工艺。研究确定模袋水下固定的方式及方法,钢模板辅助模袋在水下的固定方式。

(3)研究模袋混凝土浇筑过程中表面平整控制措施。通过研究确定模袋混凝土浇筑过程中利用钢模板平整模袋混凝土表面的方式。

7.2.2.2　模袋水下渠坡固定方式研究

水下模袋与未破坏衬砌板结合部的铺装及固定。通过研究确定水下模袋与未破坏衬砌板结合部的铺装及固定方式和方法,确保模袋混凝土水下铺设及浇筑不会对老衬砌结构有影响。

7.2.2.3　塑料面板产品研发及安装试验

研发带固定装置的塑料面板产品。研发确定一种能固定于模袋混凝土上的塑料面板产品,通过塑料面板减少渠道糙率。

塑料面板铺装及固定在模袋混凝土上的工艺。研究确定工作效率高,铺设效果好的塑料面板铺装及固定在模袋混凝土上的施工工艺。

7.2.2.4　水下模袋混凝土与未破坏衬砌板之间的混凝土封堵措施研究

考虑对损坏部位的衬砌、土工膜、保温板的拆除,可能对未破坏混凝土衬砌结构有影响,通过研究确定采用水下不分散混凝土对老衬砌板与模袋衔接部位采取封堵措施。

7.2.3　模袋混凝土试验参数初步拟定

7.2.3.1　模袋布参数初步拟定

根据工程实际条件模袋布的选择主要考虑下列 3 种因素:①保证混凝土中的水分能迅速排出,又使细骨料不能穿过,特别是水下模袋,考虑干渠正在运行,水流速度不大于 1.5 m/s 时不能有过多的水泥浆被冲走;②满足岸坡排水的反滤要求,满足渠道水位每天上升或下降 30 cm 时岸坡的稳定;③满足施工工艺中模袋拖、拉的强度要求。因此,模袋布既要满足保土性、透水性和防淤堵性，又要有一定的强度，选用涤纶高强机织布。

模袋布的单位面积重量越重，抗拉性能越好，保浆性能越好，抗损坏能力越强，根据设计规范要求，本次试验土工模袋采用单位面积质量大于等于 550 g/m^2 的机织模袋布，径向抗拉强度大于等于 100 kN/m，纬向抗拉强度大于 70 kN/m，经纬向伸长率小于或等于 30%，*CBR* 顶破强力大于或等于 10. 5 kN，垂直向渗透系数 K_{20} 大于 10^{-2} cm/s 小于 10^{-1} cm/s，等效孔径 0. 084~0. 25 mm，抗紫外线能力 500 h 强力保证率大于等于 95。

7. 2. 3. 2　混凝土设计

为保证混凝土强度，试验段模袋混凝土强度等级 C25、抗渗等级 W6、抗冻等级 F150。水泥采用 P · O 42. 5 普通硅酸盐水泥，指标符合《通用硅酸盐水泥》(GB 175—2007)规定。砂石选择清洁、级配良好、吸水率低、空隙率小的天然砂石，品质符合《水工混凝土施工规范》的相关要求。

7. 2. 3. 3　模袋混凝土厚度设计

根据《水利水电工程土工合成材料应用技术规范》(SL/T 225 —98)F1. 1. 1 条抗漂浮所需厚度，经计算模袋混凝土厚度需 0. 118 m。根据边坡的实际情况，确定模袋混凝土厚度不小于 12 cm。模袋混凝土厚度主要按渠坡清理后的测量结果确定，考虑到模袋混凝土整体性较原衬砌边坡好，模袋混凝土下不再铺设土工膜、保温板、砂垫层，并利用该段原埋设的渗压计监测修复后的渗流情况。

7. 2. 4　试验过程及试验成果分析

为验证设计模袋参数是否满足施工需要及南水北调衬砌板修复要求，验证原定混凝土参数是否满足模袋施工要求，探索模袋表面平整控制措施，根据现场实际，在修复区及周边共进行了六次现场探索试验，最后完成了水毁段渠坡修复试验。历次试验情况如下。

7. 2. 4. 1　第一次模袋试验成果分析

第一次试验目的主要是验证混凝土充灌方式，验证表面压设钢模板对模袋混凝土表面平整度的控制效果，研究模袋铺设水下固定方式。

第一次试验选在修复区上游侧未损坏的衬砌板上进行，试验期间渠道流量 137. 73 m^3/s，渠道水位 99. 51 m，渠道平均流速 0. 67 m/s。根据平整度试验要求，在水上、水下各布置一块 1 m×1 m 的钢模板压制区，以验证钢模板压制后模袋混凝土的平整度，压制区模板控制厚度为 16. 5 cm，模板为厚 3 mm 钢板，顺坡向加焊一根 5$^{\#}$槽钢增加模板刚度。模板通过 5$^{\#}$槽钢固定在原衬砌板上，布置图见图 7-6。

模袋布采用桐柏西金土工材料有限公司生产的土工模袋布，模袋尺寸 1 m×18 m(顺水流方向×顺渠坡方向，含压顶区 2 m)，扣带间距 20 cm×20 cm，吊筋绳长度 10 cm，最大充灌厚度 17 cm，模袋在坡顶设一个灌注口。模袋布单位面积质量、经向抗拉强度、纬向抗拉强度、伸长率、*CBR* 顶破强力、垂直向渗透系数 K_{20}、等效孔径、抗紫外线能力均符合设计要求。

模袋两侧各由一条钢丝绳固定，水下在未破坏的衬砌板上打孔锚固，坡顶通过紧绳器与埋设在一级马道的锚杆相连，固定时横向预留 5%~6%的收缩余量，铺设完成后的模袋见图 7-7。

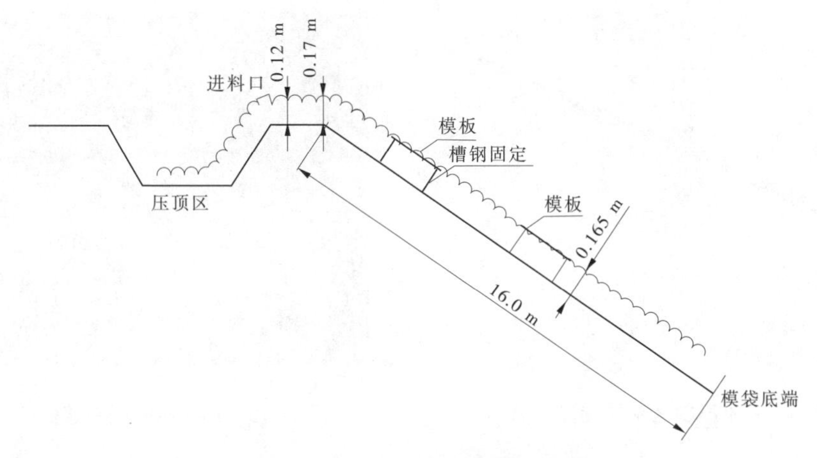

图7-6　第一次模袋试验模袋布置图

充灌混凝土采用新乡市金马混凝土有限公司提供的商品混凝土,配合比为每立方米混凝土P.O42.5水泥300 kg、混合中砂1 012 kg、5~20 mm机制碎石750 kg、水175 kg、Ⅱ级粉煤灰100 kg、聚羧酸高效减水剂5.0 kg。混凝土配制强度38.2 MPa,设计坍落度(210±20) mm,现场实测坍落度200 mm。

充灌采用臂架泵进行混凝土冲灌,冲灌前,先用水管将水上部分模袋浸湿,用1∶1水泥砂浆润滑泵车料斗、泵体和输送管,润滑时间3 min。为防止冲灌过程中模袋下滑,冲灌先向压顶区灌注混凝土,压顶区模袋充满后再向坡下灌注,灌注口混凝土压力不宜过大,控制在不超过0.2 MPa,充灌速度不大于10 m^3/h,一次性充灌完成,当模袋内混凝土将近饱满时暂停约10 min,待模袋内水分析出后,灌至饱满。充灌完成后的模袋见图7-8。

图7-7　第一次模袋试验铺设后照片

图7-8　第一次模袋试验充灌后照片

第一次试验,因混凝土坍落度较小,冲灌过程中坡底2 m模袋(水下)未能灌注混凝土;因模板限位高度较大,压制区与未压制区平整度差别不大,混凝土表面凸起高度经测量非控制区为5.0 cm,压制区高度为4.5 cm,见图7-9、图7-10。

图 7-9 模板未压制区平整度(5 cm)

图 7-10 模板压制区平整度(4.5 cm)

7.2.4.2 第二次模袋试验成果分析

因第一次试验模袋出现漏灌现象,第二次试验模袋增加 1 个进料口(水面位置),同时调整混凝土坍落度至 230 mm;为得到模袋混凝土表面平整的目标,采用模袋中穿入固定螺栓(间距 0.8 m×0.8 m),螺栓底部固定在 10 cm×10 cm 钢垫片上,模袋顶部加盖钢模板(2.0 m×1.0 m 厚 3 mm 钢模板 2 块),螺丝顶部设固定螺母,模板压制区厚度控制为 14 cm;未加钢模板区域穿螺杆,开展镶嵌塑料板试验,为保证螺杆竖直,螺杆顶部加工钢框架,保证螺杆间距及竖直。

第二次试验紧靠第一次试验下游侧未损坏的衬砌板上进行,试验期间渠道流量 131.34 m^3/s,渠道水位 99.64 m,渠道平均流速 0.62 m/s。模袋尺寸 1 m×14 m(顺水流方向×顺渠坡方向,含压顶区 2 m),模袋扣带间距 20 cm×20 cm,吊筋绳长度 10 cm,最大充灌厚度 17 cm。模袋在坡顶和水面附近各设一个灌注口。

根据试验要求,本次试验设镶板试验区、模板控制试验区,分区布置见图 7-11。陆上先将 ϕ 10 mm 螺栓穿入模袋,螺栓底部焊接在 100 mm×100 mm 的钢垫片中间,并位于模袋布外侧底部。镶板试验区通过模袋外钢架控制螺栓竖直度(控制架照片见图 7-12);模板压制区内模袋外设螺母,控制混凝土厚度及固定模板,模板控制厚度 16 cm。螺栓穿入后,将穿有螺栓的模袋布铺设在渠坡上,然后由钢丝绳、紧绳器固定就位,再进行模板水下安装。铺设后模袋照片见图 7-13。

充灌混凝土现场调节坍落度至 230 mm,充灌仍采用地泵进行混凝土冲灌,冲灌前,先用水管将水上部分模袋浸湿,用 1∶1水泥砂浆润滑泵车料斗、泵体和输送管,润滑时间约 3 min。冲灌先由压顶区灌注口灌注混凝土,压顶区模袋充满后再灌水面附近灌注口,水下潜水员观察模袋充满程度,对于钢模板下的模袋充满程度依靠潜水员用铁锤敲击模板进行检查。水下灌注饱满后将灌注口扎死,继续灌注坡顶灌注口,灌注口混凝土压力控制不大于 0.2 MPa,充灌速度不大于 10 m^3/h,一次性充灌完成,当模袋内混凝土将近饱满时暂停 10 min,模袋内水分析出后,灌至饱满。充灌完成后的照片见图 7-14。根据试验要求,冲灌后第三天在镶板试验区进行塑料板安装(照片见图 7-15)

第二次模袋试验,采用钢模板结合螺杆能够控制模袋平整度,但内螺杆底部仅用垫片约束,底部垫片随模袋冲灌时变形而变形,效果不太理想。

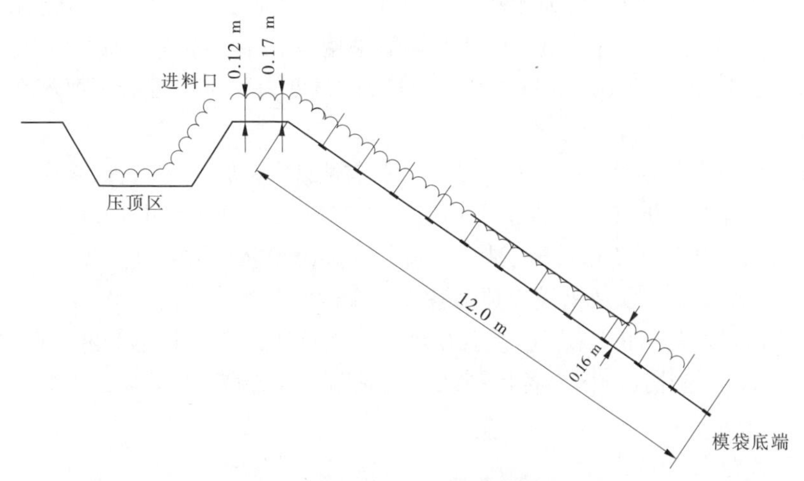

图 7-11　第二次试验模袋布置

图 7-12　镶板试验区螺杆顶部固定架照片

图 7-13　第二次试验模袋铺设后照片

图 7-14　第二次试验冲灌后照片

图 7-15　塑料板安装后照片

预先穿入的螺杆在浇筑后直立,不影响混凝土冲灌,后期可以进行塑料板安装,塑料板安装后表面平整度符合要求,但外露螺杆、螺母处理难度过大,平整度主要由模袋整体平整度确定,工序较复杂,板与板间的接缝需处理。

浇筑过程中,混凝土坍落度偏大,有降低空间。

7.2.4.3　第三次模袋试验成果分析

根据第二次试验成果,确定第三次模袋试验主要验证螺杆加钢模板改善平整度的效果。一是螺杆密度加大,间距改为 300 mm×400 mm。二是螺杆底部固定分别采用钢板、钢筋网、钢垫片三种方式进行试验。钢筋网钢筋采用Φ 10 mm 钢筋,钢板采用厚 5 mm 钢板,钢垫片仍采用 100 mm×100 m 钢垫片,螺杆限位厚度为 12 cm;混凝土坍落度现场调整为 210 mm。

第三次试验仍在未损坏的衬砌板上进行,紧靠第二次试验下游侧,试验期间渠道流量 157.92 m^3/s,渠道水位 99.61 m,渠道平均流速 0.75 m/s。模袋尺寸 1 m×8 m(顺水流方向×顺渠坡方向,含压顶区 2 m),模袋扣带间距 20 cm×20 cm,吊筋绳长度 10 cm,最大充灌厚度 17 cm。模袋在坡顶及钢模板顶部各设一个灌注口。

根据第三次试验的目的,第三次试验自坡顶向下依次设 2 m 长钢筋网控制区、1 m 长钢板控制区、1 m 长垫片控制区。各控制区位置见图 7-16,螺杆底部固定见图 7-17。

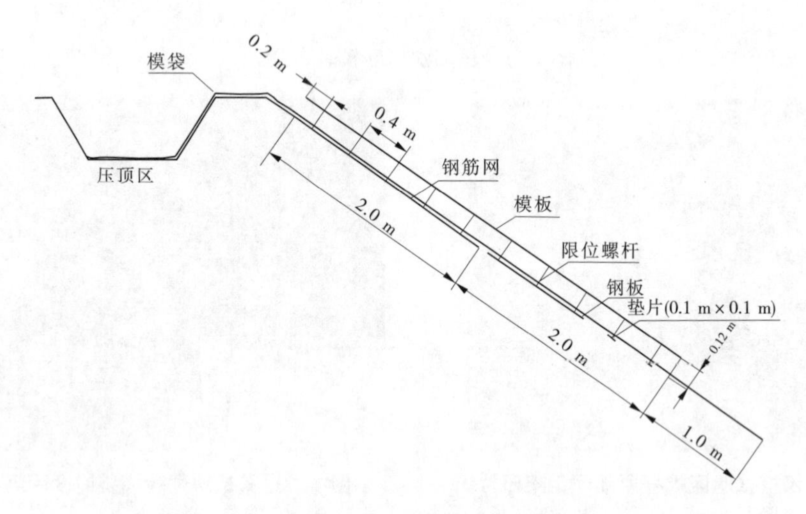

图 7-16　第三次试验分区布置

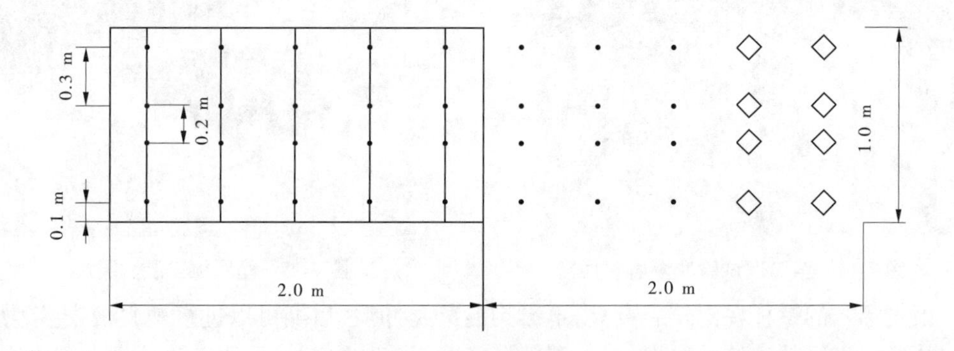

图 7-17　第三次试验模袋下螺杆固定图

第三次试验,陆上先将螺栓焊接在钢筋网、钢板、钢垫片上,然后按上图位置铺设在坡面上,进行模袋铺设及穿螺杆、模袋固定,最后进行模板安装、固定。模板固定后见

图7-18。

充灌混凝土现场调节坍落度至210 mm,充灌仍采用地泵进行混凝土冲灌,冲灌前,先用水管将水上部分模袋浸湿,用1∶1水泥砂浆润滑泵车料斗、泵体和输送管,润滑时间约3 min。冲灌先由压顶区灌注口灌注混凝土,压顶区模袋充满后再灌模板顶部灌注口,通过铁锤敲击模板进行充满情况检查。模板内灌注饱满后将灌注口扎死,继续灌注坡顶灌注口。模板拆除后模袋见图7-19。

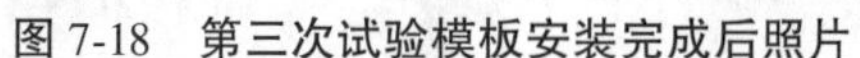

图7-18　第三次试验模板安装完成后照片

图7-19　第三次试验模板拆除后照片

根据第三次试验结果,对于吊带间距为20 cm×20 cm模袋,混凝土坍落度控制在210 mm时可满足充灌要求,充灌较顺利。可用于南水北调中线韭山桥水下衬砌板修复试验基层模袋混凝土充灌施工。

对于表面平整度控制来说,三种方式均有效果,但是钢板最好,钢筋网次之,钢垫片最差。从浇筑厚度控制来说,钢板固定螺杆效果最好,充灌后混凝土厚度为13 cm(见图7-20),但是,一方面投资大,另一方面对基础平整度要求高,否则钢板下易形成局部空腔或不能充满,不建议采用;钢筋网控制厚度次之,充灌后混凝土厚度15 cm(见图7-21),主要因为钢筋网钢筋间距过大,刚度较小,下部钢筋网受模袋充灌后变形影响变形较大,导致混凝土冲灌后厚度较大,应在底层钢筋网刚度及钢筋间距上予以改进;另外,模袋吊筋绳处有凹坑,主要因为限位厚度大,吊筋绳长度起控制作用,致使吊筋绳处凹坑明显,另外模板固定筋处有明显凹坑,主要是因部分螺杆螺丝限制模袋充满;最差的应为钢垫片控制,厚度基本上不能控制,厚度达17 cm(见图7-22)。

图7-20　钢板控制模袋厚度

图7-21　钢筋网控制模袋厚度

图7-22　钢垫片控制模袋厚度

7.2.4.4　第四次模袋试验成果分析

根据第三次试验结果,第四次试验主要验证钢筋网固定螺杆控制模板对模袋混凝土表面平整度的影响效果。钢筋网片采用ϕ 6 mm 不锈钢,钢筋间距 67 mm×67 mm。螺杆间距改为ϕ 40 cm×40 cm,螺杆采用ϕ 12 mm 螺杆,长度 30 cm,根据渠坡拟浇混凝土厚度,限位高度取 18.5 cm。螺杆底部固定垫片改为圆形,直径 16 cm,垫片焊接在钢筋网底部(钢筋网、垫片及螺杆照片见图 7-23)。钢模板选用 1.5 m×1.2 m 普通钢模板,根据螺杆布置在相应位置打孔,模板间通过卡扣连接固定。

根据现场情况,第四次试验采用宽幅模袋,与原混凝土衬砌板宽度一致。模袋尺寸为 4 m×16 m,为减小吊筋绳处对平整度的影响,扣带间距取 40 cm×40 cm,模袋吊筋绳尽量与拉结螺杆对应,吊筋绳长度取为 19 cm。模袋在压顶区及坡顶各设 2 个灌注口。

第四次试验在杨庄沟渡槽出口渠道浆砌石边坡上进行,边坡坡比 1∶2,与渠道边坡一致。施工时,先在陆上铺设钢管架,将钢筋网及螺杆固定在钢管架上,方便后期整体吊装铺设,为保护模袋,螺杆处钢筋网上垫橡胶垫后进行模袋铺设、固定限位螺丝(见图 7-24)。固定螺丝安装完成后,由 25 t 吊车将铺设好的模袋整体吊上渠坡上就位(见图 7-25)。模袋渠坡铺设后,将固定钢筋网的钢管全部去掉,然后固定模板(在灌注口处预留孔洞),模板固定后照片(见图 7-26)。

图 7-23　钢筋网、垫片及螺杆照片

图 7-24　陆上模袋铺设完成照片

充灌混凝土现场调节坍落度至 210 mm,充灌仍采用地泵进行混凝土冲灌,冲灌前,先用水管将模袋浸湿,用 1∶1水泥砂浆润滑泵车料斗、泵体和输送管,润滑时间约 3 min。充灌先由压顶区灌注口灌注混凝土,压顶区模袋充满后再灌模板顶部灌注口,通过铁锤敲击模板进行充满情况检查。模板拆除后模袋见图 7-27、图 7-28。

通过改进钢筋网固定螺杆,模板拆除后表面平整度大为改善,基本符合南水北调衬砌板修复表面平整度的要求,但是由于厂家模具模袋幅宽为 3 m,幅宽 4 m 时模袋需人工缝制,试验中缝制位置出现明显凹沟;另外,在部分拉筋带处仍有凹沟,拉筋长度仍有放松余

图7-25　模袋整体吊装照片

图7-26　钢模板固定后照片

图7-27　第四次试验模板拆除后照片1

图7-28　第四次试验模板拆除后照片2

地。该方案可用于现场衬砌板修复。

通过四次试验，利用模袋的初步模板作用，在底部加设钢筋网，固定螺杆以固定顶部模板，螺杆基本不变位，底部模袋受钢筋网约束表面凸凹明显减小，顶部平整度基本满足渠道过流要求，方案可行。模袋混凝土表面加设镶塑料板，可使渠道迎水面光滑，但是外露钢筋、螺丝同样影响渠道过流，工序复杂、接缝需处理，耐久性也难以保证，修复时暂不予以考虑。

7.3　边坡衬砌板修复施工实例分析

7.3.1　模袋混凝土衬砌板修复设计

7.3.1.1　清基要求

首先对损坏部位进行清理，局部衬砌拆除。为了模袋的铺设，先对水面以上未损坏的混凝土进行拆除,同时拆除其下土工膜及保温板,清理砂石垫层;因渠坡最下面一块衬砌板和渠底板没有损坏,所以不用拆除。清理临时铺设的碎石袋压重。拆除水下损坏的衬砌、土工膜、保温板,清理砂石垫层。土工膜拆除时,四周各预留 40 cm 土工膜,以便后期土工膜封闭。清理砂石垫层,主要为平整垫层,清理过程中不宜露土,局部不平整区域铺设装砂编织袋找平。

7.3.1.2 模袋混凝土布置

模袋混凝土从渠坡第一块衬砌板往上开始布置;模袋铺设时,为不扰动和破坏现有衬砌板,模袋混凝土与周边未拆除衬砌板之间,各预留 30 cm 宽空隙,模袋混凝土与未拆混凝土衬砌之间空隙用水下不分散混凝土填筑封闭。因一级马道上布置有观察房,房边距离渠坡仅有约 1 m 距离,为增加抗滑稳定,在模袋顶采用平封锚固,坡顶采用 C20 现浇混凝土封顶。

7.3.1.3 模袋混凝土设计

模袋材料采用涤纶高强机织布,单位面积质量≥550 g/m^2,经向断裂强度≥100 kN/m,纬向断裂强度≥70 kN/m,延伸率<30%,*CBR* 顶破强度≥10.5 kN,等效孔径(O90)0.084~0.25 mm。模袋材料无毒、抗老化、寿命≥50 年。模袋布不应有缺陷,如破损、断纱等,模袋进场后应逐批检验出厂合格证和试验报告,主要技术性能指标应符合设计要求。模袋材料技术性能指标应符合《土工合成材料 长丝机制土工布》(GB/T 17640—2008)规定。模袋每幅宽度 3 m,模袋扣带水平间距采用 40 cm×40 cm,根据设计坡长、预留收缩、坡顶埋设长度,每幅模袋长度为 18.80 m。模袋上下两层边框缝制应采用 4 层叠制法,缝制宽度不应小于 5 cm,针脚间距不大于 0.8 cm,拉筋长度 20 cm。每幅模袋定制时上、下缘应留有直径 10 cm 的管套,便于穿入钢管,以下边缘钢管为轴将模袋卷成筒状,以便于施工中模袋的展铺。模袋上边缘 1.5 m 位置留 3 个灌注口,间距 80 cm。

混凝土强度等级 C25、抗渗等级 W6、抗冻等级 F150。水泥采用 P·O 42.5 普通硅酸盐水泥,指标符合《通用硅酸盐水泥》(GB 175—2007)的规定。砂石选择清洁、级配良好、吸水率低、空隙率小的天然砂石,品质符合《水工混凝土施工规范》的相关要求。现场坍落度控制在 21~22 cm,出泵口压力控制在 0.2 MPa 以内,浇筑速度控制在 10 m^3/h 以内。

模袋混凝土表面由 1.2 m×1.5 m 钢模板通过穿入模袋的螺杆控制平整度,模板间通过卡扣连接固定。螺杆底部固定在钢筋网上,垫片直径 16 cm 钢板,垫片焊接在钢筋网底部,钢筋网片采用 ϕ 6 mm 不锈钢,钢筋间距 67 mm×67 mm。螺杆直径 ϕ 12 mm,间距 40 cm×40 cm,长度 30 cm,根据混凝土厚度限位长度取衬砌板恢复厚度为 18.5 cm。

7.3.2 模袋混凝土衬砌板修复施工

7.3.2.1 渠道边坡清理

1. 碎石袋清运

碎石袋清运采用人工逐袋将碎石袋装入自制架板内,吊车吊至一级马道机动三轮车内,由机动三轮车运至下游的堆放场内堆放(见图 7-29、图 7-30)。施工顺序自上而下进行,水上部分由一般人员完成清理及装笼工作,水下部分由潜水员完成清理及装笼工作。

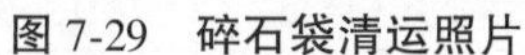
图 7-29　碎石袋清运照片

图 7-30　碎石袋装车照片

2. 衬砌面板拆除

碎石袋清运完毕后，对水下衬砌板进行清运。水下衬砌板先由水下液压镐(见图 7-31)将 4 m×4 m 的衬砌板切割成 2 m×2 m 的小块，然后吊车轻轻吊起，穿入吊带，由吊车吊出水面后(见图 7-32)进行风镐破碎，破碎后装入机动三轮车内运至指定地点堆放。衬砌板拆除后，剪除土工膜时注意与未破坏衬砌板交接处预留 40 cm 宽土工膜，备后期衔接使用。

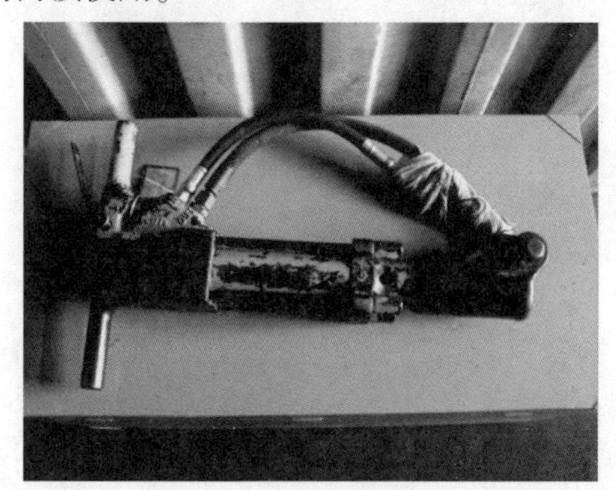

图 7-31　水下液压镐照片

图 7-32　衬砌板拆除照片

3. 边坡清理

边坡清理自上而下完成，清除表面浮沙及松散土层，然后检查平整度，对局部凸起进行清除，对局部凹陷处由装土砂袋填充，表面平整度控制在±2 cm 以内。水上部分清理由一般人员采用铁锹进行开挖，清除出的砂土装入水桶内运出。水下清理由潜水员持气力泵完成浮砂、淤泥的清理工作，对于局部凸起，由高压水枪协助完成，局部凹陷处采用装砂编织袋填充补平。

边坡清理初步完成后，随坡向每 2 m 在上下游两端未破坏衬砌板上打孔固定拉钢丝绳，通过紧绳器将钢丝强拉紧，对坡面进行一次全面测量，据此确定模袋厚度，然后根据计算的厚度对坡面整平，先在钢丝绳按要求清至设计坡面，然后利用 2 m 直尺对中间部位进行整平，使表面平整度控制在±2 cm 以内，保障模袋基础与坡面良好接触。

7.3.2.2　**模袋铺设及模板安装**

模袋底部钢筋网、固定垫片、限位螺杆由工厂按设计要求制作，运至工地后进行对焊拼接 16 m×3 m，铺于一级马道上，限位螺杆、垫片及钢筋网焊接组合及照片见图 7-33～图 7-35。

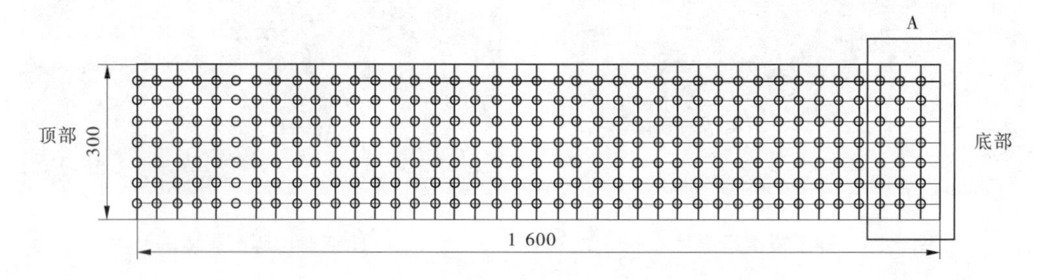

图 7-33　限位螺杆、垫片及钢丝网焊接组合图

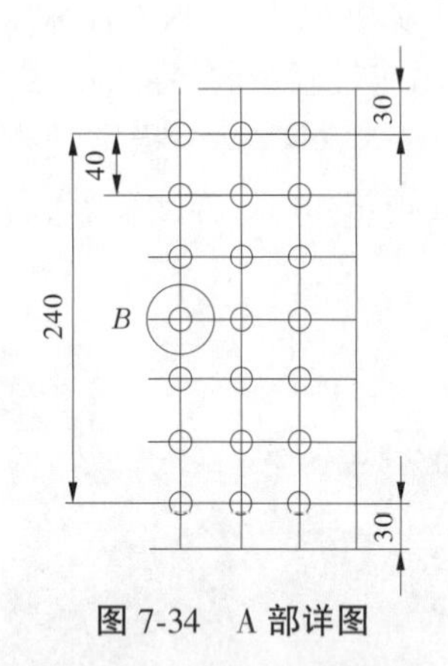

图 7-34　A 部详图

图 7-35　整体钢丝网、限位螺杆照片

钢筋网片铺好后，将模袋下缘穿入钢管，以钢管为轴将模袋卷成筒状，架设在自制活动钢架上，置于钢筋网片上，逐排穿螺干，穿螺杆时注意不能刺断模袋经纬线（模袋铺设及铺设后照片见图 7-36、图 7-37）。为尽量减小水下模板安装工作量，提高工效，衬砌板修复时，钢模板安装在陆上完成，然后进行整体吊装至渠坡上就位。模袋铺设完成后，根据厚度要求固定限位螺丝，为减小混凝土充灌时限位螺杆对模袋限制，限位螺丝下部螺杆上套了部分塑料热缩管，减小螺丝对模袋布的限制（限位螺杆安装照片见图 7-38）。限位螺杆固定后安装钢模板（钢模板安装后照片见图 7-39）。

7.3.2.3　**模袋及钢模板整体吊装**

为保证钢丝网及钢模板整体进行吊装并不出现过大变形，衬砌板修复时制作了一幅整体吊架，吊架由 10#槽钢和 10#角钢焊制而成，长 14.4 m，宽 2.6 m。两侧纵梁各由两根 10#槽钢对焊而成，横向间隔 1.6 m 设单根 10#槽钢对焊在纵梁上，每孔设 10#角钢斜撑一根。吊架槽钢、角钢在限位螺杆对应位置打孔，通过限位螺杆与钢模板、钢丝网连成整体。吊架两侧纵梁上各设三个吊点，间距 6.5 m，坡底吊点通过吊带与吊车吊钩直接相边，中间吊点及坡顶吊点通过吊带及紧绳器与吊钩相连，通过紧绳器调节吊带长度达到调节吊架倾斜度，使整体倾斜度略陡于渠坡。渠坡底部由角钢加工固定架，保证安装位置准确。

图7-36 模袋铺设照片

图7-37 模袋铺设后照片

图7-38 定位螺丝安装照片

图7-39 模板安装后照片

整体吊装照片见图7-40~图7-43。

模板整体就位后,拆卸吊架,将吊架吊出,将固定吊架的螺丝固定模板。

7.3.2.4 **模袋混凝土充灌**

模袋混凝土采用一级级配混凝土,骨料采用5~20 mm自然料,最大粒径不大于20 mm。拌制的混凝土须具有良好的和易性,现场坍落度控制在210~220 mm,如果坍落度偏小,按比例加入高效减水剂使坍落度符合要求,确保混凝土的泵送顺利、满足充灌模袋要求。充灌采用臂架泵,充灌工序如下:

(1)开机:开动混凝土罐车及臂架泵,使其正常运行。灌注开始时要用较低转速,待顺畅后调整到较高转速。

图 7-40 钢吊架与模板连接照片

图 7-41 钢吊架及模板整体吊起

图 7-42 吊架及模板整体入水照片

图 7-43 模板就位照片

(2)过水:对臂架泵及输送管道过水一遍,观察是否正常顺畅,发现故障立即排除。对模袋也进行浇水浸润,以增加混凝土的流动性。

(3)过浆:过水后再压送水泥砂浆一遍,以润滑管道。

(4)灌注:将合格的混凝土用输送泵向模袋灌注,灌注速度应控制在 10 m^3/h 以内,出口压力控制在 0.2 MPa 以内。先浇筑压顶区模袋混凝土,再浇筑渠坡方向混凝土。注入时,先向模袋中间灌注口灌注混凝土,潜水员在水下观测两侧模袋的充灌程度,不均匀时指挥陆上人员充灌两侧灌注口,做到模袋内混凝土均衡上升。另外,潜水员在水下用铁锤敲击模板,一方面起到辅助振动作用,利于混凝土充灌;另一方面检查模板下混凝土是否饱满。为防止灌注口处混凝土冲破模袋,灌注开始前,在灌注口位置底层模袋布上放置了一块橡胶垫,保护模袋,充冲灌混凝土照片见图 7-44。采用人工拆吊车吊运的方式将模板拆除,一般冲灌后第二天拆除模板。试验区模袋混凝土全部完成后,进行边坡顶部压顶混凝土浇筑,恢复一级马道,照片见图 7-45。

7.3.2.5 水下不分散混凝土封边

模袋混凝土与原衬砌板间的预留空隙封堵采用 C20W6F150 水下不分散混凝土,根据试验,混凝土配合比为每立方米混凝土用 P · O 42.5 水泥 500 kg,中砂 648 kg,5~10 mm 瓜子石 972 kg,絮凝剂 15 kg,水 230 kg。入仓时混凝土水中落差不可超过 1.5 m,以尽量小为宜。潜水员水中操作要稳,不可随意搅动水中混凝土。

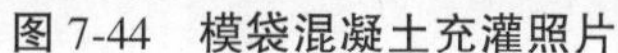

图 7-44　模袋混凝土充灌照片

图 7-45　一级马道恢复后渠坡照片

因混凝土量很少,采用现场拌制混凝土,装入水桶内,然后吊车吊至水下,潜水员人工入仓的方式进行浇筑。上、下游两侧空隙安装模板后浇筑,模板仍用 1.2 m×1.5 m 钢模板,一端搁置在原衬砌板上,另一端通过模袋混凝土的限位螺杆固定在模袋混凝土上,每次浇筑一块模板,一块模板浇筑完成后,安装下一块模板,直至浇筑到坡顶。坡底 30 cm 空隙因空间小,安装模板的话混凝土无法入仓,采用混凝土直接倒入的方式浇筑,潜水员将混凝土直接倒入空隙内,空隙灌满后潜水员用铁板整平压光,根据试验,当前流速下混凝土未充分凝固前表层冲蚀试验的结果,混凝土面超出设计面 1 cm。

7.3.3　模袋混凝土技术在南水北调工程边坡修复中的应用分析

模袋混凝土施工具有一次喷灌成型、施工简便、速度快、可水下施工、护坡面面积大、整体性强、稳定性好、使用寿命长等优点。但是对于修复南水北调渠道边坡而言,模袋混凝土不采取表面制措施时,内外表面凸凹不平,外表面影响渠道过流能力,内表面不平导致混凝土与土坡面不能充分接触。通过本次模袋混凝土试验,初步掌握了适应南水北调渠坡表面平整度要求的模袋混凝土施工技术,特别是采用整体吊装方式,极大地克服了水下施工效率低、投资大、耗时长的缺点,对于正常运行情况下大面积渠坡毁坏修复,具有较强的推广价值。

本次采用模袋加模板的方式进行渠道衬砌板修复,2018 年 8 月 26 日开始施工,中间受到混凝土供料影响停工将近 10 天,至 10 月 8 日基本全部完工,其间渠道最大流量 240 m^3/s,水位 99.66 m,最大平均流速 1.13 m/s,修复期间无任何辅助措施,未对水质造成明显影响,完成了水下修复工作,投资小、施工速度快,可用于衬砌板修复抢险。

通过本次试验,模袋混凝土具有施工方便、整体性好,对坡面防护、加固有较好作用,对于南水北调中线挖方段一级马道以上边坡(特别是深挖方段高边坡)护坡、加固、水毁修复等对混凝土表面没有严格要求工程,更具有推广价值,特别是框格形模袋混凝土,更适合南水北调中线工程边坡防护修复。

通过本次生产性试验,总结出在以下方面需进一步研究探讨:

(1)模袋可以取消中间吊筋绳,一方面可以减少模袋投资,另外还可以避免吊筋绳对混凝土表面平整度造成的影响,使表面更平整。

(2)研发小间距扣带模袋,可以与模袋厂家联合开发生产,在不采用钢模板控制的情况下,模袋表面尽可能平整,基本满足南水北调中线渠坡对糙率的控制,更有利于模板混凝土(砂浆)在南水北调渠道边坡抢险时使用。

(3)充分利用现有安全监测设施,监测修复段工程的变形、渗流情况,为后期推广应用提供更充分的监测资料。

第8章　模板工程

普通混凝土工程的模板支设是控制施工质量的重要手段,较为常见,本章主要介绍用于渠道边坡修复的水下混凝土的模板安装。根据设计方案不同,模板安装分为两个方案,其中安装方案1对应设计方案1,即基础面为模袋混凝土的设计方案;安装方案2对应设计方案2,即基础面为取消模袋混凝土的软基础。

8.1　模板材料

南水北调总干渠维修施工主要采用钢模板,模板是用3.5 mm钢板制作,分为标准模板和异形模板两类。标准模板作为衬砌面层模板,每块长1.5 m、宽1.2 m,模板上设置水平加劲肋,加劲肋采用[8槽钢与钢板焊接,间距60 cm。异形模板作为衬砌侧模,每块长1.5 m,宽度与斜坡面随形制作。

除模板外,其他用于模板支护的辅助材料还有20号工字钢、20号槽钢、角钢、焊条、钢筋等。施工使用的模板可以通过市场租赁获得,也可以专门定制,以后重复利用。

8.2　模板安装

8.2.1　模板安装方案1

按照设计处理方案,典型工程维修渠段采用模袋混凝土作为模板支设基础面。

8.2.1.1　支护模板

采用国标定型钢模板,标准模板平面尺寸为1.5 m×1.2 m,厚度3 mm,见图8-1。

8.2.1.2　初期设计安装方案

最初安装方案为:潜水员采用风钻在水下对模袋混凝土进行钻孔,按照每块模板的螺栓孔位布置拉杆,拉杆锚固在模袋混凝土上。模板下方用通长的槽钢设置两列纵向轨道,保证模板安装复核设计坡面。经试验表明,此方案需要潜水员将单块模板的螺栓孔与拉杆精确对位,水下工作量大,且安装精度偏低。

8.2.1.3　优化安装方案

针对初步设计安装方案施工存在的问题,进行了优化试验研究。优化研究以减少水下工作量为主要目标,将大量的水下拼装工作安排在岸上进行。首先将四块标准模板拼装成4.8 m×1.5 m组合模板,模板卡扣安装后,再整体吊装下水;在岸上采用拉杆将两根槽钢按照一定尺寸拼接成工字型骨架,槽钢上布置螺栓孔,整体吊装入水后,底部槽钢贴近模袋混凝土放置;然后按照槽钢上预设的螺栓孔在模袋混凝土上钻孔,将拉杆锚固在模袋混凝土上;采用螺帽将底部槽钢固定,每根拉筋上设置拉钩,拉钩通过螺栓与顶部槽钢

图 8-1　标准定型模板

相连(槽钢以设计坡面尺寸布置,可通过螺栓微调安装高度和平面位置),然后组合模板通过螺栓安装在槽钢上,形成了以槽钢为支撑骨架及模板安装平面、以模袋混凝土为基础通过拉杆提供抗浮锚固阻力的模板支设框架,见图 8-2。优化方案安装精度高,大大提高了施工安装效率和质量,优化后的组合模板安装见图 8-3。

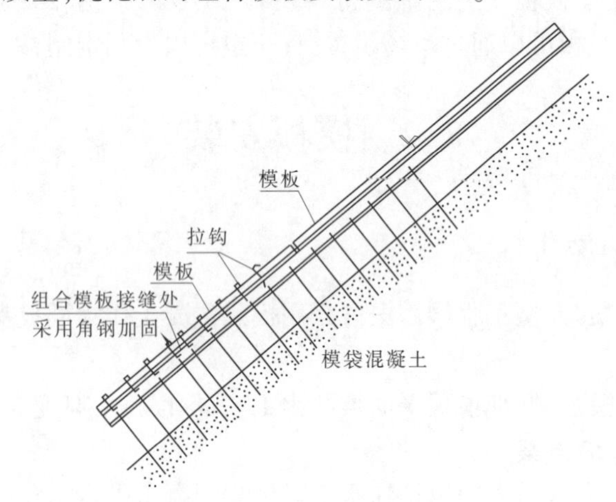

图 8-2　模板安装示意

8.2.1.4　**模板加固**

为防止模板变形,经现场试验研究,对模板采取了加设角钢的方式提高模板强度和刚度。水下模板安装与加固过程的现场施工照片见图 8-4。

模板安装完成后,在混凝土浇筑前还应利用水下监控设备对模板安装质量进行检查;重点检查模板拼接部位、模板卡子等是否安装牢靠,最后采用吨包袋对模板支护的薄弱部位进行加固,同时需要在岸边留有备用吨包袋以备应急处置。

8.2.1.5　**侧模安装**

进行维修施工的渠段有上下游两个侧模需要安装。上游侧采用沥青木板夹固在钢结

图 8-3　优化后的组合模板安装

图 8-4　水下模板安装与加固

构框架内，下游侧通过在下游侧未拆除的混凝土衬砌面板上植筋，通过螺栓将模板固定，下游侧模的固定方案见图 8-5。

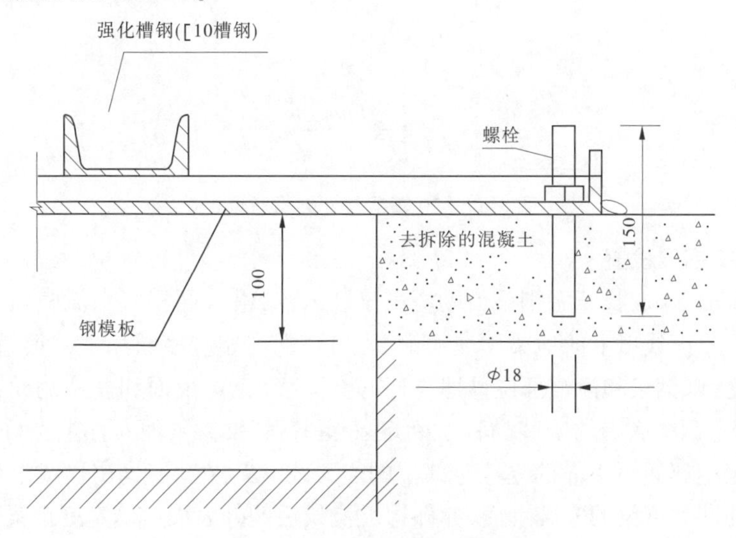

图 8-5　下游侧模的固定方案

8.2.2　模板安装方案 2

由于维修施工的部分渠段的设计方案变化,取消了模袋混凝土施工,改而采用不分散混凝土,厚度为 0.5 m,齿槽底宽 1.5 m。这种方案因无模袋混凝土作为支撑面,模板固定相对比较复杂。

8.2.2.1　模板支设方式

采用不分散混凝土的设计Ⅱ段总长 40 m,每段长度 20 m。在这种设计方案中,处理范围内水面线以上设置有顺水流方向的地梁,在地梁上预埋通长纵向槽钢;浇筑齿槽前,在齿槽内设预埋由槽钢焊接的立柱,按间距 3 m 进行布置。在坡面垂直水流方向上设置横向工字钢梁,以工字钢梁顶面为设计边界尺寸,将模板通过螺栓固定在工字钢梁上,连接形成浇筑仓号。

8.2.2.2　地梁槽钢设置

地梁位于设计水位以上,纵向通长布置,厚度 1.4 m,高度 1.1 m,在地梁上预埋通长预埋[20 槽钢,见图 8-6。地梁内预埋间距 1 m 的 PVC 管,方便后期锚桩施工;地梁模板施工过程见图 8-7。

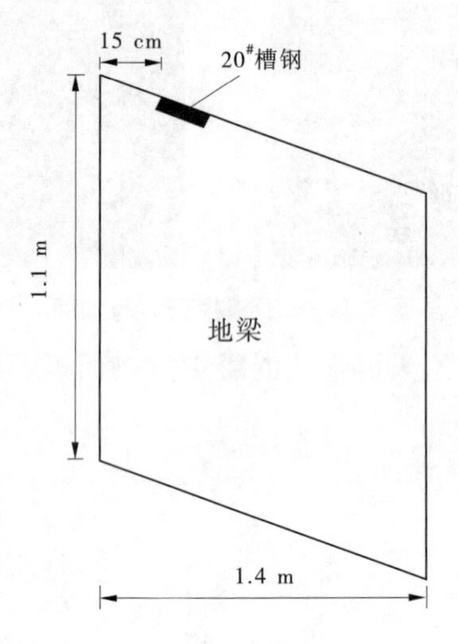

图 8-6　[20 槽钢与地梁相对位置

8.2.2.3　工字钢梁设置

将加工好的 24 m 长工字钢梁借助塔吊吊装入水,沿坡面垂直水流横向放置;工字钢梁一端放置在水面线以上的地梁预埋槽钢上,另一端与相应横断面上的渠道边坡预留的混凝土面齐平,以钢梁和齿槽部位预埋立柱的交叉线(钢梁平面和立柱侧面,两个断面的交叉线)来确定钢梁底端的安装高程。确定安装高程后,在预埋立柱上做好标线 AA',用相同方法确定相邻间距 3 m 的立柱对部位的交叉线 BB',在 AA'、BB'连线上焊接槽钢,则槽钢所在平面即为钢梁的安装平面,亦即边坡浇筑后的外表面。确定好钢梁顶端、底端的安装高程后,即可根据需要摆放钢梁平面位置,调整浇筑仓面大小。通过以上方式确定了盖模安装的控制面,主要控制点为水面线以上地梁内预埋的槽钢和齿槽部位预埋的立柱

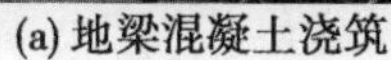

(a) 地梁混凝土浇筑

(b) 地梁模板的验收

图 8-7　地梁模板施工过程

之间加焊的槽钢。钢梁安装示意图见图 8-8。

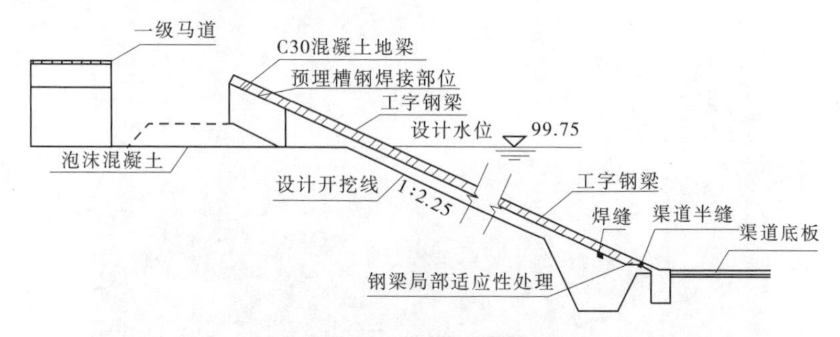

图 8-8　钢梁的安装方式

工字钢梁顺水流方向按间距 3. 03 m 布置,这是因为组合模板总宽度为 3 m,两侧再留有 3 cm 的安装间隙。为保证间距准确性,在相邻工字钢梁之间设置角钢,角钢和工字钢梁之间通过螺栓连接,可以对间距进行微调。平面布置见图 8-9。

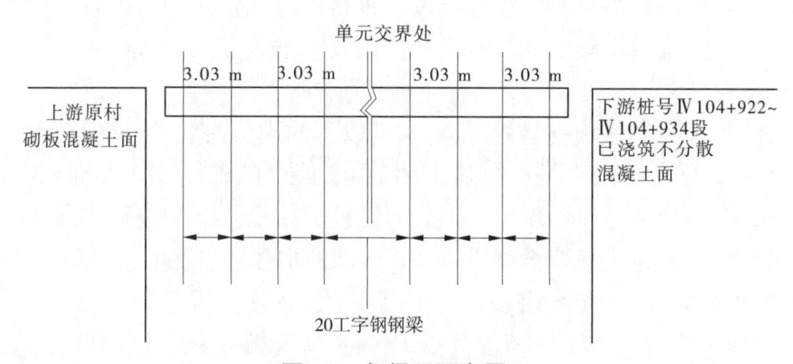

图 8-9　钢梁平面布置

为保证钢梁在水下安装顺利,在现场左岸堤顶道路及左岸边坡上进行了预拼装、吊装试验。试验发现长 24 m 的钢梁在塔吊吊装时容易发生挠曲变形;为此,在工字钢两侧及下部增设∟ 5 cm×5 cm 角钢焊接的桁架以增强钢梁自身刚度,见图 8-10。为保证钢梁就位后,模板能够沿着钢梁顺利下滑,在施工现场坡面也进行了拼装试验,见图 8-11。通过拼装试验,可以确定钢梁之间的合适间距,同时掌握组合模板沿钢梁下放时的施工工艺要点。改进后的钢梁吊装入水过程见图 8-12。

图 8-10　钢梁刚度加强措施

图 8-11　组合模板陆上安装试验

图 8-12　钢梁吊装下水

在钢梁安装过程中,需要对钢梁顶部翼板进行实时测量定位,通过测量仪器随时调整吊装中的钢梁位置,确保钢梁能够符合设计图纸要求准确定位放置。

8.2.2.4　**盖模安装**

如前所述,为了提高模板安装效率,将水面以下的模板拼装工作转移在岸上完成。单块钢模板尺寸为 1.2 m×1.5 m,在陆上将钢模板拼装成尺寸 1.2 m×3.0 m 与尺寸 2.4 m×3.0 m 的 2 种形式,见图 8-13。拼装的钢模板用配套卡扣进行牢固连接,为了增加钢模板的整体刚度,在钢模板背面增设了[10 槽钢的加强肋,槽钢与钢模板焊接。正在组合拼装的钢模板如图 8-14,组合拼装好的钢模板吊装入水情况见图 8-15。

组合模板通过设置在工字钢顶部的 ϕ 18 mm 高强螺栓和槽钢固定,见图 8-16;它的安装就位方式既可通过钢梁下滑,也可直接吊装至安装位置固定。在模板安装过程中,为保证钢梁间距的准确性,需要在施工现场设置限位杆,用于微调钢梁间距,见图 8-17;钢梁完成后吊装入水,见图 8-18。

8.2.2.5　**水下侧模拼装**

40 m 长的维修渠段共有两个部位需要安装侧模:一个是设计Ⅰ段与设计Ⅱ段接缝处,另一个是设计Ⅱ段中间的分缝处。分缝材料采用 2 cm 厚的沥青杉木板,侧模的固定见图 8-19。在安装侧模前,需要对相应坡面位置地形进行精确测量,按照侧模安装处的坡

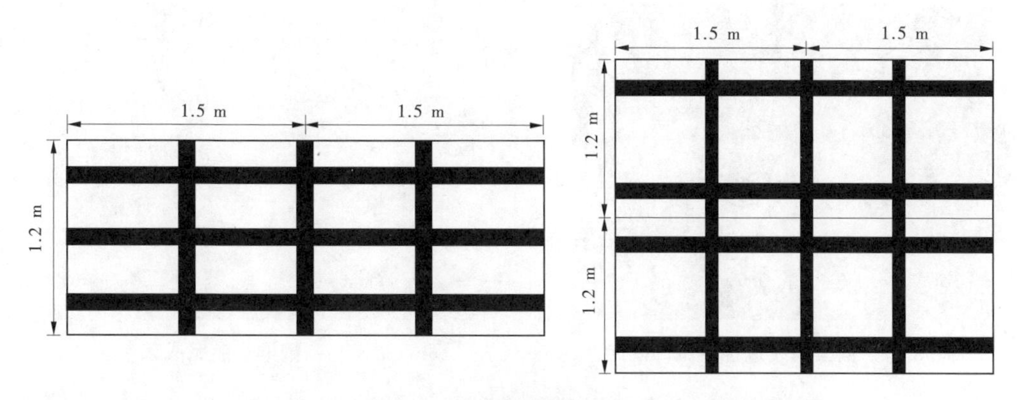

图 8-13　钢模板刚度加强措施

图 8-14　组合模板陆上拼装

图 8-15　塔吊模板吊装入水

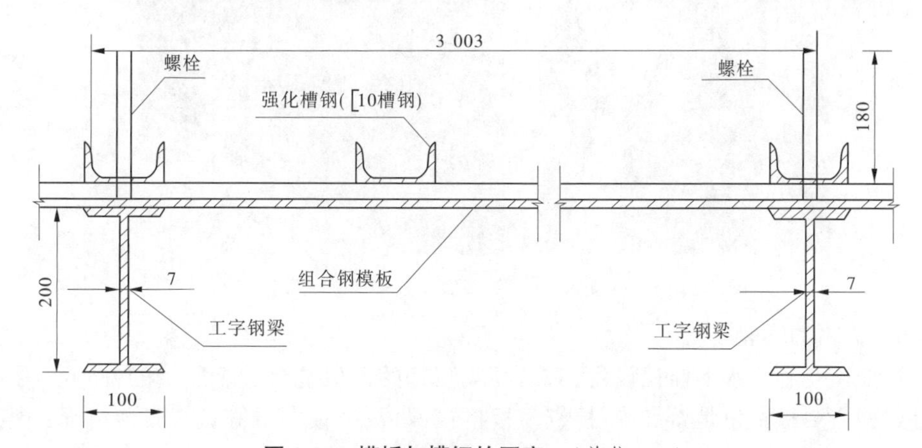

图 8-16　模板与槽钢的固定　(单位:mm)

面地形尺寸加工模板作为侧模;通过在工字钢梁外侧增加螺栓,连接槽钢;槽钢间距 1.5 m,采用角钢(∟ 5 cm×5 cm)连接,将模板夹在槽钢和工字钢梁之间,另一侧采用钢筋加固。侧模加工及安装过程见图 8-20。

图 8-17　钢梁安装过程中微调间距

图 8-18　钢梁安装完成入水

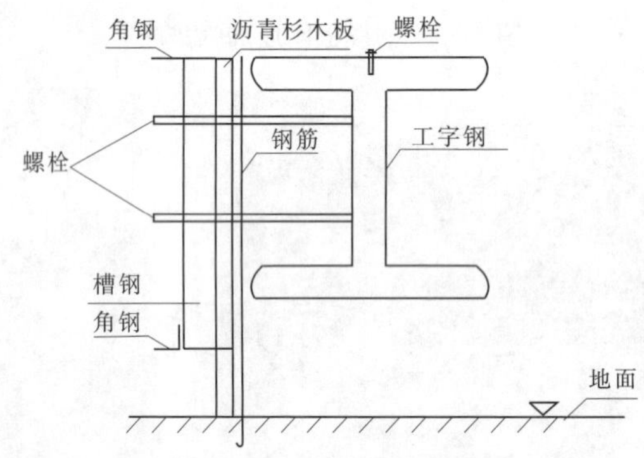

图 8-19　侧模的固定

图 8-20　侧模加工及安装

8.2.2.6　模板的安装校验

浇筑前需要利用水下监控设备，对已经安装好的模板进行安装质量的检查与精度校验。重点检查模板定位是否准确，检查模板拼接部位、模板卡子等是否安装牢靠，最后采用吨包袋对薄弱部位进行加固，同时在岸边设置备用吨包袋以备应急处置。

顺坡脚浇筑的第一仓对模板的稳定性要求很高，模板底部的固定至关重要；因此，在齿槽浇筑完成后应预设插筋，将模板通过拉杆与插筋连接，确保混凝土浇筑期的模板稳定性。

第9章　不分散混凝土浇筑技术在渠坡水下修复中的应用

9.1　混凝土浇筑技术的现状

水下工程中应用最多和最主要的建筑材料依然是混凝土。混凝土的性能直接关系到水下施工技术与工程质量,因此土木水利工程技术界一直都致力于水下浇筑混凝土性能与技术的研究。

9.1.1　传统普通混凝土浇筑技术

普通混凝土用于浇筑水下工程时,如果与水直接接触,水的冲刷会使水泥浆与骨料分离,造成部分水泥浆流失,剩余水泥浆中的水泥长时间地在水中处于悬浮状态,当这些水泥下沉时已经凝固,失去了与骨料胶结的能力。所以,普通混凝土在水中直接浇筑时就会分成一层骨料和一层硬化的水泥浆两部分,这样的混凝土不符合水下工程技术要求。水下浇筑混凝土的传统施工方法主要有五种:

(1)围堰法。是先在水中修建围堰,然后抽干围堰中的水即可按照陆地施工技术来施工,它施工出的工程整体性好,强度高,但是此法工程量大、造价高,工期长,且受水深限制。

(2)装袋叠置法。是在透水纤维编织袋中装入 2/3 袋容积量的混凝土,然后将这些编织袋交错叠放在相应部位,此法形成的结构整体性差,主要用于水下紧急堵漏、抢险等临时结构,也可用作水下模板来解决水下支模困难的问题。

(3)垂直导管法。是将高坍落度的混凝土通过密闭性良好的金属导管灌注到相应施工部位,所以设备简单、施工速度快、整体性好,但是此法单方混凝土水泥用量大,操作不当就有可能引起周围水环境的污染。

(4)开底吊桶法。是用防水油布或帆布覆盖在吊桶中的混凝土顶部,沿水中地面打开吊桶底部使混凝土在不受扰动的情况下浇筑到相应施工部位,它的原理是尽量保持与水接触的混凝土面始终为同一个混凝土面,但是此法只适合少量、零散的浇筑水下混凝土,并且要求混凝土有较高的坍落度。

(5)泵送法。是用混凝土输送泵将较大流动度的混凝土拌和物一次性连续地浇筑在试模内,能施工出强度很高的混凝土,但是此法对施工机具专业性要求高,施工技术也比较复杂难掌握。

总的来看,这些传统水下浇筑混凝土的施工方法都存在着造价高、工期长、施工设备复杂、施工技术要求高、工程质量难以保证、易污染环境等程度不同的缺点。人类为了开发利用水下空间资源和矿产资源,需要大量建设水下工程,所以对水下浇筑用的混凝土性能的研究改善和对水下浇筑混凝土施工工艺的研发改进十分必要。

9.1.2　水下不分散混凝土浇筑技术

为满足水下浇筑高质量混凝土工程的需要,世界各国技术人员开始研究改善混凝土材料自身性能。他们通过在混凝土中添加某些外加剂,使其在水中浇筑时直接与水接触,虽然被水冲洗也能保证混凝土各组分黏聚在一起,不会离析、分散,从而保证混凝土在水下的施工质量,这就是水下不分散混凝土技术。

水下不分散混凝土技术有效地解决了普通混凝土在水中浇筑时抗分散性差的问题。水下不分散技术最核心部分是添加一种水溶性高分子化合物的外加剂,其具有长链分子,这些长链分子相互吸引、交叉,形成有吸附能力的网状结构,把水泥颗粒吸附在一起,从而在遇水时也能使混凝土各组分黏聚在一起。水下不分散混凝土黏聚性很强,有良好的抗水洗性能,能免去建造围堰、排水等烦琐工序,直接水下浇筑施工也不会带来水泥的大量流失,对水环境的污染影响相对很少;水下不分散混凝土同时还有优良的自流平、自密实等材料特性,水下浇筑时无须振捣即可达到很好的密实效果,从而确保水下浇筑混凝土质量和强度。技术人员应用水下不分散混凝土技术建设水下工程与应用普通混凝土技术相比,简化了施工工序,缩短了工期,降低了综合成本。国外学者称水下不分散混凝土为"划时代混凝土"、"新一代水下工程材料",在我国水下不分散混凝土技术也得到广泛的应用,见图 9-1 和图 9-2。

图 9-1　水下不分散混凝土应用

图 9-2　水下不分散混凝土浇筑施工

9.2　水下不分散混凝土的性能

9.2.1　水下不分散混凝土的特点

水下不分散混凝土是一种特殊混凝土,它具有很强的抗分散性和较好的流动性,实现水下混凝土的自流平、自密实,抑制水下施工时水泥和骨料分散。水下不分散混凝土可在水下任意施工,可在水中自落施工、自行流平、自动密实,同时对施工水域很少污染,可用于一切水下工程,特别适用于一般混凝土无法施工的水下工程,如大型渠道边坡、河流护岸、水下构筑物的防腐、海堤、桥梁等抢险救灾工程及禁止污染水质的水下混凝土工程,以及水下大面积无施工缝工程和必须水中自落浇灌的抛石灌浆工程。它具有如下特性:

(1)水下不分散混凝土富有黏稠性、流动性保持能力强、塑性好、很少泌水或冒浆,具有优良的抗分散性,混凝土拌和物在水中浇筑时不分散、不离析,混凝土配合比基本保持不变,可在不排水的条件下施工,即使受到水的冲刷作用仍具有优良的抗分散性;不分散混凝土还具有优良的自流平性、填充性和保水性,便于施工。

(2)使用水下不分散混凝土有助于施工缝新、老混凝土之间的接触性能保持良好。

(3)在获得同等混凝土强度的情况下,使用水下不分散混凝土所要求的配制强度大幅度降低,从而可以节省水泥、降低混凝土弹模。

(4)与普通混凝土相比,水下不分散混凝土的浇筑受施工条件的影响少,施工质量波动小,能较好地避免成墙目标混凝土材料的离析和强度分散,降低缺陷率,能较大程度地减少泥浆下浇筑而使混凝土强度降低。

(5)采用水下混凝土不仅受水冲刷材料不分散,而且能在水下形成优质、均匀的混凝土;在获得同样的混凝土强度的情况下,混凝土的生产成本增加很少,其性价比指标较好。

(6)水下不分散混凝土应用已有20余年,在我国已得到广泛推广使用,其技术成熟、可靠、可操作性强,常规的施工设备即可完成混凝土浇筑;相比其他水下施工技术,其施工方法简单,能缩短工期。

9.2.2　不同时期水下不分散混凝土的性能

水下不分散混凝土在不同时期的性能有所不同。

9.2.2.1　新拌混凝土的性能

新拌水下不分散混凝土性能与普通混凝土性能相比较具有以下特性:

(1)具有高抗分散性。可不排水施工,即使受到水的冲刷作用,也能使在水下浇筑的水下不分散混凝土不分散、不离析、水泥不流失。

(2)具有优良的施工性。水下不分散混凝土虽然黏性大,但富于塑性,有良好的流动性,浇筑到指定位置能自流平、自密实。

(3)具有较强的适应性。新拌水下不分散混凝土可用不同的施工方法进行浇筑,并可通过各种外加剂的复配,满足不同施工性能的要求。

(4)具有很好的不泌水性。新拌水下不分散混凝土不泌水、不产生浮浆,仅凝结时间略延长。

(5)具有很好的安全环保性。掺加的絮凝剂经卫生检疫部门检测,对人体无毒无害,可用于饮用水工程,新拌水下不分散混凝土在浇筑施工时,对施工水域基本无污染。

9.2.2.2　硬化后混凝土的性能

(1)在抗压强度方面:掺絮凝剂的水下不分散混凝土与普通混凝土一样,遵守水灰比定则,强度受水灰比、水泥品种、胶结料用量、絮凝剂掺量、龄期等因素的影响。水下不分散混凝土的水中成型试件的抗压强度与陆上成型试件抗压强度比称为水陆强度比,一般28 d水陆强度比为70%以上。

(2)在静弹性模量方面。静弹性模量与普通混凝土静弹性模量相近或略低一些。

(3)在干缩性方面。水下不分散混凝土比普通混凝土干缩值略大。

(4)在抗冻性方面。水下不分散混凝土的抗冻性比普通混凝土略差,在抗冻性要求高的水工混凝土要掺适量引气剂。

(5)在其他方面。如耐蚀性、抗渗性等与普通混凝土基本相同,无差异。

9.2.2.3　水下不分散混凝土絮凝剂的作用

水下不分散混凝土必须具备优异的黏聚性和良好的保水性,才能保证在水下施工时不离析、不分散,达到自流平、自密实的效果。絮凝剂是改善提高混凝土黏聚性,避免在水下施工时混凝土发生分散流失现象的法宝,各种絮凝剂对不同原材料及不同施工方式有着各自的适应性,因此在使用水下不分散混凝土技术时,必须科学确定絮凝剂的种类及最适掺量。

9.3　不分散混凝土的研究与应用

9.3.1　混凝土在国外的研究与应用

水下不分散混凝土技术是由原联邦德国锡伯企业集团在 1974 年研发成功的。他们为提高水下浇筑混凝土的施工质量,研制出一种醚类高分子聚合物,取名为 UWB(德语 Under Wasser Beton 的缩写),将其掺入混凝土后在流速较小的水中浇筑时起到了很好的抵抗水冲洗作用;三年后 UWB 进入工业化生产和应用,并且主要用于核电站基础、护坡等海洋工程。1982 年,英国劳氏船级社和挪威的船级社分别认可了原联邦德国水下不分散混凝土技术,认为其可以应用于海工工程;1983 年,在北海油田挪威 StartFJotd-C 石油钻井平台对该项技术进行了水下 200 多 m 的应用试验;1984 年,在易北河口动水中使用该项技术成功地浇筑施工了核电站基础。到 1993 年,原联邦德国应用在实际工程中的水下不分散混凝土总量已达到了 100 万 m^3。

日本在 1978 年引进原联邦德国的水下不分散混凝土技术,结合本国特点历经三年研制出自己的水下抗分散剂并应用到实际工程中;后来又研发出十多种水下抗分散剂,建立了与本国材料、设计、施工相匹配的完整施工体系。日本的水下不分散混凝土技术主要在地下连续墙、灌注桩、护坡抛石灌缝、沉井沉箱的底板、水中混凝土工程的修补中应用。主要应用工程实例有:浇筑 54 万 m^3 水下不分散混凝土的濑户大桥主塔水下基础工程、浇筑 2.52 万 m^3 水下不分散混凝土的青森大桥刚性地下连续墙、浇筑 13.7 万 m^3 水下不分散混凝土的关西飞机场陆地连接桥水下基础工程、浇筑 1400 m^3 水下不分散混凝土的阪神高速公路桥墩基础工程等。到 1993 年,日本应用在实际工程中的水下不分散混凝土总量达到了 1 000 万 m^3。

随后欧美国家和地区也开始对水下不分散混凝土技术展开研究,并成功广泛地应用于实际工程中:哥本哈根的港口工程、阿拉伯联合酋长国的海上钻井平台工程、苏格兰的海岸防波堤工程、比利时的海防修补工程等。随着水下不分散混凝土在水下工程中的广泛应用,一些学者开始对水下不分散混凝土的研究应用情况进行调查总结。日本学者出版了《水中不分散混凝土设计施工指南》,英国的 Forso 公司制定了适用于水下混凝土的试验检测方法,这些工作有力地促进了水下不分散混凝土技术的应用和推广。

9.3.2　混凝土在国内的研究与应用

9.3.2.1　水下不分散混凝土抗分散剂的研究

我国水下不分散混凝土技术是 1983 年由中国石油集团工程技术研究院从原联邦德国锡伯(Sibo)企业集团引进的。该院技术人员经过四年试验研究,1987 年首次在国内研制成功水下不分散混凝土抗分散剂(取名 UWB 型絮凝剂),并获得国家发明专利。1990 年研制成功 SCR 型絮凝剂,随后相继研制成功 UWB-S、UWB-Z、UWB-400 等系列絮凝剂,2003 年采用高分子聚合技术研制出"UWB-Ⅱ型絮凝剂",2009 年采用聚糖技术研制出"UWB-Ⅲ型水下不分散混凝土絮凝剂"。国内还有交通部第二航务局科研所研发的水下不分散混凝土抗分散剂"PN 型聚丙烯酰胺类抗分散剂"和南京水利科学研究院研发的"NNDC-2 型纤维素抗分散剂",后者在掺入到混凝土中后,抗分散性、泌水率与含气量、流动性保持能力、凝结时间、强度等性能优良,并成功地应用到新安江电厂大桥中墩水下加固工程和马迹塘水电站水下加固工程中。我国水下不分散混凝土主要应用于水利水电、石油、交通、核电等领域,工程总量已超百万立方米混凝土。比较典型的工程有:三峡右岸码头、河北桃林口水库、吉林油田沉井工程封底项目、宝中铁路中卫黄河特大桥承台、秦山核电站三期取水口工程、铁岭电厂沉井工程、南海某军事人工岛等。

国内一些学者在抗分散剂的研发及其与减水剂的相容性等方面做了大量研究。武汉理工大学材料学院的姜丛盛、陈江等通过多次砂浆流动度、浊度和强度指标的正交试验配置出了新型抗分散剂,并用该新型抗分散剂配制出满足 C40 强度等级指标的水下不分散混凝土。湖南大学的黄政宇教授及其团队通过水泥浆体流变性能试验、砂浆抗分散性和流动性试验、混凝土拌和物坍落度和塌扩度试验,确定聚丙烯酰胺作为复合抗分散剂的主剂,以提高水下不分散混凝土强度为目标,添加早强剂和掺和料作为辅剂,最终确定出能配置抗分散性好、力学性能良好的水下不分散混凝土的复合抗分散剂配方。武汉理工大学与济南大学通过测试水泥胶砂的流动性及经时损失和混凝土拌和物坍落度损失、水陆强度比试验,利用非离子型水溶性线性高分子聚合物和氨基磺酸盐系高效减水剂及三聚磷脂酸钠分别作为增黏组分、减水组分、缓凝组分,复配出一种性能良好的水下不分散混凝土抗分散剂。南京水利科学研究院的研究人员选用进口 PS 生物多聚糖絮凝剂配置水下不分散混凝土,通过对比研究水下不分散混凝土拌和物在分别掺加不同量聚羧酸系高效减水剂、萘系高效减水剂和氨基磺酸系高效减水剂时的流动度及其保持性、用水量和抗压强度的变化情况,发现聚羧酸系高效减水剂与另外两种减水剂相比,小掺量时水下不分散混凝土即可达到相同的性能;掺量相同时,掺聚羧酸系高效减水剂的水下不分散混凝土性能更优,聚羧酸系高效减水剂更适合水下不分散混凝土的配置。目前,国内的抗分散剂主要分为三大类:纤维素类、聚丙烯酰胺类、聚糖类,前两类抗分散剂是较早被研发出来的;而聚糖类抗分散剂则是近几年才研发出来的。聚丙烯酰胺类抗分散剂因价格低廉而被广泛应用于水下工程中,但是其掺入混凝土后配置出的水下不分散混凝土容易在施工机具中黏滞,在水中时黏聚性反而较低,水泥浆流失大,并且混凝土搅拌时间长,流动性损失快,单方混凝土水泥量大。这些缺点严重制约了水下不分散混凝土技术在水下工程中的应用和推广,中国石油集团工程技术研究院在 2009 年研制的聚糖类抗分散剂则解决了聚丙烯酰胺类抗分散剂的这些问题。

9.3.2.2　水下不分散混凝土配合比与施工技术的研究

国内学者对水下不分散混凝土的配合比设计和施工技术也做了相应的试验和研究。从实际工程中总结了配置水下混凝土时需注意的技术要点,主要技术指标为:混凝土坍落度 18~22 cm,水灰比宜在 0.42~0.50,单方混凝土所用水泥应大于 330 kg,水泥强度等级不得低于 42.5 级;砂率在 40%~50%,骨料粒径不得大于 40 mm,骨料采用连续级配。施工时的关键技术要点有:清除施工部位浮泥,选择合适的导管,准确计算应在漏斗中储备的混凝土量等。

按照这些要求配置的水下不分散混凝土成功应用在水下封底、水下坡道等实际工程中。目前,国内水下不分散混凝土的配合比设计没有统一的设计规程可以参考,只有国家电力行业标准 DL/T 5117—2000 和中国石油天然气集团公司企业标准 Q/CNPC 92—2003,对水下不分散混凝土配合比设计的设计要点和原材料性能做了相关规定。目前,国内配置施工的水下不分散混凝土性能参差不齐,这在一定程度上阻碍了水下不分散混凝土在我国水下工程的应用和发展。

南水北调中线总干渠水下边坡修复工作,工程质量要求高,施工环境特殊,因此特别需要准确掌握水下不分散混凝土的技术性能指标与施工要求。

9.3.2.3　水下不分散混凝土硬化后性能及其他的研究

一些高校和研究所对水下不分散混凝土硬化后的性能也做了相应研究。安徽理工大学倪修全教授及其团队研究了抗分散剂、混凝土水胶比、粉煤灰对水下不分散混凝土抗分散性、流动性、立方体抗压强度的影响情况,确定出水下不分散混凝上的最优配合比,并提出从选择优质的原材料、合适配合比、合理先进的施工方法和掺入一些新型材料这几方面,来提高实际工程中水下不分散混凝土的强度。中国石油集团工程技术研究院陈严研究了矿物掺和料对掺有抗分散剂的水泥砂浆性能、UWB 水下不分散混凝土初凝、终凝时间,强度发展规律,陆泉林则对 UWB 和 SCR 两种抗分散剂配置的水下不分散混凝土的抗分散性、流动性、凝结时间及水泥品种、水灰比、抗分散剂掺量、龄期等对水下不分散混凝土强度的影响规律做了研究。平顶山工学院牛季收研究了水下不分散混凝土在掺加不同量粉煤灰后拌和物的流动性、抗分散性变化,在硬化后的抗压强度、抗拉强度、抗渗性、抗碳化性、抗冻性、变形等性能变化,得出掺 30%粉煤灰的水下不分散混凝土各项性能均得到最优改善,30%的粉煤灰为水下不分散混凝土的最佳掺量。长安大学王东阳进行了抗压强度、抗折强度、握裹力、静弹模等力学性能试验和混凝土变形、湿胀试验、抗渗试验、氯离子渗透试验、冻融试验等耐久性能试验,研究了水下不分散混凝土在掺入矿物掺和料后力学性能和耐久性能的变化情况。中交天津港湾工程研究院有限公司与河北工业大学联手研究,在力学性能试验的基础上,通过进行不同冻融介质(淡水、海水、硫酸盐溶液)的冻融试验,研究了掺不同掺和料的水下不分散混凝土的冻融性能;研究结果表明掺加掺和料后能提高水下不分散混凝土的抗冻性,双掺矿粉和硅灰对水下不分散混凝土的抗冻性提高效果最显著。海军工程大学韦灼彬等人研究了抗分散剂、高效减水剂、消泡剂三者的掺量及水灰比对水下不分散混凝土的抗分散性和强度的影响变化情况。中国水利水电科学研究院对水下不分散混凝土进行了淡水拌料、海水中浇筑养护和海水拌料、海水中浇筑养护两种方式的强度对比试验,并在天津市海挡工程中成功试验应用。大连理工大学仲伟秋及其团队测试了掺不同量抗分散剂和不同自由落水深度的水下不分散混凝土的抗压强度、弹性模量和握裹力等力学性能指标,通过对比分析水下不分散混凝土长柱和普通混凝土长柱在低周期反复荷载下的抗震性能,研究了水下不分散混凝土长柱抗震设计应用普通混凝土长柱抗震设计理论的可行性,还进行了水下不分散混凝土长柱抗剪承载力试验和水下不分散混凝土梁疲劳性能的试验,为水下不分散混凝土结构设计提供了参考依据。

9.4　总干渠应用水下不分散混凝土的配合比研究

南水北调总干渠渠道水下修复(简称水下修复)衬砌应用的水下不分散混凝土,由水泥、砂石、水、引气剂和絮凝剂等材料按一定比例配制而成。作为一种复合材料,水下不分散混凝土的性能在很大程度上由其配制原材料决定。因此,了解和掌握水下不分散混凝土原材料性能,选取优质的原材料,对配制水下不分散混凝土和提高水下不分散混凝土的性能很有必要。

9.4.1　试验研究

9.4.1.1　水泥性能

水泥是水下不分散混凝土胶凝材料组分里最主要的部分,其物理力学性能的优劣直接关系到水下不分散混凝土的性能优劣。在水下修复前首先开展水泥力学性能指标的试验,配制了 C30 强度等级的水下不分散混凝土;具体采用水泥样本为孟电牌 P·O 42.5 水泥,测试了基本物理力学性能,见表 9-1。

表 9-1　采用水泥基本物理力学性能

项目	标准稠度用水量(%)	凝结时间(min)		比表面积(m^2/kg)	抗折强度(MPa)			抗压强度(MPa)		
		初凝	终凝		3 d	7 d	28 d	3 d	7 d	28 d
实测值	27.8	175	223	380	5.8	7.1	8.2	28.4	36.2	45.2
指标值	—	≥45	≤600	≥300	≥3.5	—	≥6.5	≥17.0	—	≥42.5

测试根据标准:《硅酸盐水泥、普通硅酸盐水泥》(GB 175—2007)。

9.4.1.2　骨料性能

1. 细骨料

本试验在配制水下不分散混凝土时选用的细骨料为辉县产河砂,细骨料的粒径在 0.15~4.75 mm,细度模数为 2.6 的Ⅱ区中砂,细骨料组成及物理特性指标的试验结果见表 9-2 和表 9-3。

表 9-2　细骨料基本物理特性测试结果

产地	表观密度（kg/m³）	松散堆积密度（kg/m³）	空隙率（%）	含泥量（%）	泥块含量（%）	石粉含量（%）	细度模数
辉县	2 700	1 740	34	0.5	0	3.42	2.6
JGJ 52—2006 技术要求	≥2 500	≥13 500	—	≤3	不允许	≤7	宜在 2.2~3.0

表 9-3　细骨料筛分试验结果

筛孔直径（mm）	筛余量(g)			分计筛余（%）	累计筛余（%）	细度模数（μm）
	X_1	X_2	均值			
4.75	0	0		0	0	Ⅱ区中砂 2.6
2.36	14.6	15.4	15.0	3	3	
1.18	113.4	116.6	115.0	23	26	
0.6	161	159	160.0	32	58	
0.3	94	96	100.0	20	78	
0.15	82	88	85.0	17	95	

2. 粗骨料

本试验配制水下不分散混凝土时选用的粗骨料为辉县产普通石灰岩碎石，粒径级配为 5~20 mm。

粗骨料物理性质的试验检测结果见表 9-4 和表 9-5。

表 9-4　粗骨料物理特性测试成果

骨料粒径及产地（mm）	饱和面干表观密度（kg/m³）	堆积密度（kg/m³）		空隙率（%）	含泥量（%）	泥块含量（%）	针片状含量（%）	压碎指标（%）
		松散	紧密					
5~20 辉县	2 700	1 700	1 780	37	0.5	0	9	8
JGJ 52—2006 要求	≥2 500	—	—	—	≤1	不允许	≤15	≤16

表9-5　粗骨料筛分试验结果

筛孔孔径(mm)	筛余量(g)			分计筛余(%)	累计筛余(%)	结果评价
	X_1	X_2	均值			
25.0	0	0	0	0	0	5~20 mm连续级配
20.0	240	260	250	5	5	
16.0	735	765	750	15	20	
10.0	1 930	1 870	1 900	38	58	
5.00	1 710	1 690	1 700	34	92	
2.5	235	265	250	5	97	

9.4.1.3　外加剂性能

1.抗分散剂

水下不分散混凝土最核心的部分就是抗分散剂,它是确保水下不分散混凝土在水中浇筑时抵抗水的冲洗、成型良好的关键。本次选用中国石油集团工程技术研究院产UWB-Ⅱ型絮凝剂作为配制水下不分散混凝土的抗分散剂进行样本试验,初步推荐掺量为1.5%~3.0%。

UWB-Ⅱ型絮凝剂是中国石油集团工程技术研究院采用高分子接枝聚合技术研制的一种具有长链分子的水溶性高分子化合物,它可以使水下不分散混凝土具有高抗分散性能。

UWB-Ⅱ型絮凝掺入水下不分散混凝土后主要有三方面作用:

(1)能改变混凝土拌和物体系中颗粒的表面电位,增加粒子间的吸引势能,各胶体粒子在范德华引力相互作用下,形成稳定的絮凝体。

(2)絮凝剂长链分子上具有的官能团可以吸附住水泥颗粒,将大量的水泥颗粒聚在一起,形成稳定的团状结构。

(3)各长链分子之间也相互吸引、缠绕,形成网状结构,把拌和物颗粒与絮凝剂自身黏聚在一起。

这三方面作用使得混凝土在掺入絮凝剂后即使与水直接接触也不容易分散。

依据:DL/T 5117—2000水下不分散混凝土试验规程作为测试标准,经过测试,UWB-Ⅱ型絮凝剂试验检测结果见表9-6。

2.引气剂

在配制水下不分散混凝土,掺入引气剂后在混凝土中能产生大量的封闭的100~150 μm的微小气泡,这些气泡独立分布于混凝土中,当混凝土内部自由水结冰时能及时释放冰晶的膨胀压力,有效减少其产生的破坏压力,提高混凝土抗冻融耐久性。有的气泡截断了混凝土内部的毛细孔通道,提高混凝土的抗渗性。同时微小气泡的引入,可使混凝土的和易性改善,水灰比可相应降低,也有利于提高混凝土的抗冻融能力。

表 9-6　UWB-Ⅱ型絮凝剂检测结果

项目	pH 值	含气量（%）	泌水率（%）	悬浊物含量（mg/L）	坍落度（mm）	坍扩度（mm）	凝结时间（h）		坍落度损失值（mm）		水陆抗压强度比（%）		水陆抗折强度比（%）	
							初凝	终凝	30 min	28 h	7 d	28 d	7 d	28 d
实测值	9.2	3.1	0	100	240	485	18	23	7	16	73	84	59	74
指标值	≤12	<4.5	<0.5	≤150	230±20	450±20	>5	<30	—	—	>60	>70	>50	>60

有抗冻融要求的混凝土的含气量已根据混凝土的抗冻等级和粗骨料的最大粒径等试验确定，本次试验根据设计要求含气量控制在 5%～6%。采用中信化工有限公司的引气剂，经过试验引气剂（稀释过）添加量为胶凝材料的 1.5%，新拌混凝土的含气量 5.3%。引气剂性能检测依据标准为：《混凝土外加剂》（GB 8076—2008），检测结果见表 9-7。

表 9-7　引气剂性能检测结果

检测项目	减水率（%）	含气量（%）	泌水率比（%）	凝结时间差（min）		28 d 抗压强度比（%）			28 d 收缩率比（%）	相对耐久性 200 次（%）
				初凝	终凝	3 d	7 d	28 d		
实测值	6.2	4.5	18.4	-36	-41	111.4	104.2	105.7	89.1	94.4
指标值	≥6	>3	≤70	-90～+120		≥95	≥95	≥90	≤135	≥80

9.4.1.4　试验用水性能

水下不分散混凝土的拌和水选用实验室自来水，符合 JGJ 63—2006 中对混凝土拌和用水的相关规定，同时试验用水还考虑了南水北调中线总干渠输水的水质特性，见表 9-8。

表 9-8　南水北调中线水化学成分

化学成份	HNO_3^-	HCO_3^-	Ca^{2+}	Mg^{2+}	NH_3-N	SO_4^{2-}	F^-	Cl^-	CO_3^-	OH^-
含量（mg/L）	5.55	140	55.8	2.69	0.027	27.4	0.147	5.32	0	0

9.4.2　混凝土配合比设计

9.4.2.1　设计依据标准与基本要求

目前，我国水下不分散混凝土的配合比设计设有专门的规程，可以参考的只有国家电力行业标准 DL/T 5117—2000 和中国石油天然气集团公司企业标准 Q/CNPC 92—2003。这两个行业标准对水下不分散混凝土配合比设计的要点和原材料性能指标做了相关规定，故在配制水下不分散混凝土的试验研究时，主要参考了上述两个规范和《水工混凝土配合比设计规程》（DL/T 5330—2005）。

水下不分散混凝土不允许在水下进行捣固作业，因此要求水下不分散混凝土必须具有抗分散性及流动性好的特点,设计的配合比应满足强度、水下抗分散性、耐久性及流动性的要求。这里根据前述试验条件,配合比设计的基本要求包括以下几个方面:

(1)单方混凝土水泥用量宜在 400 kg 以上。

(2)适宜的水灰比:单方混凝土用水量宜使混凝土拌和物坍落度达到(230±20) mm,坍扩度达到(450±20) mm。

(3)砂率宜在 36%~46%。

(4)混凝土如需泵送,粗骨料最大粒径不应超过 25 mm。

9.4.2.2　配合比设计步骤

南水北调中线总干渠水下修复的预备专项试验,配制 C30 强度等级水下不分散混凝土,具体配合比设计步骤如下。

1. 计算配制强度 $f_{cu,0}$

水下浇筑混凝土时,混凝土强度会有一定的损失,设计时要考虑到强度损失值:这里采用水陆强度系数 t,根据总干渠以往的多次试验资料分析,这里 t 取值 0.85。

这里混凝土的陆上设计强度 $f_{陆设}=f_{cu,k}/0.85=30/0.85=35.3$(MPa)

根据混凝土设计强度标准值和抗压强度 95%的保证率要求,确定混凝土立方体抗压强度标准差 σ 和概率度系数 t,本次标准差取值 5,按式(9-1)计算配制强度为 43.5 MPa。

$$f_{cu,0}=f_{陆设}+t\sigma=35.3+1.645\times5=43.5(\text{MPa}) \tag{9-1}$$

2. 确定水胶比 w/c

根据粗骨料类型和水泥品种确定回归系数 A、B,再由混凝土配置强度 $f_{cu,0}$、水泥抗压强度实测值 f_{ce},按照式(9-2)计算水胶比:

$$w/c=\frac{Af_{ce}}{f_{cu,0}+ABf_{ce}}=\frac{0.46\times45.2}{43.5+0.46\times0.07\times45.2}=0.46 \tag{9-2}$$

根据计算出的水胶比必须小于相应最大水胶比,应满足《水工混凝土配合比设计规程》(DL/T 5330—2005)6.1.1、6.1.2 和 6.1.3 的要求及总干渠冬季输水需满足的水下不分散混凝土抗冻要求,试验采用水胶比为 0.44。

3. 确定单方混凝土用水量 m_w

根据混凝土拌和物坍落度和粗骨料类型及最大粒径,并参考《水工混凝土配合比设计规程》(DL/T 5330—2005)的要求,确定未掺减水剂的单方混凝土用水量 m_w 为 225 kg。

由于本次试验采用的添加剂“引气剂”有 7%的减水率,确定本次用水量为 207 kg(包含引气剂稀释用水)。

4. 确定单方混凝土胶凝材料用量 m_c

根据已确定的水胶比 w/c 和单方混凝土用水量 m_w,由式(9-3)计算单方混凝土胶凝材料用量 m_c 为 470 kg:

$$m_c=\frac{m_w}{w/c}=\frac{207}{0.44}=470 \tag{9-3}$$

5. 确定砂率 S_p

根据混凝土拌和物坍落度、骨料品质及水胶比等确定砂率 S_p[参考《水工混凝土配合比设计规程》(DL/T 5330—2005)6. 3. 2-1 及水下不分散混凝土施工技术规范砂率在 36%~46%],根据总干渠以往的经验数据分析,确定本次试配的水下不分散混凝土砂率 S_p 为 0. 443。

6. 确定絮凝剂用量

根据《水下不分散混凝土试验规程》(DL/T 5117—2000)的有关规定,絮凝剂添加量为胶凝材料的 1. 5%~3. 0%,根据以往浇筑经验和本次配比技术要求,本次絮凝剂添加量选用胶凝材料的 2. 1%,单方混凝土絮凝剂添加量为 10 kg。

7. 引气剂用量

根据控制新拌混凝土含气量 5%,以及生产厂家推荐和试验数据分析,引气剂掺加量为稀释后的用量,单方混凝土引气剂添加量为 7 kg。

8. 确定单方混凝土骨料用量

确定单方混凝土细骨料用量 m_s、粗骨料用量 m_g,本试验采用质量法按下式计算粗细骨料用量:

$$\rho_h = m_g + m_s + m_w + m_c + m_p \tag{9-4}$$

式中:ρ_h 为单方混凝土的堆积密度,kg;m_w 为单方混凝土中水的质量,kg;m_c 为单方混凝土中水泥的质量,kg;m_p 为单方混凝土中掺和料的质量,kg;m_s 为单方混凝土中细骨料的质量,kg;m_g 为单方混凝土中粗骨料的质量,kg。

根据《水工混凝土配合比设计规程》表中 5%引气,水下不分散混凝土容重约 2 312 kg;则单方混凝土中骨料质量通过下式计算获取:

$$m_g + m_s = \rho_h - m_w - m_c - m_p = 2\,312 - 207 - 470 - 10 = 1\,625(\text{kg})$$

根据单方混凝土中骨料质量 1 625 kg,可以通过砂率计算出石子用量。

由上述步骤计算出本次单方混凝土中粗骨料质量(石子用量)为 905 kg,而细骨料质量(砂子用量)为 720 kg。

通过设计,本次试验单方混凝土的基础配合比如表 9-9 所示。

表 9-9　本次专项试验中单方混凝土的基础配合比指标

材料	水 m_w	水泥 m_c	细骨料 m_s	粗骨料 m_g	引气剂 m_{p1}	絮凝剂 m_{p2}
用量(kg/m³)	200	470	720	905	7	10

9. 4. 3　试配试验研究工况

试配配合比为了研究水灰比和砂率对混凝土性能的影响,设计了多种配合比的比对试验工况,以便开展优化研究。一组是在基准配合比的其他条件不变的基础上,水胶比分别减少和增加 0. 03,试配的配合比见表 9-10;一组是在基准配合比的其他条件不变的基础上砂率分别增大 1%和减少 1%,调整水灰比的配合比见表 9-11。

表 9-10　水下不分散混凝土配合比（一）

编号	水胶比	水泥（kg/m^3）	细骨料（kg/m^3）	粗骨料（kg/m^3）	引气剂（%）	絮凝剂（%）	砂率
1	0.41	470	720	938	1.5	2.1	0.443
2	0.44	470	720	905	1.5	2.1	0.443
3	0.43	470	720	889	1.5	2.1	0.443

表 9-11　水下不分散混凝土配合比（二）

编号	水胶比	水泥（kg/m^3）	细骨料（kg/m^3）	粗骨料（kg/m^3）	引气剂（%）	絮凝剂（%）	砂率
4	0.44	470	687	938	1.5	2.1	0.433
2	0.44	470	720	905	1.5	2.1	0.443
5	0.44	470	736	889	1.5	2.1	0.453

注：表中矿物掺和料和外加剂掺量均为胶凝材料总质量的质量百分比。

9.4.4　试验的准备与研究技术路线

9.4.4.1　试验试件的制备和养护

1. 试件的制备

本试验按照表 9-9、表 9-10 的配合比分别在陆地（D 表示）上、水（W）中成型、养护水下不分散混凝土试件，然后测试水下不分散混凝土的抗压强度。试件选用 150 mm×150 mm×150 mm 的试模成型立方体试块。

水下不分散混凝土的水下成型方法参照规范 DL/T 5117—2000 中有关规定进行，步骤如下：

（1）将混凝土试模放置于水箱中，然后向水箱中加入自来水至水面没过试模顶面 150 mm。

（2）将新拌和好的水下不分散混凝土从水面开始倾倒，使其自行落入水中试模，混凝土应超出试模表面，浇筑过程连续，单个试件的浇筑时间应控制在 30~60 s。

（3）取出试模，静置 5~10 min，使水下不分散混凝土自流平、自密实。

（4）用橡皮槌轻敲试模两个侧面，以促进排水，然后将试件表面抹平，将试模放回水中静置两天后拆模、编号。

本试验为模拟实际工程中的导管法施工，水下浇筑成型试件在试模上倒置安放一坍落度桶，坍落度桶作为导管和漏斗进行浇筑成型。在浇筑陆上成型的试件时，需把试模放置于空气中，其他步骤与水下成型试件的成型步骤相同。陆上试件浇筑成型后，用塑料薄膜覆盖表面防止混凝土的水分蒸发。然后将试件放置在施工同条件环境中静置 2 d 后拆模、编号。

2. 试件的养护

陆上和水中成型的试件在编号完毕后需放在(20±2)℃、95%以上湿度的标准养护室养护。试件养护到测试龄期后,取出擦干后进行相应的混凝土各项性能指标的测试。

9.4.4.2 试验研究技术路线

本试验主要研究水下不分散混凝土的力学性能和耐久性能,根据试验要求和实验室所具备的试验条件,制定试验研究技术路线如下:

(1)设置水下浇筑试验环境,按水下施工工艺浇筑混凝土试件。

(2)在试验过程中,通过测试研究不同水灰比、不同砂率对混凝土流动性及强度的影响。

(3)通过力学试验,测试不同成型方式、不同龄期的水下不分散混凝土抗压强度。

(4)研究水下不分散混凝土强度与成型方式、龄期的关系,寻求三者之间的变化规律。

(5)通过不同工况测试数据的比对分析,确定最优混凝土配合比及其性能指标。

9.4.5 混凝土配合比试验研究

9.4.5.1 水下不分散混凝土流动性试验研究

良好的流动性可以保证水下不分散混凝土在振捣不便的情况下达到自密实、自流平的效果。优良的流动性使水下不分散混凝土在硬化后均匀、密实,从而其力学性能和耐久性能达到最优,水下工程的质量和功能也可以得到保障,因此有必要对新拌水下不分散混凝土的流动性展开研究。

1. 水下不分散混凝土流动性试验研究内容

水下不分散混凝土流动性试验研究主要开展各种工况(配合比)下混凝土坍落度和坍扩度试验,在试验中主要参照规范 DL/T 5117—2000,测试了不同配合比的水下不分散混凝土的坍落度和坍扩度,通过比对分析,来评价不同配合比水下不分散混凝土的流动性特征。

2. 水下不分散混凝土流动性试验研究程序

按下述程序进行混凝土坍落度和坍扩度测试:

(1)将坍落度筒湿润,放在水平放置其经过润湿的钢板上,踩住坍落度筒的脚踏板。

(2)将水下不分散混凝土分三层装入坍落度筒内,每层装入后用捣棒插捣 25 次,插捣后的每层高度大约为坍落度筒高度的 1/3。插捣第一层时捣棒要穿透该层,插捣其他两层时,捣棒下端要插到下层表面以下 1~2 cm 位置。整个装混凝土过程宜控制在 3 min 以内。

(3)顶层混凝土振捣完后,将混凝土表面抹平,清除坍落度筒边钢板上的混凝土后立即垂直提起坍落度筒,放在混凝土旁边,测量出坍落度筒顶和坍落后混凝土拌和物顶部中心的高度之差,即为水下不分散混凝土的坍落度值。

(4)测完坍落度后立即量出坍落后混凝土相互垂直的两个直径,取两者平均值作为水下不分散混凝土的坍扩度值,精确至 5 mm。在坍落度筒离开混凝土时计时,30 s 和 120 s 时各测一次坍落度值和坍扩度值。

3. 试验结果与分析

根据上述试验程序要求进行了各工况的混凝土坍落度和坍扩度的测试,测试过程见图9-3和图9-4;各工况的混凝土坍落度和坍扩度的测试结果如表9-12、表9-13所示。

图9-3　混凝土坍落度测试

图9-4　混凝土坍扩度测试

表9-12　混凝土坍落度、坍扩度测试成果对比(工况1、2、3)

编号	坍落度(mm)		坍扩度(mm)	
	观测时间30 s	观测时间120 s	观测时间30 s	观测时间120 s
1#	232	243	433	435
2#	240	250	445	450
3#	245	255	458	463

表9-13　混凝土坍落度、坍扩度测试成果对比(工况4、2、5)

编号	坍落度(mm)		坍扩度(mm)	
	观测时间30 s	观测时间120 s	观测时间30 s	观测时间120 s
4#	235	245	430	435
2#	240	250	445	450
5#	245	255	460	465

分析上述测试成果可以看到,在观测时间为30 s、120 s时,各组水下不分散混凝土的坍落度均能大于210 mm,坍扩度均大于410 mm,表明各工况(配合比)均可以满足自流平、自密实效果。

进一步分析各工况流动性的差异,可以看到各组混凝土坍落度大小关系为:

30 s时: 3#>2#>1#,5#>2#>4#;120 s时:3#>2#>1#,5#>2#>4#。

对比表明,工况3和5的坍落度比较大。

各组混凝土坍扩度大小关系为:

30 s时:3#>2#>1#, 5#>2#>4#;120 s时:3#>2#>1#,5#>2#>4#。

对比表明,工况3和5的坍扩度也比较大。

从这些测试结果的分析中可以发现混凝土流动性大小关系一致的结论:

水灰比和砂率能够影响新拌混凝土的流动性,同条件下在一定的范围内:水灰比大,新拌混凝土的坍落度和坍扩度都相应的大一些;砂率大,新拌混凝土的坍落度和坍扩度也都相应大一些。

当然在水下施工的混凝土其流动性受周边水环境条件(水压力与剪切力)的影响,与在陆上的混凝土流动性会有差异;但是不同配合比混凝土流动性之间的相对差异,应该是水上、水下保持一致的。因此,上述测试分析成果也可以用来说明水下不分散混凝土的流动性与配合比的关系。

9.4.5.2 试件力学性能研究与分析

力学性能是混凝土硬化后的重要性能,因为混凝土结构物主要用来承受各种荷载,所以强度是混凝土最重要的力学性能;同时混凝土强度也与混凝土的其他性能(如弹性模量、抗渗性、抗冻性等)有着密切关系,因此研究混凝土的力学性能很有必要。

本试验中采用水下浇筑工艺成型混凝土试件,在陆地(D)、水中(W)两种条件下成型、养护混凝土试件,主要对水下不分散混凝土的抗压强度进行测试,并与陆地条件进行比对分析,以研究成型方式、龄期对水下不分散混凝土强度的影响规律。

1. 试验方法

力学性能试验测试设备选用无锡市新科建材仪器有限公司产的 WYA-2000 型全自动恒应力型号压力试验机,试验方法和步骤主要参照规范 DL/T 5117—2000 的相关规定。

试件抗压强度的试验步骤为:

(1)到测试龄期后将试件从水中取出,用抹布擦拭干净。

(2)试件成型时的侧面作为承压面,放置于压力机下压板上,试件上、下面的中心分别与下压板、上压板的中心对准。

(3)调整压力试验机上压板,使其与试件上表面完全吻合。

(4)启动压力试验机,控制加荷速度为 0.2~0.3 MPa/s,均匀加荷直至试件破坏,将破坏荷载代入式(9-5)计算出抗压强度,结果精确至 0.1 MPa。

$$f_n = \frac{P}{A} \tag{9-5}$$

式中:f_n 为试件相应测试龄期的抗压强度,MPa;P 为破坏荷载,N;A 为试件承压面面积,mm^2。

(5)取三个试件的算术平均值作为此组试件的抗压强度。

三个值中若最大值或最小值与中间值的差值超过中间值的 15%,则取中间值作为此组试件的抗压强度,若最大值和最小值与中间值的差值均超过中间值的 15%,则此组试验需重做。

2. 成型方式对水下不分散混凝土力学性能影响的分析

本试验按照表 9-10、表 9-11 的配合比分别在陆地(D)上、水(W)中成型水下不分散混凝土立方体试块,然后进行标准养护(陆地上和水中成型试件),到相应龄期后测试抗压强度,研究成型方式对水下不分散混凝土力学性能的影响。两种试件的试验结果见表 9-14 和表 9-15。

表 9-14　不同水灰比的抗压强度(工况 1、2、3)

编号	抗压强度(MPa)		
	龄期 3 d	龄期 7 d	龄期 28 d
1 陆上	24.8	35.5	47.0
1 水下	22.5	32.3	42.5
2 陆上	23.5	34.2	45.2
2 水下	21.4	30.8	41.2
3 陆上	22.3	32.5	43.1
3 水下	20.1	29.2	39.0

表 9-15　不同砂率的抗压强度(工况 4、2、5)

编号	抗压强度(MPa)		
	龄期 3 d	龄期 7 d	龄期 28 d
4 陆上	24.1	35.0	46.0
4 水下	22.0	31.6	42.0
2 陆上	23.5	34.2	45.2
2 水下	21.4	30.8	41.2
5 陆上	23.0	33.5	44.5
5 水下	20.8	30.2	40.3

分析上述两表的试验数据,可以发现:试件的抗压强度均随着水胶比的减小而稍有增加,随着砂率的增加,试件的抗压强度则稍有减小。

总的来看,对比水、陆两类试件,同一配合比的水下不分散混凝土水中成型试件的抗压强度略低于陆上成型试件的抗压强度,水陆强度比在 0.9 左右。出现这种结果是因为水下不分散混凝土在水下浇筑与水接触时,虽然掺加的絮凝剂增加了水下不分散混凝土的黏聚性,但是水的冲洗、稀释作用仍会造成混凝土拌和物表面部分水泥浆的流失,导致最终水下试件的水泥水化后产物减少,表现为水中成型试件抗压强度略低于同配比陆上试件强度。

9.4.5.3　试验研究总结

在水下不分散混凝土性能的比对试验中,进行了水下不分散混凝土各项原材料物理性能的检测;开展了水下不分散混凝土施工配合比的研究性设计,根据水下不分散混凝土的工作性能、强度及耐久性指标要求,进行了 5 种配合比的水下不分散混凝土及同配比陆上混凝土的各项性能的试验研究。获取了混凝土的施工性能及抗压强度等性能指标试验结果,经过综合分析、比对评价了不同配合比的混凝土性能及抗压强度指标的差异及变化趋势。最终选择基础配合比为 2 号的混凝土配合比,作为总干渠边坡水下修复施工使用的混凝土浇筑配合比。

9.5　水下不分散混凝土的浇筑工艺

9.5.1　水下不分散混凝土浇筑

9.5.1.1　混凝土的搅拌

为了得到既定质量的水下不分散混凝土,必须对各种材料进行准确计量,对水下不分散混凝土的各种材料必须充分搅拌,直至得到均质混凝土。

水下不分散混凝土的搅拌设备必须根据工程的规模、工程量、水下不分散混凝土的搅拌时间来选定。

水下不分散混凝土应采用强制式混凝土用搅拌机搅拌,并适当延长搅拌时间,一般搅拌时间控制在 2~3 min 较为合适,值得注意的是,在刚加完水时混凝土看起来很黏稠,但随搅拌的持续进行,混凝土拌和物逐渐由黏稠变稀,达到所要求的流动性。

9.5.1.2　现场运输

水下不分散混凝土的运输及浇灌,首先要在工程动工前制订具体的计划,然后按计划实施。水下不分散混凝土的运输及浇筑,为得到既定质量的混凝土,必须在工程动工前,根据构筑物要求的功能、强度、耐久度及施工中必须注意的事项,制订一个施工计划,然后按此计划进行实际施工。在制订计划时有以下几点注意事项:

(1)对于混凝土的全部数量,施工构筑物的类型、用途、混凝土的获得方法,一次可获得的量、施工条件及气象、地形等自然条件都要进行综合考虑,并在此基础上确定施工程序,然后按照该程序制订运输、浇灌等的设备计划。

(2)混凝土的材料离析及和易性的变化要尽量减少,要找出一种快速而经济的运输和浇灌方案。

(3)浇灌时,应充分研究混凝土的供给能力,混凝土工程的工序,构筑物的形状、浇灌能力、浇灌时间、模板、施工缝等,根据合理的一天浇灌量来决定浇灌区域。关于浇灌区域内的浇灌顺序,应考虑构筑物的形状、混凝土的供给状况、模板等进行决定。

水下不分散混凝土,必须选用材料离析及损失少的方法,快速运输,立即浇灌。在水下不分散混凝土的运输及浇灌中,当认为有明显离析时,必须重新搅拌,使混凝土质量均匀。混凝土在搅拌后,应尽量快运快浇,这点是很重要的。由于水下不分散混凝土黏稠性强,与普通混凝土相比,在运输及浇灌中造成的材料离析及和易性等的变化较小。另外,由于凝结时间延长,从搅拌完开始至浇筑的时间,应较混凝土标准规范中所规定的时间(外部温度超过 25 ℃时为 1.5 h,25 ℃以下时为 2 h)延长 30 min~1 h。

从预制混凝土厂至现场的运输采用混凝土搅拌车的方式,现场内的运输方法,有混凝土泵、吊罐、带式输送机、混凝土溜槽及手推车等。运输方法简况如表 9-16 所示。

表 9-16　混凝土的现场运输方法

运输机械	运输任务(m)	运输量(m^3)	适用范围	备注
混凝土泵	最大 200~300	10~40 h	一般,长距离	最适于混凝土的运输
混凝土吊罐	10~30	0.5~2.0/次	一般,小规模工程	适合于所有配合比,离析少,如运输量满足要求可以采用
带式输送机	5~100	10~50 h	辅助使用	用于干硬性混凝土,混凝土装在传送带上
溜槽	5~30	10~50 h	水下直接浇灌	适用于流动性混凝土,如果太干硬难以自流
手推车	10~60	0.05~0.2/次	小规模工程	需要平稳的手推车道,由于有黏性,卸车较困难

1. 混凝土泵

使用混凝土泵时,必须考虑包括水下不分散混凝土的性质和管径在内的管输条件,浇灌场所、一次浇灌量、浇灌速率等来选定机型。

如果不进行符合水下不分散混凝土的性质,至浇灌现场的输送管管径、距离,途径、混凝土浇灌量、浇灌速率等要求的机型选择,就难以得到满意的结果。混凝土泵的性能,一般由可输送距离和输送量表示。但一些产品目录上所记载的数值,是指坍落度在 18~22 cm 的普通混凝土数值。输送坍落度为 40~50 cm 的水下不分散混凝土时,可将该值考虑为 1/2~1/3。当计划进行长距离输送时,絮凝剂的掺加量、配合比、施工时的温度都会对输送距离产生显著影响,所以必须在事前进行充分研究。

使用混凝土泵时,其注意事项也基本上与输送混凝土相同,在此基础上再增加下述几点注意事项:

(1)粗骨料的最大粒径为 40 mm 以下,坍扩度因配合比有所差异,但适宜范围为 40~55 cm,而且不得为了提高泵送效率任意扩大坍落度。

(2)泵送水下不分散混凝土的管内压力损失,一般为普通混凝土的 2~3 倍,有时达到 4 倍,因此当输送距离长及输送低流动性水下不分散混凝土时,必须采取对策。如扩大管径,降低输送速度、减少弯头和挠性软管、使用输送能力大的混凝土泵及使用液化剂等。

(3)当混凝土输送结束后,须备足清洗水清扫混凝土泵,并对清洗污水和剩余的混凝土进行处理。另外,当采用风扫和水洗方法对输送管内的混凝土进行清洗排污时,必须采取措施使之不得引起水质污染。

2. 吊罐

首先吊罐的结构不得使水下不分散混凝土在进料或排料时发生离析,混凝土必须易于从吊罐内排出。其次吊罐结构还必须保证在混凝土装入及排出时也不产生材料离析。排料口的开关要灵活,在关闭时混凝土及砂浆不得漏出。排料口若设在偏位,由于水下不分散混凝土的黏性高,排出时需要很长时间,所以最好设在正中间。

9.5.1.3 浇灌方法

水下不分散混凝土的浇灌,原则上使用混凝土导管、混凝土泵或开底容器。水下不分散混凝土的浇灌,为防止因浇灌方法不当造成质量下降和水质污染,即使在水中自由落差为30~50 cm的施工条件,原则上也应用混凝土导管、混凝土泵及开底容器。但是如果能确保所要求的混凝土质量,并且在施工时能减少对浇筑部位周围的水质污染,用其他方法进行浇灌也是可以的。

1. 导管法

混凝土导管必须不透水,并且具有能使混凝土圆滑流下的尺寸,在浇灌中必须经常充满混凝土,导管是由混凝土的装料漏斗及混凝土下流的导管构成。导管的内径,视混凝土的供给量及混凝土圆滑流下的状态而定。根据经验,必须达到粗骨料最大粒径的8倍左右,一般为25~30 cm。施工钢筋混凝土时,导管内径与钢筋的排列有关,一般为20~25 cm。

导管法的注意事项:如混凝土浇筑开始时导管内有水,当管内混凝土与水接触后,可使其水中落差加大。因此,即使是少量的水,也会降低混凝土质量。为防止这种情况出现,采用底盖式、滑塞式、活门式等方式浇灌。

在浇灌中,将混凝土连续不断地供给漏斗。导管内经常充满混凝土可防止导管下端反窜的逆流水。防窜水的有效方法是将导管的下端插入已浇的混凝土中。在导管内径经常充满混凝土及保证混凝土连续供料的条件下,可将导管下端从混凝土中拔出30~50 cm,使混凝土在水中自由落下。

2. 泵压法

混凝土泵的输送管,必须不透水且在浇灌中经常充满混凝土。

采用该法可以将混凝土输送管直接敷设在水中,从陆地上的混凝土泵将混凝土直接压送浇灌,基本与导管法的施工相同。使用混凝土泵进行浇灌时,须对以下事项加以注意:

(1)当混凝土泵送开始时,如输送管内有水,即使是少量水,也会降低混凝土质量。

(2)当混凝土输送中断时,为防止水向管内反窜,应将输送管的出口端插入已浇筑的混凝土中。

(3)当浇灌面积较大时,可采用挠性软管,由潜水员移动浇灌位置,在移动时,不要将已浇灌的混凝土在水中振动。为此,必须注意浇灌的顺序和移动的方法。

(4)施工中,当转移工位及越过横梁等须移动水下泵管时,为了不使输送管内的混凝土产生过度的水中落差,以及防止水在管内反窜,须在输送管的出口端安装特殊的活门或挡板,也可以采用麻袋将管口包起来。

3. 开底容器法

开底容器必须装有在浇灌混凝土时易于开启的底。浇灌时,将该容器轻轻入水下,待混凝土排出后,必须将该容器缓缓地提高混凝土表面相当距离。

9.5.1.4 浇灌准备

在水下不分散混凝土开始浇灌之前,必须明确运输,浇灌机具的类型、配套机具及其布置是否符合所制订的浇灌计划。另外,必须明确钢筋、模板等是否符合设计规定。

为了防止混凝土开始浇灌后临时变更计划,必须在浇灌前进行周密的准备。

对于浇灌准备工作，须注意以下几点事项：

(1)因混凝土必须按计划量连续浇灌，所以对运输、浇灌过程中使用的机具要认真进行检查，以防止出现故障。另外，为防止出现故障，最好留有备用机具及动力。

(2)钢筋或钢骨架等是否按照设计图纸的位置正确布置的，是否固定到通过浇灌混凝土也不移位的程度，对此须进行核对。

(3)必须检查模板是否按规定的尺寸组装，模板的搭接接缝处是否会跑浆。

9.5.2　水下不分散混凝土浇灌配合比

本次工程采用的混凝土强度等级为C30W6F150，根据现场混凝土配合比试验过程和成果，现场采用的配合比如表9-17所示。

表9-17　混凝土配合比

材料	水泥	砂	石	水	掺和料	引气剂	UWB-Ⅱ絮凝剂
用量(kg)	470	720	905	200	—	7.0	10.0
质量比	1	1.532	1.926	0.426	—	0.015	0.021
水胶比	0.426			砂率(%)	44		
含气量	5.0%						

9.6　南水北调中线总干渠韭山段水下边坡修复的实例分析

9.6.1　南水北调中线总干渠韭山段边坡修复简介

本项目处理范围桩号Ⅳ104+882~Ⅳ104+934为中线建管局立项的水下修复科研课题的生产性试验项目。这里主要研究水下不分散混凝土浇筑技术。韭山段为渠道边坡修复生产性试验渠段，总长为52 m，先期编制生产性试验报告时，根据应急抢险期间掌握情况，确定的修复渠段设计桩号为Ⅳ104+886~Ⅳ104+938。在后期试验及修复过程中，根据现场开挖揭露的具体情况，向上游调整了一块衬砌板，共4 m，调整后修复段桩号为Ⅳ104+882~Ⅳ104+934，总长度保持52 m。

生产性试验及修复实施的过程中，生产性试验以设计桩号Ⅳ104+922为分界，按处理方案的不同分为两个设计段：桩号Ⅳ104+922~Ⅳ104+934为设计Ⅰ段，桩号Ⅳ104+882~Ⅳ104+922为设计Ⅱ段。两段设计方案主要对于断面清理的深度、混凝土恢复的厚度和结构不同，一级马道处理及排水处理方案基本一致。

9.6.1.1　设计Ⅰ段(桩号Ⅳ104+922~Ⅳ104+934)水下不分散混凝土修复方案

1.修复处理原则

对破坏土体进行清除，采用混凝土材料对渠道坡体及衬砌进行恢复，对于恢复的混凝土考虑分两层施工，靠近土体侧采用模袋混凝土结构，模袋混凝土结构上部临水侧采用现浇水下不分散混凝土。

2. 修复处理方案

一级马道处土体清理至纵向排水沟以下，深度为 1.3 m，边坡换填土体的清理考虑在一级马道处自封顶板向渠道外侧清理 2.5 m，封顶板处垂直深度为 1.05 m，清理土体内部坡比为 1∶2.0，底部为渠底以下 1 m，约 91.75 m 高程处，坡脚处处置清理深度为 1.82 m，底部水平开挖宽度为 3 m。清理断面见图 9-5。

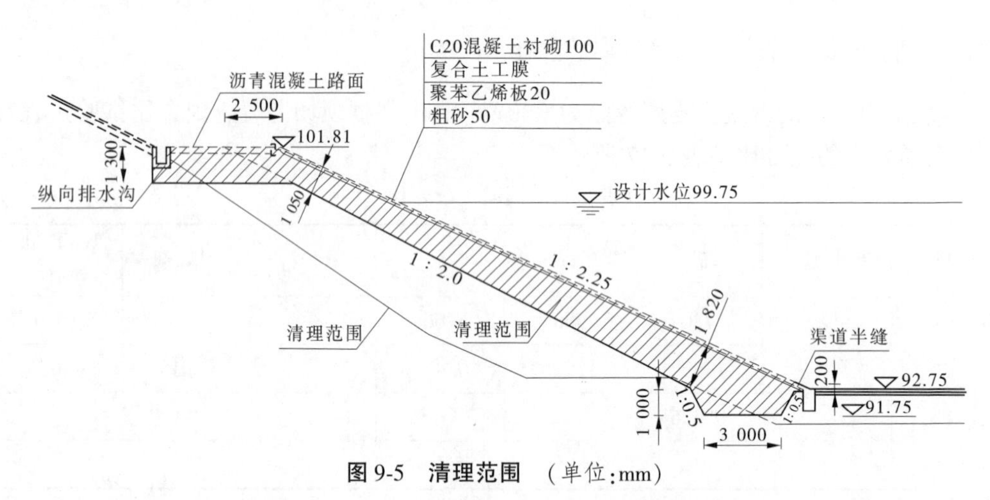

图 9-5 清理范围 （单位：mm）

受水下施工条件所限，对于恢复的混凝土考虑分两层施工。靠近土体侧采用模袋混凝土结构，模袋混凝土结构上部临水侧采用现浇水下不分散混凝土。模袋混凝土沿清理的断面铺设，顶部水平铺设长度为 2 m，渠坡铺设长度为 17.1 m，底部水平铺设长度为 1.5 m，见图 9-6。

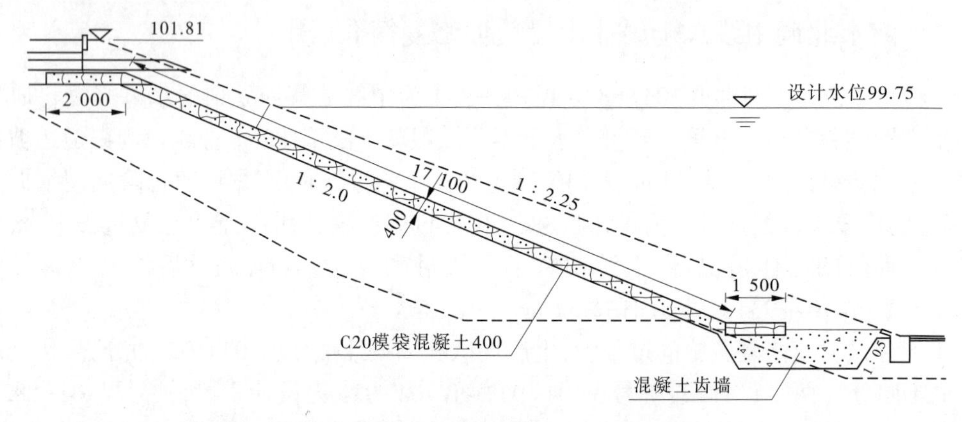

图 9-6 模袋混凝土铺设 （单位：mm）

模袋混凝土上部采用现浇混凝土的恢复方式，99.75 m 高程以下浇筑 C20 水下不分散混凝土，99.75 m 高程以上浇筑 C20 混凝土，坡脚处浇筑 C20 水下不分散混凝土齿墙。

浇筑完成后的混凝土衬砌成楔形体，顶宽 0.42 m，封顶板处垂直厚度为 0.65 m，坡脚处垂直厚度为 1.42 m，邻水侧边坡坡比 1∶2.25，下部边坡坡比 1∶2.0，底部齿墙底高程为

91.75 m,底宽3.0 m。详细结构见图9-7。设计桩号Ⅳ104+922~Ⅳ104+934段,共12 m采用了此方案处理。

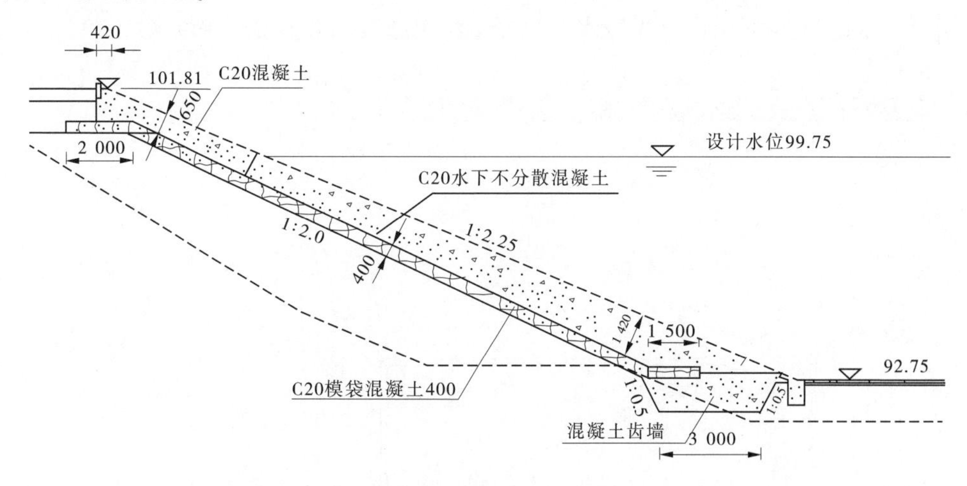

图9-7　渠坡混凝土衬砌恢复详细结构　(单位:mm)

9.6.1.2　设计Ⅱ段(桩号Ⅳ104+882~Ⅳ104+922)水下不分散混凝土修复方案

1.修复处理原则

为了提高效率,加快施工进度,以设计水位99.75 m为渠道外水位高程,优化了恢复的衬砌厚度,同时取消模袋混凝土,水下采用直接浇筑不分散混凝土。要求本段渠道在修复期采取措施,保证渠道外侧地下水位不能超过渠道运行水位0.25 m。

2.修复处理方案

设计Ⅱ段的典型断面见图9-8,调整后清理厚度为0.5 m,恢复衬砌采用0.5 m厚,等厚度结构,99.75 m高程以下浇筑C30水下不分散混凝土,99.75 m高程以上浇筑C20混凝土,坡脚处浇筑C30水下不分散混凝土齿墙,底部齿墙底高程为91.75 m,底宽1.5 m,齿墙两侧坡比为1∶0.5。

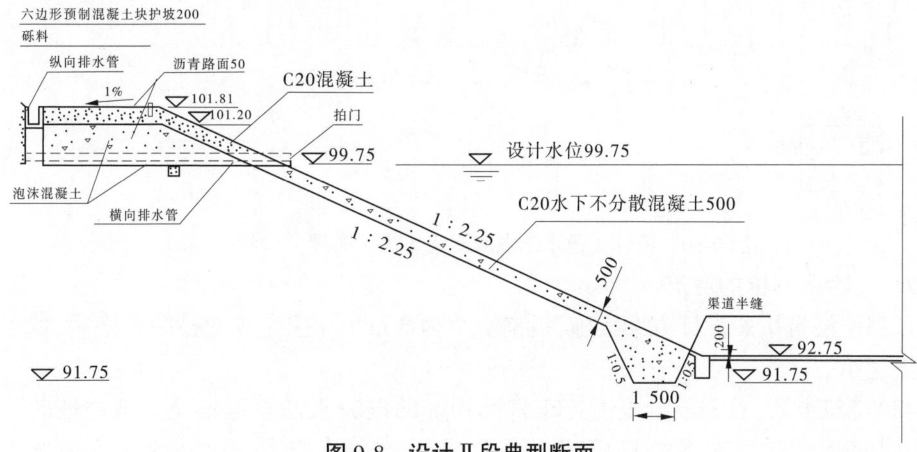

图9-8　设计Ⅱ段典型断面

9.6.2 总干渠韭山设计Ⅰ段水下混凝土浇筑

南水北调总干渠韭山设计Ⅰ段水下混凝土浇筑施工的布置见图9-9、图9-10。

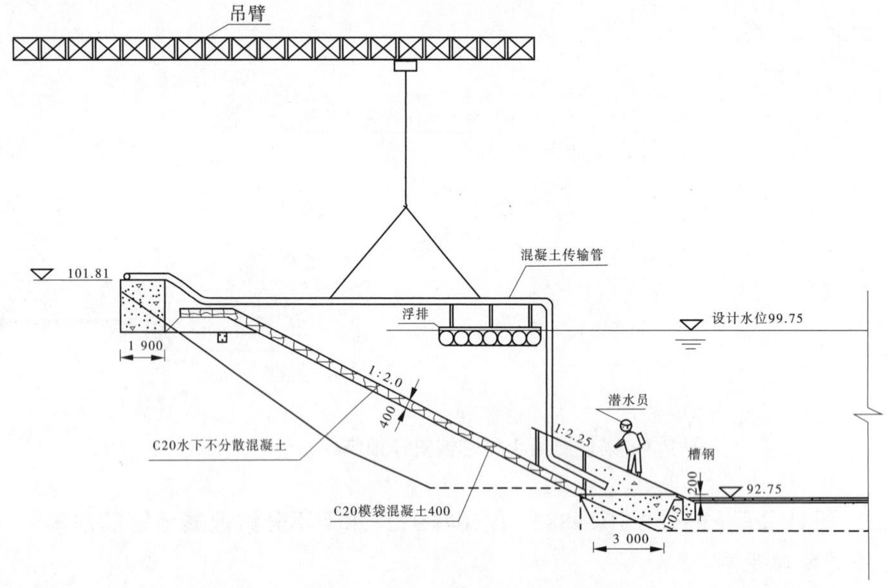

图9-9 设计Ⅰ段水下混凝土浇筑施工布置 （单位:尺寸,mm;高程,m）

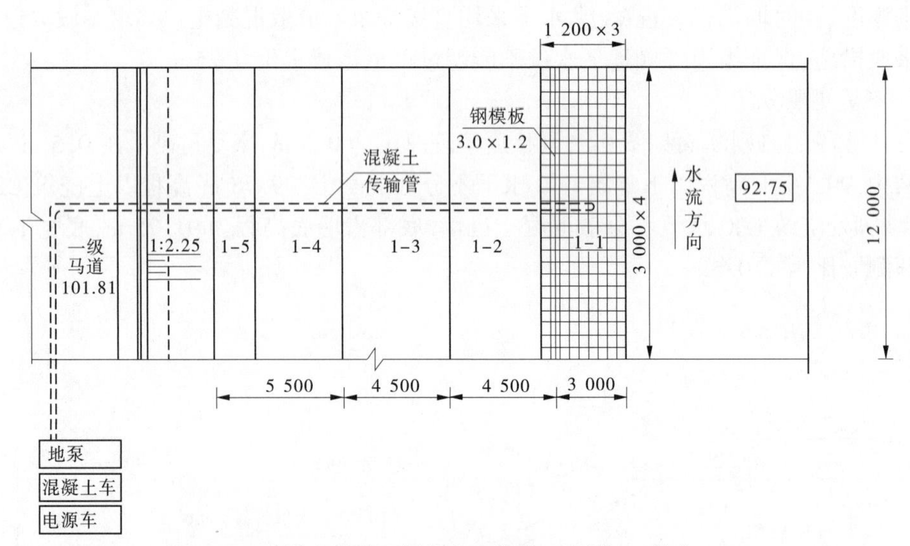

图9-10 设计Ⅰ段水下混凝土浇筑施工布置 （单位:mm）

9.6.2.1 齿槽部位的浇筑

该部位浇筑按照设计方案实施,齿槽宽度为3 m。开挖完成并检验合格后,就可以进行水下浇筑。

(1)浇筑方式:首先混凝土搅拌车将搅拌好的混凝土砂浆运输至渠道边坡的一级马道,采用混凝土地泵(见图9-11)泵送至仓面,泵送导管直接入仓;然后潜水员到水下跟随泵管浇筑,泵管保持埋入混凝土内。水下不分散混凝土输送泵技术参数见表9-18。

图 9-11　混凝土地泵

表 9-18　水下不分散混凝土输送泵技术参数

型号	HBT6013C-5	混凝土最小/最大理论输送压力(MPa)	8/13
混凝土最小/大理论输送量(m^3/h)	40/65	发动机/电动机额定功率(kW)	90
输送缸直径(mm)×最大行程	φ 200×1 400	料斗容积(m^3)×上升高度(mm)	0.7×1 320
外形尺寸长×宽×高(mm)	6 185×2 100×2 100	自重(kg)	5 790
混凝土坍落度	100~230	输送最大骨料尺寸(mm)	40

(2)泵管布设方式:水面上采用浮驳铺至齿槽上部,泵管由一级马道经浮驳铺设至齿槽上部,改由软式泵管入仓。

(3)分层浇筑:由潜水员控制泵管位置,分层分段浇筑。

(4)浇筑完成后,在齿槽中心线两侧插入两排单根长度 1 m 的Φ 18 mm 钢筋,呈梅花形状布置。插入深度 0.5 m、间距 0.5 m、行间距 0.5 m。

9.6.2.2　边坡部位的浇筑

1. 浇筑顺序及布置

浇筑顺序是沿边坡自下而上开始浇筑,共分为五仓;各仓沿坡面长度分别为 3 m、4.5 m、4.5 m、3.4 m、2.1 m。

2. 边坡浇筑方式

(1)浇筑前必须对模板安装质量进行严格检查、验收,并采用内装碎石袋的"吨包袋"对安装好的钢模板进行压重(见施工现场图 9-12),对可能存在隐患的部位必须整改,复验合格后方可进行后续施工。

(2)模板验收合格后,在浇筑前使用空压机连接风管进行清仓,保证浇筑质量。

(3)浇筑方式:混凝土搅拌车将搅拌好的混凝土砂浆运输至渠道边坡的一级马道,见

图 9-13;采用混凝土地泵泵送至仓面,泵送导管直接入仓;专业施工潜水员则潜入水下跟随泵管浇筑,泵管保持埋入混凝土内。

图 9-12　浇筑过程中的吨包压重(在钢围挡内)

图 9-13　混凝土砂浆运输至渠道边坡的一级马道

(4)泵管布设方式:水面上采用浮驳铺至齿槽上部,泵管由一级马道经浮驳铺设至齿槽上部,改由软式泵管入仓,施工现场情况见图 9-14。

(5)埋设的导管底部与单元底部距离不超过 30 cm,浇筑过程中导管埋入混凝土不小于 1 m 且应对称、均匀浇筑,不得在同一导管位置浇筑过多混凝土,避免应力集中造成跑模、胀模等现象。

(6)浇筑过程中,潜水员及时进行水下混凝土浇筑面的测量,保证每仓的浇筑高度与浇筑质量;发现问题时须停止浇筑,采取措施进行处理。

(7)层间结合面处理:采用Φ 28 钢筋在层间结合面插筋,间距 0.5 m、单根长度 0.8 m、插入深度 0.4 m,单排布置于混凝土界面中心部位。

(8)浇筑后及时清理现场,清洗导管。

图 9-14　边坡修复的水下浇筑作业实景(在钢围挡内)

9.6.3　总干渠韭山设计Ⅱ段水下混凝土浇筑

9.6.3.1　齿槽部位的浇筑

设计Ⅱ段齿槽部位浇筑方式与设计Ⅰ段基本一致,但是为了该段模板支设需要,增加了模板支设预埋件,预埋件的安装位置及布置见图 9-15。

9.6.3.2　边坡部位的浇筑

1. 浇筑顺序及布置

设计Ⅱ段总长 40 m,分为两个单元:桩号Ⅳ104+882~Ⅳ104+902 为第一单元,分为四仓浇筑;桩号Ⅳ104+902~Ⅳ104+922 为第二单元,分为三仓浇筑。分仓布置示意见图 9-16,在每个浇筑单元的地梁上预设浇筑导管口。浇筑时采用地泵泵送入仓,地泵及泵管布置在左岸一级马道上,导管与现场自制的浇筑钢管通过转弯头连接。为实现浇筑过程中及时拔管,施工现场自制了每节长度 1 m 的浇筑钢管。图 9-17 显示了浇筑施工过程中及时拔管的工作状态,图 9-18、图 9-19 显示了设计Ⅱ段水下混凝土浇筑施工的沿渠道坡面的立面布置和在钢围挡内的平面布置方式。

预埋件
预埋件
预埋件
预埋件
预埋件剖面图
0.72 m
0.72 m
预埋件安装位置
2 cm厚钢板

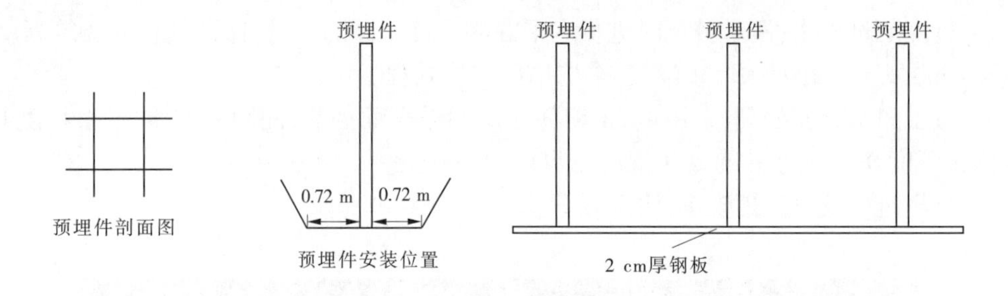

图 9-15　边坡修复的模板支设预埋件

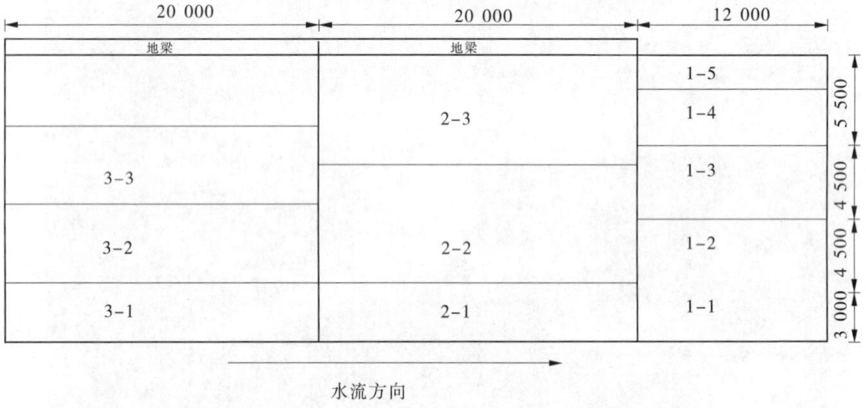

20 000
20 000
12 000
地梁
地梁
1-5
1-4
1-3
1-2
1-1
2-3
2-2
2-1
3-3
3-2
3-1
5 500
4 500
4 500
3 000
水流方向

图 9-16　浇筑分仓示意　（单位：mm）

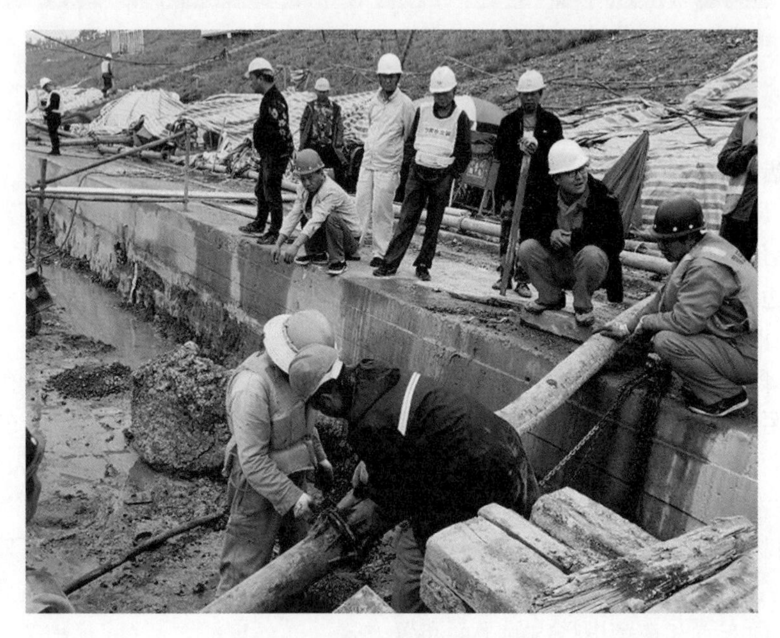

图 9-17　浇筑过程中及时拔管

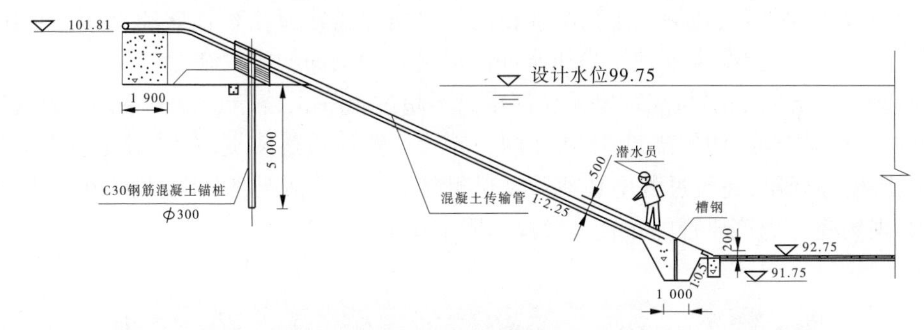

图9-18 设计Ⅱ段水下混凝土浇筑施工布置 (单位:尺寸,mm;高程,m)

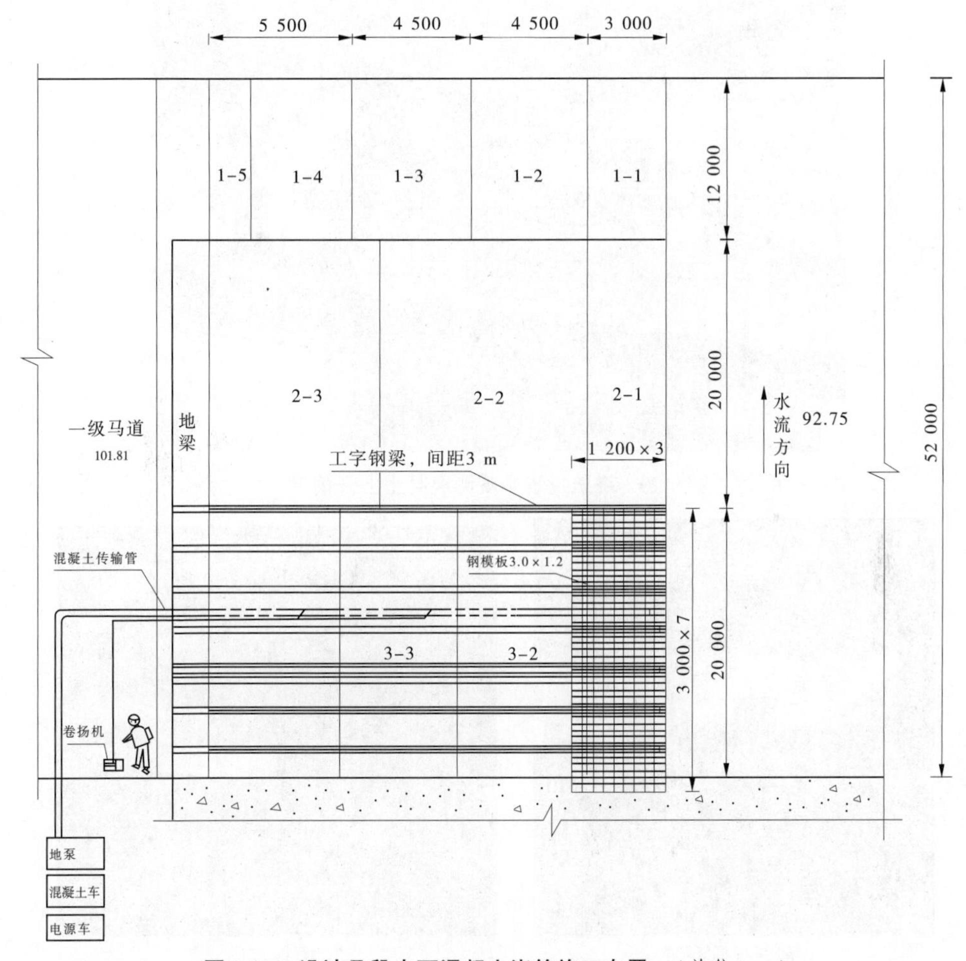

图9-19 设计Ⅱ段水下混凝土浇筑施工布置 (单位:mm)

2. 边坡浇筑方式

(1)浇筑前对模板安装质量进行检验,并采用吨包袋内装碎石袋对安装好的钢模板进行压重(见图9-12),对可能存在隐患的部位认真整改并进行复验,合格后方可进行后续施工。

(2)模板验收合格后,在浇筑前使用空压机连接风管进行清仓,保证浇筑质量。

（3）分仓界面处理：在混凝土初凝前在浇筑界面中线处梅花布置Φ 28 插筋、间距 0.5 m，并在浇筑下一仓混凝土前使用高压水冲洗混凝土接触面的淤泥杂物。

（4）埋设的导管底部与浇筑单元底部距离不超过 30 cm，浇筑过程中导管埋入混凝土不小于 1 m 且应对称、均匀浇筑，不得在同一导管位置浇筑过多混凝土，避免应力集中造成跑模、胀模等现象；浇筑过程中必须随时观测混凝土上升情况，保证浇筑的施工质量，见图 9-20，现场施工浇筑导管的布置及模板加固工作见图 9-21。

图 9-20　浇筑过程中观测混凝土上升情况

(a) 浇筑导管布置

(b) 模板加固

图 9-21　施工现场浇筑导管布置及模板加固情况

（5）浇筑过程中潜水员进行水下混凝土面测量，重点检查模板接缝位置，组合模板连接处，保证每仓浇筑高度与浇筑质量；发现问题时须停止浇筑，采取措施进行处理。

（6）浇筑后及时清理现场，清洗导管。

9.6.4　混凝土浇筑缺陷的修复

水下混凝土浇筑完毕并拆除模板后，有时浇筑的混凝土面会存在缺陷，主要缺陷为局部部位的混凝土未填充密实。这可以通过潜水员水下摸排来检查，例如图 9-22 显示了总干渠韭山段水下混凝土浇筑完成后，水下排查发现的浇筑缺陷分布。对于发现的浇筑缺陷，应结合水下不分散混凝土的浇筑经验，及时采取措施对缺陷处进行修复；修复施工流程如下：

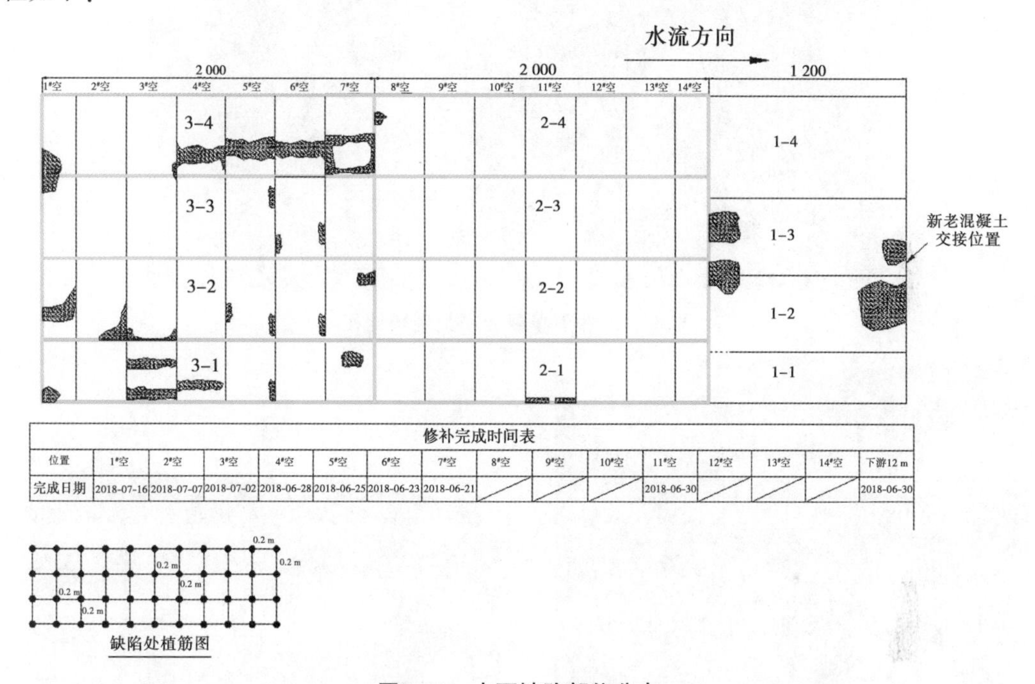

修补完成时间表															
位置	1#空	2#空	3#空	4#空	5#空	6#空	7#空	8#空	9#空	10#空	11#空	12#空	13#空	14#空	下游12 m
完成日期	2018-07-16	2018-07-07	2018-07-02	2018-06-28	2018-06-25	2018-06-23	2018-06-21	/	/	/	2018-06-30	/	/	/	2018-06-30

图 9-22　水下缺陷部位分布

(1) 对浇筑缺陷处进行凿毛处理并露出新鲜混凝土面。

(2) 对露出的新鲜混凝土面进行钻孔植筋工作，钻孔深度 20 cm、间距 20 cm、混凝土保护层厚度为 5 cm。

(3) 上述工序完成后进行水下检查，满足要求后方可进行后续施工。

(4) 在浇筑缺陷处模板安装之前将浮泥冲洗干净，然后立即开始进行模板安装与固定。

(5) 修补用的混凝土采用现场拌和方式，利用塔吊吊运至修补位置，由潜水人员进行水下修补，现场混凝土拌和情况见图 9-23，拌和好的修补混凝土装罐及吊装入水过程如图 9-24 所示。

(6) 浇筑过程中使用风镐敲击模板进行振捣，保证缺陷部位修复混凝土填充密实。

(7) 混凝土终凝后拆除模板检查修复质量，对仍然存在缺陷的部位按照上述施工流程再次进行修复，直至全部缺陷部位修复满足施工质量要求。

图 9-23　水下修复混凝土现场拌和

(a)拌和好的混凝土装罐

(b)修补用混凝土吊装入水过程

图 9-24　水下修复施工过程

第 10 章　渠道排水系统的修复

10.1　渠道排水系统修复设计

10.1.1　排水系统设计

10.1.1.1　排水系统修复设计的必要性

南水北调总干渠受以下因素影响:①预测最高地下水位仅是依据 12 年观井资料和 22 年雨量资料,观测系列不太长;②总干渠修建后,可能因截断渠道所在区域的地下水排泄而引起地下水位的升高;③总干渠长期运行后,渠坡及渠基一定范围内会由于渗水而饱和,在渠道放空时,衬砌下会产生扬压力。为保证渠道边坡及衬砌的稳定性,对于地下水位可能高于设计渠底的渠段,在渠底和渠坡应设置适当的排水设施。

桩号Ⅳ104+691~Ⅳ104+934 渠段为深挖方渠段,地层结构比较复杂,为土、岩多层结构。渠底与一级马道之间主要为卵石、砂砾岩,地下水位高于渠底约 2.0 m,局部渠段已经在特大暴雨条件下出现了问题,因此渠道排水系统在新水文地质条件下的修复设计是十分必要的。

10.1.1.2　排水系统修复设计

1. 渠道排水系统的水力计算

根据总干渠沿线新核实的水文地质条件,典型渠段(桩号Ⅳ104+500~Ⅳ108+100)地下水位高于设计渠底,计算参数见表 2-5。根据 2.6 部分给出的设计计算方法,集水暗管的过流能力计算结果见表 10-1,地下水排水计算参数及计算成果见表 10-2,地下水内排自排计算成果见表 10-3。

表 10-1　集水暗管过流能力计算成果

高出设计渠底				纵向集水暗管比降倒数	Φ15 集水暗管 Q (m^3/d)		Φ25 集水暗管 Q (m^3/d)	
设计桩号		长度(m)	其中明渠长(m)		完建及检修期	运行期	完建及检修期	运行期
起	止							
Ⅳ104+500.0	Ⅳ108+100.0	3 600	3 327	28 000	432	430	1 555	1 550

2. 内排逆止式排水器设计

排水系统修复采用的依然是可更换型地下水逆止式排水器,这里采用 0.2 m 水头下日出水量 25.49 m^3 作为修复设计值。根据排水渠段的地层参数和地下水位成果,计算排水暗管数量及逆止式排水器间距和数量。本修复渠段渠坡逆止式排水器间距为 5~15 m 不等,这里渠底均按 10 m 选用。

表 10-2　地下水排水计算参数及计算成果

设计桩号		渠坡及渠底岩性	土层高程(m)		渗透系数(cm/s)	渠底高程(m)	设计水位(m)	地下水位(m)	单侧单位长度集水流量(m^3/d)	备注
			上	下						
起	止	黄土状重粉质壤土	95.46	93.49	2.64×10^{-5}					
Ⅳ104+500.0	Ⅳ108+100	卵石	94.66	92.75	1.74×10^{-2}	92.74	99.74	94.66	1.607	自排

表 10-3　地下水内排自排计算成果

起始	终止	渠坡集水暗管直径(cm)	渠坡排水器间距(m)	渠坡排水器排数	渠底集水暗管直径(cm)	渠底排水器间距(m)	渠底排水器排数
Ⅳ104+500	Ⅳ108+100	25	10	1	25	10	1

10.1.1.3　排水系统修复的结构及布置

1. 渠坡自流内排系统

渠坡自流内排水系统中集水暗管及反滤材料和逆止式排水器的设计与选型均按 2.6.4 中所述确定。地下水位高于渠底 4 m 以上渠段,自流内排系统布置双排纵向集水暗管,并设横向连通管,横向连通管间距 45 m;地下水位高于渠底 4 m 以下的渠段则布置单排纵向集水暗管。

2. 渠底自流内排系统

在修复渠段的地下水位均高于渠底。在新设计水文地质条件下,按水力计算成果在渠底铺设粗砂集水排水层,厚 5 cm;渠中轴线处设纵向集水暗管,间隔 10 m 布置逆止式排水器;这样的渠底排水设计可以满足抗浮稳定要求。

10.1.2　渠道衬砌稳定计算

对混凝土衬砌板,根据设计条件需验算板的稳定性,其计算条件见表 10-4。

表 10-4　衬砌稳定复核计算工况

工况	荷载			安全系数		备注
	自重	水重	扬压力	抗滑	抗浮	
正常情况	√	√	√	1.3	1.1	
非常情况Ⅰ	√	√	√	1.2	1.05	
非常情况Ⅱ	√	√	√	1.2	1.05	

正常情况：对挖方渠段，计算条件为设计水深，地下水稳定渗流；对填方渠段，设计条件为设计水深，堤外无水。

非常情况Ⅰ：正常情况下设计水位骤降 0.3 m。

非常情况Ⅱ：对填方渠段，渠内闸前设计水位，堤外校核洪水位。

10.1.2.1　抗滑稳定计算

抗滑稳定安全系数定义为摩擦力/下滑力，计算简图见图 10-1，计算公式为

$$K_h = \frac{f}{G\sin\alpha} \tag{10-1}$$

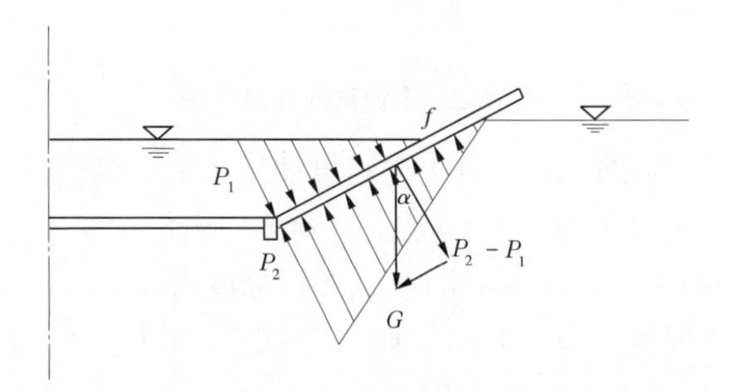

图 10-1　衬砌受力简图

正常情况下，护坡体内外水位一致，水压力相抵后，混凝土板的下滑力及摩阻力均由混凝土板自重产生。非常情况时，渠水位骤降 0.3 m，此时渠坡外地下水位没有及时下降，外水压力大于内水压力，混凝土板的下滑力及摩阻力由混凝土自重减去内外水压力的差值后产生。以上两种情况，位于水下部分的混凝土板重按浮容重计。有水位骤降的工况对齿墙稳定最为不利。

设计条件的稳定计算，没有考虑衬砌体排水失效的情况，根据地质纵剖图进行分段计算。从纵剖图上可以看出，典型渠段渠底位于卵石层的约有 20 余 km 长，其余均位于壤土及粉质黏土中。经计算，当渠底位于壤土时，齿墙尺寸为 0.3 m×0.3 m 即可满足稳定要求；而当渠底位于卵石层时，齿墙尺寸为 0.8 m×0.5 m 才能满足要求。齿墙具体尺寸见表 10-5。

表 10-5　齿墙稳定计算成果

序号	设计桩号		长度(m)	齿墙尺寸	
	起	止		高(m)	宽(m)
8	Ⅳ103+721	Ⅳ105+374	1 653.0	0.8	0.5

10.1.2.2　抗浮稳定计算

抗浮安全系数定义为板自重在法线上的分量/(外水压力−内水压力)，计算简图见图 10-2，计算公式如下：

$$K_{\mathrm{f}} = \frac{G\cos\alpha}{P_{外} - P_{内}} \tag{10-2}$$

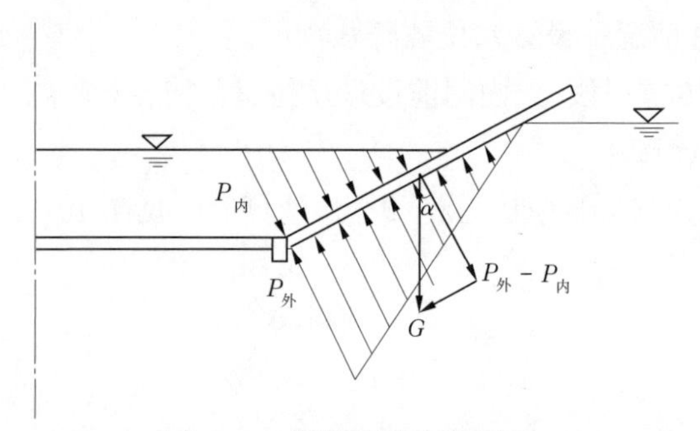

图 10-2　渠坡抗浮计算简图

对典型渠段的抗浮稳定计算,没有考虑衬砌体排水失效的情况。在地下水位低于渠道设计水位的情况下,内水压力≥外水压力,衬砌体均满足抗浮稳定要求,但当地下水位高于渠道设计水位且渠水位骤降0.3 m时,由于衬砌体内外水位差作用,产生向上的浮力大于向下的重力,该工况抗浮稳定不容易满足。本渠段地下水位一般位于设计渠底附近,经验算衬砌可以满足抗浮稳定要求。

从现有工程运用情况分析,底板衬砌抗浮失稳的可能性很小。做好衬砌体下排水设施是增加抗浮稳定的有效措施,因此在该渠段应增加排水措施,以保证衬砌的抗浮稳定性。

10.1.3　边坡出现损伤险情后的渠道衬砌稳定复核

10.1.3.1　整体边坡的稳定复核

1. 计算工况

1) 计算设计断面边坡稳定

考虑如下工况Ⅰ:渠内设计水位,分别计算不同渠外地下水稳定渗流情况下设计断面边坡稳定。

2) 不考虑换填土体条件下边坡稳定计算

鉴于目前险情段局部换填土体已经被破坏,为分析目前边坡所处的极限状态,考虑如下极限计算工况Ⅱ:渠内设计水位,分别计算不同渠外地下水稳定渗流情况下,不考虑换填土体压重作用下的边坡稳定。

2. 计算方法

可以采用中国水利水电科学院编制的《土石坝边坡稳定分析程序》(STAB95)进行边坡稳定分析计算。浸润线计算采用有限元数值分析方法计算,可以采用《水工结构有限元分析系统》程序。

渗流计算的基本模型为

$$\frac{\partial}{\partial x}\left(K_x \frac{\partial H}{\partial x}\right) + \frac{\partial}{\partial y}\left(K_y \frac{\partial H}{\partial y}\right) = 0 \tag{10-3}$$

式中:H 为渗流场的水头函数;K_x 和 K_y 分别为 x 和 y 方向土的渗透系数。

3. 计算参数

选取典型渠段设计桩号Ⅳ104+945.0 断面为计算断面,计算参数见表 10-6。地下水位分别选取初设时 94.75 m,施工期 97.75 m,抢险期间 104.75 m,目前监测水位 99.04 m。

表 10-6　典型断面计算参数采用值

设计分段桩号		典型断面	渠坡及渠底岩性	自然快剪		饱和快剪		饱和固结快剪		湿密度(g/cm³)	饱和密度(g/cm³)
起	止			凝聚力(kPa)	摩擦角(°)	凝聚力(kPa)	摩擦角(°)	凝聚力(kPa)	摩擦角(°)		
Ⅳ104+683.7	Ⅳ105+014.7	Ⅳ104+932.4	卵石			0	35			2.2	2.3
			粉质黏土	28	17	25	15	23	16	1.94	2
			卵石			0	32			2.2	2.3
			粉质黏土	28	17	25	15	23	16	1.94	2
			卵石			0	32			2.2	2.3
			泥灰岩	26	21	19	18	20	20	2.03	2.11

4. 计算成果

不同运用工况的边坡稳定计算成果见表 10-7。边坡计算断面见图 10-3~图 10-10。

表 10-7　边坡稳定复核成果

典型断面	计算工况	计算边坡内坡			边坡计算安全系数	地下水位(m)
		m_1	m_2	m_3		
Ⅳ104+945.0	计算工况 I	2.25	2	1.75	1.775	94.75(初设时)
		2.25	2	1.75	1.683	97.75(施工期)
		2.25	2	1.75	1.399	104.75(抢险期间)
		2.25	2	1.75	1.629	99.04(现阶段)

根据计算结果可以看出,在换填土体后渠道整体边坡安全系数在目前观测水位的条件下安全系数为 1.629,满足规范要求,在抢险期 104.75 m 高地下水位时为 1.399,不满足 1.5 的安全系数要求。

不考虑换填土体的极限条件下,在抢险期 104.75 m 高地下水位时为 1.16,各计算工况边坡安全系数均大于 1。

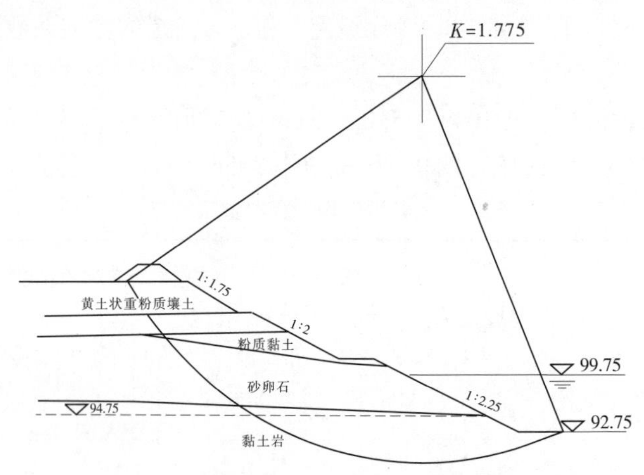

图 10-3　计算工况Ⅰ边坡稳定计算成果(一)

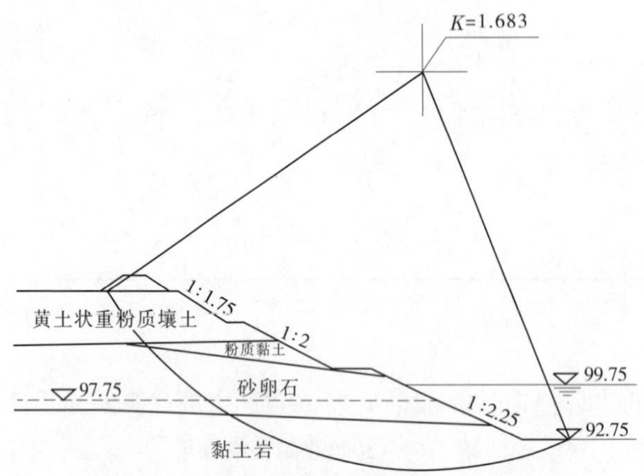

图 10-4　计算工况Ⅰ边坡稳定计算成果(二)

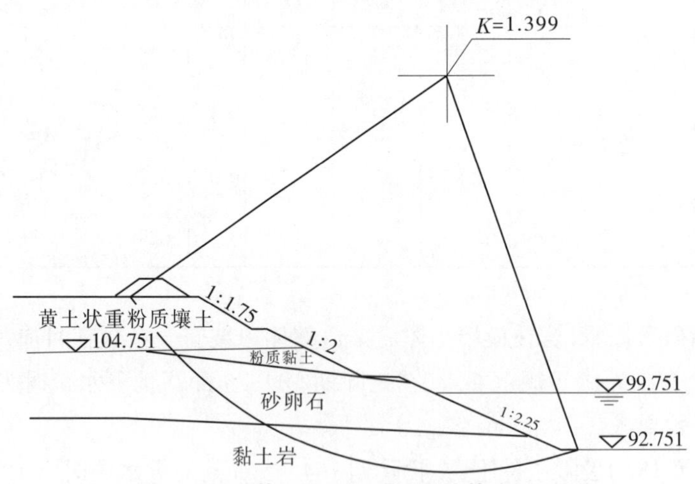

图 10-5　计算工况Ⅰ边坡稳定计算成果(三)

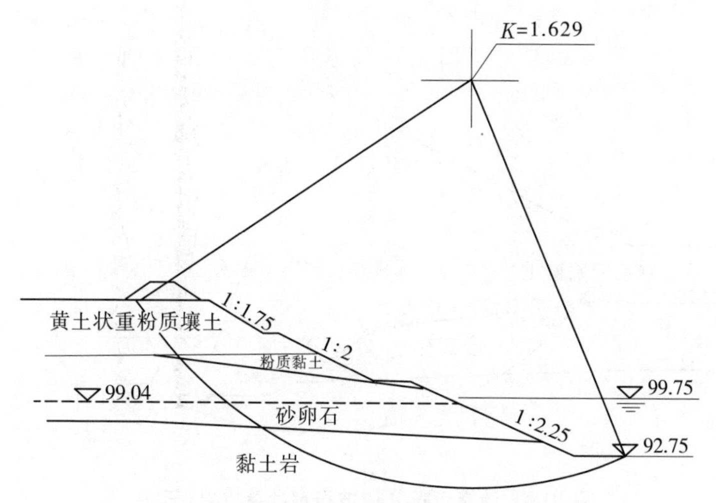

图 10-6　计算工况Ⅰ边坡稳定计算成果(四)

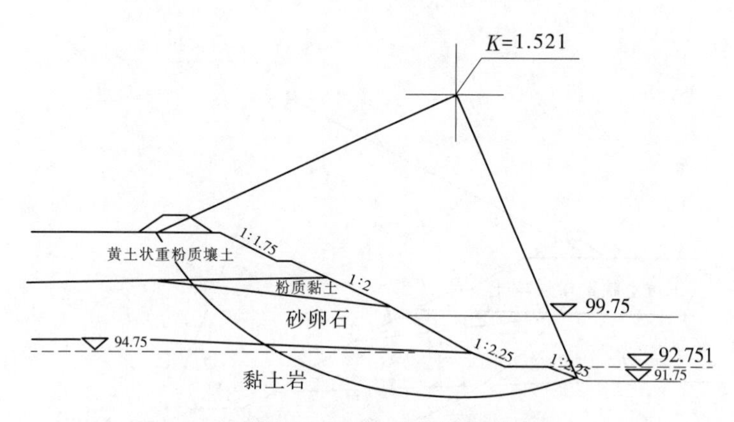

图 10-7　计算工况Ⅱ边坡稳定计算成果(一)

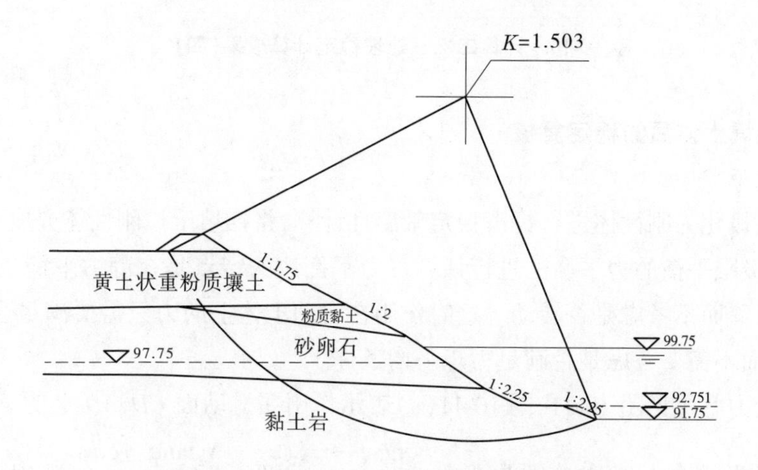

图 10-8　计算工况Ⅱ边坡稳定计算成果(二)

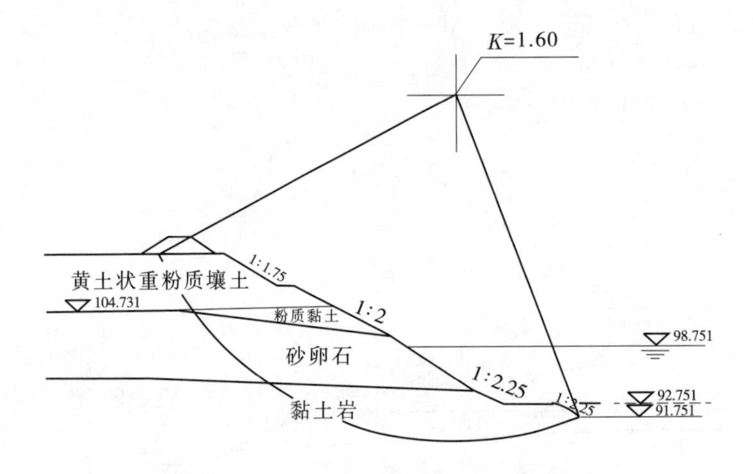

图 10-9　计算工况Ⅱ边坡稳定计算成果(三)

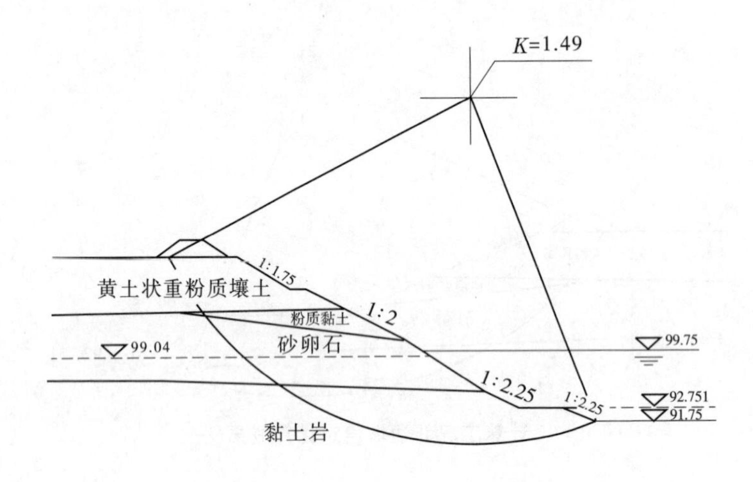

图 10-10　计算工况Ⅱ边坡稳定计算成果(四)

10.1.3.2　换填土体后的稳定复核

1. 计算理论

将换填层概化为刚性体进行抗滑稳定敏感性计算,将换填土按刚性体分成水上、水下两部分,采用极限平衡的力平衡法进行计算。力平衡法的特点是在静力平衡条件中只考虑土体是否滑移而不考虑是否转动。这时作用在滑动土体上的力只需要满足合力等于0的平衡条件,而不需要考虑是否满足力矩平衡条件。

边坡的受力状况见图 10-11,图 10-11(a)表示作用在滑动面 CD、AD 上的正压力分别为 N_1、N_2,滑动面上的抗剪力分别为 $T_1=\dfrac{N_1\tan\varphi_1+c_1l_1}{F_s}$、$T_2=\dfrac{N_2\tan\varphi_2+c_2l_2}{F_s}$,其中 F_s 为安全系数;φ_1 为水位以上土体的内摩擦角;φ_2 为水位以上土体的内摩擦角;c_1 为水位以上土体

的黏聚力;c_2 为水位以下土体的黏聚力;l_1 为水位以上土体沿滑裂面的长度;l_2 为水位以下土体沿滑裂面的长度。待定的未知量有三个:N_1、N_2 和安全系数 F_s,而滑动土体的平衡方程只有两个,因此是一个非定解问题。

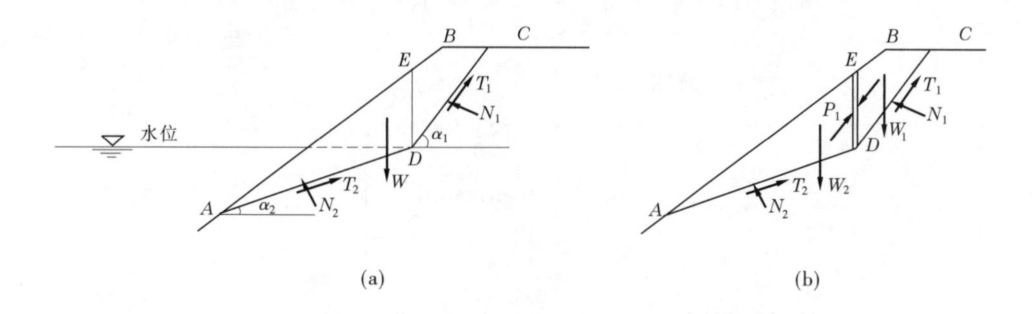

图 10-11　边坡受力状况

将块体 $ADCB$ 从折点 D 处竖直切开,见图 10-11(b),变成两个块体,这样可以建立 4 个力的平衡方程。当块体切开后,DE 面上的内力 P_1 变为外力,因而又增加两个未知量,即 P_1 和 P_1 的方向 θ,仍是非定解问题。为解决问题,假定 P_1 的方向与内坡 DC 平行。考虑块体 $BCDE$ 的平衡条件,可得下式:

$$P_1 = W_1\sin\alpha_1 - \frac{W_1\cos\alpha_1\tan\varphi_1 + c_1l_1}{F_s} \tag{10-4}$$

式中:W_1 为块体 $BCDE$ 的质量。

然后分析块体 EDA 沿 AD 面滑动的稳定性,将 P_1 和块体 ADE 的重力分别沿 AD 面分解为切向力和法向力,计算出滑动力和抗滑力,从而得到安全系数的表达式:

$$F_s = \frac{[P_1\sin(\alpha_1 - \alpha_2) + W_2\cos\alpha_2]\tan\varphi_2 + c_2l_2}{P_1\cos(\alpha_1 - \alpha_2) + W_2\sin\alpha_2} \tag{10-5}$$

式中:W_2 为块体 ADE 的质量;α_1、α_2 分别为滑动面 CD 和 DA 与水平面的夹角。

用迭代法解式(10-4)和式(10-5),可求出安全系数 F_s。F_s 就是沿 CD、AD 面滑动的安全系数。

2.计算模型、参数及边界条件

计算模型采用设计桩号Ⅳ105+445 处深挖方渠段典型断面,土体换填至一级马道处,平均垂直换填厚度 3.7 m,参数同边坡稳定计算章节。共分三种工况进行分析计算:

工况 1:完建期,渠内无水,换填层后地下水深 5 m(施工期预测地下水位 97.75 m)。

工况 2:运行期,渠内设计水深 7 m,换填层后地下水深 12 m(至卵石层顶部高程 104.75 m)。

工况 3:运行期,渠内设计水深 6 m,换填层后地下水深 12 m(至卵石层顶部高程 104.75 m)。

计算模型及受力分析见图 10-12~图 10-14。

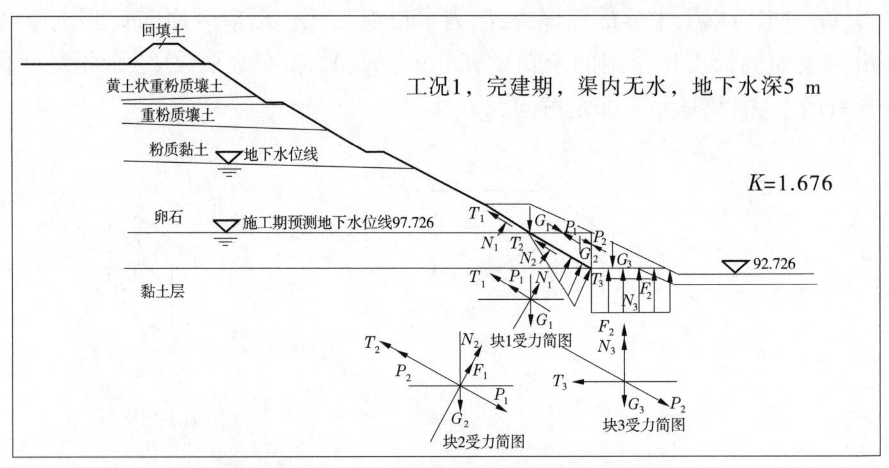

图 10-12　工况 1 典型断面计算块体受力状况

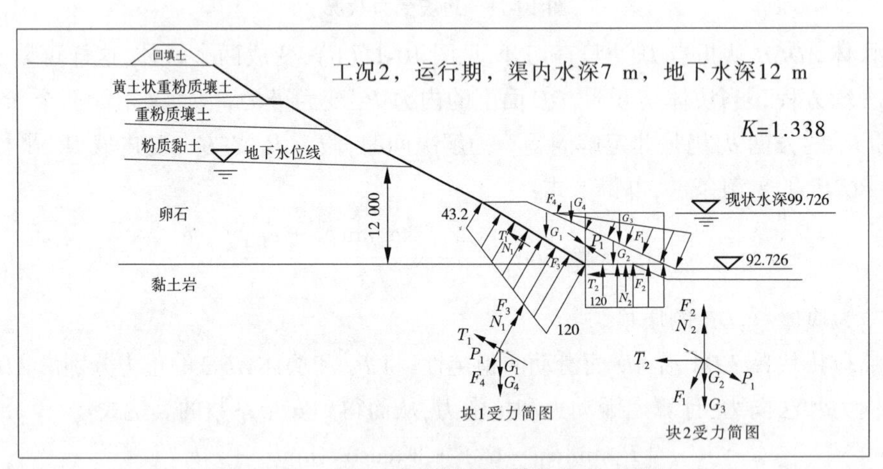

图 10-13　工况 2 典型断面计算块体受力状况

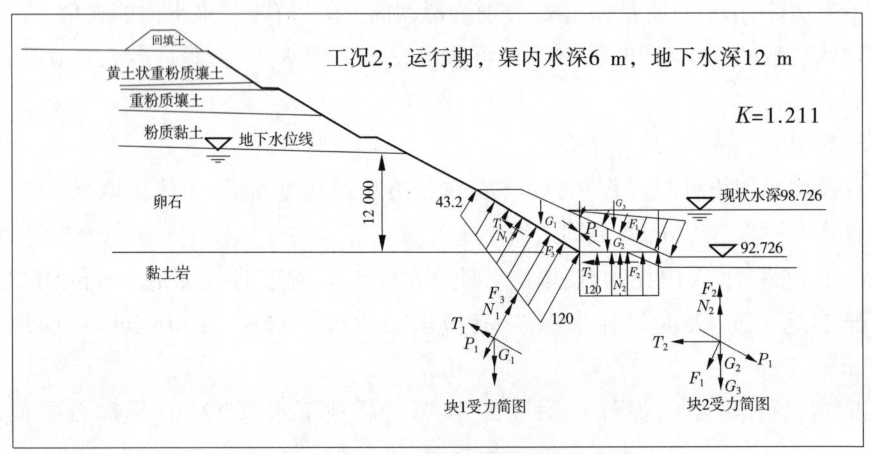

图 10-14　工况 3 典型断面计算块体受力状况

3. 计算结果及分析

计算结果见表 10-8,由表中计算成果可以看出:渠内设计水深为 7 m 时,渠外地下水位在 107. 25 m 时,抗滑安全系数为 1. 05。

表 10-8　换填层抗滑稳定计算结果

工况	抗滑安全系数	备注
工况 1	1. 676	渠内无水,地下水位 97. 75 m
工况 2	1. 338	渠内水深 7 m,地下水位 104. 75 m
工况 2(极限值)	1. 050	渠内水深 7 m,地下水位 107. 25 m
工况 3	1. 211	渠内水深 6 m,地下水位 104. 75 m

由抗滑稳定计算结果可以看出,随着地下水位的升高,换填层的稳定安全系数呈现降低趋势;工况 1、工况 2 的抗滑稳定安全系数大于允许值 1. 3;工况 3 的抗滑稳定安全系数均大于 1. 2,工况 2 在极限安全系数 1. 05 时,地下水位 107. 25 m。

10. 1. 4　边坡损伤修复方案的排水系统设计

10. 1. 4. 1　修复的必要性

考虑到南水北调总干渠受以下因素影响:①根据修复渠段历年最严重险情发生时期一级马道附近监测的最高地下水位资料;②总干渠长期运行后,渠坡及渠基一定范围内会由于渗水而饱和,在渠道放空时,衬砌下会产生扬压力。为保证渠道边坡及衬砌的稳定性,必须重新进行修复方案所处的渠段的排水设计。

因此拟在一级马道纵向排水沟外侧设置排水盲沟,盲沟底部垂直坡面埋设桥式透水钢管,顺水流方向埋设软式透水管,并按一定间距沿软式透水管设置垂直水流方向的横向排水管,管口安装逆止阀,当地下水位高于渠道水位时,采取将积水自流内排入渠道的方式降低地下水位。

10. 1. 4. 2　边坡损伤期的地下水位

2016 年 7 月新乡、鹤壁等地突降特大暴雨,其中辉县市 7 月 9 日凌晨 2 时至上午 11 时降雨量达到 429. 6 mm。辉县段韭山公路桥左岸上游一级马道出现裂缝,后演变为路面沉陷破坏,且沉陷部位多块衬砌面板发生隆起破坏,原因为暴雨后砂卵石层地下水位急剧升高致使衬砌下部黏土换填层局部失稳。根据抢险期间处置方案,在险情渠段左岸一级马道外侧纵向排水沟内和二级边坡打排水孔,间距 10 m,每日 2 次通过排水孔观测地下水位,观测结果显示险情处置时期排水孔观测最高地下水位 104. 75 m。

10. 1. 4. 3　排水计算和排水设施布置

1. 排水计算

1) 排渗盲沟渗流量计算

$$Q = \omega k \sqrt{i} \tag{10-6}$$

式中:Q 为排渗盲沟通过的流量,m^3/s;ω 为排渗盲沟的过水断面面积,m^2;k 为排渗盲沟的渗透系数,m/s;i 为排渗盲沟的坡度;根据排渗盲沟的材料,k 取 0.25,根据式(10-6)计算可得:排渗盲沟的流量 $Q=0.08\ m^3/s$,流速 $V=0.08$ m/s。

2)排渗管道过流量计算

按照非充满管道无压明流,水力计算公式为

$$Q = K\sqrt{i} \tag{10-7}$$

$$V = S\sqrt{i} \tag{10-8}$$

式中:K、S 分别为无压管道的流量系数与流速系数。

采用双壁波纹管 ϕ 400,无压管道底坡 $i=1\%$。查水力计算手册可知:当管充满度分别为 0.5、0.7、1.0 时,S 分别取值 16.16、18.44、16.46,K 分别取值 1 033、1 733、2 069。代入上述两式中可得:当充满度为 0.5 时 $Q=326.98$ L/s,$V=5.2$ m/s;当充满度为 0.7 时 $Q=548.02$ L/s,$V=5.83$ m/s;当充满度为 1.0 时 $Q=654.28$ L/s,$V=5.2$ m/s。经验算,各充满度下均满足排水要求。

2. 排水设施布置

1)排水设施不利条件分析

根据第 3 章介绍的修复方案,水下修复方案一和方案二包括边坡开挖、边坡浇筑、边坡锚固、边坡排水等措施,修复后边坡的抗滑稳定性和抗浮稳定性在应急抢险高地下水位条件下,通过计算验证有条件地满足安全系数要求;但如果地下水位高于渠内水位一定程度时,安全系数仍不能满足要求。

水下修复上游渠段换填土体在应急抢险期间也会产生局部不均匀沉降,出现较明显的沉降裂缝;但边坡未出现深层滑动,因此考虑的修复和加固处理措施主要是一级马道布设排水措施降低渠外地下水水头;清除水面以上部分换填土体,设置黏土截渗齿槽,其余采用泡沫混凝土回填;增设伞形锚杆,水面以上边坡衬砌恢复等,未进行水下边坡修复加固。因此,该渠段如地下水位高于渠内水位一定程度,衬砌的抗浮稳定性需要重新复核,相应排水设施重新设计。

2)排水设施布置

(1)排水盲沟。

根据上述排水计算,排水盲沟紧挨一级马道纵向排水沟设置,底宽 1 m,深 1 m,外侧坡坡比 1:0.7,底部顺水流方向设置 ϕ 300 软式透水管,垂直坡面方向设置 ϕ 146 桥式钢滤水管(镀锌),间距 10 m,深度 9 m,桥式滤水管与软式透水管采用四通连接,上部伸出排水盲沟顶部并设置井盖。

排水盲沟每隔 16 m 设置 ϕ 300 横向双壁波纹管与软式透水管相连,横向双壁波纹管自一级马道下方穿过伸入渠内,双壁波纹管四周采用 C20 混凝土回填,双壁波纹管管口底高程与渠段设计水位持平,按 99.75 m 控制。双壁波纹管管口增设拍门式逆止阀,防止渠内水倒灌。

排水盲沟采用砂砾石反滤料回填,顶部高程与原二级边坡顺接,采用预制六棱块压顶。为防止坡面水进入排水盲沟,排水盲沟上部设置 C20 混凝土纵向排水沟,并通过横向排水沟(间距 30 m)与一级马道位置纵向排水沟连通。一级马道以上排水沟壁厚 10 cm,过水断面宽 30 cm、高 60 cm 和 40 cm。排水盲沟的立面与平面布置见图 10-15。

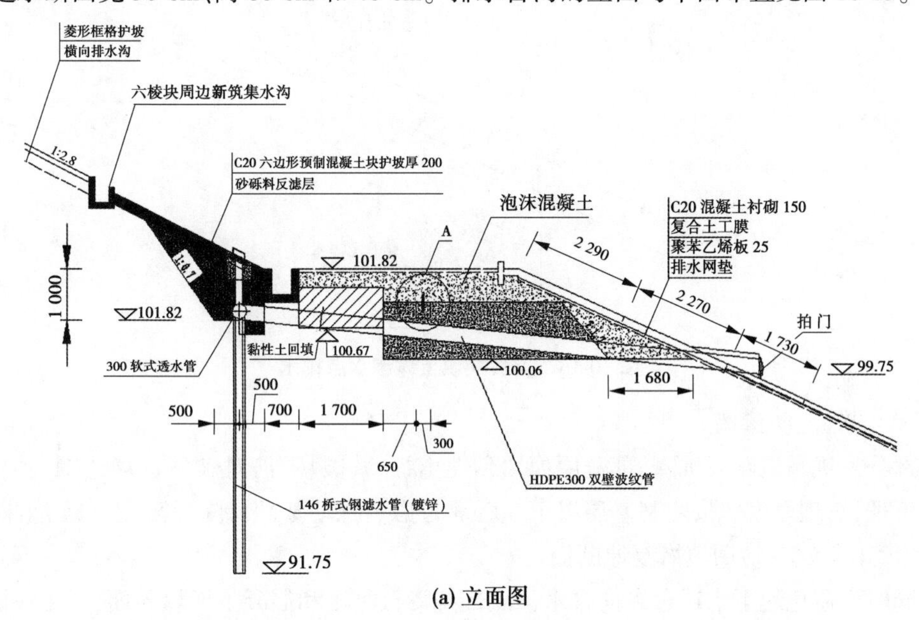

(a) 立面图

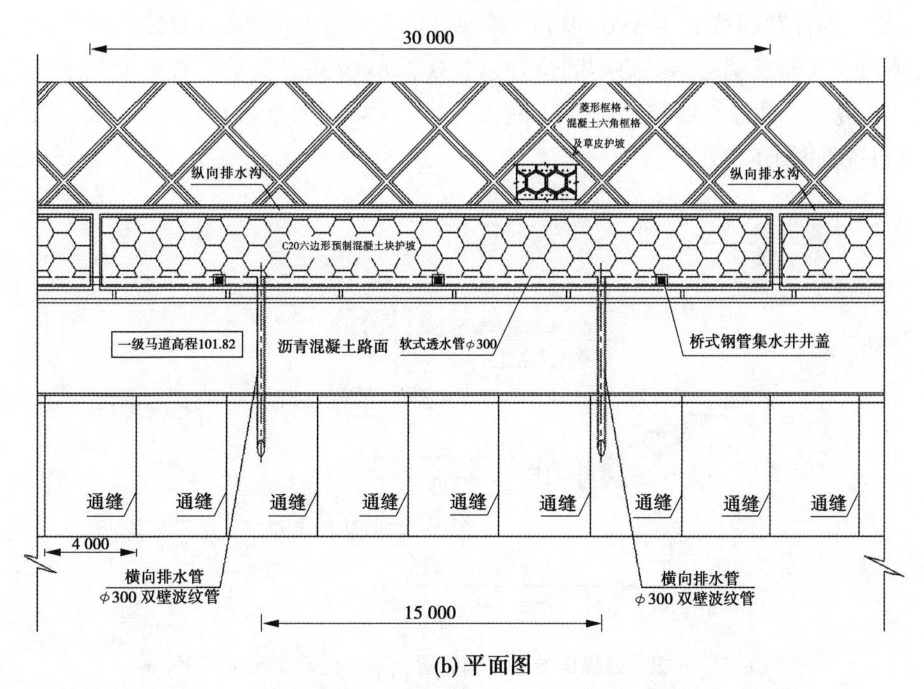

(b) 平面图

图 10-15　一级马道纵向排水盲沟布置　(单位:尺寸,mm;高程,m)

(2)换填土层渗水点排水。

鉴于渠道换填土体出现局部裂缝等缺陷,坡面换填土体存在渗漏或局部洇湿,为避免该位置工程损害进一步发展,对该位置设置排水措施:渗水范围内换填土体开挖一定深度后采用粗砂回填,并采用逆止式排水器将渗水导出排入总干渠,排水器布置见图 10-16。

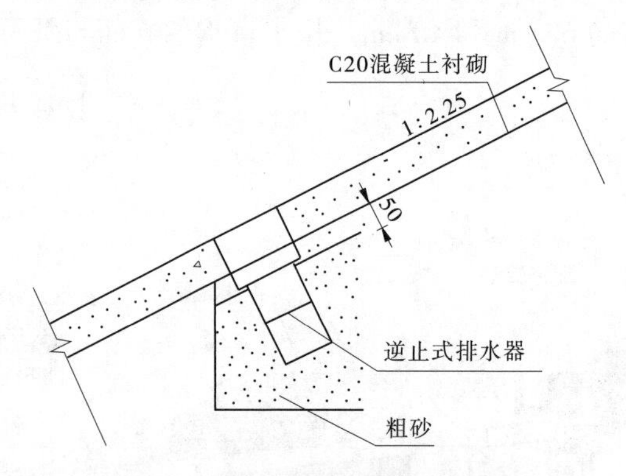

图 10-16　渠坡换填土体渗水点排水

(3)黏性土防渗墙。

部分一级马道路面沉降,部分原换填黏性土扰动、破坏,需对破坏扰动范围内的土层进行清理,清理厚度暂按路基基层以下 30 cm 考虑。扰动基础清除后采用 A14 泡沫混凝土(密度 1.4 g/cm^3)回填恢复原断面。

同时为避免地下水通过纵向排水沟底部绕渗至黏土和混凝土回填界面,产生渗漏,靠近纵向排水沟位置回填 1.7 m×0.80 m(宽×高)黏土截渗齿槽,黏土截渗齿槽基础为砂卵石时,增设土工布反滤层。马道中间位置设置 0.3 m×0.3 m(宽×高)C20 混凝土纵向截渗齿墙,C20 混凝土截渗齿墙与采用 A14 泡沫混凝土之间设置橡胶止水带,一级马道纵向截渗齿墙布置见图 10-17。

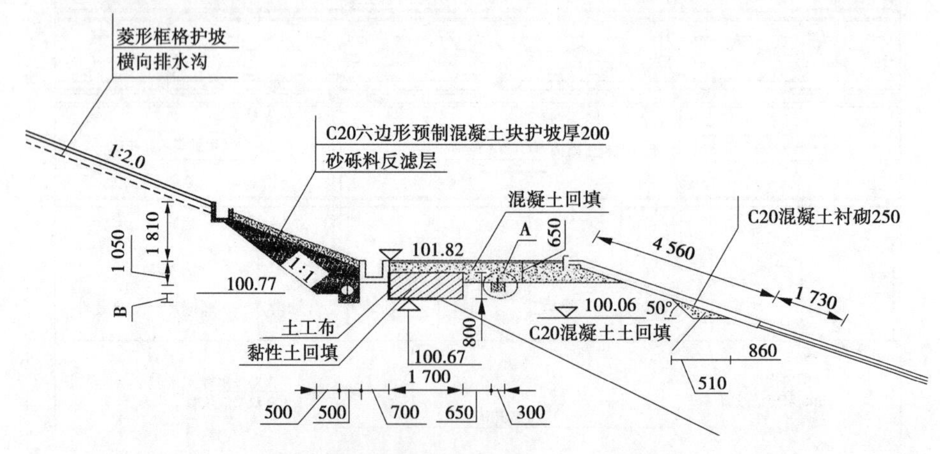

图 10-17　一级马道纵向截渗齿墙布置　(单位:尺寸,mm;高程,m)

(4)损坏的一级马道横向排水沟的设计。

一级马道的沉降造成横向排水沟损坏,外水易通过与衬砌连接部位渗入衬砌下部,本次修复方案对损坏的横向排水沟进行恢复设计。设计采用双壁波纹管 ϕ 400,在与纵向排水沟交叉部位和与衬砌板交叉部位分别设置 C20 截渗混凝土,波纹管向渠道侧设置 1%以上坡度,从衬砌原设置排水沟的位置伸出,波纹管伸出衬砌 20 cm;一级马道横向排水沟恢复布置见图 10-18。

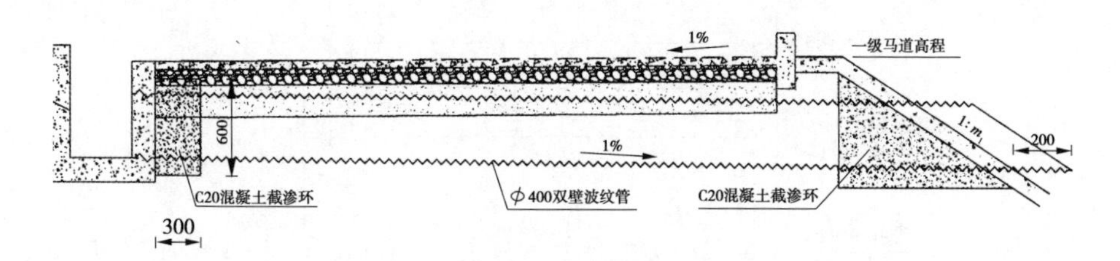

图 10-18　一级马道横向排水沟恢复图　(单位:mm)

(5)渠道衬砌结构恢复。

部分渠道衬砌结构拆除后,渠道衬砌结构需恢复,部分结构调整如下:C20 混凝土衬砌板厚度调整为 25 cm,原衬砌板下方粗砂(或砂砾料)垫层采用排水网垫代替,排水网垫宽 50 cm,间距 2.0 m,采用土工布包裹并与下部粗砂垫层连通,拆除预留复合土工膜浇入 C20 混凝土衬砌板内。渠道衬砌结构恢复的横断面布置及排水网垫布置示意见图 10-19 和图 10-20。

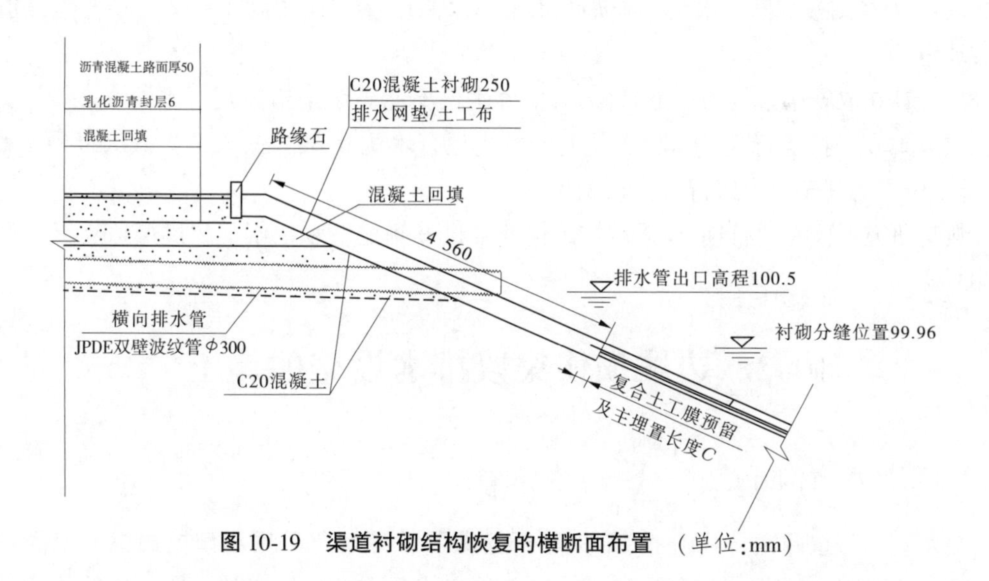

图 10-19　渠道衬砌结构恢复的横断面布置　(单位:mm)

10.1.5　边坡衬砌的抗浮稳定计算

边坡衬砌板抗浮稳定采用如下计算公式:

$$K = \frac{(\gamma_c - \gamma)t\cos\alpha}{p - \gamma H} \tag{10-9}$$

式中:γ_c 为混凝土容重,取 24 kN/m^3;γ 为水的容重,取 10 kN/m^3;t 为衬砌板厚度,采用

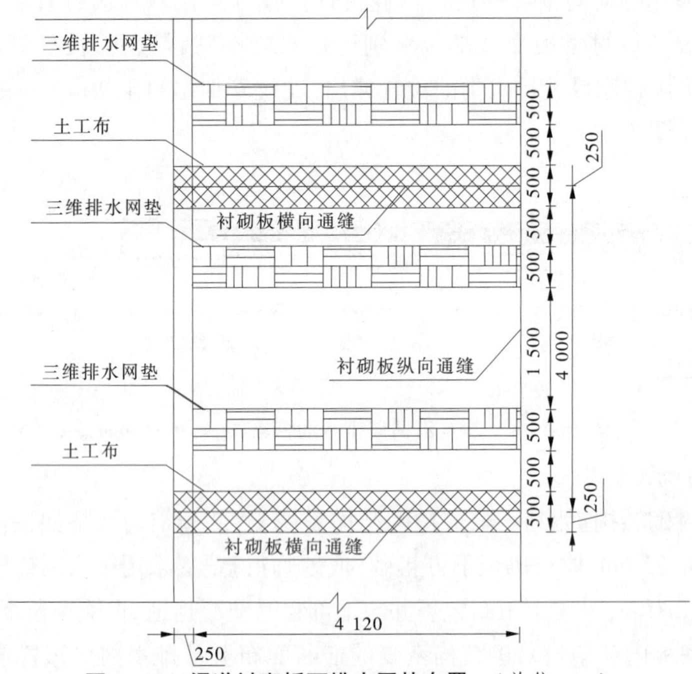

图 10-20　渠道衬砌板下排水网垫布置　（单位：mm）

0.25 m；p 为衬砌板的压力水头，$p=\gamma h$；h 为地下水高度；H 为渠内水深，取 7 m；α 为渠道边坡坡角。

经计算在取安全系数为 1.1 时，运行期外水位不能高于渠道内运行水位 0.29 m；安全系数取 1.05 时，运行期外水位不能高于渠内运行水位 0.303 m；安全系数为极限 1.0 时，外水位不能高于渠内运行水位 0.319 m。

典型研究渠段在运行期，应采取措施保证渠道外侧地下水位不能超过渠道运行水位 0.303 m。

10.2　边坡损伤渠段排水设施的施工

10.2.1　排水盲沟开挖

排水盲沟需按两次分序开挖，第一序开挖参照设计坡比采用小型挖掘机开挖高程 101.82 m 以上边坡。第二序开挖待第一序开挖完成后小型挖掘机站立在形成的作业面按设计坡比开挖。高程 101.82 m 以下排水盲沟，挖至设计要求的开挖底高程，第二序开挖按设计要求开挖线完成后若排水盲沟外侧壁均已揭露出砂卵石层，则满足设计意图并开始下步竖向排水管施工，若达到设计开挖线后仍未揭露砂卵石层，则与设计单位沟通采取其他处理措施。在实际渠道修复施工过程中，均揭露了砂卵石层。开挖过程见图 10-21、图 10-22。

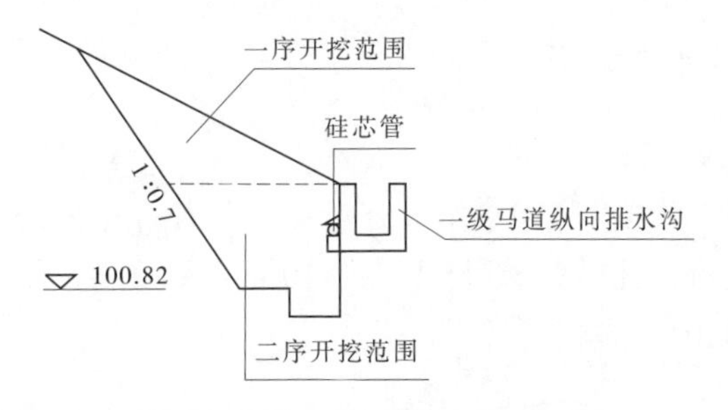

图 10-21　排水盲沟分序开挖示意

(a) 开挖

(b) 清运

图 10-22　排水盲沟开挖与清运

因排水盲沟位于渠道纵向排水沟外侧，紧靠排水沟外壁布置有硅芯管，二序开挖过程中预留了保护层。机械开挖至距离设计底高程还有 20 cm 时改由人工开挖至要求底高程。

排水盲沟开挖完成后，每 5 m 一个断面进行测量验收，满足要求后方可进行后续施工，且以验收断面计量卵石、土开挖工程量与砂砾料回填工程量。每个断面开挖完成后进行现场联测记录开挖数据与地层情况并绘制地层描述，如图 10-23 所示。

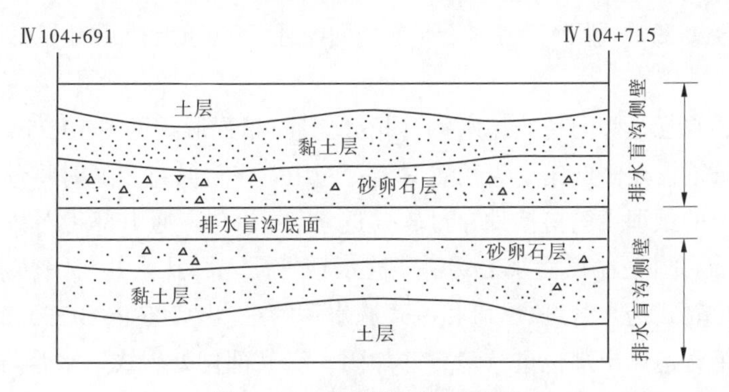

图 10-23　典型断面地层描述

10.2.2 集水管和排水管埋设

10.2.2.1 竖向排水孔施工

排水盲沟开挖完成后，进行竖向集水管井开挖。管井开挖采用 YG-2 潜孔钻机搭载 LQCY-26120 空压机进行钻孔，钻孔顺排水盲沟 10 m 间距布置，孔径 22 cm，钻孔深度 10 m，现场钻孔施工状况见图 10-24。

图 10-24 竖向集水孔钻孔现场施工

钻孔完成后孔内安装桥式滤水钢管，滤水钢管顶部伸出孔口约 20 cm，钢管伸出孔口部分沿管外壁平均间距预先焊接 4 根竖向长约 35 cm 的钢筋，作为桥式钢管与纵向软式透水管交叉连通部位桥式钢管竖向的搭接埋件。竖向集水管安装完成后在孔内管外壁周围空隙回填粗砂砾石。完成后在孔周围地面进行找平，去除多余残留卵石，在竖向桥式滤水钢管外部贴地面套一块直径大于 350 mm 的沥青杉木板，木板安装就位后再在桥式钢管外侧套上直径 ϕ 320T 型 PVC 三通，所有竖向集水管三通就位后开始铺设纵向软式透水管。

纵向软式透水管与竖向桥式滤水钢管相互连通，布置形式见图 10-25。

软式透水管铺设至竖向集水管位置时需穿过 PVC 三通，过三通时将预先焊接在下部桥式滤水钢管上的预埋钢筋搭接件穿过软式透水管，并在三通上部正对桥式滤水钢管位置切直径 180 mm 的圆孔，然后将上部桥式滤水钢管插入圆孔内并与钢筋搭接件焊接，最后进行交叉部位软式透水管进、出口和桥式滤水钢管进、出口与 PVC 三通的防渗措施，采用土工布对四个管道进出部位进行包裹并加固。交叉部位处软式透水管与桥式滤水钢管搭接形式如图 10-26 所示，桥式钢管规格型号见表 10-9。

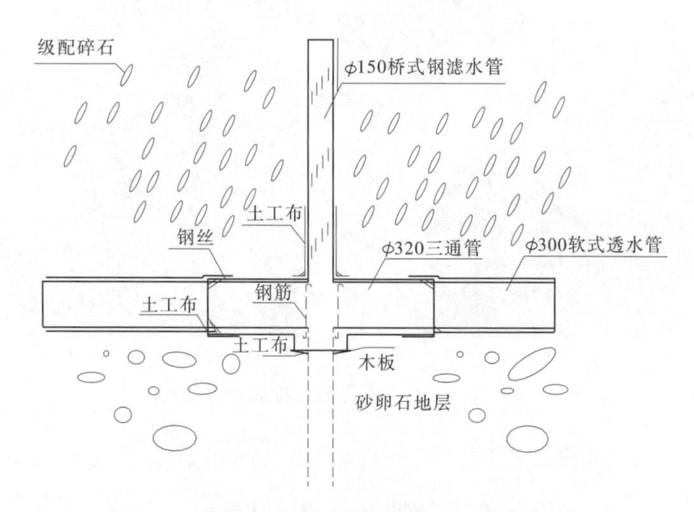

图 10-25　竖向集水管与软式透水管连通形式

图 10-26　软式透水管与桥式滤水钢管搭接形式

表 10-9　桥式滤水管规格

外径(mm)	单长(mm)	材质	壁厚(mm)	镀锌厚度(mm)	过滤精度(mm)
168.00	12 000.00	Q235	5.00	2.50	0.50

桥式滤水钢管顶部安装不锈钢井盖，高程与二级边坡对应位置高程保持一致。现场安装的桥式滤水钢管上部井盖如图 10-27 所示。

10.2.2.2　横向集水管和排水管施工

开挖完成后在排水盲沟底部纵向铺设 ϕ 300 软式透水管，软式透水管由高弹钢丝、无

(a)

(b)

图 10-27　桥式滤水钢管上部井盖

纺布过滤层、合成聚酯纤维组成，基于“毛细”和“虹吸”原理集透水、反滤等作用。

软式透水管每 17 m 长度左右横向安装 ϕ 300 双壁波纹管，双壁波纹管为 HDPE 材料，外壁为波浪形、内壁光滑，耐低温和抗冲击性能较好，通过热缩橡胶套密封连接。

软式透水管和双壁波纹管采用 PVC 三通并在连接处包裹土工布进行连接，图 10-28 为现场排水管三通安装情况，图 10-29 为现场波纹管采用热缩管连接的施工情况。

图 10-28　排水管三通安装

原横向排水沟对应位置安装 ϕ 400 双壁波纹管，按图纸要求恢复原排水功能。在波纹管和纵向排水沟连接部位浇筑 C20 混凝土截渗环。

10.2.3　排水盲沟回填

竖向集水管和软式透水管安装完成后，采用级配碎石分层回填。回填前进行碎石颗粒分析及最大和最小干密度试验，颗粒级配及干密度试验结果见表 10-10 和图 10-30。

(a)

(b)

图 10-29　波纹管采用热缩管连接

表 10-10　级配碎石颗粒分析及干密度试验结果

检测项目	颗粒分析															含泥量(%)	相对密度	
	粒径大小(%)									粒径级配(mm)							最大干密度	最小干密度
	>40 mm	40~20 mm	20~10 mm	10~5 mm	5~2 mm	2~1 mm	1~0.5 mm	0.5~0.1 mm	<0.1 mm	d_{10}	d_{15}	d_{30}	d_{60}	C_u	C_c		ρ_{max} (g/cm^2)	ρ_{min} (g/cm^2)
砂砾料：2~20 mm 掺 30%、2~10 mm 掺 20%、5 mm 以下掺 50%	0	0	13.9	36.30	16.6	4.70	5.90	22.10	0.50	0.43	0.60	2.00	10.40	24.19	0.89	2.30	2.39	2.02

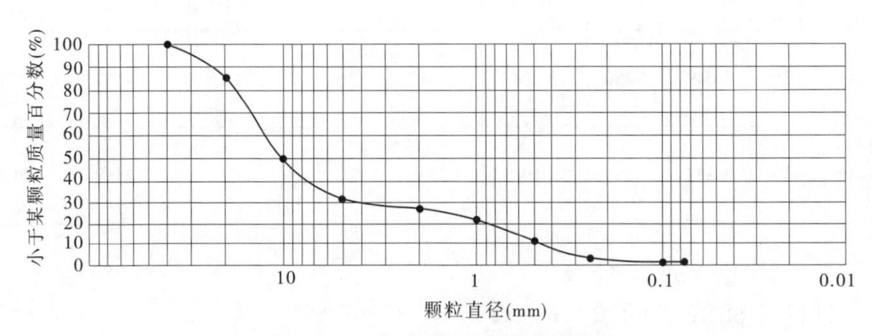

图 10-30　级配碎石颗粒分析曲线

根据现场夯实机具的生产性试验，回填厚度不超过 30 cm，夯实 6~8 遍，实测相对密度不小于 0.65。夯实机具选用手持式汽油冲击夯,技术参数见表 10-11。

表 10-11 手持式汽油冲击夯技术参数

产品型号	电机功率	质量	夯实力度	冲击频率	跳起高度	行走速度	底板尺寸
SA-110	3 kW	72 kg	16 kN	675 次/min	60 mm	6~13 m/min	330 mm×280 mm

夯实后进行相对密度检测,检测参照《土工试验规程-原位密度试验》(SL 237—20041—1999)灌水法,按规定尺寸、深度开挖试坑,将坑内试样装入容器,测定试样质量、含水率,将挖好的试坑贴底、贴壁铺设塑料薄膜,将储量桶开关打开向试坑注水,记录储量桶水位,根据注水量计算试坑体积,然后计算试样湿密度、干密度、相对密度。盲沟碎石回填相对密度检测见表 10-12。排水盲沟回填压实的现场施工情况见图 10-31。

表 10-12 级配碎石压实填筑相对密度检测结果

取样位置	套环体积(cm^3)	试坑及套环体积(cm^3)	试样质量(g)	试坑体积(cm^3)	试样湿密度(g/cm^3)	试样含水率(%)	试样干密度(g/cm^3)	相对密度(≥0.65)	试验日期
(1)	(2)	(3)	(4)	(5)=(3)-(2)	(6)=(4)/(5)	(7)	(8)=(6)/[1+(7)/100]	(9)=[(8)-2.02]×2.39/0.37×(8)	(年-月-日)
Ⅳ104+914~Ⅳ104+944第一层	426	3 634	7 449	3 208	2.322	2%	2.276	72%	2018-06-13
Ⅳ104+914~Ⅳ104+944第二层	432	3 639	7 451	3 207	2.323	2%	2.277	73%	2018-06-13
Ⅳ104+914~Ⅳ104+944第三层	428	3 642	7 439	3 214	2.314	2%	2.268	71%	2018-06-13
Ⅳ104+914~Ⅳ104+944第四层	421	3 654	7 442	3 233	2.301	2%	2.256	67%	2018-06-13
Ⅳ104+914~Ⅳ104+944第五层	425	3 649	7 456	3 224	2.312	2%	2.267	70%	2018-06-13
Ⅳ104+914~Ⅳ104+944第六层	435	3 633	7 454	3 198	2.330	2%	2.284	74%	2018-06-15

10.2.4 黏性土防渗墙回填

(1)黏土回填区域位于一级马道开挖后临排水沟处,回填深度 0.8 m、宽度 1.7 m,回填土结构起到防渗作用,可以充分保护道路结构安全。

(a)

(b)

图 10-31　排水盲沟回填压实的现场施工

(2)前期通过实地取样,通过有资质的试验室进行黏土轻型击实试验,以确定是否满足本工程需要。轻型击实试验参照《土工试验规程》(SL 237—1999)开展,所用击实仪主要构件尺寸如表 10-13 所示。

表 10-13　轻型击实仪主要构件尺寸

试验方法	锤底直径(mm)	锤质量(kg)	落高(mm)	击实筒			护筒高度(mm)	备注
				内径(mm)	筒高(mm)	容积(cm)		
轻型	51	2. 5	305	102	116	947. 4	≥50	

轻型击实试验分 3 层将试验土料倒入击实筒,每层土料质量为 600 ~ 800 g,每层 25 击。击实后用推土器从击实筒内推出试样,测定土的含水率和湿密度,最后得出试样的干密度。试验结果见表 10-14。

表 10-14　轻型击实试验结果

编号	含水率(%)	干密度(g/cm^3)
1	15. 1	1. 65
2	16. 1	1. 73
3	17. 5	1. 79
4	19. 5	1. 73
5	20. 5	1. 66

粒径大于 5 mm 土的质量百分数(%)	粒径大于 5 mm 土的饱和面干比重
—	—

土样击实曲线
1.79
1.74
1.69
1.64
干密度(g/cm^3)
14
16
18
20
22
含水率(%)

试验结论	该土样的最优含水率为 17. 7%,最大干密度为 1. 79 g/cm^3。

经试验，现场黏土回填控制最大干密度不小于 1.76 g/cm^3，最优含水率为 16.7%。土样击实试验采用农用车进行场地内的黏土运输，回填时超宽 30 cm 进行回填，回填完毕后将多余部分清除，以保证设计回填区域内黏土压实度满足要求。

采用振动碾进行碾压施工，每次回填厚度 15~30 cm。每次碾压完毕后，进行取样，通过现场试验检测黏土压实度，要求不低于 98%，为确保施工质量，存在缺陷部分须挖出重做。工序验收合格后方可进行后续施工。振动碾技术参数和碾压后质量检测结果如表 10-15、表 10-16 所示。黏土回填与压实的现场施工情况见图 10-32。

表 10-15　黏土防渗墙碾压设备技术参数

型号	XRDYL-600	型号	XRDYL-600
行走速度(km/h)	0~5	水箱容积(L)	20
爬坡能力(°)	30	液压油箱容积(L)	2
振动频率(Hz)	70	发动机型号	柴油 170
启动方式(Hz)	电启动	钢轮尺寸(mm×mm)	600×425
工作质量(t)	1.5	净重(kg)	350

表 10-16　黏土防渗墙压实度检测记录

填筑位置及层厚		取样编号	黏土湿密度					黏土干密度及含水率							压实度(%)
桩号	层厚		环刀质量	环刀+湿土质量(g)	环刀体积(cm^3)	湿土质量(g)	湿密度(g/cm^3)	盒+湿土质量(g)	盒+干土质量(g)	盒质量(g)	水质量(g)	干土质量(g)	含水率(%)	干密度(g/cm^3)	
Ⅳ104+882~Ⅳ104+850	15 cm	1	182.07	600.27	200	418.20	2.09	68.32	67.69	33.28	5.63	29.41	19.14	1.76	98.04
Ⅳ104+882~Ⅳ104+850	15 cm	2	182.07	604.44	200	422.37	2.11	62.30	57.43	34.08	4.87	23.35	20.86	1.75	98.02
Ⅳ104+850~Ⅳ104+811	15 cm	3	182.07	605.50	200	423.43	2.07	74.67	67.89	34.88	6.87	33.01	20.50	1.80	100.00
Ⅳ104+850~Ⅳ104+811	15 cm	4	182.07	607.81	200	425.74	2.13	62.33	57.57	33.10	4.76	24.47	19.45	1.80	100.00
Ⅳ104+850~Ⅳ104+811	15 cm	5	182.07	601.54	200	419.47	2.10	65.55	60.12	33.28	5.43	26.84	20.23	1.74	98.01

图 10-32　黏土回填与压实的现场施工

10.2.5　坡面排水垫层恢复及渗水点处理

衬砌面板浇筑前,在开挖后的坡面上安装固定三维复合排水网垫;在每幅衬砌板内须安装固定 4 块排水网垫,网垫宽度 50 cm、根据现场开挖后的坡面实际长度进行铺设,排水网垫技术参数见表 10-17,排水网垫铺设形式如图 10-33 所示,现场安装施工情况见图 10-34。

表 10-17　三维复合排水网垫技术参数

序号	项目	单位	指标			
1	复合体单位面积质量	g/m²	1 200	1 400	1 600	2 000
2	复合体面积质量偏差	%	-4			
3	复合体纵向导水率	m²/s	1.2×10^{-4}			
4	网芯与无纺布的剥离强度≥	kN/m	0.3			
5	网芯厚度≥	mm	5.0	6.0	7.0	8.0
6	网芯抗拉强度(纵向)≥	kN/m	10.0			
7	无纺布的单位面积质量	g/m²	200			
8	无纺布的单位面积质量偏差	%	-5			
9	无纺布的法向渗透系数≥	cm/s	0.3			

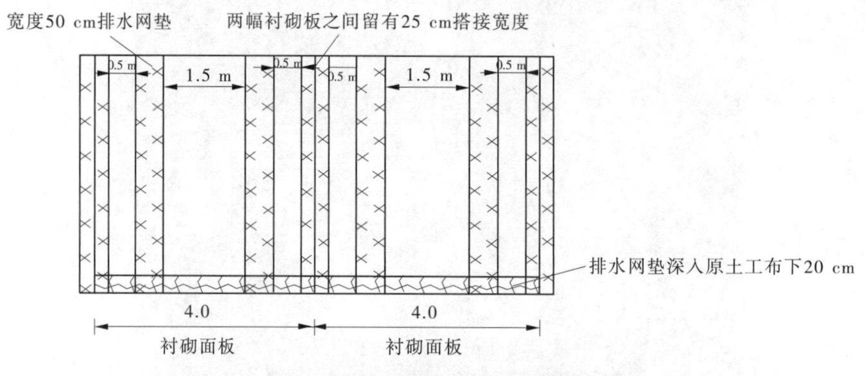

图 10-33　排水网垫布置示意

图 10-34　排水网垫现场安装施工

第 11 章　泡沫混凝土技术在边坡水下维修中的应用

11.1　泡沫混凝土技术指标与特性

11.1.1　泡沫混凝土的组成

泡沫混凝土是用机械的方法将泡沫剂水溶液制备成泡沫，再将泡沫加入含硅质材料、钙质材料、水及各种外加剂组成的浆液中，经混合搅拌、浇筑成型、养护而成的一种多孔材料。

泡沫混凝土的基本原料为水泥、水、泡沫，在此基础上掺加一些填料和外加剂，常用的外加剂与普通混凝土一样，为减水剂、防水剂、缓凝剂、促凝剂等。

组成材料 1-水泥：普通硅酸盐水泥、矿渣硅酸盐水泥、粉煤灰硅酸盐水泥等均可使用。水泥在泡沫混凝土中主要起胶结作用，是泡沫混凝土机械性能的基础。

组成材料 2-发泡剂：用于制造泡沫混凝土的发泡剂主要有三种类型，即铝粉类，表面活性剂类和蛋白质类。目前，国际上普遍使用蛋白质类发泡剂，它的主要特点是发泡速度快，泡沫细小，泡沫尺寸均匀，泡沫稳定性好持续时间长。发泡剂既有固态发泡剂，也有液态发泡剂。

11.1.2　泡沫混凝土的技术指标

泡沫混凝土是一种多孔混凝土，其内部均匀分布着大量微小的气孔，泡沫混凝土与加气混凝土有相似的外观结构，其主要物理力学性能及热工性能与加气混凝土相似，主要区别是其气孔在制品内形成的方式不同。加气混凝土是在料浆内掺入发气剂，利用化学反应产生气体使料浆膨胀，经硬化后形成多孔结构。而泡沫混凝土是将物理机械作用下产生的泡沫掺入料浆中混合均匀，经硬化后形成多孔结构。由于泡沫混凝土不需压蒸养护，设备投资省，同时可以成型各种形状制品。泡沫混凝土与普通混凝土在组成材料上的最大区别在于泡沫混凝土中没有普通水泥混凝土中使用的粗骨料，同时含有大量气泡。因其内部含有大量封闭的细小气泡孔，与普通混凝土相比，具有体积密度小、重量轻、保温、隔热、隔音、耐火性能好等特点。正常养护条件下泡沫混凝土与普通混凝土物理力学性能比较见表 11-1。

表 11-1　泡沫混凝土与普通混凝土物理力学性能比较

项目	泡沫混凝土	普通混凝土
干密度(kg/m^3)	300~1 800	2 200~2 400
抗压强度(MPa)	5~10.00	30~80
弯曲强度(MPa)	1.00~0.70	3.0~8.00
弹性模量(GPa)	30~1.20	20~30
干燥收缩($\times10^{-6}$)	1 500~3 500	600~900
导热系数[W/(m·K)]	0.30~1.00	~2.00
抗冻融性(%)	90~97	90~97
新拌流动性(mm)	>200	~180

11.1.3　泡沫混凝土的制备技术

泡沫混凝土的制备包括两项技术,即发泡技术(包括发泡剂)和成型技术。前者有赖于高效的发泡剂和发泡机械,后者则有赖于与特定的发泡剂相匹配的成型或浇筑方法。早期的泡沫混凝土全部采用铝粉作为发泡剂,成型时铝粉与混凝土的其他组分同时加入搅拌机,混合搅拌,然后在成型的静停过程中完成发泡。发泡原理在于铝粉与混凝土中的碱性物质作用后产生氢气,结果在混凝土中留下气泡。由于铝粉与碱组分间的化学反应过程受体系中碱浓度、环境温度等多种因素的影响,最终制成的混凝土内气泡数量、体积(容重)难以控制,而且由于发泡过程是在静停过程中完成的,混凝土沿竖向气泡的数量和孔径分布不均匀,制品质量难以控制。随着发泡剂种类由铝粉类向有机表面活性剂类、再向蛋白质类的发展,泡沫混凝土的制备技术和质量也相应得到发展。近年来,由于新型高性能发泡剂的问世,新的泡沫混凝土制备技术也相继诞生。用新型高性能发泡剂替代原来的铝粉,在发泡剂的作用下借助于物理的方法制备的气泡具有细小、均匀、牢固的特点。由此法制备的泡沫混凝土不但具有孔隙小、孔径分布均匀的特点,而且可以在浇筑过程中任意调节和控制泡沫混凝土的比重,既可以预制,也可以现场浇筑。

目前,泡沫混凝土的使用方法有两种:一种是先制泡再与砂浆拌和的方法;另一种是混凝土拌和与发泡同时进行的方法。为叙述方便起见,称前一种方法为预制泡混合法,称后一种方法为混合搅拌法。预制泡混合法主要分四道工序,即砂浆制备、泡沫制备、砂浆与泡沫混合及混凝土浇筑。混合搅拌法主要包括三道工序,即含发泡剂水泥砂浆制备、预制浇筑和静停发泡。可以看到,两种方法的最大区别在于预制泡沫混合法是预先制作气泡后再与砂浆混合,然后用混合均匀稳定的泡沫砂浆进行现场浇筑或预制泡沫混凝土;而混合搅拌法则是首先制作含发泡剂的砂浆再预制浇筑,然后在静停过程中完成发泡。所以,一般情况下预制泡沫混合法制备好的泡沫砂浆具有良好的流动性可以远距离泵送,而混合搅拌法制备的砂浆则一般不能用于泵送和现场浇筑。

11.1.4　泡沫混凝土的材料特性

11.1.4.1　轻质

泡沫混凝土的密度小,密度等级一般为 300~1 800 kg/m^3,常用泡沫混凝土的密度等级为 300~1 200 kg/m^3,近年来,密度为 160 kg/m^3 的超轻泡沫混凝土在建筑工程中获得了应用。

11.1.4.2　保温隔热性能好

由于泡沫混凝土中含有大量封闭的细小孔隙,因此具有良好的热工性能,即良好的保温隔热性能,这是普通混凝土所不具备的。通常密度等级在 300~1 200 kg/m^3 范围的泡沫混凝土,导热系数为 0.08~0.3 W/(m·K)。

11.1.4.3　隔音耐火性能好

泡沫混凝土属多孔材料,因此它也是一种良好的隔音材料,在建筑物的楼层和高速公路的隔音板、地下建筑物的顶层等可采用该材料作为隔音层。泡沫混凝土是无机质材料,不会燃烧,从而具有良好的耐火性,在建筑物上使用,可提高建筑物的防火性能。

11.1.4.4　其他性能

泡沫混凝土还具有施工过程中可泵送性能好,防水能力强,冲击能量吸收性能好,可大量利用工业废渣,价格低廉等优点。

11.2　泡沫混凝土技术发展与应用

11.2.1　泡沫混凝土技术的发展

泡沫混凝土在国际上的研究最早可以追溯到 30 年代,泡沫混凝土在我国的起步并不晚,早在 20 世纪 50 年代初,苏联就把泡沫混凝土的先进技术带到了我国。在我国泡沫混凝土技术研究应用的第一个高潮期始于 80 年代,并形成了一定的生产规模;第二个高潮期是进入 21 世纪之后,泡沫混凝土适应了建筑节能的需求,适合应用于现浇地暖绝热层,屋面保温隔热层、垫层、回填等领域,发展势头强劲。除了保温的功能,泡沫混凝土的其他特殊功能也逐渐被人认识,譬如吸能、抗震、抗爆、隔音、吸声、吸收电磁波、透水过滤、抗渗、抗潮、保水绿化、耐火、抗冲击防护、漂浮承载等,这些功能的发现,使它备受各行业的关注,发展势头方兴未艾。

11.2.2　泡沫混凝土材料的技术优势

与普通混凝土相比,无论是新拌泡沫混凝土浆体,还是硬化后的泡沫混凝土,都表现出许多与普通混凝土不同的特殊性能,从而使泡沫混凝土有可能被应用于一些普通混凝土不能胜任的具有特殊性能要求的场合。

泡沫混凝土中重质粗骨料,而且相当部分体积由气泡占据,使其表现出显著的轻质特性,因而泡沫混凝土特别适用于高层建筑的内墙材料和其他非承重结构材料,以有效地减少高层建筑物的自重。由于泡沫混凝土的密度小,在建筑物的内外墙体、屋面、楼面、立柱等建筑结构中采用该种材料，一般可使建筑物自重降低 25%左右，有些可达结构物总重的 30%~40%。而且，对结构构件而言，如采用泡沫混凝土代替普通混凝土，可提高构件的承载能力。因此，在建筑工程中采用泡沫混凝土具有显著的经济效益。

泡沫混凝土内包含的大量气泡赋予其低的导热系数和良好的隔音性能，从而特别适用于录音棚、播音室及影视制品厂房等对隔音要求较高的场合；而其隔热、防火、保温特性，则使其特别适用于寒冷地区或炎热地区房屋建筑的墙体或屋顶材料，以提高能量利用效率。

泡沫混凝土中大量气泡的引入还显著改善新拌泡沫混凝土浆体的流动性，使其表现出远远优于普通混凝土的性能。泡沫混凝土的这种高流动特性使其特别适用于大体积现场浇筑和地下采空区的填充浇筑工程。

此外，硬化泡沫混凝土的多孔低强和低弹性模量特性，使其能保持与周围邻接材料间的整体接触，很好地吸收和分散外来负荷产生的应力，因而特别适用于用作高速公路路基或大型土木构筑物之间的填充材料。

泡沫混凝土还可用作管道保护及保温、矿山回填工程、补偿地基、夹心构件、防静电等，用途非常广泛。所以，可以说泡沫混凝土是一种多功能多用途的符合现代建筑特点和要求的环境友善型材料。

11.2.3　泡沫混凝土在我国应用发展情况

近年来，我国越来越重视建筑节能工作，随着与建筑节能有关政策的实施，墙体材料改革取得了显著的成效，节能材料备受欢迎。泡沫混凝土以其良好的特性，已用于节能墙体材料中，在其他方面也获得了应用。

11.2.3.1　泡沫混凝土砌块

泡沫混凝土砌块是泡沫混凝土在墙体材料中应用量最大的一种材料。在我国南方地区，一般用密度等级为 900~1 200 kg/m^3 的泡沫混凝土砌块作为框架结构的填充墙，主要是利用该砌块隔热性能好和轻质高强的特点。尤以广东省应用最多，目前该省泡沫混凝土砌块的年用量达 60 万 m^3。在北方，泡沫混凝土砌块主要用作墙体保温层。表 11-2 为广州市美城新型建材开发有限公司生产的泡沫混凝土砌块性能指标。

表 11-2　泡沫混凝土砌块性能指标

规格尺寸(mm×mm×mm)	390×90×190 390×150×190 390×180×190	规格尺寸(mm×mm×mm)		390×90×190 390×150×190 390×180×190
干密度(kg/m^3)	600~900	吸水率(%)		<25
		导热系数[W/(m·K)]		0.22
抗压强度(MPa)	1.50~3.50	隔音系数(db)	90 mm	>40
			190 mm	>50
干燥收缩率(mm/m)	<0.80	耐火极限(min)	90 mm	>200
			190 mm	>400

哈尔滨建筑大学开发研制了聚苯乙烯泡沫混凝土砌块，并用于城市楼房建设。此种砌块是以聚苯乙烯泡沫塑料作为骨料，水泥和粉煤灰作为胶凝材料，加入少量外加剂，经搅拌、成型和自然养护而成，其规格为 200 mm×200 mm×200 mm，可用于内、外非承重墙体材料。它具有质量轻、导热系数小、抗冻性高、防火、生产简单、造价较低、施工方便等优点，其与烧结黏土砖的技术经济对比见表 11-3。

表 11-3　烧结黏土砖的技术经济对比

材料品种	保温层厚度（mm）	保温层质量（kg/m^2）	导热系数［(W/(m·K)］
烧结黏土砖	490	900	0.78
聚苯乙烯泡沫混凝土	200	80~90	0.1

11.2.3.2　泡沫混凝土轻质墙板

目前用于建筑物分户和分室隔墙的主要材料是 GRC 轻质墙板，由于其原料价格较高，影响了其推广应用。中国建筑材料科学研究院采用 GRC 隔墙板生产工艺结合固体泡沫剂和泡沫水泥的研究成果，开发出了粉煤灰泡沫水泥轻质墙板的生产技术，并得到了应用。该产品生产采用的原料如下：30%~40%的粉煤灰，45%~65%的硫铝酸盐水泥，0%~15%的膨胀珍珠岩，以及一定体积的泡沫。与传统的 GRC 轻质墙板相比，采用泡沫混凝土生产技术，不但能明显降低产品的成本，而且大大改善了浆体的流动性，使成型更为方便。该产品（外观尺寸为 2 700 mm×600 mm×60 mm）的物理力学性能见表 11-4。

表 11-4　物理力学性能

面密度（kg/m^2）	抗折力（N）	导热系数［W/(m·K)］	干缩率（mm/m）	空心率（%）	防火性能
≤40	>1 400	<0.20	<0.50	28	不燃

11.2.3.3　泡沫混凝土补偿地基

现代建筑设计与施工越来越重视建筑物在施工过程中的自由沉降。由于建筑物群各部分自重的不同，在施工过程中将产生自由沉降差，在建筑物设计过程中要求在建筑物自重较低的部分其基础须填软材料，作为补偿地基使用。泡沫混凝土能较好地满足补偿地基材料的要求。例如，在北京团结湖大厦的部分基础中，现场浇筑了厚度为 150 mm、抗压强度在 8~9 MPa、密度<200 kg/m^3 的泡沫混凝土，取得了良好的效果。据现场测试，此种低密度泡沫混凝土的强度可很好地控制在设计的范围内，且具有良好的压缩性。

11.2.3.4　泡沫混凝土在水利工程中的应用

在水利工程护岸墙加高加固处理中，泡沫混凝土作为轻质材料是墙后回填可供选择的填筑材料。例如，在浙江宁波市三江六岸滨江休闲带工程中，由于路面高程抬高，需通过地基处理降低加高处理对现状护岸墙的安全影响，保证建成后驳岸后台土压力不增加，同时保证浸水作用下抗浮满足要求，最终采取了护岸墙后土体换填泡沫混凝土，容重取 9.5~10.5 kN/m^3，并在其上加铺钢筋混凝土面层的方案。该方案施工方便，对开挖后基坑要求较低，泡沫轻质混凝土达到强度后，自身凝固形成整体，不再形成土压力，从而保护了现状驳岸,工程造价较其他方案低。回填泡沫混凝土性能见表 11-5。

表 11-5 回填泡沫混凝土性能

容重(kN/m^3)	抗压强度(MPa)	流动度(mm)
9.5~10.5	≥1.0	170±20

11.2.4 国外泡沫混凝土技术应用的新进展

近年来,美国、英国、荷兰、加拿大等欧美国家及日本、韩国等亚洲国家,充分利用泡沫混凝土的良好材料特性,将它在建筑工程中的应用领域不断扩大,加快了工程进度,提高了工程质量。

11.2.4.1 用作港口堤岸挡土墙

主要用作港口的岸墙。泡沫混凝土应用于岸墙后作轻质回填材料可降低垂直荷载,也减少了对岸墙的侧向荷载。这是因为泡沫混凝土是一种黏结性能良好的刚性体,它并不沿周边对岸墙施加侧向压力,沉降降低了,维修费用随之减少,从而节省了很多开支。泡沫混凝土也可用来增进路堤边坡的稳定性,用它取代边坡的部分土壤,由于减轻了质量,从而就降低了影响边坡稳定性的作用力。用于减少侧向压力的泡沫混凝土的密度为 400~600 kg/m^3。

11.2.4.2 修建运动场和田径跑道

使用排水能力强的可渗性泡沫混凝土作为轻质基础,上面覆以砾石或人造草皮,作为运动场用。泡沫混凝土的密度为 800~900 kg/m^3。此类运动场可进行曲棍球、足球及网球活动。或者在泡沫混凝土上盖上一层 0.05 mm 厚的多孔沥青层及塑料层,则可作田径跑道用。

11.2.4.3 用作夹心构件

在预制钢筋混凝土构件时可采用泡沫混凝土作为内芯,使其具有轻质高强隔热的良好性能。通常采用密度为 400~600 kg/m^3 的泡沫混凝土。

11.2.4.4 用作复合墙板

用泡沫混凝土制作成各种轻质板材,在框架结构中用作隔热填充墙体或与薄钢板制成复合墙板。泡沫混凝土的密度通常为 600 kg/m^3 左右。

11.2.4.5 管线回填料

地下废弃的油柜、管线(内装粗油、化学品)、污水管及其他空穴容易导致火灾或塌方,采用泡沫混凝土回填可解决这些后患,费用也少。泡沫混凝土采用的密度取决于管子的直径及地下水位,一般为 600~1 000 kg/m^3。

11.2.4.6 贫混凝土填层

由于使用可弯曲的软管,泡沫混凝土具有很大的工作度及适用性,因此它经常用于贫混凝土填层。如对隔热性要求不很高,采用密度为 1 200 kg/m^3 左右的贫混凝土填层,平均厚度为 0.50 m;如对隔热性要求很高,则采用密度为 500 kg/m^3 的贫混凝土填层,平均厚度为 0.10~0.20 m。

11.2.4.7　房屋顶面坡

泡沫混凝土用于屋顶面坡,具有质量轻、施工速度快、价格低廉等优点。坡度一般为 10 mm/m,厚度为 0.03~0.20 m,采用密度为 800~1 200 kg/m^3 的泡沫混凝土。

11.2.4.8　储罐底脚的支撑

将泡沫混凝土浇筑在钢储罐(内装粗油、化学品)底脚的底部,必要时也可形成一凸形地基,这样可确保整个箱底的支撑在焊接时处于最佳应力状态,这一连续的支撑可使储罐采用薄板箱底,同时凸形地基也易于清洁,泡沫混凝土的使用密度为 800~1 000 kg/m^3。

11.2.5　泡沫混凝土的发展趋势

目前,国外的泡沫混凝土技术比较先进,应用相对广泛。由于泡沫混凝土的优异性能及良好的经济性能,因此泡沫混凝土应用于许多工程结构中。

泡沫混凝土的应用在全球范围内广受欢迎,特别是饱受恶劣天气、地震、飓风袭击等自然灾害的地区。在北美洲,美国南部地区其需求量与实际生产量几乎持平,在加拿大泡沫混凝土已广泛应用于隧道灌浆、填充和岩土工程。泡沫混凝土广泛应用,大部分是由于它良好的经济性能及环保性能。在英国,每年的泡沫混凝土市场规模为 25 万~30 万 m^3,在加拿大西部市场规模约为 5 万 m^3。此外,在韩国每年约有 25 万 m^3 的泡沫混凝土用于地板采暖系统中。在中东,泡沫混凝土的优良性能被用于减少地震灾害和解决温度变化问题等。在荷兰,泡沫混凝土用于路面路基。此外,泡沫混凝土的维护成本效益非常乐观。

现阶段我国正在大力倡导生态节能、资源综合利用的建筑材料应用与研发,泡沫混凝土的优良性能备受人们的关注,前景广阔。现浇泡沫混凝土是目前国内泡沫混凝土的第一大应用领域,随着我国大规模修建公路铁路,泡沫混凝土在软土地基填充、冻土地带路基填充、拓宽路基代土填充、引桥代土填充、斜坡路基防滑填充、护坡植草覆盖浇筑、地下管线填埋等几十个方面得到了应用推广。将来,泡沫混凝土的第二大应用领域将会是土木工程回填、岩土回填和生态覆盖。

当然,在泡沫混凝土的功能应用方面前景也很广阔,尤其是在吸音、隔音方面。另外,泡沫混凝土在保温隔热、抗渗防水、耐火等领域也具有广阔的发展前景。泡沫混凝土的导热系数相对比较低,具有很好的防火性。

11.3　边坡维修使用泡沫混凝土的配合比试验研究

11.3.1　配合比试验用原料

11.3.1.1　发泡剂

1. 发泡剂的选择

发泡剂又称起泡剂,是能促进发生泡沫而形成闭孔或联孔结构材料的物质,通常产生气泡而制成泡沫制品的方法有两种,即物理发泡和化学发泡。物理方法是由发泡剂在机械搅拌下产生大量泡沫或用压缩空气的方法形成气泡分散于料浆中;而化学发泡又可分为金属和非金属两大类,金属发泡剂有锌粉、铝粉等,非金属发泡剂有碳化钙、过氧化氢、表面活性剂、蛋白质等。目前,国内发泡剂的品种主要有松香胶发泡剂、废动物毛发泡剂、树脂皂类发泡剂、水解血胶发泡剂、石油硫酸铝发泡剂等。发泡剂总体上说不够理想,如质量偏低、功能偏少,尽管有些发泡倍数够大,但稳定性差、制品强度不高。日本、意大利进口的发泡剂多为蛋白质类,质量好。我国也有以动物蛋白质为主要原料的发泡剂,其发泡倍数及稳定性较好,但因原料来源有限,生产成本高。目前,加气混凝土使用铝粉作为发泡剂最为广泛。

本试验主要是为泡沫混凝土技术用于渠道边坡维修服务的,使用的发泡剂主要采用化学发泡法,在碱性条件下反应放出气体。不同类型的发泡剂所制成的制品性能差别很大,本试验采用 HTW-Ⅰ型复合发泡剂(河南华泰新材料科技股份有限公司产品)。该发泡剂是由多种高分子成分加工、变形、合成、制作而成的物理性液态混凝土发泡剂,具有较高的表面活性,能有效地降低液体的表面张力。发泡后高分子成分在液膜表面双电子层排列而包围空气,形成气泡,再由多个单独气泡组成泡沫,无毒、无害、无污染、化学成分稳定。

HTW-Ⅰ复合发泡剂性状指标见表 11-6,它主要具有以下性能特点:

表 11-6 HTW-Ⅰ复合发泡剂性状指标

序号	指标	结果
1	外观颜色	浅色透明
2	pH 值	6~8
3	密度(kg/L)	0.95~1.15
4	发泡倍数	≥25
5	1 h 沉降距(mm)	≤70
6	1 h 泌水率(%)	≤70
7	推荐稀释比例(发泡剂:水)	1:50~1:70

(1)具有液膜坚韧,机械强度好,不易在浆体挤压下破灭或过度变形。

(2)泡沫稳定性好,液膜在浆体内长时间不易破裂。

(3)支持泡沫水泥浆料终凝前保持气孔原态。

(4)高压泵送 100 m 以上不消泡、不塌落。

(5)易溶于水,泡沫丰富、泡径均匀。

(6)耐碱、抗硬水。

HTW-Ⅰ复合发泡剂发泡原理是在由泡沫机制成的泡沫与水泥均匀混合后,水泥浆中的硅酸盐分子附着在泡沫液态膜上,经 15~60 min 初凝固化,形成多孔状泡沫混凝土。

2. 发泡剂的技术指标及测试方法

(1)泡沫混凝土沉淀试验:在施工前,准备一个内径 145 mm,高 300 mm 的透明玻璃容器,把搅拌好的泡沫混凝土浆料装满容器,在静止状态下观察 2 h,如果容器上部的泡沫混凝土浆料面下沉 1 cm 以上,或容器下部沉淀的水和上部下沉的泡沫混凝土浆料面下沉部分加起来超过 1 cm，就说明泡沫混凝土浆料配比不当，泡沫混凝土制品养护成型后可能出现下沉或沉淀现象。

(2)泡沫稳定性：试验时采用泡沫沉降距衡量泡沫稳定性。泡沫发生后，其测量方法如下：取内径为 6 cm、高 9 cm 的容器（或用尺寸相近而容积约为 250 cm^3 的容器），盛满新发生的泡沫，刮平表面，在泡沫上覆纸一张，平静地放在无风处，40 min 后量取泡沫沉降距。

(3)起泡力：用泡沫高度衡量起泡力。取一定量的发泡剂，加一定量的水配成溶液，用电动搅拌机中速搅拌 10 min，量取泡沫高度。

(4)发泡倍数：将受检泡沫剂按最大稀释倍数进行溶解或稀释，搅拌均匀后，采用小型空气压缩型发泡机制泡，制备的泡沫，在 30 s 内将制成的泡沫装满容积为 1 000 mL 的平底不锈钢容器中，刮平泡沫，称其质量。发泡倍数应按下式计算：

$$N = \frac{V}{(m_1 - m_0)/\rho} \tag{11-1}$$

式中：N 为发泡倍数；V 为不锈钢容器容积，mL；m_0 为不锈钢容器质量，g；m_1 为不锈钢容器和泡沫总质量，g；ρ 为泡沫剂水溶液密度，g/mL。

(5)沉降距和泌水量：试验仪器由广口圆柱体容器、玻璃管和浮标组成，见图 11-1。广口圆柱体容器容积为 5 000 mL，底部有孔，玻璃管与容器的孔相连接，底部有小龙头，容器壁上有刻度，浮标是一块直径为 190 mm 和重 25 g 的圆形铝板。

将受检泡沫剂按推荐的最大稀释倍数进行溶解或稀释，搅拌均匀后，采用小型空气压缩型发泡机制泡，将试样在 30 s 内装满容器，刮平泡沫，将浮标轻轻放置在泡沫上。

1 h 后对广口圆柱体容器上刻度进行读数，即泡沫的 1 h 沉降距。

1 h 后打开玻璃管下龙头，称量流出的泡沫剂溶液的质量 $m_{1\,h}$，泡沫 1 h 泌水率按照下式计算：

$$\xi = \frac{m_{1\,h}}{\rho_1 V_1} \tag{11-2}$$

式中：ξ 为泡沫 1 h 泌水率，%；$m_{1\,h}$ 为 1 h 后由龙头流出的泡沫剂溶液的质量，g；ρ_1 为泡沫密度，g/mL；V_1 为广口圆柱体容器容积，mL。

经现场抽样检验本项目所采用的 HTW-Ⅰ型发泡剂各项性能指标均满足要求。

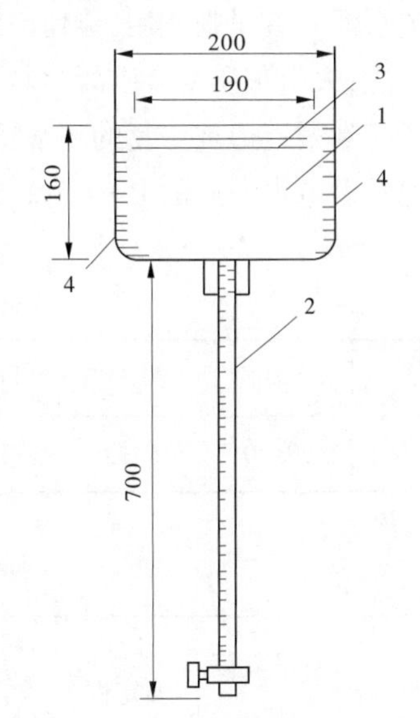

1——广口圆柱体容器；
2—玻璃管；3—浮标；4—刻度

图 11-1　试验仪器

3. *发泡剂的使用方法*

将定量好的水泥、适量的集料（骨料）、外加剂等投入搅拌机加水搅拌成浆体。同时将 HT 复合发泡剂用水稀释 50~70 倍，以机械高速搅拌或压缩空气法把发泡剂制成泡沫，将发泡好的泡沫加入高压混合器内（或搅拌机内），使浆液与泡沫均匀混合后，浇筑到作业面或模腔内成型，经自然养护或蒸汽养护后即成泡沫混凝土制品。其常用配比见表 11-7。

表 11-7　HT 复合发泡剂常用配比

容重(kg/m^3)	水泥(kg)	水(L)	发泡剂(L)
350	305	175~200	0.45±0.1
400	350	198~230	0.4±0.1
450	390	225~260	0.35±0.1
500	435	249~290	0.3±0.1

11.3.1.2　无机胶凝材料

无机胶凝材料是泡沫混凝土材料强度的主要来源,要求其早期强度高、初凝时间短,常用的有普通硅酸盐水泥、硫铝酸盐水泥、铁铝酸盐水泥、火山灰质复合胶凝材料等,均可作为泡沫混凝土的胶凝材料。泡沫混凝土是一种大水灰比的流态混凝土,采用普通硅酸盐水泥时,水泥完全水化的理论水灰比为 0.277 左右,剩余的自由水量大、干缩大;采用硫铝酸盐水泥和铁铝酸盐水泥时,水泥完全水化的理论水灰比为 0.447 左右,剩余的自由水少,干缩小;另外,这两类水泥还有微膨胀的特点,可以弥补泡沫混凝土干缩大的特点,且这两类水泥具有早强作用,能使泡沫混凝土迅速凝结,降低泡沫破裂的机会,提高泡沫混凝土性能;火山灰质复合胶凝材料也有高水化、低干缩的特性,适合配置泡沫混凝土。

考虑到渠道边坡修复的环境特点及施工条件,进行泡沫混凝上配合比试验所用的快硬水泥是孟电水泥厂的 P · O 42.5R 普通硅酸盐,其熟料成分以及物理性能见表 11-8 和表 11-9。

表 11-8　水泥熟料化学成分

组成	SiO_2	Al_2O_3	Fe_2O_3	CaO	MgO	f-CaO	SO_3	总和
含量(%)	20.30	6.13	3.86	64.92	2.29	0.96	1.00	95.60

表 11-9　水泥物理性能

品种	标准稠度(dc)	安定性	初凝(h:min)	终凝(h:min)	强度(MPa)			
					3 d 抗折	3 d 抗压	28 d 抗折	28 d 抗折
P · O 42.5R	26.00	合格	2:28	3:10	5.00	27.00	9.00	50.10

11.3.1.3　其他材料

早强剂是加速混凝土早期强度发展的外加剂。混凝土早强剂可分为无机盐类、有机物类、复合型三类。无机盐类主要有氯化物、硫酸盐、硝酸盐及亚硝酸盐、碳酸盐等。有机物主要是指三乙醇胺、三乙丙醇胺、甲酸、乙二酸等。复合型是指有机和无机盐复合型早强剂。

$CaCl_2$ 具有明显的早强作用,特别是低温早强和降低冰点作用。这主要是 $CaCl_2$ 能与水泥中的铝酸三钙反应,在水泥微粒表面上生成水化氯铝酸钙($C_3ACaCl_2 \cdot 10H_2O$),具有促进水泥硅酸三钙与硅酸二钙的水化反应的作用,增强效果好于其他氯盐增强剂。当掺1%以下时对水泥的凝结时间无明显影响,掺2%时的凝结时间提前2/3~2 h,掺4%以上就会使水泥速凝。

硫酸钠又名元明粉、无水芒硝,易溶于水,在水泥水化时,与水泥水化产生的 $Ca(OH)_2$ 发生以下反应:

$$Na_2SO_4+Ca(OH)_2+2H_2O \rightarrow CaSO_4 \cdot 2H_2O+2NaOH$$

所生成的二水石膏颗粒细小,比水泥中原有的二水石膏更能加快水化反应:

$$CaSO_4 \cdot 2H_2O+C_3A+12H_2O \rightarrow 3CaO \cdot Al_2O \cdot CaSO_4 \cdot 12H_2O$$

使水化产物硫铝酸钙更快地生成,从而加快水化硬化速度。其1 d强度提高尤其明显。硫酸钠在水化反应中,由于生成了NaOH,使碱度有所提高,这对矿渣的激发作用有较明显的效果,因而比其他的硫酸盐激发效果好。由于早期水化物结构形成较快,结构致密程度较差一些,因而后期强度会略有降低。硫酸钠掺量有一个最佳控制量,一般在1%~3%,掺量低于1%早强作用不明显,掺量太大后期强度损失也大,一般在1.5%为宜。

在有机物类中,醇类、胺类均作早强剂,但最常用的是三乙醇胺,其分子中有N原子,它有一对未共用电子,很容易与金属离子形成共价键,发生络合,与金属离子形成较稳定的络合物,这些络合物在溶液中形成许多的可溶区,从而提高了水化产物的扩散速率,缩短水泥水化过程中的潜伏期,提高早期强度。此外,三乙醇胺在 $C_3A-CaSO_4-H_2O$ 的体系中,能加快钙矾石的生成,因而复合激发效果较好。当三乙醇胺掺量过大时,水泥矿物中 C_3A 与石膏在其催化下迅速生成钙矾石而加快了凝结时间。三乙醇胺对 C_3S、C_2S 水化过程中有一定的抑制作用,这又使后期的水化产物得以充分地生长、致密,保证了混凝土后期强度的提高。三乙醇胺作为早强剂时,掺量为0.02%~0.05%,掺量 > 0.1%则有促凝作用。

根据以上原理,泡沫混凝土配合比试验特选定 Na_2SO_4、三乙醇胺作为早强剂。

11.3.2　泡沫混凝土配合比的相关试验

11.3.2.1　**泡沫的制备**

配合比试验采用HT-60A泡沫混凝土专用机进行泡沫制备,该设备是由河南华泰新材科技股份有限公司设计制造,外形及工作流程分别见图11-2和图11-3。该机自动抽取搅拌好的水泥浆,发泡机自动发泡,水泥浆和泡沫剂在主机内充分混合后自动泵送,主机可以通过变频器调整水泥浆泵转速和泡沫剂泵转速以控制泡沫混凝土的湿容重气泡密度,技术参数见表11-10。

图 11-2　HT-60A 型泡沫混凝土专用机

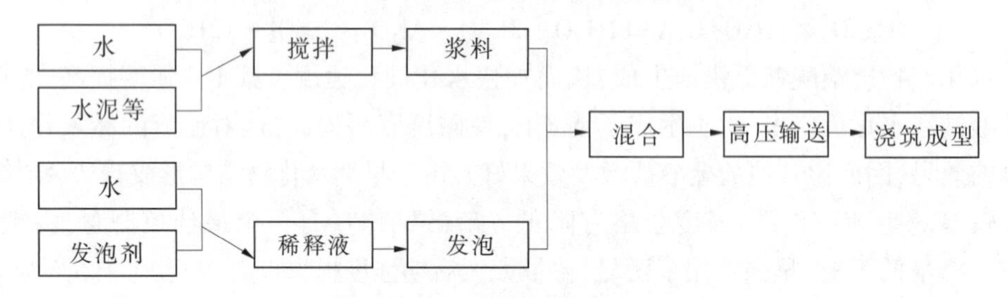

图 11-3　泡沫混凝土制备流程

表 11-10　HT-60A 泡沫混凝土专用机技术参数

名称	单位	参数
泡沫混凝土输送量	m^3/h	12~15
最大垂直输送高度	m	60
最大水平输送距离	m	500
整机功率	kW	8.5
外形尺寸	mm	145×980×860
重量	kg	450

11.3.2.2　泡沫混凝土配合比设计与试验

1. 设计指标与试验规定

泡沫混凝土配合比设计指标包括干密度、新拌泡沫混凝土的流动度及抗压强度。

本书设计泡沫混凝土干密度等级为 A6，强度等级为 C5，根据《泡沫混凝土应用技术规程》(JGJT 341—2014)其干密度标准值为 600 kg/m^3，允许范围为 550 $kg/m^3 \leqslant \rho_{干} \leqslant 650$ kg/m^3，抗压强度平均值为 5 MPa，每块最小值为 4.25 MPa。

新拌泡沫混凝土的流动度不应小于 200 mm。

2. 泡沫混凝土的配合比设计

泡沫混凝土的配合比按设计所需干密度配置，并按干密度计算材料用量。根据泡沫

混凝土设计干密度计算泡沫混凝土水泥用量和用水量,具体公式如下:

$$\rho_d = S_a(m_c + m_m) \tag{11-3}$$

$$m_w = B(m_c + m_m) \tag{11-4}$$

式中:ρ_d 为泡沫混凝土设计干密度,kg/m^3;S_a 为泡沫混凝土养护 28 d 后,各基本组成材料的干物料总量与成品中非蒸发物总量所确定的质量系数,普通硅酸盐水泥取 1.2;m_c 为 1 m^3 泡沫混凝土的水泥用量,kg;m_m 为 1 m^3 泡沫混凝土的掺和料用量,kg;m_w 为 1 m^3 泡沫混凝土的用水量,kg;B 为水胶比,用水量与胶凝材料质量之比,未掺外加剂时,水胶比可按 0.5~0.6 选取;掺入外加剂时,水胶比应通过试验确定。

1 m^3 泡沫混凝土中,由水泥、掺和料、骨料和水组成料浆总体积和泡沫添加量可按下列公式计算:

$$V_1 = \frac{m_c}{\rho_c} + \frac{m_m}{\rho_m} + \frac{m_s}{\rho_s} + \frac{m_w}{\rho_w} \tag{11-5}$$

$$V_2 = K(1 - V_1) \tag{11-6}$$

式中:V_1 为由水泥、掺和料、骨料和水组成的料浆总体积,m^3;ρ_c 为水泥密度,kg/m^3,取 3 100 kg/m^3;ρ_m 为掺和料的密度,kg/m^3,粉煤灰密度取 2 600 kg/m^3,矿渣粉密度取 2 800 kg/m^3;m_s 为 1 m^3 泡沫混凝土的骨料用量,kg;ρ_s 为骨料表观密度,kg/m^3;ρ_w 为水的密度,kg/m^3,取 1 000 kg/m^3;V_2 为泡沫添加量,m^3;K 为富余系数:视泡沫剂质量、制泡时间及泡沫加入到料浆中再混合时的损失等而定,对于稳定性好的泡沫剂,取 1.1~1.3。

物理发泡泡沫剂的用量按下列公式计算:

$$m_f = \frac{m_y}{\beta + 1} \tag{11-7}$$

$$m_y = V_2\rho_f \tag{11-8}$$

式中:m_f 为 1 m^3 泡沫混凝土的泡沫剂用量,kg;m_y 为 1 m^3 形成的泡沫液质量,kg;β 为泡沫剂稀释倍数;ρ_f 为实测泡沫剂密度,kg/m^3,测试方法应符合现行国家标准《混凝土外加剂匀质性试验方法》(GB/T 8077)的规定。

泡沫混凝土配合比的调整采用以下步骤:

(1)以计算的泡沫混凝土配合比为基础,再选取与之相差±10%的相邻两个水泥用量,用水量不变,掺和料相应适当增减,分别按三个配合比拌制泡沫混凝土拌和物;测定拌和物的流动度,调整用水量,以达到要求的流动度为止。

(2)按校正后的三个泡沫混凝土配合比进行试配,检验泡沫混凝土拌和物的流动度。

3. 抗压强度和干密度的测定

试块标准养护 28 d 后,测定泡沫混凝土抗压强度和干密度,以泡沫混凝土配置强度和干密度满足设计要求,且具有最小水泥用量的配合比作为选定的配合比。

4. 选定配合比的质量校正

对选定的配合比进行质量校正,校正系数按下列公式计算:

$$\rho_{cc} = m_c + m_m + m_s + m_f + m_w \tag{11-9}$$

$$\eta = \frac{\rho_{co}}{\rho_{cc}} \tag{11-10}$$

式中：η 为校正系数；ρ_{co} 为按配合比各组成材料计算的湿密度，kg/m³；ρ_{cc} 为泡沫混凝土拌和物的实测湿密度，kg/m³；m_f 为配合比计算所得的 1 m³ 泡沫混凝土的泡沫剂用量，kg。

选定配合比中的各项材料用量均应乘以校正系数作为最终的配合比设计值。同时，在泡沫混凝土使用过程中，应根据材料的变化或泡沫混凝土质量动态信息及时进行调整配合比。

11.3.2.3 泡沫混凝土的流动度试验

泡沫混凝土流动度试验设备包括泡沫混凝土制备机、内径 80 mm 高 80 mm 的硬质材料空心圆筒、边长 400 mm×400 mm 的光滑硬塑料板、容积 1 L 带刻度的不锈钢量杯 2 个、刀长 150 mm 平口刀、精度 0.02 mm 的深度游标卡尺、秒表等，现场开展泡沫混凝土流动度试验的照片见图 11-4。

图 11-4　现场开展泡沫混凝土流动度试验

试验用料采用 10 L 新拌泡沫混凝土，采取在泵送管出口处现场取样。

试验前在试验用的量杯杯身外侧做标识，分别表明量杯 1、量杯 2；清洗擦干仪器设备，将空心圆筒垂直竖于光滑硬质塑料板中间，用量杯 1 接取试样，并将试样倒入量杯 2 中，慢慢将量杯 2 中的试样倒入空心圆筒，并用平口刀轻敲空心圆筒外侧，使试样充满整个空心圆筒，用平口刀慢慢地沿空心圆筒的端口平面刮平试样，慢慢地将空心圆筒垂直向上提起，并应使试样自然塌落。静置 1 min 后，采用深度游标卡尺测得塌落体最大水平直径，即为试样的流动度。重复上述试验步骤，并取 3 次试验结果的算术平均值为新拌泡沫混凝土的流动度。现场流动度试验检测结果详见表 11-11。

表 11-11　泡沫混凝土流动度检测结果

试件编号	湿容重(kg/m³)	流动度(mm)
1	780	213
2	770	220
3	760	235

11.3.2.4 泡沫混凝土配合比试验

根据上述配合比设计流程初步得出泡沫混凝土配合比如表 11-12 所示。

表 11-12　泡沫混凝土配合比设计

水泥(kg)	泡沫剂(kg)	水(kg)
480	4.8	240
500	4.5	225

试验用配合比分别按照 0.5∶1和 0.45∶1,水泥标号分别采用 42.5 和 52.5,泡沫剂稀释比例 1∶50。现场采用灰砖垒砌 2 个 1.5 m×1.5 m×0.4 m 试验用浇筑仓,每次浇筑 10~15 cm 厚,浇筑过程中连续查看流动性,浇筑完成后将砌砖拆除查看浇筑断面气泡匀质性,并在浇筑过程中通过泡沫混凝土制备机的泡沫泵和水泥泵变频器调整转速以取得不同的湿容重以供取样分析干湿容重的相关性。泡沫混凝土配合比现场试验过程见图 11-5~图 11-8。

图 11-5　配合比试验砌砖槽内浇筑泡沫混凝土(一)

图 11-6　配合比试验砌砖槽内浇筑泡沫混凝土(二)

图 11-7　配合比试验现场取样测量湿容重

图 11-8　配合比试验现场查看浇筑侧面气泡匀质性

配合比试验过程中存在的问题分析:

(1)泡沫混凝土使用时必须注意控制其黏稠度:试验采用的 0.45∶1水灰比浆液在搅拌机拌制过程中存在黏稠度过大,需要适当控制泡沫混凝土的黏稠度;否则过大的黏稠度有可能导致搅拌机功率不足带不动甚至烧坏电动机。

(2)泡沫混凝土使用时必须注意混凝土内部水化热:试验采用标号52.5的普通硅酸盐水泥拌制泡沫混凝土浇筑后温升较大,正常混凝土内部水化热温度一般在60 ℃以内,但是该泡沫混凝土内部温度最大达到110 ℃附近,导致硬化后表面产生裂缝,有的甚至是内部贯通裂缝。因此,在后期实际边坡修复的现场施工时,泡沫混凝土施工浇筑过程中采用水灰比0.5∶1和42.5普通硅酸盐水泥拌制浆液,控制了混凝土内部水化热保证了泡沫混凝土的施工质量。

11.3.2.5　泡沫混凝土湿容重试验

泡沫混凝土湿容重又称湿密度,湿密度试验设备主要包括泡沫混凝土制备机、量程2 000 g精度1 g的电子秤、容积15 L塑料桶、容积1 L带刻度的不锈钢量杯2个、刀长150 mm的平口刀等。

试验用料采用10 L新拌泡沫混凝土,采取在泵送管出口处现场取样。

试验前分别在量杯杯身外侧做标识,标明量杯1、量杯2;电子秤水平放置,将量杯1平放在电子秤上并称取其质量m_1,用量杯2接取试样,并将试样慢慢倒入量杯1中,当试样装满量杯1时,用平口刀轻敲量杯1外壁使试样充满整个量杯1中,用平口刀慢慢沿量杯1端口平面刮平试样,将装满试样的量杯1平放于电子秤上测得试样加量杯1的质量m_2,泡沫混凝土湿密度按下式计算:

$$\rho_{cc} = \frac{1\ 000(m_2 - m_1)}{V_1} \tag{11-11}$$

式中:ρ_{cc}为泡沫混凝土湿密度,kg/m^3,精确至0.1 kg/m^3;m_1为量杯1质量,g,精确至0.1 g;m_2为量杯加试样的质量,g,精确至0.1 g;V_1为量杯1体积,m^3,精确至0.1 m^3。

重复上述试验步骤,取3次试验结果的算术平均值作为新拌泡沫混凝土的湿密度。泡沫混凝土湿密度试验在每次取样后5 min内完成。

11.3.2.6　泡沫混凝土干容重试验

泡沫混凝土干密度、抗压强度、吸水率试验试件采用100 mm×100 mm×100 mm立方体混凝土试模,现场浇筑,24 h脱模,养护环境湿度100%、温度(20±1) ℃,并标准养护28 d,每组试件的数量为3块。

干密度试验时取一组3块试件,逐块量取长、宽、高三个方向的长度值,并精确到1 mm,计算每块试件的体积V。将3块试件放在温度为(60±5)℃的干燥箱内烘干至前后两次相隔4 h的质量差不大于1 g,取出后,试件放入干燥器内并在试件冷却至室温后称取试件烘干质量,精确至1 g。干密度按下式计算:

$$\rho_d = \frac{m_0}{V} \times 10^6 \tag{11-12}$$

式中:ρ_d为干密度,kg/m^3,精确至0.1;m_0为试件烘干质量,g;V为试件的体积,mm^3。

试件的干密度值为3块试件干密度的平均值,精确至1 kg/m^3。现场通过试验确定了试验泡沫混凝土干容重与湿容重的相关性,取平均值后干容重≈湿容重×0.77,具体见表11-13。据此进行现场施工时以湿容重控制干容重的标准。

表 11-13　泡沫混凝土湿容重与干容重相关性

试件编号	湿容重(kg/m³)	干容重(kg/m³)	干容重与湿容重比
1	800	620	0.775
2	770	600	0.779
3	785	600	0.764

11.3.2.7　泡沫混凝土抗压强度试验

泡沫混凝土抗压强度试验采用的压力试验机必须符合 GB/T 2611 中技术要求的规定,其测量精度为±1%,试件破坏荷载大于压力机全量程的 20%且小于压力机全量程的 80%。泡沫混凝土抗压试件在受压前精确测量了受压面受力面积,在抗压强度试验时,试件的中心需与试验机下压板中心对准,试件的承压面应与成型时的顶面垂直。开动试验机后,当上压板与试件接近时,调整球座,并应使之接触均匀。当强度等级为 C0.3~C1 时,其加压速度应为 0.5~1.5 kN/s;当强度等级为 C2~C5 时,其加压速度应为 1.5~2.5 kN/s;当强度等级为 C7.5~C20 时,其加压速度应为 2.5~4.0 kN/s。加压面连续而均匀地加荷,直至试件破坏,记录最大破坏荷载。试件抗压强度按下式计算:

$$f = \frac{F}{A} \tag{11-13}$$

式中:f 为试件的抗压强度,MPa,精确至 0.001 MPa;F 为最大破坏荷载,N;A 为试件受压面积,mm²。

试件的抗压强度为 3 块试件抗压强度的平均值,精确至 0.01 MPa。现场检测试件抗压强度如表 11-14 所示。

表 11-14　泡沫混凝土配合比和抗压强度

编号	水泥标号	水泥(kg)	水(kg)	泡沫剂(mL)	湿容重(kg/m³)	干容重(kg/m³)	28 d 抗压强度(MPa)
1	42.5	480.00	240.00	4.8	779.00	600.00	5.70
2	42.5	480.00	240.00	4.8	820.00	632.00	6.20
3	42.5	480.00	240.00	4.8	844.00	650.00	6.00
4	42.5	480.00	240.00	4.8	836.00	644.00	5.90
5	42.5	480.00	240.00	4.8	764.00	589.00	5.50

11.3.2.8　泡沫混凝土的吸水率试验

泡沫混凝土吸水率试验将试件放入电热鼓风干燥箱内,试件在(60±5)℃下烘干至前后两次间隔 4 h,质量差小于 1 g。当试件冷却至室温后,应放入水温为(20±5)℃的恒温水槽内,然后加水至试件高度的 1/3,保持 24 h。再加水至试件高度的 2/3,经 24 h 后,加水高出试件 30 mm 以上,保持 24 h。将试件从水中取出,用湿布抹去表面水分,应立即称取每块质量(m_g),精确至 1 g。吸水率应按下式计算:

$$W_R = \frac{m_g - m_0}{m_0} \times 100 \tag{11-14}$$

式中：W_R 为吸水率(%)，计算精确至0.1；m_0 为试件烘干后质量，g；m_g 为试件吸水后质量，g。

试件的吸水率为3块试件吸水率的平均值，并应精确至0.1%。试验测得试块吸水率如表11-15所示。

表11-15　泡沫混凝土试块吸水率

试件编号	试件烘干后质量(g)	试件吸水后质量(g)	吸水率(%)
1	615	645	4.88
2	590	610	3.39
3	600	630	5.00

11.3.3　外加剂对抗压强度影响分析

根据前述试验成果，泡沫混凝土采用的外加早强剂是三乙醇胺、Na_2SO_4，根据外加剂厂家提供的建议掺量，水灰比采用0.5∶1，同时开展了外加剂对泡沫混凝土抗压强度影响的试验，试验数据见表11-16。

表11-16　早强剂对泡沫混凝土抗压强度的影响试验

编号	水泥(kg)	水(kg)	泡沫剂	三乙醇胺(%)	Na_2SO_4(%)	3 d平均抗压强度(MPa)
1	480.00	240.00	4.80	0.02	1.00	1.40
2	480.00	240.00	4.80	0.05	1.00	1.60
3	480.00	240.00	4.80	0.10	2.00	1.90
4	480.00	240.00	4.80	0.02		1.25
5	480.00	240.00	4.80	0.05		1.33
6	480.00	240.00	4.80		1.00	0.80
7	480.00	240.00	4.80		2.00	1.00
8	480.00	240.00	4.80			0.65
9	480.00	240.00	4.80			0.90
10	480.00	240.00	4.80			1.05

从试验数据可以看出，三乙醇胺、Na_2SO_4 复掺比单掺效果要好。由于混凝土强度与水泥水化程度有直接的关系，水化越彻底，水泥石的强度越高，而泡沫混凝土更加如此，其内部气泡阻碍了水泥的进一步水化，因此泡沫混凝土的强度较普通混凝土低很多。三乙醇胺、硫酸钠均为早强剂，但复掺效果最好主要是由于三乙醇胺在水泥水化过程中与Al^{3+}、Fe^{3+}生成易溶于水的络合物，从而破坏了水化初期熟料离子表面形成的C_3AF水化

物膜，在有 SO_4^{2-} 存在的情况下反应速度加快，促使 C_3A、C_4AF 的溶解速度及硫铝酸钙的生成速度加快，从而降低了 Ca^{2+}、Al^{3+} 的浓度，促进了 C_3S 深入水化，因此三乙醇胺与硫酸钠的复合效果最好。

通过试验发现：早强剂虽然作用明显，但试验过程中发现掺多了，其副作用也是很大的，如速凝、收缩、返碱等，因此，三乙醇胺不宜超过 0.1%，Na_2SO_4 不宜超过 2.5%。

11.3.4　水灰比对抗压强度的影响分析

通过上述水泥泡沫混凝土配合比相关试验，得到的适宜的水灰比为 0.45~0.5；采用 0.45 水灰比在制备水泥浆过程中注意需要匹配功率较大的搅拌机。因此，本试验对两种不同配合比的泡沫混凝土进行抗压强度试验，试验试件经规定条件分别养护至预定龄期，即 3 d、7 d、28 d 之后，相应测定其容重和抗压强度，试验结果见表 11-17。

表 11-17　不同水灰比泡沫混凝土试块抗压强度

编号	水泥（kg）	水（kg）	水灰比	湿容重（kg/m^3）	干容重（kg/m^3）	3 d 平均抗压强度（MPa）	7 d 平均抗压强度（MPa）	28 d 平均抗压强度（MPa）
1	500.00	225.00	0.45	800.00	616.00	1.70	2.60	4.90
2	500.00	225.00	0.45	820.00	631.40	1.85	2.80	5.20
3	480.00	240.00	0.50	750.00	577.50	1.45	1.90	4.50
4	480.00	240.00	0.50	760.00	585.20	1.55	2.40	4.70

从表 11-17 可以看出，泡沫混凝土在 3 d、7 d、28 d 养护龄期具有很好的强度发展，其 3 d、7 d、28 d 抗压强度随容重增大而逐渐升高，这主要是由于水泥加入量增加，导致强度增加。试验成果的分析表明，在相同水灰比下，泡沫混凝土容重越高，抗压强度越大。

11.3.5　胶凝材料对泡沫混凝土抗压强度的影响分析

水泥作为泡沫混凝土的主要胶凝材料，其水化硬化后的强度就决定了泡沫混凝土的强度，因此试验选取了同样水灰比、同样水泥用量情况下，采用不同水泥标号对泡沫混凝土抗压强度的影响进行分析，结果见表 11-18。

试验结果说明水泥标号越高，泡沫混凝土水化硬化后的强度也就越高，泡沫混凝土的强度也就越高。这点与水泥砂浆混凝土相似。

11.3.6　泡沫混凝土配合比试验成果分析

(1) 从发泡效果看，植物蛋白质发泡剂发泡速度快，泡沫细小、均匀，稳定性好，可以作为现场浇筑的首选发泡剂；水泥是泡沫混凝土产生强度的主要胶凝材料，其掺加量多少和水化后的抗压强度决定了泡沫混凝土的抗压强度，掺加量越高，泡沫混凝土抗压强度越高；水泥标号越高，泡沫混凝土抗压强度越高。

表 11-18　不同水泥标号泡沫混凝土抗压强度

编号	水泥标号	水泥(kg)	水(kg)	水灰比	湿容重(kg/m^3)	干容重(kg/m^3)	3 d 平均抗压强度(MPa)
1	32.5	480.00	240.00	0.50	636.00	489.72	0.77
2	32.5	480.00	240.00	0.50	616.00	474.32	0.69
3	42.5	480.00	240.00	0.50	950.00	731.50	2.70
4	42.5	480.00	240.00	0.50	930.00	716.10	2.55
5	52.5	480.00	240.00	0.50	750.00	577.50	1.45
6	52.5	480.00	240.00	0.50	760.00	585.20	1.55

(2)泡沫混凝土中水的用途有两个:一是达到水泥水化、硬化的目的;二是保证混合砂浆有一定的流动性,满足混合搅拌、泵送、浇筑等施工的需要。泡沫混凝土中水在满足水泥水化、硬化的前提条件下,水灰比越小,混凝土抗压强度越高,反之亦然。适宜的水灰比,应综合考虑混凝土和易性、容重、强度等因素,通过试验确定。

(3)无机早强剂 Na_2SO_4 和三乙醇胺对于水泥浆泡沫混凝土的抗压强度有明显的促进作用,适合做泡沫混凝土的早强激发剂。

(4)用预制泡沫混合法可以制备流动性极好的新拌泡沫混凝土,从而使泡沫混凝土可以远距离泵送,并且用于大体积现场浇筑工程,尤其适用于下空间的填充浇筑。

11.4　泡沫混凝土的浇筑工艺

在南水北调总干渠边坡维修时试验采用了泡沫混凝土技术,一级马道基层下部回填采用现浇泡沫混凝土,泡沫混凝土用发泡装置制备成泡沫,再将泡沫加入水泥浆中,经混合搅拌、浇筑成型、养护面成轻质微孔混凝土。泡沫混凝土干密度等级为 A6,强度等级为 C5,吸水率小于 W5,泡沫混凝土单元之间设置分缝止水,分缝止水由橡胶止水带、聚硫乙烯泡沫板组成。现场浇筑的施工工艺如下。

11.4.1　泡沫混凝土的制备工艺

泡沫混凝土的制备包括灰浆的配置、泡沫的制备和泡沫混凝土的拌和与浇筑。根据要求的泡沫混凝土的容重、抗压强度等选择适合的水泥,计算出适宜的配合比,同时确定水灰比和其他外加剂的适宜掺量,用适宜的搅拌机拌和水泥浆;将发泡剂按规定比例稀释成水溶液,借助于发泡设备制备泡沫;根据要求的泡沫混凝土的容重按比例混合预先制备好的水泥浆和刚刚制备好的泡沫,泵送或就地浇筑。其工艺流程如图 11-9 所示。

11.4.2　施工基面的清理

在浇筑泡沫浇筑前由人工将基础面中的杂物等清理干净。清理干净后采用手持式振动碾对浇筑基面进行整平。

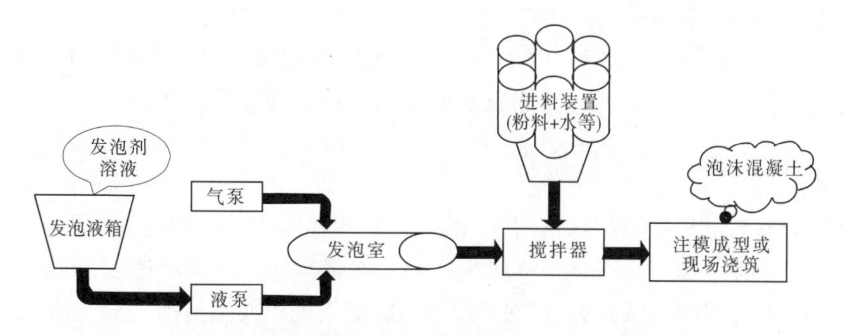

图 11-9　预制泡混合法制备泡沫混凝土工艺流程

11.4.3　施工模板的安装支护

泡沫混凝土模板采用木模板,每 16 m 一个单元进行支模;现场施工的浇筑前支模照片见图 11-10。模板支护的工艺要求是:模板接缝处不应漏浆,模板内不应有积水,模板内的杂物需清理干净,模板表面需清理干净并涂刷隔离剂。在浇筑泡沫混凝土之前,要对模板进行验收,浇筑时还需对模板及其支架进行观察和维护,模板拆除时应保证不损坏浇筑体表面和棱角。

图 11-10　泡沫混凝土浇筑前支模

11.4.4　泡沫混凝土的现场生产

根据前期进行的泡沫混凝土配合比相关试验,泡沫混凝土浇筑配比按表 11-19 所示指标控制。

表 11-19　泡沫混凝土浇筑配比

水泥(kg)	泡沫剂(kg)	水(kg)	强度(MPa)
480	4.8	240	>5

生产前按照浇筑量计算所需水泥,将符合要求的水泥运至浇筑仓面附近,并将砂浆搅拌机、泡沫混凝土制备机、泡沫剂、外加剂等配置到位,浇筑前对泡沫混凝土制备机进行调试和试浇,包括泡沫制备、压力调整、输送泵通畅情况、浇筑泡沫均匀性、湿容重等检查,符

合前期配合比试验要求后再正式生产。

冬季进行泡沫混凝土生产时,由于气温过低使泡沫混凝土产生分层离析并泌水现象,影响浇筑质量。通过现场对水进行加温或外购热水可以防止病害的出现。

11.4.5　泡沫混凝土的质量检查

(1)使用 10 L 量杯接取泡沫混凝土,倒入 1 L 量杯内称重检查其湿容重,净重不小于 780 g(600/0.77)为合格,否则应调整泡沫机的水泥浆与泡沫的流动速度,重新进行检查,直至合格。施工过程中持续检查,保证工程质量;施工现场使用泡沫混凝土浇筑的质量检测见图 11-11。

图 11-11　现场检测泡沫混凝土的拌和质量

(2)每单元留取不少于 3 组试块,检查其 7 d、14 d、28 d 抗压强度。

(3)在浇筑过程中注意观测泡沫混凝土温升。局部温升超过 100 ℃时,浇筑后表面会出现干缩裂缝;必须立即调整水泥标号,控制泡沫混凝土温升保持在允许范围内。

11.4.6　泡沫混凝土浇筑

11.4.6.1　浇筑方式

在渠道边坡维修时,泡沫混凝土泵放置于一级马道作业区附近,现场拌制泡沫混凝土,采用泵管输送至施工仓面。浇筑时需连续作业、一次成型,浇筑达到设计标高后采用刮板刮平,终凝前不得扰动和上人。浇筑现场施工布置见图 11-12、图 11-13。

11.4.6.2　浇筑厚度控制

每层浇筑厚度不大于 40 cm,避免上部混凝土过重造成下部泡沫混凝土施工质量偏差,当下层混凝土终凝后再浇筑上层混凝土。

11.4.6.3　分层结合面控制措施

下层泡沫混凝土浇筑完毕终凝后,通过拉槽的方式处理层间结合面,清理干净后方可

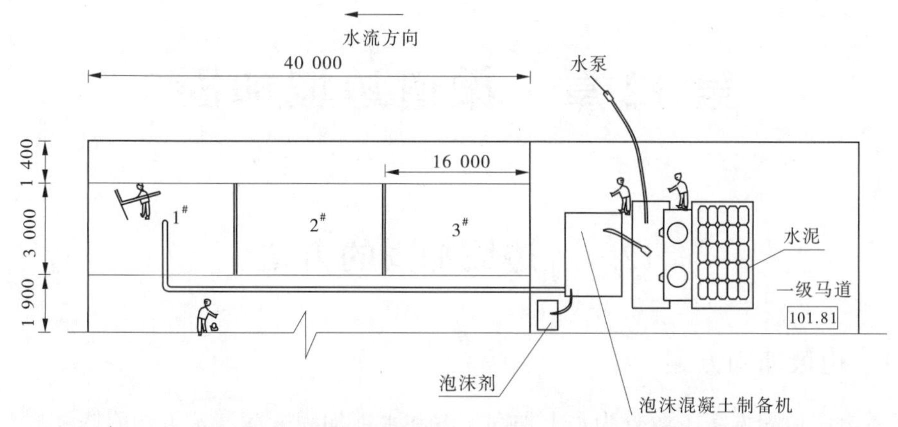

图 11-12　泡沫混凝土现场浇筑施工布置（单位:尺寸,mm;高程,m）

图 11-13　泡沫混凝土现场浇筑施工

进行上层泡沫混凝土的施工。

11.4.6.4　泡沫混凝土的养护

单元浇筑完毕后,及时进行洒水养护。冬季由于气温过低容易造成质量缺陷,浇筑完成后及时用土工膜掩盖,并在仓面内增设碘钨灯保温 3 d 以上,冬季保温措施见图 11-14。

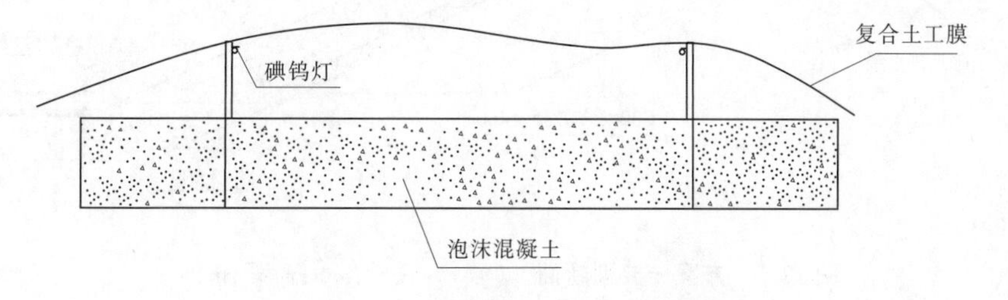

图 11-14　泡沫混凝土冬季保温措施

第12章　渠道边坡加固

12.1　边坡加固的方法

12.1.1　边坡加固方案

渠道边坡加固方案主要分为水上加固方案和水下加固方案。水上加固修复方案涉及渠段的桩号范围为Ⅳ104+691~Ⅳ104+822;而水下边坡加固修复方案又调整分为同时施工的方案一和方案二:其中方案一桩号范围为Ⅳ104+922~Ⅳ104+934,方案二桩号范围为Ⅳ104+882~Ⅳ104+922。

方案一水下边坡修复采用底部40 cm厚模袋混凝土和上部66~142 cm厚不分散混凝土进行防护。水下混凝土施工完成后,在水面以上边坡设置自张式土锚,倾角40°,孔深12 m,顺水流方向间距2 m。

方案二水下边坡采用50 cm厚不分散混凝土进行防护,边坡混凝土浇筑前在底板处浇筑齿槽并预埋槽钢构件,在水面附近增设C30钢筋混凝土地梁;顺坡面搭设工字钢梁连接齿槽埋件和地梁埋件,顺水流方向钢梁按间距3 m布置,坡面混凝土浇筑后将钢梁埋入。水下混凝土施工完成后,在水面以上边坡设置自张式土锚,倾角40°,孔深12 m,顺水流方向间距2 m。同时在地梁上部预留的孔位垂直设置抗滑桩,深入边坡5 m,顺水流方向间距2 m。地梁抗滑桩与自张式土锚联合受力,在典型断面按方案一和方案二进行的工程布置如图12-1、图12-2所示。

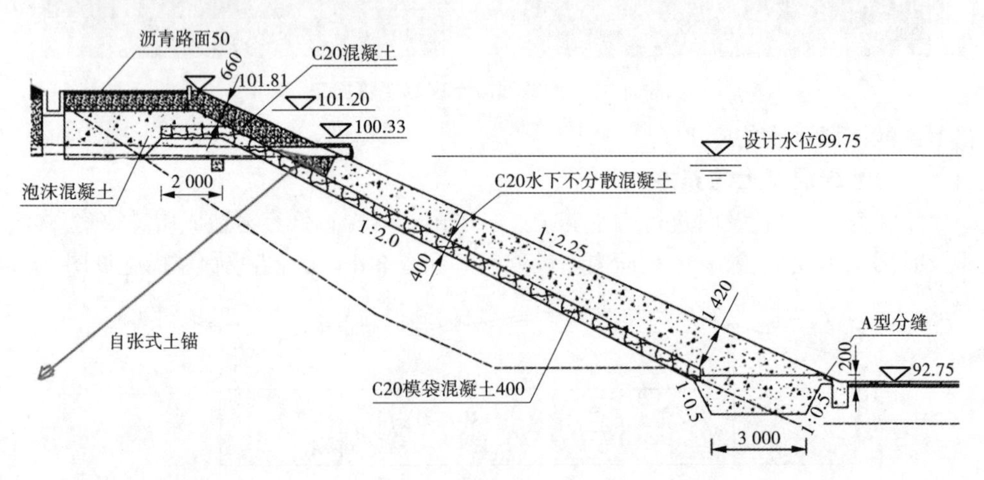

图12-1　方案一典型断面　(单位:尺寸,mm;高程,m)

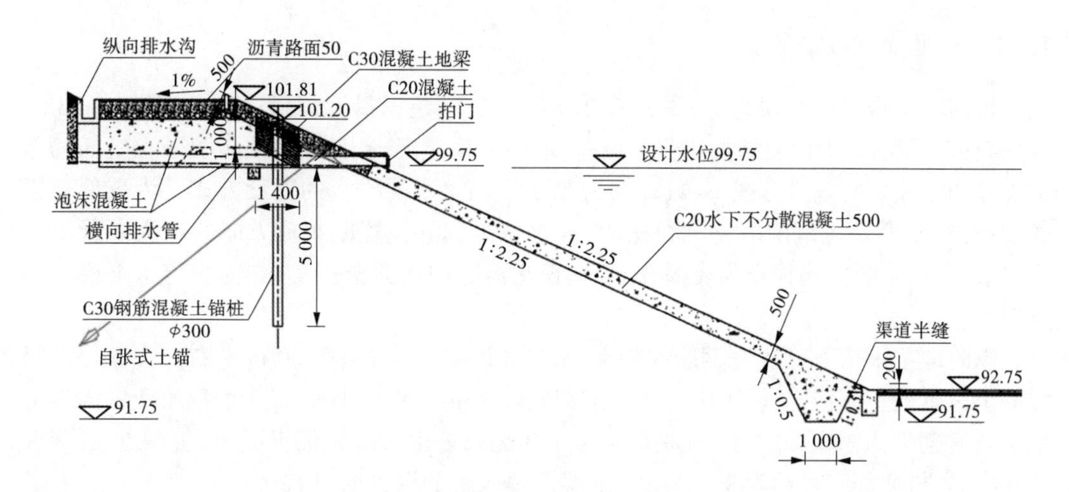

图 12-2　方案二典型断面　(单位:尺寸,mm;高程,m)

12.1.2　加固锚杆设计

采用降低渠外地下水位同时再用一定厚度混凝土压重来解决渠道衬砌板抗浮稳定问题。考虑到渠道开挖揭露的换填层土体情况与原设计不一致,为提高上部衬砌的安全度,在渠道设计水位以上增设自张式机械锚杆,锚板嵌于混凝土层内,锚杆布置见图12-3。

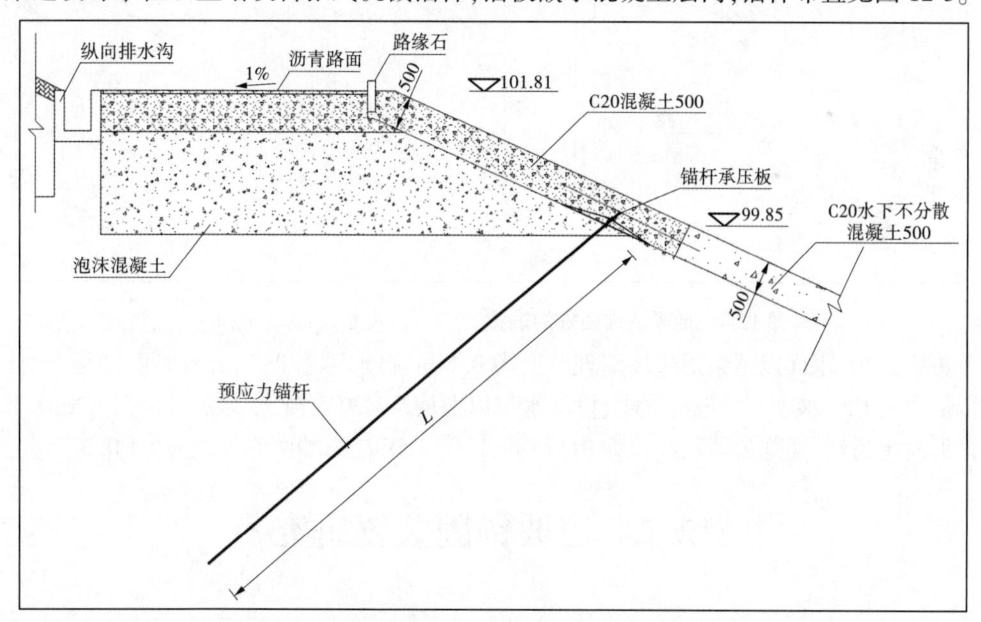

图 12-3　锚杆设置　(单位:尺寸,mm;高程,m)

自张式机械锚杆单根长度暂定为12 m,与水平方向交角40°,间距2.0 m,设计锚固力暂定80 kN,锁定锚固力暂定为40 kN。锚杆与渠道边坡交叉位置高程为99.85 m,锚杆承压板设置于模袋混凝土上部,嵌于表层混凝土层内,待上层混凝土浇筑前进行张拉、锁定。

施工前应对自张式机械锚杆施工可行性进行现场试验,并通过现场试验确定锚固力。

12.1.3　设置锚固桩

根据施工现场研究讨论，为尽快完成水下修复的建设目标，对设计桩号Ⅳ104+882～Ⅳ104+922段的衬砌恢复结构进行了调整：取消了模袋混凝土，利用模袋混凝土植插筋作为支撑固定模板的施工方式不再适用，为此必须调整水下模板的支设方式。为方便模板的支设，在本段处理范围内，坡面99.75 m水位高程处设置顺水流方向的现浇混凝土地梁，通过地梁上纵向槽钢作为支撑，配合垂直水流方向横向槽钢梁，作为固定水下模板的支撑点。

纵向地梁采用C30现浇钢筋混凝土，水平宽度1.4 m，高度1.0 m左右。为保持上部混凝土衬砌的整体稳定，施工中在地梁上部间隔2 m预留开孔，设置钢筋混凝土锚固桩将地梁与衬砌板锚固在一起，锚固桩直径为300 mm，采用C30钢筋混凝土，桩深5 m，深入原状土体，桩底部高程约为94.75 m。地梁及锚固桩的设置见图12-4。

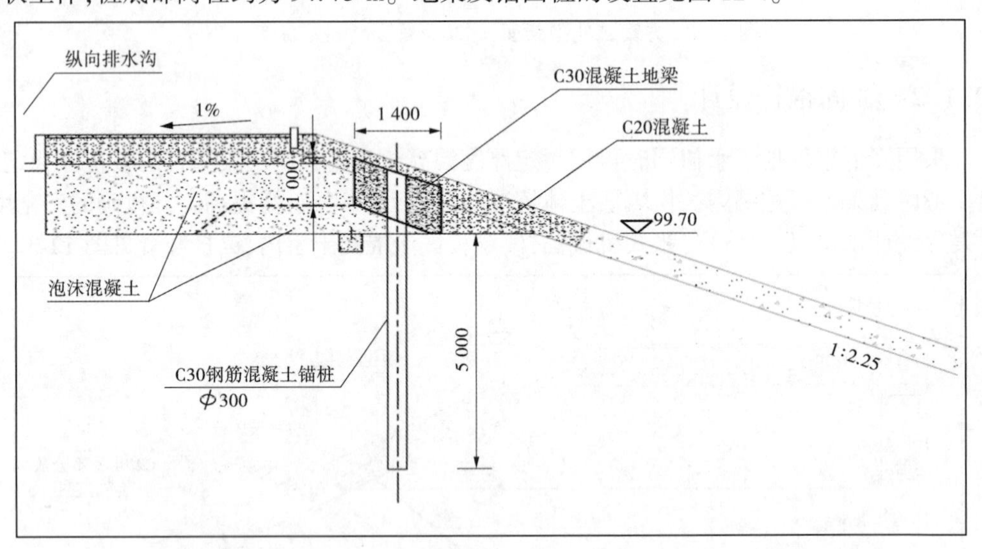

图12-4　地梁及锚固桩的设置　（单位：尺寸，mm；高程，m）

方案二中，水面以下渠道边坡清理厚度为0.5 m，衬砌厚度0.5 m，等厚度结构，设计水位以下浇筑C20水下不分散混凝土，设计水位以上浇筑C20混凝土，坡脚处浇筑C20水下不分散混凝土齿墙，底部齿墙底高程为91.75 m，底宽1.0 m，齿墙两侧坡比为1∶0.5。

12.2　边坡锚固装置研究

12.2.1　锚杆的定义、分类及特点

12.2.1.1　锚杆的定义

锚杆是锚固岩土体、维护其稳定的杆状结构物。锚杆一般由外锚具、自由段和锚固段组成，见图12-5。

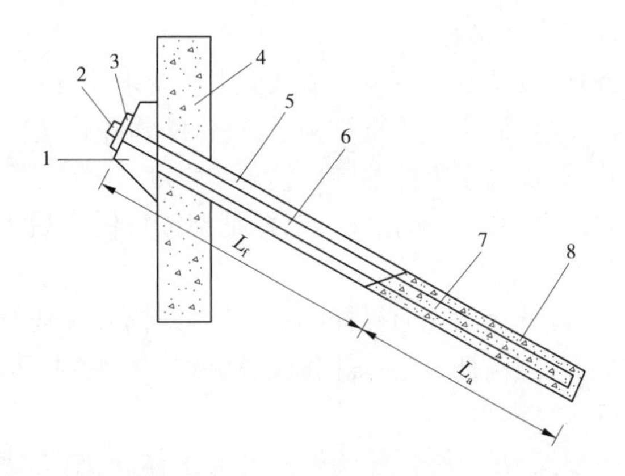

1—台座;2—锚具;3—承压板;4—支挡结构;5—钻孔;6—自由隔离层;
7—钢筋;8—注浆体;L_f—自由段长度;L_a—锚固段长度

图 12-5　锚杆构造

1. 外锚具

外锚具是指连接支挡结构,固定拉杆的锁定结构。为了能够可靠地将来自结构物的力传递至稳定土层,就要保证构件本身强度和受力均匀两方面要求。外锚具由垫墩、垫板、锚具、保护帽和外端锚筋组成。

2. 自由段

自由段是指非锚固段的区段,可以自由受力,通常用来对锚杆施加预应力。

3. 锚固段

锚固段是锚杆提供抗拔力的部分,通常为黏结在锚杆杆件上的注浆体。锚固段长度和埋置深度应根据工程情况通过计算来确定,锚固段提供的抗拔力是锚杆最重要的技术指标。

12.2.1.2　锚杆的分类

随着工程的要求不断变化和锚杆技术的发展,目前锚杆的种类繁多,从不同的角度有不同的分法,常见的有以下几种:按工作年限可分为临时性锚杆和永久性锚杆;按工作机制锚杆可分为主动锚杆和被动锚杆;按锚杆受荷后锚固段内注浆体是处于受拉还是受压状态将锚杆分为拉力型锚杆和压力型锚杆;按黏结长度的范围可分为全长黏结锚杆和部分黏结锚杆;按是否施加预应力可分为预应力锚杆和非预应力锚杆。

1. 临时性锚杆和永久性锚杆

工作年限小于 2 年的为临时性锚杆,工作年限大于或等于 2 年的为永久性锚杆。

2. 主动锚杆和被动锚杆

主动锚杆,是指土体相对静止,荷载主动地施加在锚杆上,使锚杆发生相对土体的轴线位移和变形。被动锚杆,是指由于土体的位移,导致锚杆被动地与土体相互作用,从而起到阻止土体进一步位移的作用,用于抵抗土体可能的位移。

3. 全长黏结锚杆和部分黏结锚杆

全长黏结锚杆是指杆件沿全长注浆体黏结的锚杆。部分黏结锚杆是指仅在锚固段钢筋(或钢绞线)与注浆体黏结在一起,而自由段钢筋(或钢绞线)与注浆体没有黏结的锚杆。

4. 预应力锚杆和非预应力锚杆

对无初始变形的锚杆,要使其发挥全部承载能力则要求锚杆端部有较大位移,为减少这种位移,常通过张拉将锚杆固定在挡土结构上,这样的锚杆就是预应力锚杆。预应力锚固改变了土体的应力状态,提高了土体的弹性模量和强度。另外,预应力锚固还可以提高和维护土层的黏结力和内摩擦角。非预应力锚杆是指锚杆锚固后不施加外力,锚杆处于被动受力状态。

此外,按锚固形态又可分为圆柱形锚杆、端部扩大型锚杆和连续球型锚杆;按锚固机制可分为有黏结锚杆、摩擦型锚杆、端头锚固型锚杆和混合型锚杆等。

12.2.1.3 锚杆的特点

锚杆是通过在土体中安放受拉杆件,依靠杆件与土体的抗剪强度来抵抗来自结构物的拉力或保持土体自身稳定的加固技术。与完全依靠自身强度、重力而使结构物保持稳定的传统方法相比较,使用锚杆具有以下几个较为突出的特点:

(1)施工作业空间小。锚杆施工所需的作业空间小,能在比较狭窄的作业场地进行,方便了土体开挖和其他结构的施工,场地适应性很强。

(2)对土体扰动小。使用锚杆能更好地保护土体本身强度,控制土体的变形和位移。

(3)改善土体性能。使用锚杆能改善土体的力学性能和应力状态,更有利于土体的稳定。

(4)锚杆可根据需要灵活调整。为了获得最佳锚固效果和提高经济效益,锚杆的施加部位、长度、直径、倾角、间距、密度和施工时间,均可以根据工程需要进行灵活调整。

(5)节约工程成本。相比钢筋混凝土等,锚杆的支撑用料少,能够大大节约工程成本。

12.2.2 自张式土锚锚固机制

12.2.2.1 自张式土锚结构形式

自张式土锚的锚固作用与自张式土锚锚固段各部件受力后的位移过程及力的传递过程密切相关。要了解自张式土锚的锚固机制,就要了解土锚锚固段的组成。在土锚结构设计中锚固段的选型最为关键,在设计锚固段时必须使锚板面积足够大、锚体易张开及锚体强度满足设计抗拔承载力要求。基于上述要求,对土锚锚固段体型进行了优化设计;土锚锚固段是锚体的主要受力装置,由45#钢铸造,外喷防腐漆,实物照片见图12-6和图12-7。

图 12-6 锚杆处于闭合状态

图 12-7 锚杆处于张开状态

土锚锚固段主要由翼锚板、主轴、固定铰链块、滑动铰链块、拉杆、定位套、弹簧等部分组成,分述如下。

1. 翼锚板

翼锚板是土锚锚固段中直接对土体进行约束的部件,可收紧和张开。土锚工作时,锚板为主要受力部件,通过约束一定范围内的土体来提供抗拔承载力;通过不断优化改进,最终将锚板入土端部设计成弧形,使其在拉拔过程中在钻孔内能快速刺入土层中而迅速张开,且具有较大的锚板受力面积,使得锚固段能产生较大的抗拔承载力。

2. 拉杆

拉杆是土锚锚固段中通过弹簧促使三侧翼锚板张开并对其进行支撑且限制其位移的部件,为受拉构件,主要承受预应力张拉过程翼锚板承受的荷载,这种荷载传递至滑动铰链块后通过定位套转变为压应力传递至锚头。

3. 锚头

锚头作为张拉过程中主要的承载部件,承受土锚张拉过程中通过翼锚板传递的压应力和连接滑动铰链块的拉杆传递的压应力。锚头设计成锥形,并通过两侧增加的两个加劲肋板与主轴、固定铰链块焊接在一起。

4. 滑动铰链块

滑动铰链块是连接拉杆和弹簧的中枢装置,在下锚至设计深度之前,承受弹簧张力并传递至拉杆使拉杆承受压力以保证翼锚板在下锚过程中不会随意张开。下锚后在钻机带动锚杆转动下,再传递弹簧张力使翼锚板初步打开切入孔壁土体以初步形成端承阻力。张拉后翼锚板承受阻力逐渐加大,拉杆将翼锚板的拉力传递至滑动铰链块,滑动铰链块再向下传递压力至定位套和固定铰链块,至此翼锚板完全张开并完全受力,见图12-8。

图12-8　翼锚板完全张开的锚体

12.2.2.2　**自张式土锚的锚固机制**

自张式土锚属于端部扩体型锚杆,其抗拔承载力主要是非扩体段锚固体与土体间的摩阻力及扩体锚固段侧壁与土的摩阻力和扩体端部分对土的挤压作用力。与一般土层锚杆力学机制的比较如图12-9所示。

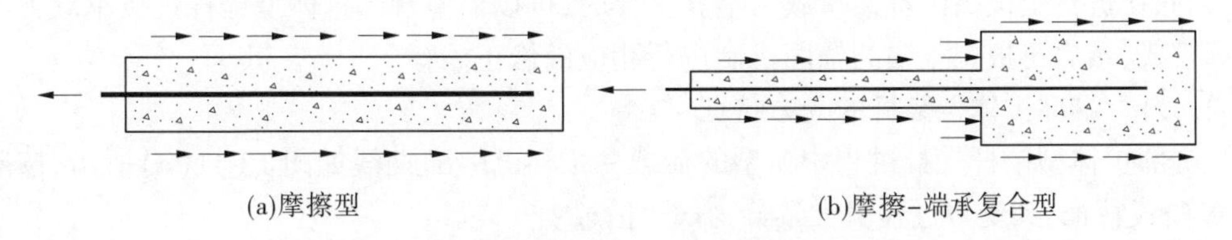

(a)摩擦型　　(b)摩擦-端承复合型

图12-9　两种类型的锚固机制

南水北调总干渠边坡修复采用的自张式土锚也是一种端部扩体型锚杆。由于其锚杆直径往往小于下锚时的钻孔直径，若土锚下锚至指定深度后不进行孔内回填，在张拉过程中锚杆与土体之间就无接触，也就不存在锚杆与土体之间的摩擦作用。土锚锚固作用主要是依靠翼锚板压缩土体形成压缩带，从而使土体强度得到提高来获得抗拔承载力，其锚固原理可由图 12-10 来简单表述。

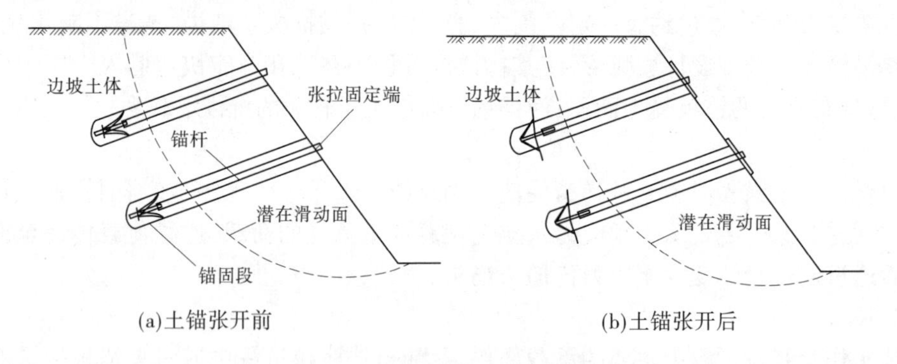

图 12-10　自张式土锚的锚固原理

自张式土锚的锚固过程如下：首先钻机在指定锚固位置钻孔后，用锚杆将伞形锚锚固段压至预计的孔底；通过张拉设备在锚杆顶部逐级施加张拉力对锚杆进行张拉。锚杆承受拉力后，将受到的拉力传递到锚固体，导致翼锚板受力后开始上移。因锚板锚齿与成孔侧壁土体斜交并有一定的倒角，翼锚板逐渐刺入侧壁土体中。在逐级增大的张拉力作用下，锚杆顶部上拔位移量逐渐增大，翼锚板向两侧逐渐呈伞形打开并嵌入周围土体，拉杆带动滑动铰链块下滑。当锚杆顶部上拔位移量达到某量值时，滑动铰链块下滑至定位套，翼锚板完全张开。此后随着锚杆继续张拉，翼锚板前方土体逐渐被压密，土体的挤压效应逐渐增强，使得土体强度得到提高，作用在翼锚板上的土压力逐渐随之增大，即锚板获得抗拔承载力。当翼锚板前方土体强度发挥到极限强度时，土锚即获得极限抗拔力，锚杆上拔位移量也趋于稳定。

如果锚杆顶部继续施加张拉力，翼锚板前方土体将出现强度破坏状态，此时便会使土锚抗拔承载力下降，甚至造成锚固体失效。

12. 2. 3　自张式土锚承载性能研究

自张式土锚是一种新型锚杆，目前我国现行相关锚杆设计与施工规范中尚未制定计算自张式土锚极限抗拔承载力值的方法。由于本书研究的土锚属于端部扩体型锚杆的一种，因此在进行土锚极限抗拔承载力估算推导时，可以借鉴端部扩体型锚杆抗拔承载力的计算模式，然后再根据土锚的锚固机制进行相应的修正。

12. 2. 3. 1　端部扩体型锚杆的受力特征

端部扩体型锚杆受拉过程中典型的荷载—位移（$Q \sim S$）曲线如图 12-11（a）所示，按照 $Q \sim S$ 曲线特征，其受力过程可大致分为四个阶段：

（1）静止土压力阶段，这是锚杆 $Q \sim S$ 曲线中的 oa 段。当上拔荷载较小时，扩大头锚固段前方仅受静止土压力作用，上拔荷载由非扩体锚固段侧摩阻力和扩大头段的侧摩阻力共同承担拉拔荷载，如图 12-11（b）所示。本阶段锚杆的上拔位移量较小，并由非扩体

锚固段侧摩阻强度 τ_f 和扩大头锚固段侧摩阻强度 τ_{fd} 决定。

(2)塑性区阶段,对应 $Q \sim S$ 曲线中的 $a'b$ 段。当静摩阻力达到最大值以后,若拉拔荷载继续增大,锚杆开始移动,同时扩大头段开始挤压前端土体,使土体产生压缩变形,扩体段影响范围内土体开始产生局部塑性区,如图 12-11(c)所示;若拉拔荷载持续加载,塑性区域将不断扩大形成一个连通的整体,如图 12-11(d)所示。此时锚杆的变形量由非扩体锚固段侧摩阻强度 τ_f、扩体锚固段侧摩阻强度 τ_{fd} 及土体作用于扩大头端面上的正压力强度 σ 共同决定。本阶段土体的压缩变形量明显大于静止土压力阶段的侧摩阻变形量,因此在荷载—位移曲线上会出现一个明显的拐点,即在锚杆 $Q \sim S$ 曲线中表现出 $a'b$ 段曲线斜率明显大于 oa 段曲线斜率。

(3)塑性区域扩张阶段,这对应 $Q \sim S$ 曲线中的 $b'c$ 和 $c'd$ 段。在 $Q \sim S$ 曲线出现第一个拐点后,随着拉拔荷载持续增加,扩体段端面上完成塑性变形,扩体段端面以外的土体在扩体段挤压作用下也开始受到压缩,并随着挤压作用的增大逐渐进入塑性变形阶段。假设锚杆外侧防护结构刚度无限大,扩大头前端土体将继续重复土体压缩—抗拔承载力增大—土体塑性变形(锚杆位移增大)—土体完成塑性变形(锚杆位移趋于稳定)这一过程,锚杆抗拔承载力也会继续增大,如图 12-11(e)所示,在 $Q \sim S$ 曲线上表示出下一循环比上一循环的斜率大,即 $c'd$ 段比 $b'c$ 段斜率大。

(4)剪胀破坏阶段,当上覆土层较厚,或土层较硬时,随着拉拔荷载的持续增大,土体不断被压缩而达到密实状态,因而扩大头段的端承力也逐渐达到最大值。若拉拔荷载继续增加,土体围压达到与周围土体密度和埋深相对应的最大围压后,塑性区土体将发生剪胀,如图 12-11(f)所示。

12.2.3.2　自张式土锚承载特征

边坡修复工程研究的土锚可归纳为一种特殊扩体型锚杆,由前述的锚固机制分析可知,其受力特征与端部扩体锚杆有所差别:自张式土锚在拉拔荷载加载前期,其锚固段翼锚板需要刺入土体张开,其前期抗拔承载力是由翼锚板切割土体所受阻力提供的;翼锚板完全打开后,是通过挤压前方土体获取抗拔承载力。自张式土锚抗拔承载力的发挥过程可以从土锚拉拔过程中测得的荷载位移 $Q \sim S$ 关系曲线进行分析,如图 12-12 所示。从图中可以看出,土锚的承载特征可以分为翼锚板打开、抗拔力凝聚、抗拔力急剧递增三个阶段:

(1)锚板张开阶段,如图 12-12 阶段Ⅰ,即 $Q \sim S$ 曲线中的 OA 部分。其上拔荷载首先克服锚杆及锚头自重及翼锚板逐渐张开刺入土体所受阻力,抗拔承载力由锚板自身重量及翼锚板切割土体所受阻力提供,此时土锚的上拔位移量较大,抗拔承载力增加缓慢。本阶段土锚的上拔位移量与翼锚板从闭合状态到完全张开过程中拉杆所需滑移位移量有关。

(2)抗拔承载力凝聚阶段,如图 12-12 阶段Ⅱ,即 $Q \sim S$ 曲线中的 AB 部分。其主要特征为翼锚板在土体中完全张开,开始发挥抗力作用;随着上拔荷载的增大,上拔位移量也增加。本阶段翼锚板在克服上覆土层自重应力达到初期应力应变平衡后,开始向上移动并逐渐挤压翼锚板前方土体。由于土体的变形模量远小于翼锚板,土体受到挤压后将在翼锚板处产生应力集中区域并逐渐出现剪切塑性破坏区,但经过应力变形调整后能暂时退出塑性破坏状态。自张式土锚的抗拔承载力及其发展趋势由翼锚板上方土体的变形量决定,其抗拔承载力的增加速度明显加快,即在 $Q \sim S$ 曲线中 AB 段斜率明显大于 OA 段。

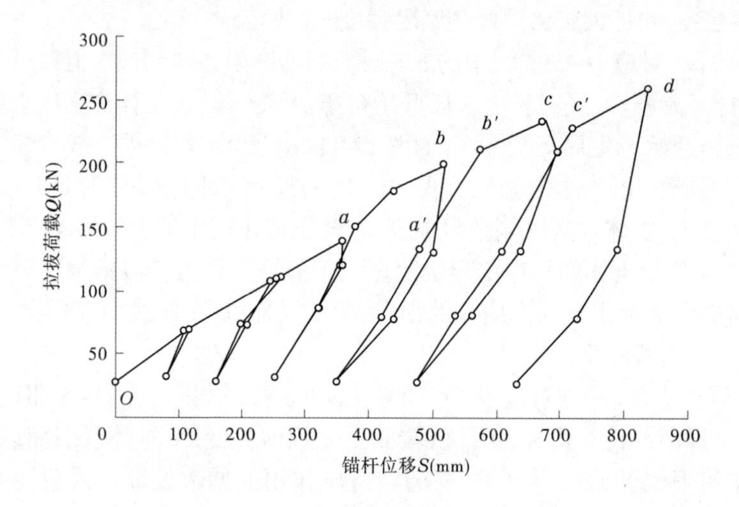

(a)扩体型锚杆荷载—位移曲线

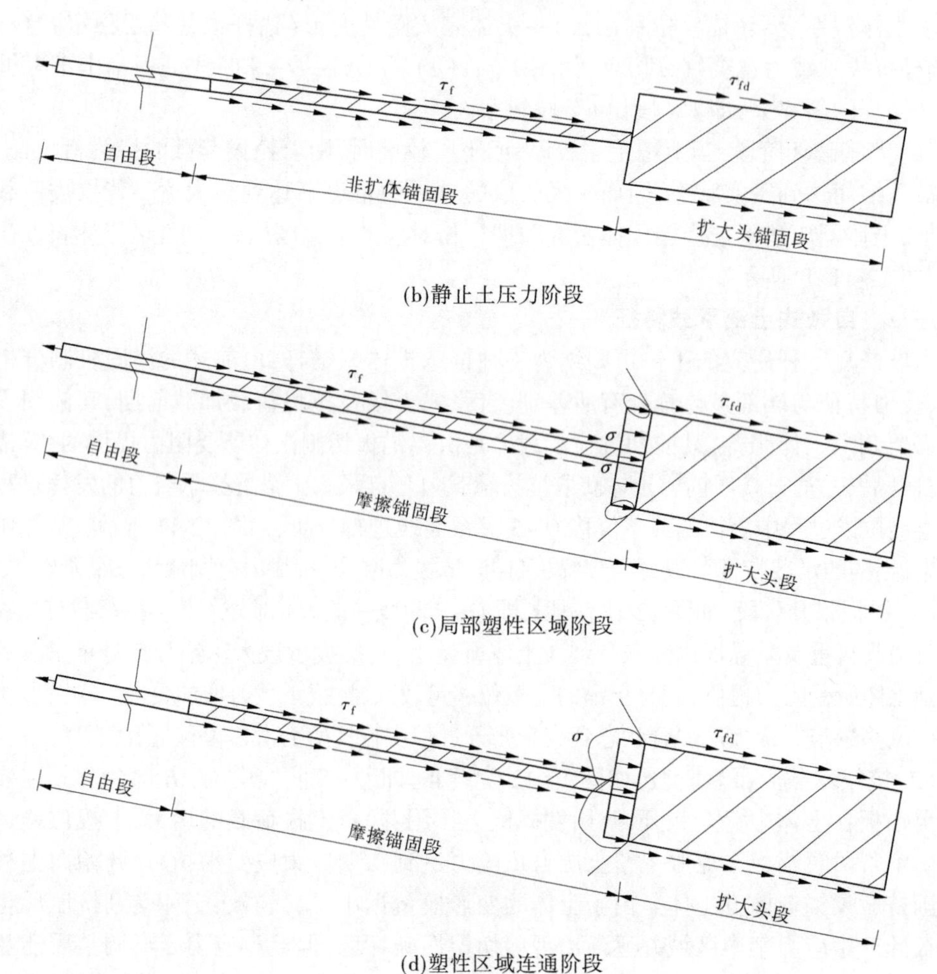

(b)静止土压力阶段

(c)局部塑性区域阶段

(d)塑性区域连通阶段

图 12-11　扩体型锚杆受力过程

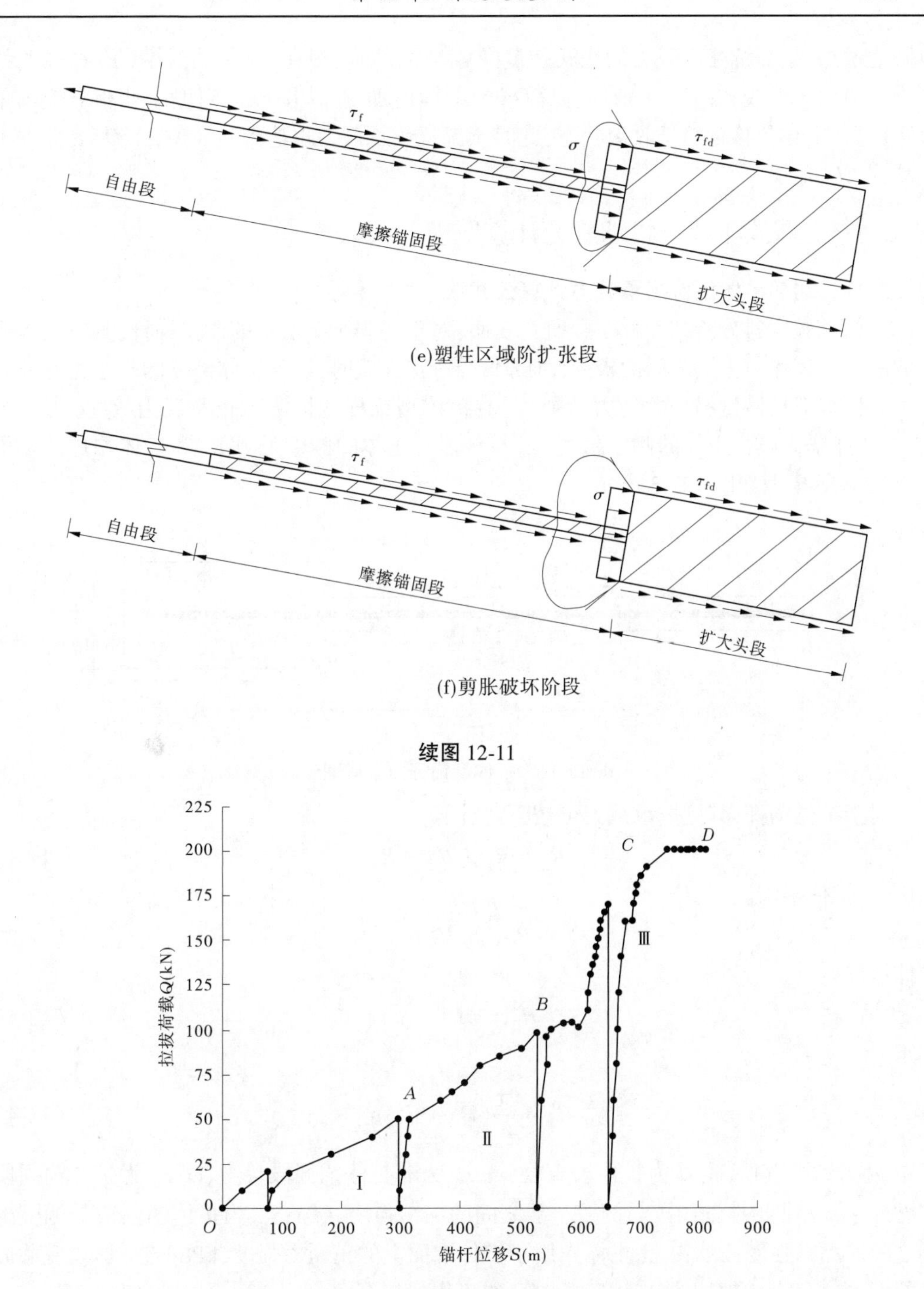

图 12-12　自张式土锚典型拉拔荷载—锚杆位移关系曲线

(3)抗拔承载力急剧递增阶段,如图 12-12 阶段Ⅲ,即 $Q\sim S$ 曲线中 BC 部分。随着上拔荷载的持续增加,上拔位移量增长放缓。主要是由于翼锚板前方已产生塑性变形区域的土体不断被压密,抗拔承载力增大,使塑性变形区域进一步向外扩大并贯通,重复土体压缩—承载力增大—土体塑性变形—土体完成塑性变形这一过程。提供给土锚的抗拔力也随之增加,使其抗拔承载力的增长速度急剧增加,即表现在 $Q \sim S$ 曲线中的 BC 段曲线斜率明显大于曲线 AB 段。随着上拔荷载的继续增加,土体围压达到埋深处相对应的最大围压后,上拔位移量趋于收敛状态,此时土锚抗拔承载力也达到最大值,在 $Q \sim S$ 曲线上表现为 CD 部分。

12.2.4　自张式土锚抗拔承载力计算原理

12.2.4.1　端部扩体型抗拔承载力计算公式

大量试验资料分析和工程实践研究表明:对于锚固于土层中的砂浆锚杆,其抗拔承载力取决于锚固体与土层之间的极限摩阻力;当有扩大头时,还与扩体部分的端承力有关。

分析端部扩体型锚杆的受力特征可知:扩体型锚杆的极限抗拔承载力 R_u 分为三部分:非扩体锚固段与土体的侧摩阻力 R_1、扩体段与土体的侧摩阻力 R_2 和扩体端部的端承力 R_3。计算模型如图 12-13 所示。

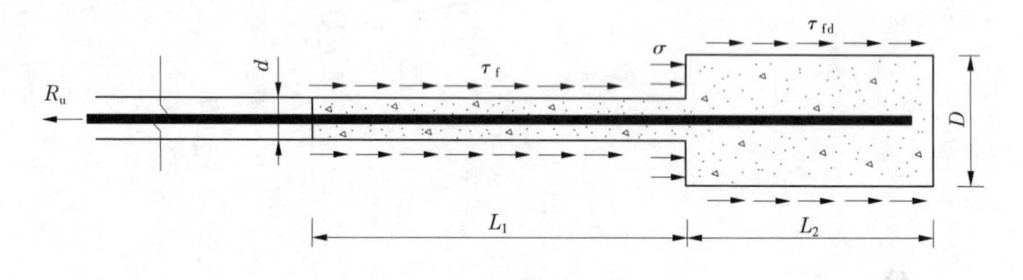

图 12-13　扩体型锚杆力学模型

对于扩体锚杆,其抗拔承载力可按下式计算:

$$R_u = R_1 + R_2 + R_3 \tag{12-1}$$

其中:非扩体锚固段

$$R_1 = \pi d L_1 \tau_f \tag{12-2}$$

扩体锚固段

$$R_2 = \pi D L_2 \tau_{fd} \tag{12-3}$$

端承力

$$R_3 = \frac{\pi}{4}(D^2 + d^2)\sigma \tag{12-4}$$

式中:d 为钻孔直径,m;D 为扩体段直径,m;L_1 为非扩体锚固段长度,m;L_2 为扩体锚固段长度,m;γ_f 为非扩体锚固段与侧壁土层之间的黏结强度,kPa;γ_{fd} 为扩体锚固段与侧壁土层之间的黏结强度,kPa;σ 为土体作用于扩体端面上的正压力强度,kPa,与扩体段变截面处的埋深、变截面前方土体特性以及锚杆的工作状态有关。

对于一般锚固于土层中的砂浆锚杆,其抗拔承载力可用式(12-2)或式(12-3)进行计算。

对于伞形锚,其抗拔承载力可用类似于式(12-4)的原理进行计算。由前述自张式土锚锚固机制分析可知,土锚虽然是一种端部扩体型锚杆,但是其锚固作用主要是依靠端部翼锚板对土体施加约束,即端承力来提供抗拔承载力的,且锚固段为矩形状条形锚板。因此进行土锚抗拔承载力估算时，忽略非扩体锚固段与扩体锚固段的作用，只考虑端承力部分，便有：

$$R_u = R_3 = A\sigma \tag{12-5}$$

式中：A 为翼锚板沿抗拔力作用方向上的投影面积，m^2。

对于自张式土锚，其翼锚板沿抗拔力作用方向上的投影面积是已知的，可由土锚锚固段尺寸确定。那么进行土锚极限抗拔力估算时只需确定作用在翼锚板上的极限正应力值。

12.2.4.2　翼锚板极限状态下的正压力强度确定

翼锚板在拉拔荷载作用下将沿上拔力方向位移，阻碍锚板移动的土体处于受压状态，并不断被压密，最终使土体达到被动极限平衡状态。因此，计算自张式土锚极限抗拔力时可假定作用于翼锚板前端土体正压力强度 σ 达到被动土压力 σ_p 状态。在探讨 σ_p 时一般做如下假定：

(1)忽略锚杆倾角对 σ 的影响，按完全水平考虑。

(2)忽略土锚锚固段前端杆体对土体应力状态的影响。

(3)土锚埋深足够大。

(4)土体单元中某方向上产生的压力增量，会在与该方向垂直的其他方向上产生侧压力增量，其侧压力系数为 ξ，并假定 ξ 各向同性。

事实上，ξ 表示土体中某点某方向上力的单位增量在该点该方向上所引起的应力增量，ξ 反映了相邻土体的“刚度”对受力点处土体侧向变形的约束程度。当土体中受力点处相邻的土体可视为刚体，若在压力增量的作用下，受力点处土体产生了压缩变形，此时 ξ 就等于主动土压力系数 K_a；但土体不可能是刚性的，因此 $\xi<K_a$。另外，土体受力时或多或少必然产生侧向变形，相邻土体与之必然产生一个或大或小的应力作用，因此侧压力系数必定存在，即 $\xi>0$。从理论上讲，ξ 的取值范围为 $0<\xi<K_a$。按照一般经验公式：

$$\xi = (0.5 \sim 0.95)K_a \tag{12-6}$$

ξ 为自张式土锚锚固段发生位移时反映挤土效应的侧压力系数，因此与锚板前方土体的坚硬程度有关。对较坚硬的强风化、全风化土，可取 0.95，对软土应取 0.5。式中的 K_a 为锚固段前方土体的朗肯主动土压力系数，按 $K_a=\tan^2(45°-\frac{\psi}{2})$ 计算，ψ 为土的内摩擦角(°)。

在自张式土锚锚固段前方取一单元土体进行受力分析，其受力如图 12-14 所示。

以锚杆轴线方向为 x 轴，竖直向为 z 轴，垂直于锚杆轴线方向为 y 轴。则土体单元受力情况如下：

$$\sigma_x = K_0\gamma h + \sigma_R \tag{12-7}$$

$$\sigma_y = K_0\gamma h + \xi\sigma_R \tag{12-8}$$

$$\sigma_z = \gamma h + \xi\sigma_R \tag{12-9}$$

式中：σ_R 为锚杆施加的拉力荷载在土体单元 x 轴方向产生的应力增量，kPa；γ 为土锚锚固段上覆土层的加权平均重度，kN/m^3；h 为土锚锚固段的埋深，m；K_0 为锚固段前方土体的静止土压力系数，可通过室内试验测得。在缺乏试验资料时，我国《公路桥涵地基与基

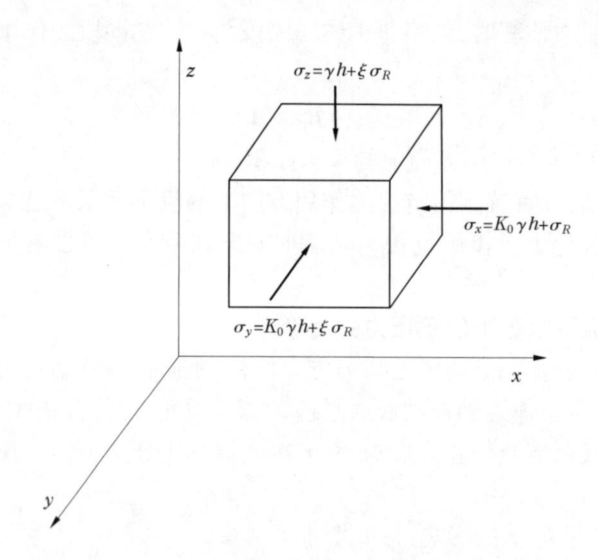

图 12-14　锚板前方土体单元受力示意图

础设计规范》(JTG D63—2007)给出了静止土压力系数的参考值,如表 12-1 所示。

表 12-1　静止土压力系数

土名	K_0
砾石、卵石	0.20
砂土	0.25
粉土	0.35
粉质黏土	0.45
黏土	0.55

在锚杆拉力为零或者很小时,σ_R 值也很小,由于土体单元上无剪应力,故此时 σ_z 为最大主应力,σ_x 为最小主应力。根据主应力状态做摩尔应力圆,如图 12-15(a)中的应力圆Ⅰ,此时应力圆Ⅰ与土的强度包线并不相交。随着锚杆上张拉荷载的逐渐增大,σ_R 也逐渐增大,因此 σ_x、σ_y 和 σ_z 的值也相应增大。由于 $\xi<1$,故 σ_x 的增大速度快于 σ_y 和 σ_z,因此 σ_x 总会超过 σ_z 成为最大主应力。在土体达到极限平衡状态时,σ_y 为最小应力 σ_3,σ_x 为最大应力 σ_1,这时应力圆如图 12-15(a)中应力圆Ⅱ,正好与土的强度包线相切,土体中产生两组滑动面与水平面成$(45°-\varphi/2)$角,如图 12-15(b)所示。

假定自张式土锚在极限荷载作用下,翼锚板仅受到前方土体的被动土压力作用,土体处于极限朗肯被动状态,最大主应力 σ_1 即为被动土压力强度 σ_{p}。根据土的极限平衡条件,当土体中某点处于极限平衡状态时,大主应力 σ_1 和小主应力 σ_3 之间应满足以下关系式:

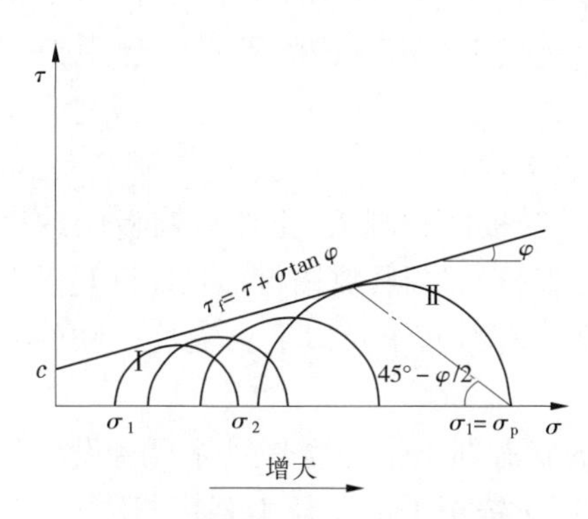

(a)郎肯被动土压状态下的应力圆

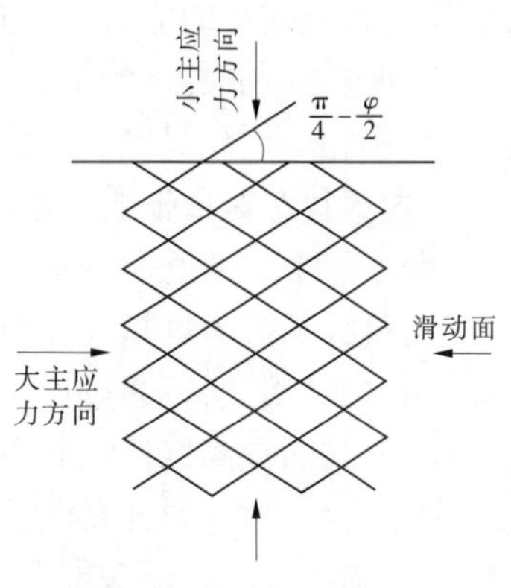

(b)土体中的一组滑动面

图 12-15　朗肯被动土压力状态

$$\sigma_1 = \sigma_3 \tan^2(45° - \frac{\varphi}{2}) + 2c\tan(45° - \frac{\varphi}{2}) \tag{12-10}$$

将 $\sigma_1 = \sigma_x = K_0\gamma h + \sigma_R$ 和 $\sigma_3 = \sigma_z = \gamma h + \xi\sigma_R$ 代入式(12-10)可得

$$\sigma_R = \frac{K_0 K_p \gamma h + 2c\sqrt{K_p} - K_0\gamma h}{1 - \xi K_p} \tag{12-11}$$

代入式(12-7)可得

$$\sigma_p = \sigma_1 = \frac{(1-\xi)K_0 K_p \gamma h + 2c\sqrt{K_p}}{1 - \xi K_p} \tag{12-12}$$

式中:K_p 为朗肯被动土压力系数,$K_p = \tan^2(45° - \frac{\varphi}{2})$;$c$ 为土的黏聚力,kPa,无黏性土取零。

代入式(12-5)得

$$R_u = A\frac{(1-\xi)K_0 K_p \gamma h + 2c\sqrt{K_p}}{1 - \xi K_p} \tag{12-13}$$

由于被动土压力的计算是基于翼锚板水平、光滑及锚板前方土体等假设条件下进行的,忽略了锚杆倾角及土锚锚固段前端杆体对土体应力状态的影响,也未考虑到锚板与土体间摩擦力的影响,所以计算的被动土压力值可能较实际值偏小。因此,在工程设计时,设计方根据已有的勘察资料确定锚固地层土体性质,先按推荐的抗拔承载力估算公式(12-13)进行工程设计,工程实施前再通过开展现场试验对估算结果进行修正。

12.2.5　自张式土锚抗拔承载力影响因素分析

由自张式土锚的极限抗拔承载力估算公式(12-13)可知,影响土锚极限抗拔承载力的因素有很多,如土体性质(c、γ、φ)、翼锚板的形状(A)、孔内回填条件和下锚深度(h)等。经分析主要影响因素可归纳为两个方面:一是自张式土锚锚固段所处的土层条件,即外部环境条件;二是土锚自身特性条件,即锚体在土体内部的状态条件。

12.2.5.1　外部环境对自张式土锚抗拔承载力的影响

自张式土锚抗拔承载力的大小与周围土体的抗剪强度有关,土体的抗剪强度是指土体抵抗剪切变形或破坏的能力。从式(12-13)中可以看出,土体的黏聚力、内摩擦角等都会直接影响到土体所能提供的抗力,即锚固段的抗拔承载力。锚固段所在土层强度越高、密实度越大,则相应地能提供的抗拔承载力也越大。

12.2.5.2 内部状态对自张式土锚抗拔承载力的影响

(1)翼锚板面积。在土体中自张式土锚的翼锚板面积越大,土体对锚板的约束力越大,则提供的抗拔承载力也越大。但是受到钻孔直径的限制,翼锚板形状应满足闭合要求以便于压入孔中。因此,可通过增加翼锚板长度或者将两个及以上翼锚板串联的方式来增加锚板面积,进而提高抗拔承载力。

(2)下锚深度。在边坡土体中自张式土锚的状态即下锚深度是锚体自身设计与实际施工决定的。锚固段的下锚深度会影响土体作用于锚板上的正压力强度,还影响着提供抗拔承载力的土层。在其他条件相同时,作用在翼锚板上的正压力 σ 与下埋深度 h 成正比,下锚深度 h 越大,σ 越大,土锚的抗拔承载力越大。

(3)钻孔回填。由于钻孔直径一般大于自张式土锚锚固段直径,因此锚杆与土体之间因未接触而不会产生摩阻力,此时自张式土锚的极限抗拔承载力仅由端承力 R_3 提供。但是实际施工都是通过灌浆或回填碎石将钻孔内空隙全部填满,浆体或碎石与孔侧壁相互接触而产生侧摩阻力 R_1,因此会提高自张式土锚极限抗拔承载力($R_u = R_1 + R_3$);另外,自张式土锚在孔内回填后,也可以避免张拉后出现临空面塌孔或缩孔现象。

12.2.6 自张式土锚锚固性能的现场试验

对自张式土锚承载特性、单锚抗拔承载力的计算方法及影响因素虽然进行了上述分析,但分析成果都是在一定假设条件下获得的;准确与否还需通过实际工程检验或通过现场试验来验证。在南水北调总干渠辉县段韭山桥上游左岸渠段水下修复工程的前期,选取桩号Ⅳ104+880 附近位置开展了生产性验证试验。试验段平面位置及典型断面如图 12-16、图 12-17 所示。

图 12-16 试验段平面位置

12.2.6.1 试验渠段的地层条件

1. 地层岩性

南水北调中线总干渠辉县段桩号Ⅳ104+500~Ⅳ105+500 段渠道位于太行山山前冲洪积倾斜平原上。该段渠道为深挖方渠道,最大挖深 23.5 m 左右。渠坡土岩性主要由黄土状重粉质壤土、粉质黏土、卵石和黏土岩组成。渠底板主要位于卵石层底部或黏土岩顶部,具体地层岩性分布详见图 12-18,具体描述如下:

(1)黄土状重粉质壤土($^{al+pl}Q_2{}^3$):天然含水率 18.3%~25.4%,天然干密度平均值 1.54 g/cm^3;液性指数平均值 0.14,呈可塑—硬塑状;压缩系数平均值 0.28 MPa^{-1},具中等压缩性,标贯击数 4~22 击,平均 7.5 击,多属中硬—硬土;湿陷系数 δ_s = 0.018~0.027,具轻微湿陷性。

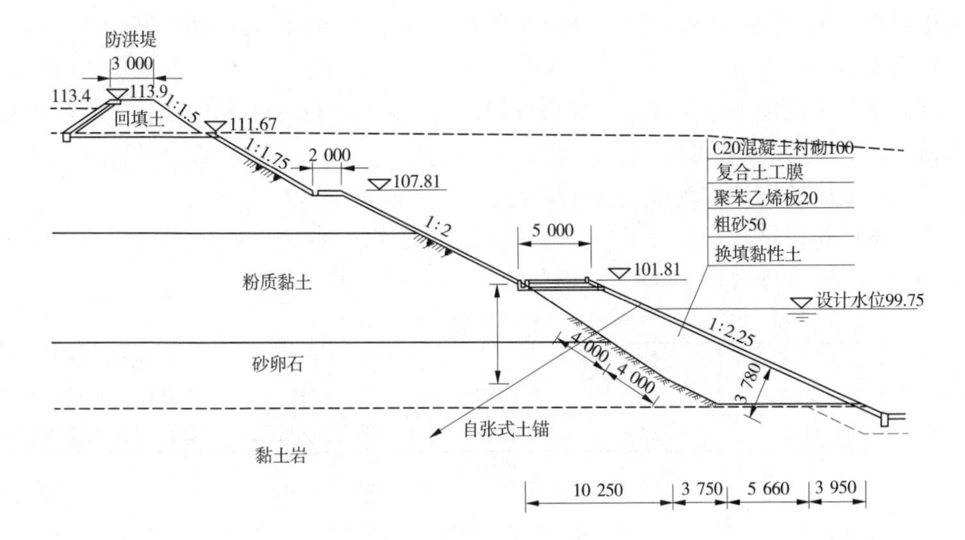

图 12-17　试验段典型断面

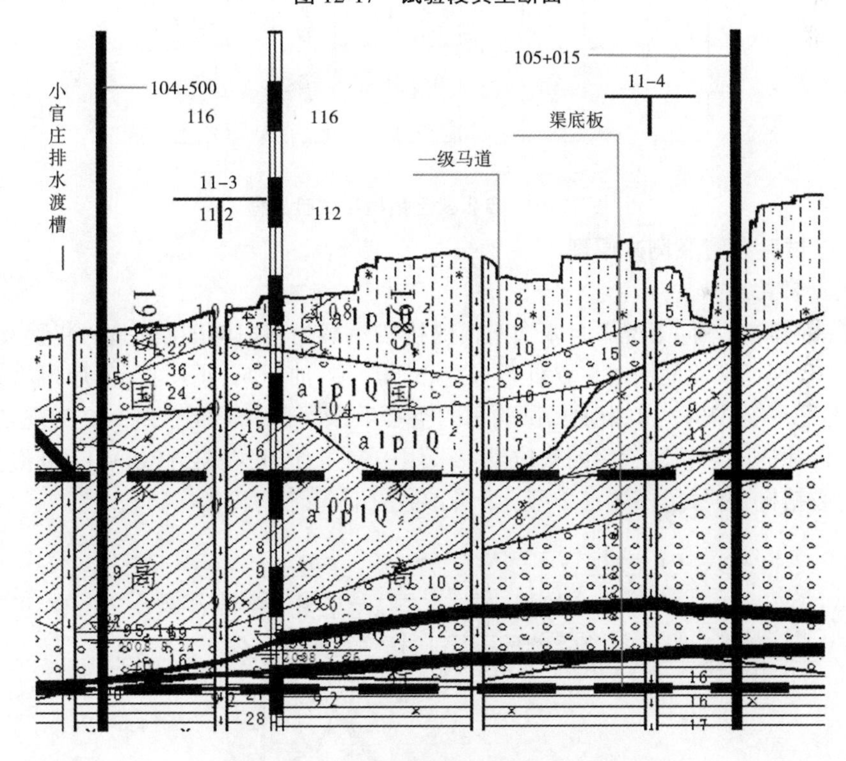

图 12-18　试验渠段附近地层岩性分布

(2)粉质黏土($^{al+pl}Q_2$):天然含水率 14.3%~25.8%,天然干密度平均值 1.58 g/cm^3;液性指数平均值 0.04,多呈硬塑状;压缩系数平均值 0.17 MPa^{-1},具中等压缩性,标贯击数 5~28 击,平均 19 击,属中硬—硬土;自由膨胀率 δ_{ef}=40%~62.5%,具弱膨胀潜势。

(3)卵石($^{al+pl}Q_2$):重型动力触探击数 8~25 击,平均 15 击,多呈中密状。

(4)黏土岩(N_{2L}):天然含水率 12%~26.5%,天然干密度平均值 1.70 g/cm^3;自然单

轴抗压强度 1.15 MPa,属极软岩。自由膨胀率 $\delta_{ef}=42\%\sim58\%$,具弱膨胀潜势。

2. 地下水

该段多年最高地下水位高于渠底板 0~2.5 m;地下水位受降雨和地表径流影响变化较大,卵石层一般具强透水性。

12.2.6.2 锚体拉拔试验方案

本次锚体拉拔试验主要是采用空孔条件进行了 2 组现场试验,试验锚均为单层 3 齿锚板($A=384\ cm^2$);试验工况内容和试验流程见表 12-2、图 12-19。

表 12-2　自张式土锚拉拔试验工况

试验编号	下锚深度(m)	锚头处地层条件	试验内容	试验目的
1#	12.2	黏土岩	在空孔条件下进行拉拔试验	了解自张式土锚承载特性
2#	11.8	黏土岩	在空孔条件下进行拉拔试验	了解自张式土锚承载特性

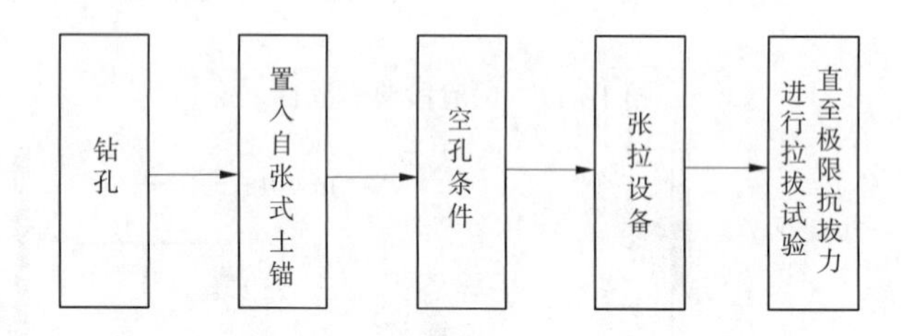

图 12-19　自张式土锚拉拔试验流程

12.2.6.3 试验装置及测试原理

1. 试验装置

为了准确测定不同工况下自张式土锚的抗拔承载力,锚体张拉试验的装置及现场布置图 12-20。现场试验使用的主要设备有空心千斤顶、油压泵、承压板、千斤顶吊架、锚杆钻机、水上平台等,图 12-21 为现场试验用的空心千斤顶和承压板,图 12-22 为现场试验用的锚杆钻机和油压泵。试验用的张拉设备采用中空千斤顶,型号 YCQ60Q-200C;锚杆钻机采用岩心钻机,型号重探 XY-2 型; 设备参数见表 12-3、表 12-4。

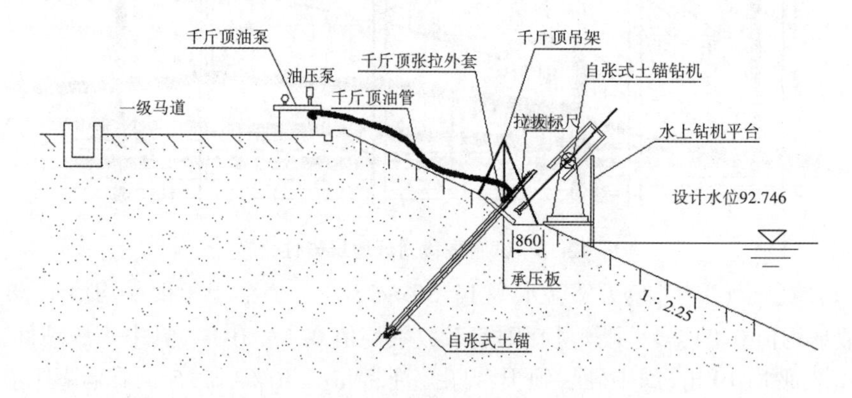

图 12-20　锚体张拉试验现场布置及试验装置

(a)

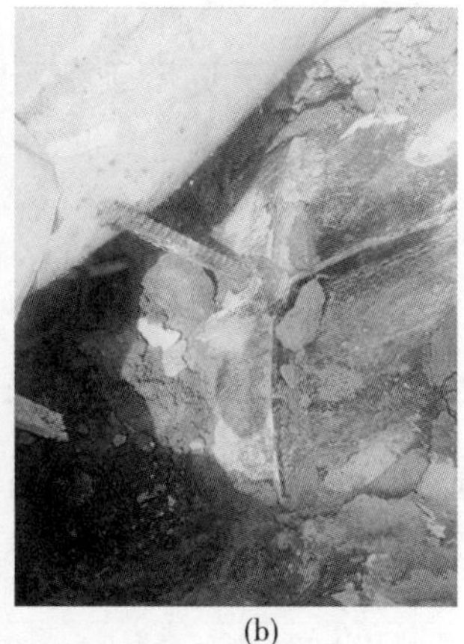
(b)

图 12-21　空心千斤顶和承压板

(a)

(b)

图 12-22　锚杆钻机和油压泵

表 12-3　千斤顶设备参数

公称张拉力	kN	600	张拉活塞面积	m^2	11.545×13^{-3}
公称油压	MPa	52	回程活塞面积	m^2	2.12×13^{-3}
张拉行程	mm	200	回程油压	MPa	<25
穿心孔径	mm	58	质量	kg	
外形尺寸	mm	Φ174×313			

2. 测试原理

自张式土锚拉拔荷载是根据油压泵上压力表计量液压读数换算出千斤顶出力值,即为张拉试验过程中的拉拔荷载。同时根据标尺读数记录相应的锚固段上拔位移量,即可得到自张式土锚张拉过程中的荷载—位移曲线。

表 12-4　锚杆钻机设备参数

钻进深度	m	300	立轴正转转速	r/min	70,146,179,267,370,450,677,1145
钻杆直径	mm	50/60	立轴反转转速	r/min	62,157
钻孔角度	°	70~90	立轴给进行程	mm	<25
钻机外廓尺寸	mm	2 500×1 100×1 700	立轴提升能力	kN	68
钻机重量	kg	1 550	立轴给进能力	kN	46
柴油机功率	kW	24.6	最大工作扭矩	N·m	2 550
柴油机转速	r/min	1 800			

12.2.6.4　试验步骤

1. 钻孔

目前钻孔的施工方法主要有两种:一是清水循环钻进成孔法,需要有配套的排水循环系统,它能一次性完成成孔过程中的钻进、出渣及清孔工作,而且在软硬土层都能适用;二是螺旋钻孔干作业法,该法适用于无地下水条件的黏土、粉质黏土、密实性和稳定性都较好的砂土等地层。由于试验场地地层富含地下水,钻进过程中遇到的卵石较多,存在塌孔现象,最终确定使用清水循环钻进成孔法。根据试验所用自张式土锚的尺寸,钻孔孔径为 130 mm。

2. 安装自张式土锚

自张式土锚选择 3 齿型土锚(3 齿弧形翼锚板)作为拉拔试验的土锚锚固段,翼锚板完全张开后截面投影面积 384 cm^2,闭合后锚固段长度 200 mm,锚固段直径 110 mm,具体尺寸如图 12-23 所示。

自张式土锚锚固段除翼锚板外的其他构件均采用 $45^{\#}$钢,翼锚板作为主要荷载承受构件,采用 DZ40(50 Mn)长条钢。锚固段通过带有螺母的套管与锚杆衔接在一起。锚杆采用Φ 28 mm 螺纹钢,其直径与连接锚杆的螺纹套筒配套,锚杆每节长度为 4.5~6 m。锚固段在安装前首先喷砂除锈,刷三遍环氧煤沥青油。下锚时以人工向锚孔推送,锚头到达孔底后将孔外锚杆连接至钻机立轴,打开钻机使锚杆旋转以促进翼锚板张开并切入孔壁土体中。

3. 拉拔试验

设备安装完毕后,开始张拉试验。由于千斤顶行程有限,因此自张式土锚的加载方式采取加载—卸载—再加载的循环过程,记录相应锚杆位移与液压表读数,现场试验采集的实测数据见表 12-5、表 12-6。

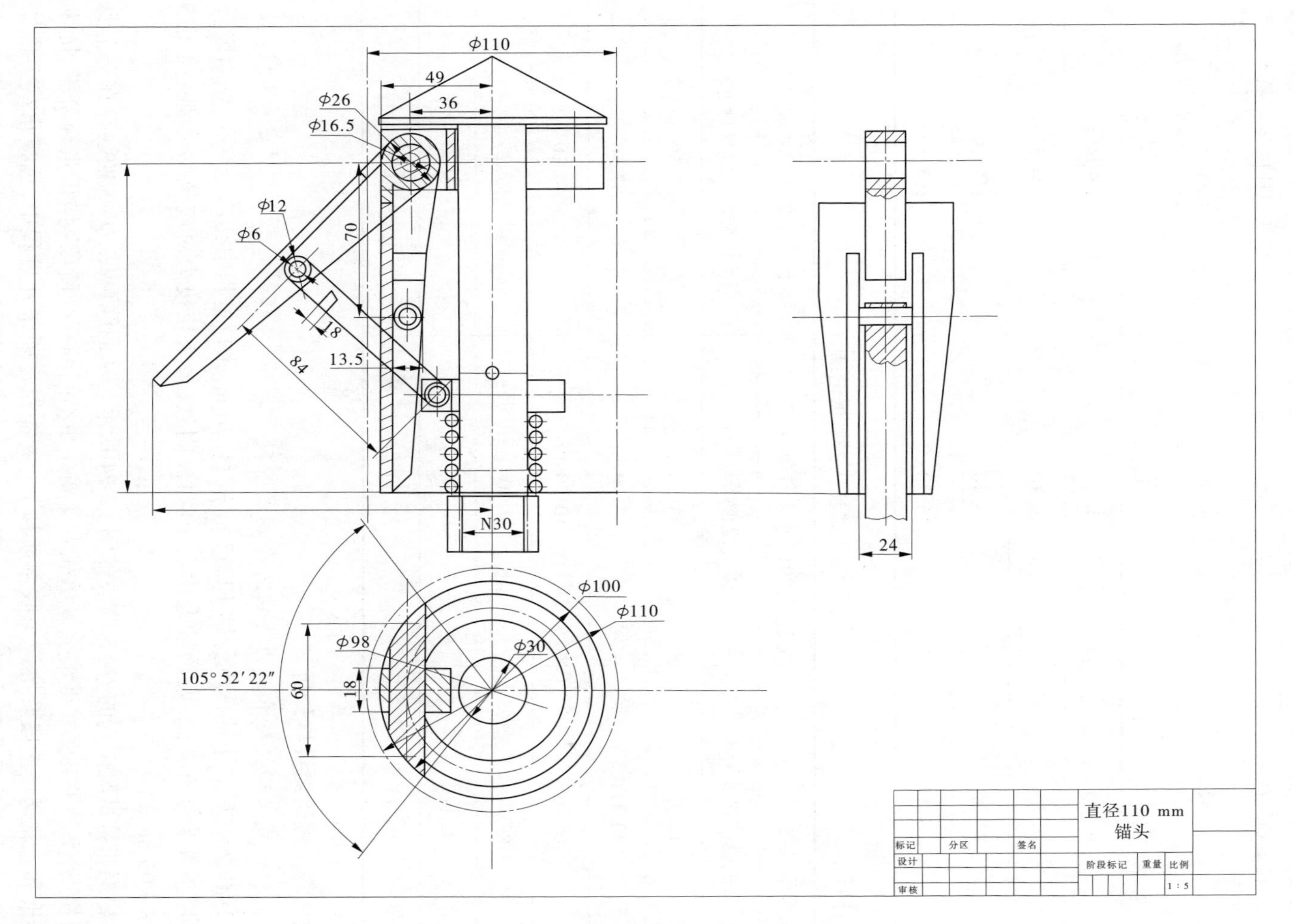

图 12-23　自张式土锚结构及尺寸

表 12-5 试验孔 1#数据记录

试验编号:1#	试验日期:2017 年 9 月 19 日	下锚深度:12. 13 m
试验荷载(kN)	锚头位移增长(cm)	锚头累计位移(cm)
17. 32	36. 90	36. 90
40. 41	15. 20	52. 10
60. 03	6. 50	58. 60
80. 82	46. 10	104. 70
92. 36	14. 10	118. 80
104. 15	46. 70	165. 50

表 12-6 试验孔 2#数据记录

试验编号:2#	试验日期:2017 年 9 月 20 日	下锚深度:11. 78 m
试验荷载(kN)	锚头位移增长(cm)	锚头累计位移(cm)
17. 32	23. 50	23. 50
40. 41	13. 90	37. 40
60. 03	10. 70	48. 10
80. 82	9. 10	57. 20
92. 36	1. 10	58. 30
104. 15	32. 30	90. 60

12. 2. 6. 5 试验结果与分析

1. 自张式土锚抗拔承载力存在三个发展阶段

1#和 2#试验孔下锚深度分别 12. 13 m 和 11. 78 m,张拉过程中孔内为空孔,锚固段所处地层条件为黏土岩,最大拉拔力均在 104 kN 附近,最大拉拔力对应位移分别是 1 655 mm 和 906 mm。

根据张拉试验得到的 $Q \sim S$ 曲线如图 12-24 所示。从曲线可见,$Q \sim S$ 曲线存在三个明显的拐点,反映了自张式土锚抗拔承载力发展存在不同的三个阶段(锚板张开阶段、抗拔力凝聚和急剧递增阶段及抗拔力收敛阶段)。翼锚板逐渐张开过程中,抗拔承载力增加速度较缓,当位移量分别达到 400 mm 和 200 mm 后(试验孔 1#为 400 mm,试验孔 2#为 200 mm),抗拔力增长速度加快,可以判断翼锚板完全打开进入第二阶段,锚杆位移量分别达到 1 200 mm 和 600 mm 后(试验孔 1#为 1 200 mm,试验孔 2#为 600 mm),随着上拔荷载的继续增加,土体围压达到埋深处相对应的最大围压后,上拔位移量趋于收敛状态,此时土锚抗拔承载力也达到最大值。

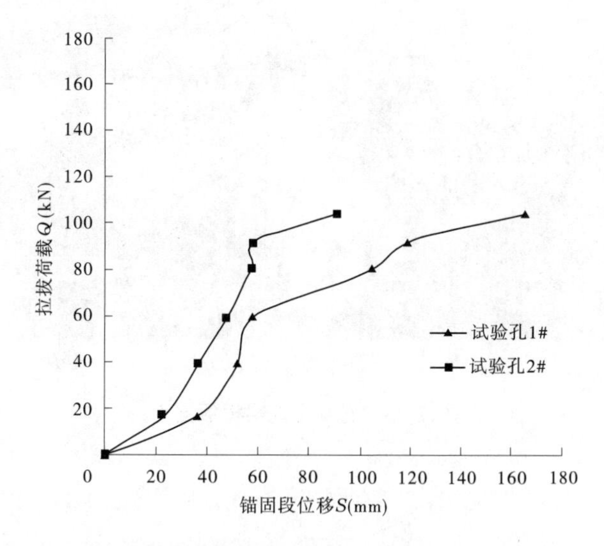

图 12-24　两种工况拉拔试验荷载—位移曲线

2. 抗拔承载力计算值与试验实测值的对比分析

根据土层材料参数表 12-7,当自张式土锚翼锚板面积 $A=384\ cm^2$,钻孔直径 130 mm,锚固段长度为 200 mm 时,利用式(12-13)和表 12-7 中参数,计算自张式土锚的极限抗拔承载力,计算结果为 $R_u=95$ kN,而实测值为 104 kN,两者还是基本接近的。分析计算值小于试验实测值的原因,认为产生这种偏差主要是由被动土压力值要比实际值小造成的。

表 12-7　黏土岩计算参数

岩性	饱和固结快剪		湿密度	饱和密度
	凝聚力 (kPa)	摩擦角(°)	(g/cm^3)	(g/cm^3)
黏土岩(水下)	21.00	20.00	2.02	2.08

12.3　边坡加固施工

12.3.1　地梁和抗滑桩施工

12.3.1.1　地梁施工

1. 地梁定位与钢筋施工

根据设计图纸地梁施工范围为桩号Ⅳ104+882~Ⅳ104+922。施工前计算出地梁位置标高与平面位置,使用全站仪、水准仪进行测量放线,立模浇筑钢筋混凝土地梁,模板采用 120 cm×150 cm 组合钢模板,单仓模板长度 20 m,宽度 1.5 m,高度 1.2 m,模板支立如图 12-25 所示;地梁内插筋Φ 32 mm 螺纹钢、两排、间距 0.5 m、单根长度 2 m、有效插入深度 0.8 m,水平筋采用Φ 25@ 250;竖向筋采用Φ 32@ 500;箍筋采用Φ 14@ 500;在距离地梁顶部水平距离 15 cm 处预埋 20#槽钢;钢筋布置如图 12-26 所示。

(a)

(b)

图 12-25　混凝土地梁模板支立

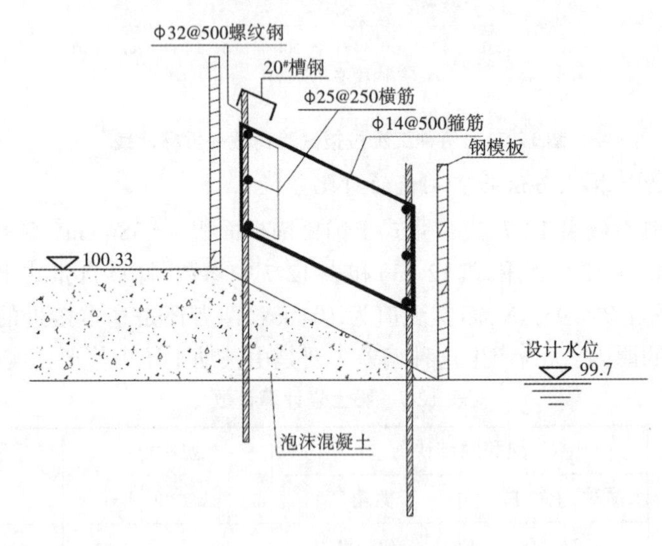

图 12-26　地梁配筋及布置

地梁钢筋绑扎完成后,钢筋网内竖向埋设φ 300 mmPVC 管、间距 1 m,作为预留锚固桩施工的位置,如图 12-27 所示。

2. 地梁混凝土施工

地梁混凝土采用 C20,配合比如表 12-8 所示,浇筑采用塔吊配合吊罐施工。浇筑过程中随浇随振捣,振捣采用插入式振捣棒,振捣完成后洒水覆盖养护。

12.3.1.2　抗滑桩施工

锚桩布置于桩号Ⅳ104+882~Ⅳ104+922 段地梁内部,桩径 300 mm、孔深不小于 6 m、间距 2 m 布置。

在已浇筑好的地梁上布置钻机操作平台,安装 XY-2 钻机进行钻孔施工;钻孔完成后进行清孔且钻孔深度不小于 6 m;采用 2 块[10 槽钢背对背进行陆上拼装焊接;采用导管法水下浇筑 C25 细石混凝土,坍落度 220~240 mm,浇筑完成后立即将拼装好的槽钢插入混凝土内,并在孔口进行槽钢的定位加固;锚固桩钻孔施工和浇筑过程见图 12-28、

图 12-27　钢筋网内竖向埋设

图 12-29，锚桩细石混凝土配合比要求见表 12-8。

表 12-8　锚桩细石混凝土配合比

名称	水泥	水	细骨料	粗骨料	粉煤灰	矿粉	外加剂
品种规格	P·O42.5	地下水	混合中砂	碎石 5~20 mm	F 类Ⅱ级	S95 级矿粉	聚羧酸系缓凝型减水剂
厂名或产地	孟电集团	辉县	辉县	辉县	河南融丰	孟电集团	辉县市中浩外加剂厂
原材料用量（kg）	180	175	1 139	780	80	40	6.6

(a)

(b)

图 12-28　锚固桩钻孔施工和浇筑

(a)

(b)

图 12-29　孔内下槽钢并进行固定

12.3.2　自张式土锚施工

12.3.2.1　水下修复方案一施工布置

按照水下修复方案一,自张式土锚施工流程及施工布置如图 12-30~图 12-32 所示。

根据水下修复方案一有关施工内容,方案桩号Ⅳ104+922~Ⅳ104+934 总计 12 m 长的水下一级边坡高程 99.85 m 处,间距 2 m 布置自张式土锚,锚杆单根长度 12 m,主要工序内容包括工作定位钻孔、锚杆安装、锚杆拉拔、注浆。

12.3.2.2　水下修复方案二施工布置

按照水下修复方案二,自张式土锚施工流程及施工布置如图 12-33~图 12-35 所示。

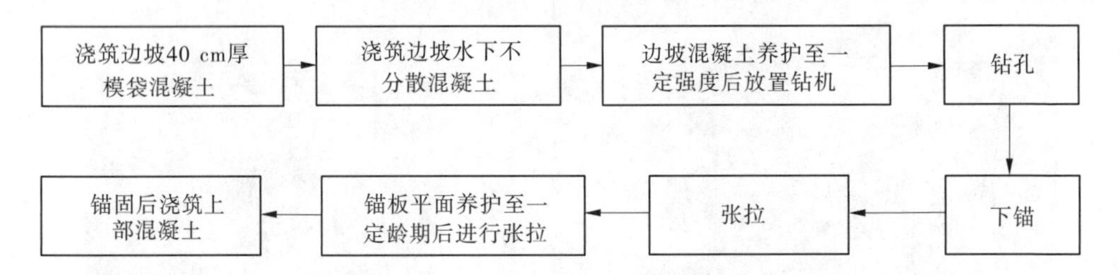

图 12-30　水下修复方案一土锚施工流程

根据水下修复方案二有关施工内容,方案桩号Ⅳ104+882~Ⅳ104+922 总计 40 m 长的水下一级边坡高程 99.85 m 处,间距 2 m 布置自张式土锚,锚杆单根长度 12 m,主要工序内容包括工作平台搭建、定位钻孔、锚杆安装、锚杆拉拔、注浆、封锚。

由于修复方案二钻孔位置处于地梁和水下边坡混凝土的夹角,且夹角为直角,因此在钻孔完成后张拉之前,需要根据锚板张拉时安置的角度,预先用 C20 普通混凝土浇筑一

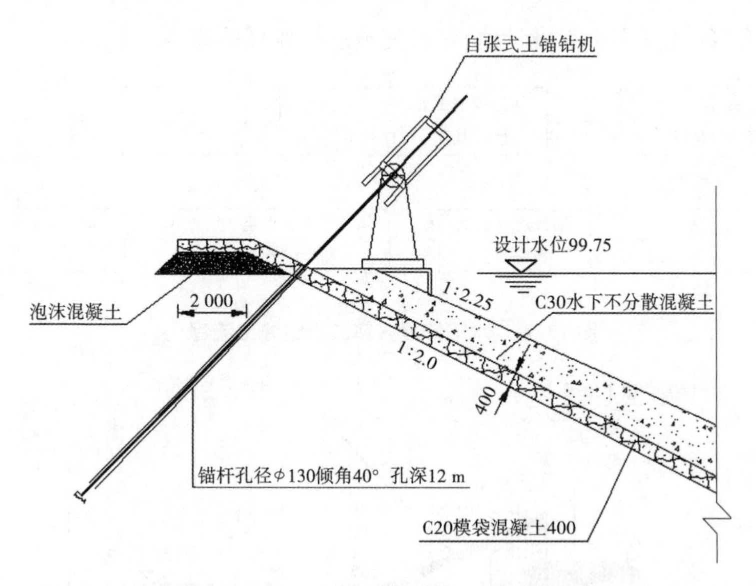

图 12-31　水下修复方案一土锚钻孔布置　(单位:尺寸,mm;高程,m)

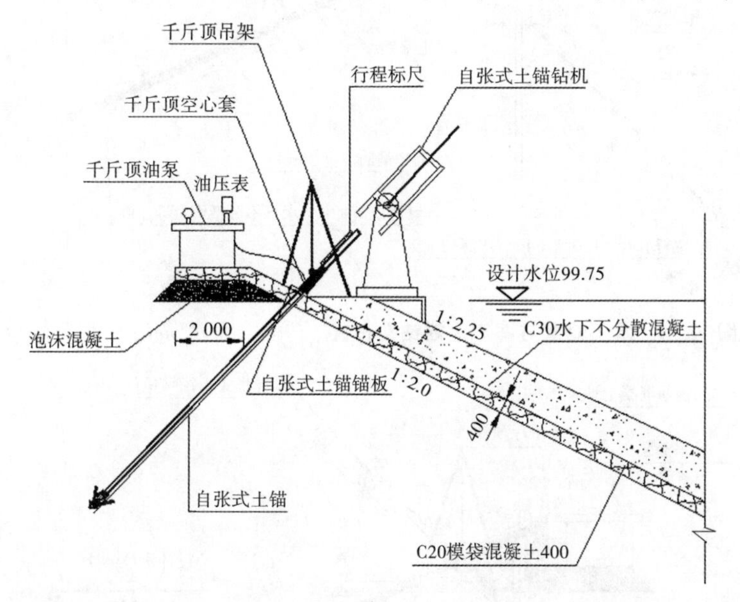

图 12-32　水下修复方案一土锚张拉布置　(单位:尺寸,mm;高程,m)

个与水下不分散混凝土护坡顶平面呈 50°的楔形连续梁。浇筑前,在抗滑桩地梁迎水面预埋插筋,使浇筑成型的楔形连续梁与地梁形成受力联合体。浇筑成型并养护至一定强度后,开展自张式土锚张拉、锁定。上述工序完成后自张式土锚与抗滑桩地梁形成受力联合体,联合为边坡提供抗滑锚固力。

12.3.2.3　钻孔施工

锚杆钻孔位置位于两根抗滑桩的中间,同时布置钻机时考虑间距 3 m 的边坡混凝土内置钢梁,必要时需要搭设平台架。钻进采用 200B40 钻机、XY-2 钻机进行钻孔(见图 12-36),孔径为 130 mm,孔深不小于 12 m,钻孔前,根据设计要求和地层条件,定出孔位并做标记,孔径、孔深不小于设计值,钻孔完成后报监理验收。

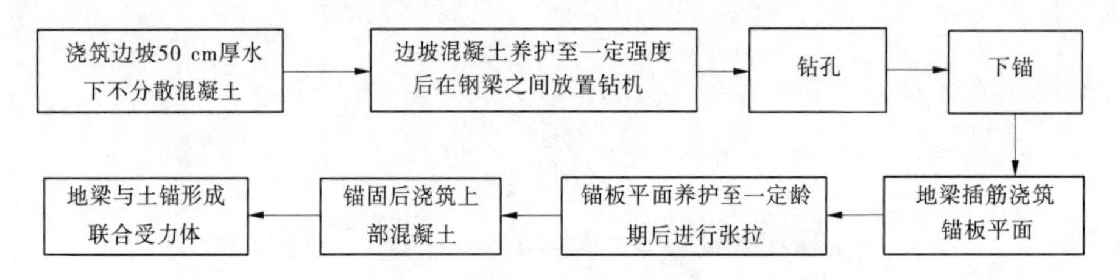

图 12-33 水下修复方案二土锚施工流程

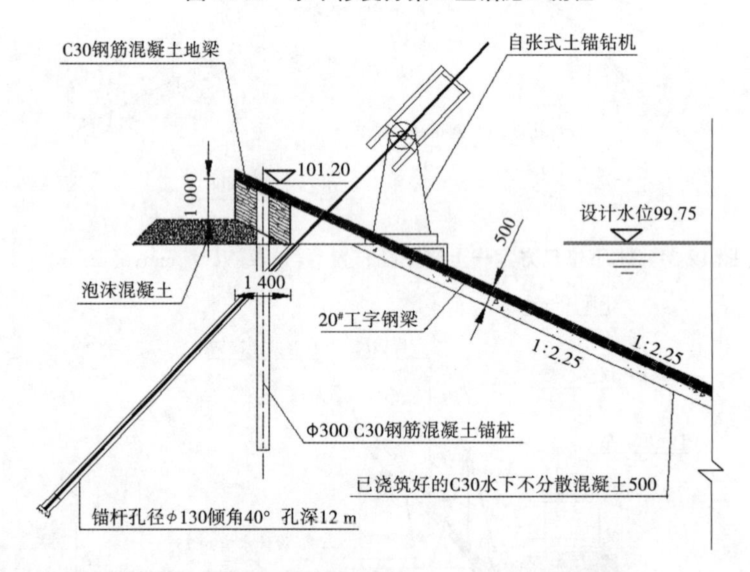

图 12-34 水下修复方案二土锚钻孔布置 (单位:尺寸,mm;高程,m)

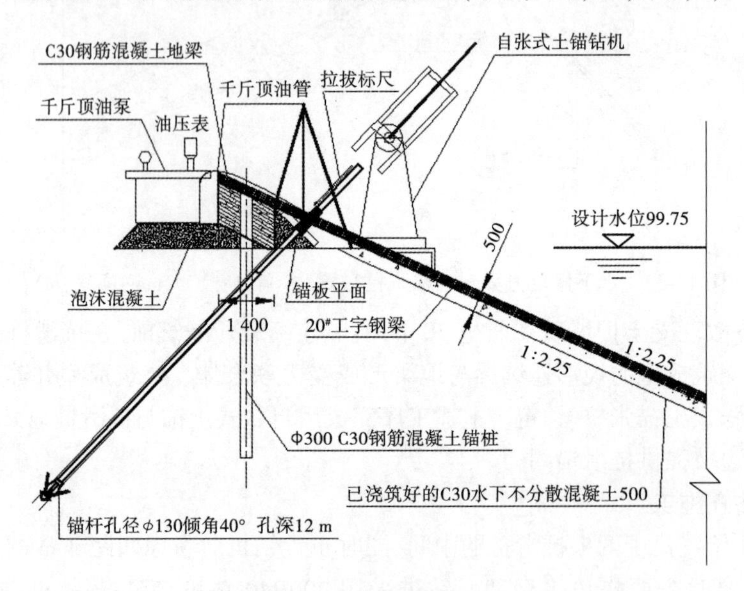

图 12-35 水下修复方案二土锚张拉布置 (单位:尺寸,mm;高程,m)

图12-36　自张式土锚钻孔

12.3.2.4　自张式土锚的张拉

1. 确定锚固力和锁定锚固力

根据前期开展锚杆研究和生产性试验得出的数据,在锚固段位于黏土岩层内时,自张式土锚的极限抗拔力在100 kN附近。而水下修复方案所在施工段地层存在潜在裂隙,且水下边坡土质分布并不均一,黏土岩上部为砂卵石层。因此,在考虑一定安全系数的前提下,确定自张式土锚张拉锚固力按80 kN控制,锁定锚固力40 kN。

2. 锚杆与锚头安装

锚杆采用ϕ28螺纹钢,使用套筒进行连接。锚头与锚杆通过套筒进行连接。安装时锚头收拢向下置入孔内,人工加力将锚头送入。对于个别锚头进入孔底未张开的情况,现场采取了钻机配合人工带动锚杆转动的方法使锚头张开。

3. 土锚的张拉

自张式土锚张拉和锁定按照《高压喷射扩大头锚杆技术规程》(JGJT 282—2012)5.7.2条款规定的荷载分级和位移观测时间开展。张拉完成后卸荷至设计要求的锁定值进行锁定。锚杆张拉荷载的分级和位移观测时间按表12-9中黏性土层执行。

表12-9　自张式土锚荷载分级和位移观测时间

荷载分级	位移观测时间(min)		加荷速率(kN/min)
	岩层、砂土层	黏性土层	
$0.10T_{ak}$~$0.20T_{ak}$	2	2	不大于100
$0.50T_{ak}$	5	5	
$0.75T_{ak}$	5	5	
$1.00T_{ak}$	5	10	不大于50
$1.10T_{ak}$~$1.20T_{ak}$	10	15	

注:T_{ak}为锚杆抗拔力特征值。

张拉时将千斤顶张拉外套置入锚端部并锁定,通过电动油压泵张拉。张拉前对张拉计量设备进行标定;分 0. 87 MPa、3. 26 MPa、5. 22 MPa、7 MPa、8 MPa 5 个阶段进行张拉作业,5 个阶段分别稳定 2 min、5 min、5 min、10 min、15 min,观测锚杆伸长量,稳定后方可进行下阶段张拉作业。

4. 安装测力计

安装前检查测力计表面有无伤痕及裂痕,引出电缆线护套有无损伤。埋设完成后对仪器进行调试,发现异常应及时补救或更换。为观测锚杆锁定后的受力状态,本项目抽取部分锚杆加装了钢筋计。测力计安装与检测现场施工见图 12-37。

(a)

(b)

图 12-37 测力计安装与检测

5. 锁定

锚张拉至预定锚固力时,在千斤顶支架底座内,锁定装置卡瓦套内嵌入卡瓦。

6. 注浆

在锚头上设置注浆导管,注入 42. 5 MPa 水泥浆,水灰比 0. 5 : 1,应保证灌浆密实、无连通气泡、无脱空。

7. 测量

当锚杆安装后,前期每日观察测力计不少于 6 次,每 4 h 测量读数一次。当测量读数趋于稳定后,可减少观测频次。

第 13 章　安全监测

13.1　边坡修复渠段安全监测断面的布设

为了保证施工安全和施工质量,边坡修复渠段在施工期间重点布设安全监测断面两个,桩号分别为Ⅳ104+292、Ⅳ105+443。Ⅳ104+292 断面埋设有渗压计 5 支、两点位移计 8 支、沉降标点 3 支、测斜管 2 支、安全监测站房一座,渗压计、两点位移计接入安全监测站房。Ⅳ105+443 断面埋设渗压计 5 支、两点位移计 8 支、沉降标点 7 个、测压管 2 个、安全监测站房一座,渗压计、两点位移计接入安全监测站房。建设期间在Ⅳ104+345. 3、Ⅳ104+645. 3、Ⅳ04+845. 3、Ⅳ105+130. 3 断面左右岸衬砌面板封顶板处、二级马道各布设垂直位移观测点一个。Ⅳ105+330. 3 断面左右岸衬砌面板封顶板处、二、三级马道上各布设垂直位移观测点一个。五个断面共布设垂直位移观测点 22 个。

为加强深挖方段施工安全监测工作,2017 年初,在Ⅳ104+800、Ⅳ105+000 两断面左岸二级马道、防洪堤顶各布置水平、垂直位移观测点一个,布设测斜管和渗压计各一套,其中渗压计接入Ⅳ104+292 安全监测站房。

本项目实施期间,在处理范围内新增了安全监测断面。

13.2　安全监测的实施要求

13.2.1　工程巡查

根据《南水北调中线干线工程运行期工程巡查管理办法》要求,2 名专职巡查人员组成小组对该区域进行工程巡查,巡查方式为步巡,巡查频次为一天一遍,巡查内容:一是内坡衬砌板裂缝、隆起、滑塌;二是堤顶路面裂缝、沉陷、破损,路缘石损坏,路面与路缘石结合部位缝隙张开;三是一级马道以上边坡坡面裂缝、沉陷、滑塌、孔洞(兽洞、蚁穴等)、洇湿、渗水、冒水、冲刷,截排水沟淤堵、破损等。巡查要求是巡查必须上到坡顶检查截流沟及地面裂缝等情况,对坡面的观察可使用望远镜辅助,要定期沿二、三级马道逐级全面检查,特别是汛期。

13.2.2　仪器监测

仪器监测严格按照“固定测次、固定测时、固定设备、固定人员”的要求,采用人工进行数据采集时不得缺测漏测,如因特殊情况无法按规定频次进行数据采集,应在数据记录表注明原因。采用自动化方式进行数据采集时应满足规范规定的数据缺失率要求。

垂直位移、水平位移等外观变形监测按 1 月 1 次的频次进行监测。垂直位移监测按国家二等水准观测要求采用往、返观测，同一测段往测（或返测）与返测（或住侧）应分别在上午与下午进行；往、返测时执行规范对奇数站和偶数站照准标尺的顺序规定；在水准测量中应尽量设置固定站和固定转点，以提高观测的精度和速度。水平位移测量中使用的仪器、施测方法和精度等应满足相关规程、规范的要求，观测精度相对于临近工作基点不大于±3.0 mm。

测斜管观测使用移动式测斜仪进行数据采集，数据采集时应有两人配合作业，其中一人负责操作移动式测斜仪读数仪，并读数，另一人负责收放探头，原始记录以读数仪存储的记录为准。两点位移计、三点位移计、渗压计均为振弦式仪器，监测电缆接入安全监测站房 MCU 中，人工采集过程中需要使用读数仪、夹线、人工读数接口和插针。

13.3　修复渠段增设的安全监测设施

13.3.1　抢险期间安全监测措施

2016 年抢险期间，在左岸面板沉陷区二级马道及堤顶 200 m 范围内布设 9 个监测断面；左岸一级马道路沿石内侧封顶板上每隔 40 m 布设一个监测断面，在右岸一级马道封顶板上每隔 96 m 布设一个监测断面进行变形监测，共 10 个；在 3 处面板沉陷区布设 5 个监测断面。在左岸一级马道布设安全监测探坑 11 个。

13.3.2　修复试验段安全监测措施

为加强修复试验段的安全监测，在该段增加了土体变形监测和地下水位的监测。增加监测断面为桩号Ⅳ104+691.2、Ⅳ104+736、Ⅳ104+786、Ⅳ104+836、Ⅳ104+902、Ⅳ104+922 左岸，断面仪器布设如下：三点位移计 12 套，分别埋设于一级马道以上岸坡和二级马道以上岸坡土体内；并在相同监测断面左右岸布置水平对中观测台，观测沉降与水平收敛；观测仪器及观测台的布置见图 13-1 和图 13-2。

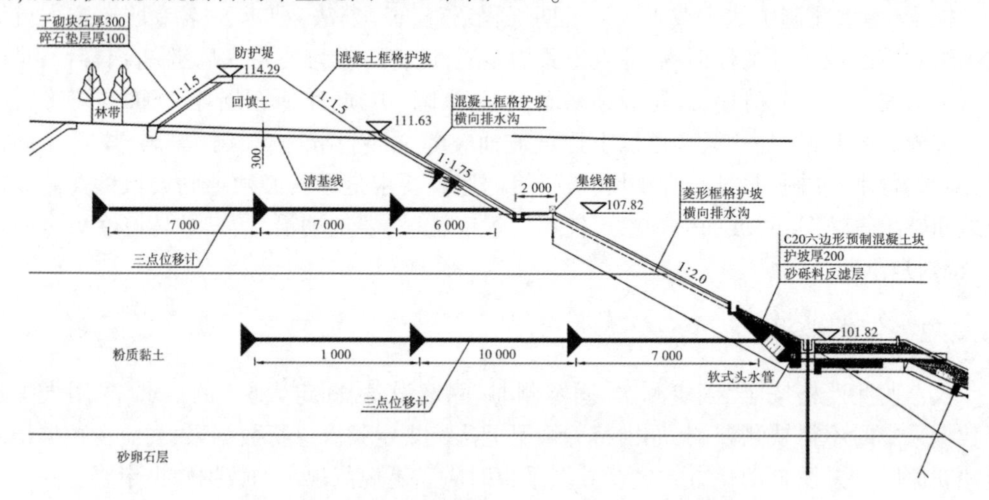

图 13-1　三点位移计布置　（单位：尺寸，mm；高程，m）

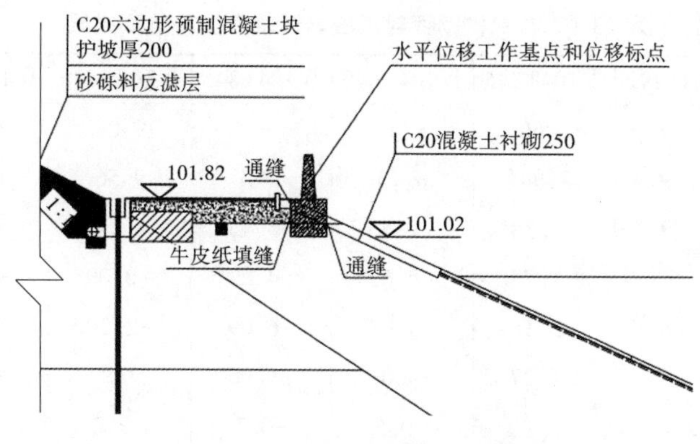

图 13-2　水平对中观测台布置

13.4　位移安全监测成果分析

13.4.1　垂直位移检测成果分析

垂直位移监测主要是为了了解建筑物、渠道或边坡土体整体垂直变形及不均匀沉降情况，用来判别相应部位的运行安全状况，另外还可通过变形随时间的变化了解变形的规律。垂直位移监测采用水准法观测，测量仪器为拓普康 DL-502 电子水准仪，配套钢尺有 3 m 铟钢条码尺，观测时布设成附和或闭合水准线路，每千米往返测高差中误差不得大于 4 mm，满足二等水准观测要求。

13.4.1.1　衬砌封顶板

工程建设期间，该段渠道在左、右岸渠道衬砌板封顶板上埋设有沉降观测点各 7 个。测点埋设在衬砌面板封顶板上，监测点于 2014 年年初完成埋设，根据南水北调中线干线工程建设管理局企业标准《安全监测技术标准》，渠道垂直位移观测频次为 1 次/1 月至 1 次/3 月。衬砌板封顶板测点于 2015 年 12 月开始观测，每月一次，垂直位移沉降为“+”，上升为“-”，监测成果见表 13-1、表 13-2，累计垂直位移随时间的变化过程见图 13-3、图 13-4。

从右岸衬砌板封顶板监测成果看，7 个监测点最大累计垂直位移 23.6 mm，发生在桩号Ⅳ104+292 处，发生时间 2018 年 6 月，后期变化量不大，7 个监测点位移随时间变化初步出现收敛迹象，相邻测点也未出现明显不均匀沉降情况，总体判断衬砌板封顶板稳定。

从左岸衬砌板封顶板监测成果看，左岸一级马道 7 个监测点最大累计垂直位移 19.7 mm，发生在桩号Ⅳ104+292 处，发生时间 2017 年 12 月，后期变化量不大，7 个监测点垂直位移随时间变化初步出现收敛迹象，相邻测点不均匀沉降不明显，左岸封顶板总体判断稳定。

13.4.1.2　左右岸边坡土体

1. 建设期监测成果分析

工程建设期间，该段渠道在左、右岸二级马道土体中埋设沉降观测点各 6 个，测点埋设在二级马道下 0.4 m 的土体内，主要监测原状土体的沉降情况。2015 年以来监测成果见表 13-3、表 13-4，累计位移随时间的关系曲线图 13-5、图 13-6。

表 13-1　右岸衬砌板封顶板累计垂直位移监测成果　（单位：mm）

观测时间	Ⅳ104+292	Ⅳ104+345	Ⅳ104+645	Ⅳ104+845	Ⅳ105+130	Ⅳ105+330	Ⅳ105+443
2015 年 12 月	8.29	7.66	8.07		9.04	6.37	6.13
2016 年 1 月	8.29	7.94	8.15	6.81	9.56	6.64	6.49
2016 年 2 月	8.29	−3.34	−2.53	−5.43	3.76	−5.9	6.49
2016 年 3 月	9.7	−1.73	−2.63	−4.82	−0.09	−5.38	5.92
2016 年 4 月	7.88	−3.18	−4.03	−6.09	−2.23	−7.35	3.93
2016 年 5 月	8.13	−1.27	−4.06	−5.96	−1.91	−7.63	3.18
2016 年 6 月	12.4	1.4	−0.5	−3.1	−2.2	−4.9	5.7
2016 年 7 月	16.08	5.16	2.78	0.66	−2.38	−1.27	8.16
2016 年 8 月	18.09	7.19	4.73	2.62	−0.48	0.81	10.24
2016 年 9 月	19.56	9.57	6.22	4.1	−0.29	2.4	12.07
2016 年 10 月	17.55	5.81	5.42	5.34	2.28	2.73	10.65
2016 年 11 月	19.1	6.9	7.6	6.5	5.5	4.1	14.2
2016 年 12 月	21.3	8.9	8.8	7.8	3.2	5.3	14.2
2017 年 1 月	19.7	7.5	7.4	6.5	4.1	4.4	15.3
2017 年 2 月	20	7.4	7.4	6.5	4.9	4.4	16.1
2017 年 3 月	21.4	8.5	9.2	8.5	7.3	6.3	17.4
2017 年 4 月	20.9	9.5	10.3	9.3	10.1	7	16.5
2017 年 5 月	18.8	8.2	9.5	8.9	12.1	6.5	14.9
2017 年 6 月	20.6	9.3	10	8.3	12.5	6.6	15.3
2017 年 7 月	21	10.5	11	8.9	11.8	7.7	15
2017 年 8 月	20.3	9.1	9.9	8.4	11.6	6.3	14
2017 年 9 月	22.1	9.7	11	9.8	13.8	7.9	16.9
2017 年 10 月	22.4	9.5	10.1	8.8	13.3	7.3	16.4
2017 年 11 月	22.2	9.1	10.2	8.1	12	6.3	14.3
2017 年 12 月	22.4	8.2	8.1	6.2	9	3.2	16.1
2018 年 1 月	22.5	8.2	8.8	5.5	9.8	3.9	14.4
2018 年 2 月	22.4	8.1	8.6	5.7	8.5	3.4	15.5
2018 年 3 月	22.2	9.4	9.9	6.8	7.1	3.7	15.4
2018 年 4 月	23.3	10.5	10.8	7.5	8.4	5.5	14.7
2018 年 5 月	23.4	11.4	11.2	8.4	8.8	6.1	15.8
2018 年 6 月	23.6	11.4	11.1	8.4	8.9	6.2	15.9
2018 年 7 月	22.6	11	11.2	8.6	9.3	5.6	15.2
2018 年 8 月	22.5	10.2	10.1	8.3	10.4	4.8	14.6
最大值	23.6	11.4	11.2	9.8	13.8	7.9	17.4

表 13-2　左岸衬砌板封顶板累计垂直位移监测成果　（单位:mm）

观测时间	Ⅳ104+229	Ⅳ104+345	Ⅳ104+645	Ⅳ104+845	Ⅳ105+130	Ⅳ105+330	Ⅳ105+443
2015 年 12 月	8.53	8.56	8.65	9.36	9.04	9.04	7.85
2016 年 1 月	8.65	8.82	9.04	9.73	9.56	9.56	8.35
2016 年 2 月	8.65	6.29	6.22	5.26	3.76	3.76	8.35
2016 年 3 月	4.63	1.17	1.44	1.16	-0.09	-0.09	-5.71
2016 年 4 月	3.15	0.03	-1.04	-1.34	-2.23	-2.23	2.02
2016 年 5 月	3.95	0.59	0.06	-0.78	-1.91	-1.91	2.2
2016 年 6 月	2.8	0	-0.9	-1.7	-2.2	-2.2	1.8
2016 年 7 月	4.15	0.86	-1.23	-1.15	-2.38	-2.38	1.55
2016 年 8 月	6.13	2.81	0.66	0.8	-0.48	-0.48	3.45
2016 年 9 月	7.64	5.66	3.94	3.19	-0.29	-0.29	3.86
2016 年 10 月	10.34	4.14	4.79	5.12	2.28	2.28	5.61
2016 年 11 月	12	5.9	6.4	8.7	5.5	5.5	8.1
2016 年 12 月	9.1	3.2	3.8	6.6	3.2	3.2	6
2017 年 1 月	9.4	3.5	4.7	7.3	4.1	4.1	7
2017 年 2 月	10.3	3.9	5.3	7.2	4.9	4.9	7.5
2017 年 3 月	13.2	6.5	8	10.1	7.3	7.3	9.8
2017 年 4 月	17.1	10.5	11.8	13.7	10.1	10.1	12.9
2017 年 5 月	17.8	12.5	13.6	14	12.1	12.1	13.6
2017 年 6 月	18.4	13.5	13.7	14.6	12.5	12.5	14.1
2017 年 7 月	17.8	11.6	13.2	13.8	11.8	11.8	13.5
2017 年 8 月	17.7	13.9	14.2	14	11.6	11.6	13.4
2017 年 9 月	18.7	13.4	15.8	16.1	13.8	13.8	15.6
2017 年 10 月	19.4	14.5	16.5	衬砌板修复拆除	13.3	13.3	14.9
2017 年 11 月	18.7	13.7	15.6		12	12	14
2017 年 12 月	19.7	12.4	13		9	9	9.8
2018 年 1 月	19.7	11.8	13.5		9.8	9.8	10.7
2018 年 2 月	19.4	11.4	13.4		8.5	8.5	10.2
2018 年 3 月	17.5	10.2	11.7		7.1	7.1	8.5
2018 年 4 月	17.2	11.6	13		8.4	8.4	9.3
2018 年 5 月	16.9	11.3	13.1		8.8	8.8	8.4
2018 年 6 月	17.3	11.5	13.2		8.9	8.9	9
2018 年 7 月	17.8	11.5	13.4		9.3	9.3	9.7
2018 年 8 月	18.4	12.4	14.5		10.4	10.4	10.5
最大值	19.7	14.5	16.5	16.1	13.8	13.8	15.6

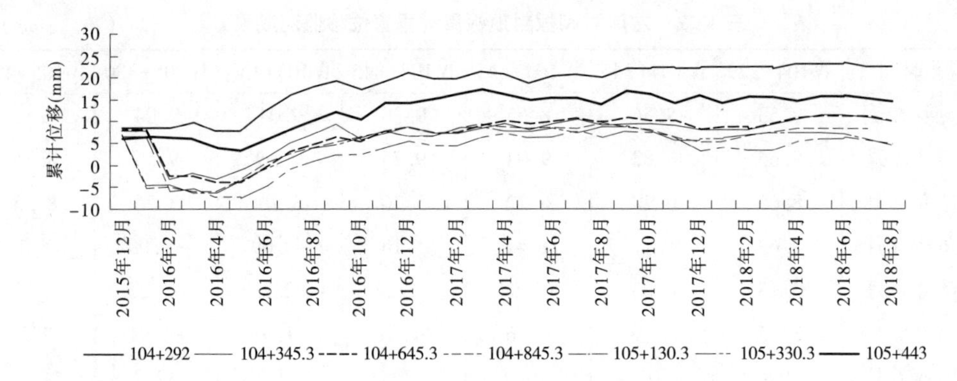

图 13-3　右岸衬砌板封顶板累计垂直位移—时间曲线

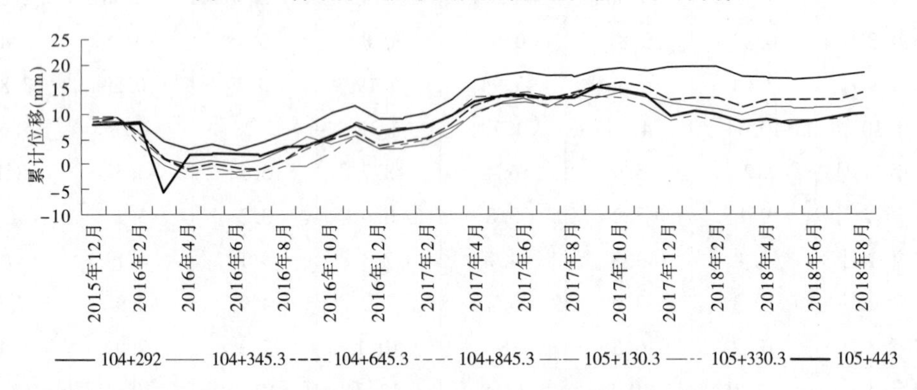

图 13-4　左岸衬砌板封顶板累计垂直位移—时间曲线

表 13-3　右岸二级马道累计垂直位移监测成果　　(单位:mm)

观测时间	Ⅳ104+345	Ⅳ104+645	Ⅳ104+845	Ⅳ105+130	Ⅳ105+330	Ⅳ105+443
2015 年 12 月	7.53	7.01			6.99	7.27
2016 年 1 月	7.45	7.1	7.11	7.28	7.33	7.41
2016 年 2 月	7.55	7.2	7.2	7.58	7.46	7.5
2016 年 3 月	7.82	7.67	7.6	7.8	7.81	7.95
2016 年 4 月	8.1	8.37	7.53	7.83	8.07	8.08
2016 年 5 月	9.97	8.23	9.83	8.61	8.13	8.24
2016 年 6 月	10	9.8	10.7	9	9.6	9
2016 年 7 月	9.28	8.39	8.39	8.1	6.67	7.66
2016 年 8 月	9.46	8.85	8.8	8.23	6.07	7.57
2016 年 9 月	9.3	8.79	8.37	7.71	6.41	7.45
2016 年 10 月	9.47	7.35	11.05	10.57	9.28	9.74
2016 年 11 月	9	6.8	10.8	11	7.4	8.5
2016 年 12 月	9.1	7.5	11.5	12.3	9.3	10.5

续表 13-3

观测时间	Ⅳ104+345	Ⅳ104+645	Ⅳ104+845	Ⅳ105+130	Ⅳ105+330	Ⅳ105+443
2017 年 1 月	9.1	7.3	11.1	12.6	9.6	10.6
2017 年 2 月	9.1	8.6	12.8	13.7	10.3	11
2017 年 3 月	9.1	7.5	10.7	12.1	8.7	9.2
2017 年 4 月	8.7	8.3	11.9	13.1	10	11.4
2017 年 5 月	8.6	9.5	12.4	11.9	9.4	11.6
2017 年 6 月	9.2	9.1	12.8	12.7	9.1	10.7
2017 年 7 月	9.2	9.5	13.1	12.9	8	9.2
2017 年 8 月	8.8	8.7	12	11.8	7.1	7.8
2017 年 9 月	7.5	7.6	12.2	9.8	5.8	7.7
2017 年 10 月	8.2	6.9	10.9	9.7	6	7.8
2017 年 11 月	7.5	8.1	12.1	10.2	6.8	8.9
2017 年 12 月	8.3	8.1	12.3	10.2	7.8	10.5
2018 年 1 月	7.8	8	12.1	10.8	6.8	9.6
2018 年 2 月	7.9	7.7	11.8	9.7	8.4	10.9
2018 年 3 月	7.9	7.9	11.8	10.5	7.7	10.3
2018 年 4 月	8.1	8.6	12.1	9.7	7.2	9.9
2018 年 5 月	7.2	7.7	11.6	10	6.4	9.7
2018 年 6 月	8	8.2	11.3	9.7	6.5	8
2018 年 7 月	8.1	8.9	11.7	9.4	5.7	7.3
2018 年 8 月	8.9	7.6	9.7	9.3	5.4	6.3
最大值	10	9.8	13.1	13.7	10.3	11.6

表 13-4　左岸二级马道累计垂直位移监测成果　（单位：mm）

观测时间	Ⅳ104+345	Ⅳ104+645	Ⅳ104+845	Ⅳ105+130	Ⅳ105+330	Ⅳ105+443
2015 年 12 月	7.79	7.98	8.09		7.2	9.77
2016 年 1 月	7.83	8.04	8.08	8.14	7.86	10.21
2016 年 2 月	8.18	8.51	8.49	8.82	7.97	2.06
2016 年 3 月	8.67	8.63	8.71	9	7.81	7.61
2016 年 4 月	9.69	9.45	9.72	9.95	9.38	-2.63
2016 年 5 月	14.97	13.58	13.51	13.46	9.5	-2.67
2016 年 6 月	15.5	14.4	13.6	13.7	9.9	-3.2
2016 年 7 月	14.18	14.28	15.33	14.96	9.16	-1.09

续表 13-4

观测时间	Ⅳ104+345	Ⅳ104+645	Ⅳ104+845	Ⅳ105+130	Ⅳ105+330	Ⅳ105+443
2016 年 8 月	13.94	14.3	15.18	14.84	8.1	1
2016 年 9 月	14.03	13.68	15.37	14.92	9.25	3.85
2016 年 10 月	13.89	12.08	14.23	13.65	8.14	3.85
2016 年 11 月	11.9	11.3	13.4	12.1	7.5	2.6
2016 年 12 月	12.9	12.3	13.9	12.6	6.7	2.3
2017 年 1 月	13.2	12.3	14.4	12.7	8.4	2.1
2017 年 2 月	13.6	13.2	15	14	8.2	3.3
2017 年 3 月	15.1	14	16.1	14.7	10.2	5.6
2017 年 4 月	14.5	13.4	15.2	13.9	9.4	4
2017 年 5 月	13.6	13.1	15.3	13.5	8.3	3.2
2017 年 6 月	13.7	13.1	15.2	13.3	5.8	5.6
2017 年 7 月	14.3	13.4	15.1	13.3	6.6	6.5
2017 年 8 月	13.2	12.6	14.1	12.2	6	6.7
2017 年 9 月	15.1	13.7	14.8	12.9	7.9	8.1
2017 年 10 月	12.4	12.3	13.4	10.8	5	7.6
2017 年 11 月	13.5	10.5	12.1	9.4	2.7	6.7
2017 年 12 月	15	10.2	10.9	9	4.7	2.3
2018 年 1 月	16	11.3	12.8	10.6	3.4	3.2
2018 年 2 月	14.5	9.6	11	9.6	4.9	2.3
2018 年 3 月	14.2	9.4	11	9.6	4.4	1.1
2018 年 4 月	13.9	9.2	10.8	9.3	3.1	1.3
2018 年 5 月	14.6	9.7	11.9	10.1	3.2	
2018 年 6 月	14.8	10.1	12.6	10.9	3.7	
2018 年 7 月	14.5	9.9	12.2	10.8	3.2	
2018 年 8 月	14.6	11.6	13.1	11.1	3.2	
最大值	16	14.4	16.1	14.96	10.2	10.21

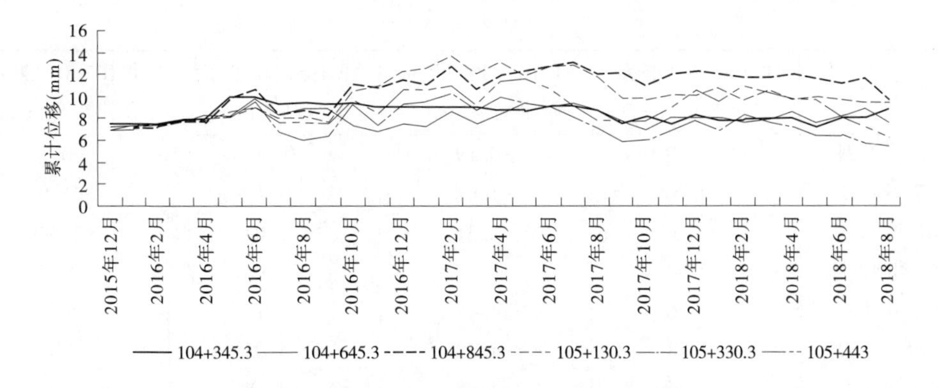

图 13-5　右岸二级马道累计垂直位移—时间曲线

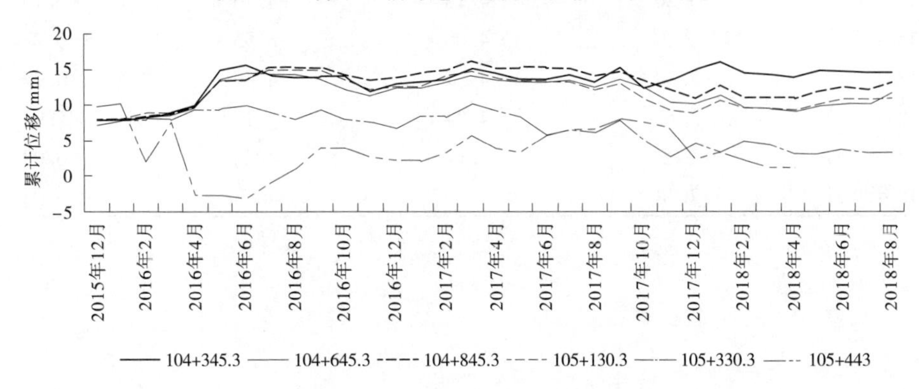

图 13-6　左岸二级马道累计垂直位移—时间曲线

从监测成果看,右岸二级马道 6 个监测点最大累计垂直位移 13.7 mm,发生在桩号Ⅳ105+130 处,发生时间为 2017 年 2 月,后期变化量不大,随着时间的推移,各测点累计垂直位移初步出现收敛现象,相邻测点不均匀沉降不明显,初步判定边坡趋于稳定。

从监测成果看,左岸二级马道 6 个监测点最大累计垂直位移 16.1 mm,发生在桩号Ⅳ104+845 处,发生时间为 2017 年 3 月,随着时间的推移,各测点累计垂直位移初步出现收敛现象,相邻测点不均匀沉降不明显,初步判定边坡趋于稳定。

2. 加强安全监测测点

为加强深挖方段安全监测,2017 年在Ⅳ104+800、Ⅳ105+000 两断面左岸二级马道、防洪堤顶各埋设水平位移观测墩及垂直位移观测点。垂直位移观测自 2017 年 5 月开始,监测成果见表 13-5,累计位移随时间的关系曲线见图 13-7。

表 13-5　Ⅳ104+800、Ⅳ105+000 垂直位移观测点累计垂直位移监测成果（单位:mm)

观测时间	Ⅳ104+800 断面二级马道(mm)	Ⅳ104+800 断面防洪堤顶(mm)	Ⅳ105+000 断面二级马道(mm)	Ⅳ105+000 断面防洪堤顶(mm)
2017 年 5 月	0.01	0	−0.02	0.04
2017 年 6 月	0.17	−0.27	0.46	1.05
2017 年 7 月	0.73	0.12	1.03	4.02
2017 年 8 月	−0.51	−0.46	0.31	0.26

续表 13-5

观测时间	Ⅳ104+800 断面二级马道(mm)	Ⅳ104+800 断面防洪堤顶(mm)	Ⅳ105+000 断面二级马道(mm)	Ⅳ105+000 断面防洪堤顶(mm)
2017 年 9 月	-0.19	-0.19	0.09	-0.2
2017 年 10 月	-0.76	-1.41	0.4	-1.8
2017 年 11 月	-1.3	-2.31	-1.04	-2.99
2017 年 12 月	-2.34	-3.17	-1.98	-4.07
2018 年 1 月	-3.56	-4.48	-4.15	-6.23
2018 年 2 月	-3.78	-4.72	-5.02	-7.12
2018 年 3 月	-3.36	-4.25	-4.18	-6.52
2018 年 4 月	-3.26	-4.13	-4.13	-6.19
2018 年 5 月	-3.2	-4.08	-3.95	-6.27
2018 年 6 月	-2.88	-4.37	-4.47	-6.27
2018 年 7 月	-2.57	-4.04	-4.12	-5.98
2018 年 8 月	-2.5	-3.11	-4.28	-6.03
2018 年 9 月	-2.38	-3.1	-4.3	-6.05

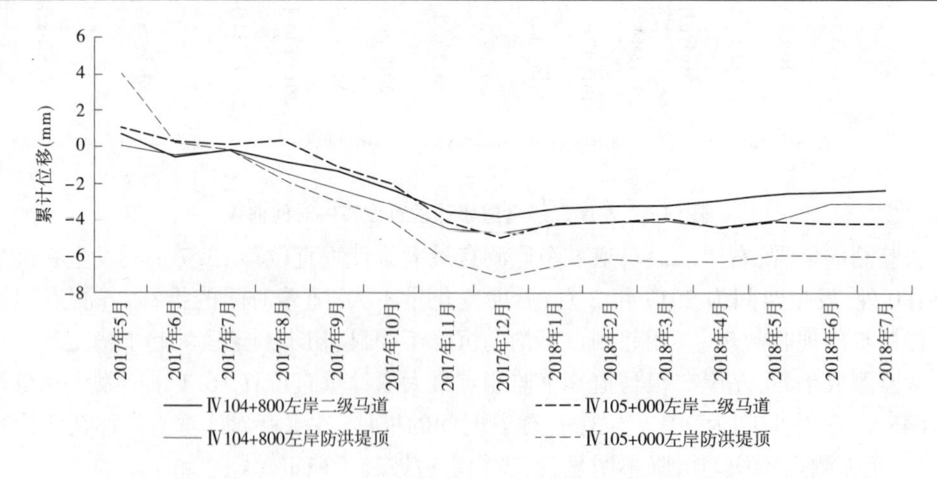

图 13-7 Ⅳ104+800、Ⅳ105+000 二级马道、防洪堤顶累计垂直位移—时间曲线

从监测成果看,两个断面四个垂直位移点的变形趋于稳定,主要为负位移,即抬升,最大值为 7.12 mm,发生在Ⅳ105+000 防洪堤顶处,发生时间 2018 年 1 月,各测点累计位移随时间初步出现收敛现象。

13.4.1.3 项目实施期间

试验项目在Ⅳ104+691、Ⅳ104+736、Ⅳ104+786、Ⅳ104+836 四个断面一、二级马道和Ⅳ104+910、Ⅳ104+930 一级马道及Ⅳ104+928 二级马道上埋设了水平位移观测墩,墩上设置了沉降观测点,并在右岸对应部位设置工作基点。主要监测一级马道临水侧及二级马道土体的水平位移及垂直位移。其中,Ⅳ104+691、Ⅳ104+836 两个断面的一、二级马道和Ⅳ104+736 一级马道、Ⅳ104+928 二级马道六套测点于 2018 年 4 月完成并提取了基准值,6 个月垂直位移监测成果见表 13-6。

表 13-6　试验项目新增测点垂直位移监测成果　（单位:mm）

测点位置	4 月	5 月	6 月	7 月	8 月	9 月	最大值	最小值
Ⅳ104+691 一级马道	4.45	1.5	0.7	3.9	4.2	5.2	5.2	0.7
Ⅳ104+691 二级马道	1.39	−2.1	0.5	0.2	−0.1	0.5	1.39	−2.1
Ⅳ104+736 一级马道	4.41	4.1	0.7	3.6	2.5	3.9	4.41	0.7
Ⅳ104+836 一级马道	2.63	−0.2	−1.1	1.9	0.9	2.6	2.63	−1.1
Ⅳ104+836 二级马道	0.89	−0.1	−0.7	−0.2	−0.8	0.1	0.89	−0.8
Ⅳ104+928 二级马道	0.35	1.6	−2.1	−0.5	−0.8	1.6	1.6	−2.1

从 6 个月的监测成果看,沉降最大值为 4.41 mm,位置为Ⅳ104+736 一级马道,抬升位移最大值为 2.1 mm,位置为Ⅳ104+691 二级马道和Ⅳ104+928 二级马道。另外,各测点水平位移尚未出现明显收敛现象。

从垂直位移监测成果看,Ⅳ104+292 断面左、右衬砌板封顶板沉降量相对较大,应予以关注,加强监测。其他一、二、三级马道沉降相对较小,另外,相邻断面同级马道不均匀变形不明显,初步分析在当前状况下边坡相对稳定。

13.4.2　水平位移监测成果分析

水平位移监测是为了监测水工建筑物、高边坡、高填方等部位建筑物的整体或局部的水平变形量,用以掌握建筑物在各种原因的影响下所发生的水平变形量的大小、分布及其变化规律,从而了解建筑物在施工和运行期间的变形性态,监控建筑物的变形安全。

13.4.2.1　监测测点布置与监测成果

本渠段建设期间未布设外观水平位移监测点,2017 年为加强深挖方段安全监测工作,在Ⅳ104+800、Ⅳ105+000 两个断面左岸二级马道、防洪堤顶处设置了 4 个水平位移观测墩,并对应在右岸设立了工作基点,对渠坡进行水平位移收敛监测。水平位移监测仪器为徕卡 TS30 全站仪,角度测量精度 0.5″,距离测量精度 0.6 mm+1 ppm,测程 1.2~1.5 km,满足水平位移监测精度要求。监测工作于 2017 年 3 月开始,每月监测不少于一次,监测成果及随时间的关系曲线见表 13-7 及图 13-8。

表 13-7　Ⅳ104+800、Ⅳ105+000 水平位移观测点累计水平位移监测成果（单位:mm）

观测时间	Ⅳ104+800 断面二级马道(mm)	Ⅳ104+800 断面防洪堤顶(mm)	Ⅳ105+000 断面二级马道(mm)	Ⅳ105+000 断面防洪堤顶(mm)
2017 年 3 月	0	0	0	0
2017 年 4 月	−1.7	−1.5	−1.7	−0.9
2017 年 5 月	−1.3	−3.6	0.6	0.5
2017 年 6 月	−2	−4.1	0.3	1.3
2017 年 7 月	−3.6	−14.3	−3	−5.7
2017 年 8 月	−3.2	−14.7	−3	−4.3

续表 13-7

观测时间	Ⅳ104+800 断面二级马道(mm)	Ⅳ104+800 断面防洪堤顶(mm)	Ⅳ105+000 断面二级马道(mm)	Ⅳ105+000 断面防洪堤顶(mm)
2017 年 9 月	−3.4	−15.9	−1.7	−4.8
2017 年 10 月	−1.7	−13.5	−0.6	−1.7
2017 年 11 月	−2.4	−14.1	−3.7	−5.9
2017 年 12 月	−3.7	−15.1	−4.6	−8.2
2018 年 1 月	−3.1	−14.7	−4.9	−7.8
2018 年 2 月	−2.9	−14.8	−5.3	−8.2
2018 年 3 月	−2.7	−14.5	−4	−6.5
2018 年 4 月	−3.6	−16.7	−3.6	−6.1
2018 年 5 月	−2.9	−14.7	−2.6	−8.2
2018 年 6 月	−1.3	−13.6	−1.9	−8.2
2018 年 7 月	−0.2	−15.2	−3.3	−8.8
2018 年 8 月	−0.6	−15	−3.7	−9.7
2018 年 9 月	−0.6	−13.9	−2.1	−10.5

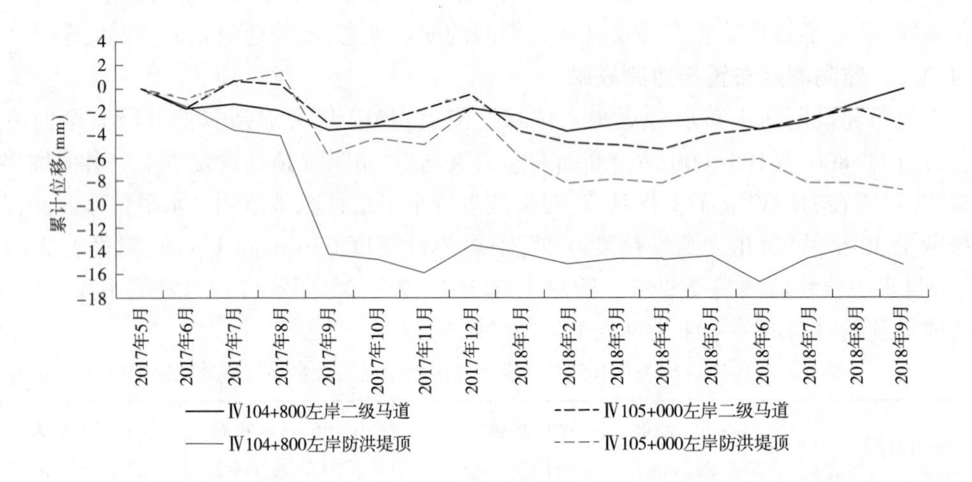

图 13-8　Ⅳ104+800、Ⅳ105+000 二级马道、防洪堤顶累计水平位移—时间曲线图

分析监测成果表明，两断面位移监测值主要为负值，即渠坡二级马道、防洪堤顶有向渠道方向的位移，其中二级马道位移值小且基本稳定，Ⅳ104+800 二级马道最大位移值为 3.7 mm，Ⅳ105+000 二级马道最大位移值 5.3 mm；但防洪堤顶位移较大，主要原因为试验项目施工，防洪堤顶频繁通行重车，Ⅳ104+800 防洪堤顶最大位移值 16.7 mm，Ⅳ105+000 防洪堤顶最大位移值 10.5 mm。

13.4.2.2　新增测点的监测成果

试验项目 2018 年 4 月提取基准值的水平位移观测点有Ⅳ104+691、Ⅳ104+836 两个断面的一、二级马道和Ⅳ104+736 一级马道、Ⅳ104+928 二级马道六个测点，6 个月水平位移监测成果见表 13-8。

表 13-8　试验项目新增测点水平位移监测成果　（单位：mm）

测点位置	4 月	5 月	6 月	7 月	8 月	9 月	最大值	最小值
Ⅳ104+691 一级马道	2.5	1.5	−0.4	−0.1	−0.2	−1.7	2.5	−1.7
Ⅳ104+691 二级马道	−0.9	−2.1	−3.6	−4.5	−4.6	−8.4	−0.9	−8.4
Ⅳ104+736 一级马道	3	4.1	−0.3	1.8	1.4	0.1	4.1	−0.3
Ⅳ104+836 一级马道	1	−0.2	−2.6	−0.9	−1.5	−2.8	1	−2.8
Ⅳ104+836 二级马道	2.6	−0.1	−1.1	−3.9	−3.9	−7.4	2.6	−7.4
Ⅳ104+928 二级马道	0.2	1.6	1.1	0.5	2.9	2.3	2.9	0.2

从 6 个月的监测成果看，向渠道方向位移最大值为 4.1 mm，位置为Ⅳ104+736 一级马道，背向渠道方向位移最大值为 8.4 mm，位置为Ⅳ104+691 二级马道。另外，各测点水平位移尚未出现明显收敛现象。

从五个断面水平位移监测成果看，防洪堤顶水平位移较大，与该断面测斜管监测成果相符，后期防洪堤顶恢复正常后应继续加强监测。二级马道、一级马道水平位移相对较小，但尚未稳定，需加强监测，特别是与水位监测相结合，监测高地下水位时的结果，以判别变形与地下水位间的关系。

13.4.3　基于测斜管的内位移监测成果分析

测斜管监测属内部水平位移监测的一种，主要是为了了解建筑物、高填方、高边坡内部不同高程发生的水平变形量的大小、分布及变化规律，确定建筑物以及相应部位的安全情况。工程建设期间该段渠道共布设测斜管 3 个，分别布设在Ⅳ104+292 左右岸一级马道、Ⅳ105+443 左岸三级马道。

测斜管监测使用北京基康的 GK6000 便携式测斜仪进行数据采集，数据采集时两人配合作业，其中一人负责操作移动式测斜仪读数仪，并读数；另一人负责收放探头，将测头高轮对准 A0 方向，插入测斜管导槽内，缓慢下到孔底；A0 方向一般定为可能出现最大位移的方向。测斜仪探头放入孔底后应静置 10~15 min，将测头由孔底开始自下而上沿导槽每提起 0.5 m 读一次数，直至孔口；测读完毕后，将探头提出旋转 180。插入同一对导槽内（A180），按以上方法再测一次，两次测量后完成一次测回。在测量过程中注意检查数据，发现可疑数据及时补测。测斜仪同一位置的正、反向测值之和基本不变，这可用来校验测值的正确性，测斜仪的初值应连续测读数两次，且在两次的累计误差小于仪器精度后，取其平均测值。

根据南水北调中线干线工程建设管理局企业标准《安全监测技术标准》，测斜管监测频次为 1 次/半月至 1 次/月。建设期间埋设的测斜管监测 2014 年 3 月开始采集数据，初期为每月 4 次，后加密至每月 8 次，目前按每月 2 次进行数据采集。本次分析按每年的 3

月底、9 月底的数据进行分析。深挖方段加强措施埋设的测斜管 2017 年 1 月开始采集数据,本次分析按 1 月、4 月、7 月、10 月末采集的数据进行分析。

13.4.3.1　Ⅳ104+292 右岸

Ⅳ104+292 右岸测斜管埋设于渠道右岸一级马道左侧,孔口位于右岸一级马道临水侧路缘石左侧,孔口高程 101.83 m,孔深 13.5 m。监测成果见表 13-9,孔段位移分布曲线见图 13-9。

表 13-9　Ⅳ104+292 右岸一级马道测斜管监测成果　（单位:mm）

孔底距	2014 年		2015 年		2016 年		2017 年		2018 年	
(m)	3 月	9 月	3 月	9 月	3 月	9 月	3 月	9 月	3 月	9 月
0.5	0.00	0.00	0.00	0.00	0.00	0.00	0.00	0.00	0.00	0.00
1.0	0.00	0.05	0.09	0.14	0.44	0.10	0.46	0.43	0.53	0.45
1.5	0.00	0.09	0.18	0.10	1.44	0.09	1.39	1.00	1.15	1.03
2.0	0.00	0.08	0.15	-0.01	1.54	-0.01	1.46	1.05	1.29	1.11
2.5	0.00	-0.08	-0.04	-0.35	1.23	-0.25	1.13	0.76	1.06	0.80
3.0	0.00	-0.03	-0.03	-0.35	0.99	-0.28	0.93	0.58	0.91	0.64
3.5	0.00	0.01	0.03	-0.34	0.63	-0.26	0.65	0.34	0.69	0.40
4.0	0.00	-0.03	-0.01	-0.59	0.40	-0.40	0.44	0.19	0.56	0.24
4.5	0.00	0.08	0.05	-0.61	-0.55	-0.50	-0.43	-0.66	-0.15	-0.48
5.0	0.00	0.15	0.44	-0.21	-3.81	-0.01	-3.63	-3.81	-3.33	-3.69
5.5	0.00	0.26	0.58	0.05	-3.70	0.26	-3.39	-3.64	-3.11	-3.55
6.0	0.00	0.29	0.55	-0.02	-3.69	0.23	-3.29	-3.56	-2.99	-3.49
6.5	0.00	0.28	0.51	-0.26	-3.84	0.13	-3.39	-3.69	-3.06	-3.61
7.0	0.00	0.24	0.49	-0.48	-4.01	-0.02	-3.58	-3.84	-3.20	-3.74
7.5	0.00	0.21	0.41	-0.65	-4.51	-0.18	-4.09	-4.43	-3.65	-4.21
8.0	0.00	0.24	0.66	-0.25	-6.19	0.10	-5.73	-6.04	-5.24	-5.88
8.5	0.00	0.34	0.89	0.05	-5.81	0.39	-5.29	-5.60	-4.79	-5.49
9.0	0.00	0.34	1.00	0.16	-5.40	0.50	-4.80	-5.09	-4.28	-5.04
9.5	0.00	0.50	1.38	0.50	-4.93	0.90	-4.19	-4.49	-3.64	-4.50
10.0	0.00	0.58	1.66	0.61	-4.51	1.06	-3.65	-3.95	-2.99	-3.93
10.5	0.00	0.71	2.20	1.29	-4.01	1.68	-2.76	-3.15	-2.13	-3.36
11.0	0.00	1.05	3.11	2.23	-3.88	2.58	-2.94	-3.60	-2.19	-4.06
11.5	0.00	1.20	3.86	3.05	-2.76	3.38	-2.19	-3.11	-1.40	-3.61
12.0	0.00	1.45	4.64	3.79	-2.14	4.16	-1.85	-2.89	-1.00	-3.43
12.5	0.00	1.59	5.08	3.86	-1.86	4.29	-1.78	-2.81	-0.86	-3.28
13.0	0.00	1.85	5.36	3.65	-2.43	4.06	-2.15	-3.10	-1.15	-3.40
13.5	0.00	1.88	4.80	1.91	-3.84	2.43	-3.59	-4.28	-2.43	-4.23
最大值	0	1.88	5.36	3.86	1.54	4.29	1.46	1.05	1.29	1.11
部位		13.5	13.0	12.5	2.0	12.5	2.0	2.0	2.0	2.0
最小值	0	-0.08	-0.04	-0.65	-6.19	-0.5	-5.73	-6.04	-5.24	-5.88
部位		2.5	2.5	7.5	8.0	4.5	8.0	8.0	8.0	8.0

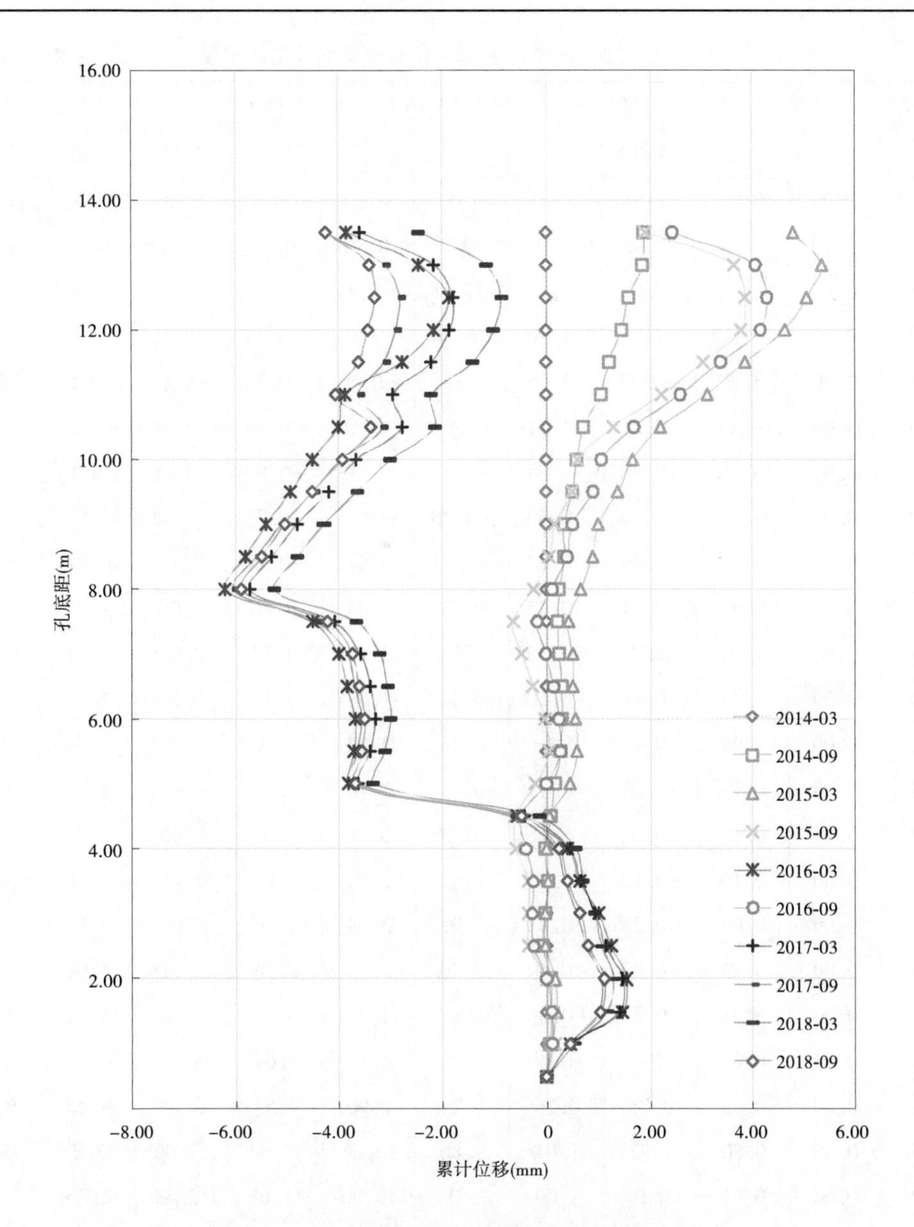

图 13-9 Ⅳ104+292 右岸一级马道测斜管监测成果

从监测成果看,2017 年前土体位移以向渠道方向位移为主,最大位移 5. 36 mm,位于孔底以上 13 m 处;进入 2017 年后土体位移以背渠道方向为主,最大位移 6. 04 mm,位置为孔底以上 8 m 处,目前均为背向渠道位移为主。

13. 4. 3. 2 Ⅳ104+292 左岸

Ⅳ104+292 左岸测斜管埋设于渠道右岸一级马道左侧,孔口位于左岸一级马道临水侧路缘石左侧,孔口高程 101. 83 m,孔深 13. 5 m,监测成果见表 13-10,孔内位移分布曲线见图 13-10。

表 13-10　Ⅳ104+292 左岸一级马道测斜管监测成果　　（单位：mm）

孔底距（m）	2014 年		2015 年		2016 年		2017 年		2018 年	
	3 月	9 月	3 月	9 月	3 月	9 月	3 月	9 月	3 月	9 月
0.5	0.00	0.00	0.00	0.00	0.00	0.00	0.00	0.00	0.00	0.00
1.0	0.00	0.03	0.16	0.21	0.29	0.30	0.30	0.31	0.40	0.31
1.5	0.00	-0.46	-0.96	-1.06	-1.11	-1.03	-1.15	-1.09	-0.90	-1.01
2.0	0.00	-0.39	-1.03	-1.26	-0.34	-0.14	-0.34	-0.23	0.04	-0.08
2.5	0.00	-0.31	-0.93	-1.16	-0.73	-0.46	-0.70	-0.48	-0.14	-0.26
3.0	0.00	-0.26	-0.85	-1.11	-0.94	-0.56	-0.94	-0.68	-0.25	-0.36
3.5	0.00	-0.31	-0.88	-1.04	-0.88	-0.43	-0.90	-0.66	-0.15	-0.29
4.0	0.00	-0.25	-0.74	-0.83	-0.70	-0.21	-0.71	-0.48	0.09	-0.06
4.5	0.00	-0.13	-0.49	-0.60	-0.13	0.41	-0.11	0.16	0.81	0.58
5.0	0.00	0.01	-0.24	-0.45	0.71	1.34	0.71	1.03	1.76	1.50
5.5	0.00	0.04	-0.23	-0.35	0.55	1.30	0.59	0.94	1.74	1.49
6.0	0.00	0.09	-0.10	-0.18	0.24	1.09	0.31	0.73	1.56	1.33
6.5	0.00	0.08	-0.10	-0.16	0.24	1.14	0.30	0.76	1.64	1.40
7.0	0.00	0.13	-0.01	-0.13	0.21	1.16	0.30	0.78	1.75	1.48
7.5	0.00	0.15	-0.04	-0.16	-0.10	0.98	-0.05	0.45	1.46	1.19
8.0	0.00	0.16	-0.10	-0.25	1.90	2.98	1.93	2.49	3.56	3.29
8.5	0.00	0.09	-0.21	-0.43	1.99	3.09	1.96	2.60	3.71	3.45
9.0	0.00	-0.10	-0.43	-0.59	2.26	3.45	2.26	2.91	4.09	3.83
9.5	0.00	-0.01	-0.33	-0.66	3.01	4.38	3.21	3.96	5.11	4.85
10.0	0.00	0.23	0.08	-0.40	4.36	6.18	5.04	5.78	6.98	6.71
10.5	0.00	0.45	0.71	0.26	6.29	8.90	7.51	8.24	9.46	9.21
11.0	0.00	0.80	1.33	1.01	9.80	12.66	11.34	12.06	13.31	13.08
11.5	0.00	0.81	1.49	1.09	10.15	13.00	11.65	12.43	13.79	13.56
12.0	0.00	0.81	1.66	1.04	10.34	12.69	11.49	12.24	13.70	13.44
12.5	0.00	0.81	1.79	0.80	10.33	11.68	10.75	11.46	12.93	12.66
13.0	0.00	0.78	1.93	-0.20	10.24	10.39	9.80	10.46	11.86	11.68
13.5	0.00	0.64	1.83	-0.91	9.79	8.56	8.54	9.18	10.50	10.36
最大值	0	0.81	1.93	1.09	10.34	13	11.65	12.43	13.79	13.56
部位		12.5	13	11.5	12	11.5	11.5	11.5	11.5	11.5
最小值	0	-0.46	-1.03	-1.26	-1.11	-1.03	-1.15	-1.09	-0.9	-1.01
部位		1.5	2	2	1.5	1.5	1.5	1.5	1.5	1.5

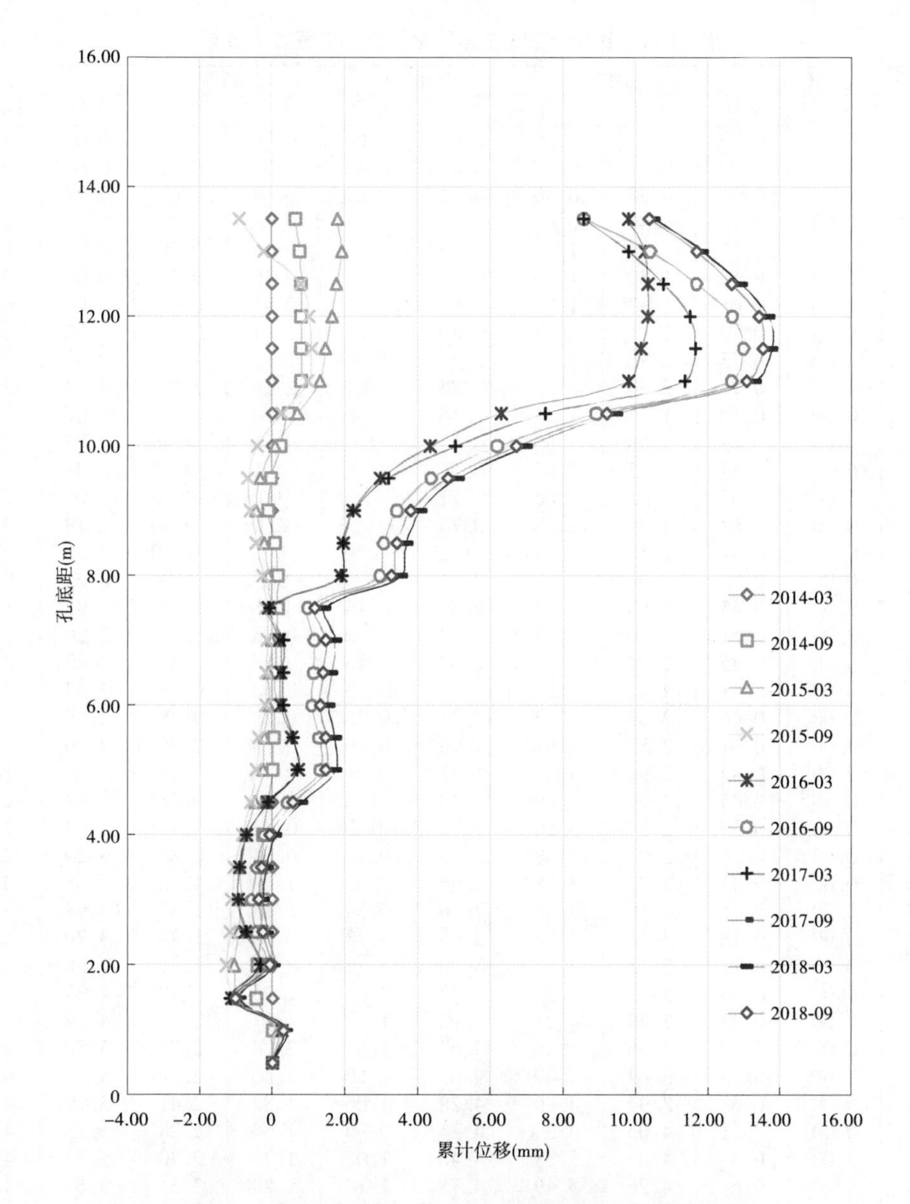

图 13-10　Ⅳ104+292 左岸一级马道测斜管内位移分布

从监测成果看,Ⅳ104+292 左岸测斜管反映的变形规律比较明显,孔口附近变形量较大,另外是向渠道侧变形,2016 年 3 月较前期有较大变形,以后趋于稳定,最大变形量为 13.79 mm,2018 年 3 月各点位移最大,2018 年 9 月有所收敛。

13.4.3.3　Ⅳ105+443 左岸

Ⅳ105+443 左岸三级马道测斜管埋设于渠道左岸三级马道上,孔口高程 113.78 m,孔深 24.5 m,于 2014 年 5 月开始采集数据,每年 3 月、9 月的监测成果见表 13-11,孔内位移分布曲线见图 13-11。

表 13-11　Ⅳ105+443 左岸三级马道测斜管监测成果　（单位：mm）

孔底距	2014 年		2015 年		2016 年		2017 年		2018 年	
（m）	5 月	9 月	3 月	9 月	3 月	9 月	3 月	9 月	3 月	9 月
0.5	0.00	0.00	0.00	0.00	0.00	0.00	0.00	0.00	0.00	0.00
1.0	0.00	0.09	0.24	0.29	0.58	0.49	0.53	0.51	0.60	0.56
1.5	0.00	0.05	0.28	0.50	0.81	0.69	0.68	0.68	0.94	0.81
2.0	0.00	0.18	0.48	0.83	1.08	0.91	0.86	0.93	1.31	1.18
2.5	0.00	0.41	0.99	1.39	1.13	0.83	0.74	0.79	1.33	1.25
3.0	0.00	0.55	1.39	1.63	0.46	0.13	0.10	0.10	0.65	0.51
3.5	0.00	0.65	1.83	1.93	0.85	0.41	0.48	0.40	1.06	0.90
4.0	0.00	0.70	2.08	2.19	1.46	0.91	1.01	0.96	1.70	1.49
4.5	0.00	0.73	2.16	2.40	2.30	1.56	1.68	1.63	2.48	2.20
5.0	0.00	0.76	2.34	2.53	2.85	2.01	2.15	2.08	3.03	2.73
5.5	0.00	0.30	1.25	1.35	1.56	0.58	0.88	0.89	2.01	1.70
6.0	0.00	0.49	1.68	1.90	0.33	−0.76	−0.44	−0.46	0.73	0.33
6.5	0.00	0.54	1.93	2.05	0.55	−0.58	−0.24	−0.33	0.93	0.44
7.0	0.00	0.53	2.05	2.06	0.71	−0.50	−0.13	−0.28	1.04	0.53
7.5	0.00	0.63	2.29	2.35	0.79	−0.53	−0.19	−0.30	1.19	0.64
8.0	0.00	0.34	1.58	1.68	−0.13	−1.59	−1.28	−1.30	0.30	−0.20
8.5	0.00	0.55	2.06	2.16	0.51	−0.98	−0.85	−1.00	0.63	0.13
9.0	0.00	0.45	2.03	2.24	1.81	0.26	0.38	0.24	1.91	1.46
9.5	0.00	0.51	2.16	2.33	1.89	0.29	0.45	0.40	2.20	1.78
10.0	0.00	0.45	2.24	2.41	2.08	0.46	0.66	0.53	2.40	2.01
10.5	0.00	0.41	2.45	2.75	1.98	0.33	0.60	0.64	2.60	2.20
11.0	0.00	0.46	2.64	2.93	2.23	0.45	0.78	0.88	2.84	2.44
11.5	0.00	0.31	2.59	2.91	1.96	0.10	0.63	0.75	2.80	2.40
12.0	0.00	0.49	2.91	3.40	1.48	−0.56	−0.18	0.14	2.29	1.83
12.5	0.00	0.45	2.94	3.49	1.89	−0.20	0.24	0.43	2.64	2.15
13.0	0.00	0.39	2.94	3.56	1.91	−0.26	0.23	0.41	2.73	2.16
13.5	0.00	0.36	2.93	3.58	2.45	0.18	0.64	0.86	3.20	2.63
14.0	0.00	0.43	3.03	3.78	2.96	0.54	1.05	1.26	3.68	3.04
14.5	0.00	0.45	3.10	3.86	3.16	0.56	1.18	1.45	3.94	3.25
15.0	0.00	0.38	3.18	4.00	2.95	0.28	0.90	1.24	3.70	3.00
15.5	0.00	0.23	3.15	3.99	3.06	0.26	0.93	1.31	3.86	3.11
16.0	0.00	0.33	3.29	4.23	3.48	0.63	1.25	1.70	4.33	3.56
16.5	0.00	0.43	3.40	4.31	3.98	1.04	1.71	2.11	4.84	4.05
17.0	0.00	0.55	3.56	4.48	4.63	1.61	2.26	2.73	5.50	4.70
17.5	0.00	0.55	3.63	4.40	4.69	1.60	2.30	2.89	5.70	4.88
18.0	0.00	0.68	3.94	4.96	4.28	1.06	1.83	2.41	5.29	4.49
18.5	0.00	0.61	4.05	5.20	4.25	0.99	1.66	2.28	5.25	4.49
19.0	0.00	0.53	4.09	5.28	4.40	1.00	1.70	2.30	5.33	4.49
19.5	0.00	0.64	4.26	5.49	4.71	1.19	1.89	2.54	5.63	4.70
20.0	0.00	0.74	4.35	5.65	5.03	1.48	2.09	2.74	5.93	4.93
20.5	0.00	0.73	4.38	5.68	5.50	1.83	2.40	3.15	6.35	5.23
21.0	0.00	0.78	3.90	4.95	7.64	3.85	4.40	5.20	8.40	7.25
21.5	0.00	0.66	3.71	4.89	7.39	3.54	4.10	4.91	8.14	6.95
22.0	0.00	0.50	3.51	4.73	7.06	3.23	3.74	4.59	7.83	6.61
22.5	0.00	0.66	3.73	5.01	7.10	3.34	3.88	4.63	7.93	6.69
23.0	0.00	0.74	3.94	5.25	7.16	3.39	3.98	4.63	7.94	6.63
23.5	0.00	0.91	4.19	5.64	7.21	3.41	4.11	4.60	7.96	6.64
24.0	0.00	1.14	6.16	7.33	4.69	2.24	3.71	4.10	7.50	6.04
24.5	0.00	1.21	6.71	7.93	4.83	1.75	3.50	3.51	6.93	5.14
最大值	0.00	1.21	6.71	7.93	7.64	3.85	4.40	5.20	8.40	7.25
部位		24.50	24.50	24.50	21.00	21.00	21.00	21.00	21.00	21.00
最小值	0.00	0.00	0.00	0.00	−0.13	−1.59	−1.28	−1.30	0.00	−0.20
部位		0.50	0.50	0.50	8.00	8.00	8.00	8.00	0.50	8.00

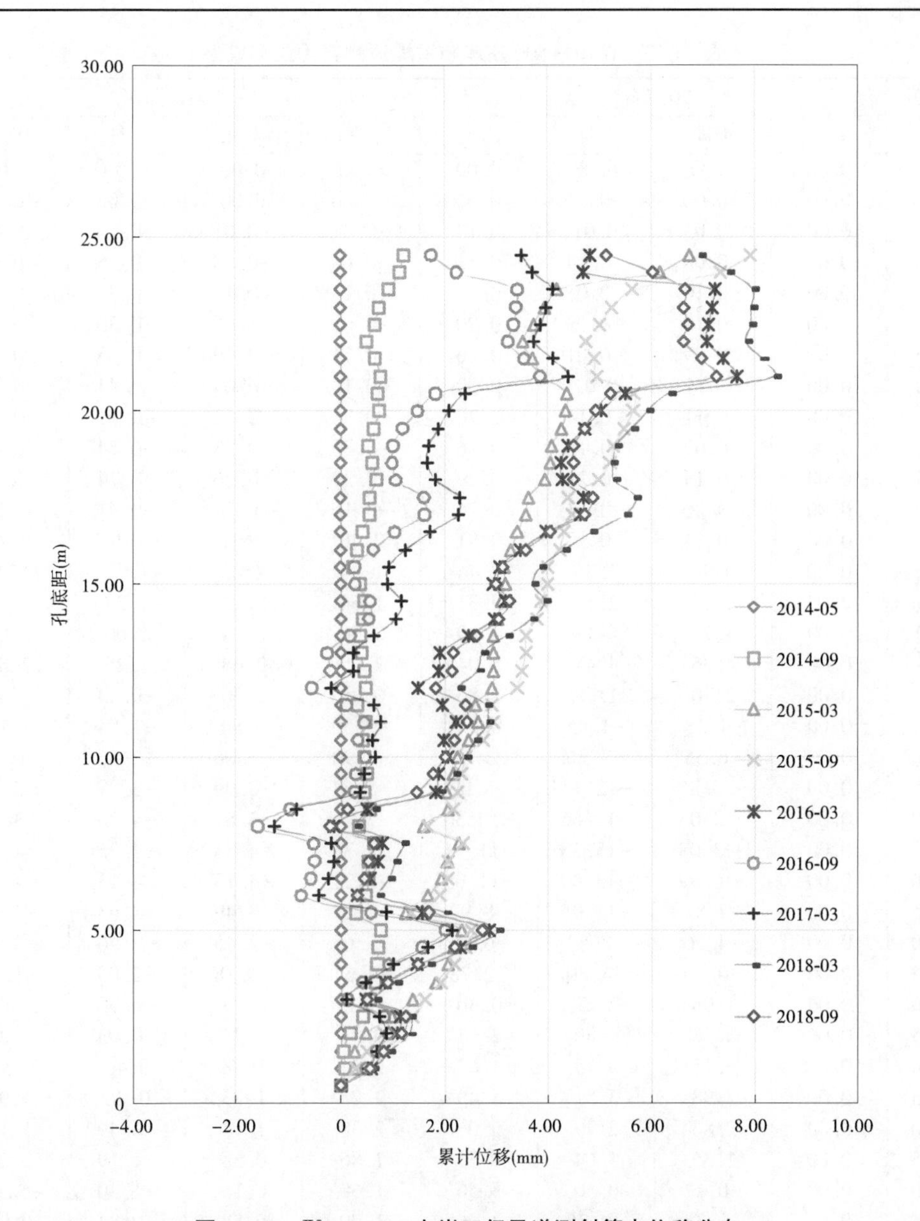

图 13-11　Ⅳ105+443 左岸三级马道测斜管内位移分布

监测成果反映,Ⅳ105+443 三级马道下土体位移以向渠道侧为主,最大值基本位于孔口附近,背向渠道侧位移很小,一般位于孔底以上 8 m 处。向渠道侧最大位移 8.4 mm,发生于 2018 年 3 月,位置在孔底以上 21 m 处。2018 年 3 月整体位移最大,2018 年 9 月有所收敛。

13.4.3.4　Ⅳ104+800 左岸防洪堤顶

Ⅳ104+800 左岸防洪堤顶测斜管于 2016 年底完成安装,孔深 21.5 m,2017 年 1 月开始采集数据。每 3 个月末的监测成果见表 13-12,孔内位移分布曲线见图 13-12。

表 13-12 Ⅳ104+800 左岸防洪堤顶测斜管监测成果 (单位:mm)

孔底距	2017 年				2018 年			
(m)	1 月	4 月	7 月	10 月	1 月	4 月	7 月	9 月
0.5	0.00	0.00	0.00	0.00	0.00	0.00	0.00	0.00
1.0	0.00	-0.06	-0.01	0.06	-0.03	0.00	-0.08	-0.01
1.5	0.00	-0.03	0.01	0.13	-0.01	-0.01	-0.13	0.00
2.0	0.00	-0.08	-0.04	0.11	-0.05	-0.08	-0.25	-0.05
2.5	0.00	-0.10	-0.05	0.11	-0.14	-0.15	-0.39	-0.16
3.0	0.00	-0.10	-0.03	0.20	-0.09	-0.05	-0.30	-0.06
3.5	0.00	-0.09	-0.01	0.26	-0.14	-0.09	-0.35	-0.11
4.0	0.00	-0.11	0.01	0.39	-0.13	-0.09	-0.43	-0.15
4.5	0.00	-0.11	-0.14	0.26	-0.35	-0.33	-0.71	-0.41
5.0	0.00	-0.09	-0.15	0.36	-0.36	-0.33	-0.74	-0.38
5.5	0.00	-0.15	-0.29	0.29	-0.39	-0.26	-0.74	-0.36
6.0	0.00	-0.20	-0.43	0.26	-0.16	0.18	-0.41	0.02
6.5	0.00	-0.14	-0.10	0.81	0.40	0.91	0.26	0.70
7.0	0.00	0.88	1.46	2.46	1.54	2.06	1.31	1.76
7.5	0.00	2.13	2.53	3.31	1.64	2.13	1.30	1.81
8.0	0.00	3.75	4.18	4.80	2.30	2.74	1.66	2.60
8.5	0.00	4.36	4.44	5.04	2.09	2.68	1.25	2.83
9.0	0.00	2.70	1.78	2.86	0.38	1.30	-0.43	1.56
9.5	0.00	-1.18	-1.85	0.66	-0.50	0.80	-1.04	1.10
10.0	0.00	-6.35	-7.26	-3.68	-2.90	-1.06	-2.56	-0.86
10.5	0.00	-10.86	-12.15	-8.00	-5.64	-2.99	-3.89	-2.84
11.0	0.00	-13.03	-14.66	-10.50	-7.24	-3.81	-4.20	-3.76
11.5	0.00	-13.08	-15.33	-11.74	-8.33	-4.31	-4.35	-4.31
12.0	0.00	-10.99	-13.80	-11.05	-8.21	-4.13	-4.13	-4.13
12.5	0.00	-7.84	-11.04	-8.99	-7.29	-3.49	-3.63	-3.51
13.0	0.00	-4.16	-7.53	-6.06	-5.65	-2.45	-2.96	-2.51
13.5	0.00	-0.70	-3.80	-2.78	-3.51	-1.18	-2.05	-1.38
14.0	0.00	1.95	-0.56	0.40	-1.26	0.23	-0.90	0.01
14.5	0.00	3.58	1.80	2.93	0.84	1.33	-0.03	1.29
15.0	0.00	4.15	3.15	4.63	2.24	1.88	0.40	1.96
15.5	0.00	3.98	3.51	5.40	2.75	1.83	0.26	1.90
16.0	0.00	2.86	2.79	5.06	2.38	1.11	-0.49	1.10
16.5	0.00	1.35	1.64	4.35	1.86	0.38	-1.19	0.26
17.0	0.00	-0.12	0.50	3.56	1.60	0.16	-1.30	-0.06
17.5	0.00	-1.38	-0.36	3.06	1.70	0.58	-0.84	0.09
18.0	0.00	-1.74	-0.56	3.04	2.00	1.28	0.00	0.46
18.5	0.00	-1.51	-0.66	2.90	1.86	1.46	0.10	0.31
19.0	0.00	-0.71	-0.32	2.90	1.61	1.41	-0.33	0.03
19.5	0.00	0.06	-0.15	2.74	1.08	0.93	-1.25	-0.63
20.0	0.00	0.55	0.03	2.79	1.03	0.63	-1.88	-1.00
20.5	0.00	0.55	0.33	3.23	1.49	0.86	-0.98	-0.08
21.0	0.00	0.38	1.04	4.13	2.49	1.75	1.25	2.14
21.5	0.00	0.05	3.09	6.24	5.06	4.48	6.39	7.21
最大值	0.00	4.36	4.44	6.24	5.06	4.48	6.39	7.21
部位		8.50	8.50	21.50	21.50	21.50	21.50	21.50
最小值	0.00	-13.08	-15.33	-11.74	-8.33	-4.31	-4.35	-4.31
部位		11.50	11.50	11.50	11.50	11.50	11.50	11.50

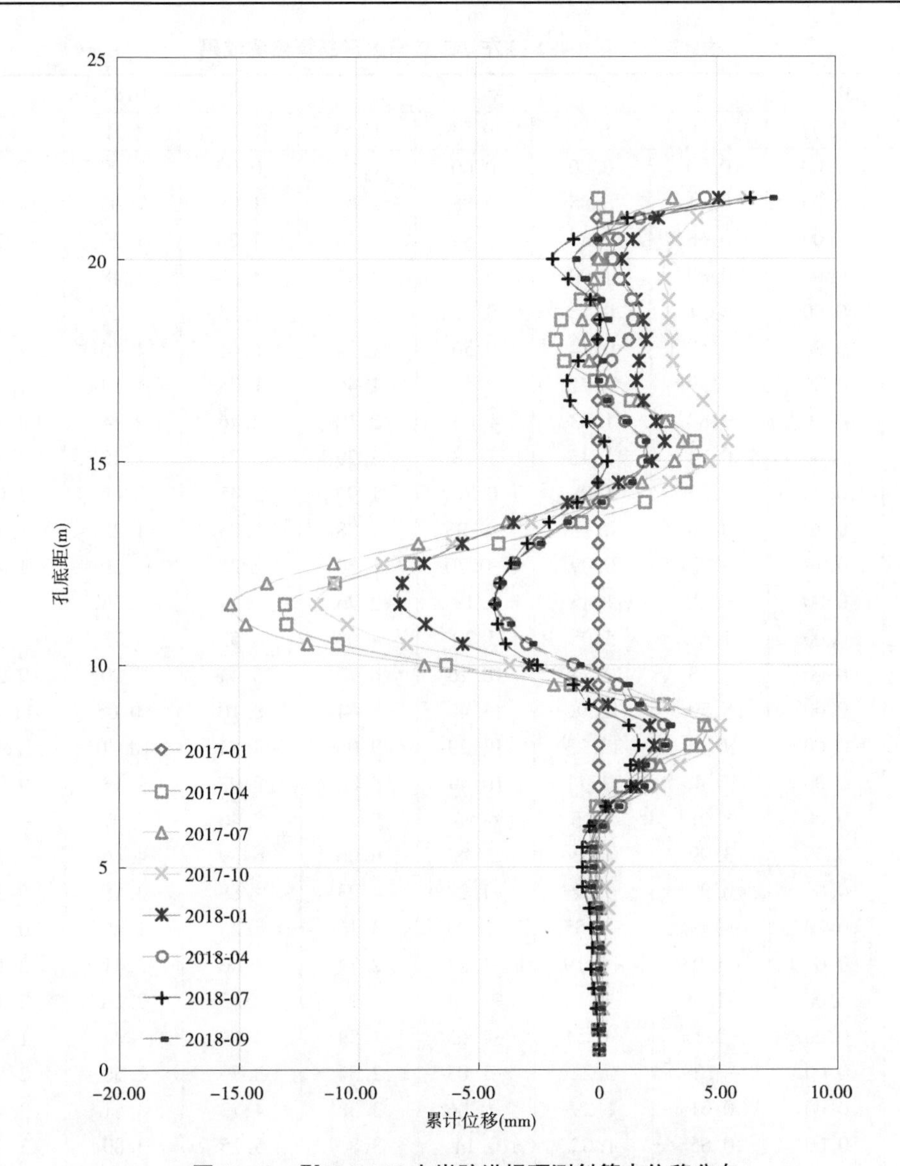

图 13-12　Ⅳ104+800 左岸防洪堤顶测斜管内位移分布

监测成果反映，Ⅳ104+800 左岸防洪堤顶测斜管处，背向渠道位移最大位置在孔底以上 11.50 m 处，最大位移量 15.33 mm；朝向渠道方向位移最大位置主要在孔口处，最大位移量 7.21 mm。背向渠道位移最大的月份为 2017 年 7 月，朝向渠道最大的月份为 2017 年 1 月。

13.4.3.5　Ⅳ104+800 左岸二级马道

Ⅳ104+800 左岸二级马道测斜管于 2016 年底完成安装，孔深 17.5 m，2016 年 12 月开始采集数据。每 3 个月末的监测成果见表 13-13，孔内位移分布曲线见图 13-13。

表 13-13　Ⅳ104+800 左岸二级马道测斜管监测成果　（单位：mm）

孔底距	2016 年	2017 年				2018 年		
（m）	12 月	3 月	6 月	9 月	12 月	3 月	6 月	9 月
0.5	0.00	0.00	0.00	0.00	0.00	0.00	0.00	0.00
1.0	0.00	0.61	0.85	0.88	1.05	1.05	1.05	1.06
1.5	0.00	0.56	0.89	0.84	1.24	1.26	1.23	1.25
2.0	0.00	0.80	1.00	0.93	1.41	1.58	1.48	1.49
2.5	0.00	0.51	0.73	0.66	1.25	1.53	1.29	1.26
3.0	0.00	0.41	0.74	0.56	1.34	1.61	1.40	1.40
3.5	0.00	0.39	0.71	0.50	1.45	1.78	1.50	1.51
4.0	0.00	0.84	1.33	1.03	2.10	2.46	2.14	2.15
4.5	0.00	0.74	1.46	1.18	2.29	2.71	2.40	2.34
5.0	0.00	0.35	1.08	0.76	1.93	2.45	2.09	2.03
5.5	0.00	-0.40	0.15	-0.33	1.08	1.75	1.25	1.16
6.0	0.00	-0.79	0.09	-0.30	1.50	2.20	1.59	1.43
6.5	0.00	-0.35	1.45	1.19	2.76	3.19	2.56	2.49
7.0	0.00	1.63	5.05	5.20	4.63	4.53	4.73	5.33
7.5	0.00	5.13	9.73	10.26	6.75	6.44	7.80	9.21
8.0	0.00	8.70	12.96	13.46	8.44	8.10	10.05	11.98
8.5	0.00	10.68	13.23	13.29	9.06	8.84	10.40	12.05
9.0	0.00	10.48	11.11	10.49	8.86	8.93	9.13	9.74
9.5	0.00	8.01	8.15	6.96	8.11	8.40	7.09	6.53
10.0	0.00	3.99	4.03	2.38	6.06	6.39	4.16	2.76
10.5	0.00	0.99	0.62	-1.23	4.23	4.88	2.16	0.54
11.0	0.00	-0.54	-0.55	-2.29	3.16	4.23	1.86	0.81
11.5	0.00	-1.04	-0.19	-1.54	2.74	4.06	2.41	2.10
12.0	0.00	-1.66	-0.10	-1.24	2.09	3.53	2.26	2.39
12.5	0.00	-2.16	-0.51	-1.63	1.59	3.09	1.84	1.99
13.0	0.00	-1.29	0.22	-1.03	2.34	3.79	2.50	2.58
13.5	0.00	0.01	1.29	-0.06	3.38	4.73	3.51	3.48
14.0	0.00	0.65	1.63	0.14	3.80	5.15	3.80	3.74
14.5	0.00	0.61	1.58	0.05	3.84	5.19	3.78	3.73
15.0	0.00	0.60	1.58	-0.01	3.94	5.28	3.84	3.78
15.5	0.00	0.58	1.69	0.02	4.08	5.53	3.96	3.84
16.0	0.00	0.55	1.75	0.07	4.20	5.69	4.08	4.00
16.5	0.00	0.60	2.11	0.41	4.55	6.08	4.43	4.45
17.0	0.00	0.63	2.54	0.84	5.03	6.54	4.85	5.00
17.5	0.00	0.14	1.85	0.09	4.34	6.21	4.03	4.15
最大值	0.00	10.68	13.23	13.46	9.06	8.93	10.40	12.05
部位		8.50	8.50	8.00	8.50	9.00	8.50	8.50
最小值	0.00	-2.16	-0.55	-2.29	0.00	0.00	0.00	0.00
部位		12.50	11.00	11.00	0.50	0.50	0.50	0.50

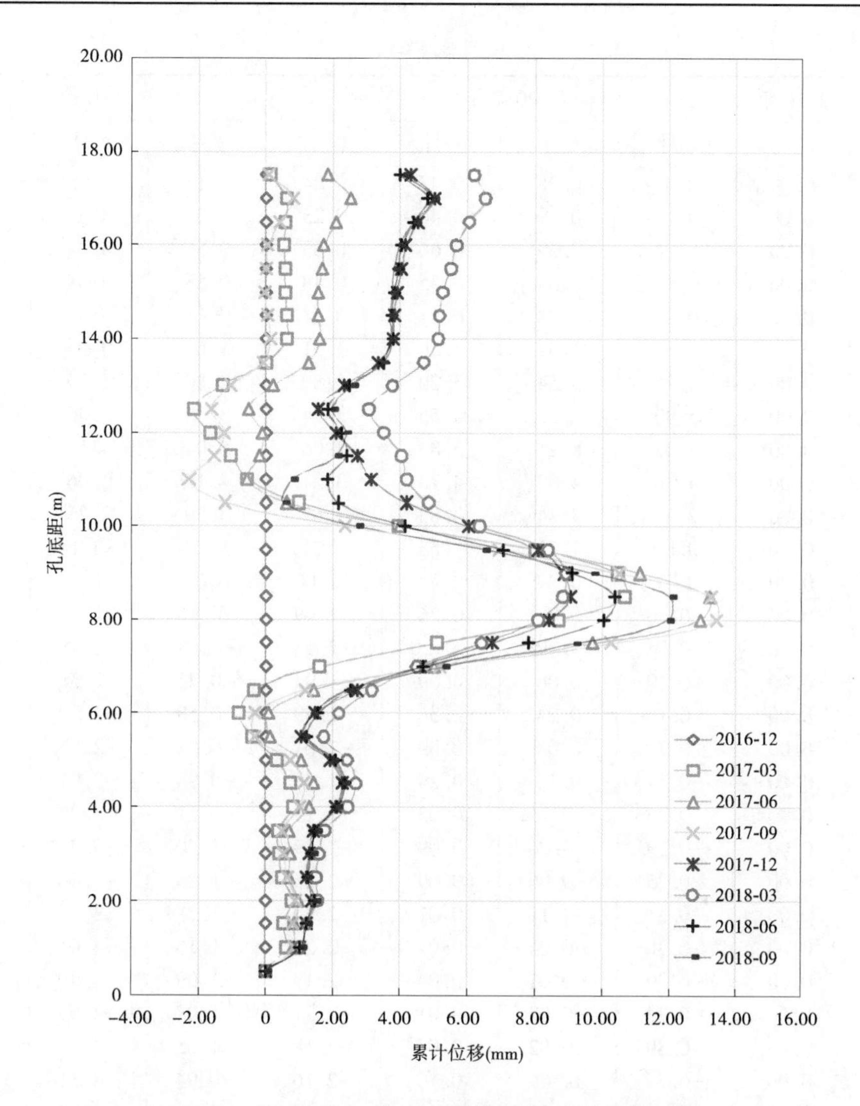

图13-13 Ⅳ104+800左岸二级马道测斜管内位移分布

监测成果反映,Ⅳ104+800左岸二级马道处土体位移以向渠道侧为主,背向渠道侧值小点少。最大位移位于孔底以上8~9 m处,最大位移13.46 mm。

13.4.3.6 Ⅳ105+000左岸防洪堤顶

Ⅳ105+000左岸防洪堤顶测斜管于2016年底完成安装,孔深21.5 m,2016年12月开始采集数据。3个月末的监测成果见表13-14,孔内位移分布曲线见图13-14。

表13-14 Ⅳ105+000左岸防洪堤顶测斜管监测成果 (单位:mm)

孔底距	2016年	2017年				2018年		
(m)	12月	3月	6月	9月	12月	3月	6月	9月
0.5	0.00	0.00	0.00	0.00	0.00	0.00	0.00	0.00
1.0	0.00	-0.01	0.08	0.13	0.20	0.24	0.15	0.28
1.5	0.00	0.05	0.26	0.39	0.38	0.45	0.34	0.55
2.0	0.00	0.08	0.30	0.48	0.23	0.34	0.16	0.50

续表 13-14

孔底距（m）	2016 年	2017 年				2018 年		
	12 月	3 月	6 月	9 月	12 月	3 月	6 月	9 月
2.5	0.00	0.08	0.28	0.43	0.04	0.15	-0.14	0.39
3.0	0.00	0.11	0.39	0.46	0.23	0.31	-0.08	0.54
3.5	0.00	0.24	0.59	0.66	0.53	0.56	0.11	0.84
4.0	0.00	0.14	0.39	0.55	0.48	0.53	-0.04	0.90
4.5	0.00	0.29	0.38	0.51	0.54	0.61	-0.04	1.13
5.0	0.00	1.36	1.51	1.56	1.51	1.60	0.95	2.31
5.5	0.00	3.26	3.54	3.20	1.80	2.80	2.19	3.73
6.0	0.00	5.00	5.31	4.55	2.74	3.78	3.06	4.59
6.5	0.00	5.43	6.21	5.83	4.06	5.04	4.19	5.80
7.0	0.00	4.38	4.89	4.78	3.21	4.16	3.06	4.74
7.5	0.00	2.60	3.34	3.83	2.63	3.59	2.25	4.00
8.0	0.00	0.80	1.11	1.53	0.21	1.24	-0.18	1.83
8.5	0.00	-0.05	0.29	0.53	-1.00	0.06	-1.34	0.79
9.0	0.00	-0.30	0.08	0.26	-1.49	-0.40	-1.80	0.40
9.5	0.00	-0.34	-0.15	-0.20	-2.13	-0.98	-2.48	-0.15
10.0	0.00	-0.19	0.06	0.09	-1.93	-0.75	-2.38	0.04
10.5	0.00	-0.16	0.24	0.36	-1.69	-0.58	-2.39	0.08
11.0	0.00	-0.24	0.03	0.09	-2.01	-0.98	-2.86	-0.35
11.5	0.00	-0.11	0.13	0.24	-1.98	-0.98	-2.91	-0.34
12.0	0.00	-0.23	-0.11	0.03	-2.19	-1.21	-3.28	-0.64
12.5	0.00	-0.23	-0.06	0.09	-2.19	-1.20	-3.39	-0.79
13.0	0.00	-0.25	-0.06	0.09	-2.25	-1.23	-3.48	-0.91
13.5	0.00	-0.31	-0.11	0.01	-2.35	-1.28	-3.73	-1.21
14.0	0.00	-0.30	-0.04	0.04	-2.28	-1.16	-4.01	-1.55
14.5	0.00	-0.30	-0.01	0.04	-2.19	-1.09	-4.40	-2.23
15.0	0.00	-0.33	-0.02	0.01	-2.21	-1.08	-4.69	-3.03
15.5	0.00	-0.39	-0.02	0.04	-2.18	-1.05	-4.68	-3.15
16.0	0.00	-0.34	0.00	0.10	-2.16	-0.94	-4.31	-2.19
16.5	0.00	-0.43	-0.09	0.13	-2.16	-0.88	-4.03	-0.71
17.0	0.00	-0.54	-0.11	0.01	-2.33	-1.01	-3.88	-0.50
17.5	0.00	0.05	0.71	-0.26	-2.78	-1.31	-4.38	-2.59
18.0	0.00	1.81	2.80	-0.33	-3.00	-1.16	-6.33	-7.26
18.5	0.00	3.38	4.39	-0.20	-3.06	-1.23	-9.04	-12.59
19.0	0.00	3.68	4.49	0.18	-2.75	-0.73	-11.43	-16.80
19.5	0.00	2.79	3.48	0.90	-2.00	0.06	-12.58	-19.11
20.0	0.00	1.48	2.31	1.58	-1.18	0.76	-11.01	-16.75
20.5	0.00	0.24	1.44	2.40	0.03	1.71	-5.79	-7.88
21.0	0.00	-0.69	0.94	3.48	1.51	2.89	1.99	6.54
21.5	0.00	-1.58	0.56	4.98	3.16	4.44	15.71	40.63
最大值	0.00	5.43	6.21	5.83	4.06	5.04	15.71	40.63
部位		6.50	6.50	6.50	6.50	6.50	21.50	21.50
最小值	0.00	-1.58	-0.15	-0.33	-3.06	-1.31	-12.58	-19.11
部位		21.50	9.50	18.00	18.50	17.50	19.50	19.50

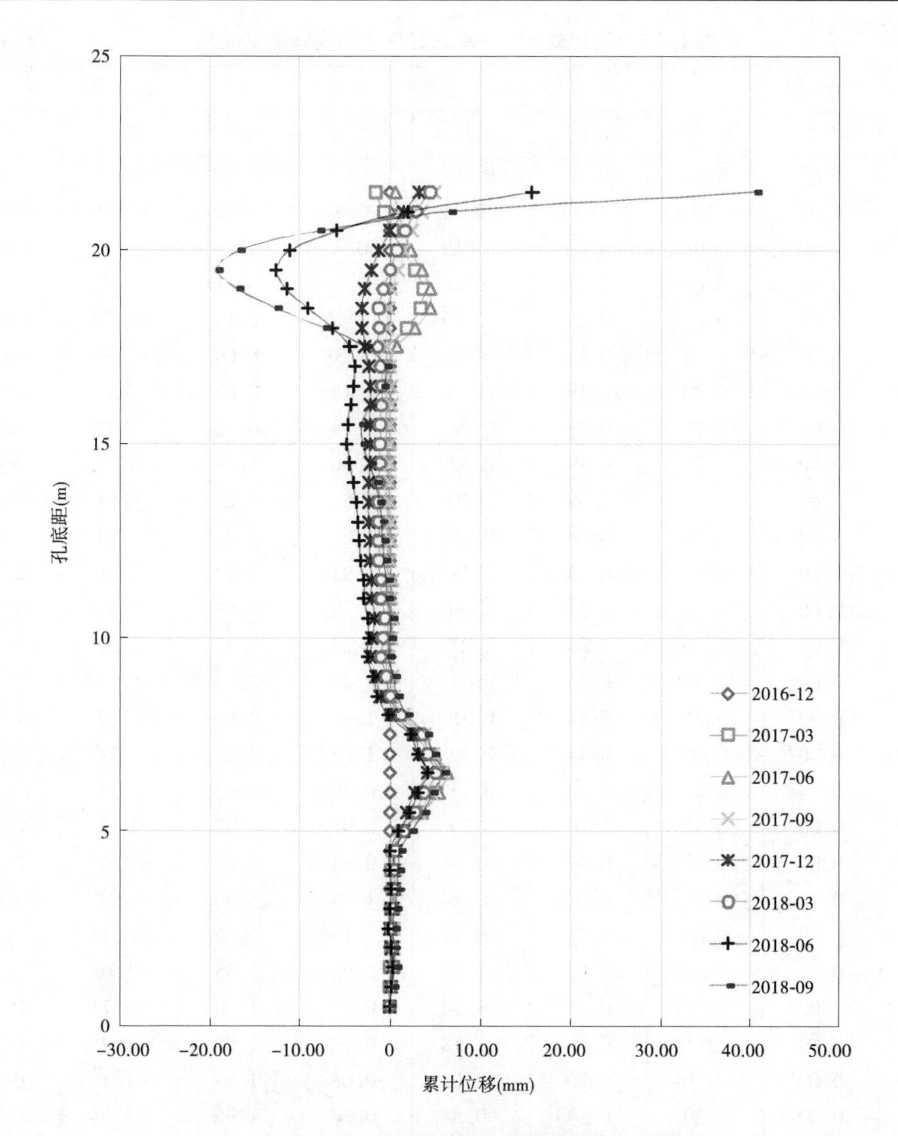

图 13-14　Ⅳ105+000 左岸防洪堤顶测斜管内位移分布

监测成果反映,Ⅳ105+000 左岸防洪堤顶处测斜管处土体位移背向渠道侧最大值 19.11 mm,位于孔底以上 19.5 m 处。在孔底以上 6.5 m 处,位移普遍向渠道方向,最大值 6.21 mm。孔口处在 2018 年 6 月、9 月监测时因防洪堤顶重车通行,孔口处发生了较大位移。

13.4.3.7　Ⅳ105+000 左岸二级马道

Ⅳ105+000 左岸二级马道测斜管于 2016 年底安装,孔深 17.5 m,2016 年 12 月开始采集数据。每 3 个月末的监测成果见表 13-15,孔内位移分布曲线见图 13-15。

表 13-15　Ⅳ105+000 左岸二级马道测斜管监测成果　（单位：mm）

孔底距（m）	2016 年	2017 年				2018 年		
	12 月	3 月	6 月	9 月	12 月	3 月	6 月	9 月
0.5	0.00	0.00	0.00	0.00	0.00	0.00	0.00	0.00
1.0	0.00	-0.06	-0.11	-0.25	-0.31	-0.20	-0.30	-0.28
1.5	0.00	0.08	0.03	-0.19	-0.35	-0.16	-0.31	-0.31
2.0	0.00	0.03	-0.03	-0.26	-0.38	-0.09	-0.31	-0.33
2.5	0.00	0.08	0.13	-0.19	-0.25	0.10	-0.25	-0.23
3.0	0.00	0.10	0.13	-0.26	-0.39	0.04	-0.49	-0.38
3.5	0.00	0.20	0.19	0.30	0.14	0.63	-0.04	0.11
4.0	0.00	0.18	0.23	0.28	0.14	0.70	-0.08	0.14
4.5	0.00	0.23	0.39	0.35	0.66	1.29	0.36	0.63
5.0	0.00	0.26	0.39	0.30	1.56	2.23	1.14	1.45
5.5	0.00	0.08	0.16	0.15	2.63	3.35	2.10	2.41
6.0	0.00	0.19	0.26	0.18	2.93	3.71	2.41	2.71
6.5	0.00	0.16	0.23	0.00	2.79	3.69	2.33	2.66
7.0	0.00	0.10	0.35	0.23	2.83	3.81	2.34	2.69
7.5	0.00	0.23	0.48	0.41	2.41	3.45	1.91	2.26
8.0	0.00	0.25	0.51	0.36	1.61	2.69	1.00	1.48
8.5	0.00	0.19	0.41	0.19	1.08	2.21	0.39	0.94
9.0	0.00	0.20	0.43	0.13	0.89	2.03	0.14	0.73
9.5	0.00	0.35	0.70	0.29	0.95	2.00	0.15	0.81
10.0	0.00	0.08	0.44	-0.01	0.84	1.86	-0.04	0.79
10.5	0.00	0.21	0.66	0.06	1.05	1.95	0.01	1.19
11.0	0.00	0.01	0.75	-0.14	1.10	1.76	-0.34	1.35
11.5	0.00	-0.31	0.63	-0.75	0.96	1.45	-1.08	1.15
12.0	0.00	-0.83	0.43	-1.14	0.76	1.00	-1.73	0.78
12.5	0.00	-0.73	0.49	-1.18	0.69	1.04	-1.93	0.56
13.0	0.00	-0.16	0.79	-0.68	0.88	1.59	-1.39	0.40
13.5	0.00	0.20	0.84	-0.54	0.64	1.96	-0.94	0.15
14.0	0.00	0.24	0.88	-0.54	0.59	2.16	-0.74	0.19
14.5	0.00	0.19	0.90	-0.55	0.56	2.15	-0.81	0.18
15.0	0.00	0.24	0.98	-0.61	0.58	2.30	-0.86	0.11
15.5	0.00	0.40	1.06	-0.75	0.48	2.39	-0.91	0.01
16.0	0.00	0.46	1.18	-0.84	0.50	2.39	-0.86	0.09
16.5	0.00	0.45	1.31	-0.84	0.60	2.56	-0.85	0.21
17.0	0.00	0.19	1.28	-0.90	0.56	2.55	-1.09	0.13
17.5	0.00	-0.50	1.39	-0.69	0.45	2.59	-1.53	-0.18
最大值	0.00	0.46	1.39	0.41	2.93	3.81	2.41	2.71
部位		16.00	17.50	7.50	6.00	7.00	6.00	6.00
最小值	0.00	-0.83	-0.11	-1.18	-0.39	-0.20	-1.93	-0.38
部位		12.00	1.00	12.50	3.00	1.00	12.50	3.00

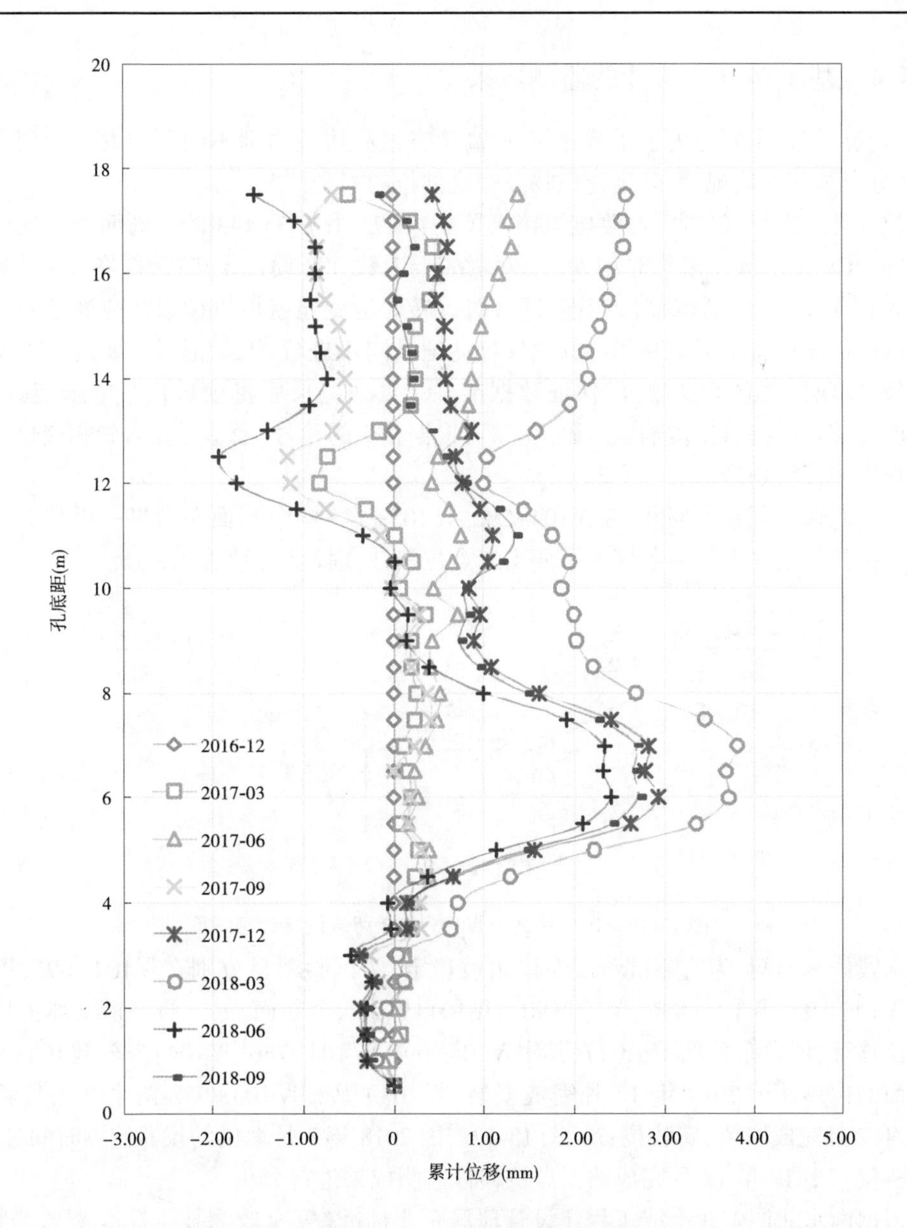

图 13-15　Ⅳ105+000 二级马道测斜管监测成果分析

监测成果反映,Ⅳ105+000 二级马道测斜管处土体位移相对较小,向渠道侧最大位移 3.81 mm,位置位于孔底以上 6~8 m 处;背向渠道侧最大位移为 1.93 mm,孔底以上 12.5 m 处。

从 7 个测斜孔监测成果看,除Ⅳ104+800、Ⅳ105+000 防洪堤顶处孔口位置附近因受堤顶道路重车通行影响位移较大外,Ⅳ104+292 左岸一级马道孔口位置在未受到明显外力影响下,仍有较大位移,需重点监控,并加强工程巡查。

13.4.4　基于多点位移计的监测成果

多点位移计主要是为了了解建筑物、高填方或高边坡内部不同部位发生的变形量的大小、分布及其变化规律,确定建筑物及相应部位的安全情况。

位移计为振弦式仪器,监测电缆接入Ⅳ104+292、Ⅳ105+443 两个断面处的安全监测站房的 MCU 中。人工采集时用人工读数接口与基康 408 读数仪连接,再将人工读数接口与自动化 MCU 相应通道接口相连,读数时旋转通道旋钮就可以读取相应通道的仪器读数。读取数据后人工记录和 408 读数仪自动记录同步进行,人工记录主要与上次采集数据比较,发现异常立即复测,以保证数据准确。自动记录后将读数仪与电脑连接,采用 BG408 通信软件将数据传输至电脑上,然后根据相应的箱号、通道号输入到相应仪器的整编数据库中计算物理量。

南水北调工程建设期间,在Ⅳ104+292、Ⅳ105+443 两个断面左右岸一级马道以下渠坡设计水位及渠底土体内各埋设了四支二点位移计,埋设位置见图 13-16。

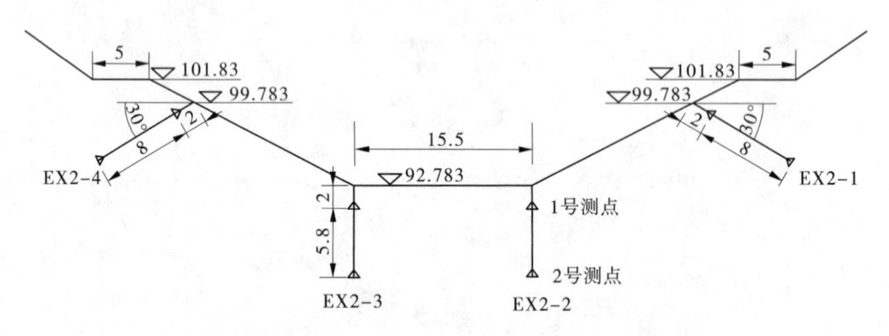

图 13-16　Ⅳ104+292、Ⅳ105+443 两点位移计埋设图

水毁修复期间,为监测试验段左岸边坡稳定性,试验项目分别在Ⅳ104+691、Ⅳ104+736、Ⅳ104+786、Ⅳ104+836、Ⅳ104+902、Ⅳ104+922 六个断面一、二级马道土体内埋设了三点位移计,埋设布置见图 13-17,其中Ⅳ104+691、Ⅳ104+736、Ⅳ104+786、Ⅳ104+836 四个断面的位移计于 2017 年 12 月完成安装,Ⅳ104+902、Ⅳ104+922 两个断面位移计于 2018 年 7 月完成安装,安装位置见图 13-17。因 2018 年 7 月埋设的仪器监测时间过短,本次分析仅对 2017 年 12 月完成的三点位移计监测成果进行分析。

根据南水北调中线干线工程建设管理局企业标准《安全监测技术标准》,监测频次 1 次/周至 1 次/月。建设期间埋设的两点位移计按每周一次采集并与自动化采集数据比对,水毁修复期间埋设的三点位移计按十天一次采集数据。

13.4.4.1　Ⅳ104+292 断面

Ⅳ104+292 断面两点位移计共埋设四支,左、右岸渠坡设计水位线处各一支,与水平线成 30°角深入土体,1 号测点距衬砌板处 2 m,2 号测点距衬砌板处 10 m。渠底左、右侧各埋设两点位移计一支,1 号测点位于渠底下 2 m 处,2 号测点位于渠底下 7.8 m 处。两点位移计于 2013 年 11 月开始采集数据,位移向渠外方向位移为正,向渠内方向位移为负。每月末的监测成果见表 13-16,位移随时间变化曲线见图 13-18~图 13-21。

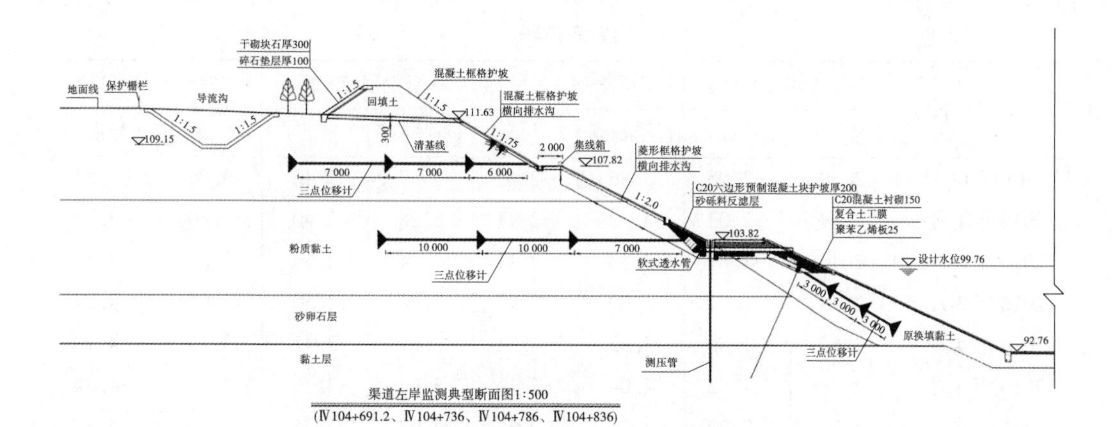

图 13-17　水毁修复期间新增三点位移计埋设布置

表 13-16　Ⅳ104+292 断面两点位移计各测点累计位移　　（单位：mm）

监测月份	左岸渠坡 EX2-1		左岸渠底 EX2-2		右岸渠底 EX2-3		右岸渠坡 EX2-4	
	1 号测点	2 号测点	1 号测点	2 号测点	1 号测点	2 号测点	1 号测点	2 号测点
2013 年 11 月	0.35	0.18	0.00	0.00	0.00	0.00	0.29	0.19
2013 年 12 月	0.46	−0.01	0.05	−0.16	0.29	0.23	0.38	0.25
2014 年 1 月	0.71	0.15	0.13	−0.49	0.90	0.82	0.53	0.39
2014 年 2 月	0.79	−0.01	0.23	−0.64	1.01	0.91	0.59	0.42
2014 年 3 月	1.07	0.15	0.38	−0.63	1.25	1.10	0.63	0.38
2014 年 4 月	1.11	0.06	0.61	−0.70	1.39	1.19	0.79	0.51
2014 年 5 月	1.38	0.31	0.81	−0.60	1.49	1.22	0.99	0.71
2014 年 6 月	1.43	0.31	1.00	−0.58	1.73	1.37	1.19	0.88
2014 年 7 月	1.66	−0.35	1.14	−0.68	1.98	1.52	1.83	0.16
2014 年 8 月	1.82	−0.63	1.51	−0.46	2.22	1.69	2.06	−1.53
2014 年 9 月	1.93	−0.99	1.58	−0.70	2.36	1.79	2.29	−2.04
2014 年 10 月	2.09	−1.70	1.63	−1.20	2.59	1.98	2.59	−2.59
2014 年 11 月	2.21	−2.01	1.70	−1.22	2.86	2.18	3.09	−3.23
2014 年 12 月	2.48	−1.98	2.31	−1.67	3.22	2.24	3.40	−4.11
2015 年 1 月	2.26	−1.87	2.12	−1.58	3.05	2.29	3.26	−4.19
2015 年 2 月	2.28	−1.83	2.16	−1.57	3.09	2.28	3.28	−4.07
2015 年 3 月	2.35	−1.64	2.39	−1.53	3.24	2.29	3.32	−4.14
2015 年 4 月	2.65	−1.78	2.62	−1.55	3.52	2.26	3.42	−4.07
2015 年 5 月	2.87	−1.92	2.82	−1.54	3.69	2.23	3.58	−4.06
2015 年 6 月	3.13	−1.98	3.10	−1.68	4.00	2.24	4.06	−4.11
2015 年 7 月	2.98	−2.30	3.19	−1.65	4.02	2.22	4.04	−4.23
2015 年 8 月	3.15	−1.82	3.74	−2.08	4.24	2.02	4.10	−4.22
2015 年 9 月	2.79	−2.22	4.01	−2.08	4.03	2.14	3.81	−4.35
2015 年 10 月	2.73	−2.30	4.00	−2.15	3.92	2.16	3.82	−4.37
2015 年 11 月	2.45	−2.21	3.84	−2.17	3.62	2.29	3.10	−4.34

续表 13-16

监测月份	左岸渠坡 EX2-1		左岸渠底 EX2-2		右岸渠底 EX2-3		右岸渠坡 EX2-4	
	1号测点	2号测点	1号测点	2号测点	1号测点	2号测点	1号测点	2号测点
2015年12月	2.38	-2.05	3.86	-2.67	3.57	2.40	3.08	-4.23
2016年1月	2.19	-2.03	3.72	-2.11	3.28	2.40	2.80	-4.24
2016年2月	2.40	-1.81	3.54	-2.11	3.34	2.50	2.84	-4.19
2016年3月	2.48	-1.77	3.60	-2.07	3.46	2.50	3.00	-4.24
2016年4月	2.64	-1.80	3.82	-2.11	3.67	2.45	3.19	-4.28
2016年5月	2.78	-1.82	4.04	-2.11	3.66	2.23	3.32	-4.34
2016年6月	2.73	-2.20	4.21	-2.17	4.08	2.35	3.27	-4.57
2016年7月	2.80	-2.20	4.32	-2.15	4.17	2.35	3.28	-4.73
2016年8月	2.90	-2.21	4.46	-2.22	4.19	2.29	3.41	-4.84
2016年9月	2.91	-2.12	4.50	-2.34	4.13	2.33	3.34	-4.80
2016年10月	2.73	-2.15	4.36	-2.45	3.98	2.25	3.13	-4.78
2016年11月	2.58	-2.15	4.10	-2.48	3.64	2.34	2.66	-4.70
2016年12月	2.39	-1.97	3.97	-2.51	3.52	2.41	2.54	-4.65
2017年1月	2.31	-1.85	3.84	-2.54	3.42	2.45	2.36	-4.60
2017年2月	2.30	-1.74	3.81	-2.55	3.46	2.52	2.47	-4.55
2017年3月	2.39	-1.70	3.93	-2.49	3.58	2.55	2.62	-4.55
2017年4月	2.57	-1.59	4.08	-2.58	3.81	2.53	2.92	-4.54
2017年5月	2.68	-1.52	4.11	-2.67	3.94	2.60	2.98	-4.53
2017年6月	3.45	-1.16	4.43	-2.76	4.14	2.34	3.29	-4.66
2017年7月	3.67	-1.21	4.49	-2.88	4.22	2.23	3.34	-4.75
2017年8月	3.66	-1.32	4.68	-2.97	4.33	2.28	3.39	-4.76
2017年9月	3.58	-1.34	4.63	-3.06	4.26	2.32	3.31	-4.76
2017年10月	3.50	-1.14	4.49	-3.17	4.10	2.36	3.01	-4.68
2017年11月	3.37	-0.91	4.41	-3.25	2.68	1.06	2.81	-4.71
2017年12月	2.89		4.05	-3.13	3.64	2.47	2.53	-4.54
2018年1月	2.85		3.83	-3.07	3.50	2.50	2.42	-4.52
2018年2月	2.86		3.84	-3.13	3.50	2.48	2.39	-4.64
2018年3月	2.69		3.93	-3.06	3.49	2.43	2.68	-4.45
2018年4月	3.04		4.70	-1.97	3.69	2.38	2.86	-4.49
2018年5月	3.28		4.90	-1.90	3.86	2.32	3.00	-4.53
2018年6月	3.13		5.16	-1.81	4.04	2.25	3.33	-4.57
2018年7月	3.25		5.31	-1.77	4.15	2.20	3.45	-4.60
2018年8月	3.81		5.45	-1.70	4.18	2.12	3.48	-4.64
2018年9月			5.56	-1.54	4.07	2.10	3.29	-4.64

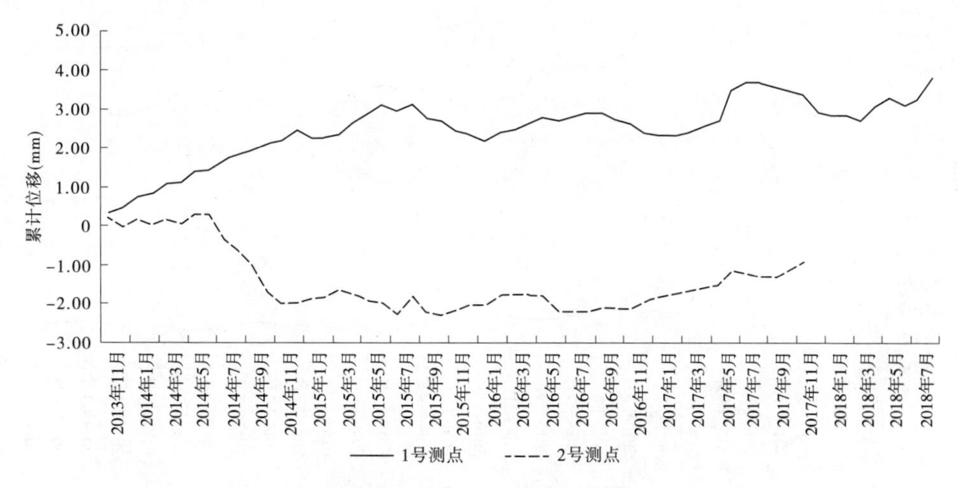

图 13-18　Ⅳ104+292 断面左岸渠坡 EX2-1 两点位移计累计位移—时间曲线

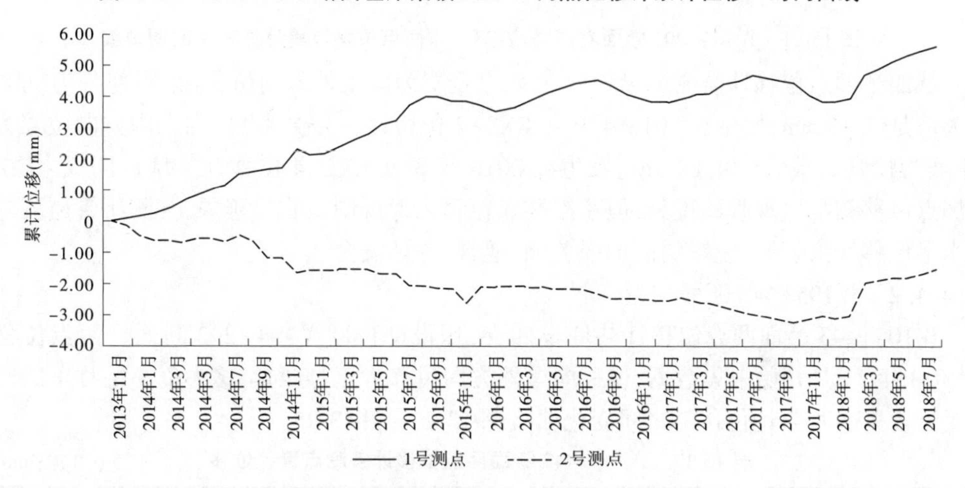

图 13-19　Ⅳ104+292 断面左岸渠底 EX2-2 两点位移计累计位移—时间曲线

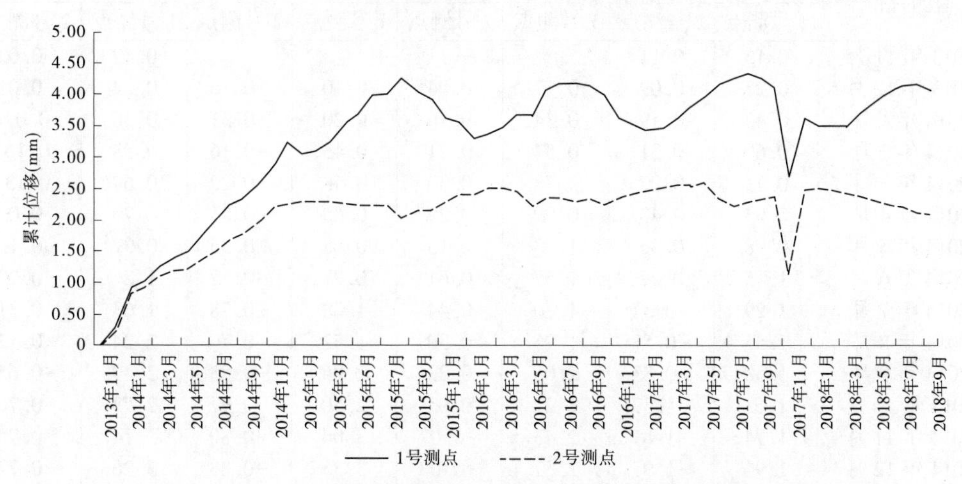

图 13-20　Ⅳ104+292 断面右岸渠底 EX2-3 两点位移计累计位移—时间曲线

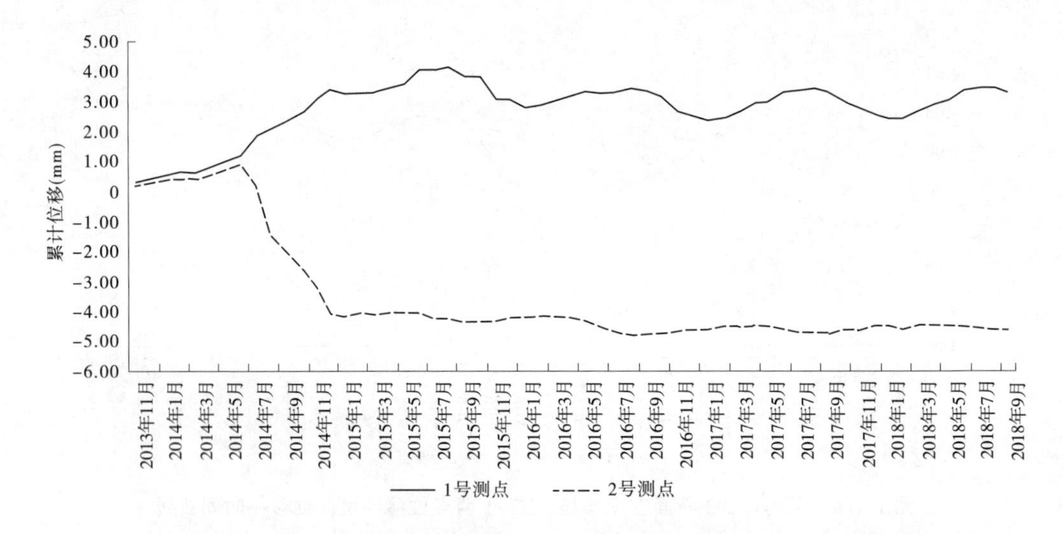

图 13-21 Ⅳ104+292 断面右岸渠坡 EX2-4 两点位移计累计位移—时间曲线

从四个两点位移计监测成果看,1 号测点全部为向渠外方向位移(渠底部分为沉降),最大值是 5. 56 mm,发生在 2018 年 9 月 EX2-2 位移计。2 号测点以向渠内方向位移为主(渠底为抬升),最大值 4. 84 mm,发生在 2016 年 8 月 EX2-4 位移计。从近期成果看,右岸测点位移初步出现收敛现象,但左岸测点位移未发现明显收敛迹象,与测压管监测的左岸水平位移较大相符,左岸仍需加强监测、巡视,保证安全。

13. 4. 4. 2 Ⅳ105+443 断面

Ⅳ105+443 断面两点位移计共埋设四支,埋设部位同Ⅳ104+292 断面。两点位移计于 2013 年 11 月开始采集数据,位移向渠外方向位移为正,方向位移为负。每月末的监测成果见表 13-17,累计位移随时间变化曲线图 13-22~图 13-25。

表 13-17 Ⅳ105+443 断面两点位移计各测点累计位移 (单位:mm)

监测月份	左岸渠坡 EX2-1		左岸渠底 EX2-2		右岸渠底 EX2-3		右岸渠坡 EX2-4	
	1 号测点	2 号测点	1 号测点	2 号测点	1 号测点	2 号测点	1 号测点	2 号测点
2013 年 11 月	0. 13	0. 11					0. 12	−0. 03
2013 年 12 月	0. 25	0. 09	0. 17	0. 04	0. 10	−0. 16	0. 24	−0. 01
2014 年 1 月	0. 42	0. 19	0. 34	0. 16	0. 20	−0. 31	0. 36	0. 07
2014 年 2 月	0. 60	0. 31	0. 54	0. 21	0. 43	−0. 16	0. 58	0. 16
2014 年 3 月	0. 71	0. 27	0. 78	0. 33	0. 48	−0. 22	0. 69	0. 13
2014 年 4 月	0. 93	0. 43	0. 99	0. 29	0. 65	−0. 21	0. 79	−0. 05
2014 年 5 月	0. 98	0. 36	1. 03	0. 13	0. 68	−0. 35	0. 97	−0. 12
2014 年 6 月	1. 15	0. 27	1. 57	0. 61	0. 77	−0. 52	1. 26	−0. 29
2014 年 7 月	1. 29	−0. 37	1. 70	0. 44	1. 08	−0. 78	1. 63	−0. 31
2014 年 8 月	1. 35	−0. 57	1. 95	0. 30	1. 52	−0. 79	2. 24	−0. 12
2014 年 9 月	1. 50	−0. 83	2. 05	0. 23	2. 06	−0. 83	2. 49	−0. 65
2014 年 10 月	1. 63	−1. 37	2. 22	0. 07	2. 50	−0. 97	2. 73	−0. 76
2014 年 11 月	1. 74	−1. 81	2. 43	−0. 07	3. 06	−0. 80	3. 14	−0. 74
2014 年 12 月	1. 96	−1. 97	2. 57	−0. 03	3. 35	−0. 88	3. 26	−0. 72
2015 年 1 月	1. 70	−1. 97	2. 20	0. 01	3. 32	−0. 88	3. 11	−0. 73
2015 年 2 月	1. 64	−1. 92	2. 18	0. 44	3. 25	−0. 84	3. 22	−0. 60

续表 13-17

监测月份	左岸渠坡 EX2-1		左岸渠底 EX2-2		右岸渠底 EX2-3		右岸渠坡 EX2-4	
	1 号测点	2 号测点	1 号测点	2 号测点	1 号测点	2 号测点	1 号测点	2 号测点
2015 年 3 月	1.67	-1.87	2.22	0.61	3.28	-0.83	3.32	-0.51
2015 年 4 月	1.92	-1.87	2.15	0.72	3.31	-0.83	3.39	-0.47
2015 年 5 月	2.12	-1.82	2.35	1.17	3.46	-0.84	3.26	-0.03
2015 年 6 月	2.26	-1.84	2.45	1.07	3.56	-0.85	1.91	-0.74
2015 年 7 月	2.23	-2.08	2.39	0.96	3.49	-1.02	1.86	-0.93
2015 年 8 月	2.49	-1.81	3.09	1.28	3.64	-0.95	3.97	-0.46
2015 年 9 月	2.32	-1.83	2.92	1.31	3.55	-0.34	3.67	-0.67
2015 年 10 月	2.19	-1.87	2.88	1.31	3.44	0.03	3.20	-0.71
2015 年 11 月	2.03	-1.85	2.61	1.32	3.15	0.73	3.26	-0.72
2015 年 12 月	1.84	-1.92	2.55	1.40	3.09	1.62	3.16	-0.63
2016 年 1 月	1.62	-1.90	2.33	1.46	2.87	2.12	3.00	-0.55
2016 年 2 月	1.45	-1.88	2.03	1.70	2.76	2.35	2.88	-0.51
2016 年 3 月	1.47	-1.87	2.01	1.95	2.84	2.05	2.99	-0.46
2016 年 4 月	1.64	-1.82	2.34	1.90	3.03	1.41	3.18	-0.45
2016 年 5 月	1.79	-1.81	2.80	1.91	3.21	0.68	3.36	-0.57
2016 年 6 月	1.98	-1.76	3.11	1.62	3.34	0.11	3.50	-0.58
2016 年 7 月	1.97	-1.82	2.98	2.29	3.47	-0.38	3.62	-0.49
2016 年 8 月	2.19	-1.70	2.63	2.66	3.58	-0.55	3.72	-0.51
2016 年 9 月	2.18	-1.71	2.68	2.79	3.52	-0.03	3.50	-0.57
2016 年 10 月	2.07	-1.71	2.61	2.83	3.38	0.20	3.54	-0.47
2016 年 11 月	1.85	-1.74	2.47	2.80	3.13	1.00	3.28	-0.52
2016 年 12 月	1.68	-1.76	2.38	2.81	2.96	1.57	3.12	-0.50
2017 年 1 月	1.50	-1.78	2.21	2.85	2.77	2.03	2.97	-0.47
2017 年 2 月	1.43	-1.78	2.05	2.95	2.76	1.99	2.94	-0.46
2017 年 3 月	1.47	-1.76	2.27	3.04	2.83	1.94	3.04	-0.41
2017 年 4 月	1.63	-1.73	2.46	3.04	3.01	1.24	3.27	-0.38
2017 年 5 月	1.79	-1.70	2.72	3.04	3.21	0.63	3.51	-0.36
2017 年 6 月	2.00	-1.67	3.08	3.00	3.38	-0.03	3.67	-0.38
2017 年 7 月	2.17	-1.64	3.23	2.97	3.51	-0.45	3.78	-0.40
2017 年 8 月	2.26	-1.63	3.19	3.09	3.59	-0.63	3.87	-0.45
2017 年 9 月	2.25	-1.60	2.71	3.28	3.65	-0.98	3.81	-0.40
2017 年 10 月	2.10	-1.64	2.68	3.28	3.32	0.23	3.57	-0.50
2017 年 11 月	1.97	-1.63	2.58	3.28	3.26	0.46	3.41	-0.49
2017 年 12 月	1.79	-1.57	2.41	3.40	1.16	0.04	3.19	-0.46
2018 年 1 月	1.63	-1.53	2.23	3.52	1.10	-1.26	2.98	-0.51
2018 年 2 月	1.57	-1.76	2.14	3.65	1.06	-0.72	2.96	-0.50
2018 年 3 月	1.50	-1.70	1.99	3.65	1.09	-1.58	3.09	-0.40
2018 年 4 月	1.66	-1.67	1.97	3.73	1.27	-2.24	3.20	-0.59
2018 年 5 月	1.82	-1.59	2.07	3.75	1.46	-2.91	3.37	-0.59
2018 年 6 月	2.00	-1.64	2.21	3.74	1.68	-3.47	3.60	-0.58
2018 年 7 月	2.10	-1.67	2.37	3.74	1.80	-3.81	3.72	-0.55
2018 年 8 月	2.20	-1.72	2.58	3.71	1.91	-4.00	3.82	-0.52
2018 年 9 月	2.33	-1.48	2.66	3.69	1.88	-3.77	3.82	-0.43

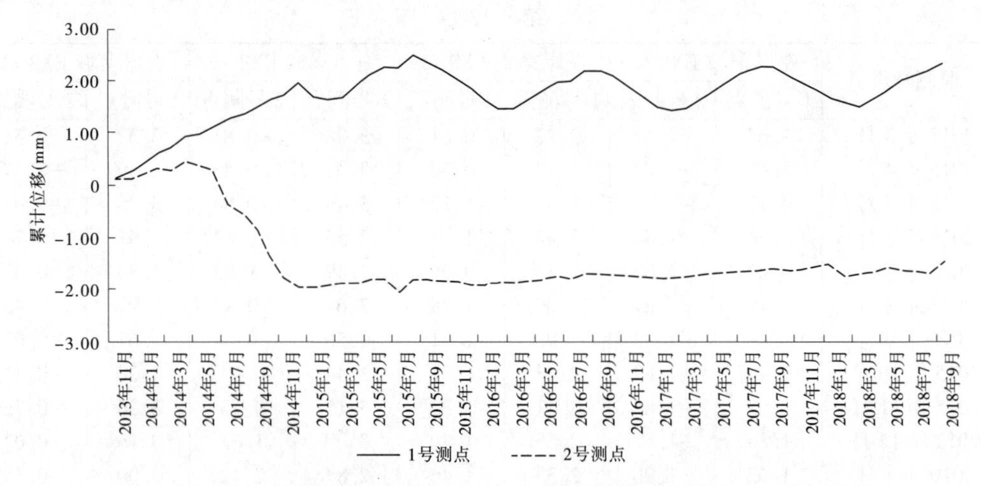

图 13-22 Ⅳ105+443 断面左岸渠坡 EX3-1 两点位移计累计位移—时间曲线

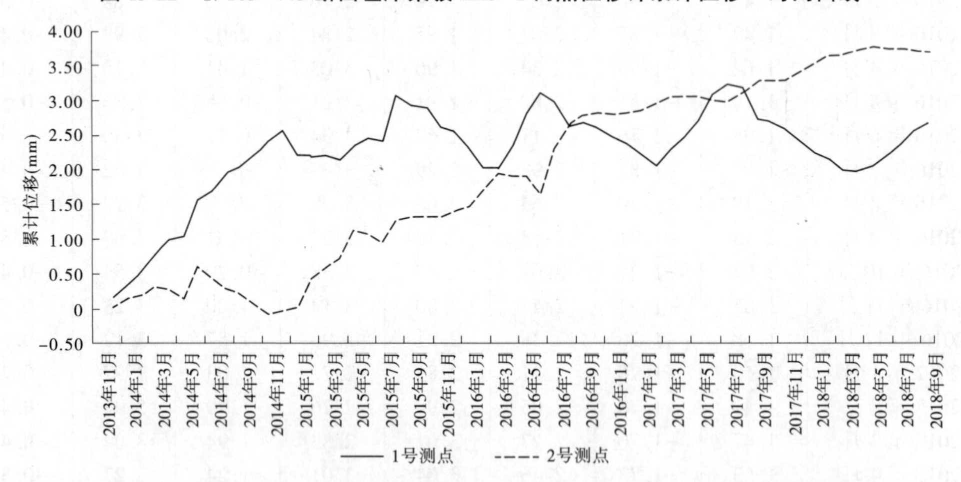

图 13-23 Ⅳ105+443 断面左岸渠底 EX3-2 两点位移计累计位移—时间曲线

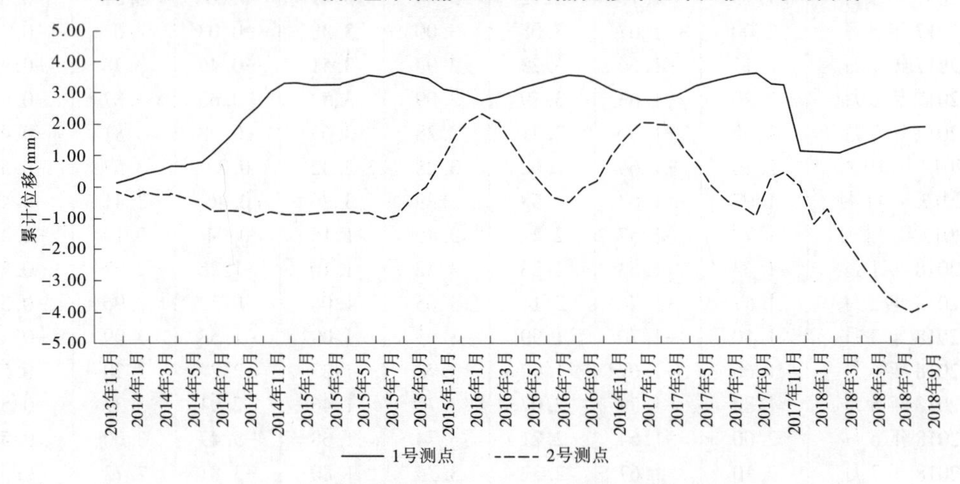

图 13-24 Ⅳ105+443 断面右岸渠底 EX3-3 两点位移计累计位移—时间曲线

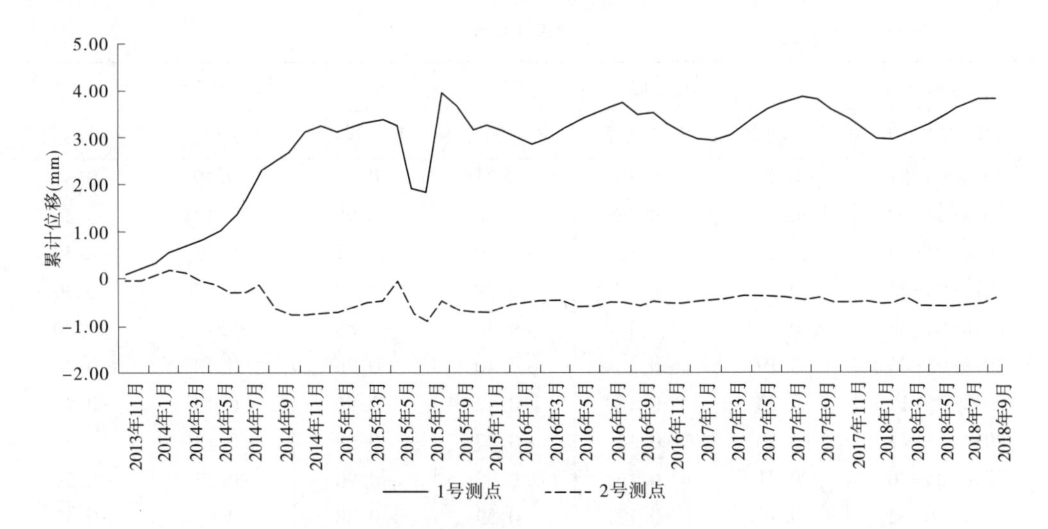

图 13-25　Ⅳ105+443 断面右岸渠坡 EX3-4 两点位移计累计位移—时间曲线

从监测结果看,Ⅳ105+443 断面四个两点位移计 1 号测点位移全部为向渠道外侧的正位移,最大值为 EX3-4 的 1 号测点,发生时间为 2015 年 8 月。2 号测点规律不明显,渠道边坡的 2 个位移计 2 号测点位移主要表现为向渠道侧的位移,另外位移基本平稳,EA3-1 的 1 号测点位移稍大,最大值 2.08 mm,EX3-4 的 1 号测点位移较小,最大值 0.93 mm。渠底的两个位移计 2 号测点,位移时正时负,位移随时间变化较大,需继续加强观测。

13.4.4.3　**Ⅳ104+694 断面**

Ⅳ104+694 断面三点位移计于水毁修复期间埋设,共两支,一、二级马道坡脚处各一支,水平向埋设在土体内。一级马道 1 号测点距坡脚 7 m,2 号测点距坡脚 17 m,3 号测点距坡脚 27 m;二级马道位移计 1 号测点距坡脚 6 m,2 号测点距坡脚 13 m,3 号测点距坡脚 20 m。三点位移计于 2018 年 11 月开始采集数据,约每十天采集一次。规定向渠外方向的位移值为正,向渠内方向的位移值为负。监测成果见表 13-18,位移随时间变化曲线见图 13-26、图 13-27。

表 13-18　Ⅳ104+691 断面三点位移计各测点累计位移　　　(单位:mm)

日期 (年-月-日)	二级马道(mm)			一级马道(mm)		
	1 号测点	2 号测点	3 号测点	1 号测点	2 号测点	3 号测点
2018-01-17	0.00	0.00	0.00	0.00	0.00	0.00
2018-01-24	0.01	-0.01	-0.01	-0.23	-0.01	-0.01
2018-02-01	-0.06	-0.05	-0.06	-0.33	-0.05	-0.06
2018-02-13	-0.07	-0.04	-0.10	-0.33	-0.04	-0.10
2018-02-26	-0.17	-0.15	-0.22	-0.59	-0.15	-0.22
2018-03-07	-0.26	-0.19	-0.28	-0.61	-0.19	-0.28
2018-03-16	-0.22	-0.18	-0.29	-0.64	-0.18	-0.29
2018-03-25	-0.23	-0.18	-0.29	-0.61	-0.18	-0.29

续表 13-18

日期(年-月-日)	二级马道(mm)			一级马道(mm)		
	1 号测点	2 号测点	3 号测点	1 号测点	2 号测点	3 号测点
2018-04-01	-0.20	-0.19	-0.31	-0.68	-0.19	-0.31
2018-04-07	-0.28	-0.18	-0.36	-0.90	-0.18	-0.36
2018-04-14	-0.26	-0.16	-0.39	-0.87	-0.16	-0.39
2018-04-21	-0.17	-0.17	-0.39	-0.88	-0.17	-0.39
2018-04-28	-0.20	-0.17	-0.40	-0.88	-0.17	-0.40
2018-05-05	-0.19	-0.18	-0.40	-0.86	-0.18	-0.40
2018-05-12	-0.23	-0.18	-0.42	-0.86	-0.18	-0.42
2018-05-19	-0.20	-0.13	-0.37	-0.88	-0.13	-0.37
2018-05-26	-0.21	-0.13	-0.39	-0.90	-0.13	-0.39
2018-06-02	-0.16	-0.12	-0.39	-0.88	-0.12	-0.39
2018-06-07	-0.07	-0.09	-0.37	-0.84	-0.09	-0.37
2018-06-14	-0.09	-0.04	-0.31	-0.87	-0.04	-0.31
2018-06-21	-0.07	-0.03	-0.31	-0.83	-0.03	-0.31
2018-06-29	-0.03	0.02	-0.24	-0.77	0.02	-0.24
2018-07-05	0.04	0.17	-0.21	-0.74	0.17	-0.21
2018-07-10	-0.03	0.05	-0.19	-0.70	0.05	-0.19
2018-07-17	0.04	0.07	-0.01	-0.68	0.07	-0.01
2018-07-25	0.05	0.08	0.04	-0.67	0.08	0.04
2018-08-01	0.01	0.09	0.03	-0.69	0.09	0.03
2018-08-08	0.06	0.11	0.07	-0.70	0.11	0.07
2018-08-15	0.09	0.15	0.10	-0.64	0.15	0.10
2018-08-22	0.02	0.15	0.10	-0.70	0.15	0.10
2018-08-29	0.12	0.20	0.15	-0.59	0.20	0.15
2018-09-05	0.13	0.23	0.19	-0.53	0.23	0.19
2018-09-12	0.12	0.23	0.19	-0.53	0.23	0.19
2018-09-19	0.07	0.23	0.25	-0.59	0.23	0.25
2018-09-26	0.05	0.24	0.26	-0.60	0.24	0.26
正值最大	0.13	0.24	0.26	0.00	0.24	0.26
负值最大	-0.28	-0.19	-0.42	-0.90	-0.19	-0.42

从监测成果看,9 个月来,Ⅳ104+691 两级马道位移计各测点位移值均不大,背向渠道方向最大值 0.26 mm,向渠道方向最大值为 0.9 mm;因时间过短,未发现明显位移的收敛,需继续监测。

13.4.4.4　Ⅳ104+736 断面

Ⅳ104+736 断面三点位移计于水毁修复期间埋设,共两支,一、二级马道坡脚处各一支。埋设部位同Ⅳ104+694 断面,监测成果见表 13-19,位移随时间变化曲线见图 13-28、图 13-29。

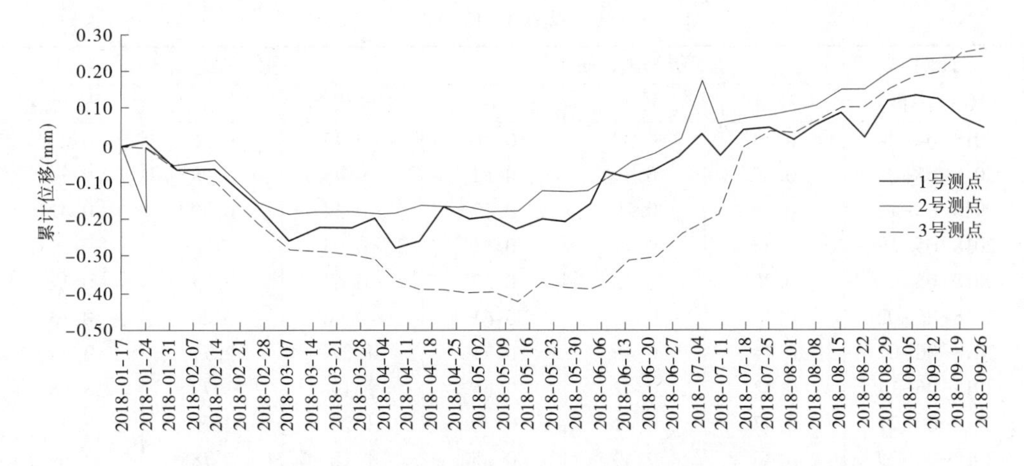

图 13-26　Ⅳ104+691 断面二级马道三点位移计累计位移—时间曲线

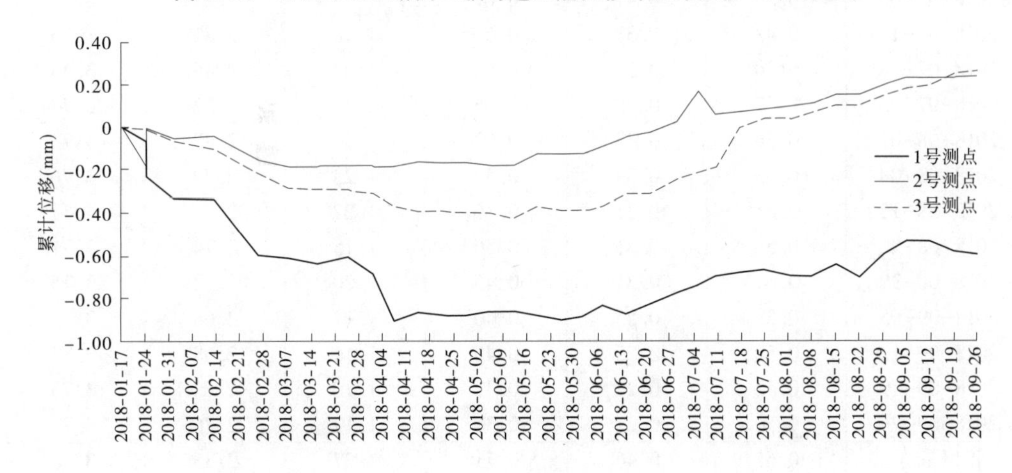

图 13-27　Ⅳ104+691 断面一级马道三点位移计累计位移—时间曲线

表 13-19　Ⅳ104+736 断面三点位移计各测点累计位移　（单位：mm）

日期	二级马道(mm)			一级马道(mm)		
(年-月-日)	1 号测点	2 号测点	3 号测点	1 号测点	2 号测点	3 号测点
2018-01-17	0.00	0.00	0.00	0.00	0.00	0.00
2018-01-24	-0.12	-0.08	-0.07	-0.11	0.04	0.05
2018-02-01	-0.12	-0.04	-0.01	-0.11	0.04	0.05
2018-02-13	-0.10	0.02	0.10	-0.08	0.19	0.02
2018-02-26	-0.10	0.07	0.12	-0.15	0.17	-0.03
2018-03-07	-0.06	0.09	0.17	-0.37	0.01	-0.03
2018-03-16	-0.04	0.11	0.21	-0.40	0.02	-0.12
2018-03-25	0.09	0.21	0.35	-0.46	0.01	-0.28
2018-04-01	-0.01	0.16	0.26	-0.37	0.09	0.07
2018-04-07	0.03	0.20	0.29	-0.37	0.10	0.03
2018-04-14	0.10	0.24	0.39	-0.52	0.03	0.05
2018-04-21	0.17	0.31	0.41	-0.42	0.19	0.23

续表 13-19

日期 (年-月-日)	二级马道(mm)			一级马道(mm)		
	1 号测点	2 号测点	3 号测点	1 号测点	2 号测点	3 号测点
2018-04-28	0.19	0.30	0.46	-0.42	0.36	0.44
2018-05-05	0.25	0.39	0.52	-0.45	0.28	0.34
2018-05-12	0.25	0.39	0.52	-0.34	0.39	0.42
2018-05-19	0.26	0.41	0.52	-0.95	-0.12	-0.56
2018-05-26	0.26	0.42	0.52	-0.62	0.21	0.12
2018-06-02	0.32	0.45	0.61	-0.56	0.20	0.13
2018-06-07	0.44	0.46	0.71	1.27	2.71	3.64
2018-06-14	0.42	0.42	0.65	1.19	2.73	3.68
2018-06-21	0.47	0.41	0.70	1.20	2.75	3.69
2018-06-29	0.46	0.40	0.65	1.18	2.78	3.69
2018-07-05	0.50	0.41	0.67	1.18	2.81	3.75
2018-07-10	0.48	0.38	0.60	1.18	2.81	3.75
2018-07-17	0.50	0.37	0.62	1.22	2.85	3.78
2018-07-25	0.57	0.38	0.65	1.24	2.82	3.74
2018-08-01	0.56	0.33	0.57	1.20	2.80	3.73
2018-08-08	0.60	0.34	0.59	1.23	2.79	3.76
2018-08-15	0.61	0.31	0.56	1.22	2.74	3.71
2018-08-22	0.55	0.31	0.56	1.15	2.74	3.71
2018-08-29	0.61	0.31	0.45	1.20	2.72	3.75
2018-09-05	0.58	0.25	0.40	1.17	2.68	3.73
2018-09-12	0.58	0.25	0.40	1.16	2.68	3.72
2018-09-19	0.52	0.22	0.32	1.10	2.68	3.73
2018-09-26	0.50	0.22	0.30	1.12	2.76	3.73
正值最大	0.61	0.46	0.71	1.27	2.85	3.78
负值最大	-0.12	-0.08	-0.07	-0.95	-0.12	-0.56

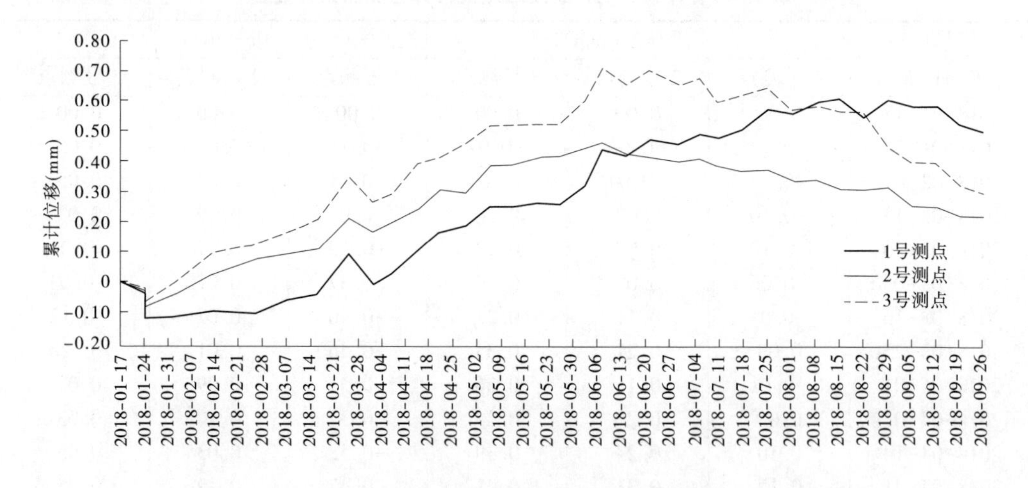

图 13-28　Ⅳ104+736 断面二级马道三点位移计累计位移—时间曲线

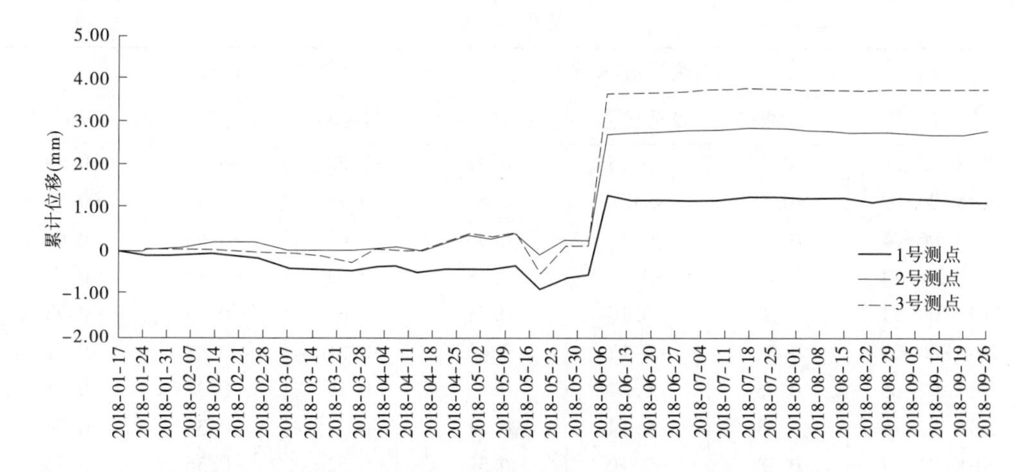

图 13-29　Ⅳ104+736 断面一级马道三点位移计累计位移—时间曲线

从监测成果看,9 个月来,Ⅳ104+736 二级马道位移值不大,均未超过 1 mm。但一级马道各测点位移值相对较大,背向渠道方向最大值 3. 78 mm,向渠道方向最大值为 0. 95 mm,但后期三个月基本无变化。为了掌握变形位移的发展趋势,两级马道均需进一步监测位移变化。

13. 4. 4. 5　Ⅳ104+786 断面

Ⅳ104+786 断面三点位移计于水毁修复期间埋设两支,一、二级马道坡脚处各一支,埋设部位同Ⅳ104+694 断面,监测成果见表 13-20,位移随时间变化曲线见图 13-30、图 13-31。

表 13-20　Ⅳ104+786 断面三点位移计各测点累计位移　(单位:mm)

日期	二级马道(mm)			一级马道(mm)		
(年-月-日)	1 号测点	2 号测点	3 号测点	1 号测点	2 号测点	3 号测点
2018-01-17	0. 00	0. 00	0. 00	0. 00	0. 00	0. 00
2018-01-24	-0. 23	-0. 06	-0. 14	-0. 19	-0. 17	-0. 12
2018-02-01	-0. 34	-0. 12	-0. 31	-0. 23	-0. 31	-0. 26
2018-02-13	-0. 44	-0. 17	-0. 43	-0. 38	-0. 42	-0. 39
2018-02-26	-0. 40	-0. 17	-0. 34	-0. 50	-0. 49	-0. 34
2018-03-07	-0. 41	-0. 26	-0. 44	-0. 49	-0. 37	-0. 41
2018-03-16	-0. 42	-0. 22	-0. 48	-0. 51	-0. 50	-0. 55
2018-03-25	-0. 31	-0. 23	-0. 52	-0. 55	-0. 51	-0. 60
2018-04-01	-0. 42	-0. 25	-0. 56	-0. 67	-0. 48	-0. 59
2018-04-07	-0. 35	-0. 24	-0. 51	-0. 76	-0. 49	-0. 61
2018-04-14	-0. 29	-0. 26	-0. 61	-0. 59	-0. 52	-0. 65
2018-04-21	-0. 32	-0. 24	-0. 61	-0. 66	-0. 52	-0. 67
2018-04-28	-0. 22	-0. 14	-0. 51	-0. 74	-0. 51	-0. 65
2018-05-05	-0. 21	-0. 28	-0. 60	-0. 67	-0. 50	-0. 66
2018-05-12	-0. 21	-0. 28	-0. 60	-0. 67	-0. 50	-0. 66
2018-05-19	-0. 15	-0. 28	-0. 52	-0. 79	-0. 48	-0. 68

续表 13-20

日期（年-月-日）	二级马道(mm)			一级马道(mm)		
	1 号测点	2 号测点	3 号测点	1 号测点	2 号测点	3 号测点
2018-05-26	-0.18	-0.25	-0.57	-0.80	-0.51	-0.69
2018-06-02	-0.06	0.02	-0.55	-0.74	-0.48	-0.70
2018-06-07	0.09	-0.17	-0.56	-0.62	-0.50	-0.61
2018-06-14	0.11	-0.16	-0.48	-0.63	-0.48	-0.75
2018-06-21	0.20	-0.16	-0.51	-0.61	-0.39	-0.73
2018-06-29	0.28	-0.12	-0.42	-0.61	-0.38	-0.72
2018-07-05	0.36	-0.04	-0.45	-0.55	-0.37	-0.75
2018-07-10	0.38	-0.14	-0.31	-0.54	-0.35	-0.74
2018-07-17	0.38	-0.10	-0.39	-0.52	-0.36	-0.75
2018-07-25	0.48	-0.10	-0.34	-0.43	-0.35	-0.71
2018-08-01	0.53	-0.05	-0.20	-0.45	-0.30	-0.69
2018-08-08	0.53	0.03	1.13	0.86	0.95	0.62
2018-08-15	0.61	0.61	1.13	0.87	0.95	0.54
2018-08-22	0.54	0.54	1.13	0.80	0.81	1.59
2018-08-29	0.73	0.19	1.21	0.91	0.93	0.54
2018-09-05	0.80	0.20	1.24	0.93	0.78	0.42
2018-09-12	0.77	0.15	1.21	0.90	0.78	0.39
2018-09-19	0.73	0.10	1.24	0.83	0.77	0.38
2018-09-26	0.64	0.09	1.23	0.78	0.74	0.39
正值最大	0.80	0.61	1.24	0.93	0.95	1.59
负值最大	-0.44	-0.28	-0.61	-0.80	-0.52	-0.75

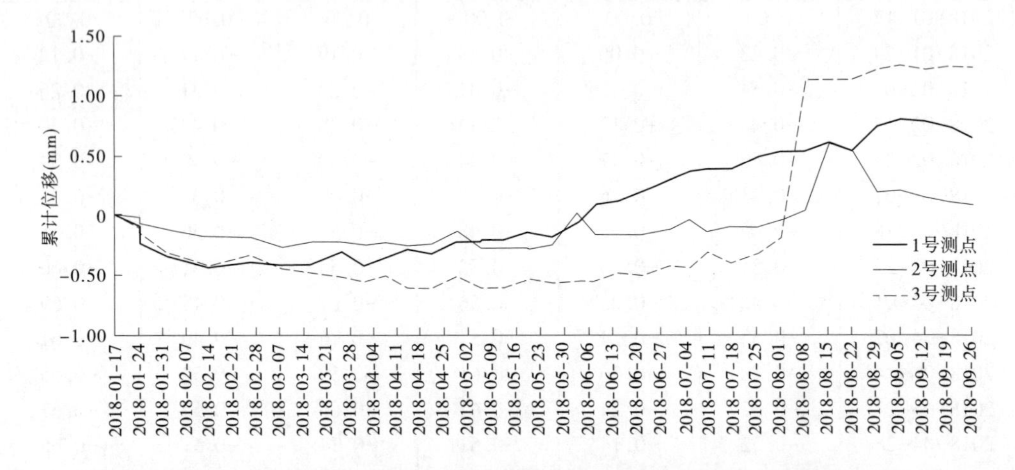

图 13-30　Ⅳ104+786 断面二级马道三点位移计累计位移—时间曲线

从监测成果看，9 个月来，Ⅳ104+786 两级马道位移计各测点位移值较Ⅳ104+736 偏小，背向渠道方向最大值为 1.59 mm，向渠道方向最大值为 0.80 mm，两级马道各测点位

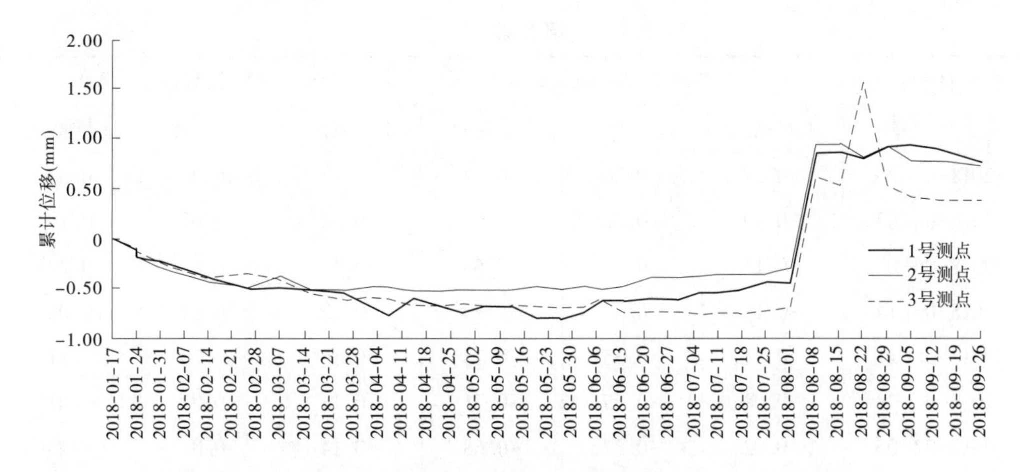

图 13-31　Ⅳ104+786 断面一级马道三点位移计累计位移—时间曲线

移均初步出现收敛现象,为进一步了解收敛趋势需继续监测。

13.4.4.6　Ⅳ104+836 断面

Ⅳ104+836 断面三点位移计于水毁修复期间埋设两支,一、二级马道坡脚处各一支。埋设部位同Ⅳ104+694 断面,监测成果见表 13-21,位移随时间变化曲线见图 13-32、图 13-33。

表 13-21　Ⅳ104+836 断面三点位移计各测点累计位移　(单位:mm)

日期 (年-月-日)	二级马道(mm)			一级马道(mm)		
	1 号测点	2 号测点	3 号测点	1 号测点	2 号测点	3 号测点
2018-01-17	0.00	0.00	0.00	0.00	0.00	0.00
2018-01-24	−0.10	0.04	0.03	−0.13	−0.01	0.00
2018-02-01	−0.14	0.00	−0.04	−0.13	−0.01	0.01
2018-02-13	−0.20	−0.06	−0.13	−0.18	0.00	0.03
2018-02-26	−0.23	−0.07	−0.15	−0.26	0.02	0.07
2018-03-07	−0.23	−0.10	−0.23	−0.28	0.02	0.04
2018-03-16	−0.24	−0.12	−0.26	−0.25	0.02	0.12
2018-03-25	−0.22	−0.15	−0.38	−0.30	0.02	0.17
2018-04-01	−0.27	−0.08	−0.31	−0.25	0.02	0.21
2018-04-07	−0.27	−0.11	−0.39	−0.34	0.03	0.16
2018-04-14	−0.23	−0.18	−0.39	−0.44	0.01	0.10
2018-04-21	−0.23	−0.18	−0.39	−0.25	0.13	0.28
2018-04-28	−0.24	−0.16	−0.47	−0.38	0.00	0.14
2018-05-05	−0.26	−0.17	−0.55	−0.34	0.05	0.20
2018-05-12	−0.24	−0.16	−0.60	−0.37	0.01	0.16
2018-05-19	−0.27	−0.25	−0.66	−0.38	0.01	0.05

续表 13-21

日期 (年-月-日)	二级马道(mm)			一级马道(mm)		
	1 号测点	2 号测点	3 号测点	1 号测点	2 号测点	3 号测点
2018-05-26	-0. 27	-0. 26	-0. 64	-0. 41	0. 01	0. 03
2018-06-02	-0. 20	-0. 26	-0. 64	-0. 34	-0. 01	0. 10
2018-06-07	-0. 14	-0. 35	-0. 65	-0. 18	-0. 01	0. 22
2018-06-14	-0. 19	-0. 34	-0. 73	-0. 23	-0. 02	0. 06
2018-06-21	-0. 11	-0. 35	-0. 73	-0. 16	-0. 03	0. 11
2018-06-29	-0. 08	-0. 35	-0. 71	-0. 14	-0. 02	-0. 04
2018-07-05	-0. 02	-0. 37	-0. 68	-0. 14	-0. 01	-0. 04
2018-07-10	-0. 06	-0. 34	-0. 76	-0. 14	-0. 04	-0. 06
2018-07-17	0. 00	-0. 33	-0. 72	-0. 15	-0. 03	-0. 06
2018-07-25	0. 08	-0. 36	-0. 67	-0. 06	-0. 06	-0. 02
2018-08-01	0. 05	-0. 31	-0. 72	-0. 05	-0. 02	0. 00
2018-08-08	0. 11	-0. 33	-0. 65	-0. 05	-0. 05	-0. 01
2018-08-15	0. 15	-0. 31	-0. 64	0. 04	-0. 05	0. 00
2018-08-22	0. 08	-0. 31	-0. 64	-0. 03	-0. 05	0. 00
2018-08-29	0. 14	-0. 33	-0. 64	0. 06	-0. 07	0. 00
2018-09-05	0. 16	-0. 31	-0. 65	0. 11	-0. 07	-0. 06
2018-09-12	0. 15	-0. 30	-0. 65	0. 10	-0. 07	-0. 06
2018-09-19	0. 22	-0. 17	-0. 57	0. 05	-0. 07	-0. 09
2018-09-26	0. 09	-0. 26	-0. 67	0. 02	-0. 10	-0. 10
正值最大	0. 22	0. 04	0. 03	0. 11	0. 13	0. 28
负值最大	-0. 27	-0. 37	-0. 76	-0. 44	-0. 10	-0. 10

从监测成果看,9 个月来,Ⅳ104+836 两级马道位移计各测点位移值较小,背向渠道方向最大值为 0. 28 mm,向渠道方向最大值为 0. 76 mm,两级马道各测点位移均未出现明显收敛,需继续监测。

从六个断面多计位移计监测成果看,建设期间埋设的多点位移计累计位移值较大,可能与渠道通水对渠坡、渠底变形有影响。水毁修复期间埋设的四个断面的多点位移计变形量均较小,可能与一级马道以上边坡已成型时间较长,未受外力影响有关。另外,Ⅳ104+292 断面左岸水下边坡的位移未发现明显收敛迹象,还需进一步监测变形发展。总之,渠坡位移变形规律的掌握与变形的控制是渠坡安全的基础,仍需通过长时间监测成果的分析才能获得。

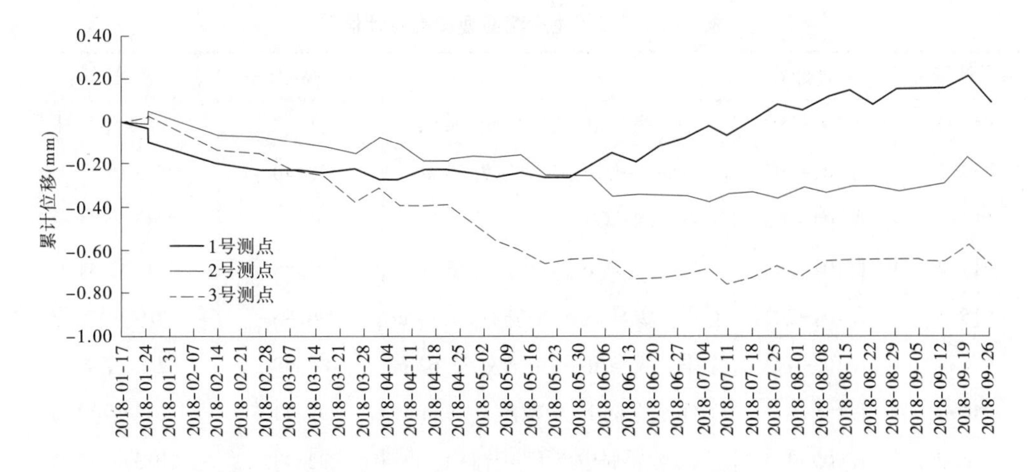

图 13-32　Ⅳ104+836 断面二级马道三点位移计累计位移—时间曲线

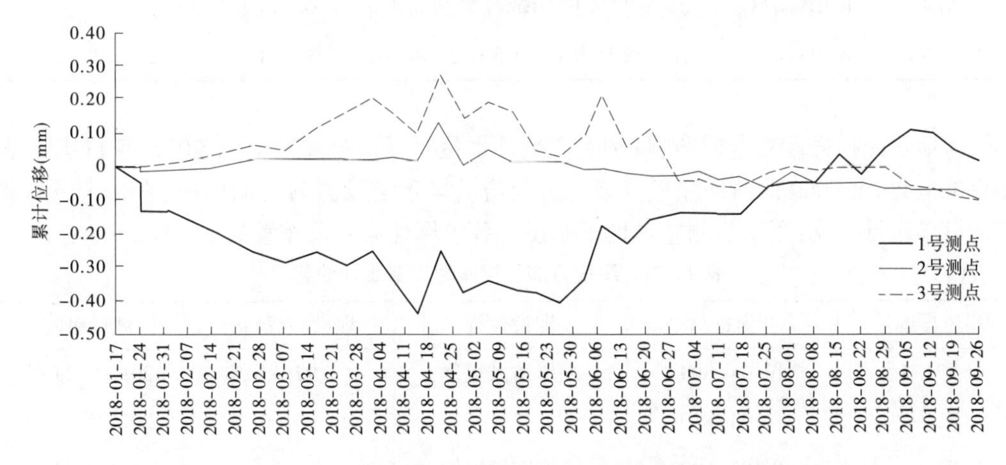

图 13-33　Ⅳ104+836 断面一级马道三点位移计累计位移—时间曲线

13.5　渗压计安全监测成果分析

渗压计监测主要是对水工建筑物及其地基内由渗流形成的渗流压力监测,目的是掌握水工建筑物、渠道及其地基的渗流情况,分析判断渗流是否正常、是否存在渗透破坏的可能及对工程安全可能产生的不利影响程度,并分析其原因,从而为工程安全运行提供技术保障。

13.5.1　安全监测点的布置

这里采用的渗压计为振弦式仪器,监测电缆分别接入Ⅳ104+292、Ⅳ105+443 两安全监测站房的 MCU 中,人工采集方法同多点位移计。

工程建设期间,Ⅳ104+292 断面一级马道渠道侧及渠底左侧、中点、右侧埋设了渗压计,Ⅳ105+443 断面三级马道渠道侧及渠底的左侧、中侧、右侧埋设了渗压计。各渗压计编号及基本信息见表 13-22。

表 13-22 工程建设期间埋设渗压计信息

渗压计编号	断面桩号	埋设位置	埋设高程(m)	埋设时间
P15-1	Ⅳ104+292	左岸一级马道下,中轴左 25.84 m	86.83	2014 年 3 月
P15-2	Ⅳ104+292	渠底左侧下、中轴左 7.75 m	92.48	2013 年 11 月
P15-3	Ⅳ104+292	渠底中点下、中轴	92.48	2013 年 11 月
P15-4	Ⅳ104+292	渠底右侧下、中轴右 7.75 m	92.48	2013 年 11 月
P15-5	Ⅳ104+292	右岸一级马道下、中轴右 25.84 m	86.83	2014 年 3 月
P16-1	Ⅳ105+443	左岸三级马道下、中轴左 57.62 m	87.78	2014 年 4 月
P16-2	Ⅳ105+443	渠底左侧下、中轴左 7.25 m	92.43	2013 年 12 月
P16-3	Ⅳ105+443	渠底中点下、中轴	92.43	2013 年 12 月
P16-4	Ⅳ105+443	渠底右侧下、中轴右 7.25 m	92.43	2013 年 12 月
P16-5	Ⅳ105+443	右岸三级马道下、中轴右 25.84 m	87.78	2014 年 4 月

为加强深挖方段安全监测,特别是监测外水位对渠道边坡的影响,2016 年 11 月在Ⅳ104+800、Ⅳ105+000 两断面左岸二级马道及防洪堤顶增设测斜管的同时,在每个测斜管底加设渗压计一支,用于监测左岸地下水位。各渗压计编号及布置见表 13-23。

表 13-23 深挖方加强措施埋设渗压计信息

渗压计编号	断面桩号	埋设位置	埋设高程(m)	埋设时间
P24-1	Ⅳ104+800	左岸防洪堤顶	92.43	2016 年 11 月
P24-2	Ⅳ104+800	左岸二级马道	90.00	2016 年 11 月
P25-1	Ⅳ105+000	左岸防洪堤顶	91.78	2016 年 11 月
P25-2	Ⅳ105+000	左岸二级马道	89.70	2016 年 11 月

13.5.2 安全监测方法

根据南水北调中线干线工程建设管理局企业标准《安全监测技术标准》,人工采集频次 1 次/周至 1 次/月。P15-2、P15-3、P15-4 于 2013 年 12 月 3 日开始进行第一次人工采集,P16-2、P16-3 于 2013 年 12 月 12 日开始进行第一次人工采集(P16-4 失效,P16-3 于 2015 年 8 月 22 日后失效,),P15-1、P15-5 于 2014 年 3 月 22 日开始进行第一次人工采集,P16-1、P16-5 于 2014 年 4 月 25 日开始进行人工采集。采集频次每周不少于一次。渠道水位自 2014 年 9 月 1 日开始每日采集一次。

13.5.3 安全监测成果分析

13.5.3.1 工程建设期间:Ⅳ104+292 和Ⅳ105+443 两断面

Ⅳ104+292 和Ⅳ105+443 两个断面的渗压计监测成果见图 13-34、图 13-35。监测成果反映，渠底渗压计因埋设在渠底 0.4 m 处的换填土内，水位受渠道水位变化影响明显；一级马道、三级马道渗压计埋设在原状土内，水位基本不受渠道水位变化影响，主要与外界地下水位相关。2016 年 7 月该区域遭遇特大暴雨袭击，两岸渗压计水位有明显变化，充分说明了两岸渗压计水位主要受外界水位控制，也能从一定程度上反映南水北调工程换填土体未遭到破坏。

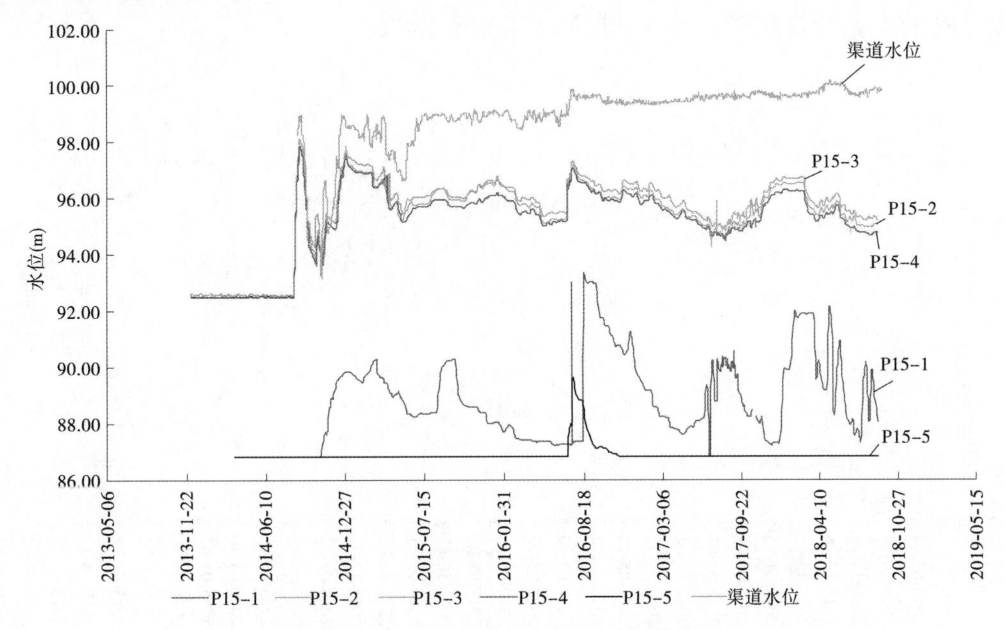

图 13-34　Ⅳ104+292 断面渗压计监测成果

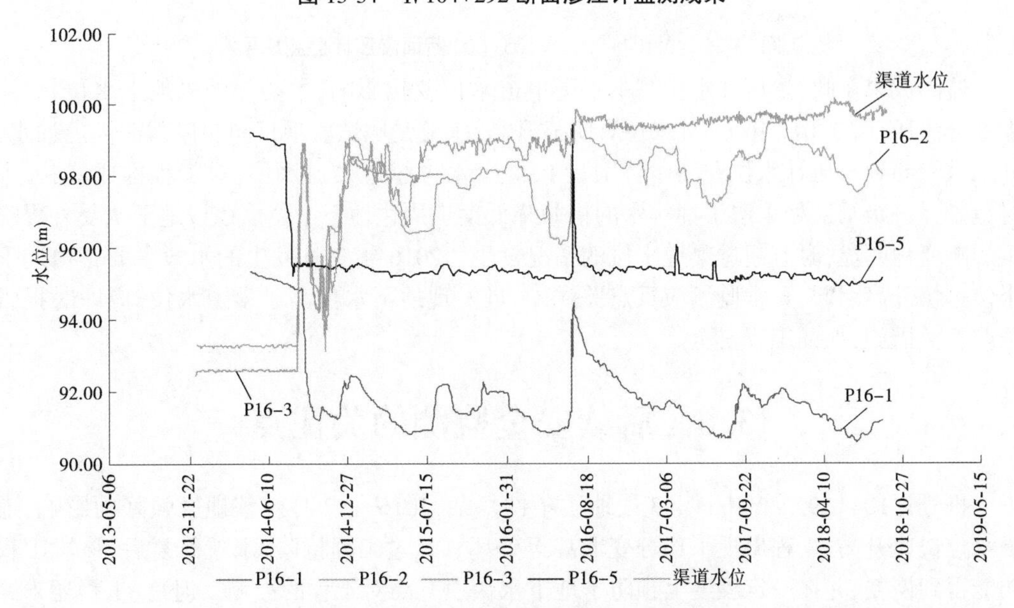

图 13-35　Ⅳ105+443 断面渗压计监测成果

另外，从监测成果看，左岸一、三级马道渗压计水位较右岸高，特别是Ⅳ105+443 断面表现得更为明显，与实际地质情况相符，地下水从左岸向右岸排泄，渠道修建后，排泄通道受到较大影响,导致左岸水位较右岸地下水位高。左岸地下水位高于渠道水位后会对渠道换填土体及衬砌板造成影响,因此必须加强监测,发现左岸地下水位明显高于渠道水位后应立即采取排水措施降低地下水位,并加强巡视,保证工程安全。

13.5.3.2 **深挖方段加强措施:Ⅳ104+800、Ⅳ105+000 两断面**

深挖方段加强措施Ⅳ104+800、Ⅳ105+000 新增四支渗压计于 2016 年 11 月 21 日埋设完成,随后进行数据采集,渗压计监测成果见图 13-36。

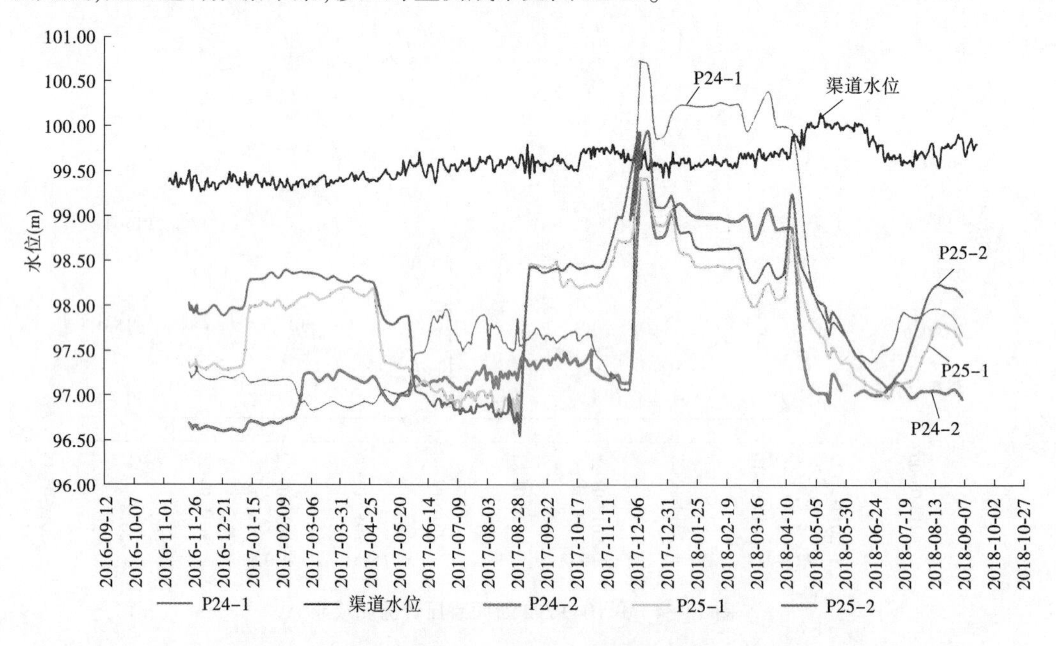

图 13-36 Ⅳ104+800、Ⅳ105+000 断面渗压计监测成果

监测成果反映,渗压计水位基本不受渠道水位变化影响,主要与外界地下水位相关。大部分渗压计在 2017 年 11 月水位有明显升高,主要是因试验项目向左岸截流沟内抽水,外水入渗导致渗压计水位升高。特别是 P24-1 水位超过渠道水位,对工程构成威胁,当时也是在一级马道处采取了抽排水的措施降低渠道周边地下水位。该段地下水受外界降雨影响变化明显,时有超过渠道水位的情况发生。2016 年 7 月发生的水毁主要是由地下水位过快升高引起,日常监测应重点关注,一旦发现地下水位高于渠道水位,应即时报告采取相关措施,保证工程安全。

13.6 后续安全监测的关注点

桩号Ⅳ104+292~Ⅳ105+443 段地质条件复杂,2016 年 7 月受该地区强降雨影响,地下水位快速升高,工程出现了部分变形甚至破坏。经过工程抢险、水毁修复后,该段工程功能得到恢复,并在一定程度上预防了地下水快速升高对工程的影响。但是,工程还未经高地下水位的检验,设计效果尚不能充分验证。

因此,后续的安全监测一是应以地下水位监测为重点,充分利用刚完成的无线水位监测设备密切关注该区域的地下水位情况,一旦发现水位高于渠道水位,应加强巡查,并加强变形、渗流监测，以总结地下水位与变形、渗流间的关系及对工程的影响；二是利用现有的安全监测设施，继续开展安全监测，特别是前期发现变形量较大的部位及相邻区域，直到各项变形在未受明显外力变化情况下出现明显收敛为止；三是工程巡查与仪器监测相结合，互相补充，互相促进；四是积极开展水下、边坡无损探测技术，定期全面检查衬砌板下土体、一级马道以下边坡土体的密实程度，及早发现工程隐患，及早处理，避免影响工程安全，克服安全监测设施只能监测局部区域的局限性。

第 14 章　安全生产及文明施工

14.1　安全目标

在招标文件中，对施工单位的安全责任做了明确的约定，承包人应当建立健全安全生产责任制度和安全生产教育培训制度，制定安全生产规章制度和操作规程，保证建立和完善安全生产条件所需资金的投入，对本工程进行定期和专项安全检查，并做好安全检查记录。承包人应当设立安全生产管理机构，施工现场必须有专职安全生产管理人员。承包人应负责对特种作业人员进行专门的安全作业培训，并保证特种作业人员持证上岗。施工单位投标文件中安全目标为：杜绝群死、群伤的重特大事故发生，避免较大事故发生，减少一般事故发生，力争实现事故死亡率“零”目标。

具体安全目标为：不发生人身重伤及以上的责任事故；不发生重伤及以上交通事故（造成 1 人重伤及以上的交通事故）；不发生火灾（造成直接经济损失超过 1 万元人民币）；不发生集体食物中毒事件（同时 5 人及以上的食物中毒）；不发生流行性传染病（无甲型传染病、其他常见传染病未形成多人同时患病）；不发生重大环境污染处罚事件（生活、工业垃圾及其他污染物造成环境污染和大面积水土流失）；不发生重大治安保卫事件（构成刑事拘留及以上的事件、盗窃直接损失超过 5 万元的事件）；不发生因人为失误造成的重大设施、设备等财产损失（直接损失一次超过 10 万元）。

工程实施中，将建立严格的安全生产经济责任制，运用系统工程的思想，坚持“以人为本、教育为先、预防为主、管理从严”的原则，做好安全事故的超前防范工作，做到机构健全、措施具体、落实到位、奖罚分明，确保实现工程施工管理机构配备合格的安全管理人员，以“消除一切隐患风险，确保全员健康安全”为施工安全保护管理方针，以切实有效的保证措施作为实现安全目标的有力保障。

14.2　安全保证体系

修复工程的承包人制定了较为完善的安全保证体系，建立以项目经理为首的安全领导小组，项目副经理主管安全，坚持管生产必须管安全的原则，健全岗位责任制，从组织上、制度上、防范措施上保证安全生产，做到规范施工，安全操作。项目设有安全总监和安全员，具体负责安全生产及文明施工。

南水北调总干渠修复施工的安全关系重大，项目设置有专门的督导组。施工高峰期，督导组下设施工协调组，负责安全生产及文明施工，并专门配备了安全生产专员。

14.3 危险源分析

典型边坡修复工程为南水北调中线建管局衬砌水下修复科研课题的生产性试验项目,作业环境位于南水北调渠道左岸岸边与水下,交通道路狭窄,且不允许大型机械作业,存在作业环境复杂、施工内容较多、工序转换快、场地狭小、设备需求种类较多的特点。

经分析,施工中存在的危险源共计分为13项,包括塔吊、高压水枪、触电、溺水、水质污染、水下钢围挡吊装等内容,针对危险源特点分别制定了防范应对措施。

14.4 应对措施

14.4.1 塔吊

本工程塔吊位于渠道左岸二级平台处,主要用于水下作业52 m范围内的设备运输、材料运输、起重吊装等施工。塔吊施工期间,经过多方咨询,为保证边坡安全稳定,最终采取了小型冲击钻进行了塔吊桩基施工。塔吊使用过程中采取下列措施:

(1)每台塔吊配备相应的司机、信号工和相应的挂钩工,其中塔吊司机从事木工种时间不得少于2年,信号工从事本工种时间不得少于1年。上述人员保持相对固定,进场后报项目部登记备案,参加培训,并经考核合格后方可上岗;塔吊司机、信号工持合格有效证件上岗,无证人员不得从事塔吊驾驶、信号指挥工作。

(2)塔吊司机、信号工、挂钩工须认真执行项目的各项规章制度,严格按照安全操作规程、安全技术交底、遵守劳动纪律、杜绝违章操作、拒绝违章指挥。

(3)塔吊司机、信号工、挂钩工禁止酒后作业,项目部合理排班,避免疲劳作业。

(4)塔吊作业过程中应严格遵守“十不吊”准则。

(5)起钩前,信号工须认真对吊物进行检查,确认吊物捆绑牢固可靠、吊点合理可靠、吊物或钢丝绳无粘带钢管架等其他非吊运物品后方可起吊。

(6)塔司应根据信号工的指挥信号进行操作,开始操作前应鸣号(铃)示意,以引起有关人员的注意;吊运过程中,信号工应从起吊到就位,全过程控制,不能发出信号后就掉以轻心或擅自离开。

(7)信号工应到吊物挂钩、摘钩处相近高度5 m范围内进行指挥,不得站在高处、远处进行“遥控”指挥;挂钩工在挂钩、摘钩后,信号工须认真检查确认安全无误后方可指挥起吊。

(8)当吊物须经过马路、办公室、作业区等人群集中的区域或进入他人工地上空时,应将吊钩收至现场内方可回转,严禁吊物从上述区域上空运行。

14.4.2 高压水枪

(1)必须专人操作,严禁无关人员操作设备。

(2)高压水枪操作人员决不可以将高压水枪指向其他人员,防止误伤。

(3)未经高压水枪操作人员的许可不可随意调整压力。

(4)操作人员必须熟悉全部的装置和控制件。

(5)操作人员发现泵的工作不正常、水管的连接有渗水、枪有故障及渗水，必须卸压为零、停机、排除故障后方可操作。

(6)操作人员发现故障当班不能排除，必须通知下一班的工作人员。

(7)软管有损伤的斑点，及任何可能影响强度的损伤都必须更换。

(8)软管在工作场所，放置时不能接触锐器、热源、腐蚀品及重物压过，以免保护层及内层的钢丝破坏影响耐压强度。

(9)每个层面的操作工在作业完毕，必须在卸压为零后将层面上的阀门关死，以免下一次高压泵启动时高压水伤害人身。

(10)新工人使用高压水枪前，必须接受安全操作培训，合格后方允许操作，并有严密的培训记录，由段长负责落实，报车间备案。

(11)陆上使用∠5 cm×5 cm 角钢拼装焊接成高压水枪防护架，利用防护架进行高压水枪水下施工；防护架安装作业的情况如图 14-1 所示。

图 14-1 高压水枪作业防护架

14.4.3 施工用电

(1)施工现场必须执行“TN-S”三项五线制接零保护，实行三级配电，二级保护。

(2)现场所有电源线路应架空敷设，电杆要稳定，有横担，绝缘良好，导线排列整齐，线间距离不小于 30 cm。

(3)如埋地敷设，其深度不小于 0.6 m 并应在上、下均匀铺设不小于 5 cm 厚的细砂，然后覆盖砖等到硬质保护层。

(4)输电线路不得布置在树木、脚手架等非专用电杆上。

(5)施工现场配电设施，非电工人员，严禁私拉乱接，任何人不准撬动门锁。

(6)实行“一机、一闸、一漏、一箱”，不准一闸多用，线路必须接在端子板上，不允许直接接在漏电保护器上使用。

(7)施工现场的用电，配电操作必须由电工进行管理维护，电工必须持证上岗，各种开关应有标识。

（8）配电箱、开关箱应有门、有锁、并做好防雨措施，安装应端正、牢固。

（9）配电箱外壳和机械设备必须做重复接地。

（10）工作零线、保护零线必须严格区分，防止错接。

（11）漏电保护器必须做到完好、有效，损坏必须立即更换，保证正常动作。

（12）配电箱、开关箱内不准摆放金属工具及其他杂物等。

（13）配电箱、开关箱设施维护、维修时必须断电，不准带电操作。

（14）动力和照明线路要分开设置，照明线路须统一布置，不得私拉乱接和裸露线头使用。

（15）现场各分配电箱、开关箱应设置专用保护零线的接线端子板，工作零线与保护零线不得混用，保护零线在线路的中间和末端应做重复接地，其接地电阻值不大于 10 Ω。

（16）现场的各种机械设备必须做接零保护，不准一部分做接地，一部分做接零。

14.4.4　防止溺水

（1）项目部定期不定期进行工地检查，不断加强对从业人员的安全思想、意识教育。

（2）不断完善水上作业防护设施，如发放救生衣、安放救生圈、安装作业平台防护栏杆、加宽作业面平台等。

（3）落实施工机械设备、安全设施、设备及防护用品进场计划，确保安全防护设施及时到位，防止人员高空坠落或溺水。

（4）禁止现场施工人员私自下河游泳、捕鱼。

（5）项目部安全员每日进行工地巡查，发现隐患及时下发隐患整改通知单，责任落实到人，整改完毕后进行复查。

（6）现场设立安全警示标志，在靠近渠道施工时，施工人员必须穿戴好救生衣。

14.4.5　水质污染

（1）施工现场产生污水禁止向渠道内排放。

（2）加强现场人员教育培训，并在现场安放移动厕所，禁止随地大小便。

（3）存在漏油隐患的机械设备在渠道边施工时，在设备底部铺设土工布或吸油毡，防止油污进入渠道。

（4）现场配备专人与设备，每日打扫施工现场，捞取落入渠道的杂物。

（5）通过搅吸泵将钻孔施工产生的泥浆排入堤顶截流沟内，并在截流沟内铺设彩条布，防止渗漏。

（6）含有毒有害物质的材料禁止在本工程使用。

14.4.6　边坡防护

（1）严格按照设计图纸所示坡比进行开挖作业。

（2）所有施工人员工作前必须经过安全技术交底，方可进入施工现场，并具有较强的质量意识。

（3）开挖成型的边坡须及时进行覆盖，避免长时间裸露。

(4)从事边坡施工的人员进场必须佩戴好安全帽,禁止酒后作业。

(5)边坡防护完成后,经常检查边坡覆盖保护情况。

(6)大雨、大风天气后要及时进行检查,缺陷处进行处理。

14.4.7 现场浮桥

(1)每日安排专人进行检查,对破损的钢丝绳进行更换,保证浮桥使用安全。

(2)渠道水位增高、流速增大前,对浮桥进行压重,增设钢丝绳,固定于渠道两岸。

(3)发现异常情况及时报告,建管单位协调浮桥运行维护单位及时处理。

14.4.8 钢围挡

(1)钢围挡底部堆放碎石袋进行压重,保证钢围挡的稳定性。

(2)水下施工时安排专人进行钢围挡结构稳定的日常检查,定期进行专项安全检查。

(3)测量钢围挡内外水位差,在钢围挡立柱上布置观测点,定期进行钢围挡变形观测。

(4)渠道水位增高、流速增大,存在安全隐患时,对钢围挡增设钢丝绳固定于上游一级马道处,并增设围檩提高钢围挡整体受力能力。

14.4.9 水下铲运设备

(1)所有施工人员工作前必须经过安全技术交底与培训,合格后方可进入施工现场作业,并具有较强的质量意识。

(2)铲运设备须由专人定期维护保养,保证其使用安全。

(3)进行作业时,现场须由专业技术人员进行指挥。

(4)操作人员应掌握设备的性能和操作方法,熟悉机械设备原理、构造、性能及各调整部位的调整方法。

(5)操作人员须按规定佩戴安全帽、绝缘手套、防滑鞋等安全防护用品。

14.4.10 潜水作业

(1)接受任务后必须深入进行动员,明确任务,并提出完成任务和计划的安全措施。

(2)潜水前应测量水深、流速、水温和掌握底质、气象情况。潜水人员未经潜水长批准,不得擅自下潜。

(3)潜水前必须准备好潜水装具,并进行严格检查。

(4)现场禁止吸烟和明火,禁止用沾有油污的手和物件检查呼吸器。

(5)掌管电话的电话员应由技术熟练的潜水员担任。

(6)潜水监督依据作业深度,计算并确定紧急情况下出水和上升所需气量,以便合理选择备用气瓶,确保危急情况供气中断时,潜水员可以依靠备用气体顺利安全上升、出水。

(7)信号员应熟练掌握信号绳使用规定,确保通信设备故障时通过信号绳收发潜水信号。根据下潜人员的需要,适当收紧放松信号绳。传送物品后,要及时收回多余部分,随时清理信号绳防止绞缠。

(8)在装具器材的检查准备中,下潜潜水员要亲自参加,检查并准备完毕后,各岗位应向潜水监督报告,潜水长根据情况决定并报告潜水监督可否着装下潜。

(9)不可安排未经体检和心理状态欠佳的潜水员进行潜水作业,潜水员潜水作业前不得饮酒、暴饮暴食。

(10)潜水员下潜或上升时必须沿入水绳,必要时要使用安全带,水下减压应使用减压架或减压梯。

(11)作业过程中应保持潜水现场与供气站的联络通畅,确保呼吸气体正常供应。

(12)潜水行进中,对有障碍物的部位,要注意避免软管绞缠或被尖锐物磨损割破等危及潜水安全的状况发生,必要时派遣第二潜水员在结构拐角处协助接应。

14.4.11　场内运输

(1)运输车辆严禁随意停放,行驶车速不得超过30 km/h。

(2)车辆在场内行走和倒车要有人指挥,防止撞物和伤人。

(3)车辆载物载料不可超载。

(4)车辆要定期检修和保养。

(5)车辆在场内道路行走时,不可碾压电线和周转材料。

(6)卸料时司机必须熄火,取下打火钥匙,离开驾驶室,锁好车门。

(7)吊运物料时必须使用卡环,设专人指挥,进入施工现场人员戴好安全帽。

(8)车辆离开现场前,检查所装物品必须将物料捆绑牢固,严防掉落伤人,严禁物料散物遗洒。

(9)车辆进入施工现场要避让行人和施工人员。

(10)车辆在卸料和维修时,车轮必须打碾,严禁在陡坡上停车装卸货物。

14.4.12　交叉作业

本工程交叉作业项目主要是水下钢结构吊装与其范围内的陆上作业项目的交叉。

(1)施工前,组织现场施工人员进行安全技术交底,明确交叉作业半径,并针对交叉作业的危险点进行安全防护,专人监护。

(2)钢结构及设备吊装过程中,吊车回转半径内应作为交叉施工重点防患区域。吊装过程中回转半径内严禁与吊装无关的其他施工人员进入,如特殊情况必须进入的应提前与安全管理人员办理告知,征得同意后方可进入。

(3)起重吊物不允许在交叉作业者顶上通过。确实因为吊装需要,操作者须暂停止作业。

(4)交叉作业过程中应有专职安全管理人员现场监督,统一协调指挥,杜绝违章作业、冒险作业等情况的发生。

(5)各作业人员必须精力集中,各层的指挥号令不能相互影响,造成混淆,作业人员应随时保持警惕,对意外情况应能及时做出判断和反应。

(6)遇到6级以上大风、雨雪天气、浓雾、能见度不良等情况时,严禁进行作业。

(7)严格划分安全作业范围,高压水枪6 m范围内不得进行水下其他作业,水下管线布置应避让开高压水施工范围。

(8)水下管线布置不得与水下铲运设备运行路线交叉。

14.4.13 夜间施工

(1)所有参加夜间施工的作业人员必须认真贯彻夜间作业安全措施,安全员进行监督、检查落实。

(2)尽量避免同一作业范围内安排交叉施工的工序同时在夜间进行,如确需交叉施工时,必须细化作业范围,采取防止交叉施工安全问题的针对性措施。

(3)施工前由专人负责检查确认照明设施配备齐全完好,作业设备状态良好,运转正常。

(4)当晚作业使用的工具、材料提前在白天进行全面认真的检查,发现有质量问题的及时更换。

(5)夜间施工作业必须由作业负责人统一指挥,分工明确;各道工序夜间施工时当班的安全员、施工员必须到位,发现问题必须立即解决。

(6)严格隐蔽工程检查签证制度,夜间必须进行隐蔽工程施工时,应按规定提前通知监理工程师到现场检查,并办理签证手续,未经监理工程师检查签证,禁止进行下一道工序的施工。

(7)夜间施工作业结束后施工负责人必须对作业现场认真检查,确保线路畅通;作业前和收工时要清点人员,人不到齐不准离开原地,作业中也要随时保持联系。

14.5 文明施工

14.5.1 文明施工宣传教育措施

(1)文明施工管理,树立"以人为本"的思想,经常对职工进行文明施工教育是创建文明施工工地的重要措施。学习文明用语,评价上月文明施工情况,根据典型、具体案例分析不文明施工存在的思想根源。

(2)教育职工团结互助、自尊自爱、谨守职业道德、加强自身修养、服从领导、听从指挥、遵纪守法,自觉同打架斗殴、酗酒赌博等不良现象做斗争。

(3)尊重发包人、监理人、设计单位人员,虚心听取他们的意见以改进工作。

(4)教育职工在工作中自觉维护工地的整体文明施工形象,不乱拉、乱用、乱丢,养成良好的工作习惯。

14.5.2 文明施工管理制度措施

(1)建立文明施工责任区,划分区域,明确管理人,实行挂牌制,做到现场清洁整齐无积水、无淤泥、无杂物,材料堆放整齐,施工辅助设施布置规整有序。

(2)材料进入现场应按指定位置堆放整齐,不得影响现场施工和堵塞施工通道。材料堆放场地应有专职的管理人员。

(3)施工现场场地平整,道路坚实畅通,设置相应的安全防护设施和安全标志,周边设排水设施;人行通道的路径避开作业区,设置防护设施,保证行人安全。

(4)施工和安装用的各种扣件、紧固件、绳索具、小型配件、螺钉等的安全部件应在专设的仓库内装箱放置。

(5)混凝土振捣器绝缘性能应良好,并应在配电盘上装设有漏电保护器,以保障混凝土振捣人员的人身安全。混凝土收仓后应禁止人员踩踏,混凝土面上不允许随便涂写,应设立标志,及时将各种浇筑器具清洗收回摆放整齐。

(6)现场风、水管的布置应安全、合理、规范、有序,做到整齐美观,不得随意架设。

(7)经常检查风、水管,防止发生"跑、冒、滴、漏"等现象,风、水管线路应设有防脱、防爆等措施。

(8)动力线与照明线应分开架设,不准随意爬地或绑扎成捆架设。

(9)电缆架空设置满足供电电压等级的规定,运输大件通过供电线路的部位,其安全高度应按大件运输的规定执行。

(10)施工现场临时水电派专人管理,不得有长流水、长明灯。

(11)施工现场的临时设施,包括生产、办公、生活用房、仓库、料场及照明、动力线路等,严格按施工组织设计确定的施工平面布置、搭设或埋设整齐。

(12)严格遵守"工完、料尽、场地净"的原则,不留垃圾、不留剩余施工材料和施工机具,各种设备运转正常。

(13)对成品进行严格的保护措施,严禁污染损坏成品。

(14)施工现场严禁乱堆垃圾及余物。在适当的地点设置临时堆放点,定期外运。并且采取遮盖防漏措施,运送途中不得遗撒。

(15)个人防护用品的发放和使用,项目部全体职工上班时间,一律穿统一发放的工作服,进入施工现场必须佩戴安全帽。

14.5.3　现场机械管理

(1)现场使用的机械设备,按平面布置规定地点存放,遵守机械安全规程,经常保持机身及周围环境的清洁。各种设备的传动部分都要安设防护装置,对起重设备要标明起重吨位、行程限位器、缓冲器和自动控制装置。凡是起重设备都要规定统一指挥信号。

(2)清洁机械排出的污水设有排放措施,不得随地流淌。

(3)施工产生的污水不得直接排入沟渠等处。

(4)装运建筑材料、土石方、建筑垃圾的车辆,确保行驶途中不污染道路和环境。

(5)施工生产所使用的电气设备、线路和绝缘性能必须满足供电要求。裸露的带电导体,必须妥善处理,置于碰不到的位置或设置安全遮栏和设明显的警告标志。

(6)电气设备必须设有可熔保险或自动开关。电气设备的金属外壳,可能因绝缘损坏,而带电的,必须根据技术条件,采取保护性接地或者接零的措施。施工中使用的电动工具使用前必须采取接地保护措施。

14.6 环境保护

14.6.1 生产、生活垃圾的统一管理

(1)在施工现场、办公区设置若干活动垃圾箱,派专人管理和清理。禁止在工地焚烧残留的废物。

(2)设立卫生包干区,设立临时垃圾堆场,及时清理垃圾和边角余料。

(3)加强临设的日常维护与管理,竣工后及时拆除,恢复平整状态。

(4)衬砌板拆除施工时,采用专用切割设备,做到开槽开孔规范,定位准确,不乱砸乱打,野蛮施工。同时将产生的土建垃圾即时清理干净。

(5)施工现场不准乱堆垃圾及余物,应在适当地点设置临时堆放点,专人管理,集中堆放,并定期外运。清运渣土垃圾及流体物品,要采取遮盖防尘措施,运送途中不得撒落。

(6)为防止施工尘灰污染,在夏季施工临时道路地面洒水防尘。

(7)施工现场材料多、垃圾多、人流大、车辆多,材料要及时卸货,并按规定堆放整齐,施工车辆运送中如有撒落,派专人打扫。凡能夜间运输的材料,应尽量在夜间运输,天亮前打扫干净。

14.6.2 材料堆放、机具停放的统一管理

(1)材料根据工程进度陆续进场。各种材料堆放分门别类,堆放整齐,标志清楚,预制场地做到内外整齐、清洁,施工废料及时回收,妥善处理。工人在完成一天的工作时,及时清理施工场地,做到工完场清。

(2)各类易燃易爆品入库保管,乙炔和氧气使用时,两瓶间距大于 5 m 以上,存放时封闭隔离;划定禁烟区域,设置有效的防火器材。

(3)对大型设备、配件考虑其运输吊装通道,并及时组织就位安装,不得损坏其他单位或分包单位的产品。

(4)现场使用的机械设备,要按平面固定点存放,遵守机械安全规程,经常保持维护清洁。机械的标记、编号明显,安全装置可靠。

14.6.3 污水、废水排放的管理

(1)禁止工人现场随地便溺,一经发现除给予经济罚款外,并立即清除出场。

(2)施工中的污水、冲洗水及其他施工用水不得排入渠道内。

(3)机械排出的污水制定排放措施,不得随地流淌。

14.6.4 防止扬尘污染措施

(1)严禁高空抛洒施工垃圾,防止尘土飞扬。

(2)清除建筑物废弃物时必须采取集装密闭方式进行,清扫场地时必须先洒水后清扫。

(3)对操作人员定期进行职业病检查。

(4)严禁在施工现场焚烧废弃物,防止烟尘和有毒气体产生。

14.6.5　其他文明施工及环境卫生措施

(1)本着节约的原则消灭长流水,长明灯。

(2)职工宿舍内、外应干燥,室内保持清洁,夏季喷洒消毒药水灭蚊、灭蝇。

(3)在办公区、临设区及施工现场设置饮水设备,保证职工饮用水的清洁卫生。

参考文献

[1] 孙霞. 北疆地区输水渠道常见病害及修复技术研究[J]. 水利技术监督,2016(2):60-63.

[2] 陈丽萍. 新疆地区混凝土防渗渠道防冻胀处理措施探讨[J]. 水利建设与管理,2014(6):63-65.

[3] 潘珂,覃德勇. 丙乳硅粉钢纤维混凝土在水工混凝土缺陷处理工程中的应用[J]. 科技信息,2011(8):364-365.

[4] 王秉玉,杨明. 水利渠道工程的渗漏及处理[J]. 水利技术监督,2012(4):57-59.

[5] 葛春辉. 钢筋混凝土输水渠道不停役修理技术[J]. 上海建设科技,2003(2):26-27.

[6] 郝清华,南水北调中线衬砌面板冻损破坏修复技术[J]. 河南水利与南水北调,2017(10):28-29.

[7] 徐计新. 模袋混凝土衬砌边坡施工技术[J]. 价值工程,2014,21:165-167.

[8] 刘明杰. 超快硬混凝土修复王在抢修工程中的应用[J]. 科技创新与生产力,2011(11):97-98.

[9] 陈忠军. 瓜步汛电排站对通航影响的解决措施[J]. 人民珠江,2009,30(1):42-43.

[10] 陈凯. 深圳市北线引水工程上埔泵站取水口及前池整流措施试验研究[J]. 中国农村水利水电,2007(5):129-130.

[11] 陆晓如,佟宏伟,冯建刚. 城市取水泵站进水池进水流态的改善[J]. 排灌机械工程学报,2007,25(5):24-28.

[12] 蔡付林,胡明,张志明. 双向水流侧式进出水口分流墩研究[J]. 河海大学学报(自然科学版),2000,28(2):74-77.

[13] 程禹平,赖冠文. 弯曲扩散陡槽水工水力学研究[J]. 广东水利水电,2006(2):7-9.

[14] 何耘,刘成. 污水泵站前池设置压水板的改进措施研究[J]. 水泵技术,2000(2):21-24.

[15] 资丹,王福军,姚志峰,等. 大型泵站进水流场组合式导流墩整流效果分析[J]. 农业工程学报,2015,31(16):71-77.

[16] 陈树容. 改善大型泵站进水池水流流态的试验研究[C]//全国水动力学研讨会. 2000.

[17] 白音包力皋,孙东坡,李国庆. 导流栅对弯道水流动量调整的研究[J]. 水利学报,2001,32(1):1-5.

[18] Tatsuaki Nakato,尹进步. 采用潜没式导流墩解决泵站进水口泥沙淤积问题[J]. 水资源与水工程学报,1993(1):89-90.

[19] 宋慧芳. 恒定有压扩散流局部非稳态流动研究[D]. 天津:天津大学,2007.

[20] 周正富,陈松山,何钟宁. 侧向进水泵站流态改善措施的研究[J]. 中国农村水利水电,2014(6):120-124.

[21] 曾昊,陈毓陵,谭琳露,等. 闸站枢纽闸下的底坎整流措施[J]. 江苏农业科学,2014,42(5):347-349.

[22] 叶飞,周振民,高学平,等. 恒定有压扩散流局部非稳态现象数值模拟研究[J]. 水力发电学报,2014,33(4):178-185.

[23] 张磊,刘滔,高文峰,等. 四种常用紊流模型在二维后向台阶流数值模拟上的性能比较[J]. 云南师范大学学报(自然科学版),2012,32(4):8-16.

[24] 赵海燕,贾雪松,杨士梅,等. 突扩管分离流场的数值模拟[J]. 科学技术与工程,2009,9(17):5238-5240.

[25] 王小华,鞠硕华,朱文芳. 突扩流的数值模拟[J]. 低温建筑技术,2003(1):59-60.

[26] 贡琳慧,王泽. 突扩明渠的三维紊流数值模拟[C]//中国农业工程学会农业水土工程专业委员会

学术研讨会,2014.
[27] 李永刚,李国栋,乔吉平. 明渠突扩分离流底部回流长度统计特性研究[J]. 人民黄河,2010,32(8):113-114.
[28] Badekas D,Knight D D. Eddy Correlations for Laminar Axisymmetric Sudden Expansion Flows[J]. Journal of Fluids Engineering,1992,114(1):119-121.
[29] Durst F. Low Reynolds number flow over a plane symmetric sudden expansion[J]. Journal of Fluid Mechanics,1974,64(1):111-128.
[30] 刘沛清,邓学蓥. 明渠中跌坎后突扩分离流数值研究[J]. 力学学报,1998,30(1):9-19.
[31] 孙东坡,张晓雷,张艳艳,等. 大型进水流道进口优化布置的数值模拟研究[J]. 水力发电学报,2011,30(5):80-85.
[32] 万乐平. 多泥沙河流泵站前池泥沙淤积过程数值模拟与流态改善[D]. 扬州:扬州大学,2013.
[33] 张郑凡. 弯道水流调整池对流态改善情况的数值模拟研究[D]. 郑州:郑州大学,2017.
[34] 朱士江,李占松. 突扩流动主流偏转特性数值模拟研究[J]. 水科学进展,2009,20(2):249-254.
[35] 吴晓兰,马晓辉,许一新. 泵站正向进水前池水流流动均匀性分析[J]. 江苏水利,2017(3):53-57.
[36] 王孝义,高冲,张玉华,等. 直流低速风洞扩散段整流装置组合设计[J]. 机械设计,2017(12):53-58.
[37] 李锦艳. 多弯段溢洪道糙条对水流消能导流作用研究[D]. 乌鲁木齐:新疆农业大学,2016.
[38] 张文静. 突扩式跌坎消力池水力特性实验研究[D]. 泰安:山东农业大学,2017.
[39] 魏海鹏,符松. 不同多相流模型在航行体出水流场数值模拟中的应用[J]. 振动与冲击,2015,34(4):48-52.
[40] 杨永,段毅,张强. 超声速大迎角分离流中三种紊流模型的比较研究[J]. 空气动力学学报,2006,24(3):371-374.
[41] 李浩,韩启彪,黄修桥,等. 基于多孔介质模型下微灌网式过滤器 CFD 紊流模型选择及流场分析[J]. 灌溉排水学报,2016,35(4):14-19.
[42] 夏超,单希壮,杨志刚,等. 不同紊流模型在列车外流场计算中的比较[J]. 同济大学学报(自然科学版),2014,42(11):1687-1693.
[43] 曾和义. 网格质量对数值模拟的影响[C]//北京:中国核学会 2009 年学术年会. 2009:679-683.
[44] 王福军. 计算流体动力学分析——CFD 软件原理与应用[M]. 北京:清华大学出版社,2004.
[45] 刘军,方惠琦,贺鸿珠. 水下不分散混凝土的应用研究[J]. 建筑材料学报,2000,3(4):360-365.
[46] 陈严. 水中抗分散混凝土的研究与应用[J]. 混凝土与水泥制品,1993(5):13-15.
[47] 仲伟秋,张庆亮. 水下不分散混凝土的基本力学性能试验研究[J]. 混凝土,2009(10):105-107.
[48] 宋运来. 水下不分散混凝土的试验研究[J]. 公路交通科技,1995,12(3):25-31.
[49] 林鲜. UWB-Ⅱ型水下不分散混凝土絮凝剂的性能研究[J]. 混凝土,2006(4):52-53.
[50] 林宝玉,蔡跃波,单国良. 水下不分散混凝土的研究和应用[J]. 水力发电学报,1995(3):22-32.
[51] 任拓. 水下不分散混凝土的工程应用[D]. 大连:大连理工大学,2002.
[52] 姜从盛,陈江,吕林女,等. 高性能水下不分散混凝土研究[J]. 湖北工业学院学报,2004,19(2):18-20.
[53] 刘娟. 水下不分散混凝土抗分散剂的研究[D]. 长沙:湖南大学,2005.
[54] 张德成,张鸣,王英姿,等. 水下不分散混凝土外加剂研究[J]. 硅酸盐通报,2006,25(5):17-20.
[55] 陈国新,杜志芹,杨日,等. 聚羧酸系减水剂用于水下不分散混凝土的研究[J]. 混凝土,2012(2):117-123.
[56] 宋伟,李长锁. 水下不分散混凝土配置和施工[J]. 中国港湾建设,2012(3):64-66.

[57] 左志刚. 水下不分散混凝土配合比设计[J]. 港工技术,2010,47(6):21-23.
[58] 关俊. 浅谈水下不分散混凝土配合比设计[J]. 科技资讯,2013(3):62-63.
[59] 王文忠,韦灼彬,唐军务,等. 水下不分散混凝土配合比及其性能研究[J]. 中外公路,2012,32(1):265-267.
[60] 王洪顺,王毅. 浅谈水下混凝土的配制及施工[J]. 商品混凝土,2005(4):38-41.
[61] 鹿健良. 水下不分散混凝土的试验研究[D]. 淮南:安徽理工大学,2013.
[62] 陈严. UWB 水下不分散混凝土的研究[J]. 水利水电工程设计,1998(4):50-51.
[63] 潘志华. 新型高性能泡沫混凝土制备技术研究[J]. 建筑石膏与胶凝材料,2002(5):1-5.
[64] 蒋冬青. 泡沫混凝土应用新进展[J]. 中国水泥,2003(3):46-48.
[65] 潘志华. 现浇泡沫混凝土常见质量问题分析与对策[J]. 建筑石膏与胶凝材料,2004(1):4-7.
[66] 张巨松. 混凝土发泡功能的探讨[J]. 混凝土,2000(7):34-35.
[67] 潘春圃. 工地制作泡沫混凝土[J]. 陕西煤炭技术,1990(1):10-14.
[68] 范桂细. 泡沫混凝土的生产与应用技术[J]. 广东建材,2005(9):30-33.
[69] 曾尤,杨合,张巨松. 国内外混凝土发泡剂及发泡技术分析[J]. 低温建筑技术,2001(4):23-25.
[70] 程良奎. 岩土工程中的锚固技术(一)——岩土锚固的基本原理与力学作用[J]. 工业建筑,1993(1):52-56.
[71] 王萍,龚壁卫,董建军,等. 中国堤防工程施工丛书 模袋法[M]. 北京:中国水利水电出版社,2006.